本书涵盖各类食材 30 个门类，832 种，每种食材包括诗词吟咏、物种基源、生物成分、食材性能（性味归经、医学经典、中医辨证、现代研究）、食用注意和传说故事等 6 个部分。关注食材，关注健康。为了您的健康长寿，愿天下所有的人都来关注自己的饮食科学。

中华食材

中

陈寿宏

编著

合肥工业大学出版社

第十一章 干坚果

核 桃

羌果荐冰瓯，芳鲜占客楼。

自应怀绿袖，何必定青州？

嫩玉宁非乳，新甀一不油。

秋风干落尽，胜贵在鸡头。

——《咏胡桃诗》·明·徐文长

物种基源

核桃（Juglans regia L），为胡桃科核桃属植物乔木核桃树的果实，又名胡桃、虾蟆羌桃、万岁子、万寿子、长寿果。据古籍记载，核桃原产于欧洲东南部和亚洲西部及南部，原名胡桃或羌桃，是汉代张骞出使西域时带回的种子，扎根于中国大地，但在新疆伊犁早就有野生核桃林，并在塔里木盆地人工栽培。后来由晋朝大将军石勒占有了中原建国，遂下令将"胡桃"改名为核桃。我国栽培的核桃有 300 多个品种，正常种植有近 40 种。各地一般按传统方法习惯、破壳取仁的难易状况和取仁的多少，将核桃分为三类：

（1）泡核桃，特点是壳薄，膈不密，取仁容易，又称纸核桃。

（2）夹核桃，特点是壳厚，膈密，出仁率低。

（3）石核桃，特点是壳很厚，膈极密，出仁率极少，又称铁核桃。

生物成分

据测定，每 100 克可食核桃仁，含蛋白质 15.4 克，脂肪 63 克，碳水化合物 10.7 克，膳食纤维 7.7 克及维生素 B_1、B_2、E 和胡萝卜素、尼克酸，微量元素钙、铁、磷、硒等，尚含有戊聚糖，未成熟的核桃还含有瓜氨酸、胡桃叶醌等。

食材性能

1. 性味归经

核桃，味甘，性温；归肾、肺、大肠经。

2. 医学经典

《千金食治》："补肾，温肺，润肠。"

3. 中医辨证

核桃有补肾固精、温肺定喘、润肠通便的作用，适用于肾虚气喘、腰痛脚软、阳痿遗精、小便频数、石淋、大便燥结等症的食疗助康复。

4. 现代研究

核桃仁有明显的食疗效果，具有补气养血、润燥化痰、温肺润肠、散肿消毒等功能，不但可用于肺肾两虚、久咳痰喘、阳痿遗精、小便频数或妇女痛经、血崩、乳汁不通，而且还可以用于神经衰弱、失眠多梦以及便秘、痛肿等病症的辅助食疗。

食用注意

（1）服硫酸亚铁等铁剂时不应食用本品。食物中的鞣酸可与铁剂结合生成不易溶解的物质，使铁的吸收减少，药物的疗效降低。核桃仁为富含鞣酸的食品，故服用铁剂时不应食用核桃仁。

（2）服各种酶制剂时不应食用本品。因酶制剂可与核桃仁中的鞣酸结合成鞣蛋白，使酶制剂失去活性和消化作用，故服用酶制剂时不应食用核桃仁。

（3）服用洋地黄、洋地黄苷片及地高辛等强心苷类药物时不应食用。洋地黄等药可与核桃仁中的鞣酸结合，生成不溶性沉淀物，阻碍药物的吸收，降低药物的疗效，故服用洋地黄等药时不应食用核桃仁。

（4）服用碳酸氢钠时不应食用本品。碳酸氢钠类药物可与核桃仁中的鞣酸起分解反应，使其失去药效，故服用碳酸氢钠类药时不应食用核桃仁。

传说故事

一、吕蒙正吃核桃考中状元

传说宋代吕蒙正，每逢临考必头昏心慌、文思枯竭，因此屡次名落孙山。后来他遵照医嘱，食用核桃仁一年，果然记忆力增强，临考再也不怯场，而是文思泉涌，才智过人，考中了状元。

二、小偷偷核桃

有一小偷，夜晚溜进一妇人卧室，想偷点儿东西，忽闻门口有声响，慌乱中，拿起主人枕边的一个小锦盒跳出窗外，躲到房上。小偷心中暗喜，锦盒放在主人枕边，里面一定装着好东西，忙打开观看，见里面放着一对通红之物。拿出细瞧，原来是一对红漆漆过的核桃，这时正有月光照过来，红光四射，小偷一惊，摔下房来毙了命。

三、慈禧太后与核桃

慈禧因身体不好，太医建议，把玩核桃可以对其身体有益。慈禧把玩核桃，嫌其扎手，命李莲英无论想什么办法，既不破坏核桃的外形，又使其不扎手。李莲英只好命其手下的太监，日夜不停地把玩，使核桃变得圆润不扎手后再供给慈禧把玩。后来，李莲英又为了核桃不扎手，还从国外买进了一批好的砂纸，专门为慈禧打磨核桃。因此还狠掏了国库一笔银两。

山 核 桃

山野核桃掌中仙，谈笑天下不论钱。
夕阳更是无限好，满袖清风度晚年。

——《野叟天伦》·清·欧阳智月

物种基源

山核桃（Carya cathayensis sarg），为胡桃科落叶乔木植物山核桃的果实，多为野生。我国浙江、安徽、湖南、贵州等地方有出产。早在清代光绪年间《杭州府志》就有"山核桃又称沙核桃，产于杭北山，似胡桃而小壳圆，无棱，八九月上市"。山核桃和核桃是堂兄弟，可个儿较小，重 5 克左右，形似桂圆，但外壳坚硬，木质化，有浅皱纹。炒食后其香气和口感远远超过核桃。在生物学上，山核桃与核桃同属胡桃科落叶乔木。

生物成分

据测定，每 100 克山核桃仁，含蛋白质 18.6 克，脂肪 46.1 克，碳水化合物 23 克，还含有维生素 A、B、E 及微量元素锰、钾、铜、钠、磷、钙、硒、铁等人体所必需的营养物质。

食材性能

1. 性味归经

山核桃，味甘，性温；归肾、肺经。

2. 医学经典

《开宝本草》："令人肥健，润肌乌发，益命门。"

3. 中医辨证

山核桃，可补肾助阳、强腰膝、温肺定喘、通便，适用于肾亏腰痛、肺虚久咳、气喘、大便秘结、脑昏头胀、健忘倦怠、食欲不振、腰膝酸软等症，对肾虚尿频、失眠多梦、阳痿遗精亦有食之助康复的效果。

4. 现代研究

山核桃所含的蛋白质和脂肪，是大脑细胞很好的营养物质。在山核桃脂肪中，大部分为亚油酸和亚麻酸等不饱和脂肪酸，有净化血液、降低血脂、清除血管壁杂质、提高大脑功能的作用。此外，山核桃对于增强胃肠机能，促进消化和血液循环等也有良好作用。山核桃的营养物质，可以帮助松弛大脑和缓解神经系统的紧张状态，有助于消除疲劳。值得一提的是，山核桃内所含的维生素 E，是医学界公认的抗衰老药物。维生素 E 可使细胞免受自由基氧化的损害。因此，常吃山核桃，对头晕耳鸣、腰膝酸软、健忘失眠、神经衰弱、记忆力减退、头发早白等病症有很好的疗效。

食用注意

凡阴虚火旺、痰火炽热、腹泻便溏者暂不宜食用山核桃。

传说故事

一、山核桃治失眠

相传，荷兰公使第一次与李鸿章叙谈时，说自己患了失眠症，极为痛苦。于是，李鸿章就送了一瓶用山核桃熬制的核桃酪给他，说连服数次，定能奏效。荷兰公使服用后，果然就不再失眠了。

二、朱元璋与"大明果"

据说，元朝末年，刘伯温从天目山来到昌化千亩田遇上了朱元璋，两人谈古论今，一拍即合。刘伯温看朱元璋身材魁梧，仪表非凡，胸有大志，就劝他在千亩田招兵买马灭元，朱元璋说："谈何容易，首先军粮哪里来啊？"这可难倒了刘伯温。

一日，刘伯温闲着无事，走进伙房，见厨师用沸水煮芹菜后再捞上来，问道："这是为何？"厨师说："芹菜略有苦味，放进沸水烧煮片刻捞上来再烧，就无苦味了。"从这事，刘伯温想到无人问津的漫山遍野的山核桃，能否放到水里去煮，除去苦味。经他试后，果然灵验，再放到火笼一烘，山核桃成了既香又脆的美味佳果。这消息不胫而走，大批山核桃运往苏、杭出售，从此百姓手里钱多粮足。刘伯温把这件事情告诉了朱元璋，朱元璋抓住机遇，招兵募捐，训练兵马，兵分数路，打下山去。朱元璋这次出兵，兵多粮足，势如破竹，不久便推翻了元朝，建立了大明江山。后来，这座山称为大明山，山核桃也就成了"大明果"了。现在，大明山已经被开发为临安市大明山旅游风景区，山上朱元璋当年的点将台还在。

菱 角

欲采新菱趁晚风，塘西采遍又塘东。
满船载得胭脂角，不爱深红爱浅红。

——《采菱歌》·民谣

物种基源

菱角，为菱科一年生浮生草本植物菱角的种仁，又名水粟、水菱、芰实、菱实、芰、薢、沙角等，因果实有角，故俗称为菱角。据《植物志》记载：它源于长江流域的湖荡地区，大约在10000年以前，就野生在水中，我国是菱的原产国。古时候，将三四只角的称为芰，两只角的称为菱，现在统称为菱角。因本品苗叶支散，故字从支，其角棱峭故谓之菱。菱角是一个大家族，以颜色来分：有青菱、黄菱、白菱、紫菱、红菱等；以形态来分：有大弯菱、畅角菱、牛角菱、元宝菱、和尚头菱、馄饨菱等。现在常吃的菱品种有大青菱、小白菱、水红菱、扒菱、蝙蝠菱、五月菱、七月菱等。称为乌菱的是熟透的菱沉入水底，埋进污泥，壳黑色又硬。笔者在太湖地区收集《食材传说》时还收到一首民歌新作："夫荡小船妻采莲，双桨划破水中天。舟载青绿黄白紫，栽培菱角近万年……"

生物成分

据测定，每100克可食菱角仁，含水分68.8克，蛋白质3.6克，脂肪0.5克，碳水化合物

24 克，膳食纤维 1.7 克，还含胡萝卜素，维生素 B_1、B_2、C，尼克酸、硫胺素及钾、镁、磷、钙、硒等营养物质，另有麦角甾 4 烯，β-谷甾醇等。

食材性能

1. 性味归经

菱角，味甘、涩；入脾、胃、肾经。

2. 医学经典

《本草纲目》："食用菱角能安中，补五脏，不饥，轻身。"

3. 中医辨证

嫩菱，汁多肉脆，有清香之味，宜作水果生吃，能清热生津，可作消暑解酒之佳品；老菱宜煮熟食之，其肉质甘美，可与栗子媲美，是一种高热量食品，可以健脾补气，治疗脾虚泄泻。

4. 现代研究

菱，有益于一切腰腿筋骨疼痛，周身四肢麻木，风湿入窍之症，还发现菱对癌细胞的变性及增生有一定的抑制效果，可抗艾氏腹水癌，经常服食，对食管癌、宫颈癌、乳腺癌有一定疗效。

食用注意

（1）凡脾胃虚弱，大便溏薄者不宜食生菱角。
（2）患疟疾、痢疾者最好不要食用菱角。

传说故事

一、县太爷吃菱壳

古时，有个北方人到南方当县官。他刚到任，便应邀参加一个宴会。宴席上摆着一盆红菱，色泽鲜艳，引人注目。这位县官没见过菱角，心想，这东西一定好吃，谁知道他夹起一只放进嘴里，竟然连壳都吃了。旁边的一位宾客告诉他："应该把壳剥了再吃。"县官听了，满脸通红，觉得堂堂县官老爷不会吃菱，太让人耻笑了。于是他自己解嘲地说："你们不知道，我这种吃法可以理气清火！"这时有人问他："你们北方也产菱角吗？"他随口答道："多得很呢，山前山后有的是！"大家听后不禁哑然失笑。

二、水红菱和尼姑菱

传说，乾隆皇帝下江南，路经嘉善西塘镇祥符荡时，天色已晚，他便命人问一位过路的老农："老伯，请问到嘉兴府还要赶多少路？"老农答："此去嘉兴还有几十里水路。"乾隆听罢，便决定在祥符荡周家滨的尼姑庵里借宿一夜。那时，秋高气爽，正是百姓们采摘红菱的季节。晚上，村里的百姓闻讯乾隆住在尼姑庵里，没有别的好孝敬皇上，只有刚采下来鲜嫩的水红菱，便拿去孝敬皇上。乾隆十分喜欢，让宫娥剥给他一尝，好嫩好甜，真好吃！龙颜大悦，便与百姓们闲聊起来。一位大娘一边双手捧着既红又大的红菱让皇上品尝，一边问："皇上，可知道这碧绿生青，四角棱棱的菱壳怎么变成水红色的呢？"于是便讲起水红菱的传说来。

原来，祥符荡边住着个洪老伯，洪老伯有个 16 岁的独养女叫红玲，生得玲珑漂亮，细皮白肉红脸蛋，做起活来件件皆能。村上有个财主，儿子生得四面凸额骨，像只猴子，却癞蛤蟆想吃天鹅肉，仗势欺人，要娶红玲姑娘做二房，红玲姑娘执意不从。财主的儿子心生诡计，一天，趁红玲姑娘在祥符荡里忙着采菱时，不顾死活地扑向红玲姑娘，小小菱桶哪经得起两人的扭打，在荡中猛烈摇晃一阵，终于失去平衡翻了个底朝天，红玲姑娘被罩在桶底下淹死了。来年秋天，祥符荡里长出的菱变了样，成了水红色，村上人觉得这水红菱是红玲姑娘变的，所以颜色很漂亮，受人喜欢。

乾隆皇帝听到这里，不觉哈哈大笑，一不留神被水红菱的角戳痛了手指，乾隆笑着说："要是这水红菱没有角就好了。"

乾隆皇帝是金口玉言，来年，祥符荡里竟然真的长出了几只无角红菱。于是当地人小心翼翼地将之作为菱种收藏了起来。过了一年，再把这无角红菱种植在河里，一年又一年，在农民们的精心培育下，无角水红菱越来越多，而颜色也慢慢地由红色变为青黄色。百姓们为了纪念乾隆皇帝在尼姑庵吃红菱的事，就把这种青黄色的无角菱取名为"尼姑菱"。就这样，"尼姑菱"的名字一直延续到现在。

榛 子

借问真游趣，华胥路不赊。

青黄随涧柳，红白任岩花。

适意弦歌鸟，无私鼓吹蛙。

秋风榛子熟，撒苞散林鸦。

——《题正仲真游园》·宋·舒岳祥

物种基源

榛子（Corylus heterophylla），为桦木科植物落叶灌木或小乔木榛树的成熟果实，又名棰子、平榛、华榛、山板栗、毛榛、榛子仁等。按榛子果实的大小，果壳的厚薄等，可分为三个品种：平榛、毛榛、川榛。我国栽培榛子的历史已有 3000 多年。汉代科学家张衡曾赞誉说："荔枝甘黄，寒梨干榛、沙饧石蜜、远圆储珍。"我国主产区多分布在辽宁、吉林、黑龙江、内蒙古、河北、山东、甘肃、陕西、河南等省（区），还有些变种榛子在南方四川、湖南、湖北、江西、浙江等地。

生物成分

据测定，每 100 克榛子仁，含蛋白质 20 克，脂肪 44.8 克，碳水化合物 14.7 克，膳食纤维 9.6 克，还含有胡萝卜素、尼克酸，维生素 B_1、B_2、E 及微量元素钙、铁、硒、镁、铜、钾、锌等。榛子仁可生吃，也可炒食后磕食果仁，吃起来不仅芳香、酥脆可口、百食不厌，还可以深加工，制成各种各样的食品，如椒黄榛子、果仁糖果、果仁糕点等。

食材性能

1. 性味归经

榛子，味甘，性平；归脾、胃经。

2. 医学经典

《本草备要》："补脾，益肾，调中，杀虫。"

3. 中医辨证

榛子有健脾胃、补气血、宽肠、明目的作用，适用于食欲不振、肌体消瘦、体倦乏力、体虚眼花等症，还有杀虫、治小儿疳积的作用。

4. 现代研究

榛子含有丰富的脂肪，主要是人体不能自身合成的不饱和脂肪酸，可促进胆固醇的代谢，还可以软化血管，从而预防和治疗高血压、动脉硬化等心脑血管疾病；榛子的含磷量较高，磷是人体构成骨骼、有益牙齿的主要成分。此外，榛子含钾、铁含量也名列前茅，这对于增强体质、抵抗疲劳、防止衰老都非常有益；常吃榛子有益于儿童的健康发育。榛子中含有丰富的维生素 A、维生素 B_1、维生素 B_2 及尼克酸，有利于维持正常视力和上皮组织细胞的生长以及神经系统的健康，促进消化系统功能，增进食欲，提高记忆力。

另外，榛子中包含抗癌化学成分的紫杉酚，它是红豆杉醇中的活跃成分，这种成分可治疗卵巢癌和乳腺癌，以及其他的一些癌症，可延长病人的生命期。

食用注意

（1）榛子性滑，泄泻便溏者不宜多食。
（2）榛子存放时间较长后不宜食用。
（3）榛子含有丰富的油脂，肝胆功能严重不良者应慎食。

传说故事

王母娘娘吃榛子

传说在花果山上有各种各样的果子，其中，有一种果子叫金果，金果长在灌木碧绿肥硕的叶片间，一嘟噜一嘟噜的，当嘟噜变黄的时候，金果便从嘟噜里滚落出来，圆圆的金色的果子，非常诱人。只要砸开金色的外壳，便露出金色的果仁，果仁非常的香脆，营养价值又非常高。

那一年的蟠桃盛会，很多神仙都带着珍贵的礼物给王母娘娘拜寿，孙悟空便拎着一篮子金果当贺礼。

王母娘娘见到金黄的果子，迫不及待地拿一枚放在嘴里品尝。结果一尝不肯收了，吃了一枚又一枚，一会工夫，就把一盘子的金果吃掉了一半。

当众仙臣推杯换盏的时候，只见侍女望着王母娘娘尖叫着，大家望去，只见王母娘娘的鼻下、襟前滴滴血迹，众仙臣们立刻惊慌失措，王母娘娘勃然大怒，命令立刻捉拿孙悟空，并吩咐侍女把孙悟空送来的剩余半篮子金果全都丢向窗外。

从此，人间便长出了片片的榛子树，榛子就是天上的金果，虽然榛子好吃，但人们从来也不敢多吃，因为吃多了就会流鼻血。

白　果

等闲日月任西东，不管霜风著鬓蓬。

满地翻黄银杏叶，忽惊天地告成功。

——《晨兴书所见》·宋·葛绍体

物种基源

白果（Ginkgo biloba L.），为银杏科银杏属大落叶乔木裸子植物银杏的果实，又名灵眼、银杏、银杏核、公孙树、佛指柑、干白果、鸭脚长寿树、神树等。我国是白果的故乡，远在 4 亿年前，它就分布世界各地，经几世纪大冰川之后，大部分野生银杏在地球上绝迹，唯独在浙江的天目山上有存活，幸存至今，现在天目山一带偶尔还能发现野生银杏。银杏树寿命较长，素有"长寿树"之称，山东莒县县城西九公里的定林寺内，有一株商代人所植银杏树，距今已有 3000 余年，可算我国最老的银杏树。有趣的是在 1400 年前，中国佛教天台宗三祖慧思和尚，曾用艾火在树干上炙了和他头上一样多的戒疤，要银杏树同时和他一起受戒"出家"，现在树上的"戒疤"还个个在目。银杏树在全国均有它的形影，主产江苏、浙江，其中江苏的姜堰市年产白果 200 万千克以上，白果叶 200 万千克以上，占全国产量的三分之一。我国的白果按形状可分为三类："梅核果""佛手果"和"马铃果"。由于白果树存活寿命长，数千年的白果树成了科研部门研究古代植物形态的活材料，故白果树素有"活化石"之称。

生物成分

据测定，每 100 克可食白果仁，含水分 9.9 克，蛋白质 13.2 克，脂肪 1.3 克，碳水化合物 72.6 克，维生素 E 24.7 毫克，还含视黄醇当量，微量元素锰、铁、锌、钾、铜、钠、磷、钙、硒、锌等，以及银杏酸、氢化白果酸、银杏醇等物质。

食材性能

1. 性味归经

白果，味甘，苦涩，性平；归肺、肾、大肠经。

2. 医学经典

《食物本草》："收敛固涩，止咳定喘，固精，缩尿，涩带。"

3. 中医辨证

白果，可敛肺定喘、止带浊、缩小便，适用于痰多喘咳、带下白浊、遗尿、尿频、消毒、杀虫等的食疗。

4. 现代研究

白果中含有的白果酸、白果酚，经实验证明有抑菌和杀菌作用，可适用于呼吸道感染性疾病；白果外壳中所含的白果酸及白果酚等，有抗结核杆菌的作用；白果用油泡对结核杆菌有很强的抑制作用。现代医学研究还发现，煨白果有收缩膀胱括约肌的作用，对于小儿遗尿、气虚、小便频数、带下白浊、遗精不固等病症有辅助治疗的作用。

食用注意

（1）干白果中含有氢氰酸，不可多食，多食导致中毒。
（2）有湿邪者忌食白果。

传说故事

一、白果姑娘的传说

传说，很早以前，有一位穷人家的姑娘叫白果，从小死了爹娘，12 岁就给财主放羊，受尽了人间苦难。一日在山坡上拾到了一枚奇异的果核，宝贝似地赏玩了几天，舍不得扔掉，最后把它种在了常去放羊的大刘山的一个山坳里。经过几年的精心照料，这颗神奇的种子生根发芽，很快长成了一棵参天大树，每年秋天都会结满黄澄澄的果子。

一天，白姑娘赶着羊群来到了这棵树下，突然接连咳嗽几十声，痰涌咽喉，吐咽不下，顿时昏迷过去。这时，只见从大树上飘下来一位美丽的仙女，手里拿着几颗从树上摘下的果子，取出果核，搓成碎末，一点一点地喂进白姑娘口中，片刻，痰就不涌了。白姑娘睁开眼睛，那仙女朝她笑了一下，就飞上大树不见了。惊异的白姑娘赶紧从地上爬起来，从树上摘下许多果子，带到村里，送给有病的人吃，吃一个，好一个；一棵树结的果子，治好了成千上万的咳喘病人。

就这样，一传十，十传百，传来传去，人们干脆把白姑娘送的果子叫"白果"，那结满白果的大树就叫白果树了。从此白果树果核治咳喘，连同白果姑娘的故事就被世世代代流传了下来。

二、李世民与银杏树

河南省汝阳县桃源宫有一株古银杏，高 32 米，树龄约 2000 年，但仍枝繁叶茂，长势喜人。相传隋朝末年，群雄纷争，秦王李世民率兵攻打洛阳，与王世充在龙门展开大战。李世民兵败，王世充追赶到桃源宫，李世民绕着这株银杏树边跑边喊"谁来救我"。此时王世充的部将单通挺枪刺来，不料扎入银杏树，大树当即掉下一块巨枝落在单通身上，把他砸得晕头转向，李世民趁机逃脱。后来，成为皇帝的李世民封桃源宫古银杏为"救驾树"。

三、范仲淹与银杏树

北宋名臣范仲淹曾在江苏东台任过盐官，为造福沿海人民，防止海水入侵，他带领当地人民修筑了北起盐城，南至海安的海防大堤，后人称为范公堤。东台市富安镇就在范公堤畔，这里有两株远近闻名的古银杏树，据说是当年离沧海最近的银杏树。传说在海堤修好的第二年，一次大海涨潮，水流湍急，冲开一段堤坝，万分危急时，范仲淹的两员大将跳入水中，以身体堵住决口，保住了堤岸西侧的良田和村庄房舍。人们敬仰舍身为民的两位将军，铭记范仲淹的爱民之举，在决堤处栽植了这两株银杏树，并建造庙宇，永世怀念。2006 年，拓宽 204 国道时，还绕开这两棵银杏树并加以保护。

红　枣

燕山枣树深，
枣生篆篆悬赤心。
悬赤心，
人不喜。
谓言南方枣如瓜，
仙种传来胜如此……

——《枣》·明·黄淳耀

物种基源

红枣（Ziziphus jujuba），为鼠李科植物枣的成熟果实，又名大枣、刺枣、美枣、良枣。枣树为我国最古老的果树之一，在距今 8000 年前的河南新郑裴李岗新石器时代的遗址中，就曾发现过枣的遗核。古文献《夏小正》《周礼》和《诗经》都有关于枣的论述，因此，我国是世界上唯一的枣起源中心。枣树栽培品种目前已有多达近 400 种，目前，我国枣的分布已遍及黄河两岸，大江南北，尤以河北、山西、山东、河南、陕西产量最多，占全国的 90% 以上。

生物成分

据测定，每 100 克可食红枣，含水分 18.8 克，蛋白质 3.32 克，脂肪 0.4 克，碳水化合物 73.0 克，膳食纤维 3.1 克。还含有胡萝卜素、硫胺素、尼克酸，维生素 A、B_2、C、P，微量元素钙、磷、铁、镁、钾及水溶液性糖类、氨基酸、生物碱、黄酮类等。

食材性能

1. 性味归经

红枣，性温；归脾、胃经。

2. 医学经典

《本草备要》："补中益气，滋脾，润心肺，缓阴血，生津液，悦颜色，通九窍，助十二经，和百药。"

3. 中医辨证

大枣，可补脾和胃、益气生津、解毒药。适用于胃虚少食、脾弱便溏、气血津液不足、营卫不和、心悸怔忡，妇人脏燥等症的食疗助康复。民间传统认为，红枣和百草药，名谚有"日食三粒枣，百岁不显老""五谷加红枣，胜过灵芝草"。

4. 现代研究

红枣，功在收敛止泻、去痰镇咳、消炎止血，对痢疾、肠炎、慢性气管炎、胃病、吐血、月经不调、风疹、丹毒等有助康复的效果。

食用注意

(1) 体质燥热的妇女，不适合在月经期间喝红枣水，这会造成月经过多。

(2) 腹胀的人不适宜喝红枣水，越喝胀得越严重。

(3) 枣糖丰富，不适合糖尿病患者食用，否则易导致血糖升高，使病情恶化。

(4) 食枣不可过量，否则有损消化功能，引发便秘。

(5) 如果枣吃得太多，又不喝足水容易患蛀牙。

传说故事

一、唐枣树传说

据传，唐朝名将罗成，曾在山东德州的一棵枣树上拴马歇凉，一熟透小枣落入马鞍，罗成回京后发现，献与太宗，太宗李世民品尝后，甚兴，遂命此枣为贡品，《中国名胜词典》中称此树"唐枣树"。

二、枣王树的传说

乾隆下江南，途经乐陵，至一棵枣树下口渴，取几颗红枣入口，顿觉甜透六腑，爽净五脏，脱口而出："好果，称朕意。"遂挥毫写下"枣王"二字。乡民感恩御赐，制成金匾，挂于此树，故此树称"枣王树",现有"枣王"碑为证。

三、药王树的传说

晋代,乐陵人王欢(265—320),家贫,乞食苦读。永康二年,病卧家中,高平(今巨野)游医王熙,偶遇,以数枣入药,治愈王欢,随后二人义结金兰。后来王欢成著名学者、诗人,任国子监博士;王熙通游全国,尝百草,试药性,成为一药王。王熙认为枣能润肺,养心补肾。后人为纪念王欢、王熙,便将此树命名为"药王树"。

四、乾隆与枣树

相传,乾隆在乐陵城南杜刘伊村封下"枣王"树后,正要启程江南,忽听一老者说,城南北角有个叫王清宇的庄子,枣树也极多,品质更为佳。乾隆听得"王清宇"三字,心头悠然一亮,不觉失口喊出一个"好"字,心想,这村名起得真是绝伦:"王"者,岂不乃朕也,"清"当为我大清,"宇"嘛自然是天穹了。三字意味深长,不恰寓意我治理的大清升平,天宇晴朗吗?我要不亲临一睹,岂不枉来此地!乾隆思罢,龙心大悦,不容侍从多言,就立奔王清宇而来。可他毕竟是微服私访,乡人认不出他。他就和乡人谈起枣来,言来言去,乡人便把他当成枣贩子,乾隆爷故意装出枣商身份,说先要尝一下枣的口感,村头领就将他们领到这树下,乾隆摘吃几颗,顿觉满嘴生津,甜透心肺,欣然喊道:"好枣,真不错!"不想话音刚落,这树竟朝他歪倒过来,乾隆说:"莫非这树也有天性,见了朕也跪拜。"村民方知皇上驾到。后来,人们根据帝王为龙体的说法,就把此树称为"卧龙树"。

黑 枣

昨夜东风怒不成,晓来犹自扫残英。
半酸梅子连枝重,无力杨花到地轻。
情易感,涕先零,玉虬香冷更凄清。
事如芳草绵绵远,恨比浮云冉冉生。

——《鹧鸪天》·宋·陈三聘

物种基源

黑枣(Diaspyros lotus),为柿科植物灌木或小乔木木枣的成熟果实,又名软枣、乌枣、丁香枣、牛奶枣等。我国为黑枣主产国,主要品种有山东北乡黑枣、南乡黑枣、马牙黑枣和河北黑枣。每年白露节气前十天开始成熟,即"脆熟期"(正值枣的果皮由青白转红,肉质脆)时收获,经过选枣、煮枣、熏枣等过程制成。

生物成分

据测定,每100克黑枣果肉,含水分14.9克,蛋白质3.3克,脂肪0.4克,碳水化合物72.8克,膳食纤维3.1克。还含有胡萝卜素,维生素 A、B_2、C,微量元素钙、镁、铁、钾、磷、硒和果胶、氨基酸等。

食材性能

1. 性味归经

黑枣，味甘，性温；归脾、胃、肺经。

2. 医学经典

《药品化义》："大黑枣，滋阴补肾，补血，养心润肺。"

3. 中医辨证

黑枣，补中益气，善补阴阳。适于通气血、补津液、活脉络、舒筋骨、填骨髓以及一切虚损，无不宜之。

4. 现代研究

黑枣含有丰富的脂肪、蛋白质、碳水化合物及各种维生素，特别是果实和叶子含有丰富的维生素C。在人体的新陈代谢过程中，维生素C能阻止致癌物——二甲基亚硝酸的形成。因此，适量食用黑枣及其制品，对预防各种癌症能起重要作用；黑枣中含有丰富的维生素与矿物质，如：有保护眼睛的维生素A，还有帮助身体代谢的B族维生素和矿物质钙、铁、镁、钾等；除此之外，黑枣最大的营养价值在于它含有丰富的膳食纤维与果胶，可以帮助消化和软便。

食用注意

（1）黑枣不能多吃，尤其不要空腹吃，易形成结石。

（2）糖尿病患者应慎食黑枣。

传说故事

一、母子黑枣树

相传，古时王双志村有个女子姓王，美貌绝伦，被皇帝看中，一道圣旨被选入宫，逾期将满门抄斩。可这女子自小就许给同村同姓的王君为妻，两人青梅竹马，两小无猜。于是两家人便商量将他们提前完婚。成婚之日，按乐陵旧习，新人必先吃枣子，寓意"早生贵子"。由于乡人戏逗，新娘不慎将枣核咽下。然官府催人甚紧，后半夜，新娘思之再三，觉得只有自己一死，才能救下全家。打定主意，悄悄溜出家门，投进枣树下的一眼深井。待乡人发现，已香消玉殒，众人一片惋惜之声，于是，就地掩埋。

第二年，这王氏女子坟头之上竟长出一株枣树，人们说这是王姑娘的化身。又过了几年，老树腹中又生出一株小树，人们说，这是她和王君的孩子，也有人说，这是王氏吃下的枣核所生。从此，母子黑枣树的故事就这样流传下来了。

二、鹦鹉枣树

相传，乐陵雅儒祢衡（173—199），为避董卓，远游荆襄与孔融结为忘年交。翌年八月仲秋，携友同游故里，在此观翠红雅景，设宴赏月，忽见树上鹦鹉合鸣，二人高兴食枣作赋《鹦鹉词》。后祢衡击鼓骂曹，得罪曹操，曹借江东黄祖之子将其杀害，葬于武汉鹦鹉洲。后人为纪念这位不惧权贵、才华横溢的词人，便命此树为"鹦鹉红"。祢衡著文集二卷，《鹦鹉词》是其代表作。

海 枣

别时酒盏照灯花，知我归期渐有涯。

去岁渡江萍似斗，今年并海枣如瓜。

多情明月邀君共，无价青山为我赊。

千首新诗一竿竹，不应空钓汉江槎。

——《次韵送徐大正》·宋·苏轼

物种基源

海枣（Phoenix dactylifera），为棕榈科刺葵属植物枣椰树的果实，又名波斯枣、番冬、海棕、椰枣、伊拉克蜜枣、无漏子枣等。枣椰树是热带、亚热带干旱地区的特种树种。海枣被列为世界 20 种产量最高的果品树种之一，每年世界总产量为 260 万吨左右，品种伊拉克最优。大约在 1700 年前，海枣由伊拉克传入我国，古代书籍《本草拾遗》《海药本草》均有记载和记述。

生物成分

据测定，每 100 克可食海枣，含水分 15.3 克，蛋白质 2.5 克，脂肪 0.4 克，碳水化合物75.8 克，膳食纤维 3.9 克。还含有萝卜素、硫胺，维生素 A、B_1、B_6、C 等。

食材性能

1. 性味归经

海枣，味甘，性温；归脾，肺经。

2. 医学经典

《海药本草》：“温中益气，除痰嗽，补虚损。”

3. 中医辨证

海枣可消食、止咳嗽、补虚赢，适用于强身健体、营养保健、美容及化痰平喘、补肾气、生乳汁。

4. 现代研究

海枣中的成分组成几乎都是单纯的果糖，非常易于消化，脂肪及胆固醇含量极低，同时，其丰富的维生素与矿物质特别容易被人体吸收，使人快速恢复体能、强壮机能、提升免疫力、延缓衰老，是小孩、老人、病人、运动员的最佳食品。海枣的成熟果实采集后，放置温热的地方，使其完全成熟作为糖料食品，鲜果可供食用，种子炒焙后磨粉可作咖啡代用品，可榨油食用，也可制成糕点和果脯。

食用注意

糖尿病患者和肥胖病人应少食或不食。

传说故事

枣椰树

一支阿拉伯骆驼商队遭遇沙尘暴，在茫茫大漠中迷路，几天找不到吃的。在客商们饿得走不动路的时候，面前出现一棵大树，树像椰子树，却挂满红褐色的大枣，因此，他们称其为枣椰树。大枣甘甜如蜜，他们称之为"蜜枣"。他们食后得救，称颂这种树为"救命树"，其果为"救命枣"。

酸　枣

老翁家贫在山住，耕种山田三四亩。
苗疏税多不得食，输入官仓化为土。
岁暮锄犁傍空室，呼儿登山收橡实。
西江贾客珠百斛，船中养犬长食肉。

——《野老歌》·唐·张籍

物种基源

酸枣（Ziziphus juiuba var spinosa.），为鼠李科植物酸枣的成熟果实，又名棘子野枣、山枣、葛针等。酸枣在古代称作"棘"，所谓"披荆斩棘"中的"荆"，是指编筐用的"荆条"，而"棘"是指满身是刺的酸枣枝。它虽貌不惊人，却是大红枣的野生祖先，原产于我国。据史料记载已有 8000 年的历史，时至今日，在长江以北的广大地区，到处都有它的行踪，是我国果树中的家传珍宝，是属于国家 35 种重点管理的药材之一，为我国重要的出口商品。《本草纲目》中所说的"邢枣仁"是河北省邢台地区产出的著名酸枣仁，年产量达 10 万千克以上，居全国之冠。

生物成分

据测定，每 100 克可食酸枣，含水分 18.7 克，蛋白质 3.5 克，脂肪 1.5 克，碳水化合物 62.7 克，膳食纤维 10.6 克。含有维生素 B_1、B_2、C，视醇当量及尼克酸、酸枣仁皂苷 A 和 B，还含微量元素钾、钠、铁、锰、锌、铜、磷、硒等。

食材性能

1. 性味归经

酸枣，味酸、涩，性凉；归肝、肺经。

2. 医学经典

《本草纲目》："收敛，止血，止痛。主祛邪气，安神养心，平胃气，通七窍，助十二经脉，补中气，增津液，久服轻身延年。"

3. 中医辨证

酸枣为药中上品，治心腹寒热、邪结气浆、四肢酸痛、湿痹、心烦、不得眠、脐上下痛、血转久泄、虚汗、烦渴等症。

4. 现代研究

酸枣中含酸枣仁皂苷 A 和 B，另外，还含有桦皮酸、桦皮醇及多量脂肪油、蛋白质等营养成分。维生素 C 是一种强氧化剂，能促进胶原蛋白等细胞组织的合成，促进肠道对铁的吸收，促进叶酸转变为具有生理活性的氧叶酸；含有丰富的环磷酸腺苷，能够在人体细胞内高效地促进能源物质的分解，并产生大量的生物能量，供给细胞内各种细胞器，使它们迅速产生各种生理效应；环磷酸腺苷还可以促进心肌收缩、增强心力、加快心率，以及促进产生合成激素的酶和促进性激素合成，抑制癌细胞的分裂和促进细胞的分化等。

附：酸枣仁

酸枣仁，为鼠李科植物酸枣的干燥成熟种子，味甘、酸，性平，归肝、胆、心经。具有补肝、宁心、敛汗、生津的功效，用于虚烦不眠、惊悸多梦、体虚多汗、津伤口渴，为养心安神之要药。内服：煎汤 6~15 克，研末 3~6 克，或入丸、散，置阴凉干燥处，防蛀。酸枣仁中含有 17 种氨基酸和人体所必需的多种维生素。在医学上，酸枣仁早就被列为我国名贵的中草药之一，具有养肝宁心、开胃健脾、敛汗理气、延年益寿之功效，但内有实邪郁火及肾虚滑泄梦遗者慎服。

食用注意

凡实邪郁火者慎食或不食酸枣。

传说故事

一、康熙与酸枣

传说康熙年间，西征噶尔丹，因车马劳顿，士卒皆疲，康熙担忧军心不稳，贻误战事，正思虑间，忽听人马嘶鸣，问驭驾士卒，答曰：不知何处传来香气，令军心大振。细闻之，康熙也顿觉神目皆开，驱马至贺兰山顶，更觉清香扑面，举目四望，遍山似枣物红果，尝之，酸甜怡人，令人神清气爽。又行，于缥缈山雾间落驾于一村落，见村姑皆肌如润，肤如玉，似天宫圣女。问其故，皆曰：食山中野枣所致。康熙大悦，曰：此乃圣物也。遂命军士林中安营，以振军心。不日，率军亲征，携皇威平定噶尔丹。圣驾回銮后，将此酸枣遍赏后宫，以显皇恩。

二、纪晓岚与长寿酸枣树

当年，清朝才子纪晓岚，出游至乐陵境，在酸枣树旁遇到一个老翁，问："此果，能益寿乎？"老翁答曰："一天吃上三个枣，活到八十不显老。"并摘与纪晓岚食。纪晓岚食后，立觉甜透肺腑，更见这老翁用镰在树上刻下一个"寿"字，细心的朋友现在还会发现此树隐约留下一个繁写的"寿"字，故此树被称"长寿树"。

三、明宣宗与酸枣树

1426 年，朱棣次子，汉王朱高煦，在封地安乐州（今惠民）扯旗造反，宣宗朱瞻基御驾亲征，两方在乐陵境内展开一役，交战中忽然十余支利箭射向宣宗，恰在此时，一阵疾风吹来，宣宗身边的酸枣树枝似硬弓般将酸枣射出，把箭打落，宣宗有惊无险。平乱回朝后，他将安乐州易名为武定府。因这棵酸枣树救驾有功，特赐封为"一品护卫"。

槟　榔

南天客果礼尤需，叶少灰多味胜无。

我爱红唇尝一颗，颊潮已觉汁如珠。

——《槟榔》·清·李调元

物种基源

槟榔（Areca catechu L.），为棕榈科槟榔属常绿乔木槟榔的干燥成熟种子，又名榔玉、宾门、橄榄子、青仔、国马、仁频、白槟榔、槟榔仁、大腹子、槟榔子、槟榔玉、洗瘴丹、宾门药饯、马金南等，原产于印度和东南亚一带，我国也有着 1400 多年的槟榔栽培历史。湖南、台湾、广东、广西、云南、福建、四川等省均有种植，其中以海南和台湾居多，也最著名。刚采摘下来的槟榔果先要水煮，然后烤干或晒干就成了能嚼的槟榔果。

生物成分

据测定，每 100 克可食槟榔，含水分 76.4 克，蛋白质 3 克，脂肪 14 克，纤合鞣质 9.2 克，生物碱 0.6 克，（可以兴奋 M-胆碱受体，引起腺体分泌增加，表面血管扩张，还能兴奋 N-胆碱受体，使骨骼和神经兴奋，故使人有面红醉酒之感），含脂肪可达 14%，其中亚油酸占 5.4%，油酸 6.2%，肉豆蔻酸 46.2%，此外，尚有月枝酸、棕榈酸、硬脂酸等，槟榔中还含有丰富的氨基酸等。

食材性能

1. 性味归经

槟榔，味苦，辛，性温；归胃、大肠经。

2. 医学经典

《本草纲目》："其功有四：一曰醒能使之醉，盖食之久，则熏然颊赤，若饮酒然，苏东坡所谓'红潮登颊醉槟榔'也；二曰醉能使之醒，盖酒后嚼之，则宽气下痰，余酒顿解，朱晦庵所谓'槟榔收得为祛痰也'；三曰饥能使之饱；四曰饱能使之饥，盖空腹食之，则充然气盛如饱；饱后食之，则饮食快然易消。"其功昭然也。

3. 中医辨证

槟榔，有杀虫、消积、降气、行水之功效。主治虫积、食滞、腹胀、水肿、脚气等症。另外，槟榔能治姜片虫、钩虫、蛔虫等寄生虫，对青光眼亦有助康复疗效。

4. 现代研究

槟榔果实中的槟榔碱含有效的驱虫成分，其煎剂和水浸剂对甲型流感病毒等某些菌株有一定的抑制作用。它的抗病毒作用可能与其所含鞣质有关，可兴奋-M 胆碱受体引起腺体分泌增加，滴眼时可使瞳孔缩小。另外，可增加肠蠕动、收缩支气管、减慢心率，并可引起血管扩张、血压下降。

自古以来槟榔是我国四大南药之一，其果实中含有多种人体所必需的营养元素和有益物质，如脂肪、槟榔油、生物碱、儿茶素、胆碱等成分。槟榔具有独特的御瘴功能，是历代医家治瘴气的药果，又有"洗瘴丹"的别名。即使墨客骚人对槟榔也情有独钟。唐宋八大家之一的苏东坡曾写过"红潮登颊醉槟榔"的佳句。

食用注意

（1）世界卫生组织癌症研究中心研究结果表明：嚼食槟榔是引发口腔癌的一个因素，特别是加入烟草的槟榔可导致口腔癌、咽癌和食管癌。

（2）长期咀嚼槟榔会导致支气管、哮喘病发作。

（3）脾虚便溏者慎用槟榔。

（4）脾胃虚弱、有积食滞者不宜食用槟榔。

（5）心腹痛无留结及非虫咬者不宜食用槟榔。

（6）凡事有个度，过度了就不好，槟榔不可嚼过多，多了则有害，容易引起口腔疾患。

槟榔小记

食用槟榔似乎与饮茶、饮酒有异曲同工之妙，食用习惯了会成瘾的。中断不吃会抓耳挠腮，难忍难熬。我国南方地区自古以来把槟榔作为迎宾敬客的佳品，特别是在海南、台湾、福建、广东等地区，有亲友来访，可以不设茶水，但一定要请客人吃槟榔。

槟榔是我国东南沿海各地居民迎客、款待亲朋的佳果，因古时敬称贵客为"宾"、为"郎"，"槟榔"的美誉由此得来。海南待客有"茶、烟、酒、槟"四种等级，槟榔只有在迎贵宾、婚庆等重大节日才摆上宴席，可见其位。

传说故事

一、槟榔与爱情

在主产槟榔的海南岛，相传槟榔是炎帝女儿郎君的化身，宾的郎君在一次与恶魔搏斗中不幸战死，于是在埋他的地方化成了一片常绿乔木，结果累累，宾就采摘这种果实装在荷包里，形影不离地挂在胸前，以示对郎君无比的怀恋。以后人们传说这种果实不怕妖魔，这种树便被叫作"槟榔"树了（即取宾的郎君之意）。至今海南黎族男女青年结婚那天，仍沿袭互赠槟榔以示爱情的传统。越南妇女也有一个习惯，即从结婚那天起，就开始吃鲜槟榔，一直吃到牙齿由洁白转绯红，再至墨黑为止，以示其对郎君的忠贞，有黑了的牙齿为证。

二、槟榔治虫

在云南傣族山寨，流传着这样一个故事：在很早的时候，一个名叫兰香的姑娘，有沉鱼落雁之容，闭月羞花之貌，她跳起舞来，开屏的孔雀也要收敛翎羽；她唱起歌来，林间的百灵鸟都会闭上嘴巴。勤劳贤惠的兰香与本寨的小伙子岩峰相亲相爱，如漆似蜜。不久，兰香的肚皮渐渐大了起来，岩峰怀疑兰香对爱情不贞，要和她断绝来往，兰香的父亲也认为兰香做了丢人的事，又气又恨，便拿出一些槟榔吼道："快将这吃掉，到林间去死。"兰香含冤吞食了全部槟榔，泣不成声地说："爹爹，保重。"就向林间奔去。过了些时候，兰香从林间走出来，腹平如常，人们走进林间一瞧，啊！原来她拉了一摊小蛇般的虫子，人们明白了，纯洁美丽的姑娘，原来是患了虫症。

开　心　果

世间万物多生厌，阿月浑子能开心。
腰缠万贯毛毛雨，囊中羞涩远离点。

——《仙饭贵》·国民初年·成松瑛

物种基源

开心果（Pistacia vera.），为漆树科黄连木属的落叶乔木阿月浑子的果实，又名婆罗子、无名子、皮斯特、必斯达、仙饭等。开心果树起源于中亚和西亚的伊朗、土耳其、阿富汗等地，早在 1300 多年前，通过丝绸之路传入我国，现在新疆喀什地区的莎车、莫吉沙、疏附等县是我国开心果的主要产地，山西、山东等省也有栽培。在我国，开心果有两个品种，即短果和长果。

生物成分

据测定，每 100 克开心果熟种仁，含蛋白质 25 克，脂肪 55 克，碳水化合物 18 克，膳食纤维 1.3 克，开心果除含有丰富维生素 A、B、C 和无机盐外，还含有抗衰老的维生素 E 等。

食材性能

1. 性味归经

开心果，味甘，性温；归肺、脾经。

2. 医学经典

《海药本草》："补肾壮阳，疗虚损，宽中理气，杀虫。"

3. 中医辨证

开心果，味甘，无毒，适用于诸痢、去冷气，有助于神经衰弱、浮肿、贫血、营养不良的食疗。

4. 现代研究

开心果含丰富的油脂，有润肠通便的作用，有助于机体排毒；除此之外，开心果果肉可对肾炎、胃炎、肝炎、肺炎等有益。外果皮对皮肤病、内外伤止血等有益。

食用注意

（1）开心果脂肪含量较多，一次不宜食用过多，以免胃肠滞气、消化不良。
（2）肥胖之人和需减肥者不宜多吃。
（3）开心果性温，凡虚火旺、痰火炽热、腹泻便溏者暂不宜食用。

故事传说

开心果援军

传说公元前 3 世纪，亚历山大远征到一荒无人烟的地区时，军队粮草成了大问题，但天无绝人之路，士兵们发现一个山谷中长满了一种树，果实累累，他们试着采此果实充饥，结果发现此果实不仅能吃，而且有脆香味，吃后使人精力充沛、体格强健、增强能力。又据传公元前 5 世纪，波斯战争时，波斯人就是全靠食阿月浑子才使军队精力旺盛，连打胜仗的。当时波斯牧民在游牧时，必需带足够的阿月浑子，才进行较远的迁徙。

板　栗

你待坚心走，我待坚心守。
栗子干甜美芋头，翁母同张口。
开取四时花，绽取三春柳。
一性昭然全得它，玉液琼浆酒。

——《黄鹤洞中仙》·元·王哲

物种基源

板栗（Castanea mollissima），为毛榉科板栗，属落叶乔木植物板栗的果实，又名栗果、凤栗、毛栗、栗子、瑰栗等。我国是栗子的原产国，我国种植栗子的历史可远溯至五、六千年前的新石器时代，甲骨文中也有它的象形字；《吕氏春秋》上有"果之美者有冀山之栗"的记述。《史记》上说："燕秦千树栗，其入与千户侯等。"

栗属植物，全球共有12种。我国产3种，除板栗外，还有茅栗和锥栗，这三种都是能食用的。我国栗的种植范围宽广，北起吉林、辽宁，南至贵州、云南、台湾，各省几乎都有种植。板栗有南北之分，北栗果实小，皮薄，容易剥开，淀粉含量低，肉质细腻；南栗果实较大，淀粉含量高，肉质脆嫩。茅栗和锥栗都生长在长江流域及皖南山野地区，果实比较小。栗子有热水栗子与冷水栗子之分，划分热水栗和冷水栗以农历节气霜降为界，霜降前为热水栗子，水分多，不耐贮存，霜降后为冷水栗子，水分较少，耐贮存。

生物成分

据测定，每100克可食板栗，含蛋白质10.2克，脂肪7.4克，碳水化合物72.5克，膳食纤维1.7克，还含维生素A及人体所必需的微量元素钙、铁、锌、镁及多种脂肪酶。

食材性能

1. 性味归经

板栗，味甘，性温；归脾、胃、肾经。

2. 医学经典

《千金方》："养胃，健胃，补肾，强筋，活血，止血。"

3. 中医辨证

板栗具有健脾、壮腰、强筋、补肾、活血、消肿等功效，适用于小便频繁症状的肾虚、腰膝酸软等，特别是老年肾虚、大便溏泻者更为适宜食用板栗。

4. 现代研究

栗子所含的不饱和脂肪酸和多种维生素，能抗高血压、冠心病、动脉硬化等症，是抗衰老、延年益寿的滋补佳品。

食用注意

（1）板栗生食难消化，熟食易滞气，故一次不宜食用太多，否则易伤脾胃。
（2）脾胃虚弱、消化不良者不宜食用。
（3）已变质霉变的栗子不能食用，否则会中毒。
（4）栗子含糖量较高，糖尿病患者少食为佳。

传说故事

一、武则天与板栗

据传，（河北省）前南峪村的"板栗王"是经唐朝女皇武则天颁旨敕封昭告天下的奇树。位于太行山深处的前南峪村，自古就种植板栗，有得天独厚的自然条件、品种优良和成熟的技术，盛产板栗当地人民除自给自足外，还经常把板栗运出大山，畅销全国各地，板栗树成了当地农民致富的摇钱树。

很久以前，与前南峪村紧邻的浆水镇曾是古代邢国国都和襄国国都，这里物华天宝、粮丰果佳、商贾云集，素有"太行明珠"之称，唐朝历代皇帝都对这颗"明珠"十分珍爱。武则天当上皇帝后，她专门派京官到浆水镇一带考察果树种植和管理情况，将位于前南峪村半山腰的一棵大板栗树敕封为"板栗王"，还把邢台官府每年奉送的优质板栗定为宫廷御品。就这样，自唐朝武则天称帝始，前南峪的"板栗王"就代代相传，久享盛名了。

二、翁同龢与桂花栗子羹

相传清代同治、光绪二帝的老师翁同龢，因赞成戊戌变法，被革职回乡，隐居在（江苏省）兴福寺。翁同龢常去王四的茅舍小酒店饮酒尝新，渐渐与王四相熟。中秋节后的一天，王四见翁先生又来饮酒，连忙准备了一道点心，翁同龢品尝之始，觉得香甜爽口，连连称好，这道点心就是现今常熟八大名点之一的"桂花栗子羹"。

三、北京糖炒栗子的由来

陆游在《老学庵笔记》中记载："故都李和焰栗名闻四方，他人百计效之，终不可及。"当汴京陷入金人之手，李和被掳掠至金中都（今之北京），李日夜思念故乡，后有南宋使臣至燕山，有人持炒栗献于马前，自叹曰："李和儿也。"挥泪而去，就是这位炒栗高手为北京留下了著名的糖炒栗子，至今不衰。

荔 枝 干

虎眼白琉璃，谁能隶虎皮。

小球蜂粉结，高液乌群司。

妇去茶如荠，王归胆亦饴。

由来甘苦柄，舌现岂能持。

——《食虎眼》·明·徐渭

物种基源

荔枝干（Litchi chinensis Sonn.），为无患子科常绿植物荔枝烘干后的干果，又名离枝干、麻荔枝干、丹荔干、火山荔干、丽枝干、勒荔干等。

诗人苏东坡喜吃荔枝，写诗赞美荔枝："罗浮山下四时春，卢橘杨梅次第新。日啖荔枝三百颗，不辞长作岭南人。"

从唐朝开始，我国古代果农就用日晒火焙方法，把鲜荔枝加工成荔枝干。古人诗中有"红消白瘦香犹在，想见当年十八娘"之句，说的就是一种名叫"十八娘"的鲜荔枝，经加工而成荔枝干的状态。

鲜荔枝成熟度在七八成时就带穗剪下，用日晒或火焙的方法进行干制。日晒的称生晒荔枝干，壳色红艳，肉色黄亮，肉面上有很细致的绉纱，色、香、味俱佳，广东的糯米枝、槐枝和福建的元红枝，大部分用日晒法。火焙的荔枝干，壳色、肉色和风味都不及日晒，但荔枝成熟的时候，正是产地天热多雨的季节，日晒费时太长（通常曝晒的时间要20~25天），所以多采取火焙成干。

生物成分

据测定，烘干的100克荔枝果肉中含葡萄糖高达66％，还含有果糖，蔗糖及丰富的维生素A、维生素B、维生素C以及柠檬酸、叶酸、苹果酸和多量游离氨基酸等，此外，还含有钙、磷、铁等多种矿物质。

食材性能

1. 性味归经

荔枝干，味甘、微酸，性温；归脾、胃、肝经。

2. 医学经典

《本草纲目》："生津，通神，益智，健气，益人颜色。"

3. 中医辨证

荔枝干，炎方之果，气味纯阳，其性畏热。味甘，酸，鲜美，有生津、益血、理气、止痛之功，有益于烦渴、呃逆、胃痛、瘰疬、疔肿、外伤出血等症的食疗助康复。

4. 现代研究

荔枝对大脑细胞有补养作用，并有利于大脑细胞正常生理功能的发挥，由于荔枝干含有较多的游离的色氨酸，因此对脑及中枢神经系统能发挥较好的抑制调节作用。有实验研究资料报告，发现动物进食多量碳水化合物后，就会有更多的色氨酸进入脑内，被脑细胞转化为血清素，可帮助其入睡，这项研究结果对荔枝干有助于缓解疲劳乏力、失眠多梦、健忘烦恼、记忆衰退等症状是一个有力的佐证。

食用注意

（1）荔枝干性偏温热，不可连续多吃，尤其是过热体质者和儿童。

（2）睡眠质量差者，晚上亦要少吃荔枝干。

（3）吃荔枝干过多也会出现以降低血糖为主的"荔枝病"，严重者会出现昏迷、抽搐等症状，如出现这些症状，应及时送医院救治。

（4）糖尿病患者少食、慎食荔枝干。

传说故事

一、白居易与荔枝核

荔枝核，就是吃荔枝剩下的果核，多数人都把它当作废物扔掉了，至于它如何成为一味中药，还有个脍炙人口的故事。

相传，唐代大诗人白居易一天正在家中修改诗稿，有位南方的诗友来看望他，还带来一些刚成熟的荔枝。于是两人一边研究诗稿，一边品尝鲜美可口的荔枝，吃着吃着，白居易不由得诗兴大发，挥笔写了一首赞美荔枝的诗句："嚼疑天上味，嗅异世间香。润胜莲生水，鲜逾橘得霜。"这时，他的妻子春兰进来，看见桌子上摆着许多荔枝核，就包在一起，随手放在桌子的抽屉里，时间一长，就忘掉了。

一个月后，白居易因受凉得了疝气病，行动不便。妻子春兰到郎中家取药，郎中问明病情后，就包好一包中药给了春兰。春兰回到家，因为家务活儿忙，没有立刻煎药，就顺手放在原先放荔枝核的抽屉里。过了一会儿活忙完了，春兰从抽屉里拿出郎中包好的中药，打开一看，是几粒荔枝核。她忽然想起了自己存放的荔枝核，是不是拿错了？于是打开另一纸包，一看也是荔枝核，两个包里的东西一个样。她低头思索了一会儿，难道郎中给的药就是荔枝核，这荔枝核能治疝气病？为了慎重起见，春兰又到郎中家询问，郎中说给她的药就是荔枝核，荔枝核是治疝气病的良药，他曾治愈不少疝气病人。春兰这才熬了荔枝核水，让白居易服用。

没过几天，白居易的疝气病就好了。以后，他逢人就说，见人就讲，荔枝核能治疝气病。后来，白居易到京城居住，又告诉了一个御医，御医在编修"本草"时，收集上了荔枝核，就这样，荔枝核成为一味中药流传下来。

二、"三味荔枝"

传说很久很久以前，村里居住着一对年轻美貌的夫妇，女的叫天仙，男的叫果儿，他们有一个可爱的女儿叫甜女。

有一天，天仙在家门口与女儿玩耍，这时恰好一个魔王从她头上飞过，这魔王见了天仙的美貌，不由淫心顿起，便按落云头去抢天仙，魔王搂住天仙的腰正要准备飞走，勇敢的甜女却死死拉住母亲，还大叫父亲果儿来帮忙，一点也不惧怕魔王。果儿当时在家做饭，听到叫声，连忙从屋里跑出来，一齐与魔王展开搏斗。这魔王虽然有一定的法力，但因为未成正果，法力有限，被甜女一家人缠着拖住，好事怕不成了，便火冒三丈对着他们的头各吐一口唾沫……

这时被施了魔法的甜女他们，身体竟慢慢变僵硬了。不久，他们的手变成了树枝，衣服头发变了绿叶，腿变成了树干，脚变成了枝根……三人竟变成了一棵高六丈，三人合抱粗的三叉荔枝树。结的荔枝不但颜色不同，味道也不同，东边的酸，南边的半酸半甜，西边的较甜。人们都说东边的那棵是果儿变的，南边的那棵是天仙变的，西边的那棵是甜女变的。

"三味荔枝"至今还在，该村村民为纪念该传说，对这棵荔枝树敬若神明，他们在树下立了香炉，每当农历节日或喜庆事，就准备三牲祭品对树顶礼膜拜，祈求保佑。

榧　子

红豆杉科果灭虫，粗嚼细品味不同。
从此不言上春事，驱除寄生康稚意。

——《咏榧子》·现代·顾素珍

物种基源

榧子（Torreya grandis Fort.），为红豆杉科榧子属裸子植物榧的果实种子，又名彼子、玉山果、赤果、羊角榧、木榧、香榧、玉榧、野极子、榧实、赤果榧、黑子等。榧子原产我国，"彼美玉山果，粲为金盘实"。这是北宋诗人苏东坡在杭州任刺史的时候吟咏榧子的诗句。据《名医别录》记述，我国种植榧子有一千五百多年的历史。榧子按品种分为香榧（含厚壳与薄壳）、米榧、圆榧、雄榧、芝麻榧、钝头榧六种，有两种在北美，一种在日本，三种在我国。香榧子是其中最优良的品种，它只产于我国，我国产区主要分布在长江以南，南岭以北及西南地区。有趣的是："千年香榧三代果"，父、子、孙三代果同树，这在果树中是非常奇特的，唐武宗时，名相李德裕在他宰相府里曾栽着香榧树，就称为奇木。

生物成分

据测定，每100克可食香榧仁，含蛋白质20.0克，脂肪50.0克，碳水化合物28.0克，膳食纤维1.2克，还含维生素A、B_1、B_2、E，泛酸、尼克酸及微量元素钙、铁、磷、镁、钾、钠、铜、锌等。其果实外面的绿色肉质化假皮中含有柠檬醛、茅樟脂，脂肪中含棕榈酸、亚油酸、甘油酯、油酸、甾醇等。

食材性能

1. 性味归经

榧子，味甘，性平；归肺、胃、大肠经。

2. 医学经典

《本草再新》："治肺火，健脾，补气化痰，止咳嗽，去三虫。"

3. 中医辨证

榧子，有杀虫、消积、润燥的作用，有治虫积腹痛、小儿疳积、燥咳、便秘、痔疮等功效。

4. 现代研究

榧子含有多种植物碱，对治疗淋巴瘤有一定疗效。榧子的杀虫范围较广，如蛔虫、蛲虫、钩虫、片姜虫等肠道寄生虫类。

现代研究还表明：榧子含有亚油酸及碘，有助于降低血脂、胆固醇、软化血管、促进血液循环，有利于高血压、动脉硬化等疾病的预防。

食用注意

(1) 榧子因含高脂肪，易滑肠，大便稀溏者不宜食用。
(2) 榧子有收缩子宫的作用，故孕妇不宜食用。
(3) 素有热痰的患者不宜食用榧子。
(4) 榧子不宜与绿豆同时食用，否则容易发生腹泻。

传说故事

"榧子"名字的由来

相传，很久以前，海南琼州靠海边住有一户渔民，生有一女，品貌端庄、秀丽动人，但泼辣。一日，父母出海捕鱼，渔女留在岸上的渔舍补渔网，忽有二海匪窜上岸，见只有补网的渔女一人，便生非分之想，渔女不从，二海匪将其按倒。突然，渔女来了一个鲤鱼打挺，把正解裤腰带的海匪蹬了个仰面朝天，并乘势跃起用补网的梭子将仰在地上的海匪两眼刺瞎，痛得其在地上直打滚。另一海匪见状，挥刀将渔女砍死，并将两只眼球挖出，扔挂在红玉杉树枝上，顷刻，渔女的眼球变成了树果。因这果子是海盗所为，古人便将这果子的名字用一个"木"字和一个"匪"拼凑而成，从此这果子便叫"榧子"，其寓意深长。

腰　果

> 王母庭前未植株，鬼谷门生下赌注。
> 泾河太子废卦棚，方得人间鸡腰果。
>
> ——《腰果》·宋·顾生楠

物种基源

腰果（cashew），为漆树科腰果属常绿乔木或灌木腰果的果实，又名鸡腰果。它祖籍南美洲，原是当地森林中的野生植物，耐干、耐贫瘠。腰果树很奇特，它常年生长，在一般种植条件下，两年即可开花，三年开始结果，有时它一年开三次花，结三次果，果实结得也很奇特，分为坚果和果梨上下两个部分。人们习惯把上部分称为假果，下部分称为真果。假果是花托形成的肉质果，呈卵圆形或扁菱形，成熟后为鲜红色或橙黄色，样子很像梨，比腰果大 2～4 倍，俗称梨果。真果，即我们常见到的腰果仁，是长在假果的顶端的果仁，为青灰色，身披坚硬的果壳，果仁就藏在里面，它形状很像鸡的腰子（肾），因此而得名腰果或鸡腰果。

生物成分

据测定，每 100 克可食腰果，含蛋白质 21 克，脂肪 47.6 克，碳水化合物 26.7 克，膳食纤维 6.7 克，维生素 A、B_1、B_2、B_6、C、D、E，烟酸、叶酸、生物素及微量元素钾、钠、钙、镁、锌、铜、锰、硒、铁等物质。

腰果梨的果肉脆嫩、汁液丰沛、酸甜适口，含水分 87.8%，碳水化合物 11.6%，蛋白质 0.2%，脂肪 0.1%，此外，还含有多种矿物质和维生素。

食材性能

1. 性味归经

腰果，味甘，性平；归心、脾、肾经。

2. 医学经典

《增补食物秘书》："补脑养气，补肾益脾。"

3. 中医辨证

腰果，可补润五脏、安神、补肾强身，适用于肾虚、腰膝酸软等症。果壳液是治疗麻风病、癣、橡皮病的理想良药，腰果树皮浸酒可治疗高血压、牙病、糖尿病等症。

4. 现代研究

腰果梨汁可用于防治胃肠疾病，对利尿除湿有一定的功效。

食用注意

（1）腰果好吃，但要慎防过敏反应，特别是以往有食物过敏反应病史的人，第一次吃腰果时要格外小心，进食量不可过多。

（2）大便溏泄者，暂时勿食腰果为宜。

传说故事

腰果的由来

相传，唐贞观年间，长安干旱，三年不下雨。一日，负责行风雨的泾河老龙王化作一书生来到长安闲游。见到鬼谷子的门生，天河摆渡星袁乔的儿子袁天罡在卖卦，便上前有意寻开心，向袁天罡买卦，卜问长安何日有雨下，袁天罡一本正经告诉泾河老龙王："今夜子时天作变，东南有块乌云起，西北有片紫云上，乌、紫二云两搭界，明日日出卯时定有雨奔下方。"泾河老龙王一听，心想，我主行风雨，还未接到天上玉皇大帝颁发的下雨御旨，就是有御旨，我将雨偷下到山东六府，偏不下在长安街上。便坚定地对袁天罡讲："不可能！"袁天罡说："先生敢打赌吗？"泾河老龙王道："当然可以！"袁天罡追问道："赌什么？"泾河老龙王说："赌你我肩上的头。"袁天罡道："请先生你我今晚早点休息，戌时梦中听御旨，并请当朝老将魏征作证，不知先生意下如何？"泾河老龙王斩钉截铁地说："当然可以。"

当夜戌时泾河龙王果然接到降雨御旨。虽然泾河老龙王将雨偷下到山东六府，但因雨量过大导致黄河水倒流，水漫长安城。为此，泾河老龙王有违御旨，违反天意，罪当该死，遂命唐王手下大将魏征于五月初五午时三刻用菖蒲剑将泾河龙王斩首，头挂长安街。此事就是传颂民间的《斩龙卖卦》，事情并非就此平息，泾河龙王的三太子，为替父报仇，来长安找袁天罡报仇。袁天罡未寻着，找到袁天罡的卦棚和卜卦用的一对形似猪腰的"玉告兆"。先烧了卦棚，后将"玉告兆"用手碾得粉碎扔向南方很远的地方，凡是碾碎的"玉告兆"落入尘埃，便很快长成大树，结出似鸡腰形的腰果，又名"鸡腰果"。

葡 萄 干

翠实肥初熟，琼浆迸欲流。
向来为酒者，一斗博凉州。

——《题葡萄》·元·揭傒斯

物种基源

葡萄干（Vitis vinifera），为葡萄科葡萄属落叶乔木木质藤本植物葡萄的果实加工成的干品，又名无籽露干、汤普森干、无核等。

我国生产葡萄干的历史可追溯到南北朝时期大同年间（公元535—540年），据《太平广记》记载：高昌国（现吐鲁番市）曾派使臣向梁武帝进献葡萄干，考古工作者也曾在吐鲁番唐代墓葬中发现过葡萄干。最著名的葡萄干出产于新疆吐鲁番盆地及和田地区，由无核的葡萄加工而成，质软，含糖量高。其加工方法有三种：一为在太阳光下直接曝晒，制成褐色葡萄干；二为在阴房中晾制（仅限吐鲁番和田地区）；三为快速干制法，先将葡萄脱水处理，再入烘干机烘干，从而大大缩短了制干时间。

生物成分

据测定，每100克可食葡萄干，含蛋白质2.5克，脂肪0.4克，碳水化合物83.4克，膳食纤维8.8克，维生素C及微量元素钙、钾、钠、镁、铁、硒、铜等，葡萄干为高级营养食材。

食材性能

1. 性味归经

葡萄干，味甘，微酸，性平；归肺、脾、肾经。

2. 医学经典

《随息居饮食谱》："补气，滋肾液，益肝阴，强筋骨，止渴，安胎。"

3. 中医辨证

补肝肾、益气血、生津液、利小便，适用于脾胃虚弱引起的营养不良性水肿、痢疾、痘疮、疮疹等病，且是一种补诸虚不足，延长寿命的良药。

4. 现代研究

葡萄皮和葡萄籽中含有一种抗氧化物质——白藜芦醇，可有效预防和治疗心脑血管病，是老年人、妇女及体弱贫血者的滋补佳品。

食用注意

（1）含糖偏高，糖尿病患者忌食。

（2）补钾和服用安体舒通、氨苯蝶时不宜同时食葡萄干和其他含钾高的食物，否则，易引起高血钾症，出现胃肠痉挛、腹胀、腹泻及心律失常等症状。

传说故事

葡萄与狐狸

有一天，狐狸来到了大草原上，发现了一棵葡萄树。葡萄树上结满了一串串晶莹透亮、香气扑鼻的葡萄。它想：这葡萄一定又甜又好吃！它看着葡萄，舌头舔着嘴巴，直流口水。

狐狸想吃葡萄，可是，树太高了，够不着。于是，狐狸用尽力气，跳上去用手抓，还是没够着，只摘下了几片叶子。它想：我要是能像熊猫一样会爬树就好了，狐狸又试了几次，还是没够着，旁边的小兔啦、小鹿啦都笑狐狸是个傻瓜。

狐狸累得汗流浃背，喘着粗气说："这葡萄还没熟，一定很酸！一定是不好吃的。"说着它垂头丧气地回家了。它边走边回头看一眼它心爱的葡萄，心里是酸酸的。它边走边自己安慰自己说："这葡萄没有熟，肯定是酸的。"

这故事是说，有些人能力小，做不成事，就借口说时机未成熟，这就是"吃不到葡萄说葡萄酸"的来历。

龙 眼 干

龙月晾干鲜不济，免去太真着真气。

香味色泽何曾巧，此时难分南北枝。

——《龙月干》·明·石真

物种基源

龙眼（Euphoria longan.），为无患子科龙眼属植物龙眼的果实。龙眼干是龙眼肉，是果实的假种皮烘烤而成的干品，又名益智干、龙月干、骊珠干、圆眼干、桂圆干、桂元干等。我国龙眼制成肉干已有2000多年的历史，其品种、品级相当复杂。民间有"龙眼树下长寿叟，阿翁一夜发变乌"之美句。龙眼干主产于广东、福建、台湾、海南、广西等热带、亚热带地区。

生物成分

据测定，每100克可食干龙眼肉，含水分17.7克，蛋白质4.6克，脂肪1.6克，碳水化合物71.5克，膳食纤维2克及维生素B_1、B_2、C、P，尼克酸、硫胺素，还含钾、钠、钙、镁、铁、锰、锌、铜、磷、硒等微量元素，另外尚含藻红朊、胆甾醇、多糖、十八酸、丙酮酸等。

食材性能

1. 性味归经

龙眼干，味甘，性温；归心、脾经。

2. 医学经典

《本草再新》："祛风散邪、聪耳明目、益心脾、补气血、益智宁心、安神定志、敛汗止泻、润肺止咳。"

3. 中医辨证

龙眼肉干，性平，为补气血、益心脾、安神益志的干果要药，适用于贫血、气短、心悸、失眠、健忘、神经衰弱及病后、产后身体虚弱、肠风下血等症。

4. 现代研究

龙眼干含有多种营养物质，对失眠、心悸、神经衰弱、记忆力减退、贫血等症有益，对于年老体衰、久病体虚、妇女产后等症，龙眼干是重要的调补食材。

食用注意

（1）湿阻中满或有停饮、痰、火者忌服食龙眼肉干。

（2）孕妇不宜食用。产前体内多有内热，不宜食用温热性食品，本品甘温，可生热助火，变生热性疾病，故孕妇不宜食用龙眼肉干。

（3）小儿不宜多食。小儿脏腑功能薄弱，容易生热、生寒，导致疾病，不宜多食偏热、偏寒的食品，本品升温助热，小儿多食可以积热发病，故不宜多食龙眼肉干。

（4）服用糖皮质激素时不宜食用。糖皮质激素有抑制糖分解、促进糖元异生、升高血糖的作用，服用糖皮质激素时不宜食用含糖量高的食品，本品含糖量较高，故不宜食用。

（5）服苦味健胃药及退热药时不宜食用。服苦味健胃药及退热药时不宜食用甜味含糖分高的食品，因甜味含糖量高的食品能影响药物疗效，本品为含糖分高的甜味食品，故服苦味健胃药及退热药时不宜食用龙眼肉干。

（6）糖尿病患者少食或慎食龙眼肉干。

（7）有一种同属于无患子科的龙荔的果实冒充龙眼出售，不可不慎。因龙荔有毒，俗称"疯人果"。龙荔一般比龙眼大，呈灰黄色，但在表面涂上一层黄色细粉加以伪装，用手揉摸时细粉易脱落，龙荔的表面没有龙眼那样光滑，而是有很多明显的圆点状凸起的小疙瘩，龙荔的果肉厚而发黏，口感甜而发涩。

故事传说

屠恶龙摘眼

相传古时有一条恶龙兴风作浪，毁田毁屋，为害一方。有英武少年名叫桂圆，决心为民除害。他只身与恶龙搏斗，用钢刀先刺出恶龙的左眼，在恶龙反扑时，又挖出其右眼，恶龙因流血过多而死，桂圆也因伤势过重去世。乡亲们将龙眼和桂圆埋在一起，第二年便长出两棵大树，树上结果，果实圆亮，极似龙眼，于是，称其树为"龙眼树"，称其果为"龙眼"，又名"桂圆"。

罗 汉 果

岩头古佛留心印，岩下高人新受持。

佛变本来无隐现，人于悟处领希夷。

莫嫌梦里还谈梦，又看奇中更有奇。

他日证成罗汉果，相逢不必问伊谁。

——《师心主人作飞锡岩》·宋·王迈

物种基源

罗汉果（Momordica grosvenori Swlngle），为葫芦科罗汉果多年生宿根草质藤本植物罗汉果的果实，又名汉果、青皮果、长寿果、神仙果等。大凡果品，一般都是有肉有汁或有肉无汁，可供食用。唯独罗汉果，却是既没有肉也没有汁，只采用其烘干的果实，经沸水冲泡作茶饮用或者煎水服用，堪称果之一奇。罗汉果的果形可分为两大类，一类是长形果，一类是圆形果。据植物学家研究考察，罗汉果是我国独有果品，在18世纪以前还是野生果，一年种植可多年收获，生长寿命为15～20年，主产于广西，质优的多产于广西的永福、临桂地区，现湖南、广东、江西、福建、云南、贵州、江苏等地也有种植。果子摘下后，要经过一周糖化（要保护好果皮），再烘烤，除炭火烘烤外，现已采用远红外线烤箱烘烤，质量则更有保证。主要的品种有：长滩果、冬瓜果、红毛果、马铃果、判官果、青皮果、拉江果等。

生物成分

据测定，罗汉果主要成分为蛋白质、罗汉果苷 V，还含有丰富的葡萄糖、果糖及 D-甘露糖和维生素 B_1、B_2、C，微量元素镁、铁、锌、钙、钾、钠、钴等。罗汉果虽可少量鲜食，但通常烘干保存，是种风味独特的干果，也可水煎或用沸水泡服，每次半个到一个。

食材性能

1. 性味归经

罗汉果，味甘、酸，性凉；归肺、大肠经。

2. 医学经典

《新编中成药手册》："清热凉血，生津止渴，滑肠排毒，嫩肤益颜，润肺化痰。"

3. 中医辨证

罗汉果，具有清热、解暑、滋肺、益肝、生津、消渴、止咳、祛痰、润肠、通便的功效，能促进胃肠机能、抑制哮喘，对伤风感冒、慢性支气管炎、扁桃体炎、咽喉炎、百日咳、痰火咳嗽、血燥便秘、咽干声嘶均有良好的食疗效果。

4. 现代研究

罗汉果，对咳嗽、慢性头痛、关节疼痛和脾肿大（中医称疟母）有益。现代研究还发现，罗汉果含有一种比砂糖甜 300 倍的新物质（S-S糖苷），这种物质无一般食用糖的作用，是糖尿病患者和肥胖人最理想的甜味物质，并具有降糖作用。

食用注意

（1）罗汉果性凉，故体质虚寒，特别是脾胃虚寒者慎食和不宜多食。
（2）孕妇禁用。

附注：罗汉果花

罗汉果花为葫芦科多年生宿根草质藤本植物的花，具有清热解毒、化痰止咳、养生润肺、去除口臭、治疗口腔炎、咽炎、扁桃体炎、色斑、肝斑、暗疮等功效。

传说故事

一、罗汉果的由来

很久以前，一位住在永福县龙江乡的瑶族农民，有一天进山去砍柴，不慎左手背被野蜂蜇了一下，局部红肿胀疼，情急之下，他顺手从身边一条藤子上摘了一只野果擦手，擦了几下之后，竟然止住了胀痛，他很高兴，用鼻子闻闻，野果还有一阵清香，他掰一点放入嘴中，清甜如蜜，他就又摘了数颗野果带回村里。村里人都不认识它，叫不上名字来。后来有一位名叫罗汉的走村串乡的医生知道了这件事，就邀这位瑶族农民兄弟带他上山去看，并将这种野果采回来反复研究，试着用它来治咳嗽等病症，效果挺好。从此这种野果便运用到了医药上，同时也开始了人工种植。后来，人们为了纪念那位罗汉医生，就把这种果子取名叫"罗汉果"。还有一说，因为罗汉果的果实圆而肥大，外形好像罗汉晒肚皮，故名罗汉果，还是前面一说更具有意义。

二、强盗证得阿罗汉果

佛陀时代，有一个从小就出家的小沙弥，他想到自己已经出家很久了，应该去受戒，当他要去受戒的时候，老比丘问他："你超过二十岁了吗？"

"我不知道呢！我不会算啊！"小沙弥抓抓脑袋。

老比丘说："那么你要回去问你家人，问清楚了再来。"

小沙弥说："好！我这就回去。"

小沙弥回家必须要经过一座森林，没想到，他一进森林就被强盗抓起来，这些强盗在他身上找不到任何值钱的东西，就准备要杀他。小沙弥镇定地跟强盗说："我没有回到家里，别人就知道这森林里有强盗，以后就没有人敢来这个地方，甚至村民们还会联合起来抓你们，所以，你们不该杀我，杀我对你们没有好处。"强盗们听了觉得很有道理，于是跟小沙弥约定："如果你不会跟别人说这里有盗贼，我们就放了你。既然你是出家人，就要守信用喔！"小沙弥开心地答应了。他回到家里，第一件事就是问父母自己几岁，父母回答："你早就满二十岁啦！可以受戒了，这可是一件大事，我们和你一同回去庆祝吧！"于是，小沙弥的家人和亲戚，都跟他回到祇园精舍。强盗看到一大堆人来到森林里，马上把他们全部抓起来，准备洗劫财物。当他们发现小沙弥，生气地说："喂！你明明知道我们在这里，怎么没有告诉你家里的人，让他们不要来？"

小沙弥说："我已经答应过你们不会提起这件事，我没说，就是不妄语。"当时，所有强盗看到这个小沙弥如此诚信，都被他感动，就将他家里的人全放了。强盗头子问："你们出家人好像都很快乐！出家有什么好处呢？"

小沙弥回答："出家的生活看起来很简单，但其实也不简单。出家的好处就是不用像你们这样，去做强盗、去抢劫，有钱不一定能使人快乐，随喜也是一种快乐！法喜也是一种快乐！这就是出家的快乐。"结果，强盗们都跟他去出家。竭尽努力，最后这群强盗全部证得阿罗汉果。

乌 梅

天赐胭脂一抹腮，盘中磊落笛中哀。
虽然未得和羹便，曾与将军止渴来。

——《梅》·唐·罗隐

物种基源

乌梅（Prunus mume Sieb. et Zucc.），为蔷薇科落叶乔木梅的未成熟果实，经火焙干，再闷至色变黑而得，又名梅实、熏梅、桔梅肉、春梅、干枝梅、黄仔、合汉梅、乌梅炭。

乌梅，以色黑而有光泽、味酸、醇不杂、坚实者为佳，主产于福建、浙江、四川、湖南等地。

生物成分

乌梅，果实含柠檬酸、苹果酸、琥珀酸、枸橼酸等多种有机酸，果实成熟时还含有微量氢氰酸，种子含苦杏甙、β-谷甾醇、齐墩果酸样物质。

食材性能

1. 性味归经

乌梅，味酸、涩，性平；归肺、脾、大肠经。

2. 医学经典

《神农本草经》："敛脾，生津，安蛔。"

3. 中医辨证

乌梅，味酸、涩，性平，以酸涩为用，而有敛肺止咳，涩肠止泻之功，有益于肺虚久咳、久泻不止之症；若与甘寒之药同用，而起酸甘化阴作用，故能生津止渴、以利消渴。本品味极酸，而"蛔得酸则伏"，故为安蛔良药，以治蛔虫引起呕吐、腹痛之症。可用治胆道蛔虫引起之胆绞痛以及胃酸缺乏所致的食欲不振、消化不良等症，有较好的疗效。

4. 现代研究

乌梅能使胆囊收缩，促进胆汁分泌，并有抗蛋白过敏作用。

据抗菌实验，本品对大肠杆菌、痢疾杆菌、伤寒杆菌、绿脓杆菌、霍乱弧菌、结核杆菌、溶血性链球菌等有抑制作用，对各种皮肤真菌亦有抑制作用。

食用注意

乌梅酸敛之性颇强，凡外感咳嗽、泻痢初起及有湿邪者均不宜食用。

传说故事

一、曹操与梅

南朝刘宋时期刘义庆《世说新语·假谲》里有这样一则传说故事，曹操带领军队走到一个没有水的地方，士兵们渴得很，如果停下来休息，很可能渴死很多士兵。曹操就骗他们说：前面有片梅树林，到那摘梅子吃可以解渴。兵士听说有梅子可吃，口里都生出了口水，也就不那么渴了，最后终于找到了有水源的地方，后来收复了大片北方土地。"望梅止渴"的故事流传至今，家喻户晓，也道出了梅可生津止渴的医学道理。无独有偶，《峨眉山志》还记载了类似的故事："山有梅子坡，白云禅师道行偶渴，索水不得，望坡前有梅树，拟此累累梅实，可以回津，至其地无一梅树，而渴已止矣。"

二、梅史小考

乌梅，原产我国长江以南各地，以四川、湖北西部和西藏东部山区为分布中心，我国植梅大约起于商代，距今已有近4000年的历史了。在我国古代书籍中，《周礼》中称"榛"（食用梅的古称），《尔雅》上叫"枏"，《说文》中作"楳"，春秋战国时期，爱梅之风很盛，人们把梅花和梅子作为馈赠和祭祀的礼品。在殷商出土文物中，可以看到铜鼎器皿上有梅核图案，竹筒上有梅形。至汉朝，梅花已入宫苑。南北朝时期，扬州、南京都好似植梅盛地。隋唐时代，植梅、咏梅之风更盛，杭州西湖、孤山的梅花，在唐代即已驰名。宋朝要算是我国历史上植梅最昌盛的时期，南宋诗人范成大著有《梅谱》一书，记载当时梅花已有9个品种，这是中国第一本梅花专著，也是世界上最早的梅花专著。明清时代，梅花栽培规模与水平都有提高。约在公元1474年前，梅花由我国传到朝鲜，后又东渡日本，到1878年传入欧洲，1908年由日本传至美国。

我国梅花现有230多个品种，分为食用梅、观赏梅两大类，食用梅有青梅、白梅和花梅几种，其果实可供食用和药用。梅的食用在我国历史悠久，《诗经》记载："标有梅，其实七兮。"这里所咏的梅就是指食用梅。最初植梅，是为了采集果实作调味品用，而不是为了观赏，那时的梅，几乎与食盐同样重要，为日常生活所不可缺少。

梅的寿命很长，现存的古梅有：云南昆明温泉曹溪寺内元代种植的梅树，杭州超山800多年的宋梅，浙江天台山国清寺1300多年的隋梅，湖北黄梅蔡山植于晋代的"二度梅"，一年两度开花，至今已有1600多年了。因为我国是梅花的故乡，赏梅的胜地很多，广东大庾岭的罗浮山，武昌东湖的梅岭，杭州西湖的孤山、超山，苏州的邓尉，无锡的梅园，每逢梅花盛开时节，香雪成海，醉人心目。现武汉、南京、苏州都把梅花定为市花。

由于梅花具有高洁坚贞，顽强雄健，傲霜凌雪，不俗浮沉的高尚品格，诗家咏梅，画家画梅，园艺家种梅，相沿成习，成为我国的优良传统风格。在我国的花卉诗中，咏梅诗篇为数最多，或咏其风韵独胜，或吟其神形俱清，或赞其标格秀雅，或颂其节操凝重，真可谓"花中气节最高洁"了。

碧 根 果

碧果翠烧皮，吹去散筋仁满。

香气恰生心暖，入咽清微软。

肌肤嫩润补脾中，益气健眉眼。

总食寿长灵动，感恩娇枫远。

——《好事近碧根果》·现代·舞动生命

物种基源

碧根果〔Caryaillinoensis（Wangn）Koch〕，为胡桃科核桃属落叶乔木植物碧根果成熟的果实，又名长寿果、美洲核桃、碧玉果、玛瑙果、玛瑙佛珠、菩提佛珠。按果形有大尖、中尖、小尖及大圆、中圆、小圆之分。以个大圆整、壳薄、肉质白净、出仁率高、干燥、颜色均匀、尺寸大小差不多、含油量高者为佳。原产美洲，是世界17种山核桃之一，20世纪我国引植成功。

生物成分

据测定，每100克可食碧根果仁含热能670千卡，水分5.3克，蛋白质17.5克，脂肪66.6克，碳水化合物7.6克，膳食纤维6.7克，灰分2.0克及维生素B_1、B_2、C、E，胡萝卜素，微量元素硒高达3.34毫克，钼3.44毫克，锌1.14毫克，铁6.59毫克，镁11.2毫克，钴0.332毫克，此外，还含总氨基酸1818毫克，必需氨基酸253毫克等。

食材性能

1. 性味归经

碧根果，味甘，性温；归肾、肺经。

2. 医学经典

《营养与健康》："补肾，益气，润肌肤，乌须发。"

3. 中医辨证

碧根果，可补中益气，补肾益精，养颜，适用于风寒气虚咳喘、肾虚畏寒、腰膝酸软、易疲劳、精液不足、遗精多梦、面色萎黄、食欲不佳者食用助康复。

4. 现代研究

碧根果含有丰富的脂肪，主要成分是亚油酸、甘油酯，食后不但不会使胆固醇升高，还能减少肠道对胆固醇的吸收，这些油脂还可供大脑基质的需要，对用脑过度耗伤心血能够补脑、改善脑循环、增强脑力。所含丰富的微量元素硒、钴、锌有预防动脉硬化、降低胆固醇的功效，还有助于非胰岛素依赖型糖尿病患者控制血糖，并有保肝护肝，提升红细胞的效果。

食用注意

（1）碧根果性温，不宜多食，否则易动火。

（2）不宜与白酒同食，二者均性热，易致血热，甚至咯血。

（3）身体肥胖者不易常食、多食。

（4）糖尿病患者如常食，需将碧根果的油脂列入每天油脂控制总量中，以均衡营养。

（5）腹泻、阴虚火旺者、痰热咳嗽、素有内热盛及痰湿重者均不宜食用。

（6）碧根果全部泛油、黏手、黑褐、出现哈喇味的已经严重变质，不能食用。

传说故事

碧根果名字的由来

相传，很久以前，美国加州的一个叫乔治·碧根的猎手在深山打猎时，发现有好多不知名的树上挂满了形似橄榄的果实，摘了一个剥开，放在嘴里一尝，味甜气香，便摘了一些带回家。几天后的傍晚，阴雨连绵，他见果实未干透，恐其发霉，就放在锅内炙炒，炒着炒着，一股香味四溢，诱得病卧在床咳喘多年的老母向儿子要吃，猎手拣了几个大的递给老母，老母吃后，第二天早上，感觉脑神清爽多了，咳喘也减轻了不少，后来老人坚持每天吃五六个碧根果，一年多的时间里被老母吃掉百余斤碧根果，老人咳喘病好了，再也没有复发过，从此，碧根果成了南北美洲老年人辅治寒症咳喘病的休闲食品。由于乔治·碧根是第一个发现和吃碧根果的人，人们就将此果叫"碧根果"。

第十二章　野果类

使 君 子

竹篱茅舍趁溪斜，白白红红墙外花。
浪得佳名使君子，初无君子到君家。

——《使君子》·宋·无名氏

物种基源

使君子（Ouisqualis indica L.），为使君子科植物使君子成熟的果实，又名留求子、史君子、色干子、病柑子、五棱子、索子果，冬均子，以个大，颗粒饱满，种仁色黄，味香甜而带有油性者为佳，产于我国南部和西南部。

生物成分

据测定，使君子主要成分含使君子酸、使君子酸钾等多种具有驱虫作用药效的成分，还含蔗糖、葡萄糖、果糖、苹果酸、柠檬酸、琥珀酸、生物碱及 1-脯氨酸、1-天冬素、脂肪油、吡啶、钾离子、钠离子、D-甘露醇等。

食材性能

1. 性味归经

使君子，味甘，性温；归脾、胃经。

2. 医学经典

《开宝本草》："杀虫消积。"

3. 中医辨证

使君子为驱蛔虫之要药。对于因蛔虫引起的腹痛、小儿疳积有较好的药疗，因其味甘，炒后服食还有香气，故尤宜于小儿，通常可以不服用泻药，单用即能见效。

4. 现代研究

使君子酸钾对蛔虫有麻痹作用。据抗菌试验证明，其水浸剂对常见致病性皮肤真菌有抑制作用。

食用注意

不可大量服食，若与茶同用，能引起呃逆、眩晕，以致呕吐等反应。

传说故事

一、使君子治小儿疳积与虫痛

相传，古代潘州有位名医叫郭使君，善治小儿之疾。他在治疗小儿病症的时候，经常独用一味草药，烧焦后让小儿吃，香甜可口，小儿喜欢吃，又能治虫病。

后来人们就把这味草药取名为"使君子"。使君子主治小儿疳积虫痛，是很好的小儿良药，所以民间有俗语云："欲得小儿喜，多食使君子。"

二、闽、台"七夕"习俗吃使君子

闽、台民间七夕的活动十分热闹而有趣。每逢七夕，几乎家家都要习食使君子，晚餐就用使君子煮鸡蛋、瘦猪肉、螃蟹等，晚饭后再吃些石榴，因为使君子和石榴都具有一定的驱虫功能。为何七夕有此保健习俗呢？相传北宋景祐元年（1034），闽南一带瘟疫流行，疫区人亡田荒。名医"保生大帝"吴本（979—1036）带徒弟四处采药救治，他看到大人小孩都面黄肌瘦，患有虫病，就倡导大家在七夕买食使君子和石榴。因七夕这天好记，又是石榴采摘时节，所以，民众都遵嘱去做，后来便相沿成俗。闽南、台湾人民为感念吴本高尚医德和高超医术，尊称"医录真人"，在吴本的家乡闽南白礁建塑像奉祀，宋孝宗还追封他为"慈济真人"，明成祖追封他为"万寿无极保生大帝"。直到现在，闽南、台湾一些地区仍沿袭七夕吃使君子、石榴的保健风俗。

柏 子 仁

银发寿翁托梦奇，柏子可食能充饥。
终南山中黑毛怪，忘却人间是何时。

——《柏子仁》·唐·龚守明

物种基源

柏子仁〔Playcladus orientalis（L）Franco〕，为柏科乔木植物侧柏的果仁，又名柏仁、柏子、柏实、侧柏仁等，全国大部分地区均有分布，秋后成熟时采收。

生物成分

据测定，100克柏子仁，含脂肪 14% 左右，还含碳水化合物、蛋白质、侧柏烯、侧柏酮、黄铜类化合物及多种微量元素钙、磷、镁、锌、硒等。

食材性能

1. 性味归经

柏子仁，味甘，性平；归心、肝、大肠经。

2. 医学经典

《养老奉亲书》："滋阴养肝，舒脾润肠，美颜乌发，凉血止血。"

3. 中医辨证

柏子仁，可养心安神、益阴止汗、润肠通便，适用于神经衰弱、心悸、失眠、便秘、慢性咳嗽等症的食疗助康复。

4. 现代研究

柏子仁，质润多液、多油及含皂苷、侧柏烯酮、黄酮类物质，有止血、抗菌、镇静、降压、祛痰、平喘作用，特别是对阴虚精亏，老年便秘、劳损低热等虚损性疾病大有裨益，另还具有美容、乌发等功效，为心神失养及肠燥便秘所常用食材。

食用注意

（1）便溏及咳嗽多痰者慎食柏子仁。

（2）柏子仁虽性平，但燥，能反胃，虽有止血之功，但无生阳之力，故血虚者不宜多服食。

传说故事

秦王宫女与柏子仁

相传，在汉武帝当政时，终南山中有一条便道，为往来客商马帮的必经之路。有一年，人们传说山中出了一个长发黑毛怪，其跳坑跨涧、攀树越岭，灵如猿猴，快似羚羊。于是人心惶惶，商贾非结伙成群不敢上山。消息传到了当地县令耳中，县令怀疑是强盗耍的花招，于是便命令猎户围剿怪物。谁知捕获的怪物竟然是一位中年毛女。据毛女说，她原来是秦王的宫女，秦王被灭后逃入终南山，正当饥寒交迫，无以充饥时，遇到一位白发老翁，托梦叫她食用柏子仁、喝柏汁。初尝时只觉得苦涩难咽，日久则觉得满口香甜，舌上生津，以至于不饥不渴，身轻体健，夏不觉热，冬无寒意，时逾百岁人却不见老。消息一出，世人便争相服用。

覆 盆 子

灵根茂永夏，幽蹬罗深丛。

晶华发鲜泽，叶实分青红。

搜寻犯晨露，采摘勤村童。

藉以烟笋箨，贮之霜筠笼。

——《覆盆子》·唐·王维

物种基源

覆盆子（Rubus chingii Hu），为蔷薇科落叶灌木植物覆盆子的成熟果子，又名覆盆、种田泡、翁扭、牛奶母、小托盘等，分布于华北地区，夏秋时果实由绿变绿黄时采摘，入沸水略烫或略蒸，取出晒干即可。

生物成分

覆盆子含有糖类和有机酸及少量的维生素 C，还含鞣酸、β-谷甾醇等成分。

食材性能

1. 性味归经

覆盆子，味甘，性平；归肝、肾经。

2. 医学经典

《药性论》："男子肾精虚竭，阳痿，能令坚长，女子食之有子。"

3. 中医辨证

覆盆子，可固肾、涩精、缩尿，对阳痿、遗精、尿频、遗尿等症有食之助康复的效果。

4. 现代研究

覆盆子，有雄性激素样作用和抗衰老作用，对爱苗条的女性来说，覆盆子所含的烯酮素，是燃烧与消除人体多余脂肪，瘦身减肥的难得之品。

食用注意

（1）肾虚及大、小便短涩者慎食。
（2）覆盆子有助热作用，热性症状者慎用。

传说故事

一、"覆盆子"名字的由来

传说在很久以前，一个夏天，有位老人上山砍柴，时近中午，老人家口渴难忍，他发现山坡上有种植物，结了很多绿色的果实，就摘了一个尝一尝，味甘而酸，十分可口，于是他就摘了一些果实吃下以解渴。自从吃了这种果实以后，老人家意外发现，原有尿频不适症状得到明显改善，夜里只小便一次，而精力也比以前充沛，好像年轻了许多，小便时没有尿无力、尿等待了。

这位老人家将这种果实的神奇功效告诉他所在村中的其他老者，他们便纷纷上山采摘以服用之，也同样收到不错的效果。就这样一传十、十传百，从而将这种果实作为补肝益肾的药物使用。

但当时只知道这种果实的功效，还没有名字，因为有多数小果集合而成，呈圆锥球型，似小盆状，所以就起名为"覆盆子"，一直沿用至今。

二、朱元璋与覆盆子

据传，一次朱元璋的起义军和陈友谅对峙，不幸受伤败退。无奈之下，这位当世英雄只身逃亡到德兴，躲进深山里慢慢给自己疗伤。严重的伤势需要长时间的治疗，如何在山林里生存也是个棘手的问题。所幸，贫苦出身的朱元璋对野外生存颇有技巧，加之时至春末夏初，山林里多的是初熟的野果，遍地的香菇、竹笋、银耳、木耳，漫山的黄精、茯苓、毛根嫩笋，大都是如今备受推崇的山林野味。加之偶尔猎获的山鸡、野兔，朱元璋在山林中的生活倒也逍遥。

至于朱元璋的伤势，既有战时的割刺伤，也有搏斗时的击打伤，亦有跌打的瘀伤。朱元璋从马背上跌落，伤了腰背，金疮又流了不少血。为了逃命，朱元璋强忍伤痛，勉强支撑性命，但他心里明白，多年来郁积的伤痛并发，随时威胁着自己的生命，况且此时他已有尿血的症状了！这位要饭和尚出身的皇帝明白，他必须尽快找到合用的药材自救，否则生命危在旦夕。

为了寻到救命的食物和药物，朱元璋不断往深山里探寻，越进深谷，越不见人烟，但见林间兽啸鸟鸣，泉水流过奇峻的山峰，无比清冽，犹如闯进仙境。就在那时，他看到了一片鲜亮的果子倚在树旁，当看到这片鲜亮的果子，朱元璋心里一阵狂喜，继续往深山里探寻。越往深山里走，这样的野果越是随手可得，便成了朱元璋藏身深山时的一道主食。

朱元璋在深山里一待竟是大半年。他用犁头草拔脓，鸡血藤活血，用黄精养气，用松萝防感染，饿了就吃那各色野果，渴了就喝山中的泉水。如此这般，朱元璋的身体竟恢复迅速，尿血的症状也消失了！一日，朱元璋临溪观照，原来的花白头发已消失不见了，代之满头的青丝。大喜过望的朱元璋精神百倍，后东山再起，成为一代开国皇帝。

救了朱元璋一命的绿黄色野果，就是掌叶覆盆子。正是这种并不起眼的小野果，具有补肝肾、缩小便、助阳固精、补虚续绝、强阴健阳、润泽肌肤、安和脏腑的功效。至于掌叶覆盆子温中益力、益气轻身的功效，也正是让朱元璋头发变黑的玄机所在。至于其他补益活血的草药，自然也是大有裨益的。总之，掌叶覆盆子使得朱元璋离冥界而归神元，独掌乾坤。

益 智 仁

端阳角黍众，益智列其中。
晋代定节食，习俗户户通。

——《益智粽》·宋·李春高

物种基源

益智仁（Alpinia oxyphylla Miq），为姜科多年生草本植物益智的成熟果实，又名益智子、摘芋子等，益智产于海南、福建、贵州等省。5～6月果实呈褐色，果皮茸毛减少时采摘，除去果柄晒干，取干燥果炒致外壳焦黑，除去果壳，取仁捣碎食用，或者以淡盐水炒后食用。

生物成分

据科学测定，益智仁主要营养成分为挥发油，油中含蒎烯，益智酮A、B，益智醇等，此外，尚含β-谷甾醇，微量元素锌、铜、铁、钙、镁及氨基酸，维生素A、B、C等。

食材性能

1. 性味归经

益智仁，味辛，性温；归脾、肾经。

2. 医学经典

《得配本草》："温脾止泻，摄唾，补肾，固精，缩尿。"

3. 中医辨证

益智仁，气味辛辣，可祛脾燥、温胃、敛脾及肾气逆、藏纳归源，为补心补命门之剂，缓冷气腹痛、中寒吐泻、多唾、遗精、小便余沥，夜尿多等症的食之助康复。

4. 现代研究

益智仁有抗癌、强心、抑制前列腺素合成的作用，提高能量代谢及改善记忆功能。临床可用于滑胎、小儿遗尿、流涎、扶正固本、延缓衰老、有益注意力缺陷障碍等症的辅助恢复的功效。

食用注意

益智仁温燥，能伤阴助火，故阴虚火旺或因热而患遗精、尿频、崩漏等症，均不可服食。

传说故事

一、服益智仁有神奇效果

据说，唐朝有一个经历数次考试未中举的秀才，因多年未能如愿，思虑过度，劳心伤神，不思饮食；又因饮食不周而腹中冷痛，常失眠多梦，尤其读书时常健忘，非常痛苦。久而久之，他肾气更加虚弱，夜尿频繁，更是苦恼不堪。一天深夜，他无法安眠，只好爬起来，坐在家中前院的草丛边，望着星空。初夏的夜晚，暖暖的东南风吹过，对于衣裤单薄的他来说，半夜里仍然有点寒意，此时肚子咕噜咕噜叫了，才想起忘记吃晚饭。这一想起，欲起身入屋时，他借着月光却看见杂草丛中有几棵貌似山姜的植物，半月前曾看过的粉红色长穗花朵早已凋谢，现在已经结出红棕色纺锤形果实，便顺手摘下放入口中，竟发现这果实非常芬芳可口，便一连多吃了数颗，更激起他的食欲。此后连续数日，他都要去摘吃此果。数日后，发觉睡眠极好，夜尿也少了，胃口也大开，精神好转。次年他高中举人。为了感谢这神奇的植物，他便给它取了"益智仁"的名字。

二、益智三仙

传说很久以前，有个迷信的老汉，重男轻女，年约四五十岁。老婆给他生了三个如花似玉的女儿，分别叫带锑、来锑、贵锑，一个比一个长得美丽动人。她们非常勤劳乖巧，白天耕犁耙种，晚上纺纱织布。人人都夸陈老汉有福气，可他并不满足，终日借酒消愁、长吁短叹，怪老伴不争气，没给他生个儿子传香火。几年后他终于喜得贵子，起名叫思福，可儿子天生是个病秧子，长到七八岁还终日泄泻、流涎、遗尿，不少大夫都说老汉的儿子最多活不过十岁。陈老汉带着思福四处求神拜佛、寻医问药。没过几年，抑郁寡欢的老伴就一病不起，不久便离开人世。一位小有名气的算命医生对陈老汉说："家运衰竭皆因你老伴和女儿的命太硬，阴气过盛而克制了你和儿子的阳气。如今之计，唯有将三个女儿逐出家门方可平安。"陈老汉深信不疑，回到家中就将女儿逐出家门，可怜三个女儿刚痛失亲母即遭驱逐，齐齐长跪在地哀哀哭求父亲收回成命，可铁石心肠的陈老汉想也不想就冷冷地拒绝了。

带锑、来锑、贵锑三姐妹一步三回头地走出了村子，可前路茫茫，不知该何去何从。坚强的带锑思量再三，决定带领两个妹妹为身染重病的弟弟寻找治病良方。于是，三姐妹栖栖惶惶地上路了。

她们走啊走，爬过了一道又一道的山，淌过了一条又一条河。她们沿途打听名医隐士，饿了就吃野果或到附近的村落讨点残羹剩饭，渴了就喝雨饮露，四处向人们打听却一无所获。年纪最小的贵锑身染风寒无法行走，带锑和来锑轮流背着她行走。可后来来锑也熬不住病倒了，又累又饿的带锑只好拖着沉重的步伐先背一个妹妹走上一程，回头再背另一个。最后，带锑也病倒了，三姐妹奄奄一息地挤在一起伤心流泪，不禁齐向苍天哭诉，可谓声声带血、字字有泪："天啊！睁开眼看看我们这可怜的姐妹吧，我们只是想要救弟弟，以慰亲心、报亲恩都做不到，还有何脸面偷生于世?!"

忽然，一位彩衣飘飘的仙女缓缓从天而降，端立于距三姐妹三尺之外说："本药仙怜你们救弟心切，特赐仙界药种三颗，只是这药种需要用人作基肥，你们吞下去后就将承受刮骨割肉之痛，每一根毛发都被化作椭圆形的果实遭人煎煮。你们的弟弟服食这果实煮的药汤后将病症全消，但你们永世不得为人，你们要三思而行。"带锑、来锑、贵锑听完这话后欣喜若狂、如获至宝，相互深深地看了一眼，挣扎着跪在药仙的跟前："只要可以救我弟弟及天下与我弟弟一样的病人，我们姐妹三人愿受一切痛苦折磨。药仙的大恩大德我们姐妹永世不忘！"言罢，三姐妹便昂首吞下药种，顿时就疼得满地打滚，转眼就变成了三棵青翠欲滴的益智幼苗。药仙不禁被她们的忠孝所感动，念咒将她们三人所化身而成的益智苗栽在家门前的山上。回天庭后，便将带锑、来锑、贵锑三姐妹大义化药救苍生之事如实上禀，王母娘娘大为所动，特赐封姐妹三人为益智三仙。

一天晚上，药仙托梦给陈老汉："欲寻颜如玉，惟往益智山。你的三个女儿为救普天下与你儿子同病的人而化身为药，但没有亲人泪水的浇灌是无法开花、结果的，你好自为之吧！"陈老汉从梦中惊醒，半信半疑地上山寻药，结果不费吹灰之力便在屋前的山上找到三棵以前从未见过的植物。陈老汉抚摸着绿油油的枝叶，回忆起以前自己对女儿的不公、狠心和无情，不禁悔从心生，泪流满面。当他的泪水滴落在叶片上时，神奇的事情发生了：益智苗瞬间便长大至一人高，接着便抽蕾、开花，四瓣具有红色脉纹的粉白色花瓣的顶端边缘呈皱波状，像极了带锑、来锑、贵锑被风吹皱的裙裾。过了一盏茶的工夫，益智树便结出了外披柔毛的椭圆形蒴果，果皮上还有明显的线条。陈老汉小心翼翼地摘下益智，回家煮汤汁给思福饮用，没过几天儿子便痊愈了，不仅如此，原先病恹恹的身体还迅速强健起来。邻人奇怪地问陈老汉思福好起来的缘由，陈老汉就一五一十地将三个女儿化药医人、药仙托梦的经过对乡亲们说了。乡亲们恍然大悟，不禁也被孝顺、貌若天仙的三姐妹所感动。

三、仙人指点得益智

相传，很久以前，有一个员外，家财万贯，富甲一方，可成亲多年却膝下无子，在年过半百的时候才得一子，取名叫来福。老来得子，举家欢庆。可是来福这孩子跟别的小孩不一样，自小体弱多病，头长得特别大，流口水，行为反应迟钝，呆滞木讷，同时还有一个特殊的毛病，就是每天都尿床，所以别人又叫他赖尿虫。

有一天，一个老道云游到此，向员外询问了孩子的情况后，拿起拐杖往南边一指，说："离此地八千里的地方有一种仙果，可以治好孩子的病。"并在地上画了一幅画，画中是一棵小树，小树叶子长得像姜叶，根部还长着几颗榄核状的果实，之后老道便走了。员外虽然觉得路途十分遥远，困难会不少，可是为了医好几代单传的儿子，决定亲自去寻找仙果。员外一路跋山涉水，不知经历了多少个日日夜夜！终于因精疲力竭走不动了，坐在深山之中，就在这时突然看到了老道所说的那种植物，员外想这一定就是仙果了，他就摘了满满的一袋，然后踏上了返回之路。由于员外所带食物已经耗尽，沿途又人烟稀少，他每天吃十颗仙果充饥，奇怪的是他觉得自从吃了那仙果后记性越来越好，回来时的路在他的脑海里异常清晰，而且精力也十分旺盛，很快便回到家中。

功夫不负有心人，来福吃到仙果后，身体一天比一天强壮，以前所有的症状都消失了，变得开朗活泼、聪颖可爱，后来还上了私塾，自此琴棋书画无所不通，一点即明，过目不忘，与以前相比判若两人。他的聪慧敏睿在当地即时传开，找他吟诗作对、切磋文笔、画艺的人络绎不绝，在十八岁那年他参加了科举考试，结果金榜题名高中状元。人们为了纪念改变来福命运的仙果，将仙果取名为"状元果"，同时也由于它能益智、强智，使人聪明，所以也叫它为"益智仁"。此典故传开后，人们经常会在学生入学或临考时赠送益智仁，祝愿其身体强壮、智商高颖、记忆力好、考取功名。

枸 杞 子

根茎与花实，收拾无弃物。

大将玄吾鬓，小则饷我客。

——《小圃枸杞》·宋·苏东坡

物种基源

枸杞子（Lycium chinense Miller），为茄科植物枸杞的干燥成熟果实，又名枸杞、枸杞果、西枸杞、白刺、山枸杞、白疙针、甜菜子、杞子、枸杞豆、红耳坠、狗奶子、枸茄茄、地骨子等。

我国南北各地均有野生，主要生长在丘陵、山坡、沟边、田埂边。现陕西、宁夏、甘肃、河北、广东、上海等地有栽培，其中以宁夏、陕西潼关及甘川所产为最佳。枸杞按用途分为菜用和药用两类，前者分布于华南，后者主要分布于北方，菜用枸杞主要有细叶枸杞和大叶枸杞。枸杞由定植到收采 50～60 天，连续采期可达 5 个月左右。药用枸杞通常分为津枸杞和西枸杞；津枸杞，又名津杞、杜杞子，西枸杞主要为宁夏和宁夏以西所产的枸杞。

生物成分

据测定，每 100 克枸杞果实，含蛋白质 13～21 克，碳水化合物 22～52 克，脂肪 8～14 克，尚含维生素 A、B_1、B_2、C，烟酸，还含甜菜碱、玉蜀素、叶黄素、酸浆果红素、隐黄质和人体必需的微量元素。

食材性能

1. 性味归经

枸杞子，味甘，性平；归肝、肾经。

2. 医学经典

《名医别录》："滋补肝肾，益精明目。"

3. 中医辨证

枸杞子，可滋肾润肺、补肝明目、益精安神，常用以肝肾阴亏、腰膝酸软、头晕目眩、眼昏多泪、虚劳咳嗽、消渴、遗精等症的助疗康复。

4. 现代研究

枸杞子，能降低胆固醇，可防止动脉粥样硬化，预防心脑血管的病变，枸杞还能抑制脂肪在肝细胞内沉积和促进肝细胞的新生，回避脂肪肝而有保肝作用，枸杞还能降低血糖，减轻尿毒症患者的症状，枸杞还能显著提高人体网状内皮系统的吞噬能力，提高抗体效价和增加抗体形成细胞数量，因此有较好的免疫促进作用，枸杞能提高人体白细胞介素而维持细胞活性，起到抗衰老的作用。

食用注意

（1）脾胃虚弱有寒湿、泄泻、外感热邪等病症时都不要吃枸杞子；由于它温热身体的效果相当强，正在感冒发烧、身体有炎症、腹泻的人最好勿食。

（2）食用枸杞子时，不宜与绿茶同时食用。

传说故事

一、两条小花狗与枸杞

《续神仙传》有一则故事：相传，嘉安国有一叫朱孺子的小孩，从小就跟道士王元真在一起，住在大山下，常登山岭采黄精服饵。有一天，他走到小溪旁，忽见岸边有两个小花狗在戏玩，孺子感到奇怪，乃追之，两狗入枸杞丛下不见了。他回去告诉元真，元真与孺子一同前往，等候又见二犬在戏跃，追之复入枸杞下，他们寻其下掘之，乃得两个枸杞根，形状如花犬，坚若石。拿回去煮食之，不一会只见孺子腾飞升空落在山峰上，元真大惊，孺子谢别元真升云而去，今俗呼其峰为童子峰。

二、枸杞延年益寿的传说

有一书生体弱多病，到终南山寻仙求道，在山中转了好几天，也没有见到神仙踪影。正烦恼间，忽见一年轻女子正在痛骂责打一年迈妇人，赶忙上前劝阻，并指责那年轻女子违背尊老之道。那女子听了，呵呵笑道："你当她是我什么人？她是我的小儿媳妇。"书生不信，转问那老妇，老妇答道："千真万确，她是我的婆婆。今年 92 岁了，我是她第七个儿子的媳妇，今年快五十了。"书生看来看去，怎么也不像，遂追问缘由。那婆婆说："我是一年四季以枸杞为生，春吃苗、夏吃花、秋吃果、冬吃根，越活越健旺，头发也黑了，脸也光润了，看上去如三四十岁。我那几个儿媳妇照我说的常常吃枸杞，也都祛病延年。只有这个小儿媳妇好吃懒做，不光不吃枸杞，连素菜也不大吃，成天鸡鸭鱼肉，吃出这一身毛病。"书生听了这番言语，回到家里，多买枸杞服食，天长日久，百病消除，活到 80 多岁。

金 樱 子

采采金樱子，采之不盈筐。

佻佻双角童，相携过前岗。

采采金樱子，芒刺钩我衣。

天寒衫袖簿，日暮将安归。

——《金樱子》·宋·丘葵

物种基源

金樱子（Rosa laevigata Michk.），为蔷薇科蔷薇属常绿灌木植物金樱子的干燥成熟果实，又名糖罐子、黄刺果、刺梨子、刺头、倒挂金钩、黄茶瓶、糖棘等。

金樱子是近球形倒卵形，有多粒种子，花期 4～6 月，果期 9～12 月，分布于华中、华东、华南一带，湖北大别山有分布，集中在阴山县。

生物成分

据测定，鲜金樱子，含水分 46.8%，果肉可食率 56.45%。每 100 克果肉，含碳水化合物 12.7 克，总酸 0.4 克，皂甙 17.2 克，含丰富的维生素 C，稳定性强，生理效价高，此外，还含 16 种氨基酸，总量达 1.98%，还含人类限制性氨基酸赖氨酸和苏氨酸，可加工成果酒、饮料、糖浆及天然维生素 C 强化剂。

食材性能

1. 性味归经

金樱子，味甘、酸、涩，性平；归肾、膀胱、大肠经。

2. 医学经典

《雷公炮炙论》："固精缩尿，涩肠止泻。"

3. 中医辨证

金樱子，可补肾固精、涩肠止泻、缩尿，适用于咳嗽、久咳、自汗、盗汗、脾虚腹泻、慢性肾炎、遗尿、遗精、白带、崩漏等症。

4. 现代研究

金樱子，有降血脂、抗病毒、抑菌、抑制平滑肌收缩作用，还可有益于神经衰弱、高血压病、神经性头痛等症的食疗助康复。

食用注意

（1）金樱子含维生素 C 高，故不宜与苦瓜和猪肝同食。
（2）患出血性疾病、服用维生素 K 时不宜食用金樱子。
（3）泌尿系统结石患者、消化系统溃疡者不宜食用金樱子饮料。
（4）有实火邪热者忌食金樱子。

传说故事

金樱子的传说

相传，有兄弟三人都成家立业了，兄弟妯娌之间倒也和睦团结。美中不足的是，兄弟三人中，老大老二虽然娶了妻子却没生子，只有老三生了一个儿子。那个时代的人，把传宗接代看作是人生大事，"不孝有三，无后为大"。所以一家三房个个都把老三的儿子当成了掌上明珠。

一晃十几年过去了，掌上明珠在全家人的呵护下也长大成人了。他长得还不错，四方大脸，浓眉大眼，憨憨实实的一个小伙子。老哥仨急着给孩子说媳妇了，可是媒人请了一个又一个，谁也说不成这门亲，原来左邻右舍都知道，小伙子虽然样样都好，可就是有个见不得人的病：尿炕，谁家姑娘都不愿意嫁个尿炕的丈夫。

老哥仨商量了半天，别无他法，先给孩子治病吧。全家人到处寻医问药，郎中请了一个又一个，药吃了一剂又一剂，却总不见效，全家人天天唉声叹气，憋死了。

这一天，有个身上背着药葫芦的老人来到他们家找水喝。老人年纪已经很大了，背上背的药葫芦头上还拴着一缕金黄的缨子，喝完了水，道了声谢，转身要走了。可老人看见这一大家人个个唉声叹气、愁眉苦脸的样子，就主动问道："老兄弟家可有什么为难事儿？"大家看见老人身背老葫芦，就说："实不相瞒，我家的孩子十七八了，可尿炕的毛病总是治不好，老者可有什么好药可以治吗？"老人说："眼下我葫芦里没有药。不过，我认识一种药是专治尿炕病的。这种药得到有瘴气的地方去找、去挖，毒气熏人呵。"老哥仨一听，都跪下了，恳求老人说："请你行行好，辛苦跑一趟吧，我们全家就守着这根独苗，他要成不了亲，我们全家就断了后了。"老人叹了口气，说："我也没儿子，知道没后人的苦衷，再说，治病救人本是我的宗旨，我就跑一趟吧。"

说完，背着药葫芦走了。十天半个月过去了，老人没回来；一个月两个月过去了，老人还没回来；全家人天天在等，一直等到九九八十一天，这天晚上天都黑下来了，老人才一步一拖地来到老哥仨的家门口。大家一看，大吃一惊，只见老人面色苍白、全身浮肿，路都走不动了。老哥仨急忙把老人扶进屋里坐下，倒碗水给老人喝了，老人这才缓过一口气来，说："我中了瘴气的毒啦！"

大家急问："有什么药解吗？"老人摇了摇头说："没有药可解啦。"说着从背上解下药葫芦，从中倒出一种小粒的药来，说："这药服后能治好你们孩子的病。"说完倒下就死了。老哥仨都难过得痛哭起来，就像是自己的一位长辈去世了一样，全家人用厚礼把挖药老人埋葬了。办完了丧事之后，全家记起老人千辛万苦找来的药，赶紧拿给孩子服了。孩子说：药味并不苦，还带点甜味呢，连服了几次，病就好了，不久，就娶上了媳妇。过了一年，老哥仨就抱上了白胖胖的大孙子。

为了纪念这个舍己为人的挖药老人，他们就把老人挖来的药取名叫"金缨"，那是因为老人始终没留名也没留姓，只记得他背的药葫芦上系着一缕金黄的缨子。叫来叫去，就把"金缨"叫成了"金樱子"。以后，凡尿炕或尿频，吃金樱子准保药到病除。

药就这么一代代地流传下来，故事也就这样一代又一代地流传下来了。

砂　仁

南粤阳春砂，厌食酒不赊。
厌得牛瘟病，盘龙金花佳。

——《阳春砂》·宋·钱春玲

物种基源

砂仁（Amomum villosum Lour），为姜科多年生草本植物阳春砂或缩砂的干燥成熟果实，又名缩砂仁、缩砂蜜、白砂仁、阳春砂仁等。阳春砂主产于广东、广西、海南等地，缩砂仁产于越南、缅甸、泰国等地。7～8月间，果实成熟时采收，低温焙干，用时打碎，同时砂仁还是一味传统调味品。

生物成分

据测定，每100克砂仁，含蛋白质8.1克，脂肪1.5克，碳水化合物40.4克，膳食纤维28.6克，含有维生素A、B_1、B_2、E，尚含尼克酸、挥发油，主要有龙脑乙酸酯、锌脑、龙脑、柠檬烯、皂苷及多种微量元素。

食材性能

1. 性味归经

砂仁，味辛，性温；归脾、胃、肾经。

2. 医学经典

《玉揪药解》："和中之品，莫如砂仁，冲和调达，不伤正气，调醒脾胃之上品也。"

3. 中医辨证

砂仁，可行气和中、开胃消食。适用于脾胃气滞、脘腹胀痛、呕吐少食或妊娠胃虚、胎动不安等症食疗助康复。

4. 现代研究

砂仁具有多方面的药理作用，首先表现为抗溃疡作用。动物实验表明，砂仁水煎液对幽门结扎性溃疡有非常好的预防作用，但对胃液量、游离酸和总酸的排出无明显影响。其次表现为对肠胃道的作用，砂仁种子提取液可加强离体回肠的节律性收缩的幅度和频率，又随着用药浓度的增大而增加。最后，砂仁表现为对肠道推进运动有积极影响，有利于食物的推动消化和吸收，对于腹痛胀满、食积不消、脾胃气滞等消化道症状具有很好的药理学基础。砂仁的药理作用还有镇痛、明显抑制血小板聚集，以及对神经系统产生影响等。

食用注意

（1）阴虚有热者忌服；
（2）偶尔食后有过敏反应，服用砂仁可出现风团、皮疹；
（3）肺结核活动期、支气管扩张、干燥综合征患者，以及妇女产后忌食。

传说故事

砂仁治病的传说

传说很久以前，广东西部的阳春县发生了一次范围较广的牛瘟，全县境内方圆数百里的耕牛，一头一头地病死。唯有蟠龙金花坑附近村庄一带的耕牛没有发瘟，而且是头头身强力壮。当地几个老农感到十分惊奇，便召集这一带牧童，查问他们每天在哪一带放牧？牛吃些什么草？牧童们纷纷争说："我们全在金花坑放牧，这儿生长一种叶子，散发出浓郁的芳香，根部发达，结果实的草，牛很喜欢吃。"老农们听后，就和他们一同到金花坑，看见那里漫山遍野生长着这种草，将其连根拔起，摘下几粒果实，放口中嚼之，一股带有香、甜、酸、苦、辣的气味冲入了脾胃，感到十分舒畅。大家品尝了以后，觉得这种草既然可治牛瘟，是否也能治人病？所以就采挖了这种草带回村中，一些因受了风寒引起胃脘胀痛、不思饮食，连连呃逆的人吃了后，效果较好。后来人们又将这种草移植到房前屋后，进行栽培，久而久之成为一味常用的中药。

枳 椇 子

> 外种枳椇树，内酿酒酸苦。
> 二者若包容，走遍世间源。
> ——《枳椇与酒》·清·王若冰

物种基源

枳椇子（Hovenia dulcis Thunb.），为鼠李科枳椇属落叶乔木植物北枳椇成熟果实，又名拐枣、甜半夜、万字果、金钩子、鸡爪梨、鸡距子、万宗梨、龙爪、懒汉指头、金钩梨、金果树。

枳椇子，果柄膨大，肉质肥厚，红棕色。屈原的学生宋玉曾说"枳枸来巢"，是说鸟类也很喜欢吃枳椇子。《礼记》说："妇人之贽，榛脯修。"2000多年前就是妇女馈赠亲友的蜜饯。枳椇子分布于我国的长江、黄河流域。

生物成分

枳椇子，果实含大量葡萄糖、蔗糖和果糖，还含有苹果酸钙、硝酸钾及有机酸，果梗含蔗糖 24%、葡萄糖 9.52%、果糖 7.92%。据江苏省植物研究所分析，采自江苏南京的枳椇子种子含油 12.1%、油的折光率（20℃）1.4884、碘值 141.6、皂化值 184.6、脂肪酸组成（%）为月桂酸及肉豆蔻酸微量、棕榈酸 8.5%、硬脂酸 4.3%、花生酸 0.5%、十二碳烯酸 0.1%、十六碳烯酸 0.3%、油酸 28.7%、亚油酸 13.5%、二十碳二烯酸 0.4%、亚麻酸 43.5%、未鉴定酸 0.2%。

食材性能

1. 性味归经

枳椇子，味甘，性平；归心、脾经。

2. 医学经典

《新修本草》："止渴除烦，清湿热，解酒毒。"

3. 中医辨证

枳椇子，可醒酒除烦、解热止渴，常用来治疗醉酒、口渴、呕吐、二便不通。

4. 现代研究

枳椇子具有抗氧化、利尿、抗组织胺等作用，对小儿惊风、手足抽搐、小儿黄瘦等症有食疗助康复作用。枳椇叶，可治死胎不下；枳椇根，可治虚劳吐血、风湿筋骨疼；枳椇木汁，可治狐臭。

食用注意

民间酿酒小作坊，如室内酿酒，室外长枳椇树可能致使酿出的酒味口感不佳。

传说故事

《苏东坡集》记载一则故事：苏东坡的同乡揭颖臣得了一种病，饮食倍增，小便频数，许多医生说是"消渴病"，但服消渴药多年不愈，病越来越严重了。苏东坡介绍一个名为张肱的医生给他治疗，他认为此人患的不是消渴病而是慢性酒精中毒，遂让其服用解酒药枳椇子而愈。问其故，张肱答道：酒性本热，因此喜欢饮水，饮水多，故小便亦多，症状像消渴却不是消渴，枳椇子能治酒毒，俗云：屋外有此树，屋内酿酒多不佳，故用枳椇子以去其酒之毒。

山 葡 萄

串串珠玑生美酒，香飘四海泛轻舟。
杜康不醉声声唱，带往东瀛赠一休。

——《山葡萄酒香》·现代·国星

物种基源

山葡萄（vistis amurensis Rupr.），为葡萄科葡萄属多年生落叶攀缘植物山葡萄成熟的果实，又名黑龙江葡萄、东北山葡萄。山葡萄根据其叶片和果穗分为两个变种及两个变形，即浅裂山葡萄，深裂山葡萄，密圆锥花序山葡萄和长圆锥花序山葡萄，还有短圆锥花序山葡萄，教圆锥花序山葡萄等。

山葡萄天然分布区域为我国的东北、华北，分布的最北界达北纬 57°～58°，其中东北山葡萄资源最为丰富，年产量可达近 2 万吨。

生物成分

山葡萄，是一种营养价值很高的野生果树，与栽培葡萄相比具有单宁色素高，糖分低，总酸高的特点，山葡萄果浆含糖量在 10％～20％左右，单宁 0.03％～0.15％之间，总酸（主要是酒石酸、苹果酸和草酸）在 1％～3％之间，还含有维生素 A、B_1、B_2、C、P、H 等，含蛋白质较少，主要在种子和果皮中。另外，还含有十多种氨基酸和微量元素钾、钠、钙、镁、铁、铝、锰、硼等。其氨基酸中的氨酪酸的存在，对提高葡萄酒的口味和增加葡萄酒的香气都有一定的效果。

食材性能

1. 性味归经

山葡萄，味甘，性偏温；归肺、脾、胃、肾经。

2. 医学经典

《医食心鉴》：“补气血，强筋骨，利尿。”

3. 中医辨证

山葡萄药用优于栽培葡萄，可解酒、安胎、利尿。适用于气虚血亏、心悸盗汗、心烦口渴、风湿痛、淋病、浮肿等症。

4. 现代研究

山葡萄，含有多种有机酸，如单宁酸、苹果酸及多种氨基酸，是治疗胃炎、肠炎等消化系统疾病的良药，还含有天然聚合苯酚，能和细菌或病毒中的蛋白质结合，有抑制细菌、病毒生长繁殖的功效，对感染性疾病如痘疮、疱疹等有辅助治疗的作用。

食用注意

（1）不宜多食，多食生内热。
（2）不宜与萝卜同时食用。
（3）不宜与海鲜同时食用。
（4）服内脂、碳氢酸钠药物时不宜食山葡萄。

传说故事

李世民与山葡萄

大唐贞观年间，有一年正值葡萄成熟的时节。大泽山下，一条蜿蜒的山路上走来一位美丽的姑娘，她正挎着一篮刚刚采摘的山葡萄要回家呢，远远看见一队人马在路旁歇息。山姑娘揣测着：战马上的将士也许需要甘甜的山葡萄滋润一下疲惫的身心吧，淳朴的山姑娘没有犹豫，慷慨地把一篮子山葡萄献上去。那位战马上的头领自认为尝遍人间美味，却没想到这山妹子送的山葡萄这样甘美，尝一颗便甜醉了心，他美得合不拢嘴，忙问这山葡萄的名字，山姑娘脱口而出：“龙眼葡萄。”可她哪里知道这战马上的领头就是龙啊！龙没有恼火，反而很高兴，只是笑笑说：“我要重新给它赐一个名字，就叫‘狮子眼’吧。”于是好吃的龙眼山葡萄成了“狮子眼”。“龙”吃了狮子眼葡萄，也把美美的心带到了他策马扬鞭的每一寸疆土。这“龙”不是别人，就是唐太宗李世民，此次，他正率领人马走在东征途中。

唐太宗李世民为大泽山葡萄赐名的这一天是农历七月二十二日，山民们为自己采摘的甜美山葡萄而骄傲，山葡萄是他们的财富，大山给了他们富足。由于山里的葡萄受到了皇帝的青睐，山神得以重生，于是大家决定把这一天作为山神的生日。从此每到这一天，山里的人都会大张旗鼓地庆祝丰收，给山神过节，给山葡萄过节。

山 杏

风回云断雨初晴，返照湖边暖复明。
乱点碎红山杏发，平铺新绿水苹生。
翅低白雁飞仍重，舌涩黄鹂语未成。
不道江南春不好，年年衰病减心情。

——《南湖早春》·唐·白居易

物种基源

山杏〔Armeniaca sibirica（L.）Lam.〕，为蔷薇科杏属落叶灌木或乔木山杏的成熟果实，又名西伯利亚杏、东北杏，是亚洲的特有树种，产于我国北纬 40°以北的辽宁、河北、内蒙古、山西、陕西、新疆等省区海拔 300～1500 米的山地、丘陵地区。据调查，我国山杏产量居世界之首，内蒙古现有山杏林 810 万亩，河北北部及东北部地区有 335.8 万亩，辽宁朝阳地区也有数十万亩，河北省正常年份产山杏近 900 万千克，是全国总产量的 1/4，居全国之首。

生物成分

山杏肉含多种维生素、矿物质和碳水化合物，杏仁含蛋白质 21％，脂肪 50％，多种游离氨基酸及苦杏仁甙、苦杏仁酶等。山杏叶含粗蛋 12％，粗脂肪 4％～8％。山杏仁水解后生成氰氢酸等。一般山杏出核率约为 40％，核出仁率为 30％，杏仁出油率为 30％～45％。

食材性能

1. 性味归经

山杏果，味甘、酸，性温；归肺、脾经。山杏仁，味苦，微温，有小毒；归肺、大肠经。

2. 医学经典

《本草图经》："润肺定喘，生津，润肠通便。"

3. 中医辨证

山杏果和山杏仁，有润肺平喘、生津止渴的功效。适用于咳嗽、气喘、胸满痰多、血虚津枯、肠燥便秘等症的食疗促康复。

4. 现代研究

山杏仁中含有一种维生素 B_{17}，有防治癌症的作用，还具有镇咳、平喘、降压、杀菌、驱虫、防治糖尿病、镇痛、抗病毒及降低胃蛋白酶活性的作用，并能促进肺表面活性物合成。

食用注意

（1）山杏果肉及山杏仁性温，易伤脾胃，故不宜多食，尤其幼儿多食有易生疮的害处。
（2）服用中药黄芪、黄芩、板蓝根时不要服食山杏及山杏仁。

传说故事

山杏仁的药用传说

相传，隋代有一位叫星云的翰林学士，夜宿避暑山庄庙观，梦见一个道士对他说："吃山杏仁可以使你老而健壮，心力不倦。"翰林梦得此方，如获至宝，从此，每天临睡前将七枚山杏仁含入口中，细嚼慢咽吞进肚里，一年后果然脑力聪慧，身健如牛。

山 桃

山桃红花满上头，蜀江春水拍山流。
花红易衰似郎意，水流无限似侬愁。

——《竹枝词》·唐·刘禹锡

物种基源

山桃〔Amygdalus dauidiana（Carr.）Yu〕，为蔷薇科桃属落叶小乔木山桃的成熟果实，又名野山桃、野桃、花桃、山毛桃等。主要分布在陕西、山西、甘肃、宁夏等省（区），河北、河南、安徽、浙江、江苏、内蒙古、吉林、辽宁、贵州等省（区）亦有零星分布，多生于山坡、路旁、沟边和林缘，垂直分布高度可达海拔 1500 米以上。

生物成分

据西北植物研究所测定，山桃可食部分每 100 克含水分 86.9 克，蛋白质 0.5 克，脂肪 0.1 克，碳水化合物 7.3 克，膳食纤维 3.9 克，含有胡萝卜素，维生素 B_1、B_2、C、E，微量元素钙、磷、铁、有机酸等，含铁量较高，并富含果胶。山桃仁含油 50.9%，硬脂酸 1.5%，十六碳烯酸 1.18%，油酸 71.5%，亚油酸 17.6%。果实可生食、酿酒、制果酱及果脯等。山桃仁油橙黄色，清亮透明，可食用。

食材性能

1. 性味归经

山桃，味甘、酸，性平；归心、肝、大肠经。

2. 医学经典

《食医心镜》："生津，润肠，活血，消积。"

3. 中医辨证

山桃，具有益气血、生津液、消暑止渴、清热润肺、止咳平喘、消积等功效。适用于破血行瘀、润燥、滑肠、闭经、血瘀、风湿、疟疾、跌打损伤、瘀血肿痛、血燥、便秘等症的食疗助康复。

4. 现代研究

山桃，有扩张血管、镇咳、抗炎、镇痛、抗过敏、保肝作用，可用于血管性头痛、高血压、皮肤瘙痒等症的食疗助康复。

食用注意

（1）食鳖肉和服中药白术时不应同时食山桃。

（2）服用糖皮质激素时不应食山桃。

（3）服退热净、阿司匹林、布洛芬时不应食山桃。

（4）如遇到长有两仁的山桃最好不食用。

传说故事

猪八戒分吃山桃

八戒去花果山找孙悟空，大圣不在家，小猴子们热情地招待八戒，采了山中最好吃的山桃，整整100个，八戒高兴地说："大家一起吃！"可怎样吃呢？数了数共30只猴子。八戒找个树枝在地上左画右画，列起了算式。八戒指看上面的3，大方地说："你们一个人吃三个山桃吧，瞧，我就吃那剩下的一个吧！"小猴子们很感激八戒，纷纷道谢，然后每人拿了各自的一份。悟空回来后，小猴子们对悟空讲今天八戒如何大方，如何自己只吃一个山桃，悟空看了八戒的列式，大叫："好个呆子，多吃了山桃竟然还嘴硬，我去找他！"哈哈，你知道八戒吃了几个山桃？

沙 枣

富沙枣木新雕文，传刻疏瘦不失真。

纸如雪茧出玉盆，字如霜雁点秋云。

——《谢建州茶使吴德华送东坡新集》·宋·杨万里

物种基源

沙枣（Elaeagnus angustifolia L.），为胡颓子科胡颓子属落叶乔木或灌木沙枣的成熟果实，又名桂香柳、香柳、红豆、金铃花、十里香、吉格旦（维语）等。种质资源分布于寒冷干旱荒漠地区，在我国分布于北纬34°以北，黑龙江、辽宁、河北、山东、河南、山西、内蒙古及西北5省（区）均有分布。按沙枣的颜色、果形、离（黏）核、果实长度、重量、果味、病害程度、鳞毛、果核等9项指标，分类归纳出：离核类沙枣群，粘核类大沙枣群，普通甜沙枣群、普通酸涩类沙枣群4个类群20多个品种。

生物成分

据测定，每100克可食沙枣，含水分20克，还原糖8.8克，总糖21.11克，有机酸1.07克，蛋白质5.46克，果胶2.74克，含有胡萝卜素、维生素B类、硫胺素、抗坏血酸、尼克酸等，蛋白质中主要由17种氨基酸及18种微量元素组成。

食材性能

1. 性味归经

沙枣，味甘，性温；归脾、胃、肾、肺经。

2. 医学经典

《村居急救方》："主强壮，镇静，固精，健胃，止泻，利尿，调经。"

3. 中医辨证

沙枣，主收敛止痛、清热凉血，适用于肠胃不和、肺热、咳嗽、身体虚弱、月经不调等症的食疗辅助康复。

4. 现代研究

沙枣富含维生素 C，对调节人体新陈代谢的生理机能十分有益，它可防亚硝胺在人体内生成，是阻止癌细胞生成的第一道防线，对人体预防癌变起着重要作用。

食用注意

（1）凡是有湿痰、积滞、齿痛的患者暂少食沙枣。
（2）糖尿病患者应少食或不食沙枣。

传说故事

阿凡提吃沙枣粉

阿凡提在家门口吃沙枣粉，突然一阵大风刮来，把他手里的沙枣粉全吹跑了。母亲出来问阿凡提："阿凡提，你在吃什么？"

"没吃什么，是大风吃完沙枣粉跑了。"阿凡提回答道。

文　冠　果

文冠果非文官种，遍布华北山野中。
硕果盈盈谁曾食？破壁之肉芳脂浓。
——《咏文冠果》·民国初年·王涛

物种基源

文冠果（Xanthoceras sorbifolia Bge.），为无患子科文冠果属落叶乔木或灌木植物文冠果的成熟果实，又名文光果、木瓜、文冠树等。种质资源分布于辽宁、吉林、河北、山东、山西、河南、甘肃、宁夏、内蒙古等地；集中产于陕西、山西、河北、辽宁，垂直分布在海拔 400～1200 米的山区，2000 米亦有引种栽培，为我国特有树种，全国现有文冠树种分布面积 70 多万亩。

生物成分

据中国科学院林业土壤研究所测定，文冠果种子含油量 40％以上，文冠果油淡黄色，碘值 114.0，皂化值 187.7，脂肪酸中含油酸、亚油酸，肉豆蔻酸，棕榈酸，亚麻酸等。文冠果叶含鞣质 18.7％，黄酮酸 3.16％，三萜皂苷 6％，羟基香亚精 2.18％，水杨甙 4％，叶蛋白 19.8％及 16 种氨基酸、甾醇、挥发油、糖、有机酸、生物碱等，还含锶、锌、钡、硼、铁、铬、硒、锰等 12 种矿物元素，果实子味道甜美，很像莲子。

食材性能

1. 性味归经

文冠果，味甘，性平；归脾、肺、胃经。

2. 医学经典

《药材学》："止渴，助消化，去烧热。"

3. 中医辨证

文冠果，可助消化、消积、调和脾胃，适于病后虚弱、食少无力、疲乏等症的食疗助康复。

4. 现代研究

文冠果能开胃、健体、美皮肤，并有消食消积功效。

食用注意

（1）服用碳酸氢钠时不要食文冠果。
（2）服用各种酸制剂不要食文冠果。

传说故事

文冠果的由来

早在 1200 多年前，我们的祖先就开始认识文冠果。明代万历年间，京官蒋一葵撰《长安客话》记载："文冠果肉旋如螺，实初成甘香，久则微苦。昔唐德宗（780~805 年）幸奉天，民献是果，遂官其人，故名。"这就是"文冠果"之名的来历。

后来，文官都按照文冠果开花的次序穿袍，以此区分官职大小。宋高宗（公元 1127 年）时，胡仔纂集的《苕溪渔隐丛话》后集，卷第三十五记载：上庠录云"贡士举院，其地栖广勇故营也，有文冠花一株，花出开白，次绿次绯次紫，故名文冠花。花枯经年，及更为举院，花再生。今栏槛当庭，尤为茂盛。"由此得知，文冠果在宋朝时叫文冠花，当时的文官，首穿白袍，次着绿袍，再穿红袍，最大的官才穿紫袍。文冠果象征着官运亨通，在古代，来自全国各地的考生们，在应试完等待发榜时，考生就会涌到京城西山八大处的四处大悲寺两棵文冠果树下，借着"文冠果"的喻义，在这树下吟诗作画，并祈求文冠果能给他们带来好运。山东莱芜刘庄曾经有一棵文冠果树，传说是清代的一个县老爷从北方带来的。县老爷认为，文冠果有保佑文官官运长久的作用。民间流传："闻到文冠果，当官不用愁；摸到文冠果，升官在眼前；吃到文冠果，当官一辈子。"

西 府 海 棠

子母海红遍荒野，枝盛叶茂鸟雀来。
值此佳果人何在？到却无才恰有财。

——《咏西府海棠》·清·姚瑶

物种资源

西府海棠（Malus micromalus Makino），为蔷薇科苹果属落叶小乔木植物西府海棠的成熟果实，又名海红子、子母海棠、小红果，主要分布于陕西、山西、内蒙古三省（区）接壤的三角区，北方其他省（区）亦有零星分布，垂直分布可在 1500 米左右。

西府海棠品种很多，个体间在果实形状、大小、色泽和成熟期等方面差异很大，植物学上尚未对其严格分类，当地有热花、紫海棠、红果、黄果等类型名称。

西府海棠生存与栽培历史也较悠久。据史料记载，清朝康乾时期陕西府各县就开始栽培，现存 200 年生的大树仍随处可见。

生物成分

据陕西省果树研究所和第四军医大学测定，每 100 克果实，含可溶性糖 15.11 克，可滴定酸 1.04 克，此外尚含微量元素钙、铁、铜、钾、镁、锌等。它的营养价值不低于苹果属的其他果品，唯硬度大（13 kg/cm²），单宁含量稍高，未经后熟处理的西府海棠具涩味，但经熟后处理，变得质地柔软汁多，酸甜可口，宜鲜食和加工果丹皮、果脯、罐头、糖葫芦、醉海红等。

食材性能

1. 性味归经

西府海棠果，味甘，微酸，性平；归脾、胃经。

2. 医学经典

《医钞类编·本草》："止咳，除烦，生津，祛淤。"

3. 中医辨证

西府海棠，可生津止渴、清热除烦、益脾止渴、开胃清热，适用于中气不足、消化不良、气壅不通、轻度腹泻、便秘、烦热口渴、饮酒过度等症的食疗助康复。

4. 现代研究

西府海棠，含有丰富的维生素和多种氨基酸，具有抗菌消炎的作用，对轻度腹泻、胃炎、支气管肺炎、高血压等症有明显的辅助疗效。

食用注意

西府海棠酸甜可口，但不宜多食，特别是糖尿病患者应慎食少食。

传说故事

王母娘娘与西府海棠

传说在玉帝的御花园里有个花神叫玉女。玉女与嫦娥是好朋友，并经常去广寒宫玩。有一次，玉女看见广寒宫里新种了十盆奇花，那是一种从未见过的仙花，小花朵簇生成伞形，甚是奇巧可爱。花蕾是红色的，花朵却是娇羞的淡红色，花枝上还结着果实，长长的椭圆形，黄黄的颜色。花儿和果儿都散发出浓郁的香味，实在惹人喜爱。

玉女想到玉帝的御花园里什么花儿都有，唯独没有这种花。因此祈求嫦娥姐姐送她一盆，好回去栽种在御花园里。但是嫦娥却摇摇头说，这是王母娘娘的花，是如来佛特意为庆祝王母娘娘的寿辰，派人从天竺国送广寒宫来的。玉女连连请求，嫦娥禁不住玉女这么"姐姐长、姐姐短"的央求，就答应了。

玉女高兴地捧起花盆就往外走，边走边说："谢谢！谢谢！"不想刚刚走到广寒宫门口，迎头就碰上了王母娘娘。王母娘娘见玉女手捧着天竺国送来的仙花，一边嘴里直道谢，便明白嫦娥一定私下将她的花儿拿去送人了，因而怒气冲天地训斥嫦娥胆大妄为。而且她边说边夺过玉女的石杵，将玉女和她手中的那盆花儿一起打下了凡间。

这盆花儿正巧落在陕西西谷县府以种花为生计的老汉的花园中，老汉有个女儿叫海棠，姑娘的面貌也像花儿一样美丽。老汉见一盆花从天而降，种花人自然是爱花惜花，便连忙伸手去接，又忙叫女儿过来帮忙，口中连叫："海棠，海棠。"海棠姑娘听见了，急急忙忙地跑过来，看见爹爹手里捧着一盆花儿，连叫"海棠"，便高兴地问："爹爹，这美丽的花儿也叫海棠吗?"老汉接住了这盆花，只见是一种从未见过的叫不上名儿来的花，听见女儿这么一说，觉得这花儿的确和女儿一样美，就干脆将错就错叫它"海棠花"了，结成果便叫"海棠果"，又落在陕西谷府县，于是便叫"西府海棠"。

野 生 扁 桃

雨染烟蒸万实垂，丹原为骨菊为衣。

客疑丽水新淘得，人向瑶池旧带归。

只恐压枝星欲落，最怜和叶露初晞。

银瓜玉李君休并，此品仙家亦自稀。

——《金桃》·宋·文同

物种资源

野生扁桃（Amygdalus sp.），为蔷薇科桃属中型或大型落叶灌木野生扁桃的成熟果实，又名唐古特扁桃、四川扁桃、松潘扁桃、野桃李、刺毛桃等。种源分布于全世界，有扁桃植物近40种。除广泛分布的一个栽培扁桃外，其余均为野生种。我国有野生扁桃5种，即西康扁桃、矮扁桃、花柄扁桃、蒙古扁桃和瑜叶梅扁桃，分布于新疆、四川、青海、甘肃、宁夏、内蒙古、陕西、黑龙江、吉林、辽宁、河北、山东、山西、浙江等十多个省（区），总面积约30万亩，垂直分布在海拔1500～2000米的山区。

生物成分

扁桃的果仁又亦巴旦杏仁，据内蒙古农牧学院中心实验室测定，野扁桃仁（巴旦杏仁），含油45%～56%，苦杏仁苷2.52%～2.99%，含有人体所必需的赖氨酸、氮氨酸、组氨酸、亮氨酸、异亮氨酸、苯丙氨酸、苏氨酸、缬氨酸等14种氨基酸和维生素B、C、E等，尚含微量元素钾、钠、钙、镁、锌、磷、硒等。野生扁桃仁可炒食、榨油或酿酒，四川省松潘、南坪的群众有用西康扁桃仁油招待客人的习惯，并称为"香油"。

食材性能

1. 性味归经

野扁桃，味甘，性平，有微毒；归脾、大肠经。

2. 医学经典

《本草求真》："扁桃仁，既有发散风寒之能，又有下气除喘之力，缘辛则散邪，苦则下气，润则通秘，温则宜滞行痰。"

3. 中医辨证

野扁桃仁，可润肺定喘、生津止渴、止咳、润肠，适用于口燥咽干、肺燥干咳、喘促气短、肺结核之潮热、五心烦热等症的康复。

4. 现代研究

野扁桃仁，含糖类、苹果酸、蛋白质、维生素等，有杀菌、消炎之功效，适宜慢性支气管炎、细菌性痢疾、肠炎、肺虚咳喘、肠燥、大便不通等症食疗助康复。

食用注意

野扁桃仁，有敛邪之弊，内有湿邪、实热者忌食。

传说故事

杨贵妃与野扁桃仁

相传，杨玉环幼年时，脸色黝黑，皮肤粗糙，长相并不漂亮，她家院外有野扁桃树数棵，每逢野扁桃成熟时，杨玉环百食不厌。到了能通婚之年，杨玉环竟出落得冰肌玉骨，貌美如花，因而被选入皇宫。后世人们便把这种野生扁桃称作"贵妃桃"，其仁称作"贵妃桃仁"。

沙 棘

三北沙棘四五种，余甘邻家五周同。

杏林遍及蒙维藏，安度夕阳忆乾隆。

——《咏沙棘》·近代·华安

物种基源

沙棘（Hippophae rhamnoides L.），为胡颓子科沙棘属落叶或灌木小乔木沙棘的成熟果实，又名酸柳、酸刺、黑刺、酸刺柳、酸柳果、沙枣、达日布、大尔卜兴（藏名）、其察日嘎纳（蒙古名）、颉汉（维吾尔名）等。系蒙、维、藏传统用药，并被收入《中华人民共和国药典》。广布于东北、华北、西北地区，西南地区亦有零星分布，据不完全统计，我国沙棘4个品种5个亚种，总面积达到十多万平方千米以上，其中天然鲜果达64%，年产沙棘果40万吨以上。

生物成分

据西北农学院测定，每100克沙棘果肉含果汁65～80克，总糖2.57～10.8克，总酸8.8克，脂肪油0.3～4.8克（其中不饱和酸占71.2%，亚油酸和亚麻油酸占11.4%），蛋白质3.0克，果酸0.41～0.79克，还含鞣质黄酮醇、氯原酸、三萜烯酸、儿茶酸，维生素B_1、B_2、C、E，胡萝卜素、叶酸等。此外尚含微量元素钾、钠、铜、锰、镁、钙等。

每100克沙棘种子含干物质82.3克，其中自由碳水化合物38克，水溶性果胶0.14克，可滴定酸（换成苹果酸度）1.81克，蛋白质21.7克，脂肪7.4～18.8克，还含有维生素C、E等物质。苏联曾用作宇航人员的食品原料，在国际市场需求量大，价格昂贵。

食材性能

1. 性味归经

沙棘，味酸、涩，性温；归肝、脾、胃、大、小肠经。

2. 医学经典

《本草备要》："活血散瘀，化痰宽中，补脾健胃。"

3. 中医辨证

沙棘可行血散结、治阳明病、胃热多汗、两便难，用于跌打损伤、瘀血肿痛、咳嗽多痰、呼吸不畅、消化不良等症的食疗助康复。

4. 现代研究

沙棘含有多种维生素、有机酸、黄酮类及萜类化合物。有降血脂、抗血凝、护肝、抚溃疡、脱敏、抗炎、抗氧化、抗疲劳、抗突变的作用，适用于高热伤阴、口渴咽干、支气管炎、肠炎等症，对阴道炎、冠心病、心绞痛、缺血性心脏病、消化系统等疾病亦是辅助康复的食材。

食用注意

（1）每 100 克沙棘含维生素 C 1000～2000mg，故食沙棘时不宜食黄瓜和动物肝脏。

（2）出血性疾病、服用维生素 K 时、泌尿系统结石患者、消化道溃疡患者也不宜食用沙棘或沙棘制成的饮料。

传说故事

一、沙棘与蜀军

相传，三国时期，在蜀国的一次东征中，其大军来到金沙江和澜沧江畔地带，由于山路险峻、人疲马乏，后继粮草又接济不上，很快就陷入了饥饿的危境中。这时，有人在荒山野岭中发现了一种被称为"刺果"的植物，鲜艳的果实挂满枝头，可是没人敢吃。直到几天以后，士兵们发现一些战马吃了这些野果后迅速恢复了体力，才纷纷采食，由此渡过了难关。这种植物就是广泛分布在四川、云南山岭中的亚乔木植物——沙棘。

二、沙棘拉丁文学名的由来

沙棘在海外早享盛名，相传在古希腊，各城邦之间战争不断，有一次，斯巴达人打了胜仗，但是有 60 多匹战马在战争中受了重伤，斯巴达人不忍杀死自己的战马，又不想看到自己心爱的战马死去，于是将它们放到一片树林中。过了一段时间后，他们惊讶地发现那些濒临死亡的战马非但没有死去，而且一个个膘肥体壮，毛色鲜亮，浑身仿佛闪闪发光。斯巴达人感到非常奇怪，最终发现这群马是被放到了一片沙棘林中，这些马饿了就吃沙棘果，渴了就吃沙棘叶，依靠沙棘为生。聪明的古希腊人从此知道了沙棘营养和治病的价值，而且还赋予沙棘一个浪漫的拉丁文名字"Hippohgae rhamnoides L"，意思是"使马闪闪发光的树"，这就是沙棘拉丁学名的由来。在我国，褐马鸡重新漂亮的奥秘也在于食沙棘的缘故。

三、沙棘与航天员食品

苏联宇航员加加林在首次完成太空行走之前，曾经服用大量沙棘提取物，以防止宇宙射线的辐射和气温多变、失重等太空环境给身体带来的伤害。

山 茱 萸

伤秋不是惜年华，别忆春风碧玉家。
强向衰丛见芳意，茱萸红实似繁花。
——《秋园》·唐·司空曙

物种基源

山茱萸 (Cornus officinalis Sieb. at Zuce.)，为山茱萸科山茱萸属（椋木属）落叶小乔木或灌木植物山茱萸的成熟果实，又名石枣子、药枣、山萸、石枣、蜀枣。我国是世界上山茱萸资源最为丰富的国家，在北纬 $30°\sim40°$，东经 $100°\sim140°$ 之间的陕西、河南、湖北、安徽、浙江、四川等省海拔 $250\sim1300$ 米的山区均有分布，以海拔 $600\sim900$ 米长势最佳。

据统计，河南省山茱萸产量居全国之首，其中仅西峡县就年产 35 万吨左右，占全国的 40%。其次是浙江省，天目山的临安、淳安和桐庐三县相毗邻的 6 个乡的产量占浙江全省产量的 98% 左右，目前多处于半野生状态，现有成林多为野生苗移植或砍杂抚养而成。我国分布最广、经济价值高的山茱萸类型主要有石磙枣、大米枣、珍珠红、八月红等。

生物成分

据测定，山茱萸果肉与果核的营养组成如下：

果肉：每 100 克果肉，含粗蛋白 0.5 克，粗脂肪 0.03 克，总糖 9.1 克，总酸 8.68 克，尚含草酸、酒石酸、苹果酸、醋酸、氨基酸及钙、镁、锌、硒等 24 种矿物元素；还含有酚类、甙类、黄酮甾体三萜类和香豆素、维生素 B_2、C 等。

果核：每 100 克果核，含水分 12.36 克，蛋白质 4.61 克，粗脂肪 8.65 克，粗纤维 51.62 克，总糖 20.33 克，还含有铁、铝、镁、钙、钡、锰、锆、钛等 21 种微量元素和 17 种氨基酸。

食材性能

1. 性味归经

山茱萸，味酸、涩，性微温；归肝、肾经。

2. 医学经典

《神农本草经》："补益肝肾，涩精固脱。"

3. 中医辨证

山茱萸，可补肝益精、利骨敛汗，适用于治疗肝肾不足、头晕耳鸣、腰膝酸软、阳痿滑精、尿频、虚寒不止、妇女体虚、崩漏失血、带下等症的食疗助康复。

4. 现代研究

山茱萸能提高人体的免疫力，并具有杀菌、消炎、抗休克、降血糖、利尿、降压作用，并且还具有抗氧化作用。

食用注意

脾虚便溏及阴虚滑泻者慎食。

传说故事

赵王与山茱萸

早在春秋战国时期，诸侯纷争，战乱频繁。当时，太行山一带地属赵国，山上村民大都靠采药为生，但必须把采来的名贵中药进贡给赵王。有一天，一位村民来给赵王进贡药品"山萸"，就是现在所说的"山茱萸"，谁知赵王见了大怒，说道："小小山民，竟敢将此物当贡品，岂不小看了本王！"这时，一位姓朱的御医急忙走了进来，对赵王说："山萸是种良药，这位村民听说大王有腰痛的顽疾，这才特意送来的。"可赵王却说："寡人用不着什么山萸。"进贡的村民听后只好退出。朱御医见状连忙追出来说："请把山萸交给我吧，赵王也许终会用上它的。"听罢，村民将山萸送给了朱御医。

很快，三年过去了，山茱萸在朱御医家中长得十分茂盛，他把山茱萸采收、晾干，好好地保存起来，以备使用。

有一天，赵王旧病复发，腰痛难忍，朱御医见状，忙用山茱萸煎汤给赵王治疗。赵王服后，腰痛的症状大减，三日后逐渐痊愈。赵王问朱御医给他服了什么仙丹妙药，朱御医把山茱萸的功劳告诉了赵王。赵王听后大喜，下令大种山茱萸。有一年，赵王的妃子患了崩漏症，朱御医当即以山茱萸为主配制方药，治愈了妃子的病。赵王为表彰朱御医的医术和功绩，就把山萸改名为"山朱萸"。后来，人们为了表明这是一种植物，又将"山朱萸"写成了现在的"山茱萸"。

五 味 子

五味子补五脏气，酸咸入肝而补肾。
辛苦入心而补肺，甘入中宫益脾胃。

——《五味子》·明·李时珍

物种基源

五味子（Schizandra），为木兰科五味子属落叶木质藤本植物五味子干燥成熟的果实，又名玄及、会及、五梅子、山花椒、壮味、五味、南五味子、南五味、北五味子、北五味、华中五味子、面藤子、血藤子。

五味子分北五味子和南五味子。前者均称"北五味子"，主产于黑龙江、辽宁、吉林、河北等地，为传统正品，品质优良；后者为五味子副品，主产于山西、陕西、云南、四川等地，品质较次，均以粒大肉厚、色紫红、有油者为佳。

生物成分

五味子，含五味子素、去氧五味子素、γ-五味子素、伪-γ-五味子素和五味子醇。其醇提物种可分离的7种药理活性成分，即五味子甲素（相当于去氧五味子素）、五味子素、丙素、醇乙、酯甲、酯乙，后四种为新发现化合物。从华中五味子可分离的6种结晶成分即：五味子酯甲、酯乙、酯丙、酯丁、酯戊及去氧五味子素。五味子还含约3%的挥发油，从中可以分离得到α-恰米烯、β-恰米烯和恰米醛。

五味子鲜果既解渴又可充饥，干燥后可代作干粮。据记载，黑龙江流域的少数民族，每人带上200～300克干五味子，就可作打猎一整天的干粮。五味子果实还可用作酿酒和加工保健食品及饮料的原料或添加剂。五味子鲜果实出汁率达52.8%～60.0%，用其酿造果酒，品质好，适量饮用能消除疲劳、有益健康，很受市场欢迎，还可以提取食用香精、色素及用作食品防腐剂。

食材性能

1. 性味归经

五味子，味酸、甘，性温；归肺、肾经。

2. 医学经典

《神农本草经》："收敛固涩，益气生津，补肾宁心。"

3. 中医辨证

五味子，可敛肺滋肾、生津敛汗、涩精止泻，有益于久咳虚喘、梦遗滑精、遗尿尿频、久泻不止、自汗盗汗、津伤口渴、气短脉虚、内热消渴、心悸失眠等症的康复。

4. 现代研究

（1）五味子能增加中枢神经的兴奋及工作效能，调整心血管系统而改善血液循环，并能显著增强中心及周围视力的敏感性。

（2）能兴奋子宫，使子宫节律性收缩加强，还能降低血压。

（3）有明显的止咳祛痰作用。

（4）调节胃液分泌，促进胆汁分泌，对肝炎患者的谷丙转氨酶有明显降低效果。

（5）其醚提取物有增强肾上腺皮质功能作用。

据抗菌试验：对痢疾杆菌、葡萄球菌、肠炎杆菌有不同程度的抑制作用。

食用注意

五味子，酸涩收敛，故凡表邪未解及有实热者均不宜用。

传说故事

苦娃种五味子的传说

很早以前，长白山脚下有一个不知名的村庄，有个青年叫苦娃，自幼父母双亡，靠给一个姓刁的员外放牛做杂活度日。这个刁员外根本不把苦娃当人待，给他吃的是气味难闻的猪狗食，穿的是破烂不堪的补丁衣，就这样还常常挨饿受冻，稍有疏忽，便是一顿毒打。几年下来，苦娃积下了一身的病，骨瘦如柴不成人样。而刁员外却对苦娃的病置若罔闻，不但不给苦娃治病，还每日逼他硬挺着干活。眼看着苦娃的身体越来越差，每到夜深人静时，他想起了过世的亲人，不禁痛哭流涕，只有默默地求告观音菩萨保佑自己。

一天，刁员外看苦娃的病越来越重，连走路都没有了力气，就派人把他送出了家门，将苦娃扔在很远的树林子边的草地上，精疲力尽、气息奄奄的苦娃昏昏沉沉地昏睡过去。这时有一只喜鹊从远处飞来，衔着几粒种子，撒在苦娃身边的草地上，等苦娃一觉醒来，见周围长出了几株小树，蔓藤相连郁郁葱葱，一串串红里透黑散发清香的果子挂满枝条。苦娃正饿得难以忍受，见到果子喜出望外，便随手摘了一串塞进了嘴里，只觉得甘、酸、辛、苦、咸五味俱全，非常爽口，他越吃越想吃，一口气儿吃了半个时辰，直感到精神焕发，气顺心畅，一身的疾病顿时全无。苦娃的病竟然被这些野果子治好了。自此，苦娃就在深山老林里开荒种地，娶妻生子过上了舒心的日子。

每年的这一天他都不忘到这里祭拜这些神果树。后来，这些爬蔓的树所结之果其籽落地发芽长出新藤，新藤再结新果，数年之后"五味之果"长满了长白山脚下的沟沟岔岔，穷人们不管患了什么病，只要吃了五味果就百病消除。因这种果子具有"五种味道"，人们就将它取名为"五味子"。

野 苹 果

石蜜偷将结，他鸡伏不成。

千林黄鹄卵，一市楚江萍。

旨夺秋厨腊，鲜专夏碗冰。

上元灯火节，一颗百钱青。

——《频婆》·明·徐渭

物种基源

野苹果〔Mslus sieversii（Mb）Roem〕，为蔷薇科苹果属落叶乔木野苹果成熟的果实，又名塞威氏苹果（维吾尔语）、天山苹果（新疆）、牙瓦阿尔玛（新疆、维吾尔、哈萨克语）。

野苹果的分布，北起准噶尔盆地西端的塔尔哈台山，向西南经巴尔鲁克山、准噶尔的阿拉套山北坡而至天山，再经西南天山至帕米尔高原，呈带状或块状不连续分布，表现出明显的植物"残遗"分布群落和对地方气候的选择性，是中国野苹果种质资源的集中分布区。

生物成分

据测定，100 克可食野苹果果肉中，含干物质 14.26％～17.4％，总糖 7.14％～9.38％（单糖 4.01％～6.65％、蔗糖 2.21％～3.68％），苹果酸 1.02％～1.3％、果胶 0.86％～1.55％，纤维素 0.92％～1.10％，鞣质和色素 0.38％～0.56％，维生素 C、维生素 B_6、P-活性儿茶酸。此外，野苹果含有胡萝卜素、硫胺素、尼克酸、醇类和酯类等物质，微量元素锰、铁、锌、硼等均远高于栽培品种，钼比栽培品种略多一些。

食材性能

1. 性味归经

野苹果，味甘、微酸，性微凉；归胃、肺经。

2. 医学经典

《食疗食补》："消除肠毒，益胃疾，除积滞。"

3. 中医辨证

野苹果为天然绿色果品，有健脾益胃、养心气、除心烦、生津液之效，适用于脾虚而不思饮食、脘纳呆、中气不足、消化不良、气壅不通、轻度腹泻、便秘、烦热口渴、饮酒过度等的食用缓解症状。

4. 现代研究

野苹果具有很好地防止冠心病和动脉粥样硬化作用，是防止心力衰竭的保健食材，故患有冠心病、高血脂、高血压患者可适量食用野苹果。

食用注意

（1）野苹果性属微凉，又味甘助温，多食可损伤脾胃，导致腹满泄泻。

（2）不宜与胡萝卜同时食用，同食可产生抑制甲状腺作用的物质，诱发甲状腺肿大，故野苹果与胡萝卜不可同时食用。

（3）服磺胺类药物和碳酸氢钠时不宜食用，服磺胺类药物和碳酸氢钠时忌食酸性水果，本品属酸性水果，食用后可使磺胺类药物在泌尿系统形成结晶而损害肾脏，碳酸氢钠的药效被降低。

传说故事

孙悟空与野苹果

相传，孙悟空随唐僧西天取经功德圆满返大唐后，回花果山水帘洞和众猴孙乐守家园，无事闲着，四处云游，腾云驾雾时从不带兵器和护卫，而是手捧一野苹果，他所到之处一切妖魔都惊慌失措，纷纷躲避。这个神话故事说明，野苹果很早以前就令人喜爱，被视为吉祥之物。

五 叶 草 莓

忆年二六心尚孩，蹦跳雀跃走复来。

荒坡夏秋草莓熟，一日往返数十回。

——《摘野草莓》·宋·徐熥

物种基源

五叶草莓（Fragaria pentaphylla Lozinsk），为蔷薇科草莓属多年生草本植物五叶草莓的成熟果实，又名泡儿、飘泡儿等。五叶草莓种质资源及其分布：五叶草莓适应性强，从海拔650米的河沟到2300米的中高山区都有分布，是秦巴山区野生草莓中的优势品种。五叶草莓有红色和白色两个类型，但以白色果较多，约占总量的90%，以秦巴山区分布最多最广。

生物成分

据西北农业大学分析中心分析测定：五叶草莓与栽培草莓相比，其营养成分基本一致，但在无机营养含量上差别显著，尤其是钙、钾的含量远远超过栽培草莓（见下表）。

野生草莓与栽培草莓营养成分含量比较（100克鲜果）

项目 种类	含水量 （克）	蛋白质 （克）	脂肪 （克）	糖 （克）	总酸 （%）	维生素C （毫克）	可溶性 固形物 （%）	钙 （毫克）	钾 （毫克）	铁 （毫克）
野生五叶草莓	86	0.9	0.63	5.3	4.45	29	10	60.32	285.9	1.5
栽培草莓	90	1.0	0.6	5.7	1.5	35	8~9	3.2	135	1.1

五叶草莓酸味稍重，但香味极浓，鲜食品质优良。果汁抗氧化性良好，适于酿酒。另外，五叶草莓还可用于富钙、富钾食品的开发。

食材性能

1. 性味归经

五叶野早莓，味甘、酸，性凉；归肺、脾经。

2. 医学经典

《饮馔服食笺》："润肺生津，健胃和中，益气养血，凉血清热，解酒毒。"

3. 中医辨证

五叶野草莓，有润肺生津、健脾、消暑、解热、利尿、止渴的功效，适用于风热咳嗽、舌口糜烂、咽喉肿痛、便秘等症的食疗辅助康复。

4. 现代研究

野草莓含铁、钙很高，对改善贫血缺钙患者对铁、钙的吸收，缓解缺铁、钙大有好处。所含的胡萝卜素是合成维生素 A 的重要物质，有明目养肝的作用。野草莓还含有丰富的果胶和膳食纤维，可以帮助消化、通畅大便。

食用注意

（1）过敏体质慎食野草莓。

（2）尿路结石患者勿食野草莓。

传说故事

野草莓由来的传说

相传，一日道济和尚忽然听到天上鼓乐齐鸣，悦耳动人，他想玉皇老儿今天为何如此快活，也让我去看个究竟，于是他念动驾云真言咒，信步来到天上，循着仙乐到了御寿宫。原来玉皇大帝在为王母娘娘庆贺九万九千岁生日，各路神仙均来朝贺，热闹非凡。俗话说："狗咬穿破衣"。二郎神的哮天犬看到道济和尚衣冠不整，疯疯癫癫的样子，便从道济和尚背后窜上去就是一口，咬住道济和尚的佛珠，道济和尚猛回头，佛珠串线被拉断，佛珠纷纷落入凡间，道济和尚忙按下云头，八方寻找，但始终没有找齐 108 颗佛珠，一气之下，道济和尚将佛珠与串线往地上一扔，一扔不打紧，佛珠串线变成藤，佛珠长成一颗颗野草莓。我们今天所看到的草莓摊在地上的长相，就像当年道济和尚将佛珠连串线扔在地上时一样。

吴 茱 萸

重九现真容，清兵与橼通。

气烈熟色赤，驱出避瘴功。

——《咏吴茱萸》·清·马铭

物种基源

吴茱萸〔Euodia rutaecarpa（Jussier）Benth〕，为芸香科植物，又名吴萸、左力、辣子、臭辣子树、气辣子、曲药子、茶辣等，分布于长江流域，华南和山西等地。自古吴茱萸的果实质量以吴地即长江流域和江浙一带为好，江浙又以苏、杭两州质量最佳。

生物成分

吴茱萸含柠檬苦素、吴茱萸苦素等成分，还含生物碱类，如吴茱萸卡品碱、吴茱萸碱等。另含挥发油，油中含吴茱萸烯、罗勒烯等。

食材性能

1. 性味归经

吴茱萸，味辛、苦，性热，有小毒；归肝、脾、胃、肾经。

2. 医学经典

《神农本草经》："散寒止痛，降逆止呕，助阳止泻。"

3. 中医辨证

吴茱萸，有护肝、和脾胃、壮阳的功效，适用于头痛、寒湿脚气、经行腹痛、脘腹胀痛、呕吐吞酸、五更泄泻、腰酸膝软、外治口疮等症的食疗促进康复。

4. 现代研究

吴茱萸有抗菌、抗病毒、杀虫、抗溃疡、止呕止泻、保肝、利尿、强心、降压、镇痛消炎、抗凝、抗休克等作用，适用于腮腺炎、疥疮、小儿腹泻、湿疹、皮炎、高血压、阳痿早泄、慢性胃炎等症的辅助食疗。

食用注意

对茱萸过敏的人勿食用。

传说故事

重阳节佩带吴茱萸的由来

《齐谐记》记载：汝南桓景随费长房学道。长房谓曰："九月九日汝家有灾厄，宜令急去，各作绛囊盛茱萸以系臂上，登高饮菊花酒，此祸可消。"景如其言，举家登高山，夕还，见鸡、犬、牛、羊一时暴死。长房闻之曰："此代之矣。"故人至此日皆登高饮酒，戴茱萸囊，由此而来。

野玫瑰果

麝烛腾清燎，鲛纱覆绿蒙。
宫妆临晓日，锦段落东风。
无力春烟里，多愁暮雨中。
不知何事意，深浅两般红。

——《玫瑰》·唐·唐彦谦

物种基源

野玫瑰果（Rosa rugosa Thunb.），为蔷薇科蔷薇属落叶灌木植物野玫瑰成熟的果实，又名刺玫果、野蔷薇果、山刺玫果等。

野玫瑰是我国北方常见的野生植物，自然分布于东北、华北、西北的丘陵山区，以东北三省资源最为丰富，主要分布在大、小兴安岭和长白山区，仅吉林和黑龙江两省的果实产量可达30万～50万吨。朝鲜、俄罗斯的远东和西伯利亚也有分布。现已广植各地，山东、江苏、浙江、广东、河北、辽宁等省栽培尤多。东北的刺玫蔷薇、美丽蔷薇、刺蔷薇、多花蔷薇、黄刺玫和扁刺蔷薇等6种蔷薇属植物的野生面积达122.71万亩，年产干花6.3万千克，干果42.21万千克。

生物成分

据测定，每100克鲜果肉，含水分73.4克，总糖2.64克，还原糖9.43克，有机酸2.3克，粗蛋白2.7～5.29克，还含氨基酸，果胶，维生素A、B_1、B_2、C、E，视黄酮，除维生素A外，野玫瑰的维生素B_1、B_2、E等的含量都高于一般蔬菜和水果，特别是维生素C含量均高于苹果、胡萝卜、山楂和猕猴桃，堪称"维生素C之王"。野玫瑰果实还富含多种矿物质，其中钾、钙、镁、磷、锌的含量尤为丰富。

野玫瑰种子可榨油，玫瑰精油在国内外市场供不应求，国外市场每公斤价值8000～10000元，干花亦可泡茶。

食材性能

1. 性味归经

野玫瑰果，味甘、微苦，性温；归肝、脾经。

2. 医学经典

《本草正义》："清而不浊，和而不猛，柔肝醒胃，疏气活血。"

3. 中医辨证

野玫瑰果，可健脾养血、理气调经，有益于顽固淋病、消化不良、腹痛腹胀、胃痛、妇女月经不调等症的食疗助康复。

4. 现代研究

野玫瑰果有促进胆汁分泌、抗心肌梗死、解毒等作用，对痛经、痢疾、肝炎、气滞性血瘀型冠心病、心绞痛等有辅助治疗作用。

食用注意

温病初起者，慎食野玫瑰果。

传说故事

仙女下凡种玫瑰的传说

相传野玫瑰是仙人所遗的花。原是天宫——仙女下凡来到人间，与一放牛娃结婚，仙女身材修长满身香，为人行善，常到山中采一种香草为当地人治气郁之病，每治必验。后来天神得知仙女下凡，便强行带回天界，临行前，仙女教放牛娃种植香草，为民除疾。放牛娃为怀念其妻，就将此香草叫玫瑰，当地人采玫瑰香草互赠，佩带其身，以求仙女保佑，并辟邪。

野 生 山 楂

形似佛珠玛瑙赤，布衣山雀最喜食。
东南西北八千里，千山万水总有植。

——《野山楂》·宋·扬志江

物种基源

野生山楂（Crataegus L.），为蔷薇科山楂属落叶乔木植物的成熟果实，又名山里红、孔杞、野楂子、山林果、天生山楂、甜山楂、苦山楂、南山楂、北山楂等。全世界山楂属植大约 1000 多种，目前，我国已知有 17 种，其中大部分处于半栽培和野生状态。除青藏高原外，几乎覆盖全中国。产于长江以南叫南山楂，长江以北叫北山楂，食用和药用以北山楂为佳。

生物成分

据测定，100 克可食野山楂果，含碳水化合物 22％，蛋白质 9.7％，脂肪 2％，每 100 克果实含铁 2.1 毫克、钙 85 毫克，还含有杜荆素、荭草素、大波斯菊苷、槲皮素、金丝桃苷、儿茶精等黄酮类成分及熊果酸、齐墩果酸、山楂酸等三萜类成分和氯原酸、咖啡酸等。

食材性能

1. 性味归经

野生山楂，味酸、甘，性微温；归脾、胃、肝经。

2. 医学经典

《新修本草》："健胃消食，活血化瘀。"

3. 中医辨证

野山楂，可消食和中、行气散瘀，用于肉食积滞、瘀滞腹痛、心腹刺痛、泻痢不爽等症的食疗助康复。

4. 现代研究

野山楂，有免疫、兴奋、抗氧化、抗菌、助消化、降血脂、增加冠状动脉流量、强心等作用，对产后瘀滞腹痛，小儿厌食及腹泻、结石、冠心病、高血压、肾炎等有辅助疗效。

食用注意

（1）野山楂对子宫有收缩作用，孕妇不宜食用以防动胎气流产。
（2）空腹不宜多食，防诱发疾病，甚至导致溃疡。
（3）体弱、久病体虚者不宜食用野山楂。
（4）服维生素 K 时不要食用野山楂。
（5）服碳酸氢钠时不宜食用野山楂。
（6）食用动物肝脏时，不宜食用野山楂，降低营养。
（7）食用黄瓜、南瓜、胡萝卜、笋瓜时，不宜食用野山楂，因可分解维生素 C。
（8）食用海鲜时，不宜食用野山楂，以防出现便秘、恶心、呕吐、腹痛等症状。

传说故事

野山楂治胃病的传说

从前，山里有户人家，种着一些山坡地。这家有两个孩子，老大是前妻留下的，老二是后娘生的。后娘把老大看作是眼中钉，为了让亲生儿子独吞家产，她天天盘算着暗害老大。可是该怎么下手呢？一不能拿刀杀，二不能推下河。她盘算来盘算去，想了个损主意——设法让这孩子生病，活活的病死他！

凑巧，爹要出门做生意，嘱咐儿子听娘的话，爹刚出门，后娘就对老大说："家里这么多活儿，你得分几样干！"

"让我干什么呀？"

"你年纪小，看山去吧，我给你做好饭带着。"

从此，老大就风里来雨里去地到山上看庄稼，狠毒的后娘每天故意给他做些半生不熟的饭带着。老大人又小，整天在野地里吃这些饭哪里消化得了，日久天长就得了胃病。

他的胃时而疼，时而胀，眼瞧着一天天变瘦了。老大跟后娘说："妈，这些日子我一直吃这夹生饭，胃就疼得厉害！"后娘张口就骂了他个狗血喷头："才干了这么点活儿就挑饭！哼，就是这个，不爱吃就不吃！"老大不敢还口，只好坐在山上哭，山上长着许多野山楂，老大实在咽不下后娘做的夹生饭，他吃了几个野山楂，觉着这东西倒是充饥又解渴。于是老大就天天吃起山楂来了。谁想吃来吃去，肚皮不胀了，胃也不疼了，吃什么也都能消化了，后娘很奇怪："这小子怎么不但不死反倒胖起来了，莫非有什么神灵保护他？"从此，她就把邪心收了不敢再害老大了。

又过了些日子，爹回来了。老大把前后经过一说，做生意的人脑子灵活，他断定山楂一定有药性，就用它制成药，卖给病人吃，后来人们果然发现山楂有健脾和胃、消食化瘀的作用。

山 樱 桃

山樱桃辛性属平，益气补中固涩精。

痢疾腹泻煎饮效，虚弱遗精服适应。

——《药性诗诀》·明·沈应旸

物种基源

山樱桃（Prunus tomentosa Thunb. Gl.，Jap），为蔷薇科樱桃属灌木植物山樱桃的成熟的果实，又名山豆子、朱桃、麦桃、牛桃、英桃、英豆、奈桃、野樱桃，是落叶果树中成熟最早的一种野果，可补充果品的淡季市场。除鲜食外，还可加工成果酱、果酒、果汁、蜜饯及糖水罐头等。种质资源分布于我国东北和西北地区，山东、江苏、云南、四川等地亦有零星分布。

生物成分

据测定，100 克可食山樱桃果实含可溶性固形物 15.2％、蛋白质 1.5％、果酸 2.32％，还含维生素 C、氨基酸、铁、钙、铜、锰、锌，尚含丰富的胡萝卜素、硫胺素、尼克酸等，种子含油 34.14％。

食材性能

1. 性味归经

山樱桃，味微辛、微甘，性平；归脾、肾经。

2. 医学经典

《本草从新》："补中益气，固精止痢。"

3. 中医辨证

山樱桃，止泄精、补中气，适宜用于滑精、泻痢肠澼、除热、调中、益脾气，令人好颜色、美容，还可去风湿疼痛。

4. 现代研究

山樱桃，可透疹解毒，对麻疹透发不畅、甲状腺肿大、胃气疼痛、调血活血和妇女气血不和、肝经火旺、手心潮热、经闭等症有食疗助康复的效果。

食用注意

山樱桃不宜与动物肝脏一起同食。

传说故事

英雄树的传说

新疆乌鲁木齐有个关于山樱桃的美丽动人的传说。据说在市郊有个英雄叫古丽买买提，他多次率领维吾尔族抗御外敌，后因叛徒出卖，被敌围困在大山上。他身中数箭，屹立山巅，身躯化为一株樱桃树，箭羽变成树枝，凝在箭柄上的血滴变成颗颗红山樱桃，后来人们为了纪念他，遂称山樱桃树为英雄树。

欧　李

嘉李繁相倚，园林澹泊春。
齐纨剪衣薄，吴纻下机新。
色与晴光乱，香和露气匀。
望中皆玉树，环堵不为贫。

——《李花》·宋·司马光

物种基源

欧李〔Cerasus humilis（Bge.）Sok.〕，为蔷薇科樱桃属落叶小灌木植物欧李的成熟果实，又名扁李、郁李等。在我国分布较广，黑龙江、辽宁、吉林、河北、内蒙古、新疆、山东等省（区）均有分布，是世界最矮小的木本果树，多成片生长在沿河流两岸、干旱的山坡及沙丘等处。

生物成分

据测定，每 100 克欧李鲜果肉，含蛋白质 1.5 克，维生素 C47 毫克，钙 360 毫克、铁 58 毫克，此外，还含有葡萄糖、维生素 B、D 及磷等。种仁主要含苦仁甙、脂肪油、粗蛋白质、淀粉、油酸等。欧李的果实多汁，出汁率达 28.3％，果汁鲜红或粉红色，经处理后清澈透明。

食材性能

1. 性味归经

欧李，味甘、酸，性平；归肝、肾经。

2. 医学经典

《滇南本草》："清肝涤热，生津，利水。"

3. 中医辨证

欧李（药名为郁李仁），对润燥滑肠、下气利水，适用于肠胃燥热、大便秘结、坚涩不下、对猝心痛（类似冠心病心绞痛）、慢性气管炎、咳喘气逆、不得平卧等症有食之助康复功能。

4. 现代研究

欧李含有多种维生素、氨基酸及矿物质、李苷、苦杏仁酸等，对消化不良、牙龈出血、慢性喉炎、扁桃体炎、牙周炎、肝硬化、皮肤湿疹、瘙痒、便秘等有很好的辅助疗效，并能用于妇女美容，去除面部雀斑。

食用注意

（1）服中药白术时不宜食用，中药白术与欧李子相畏，服用中药白术时食用欧李可降低药物的疗效或诱发其他疾病，故服白术时不宜食用。

（2）体虚、久病者不宜多食。欧李子具有通泄渗利的作用，多食损耗正气。《滇南草本》说："不可多食，损伤脾胃。"《千金·食治》说："不可多食，令人虚。"故体虚久病者不宜多食。

（3）服磺胺类药物时不宜食用。

（4）不宜与鸡蛋同食，机制有待探讨。

（5）不宜与青鱼同食，脾胃虚弱、消化不良、血热病人尤应忌之。

（6）不宜与蜂蜜同食，有致不良反应之可能。

（7）不宜与雀肉同食，亦不可与鸡肉同食。

（8）多食损伤脾胃，溃疡病及急、慢性胃肠炎患者忌食。

传说故事

杨梅不敌玉李

相传，隋炀帝即位迁都于洛阳，筑起方圆200里的西苑，诏天下各地将嘉木奇卉送京师置苑内，且不说各路进献的梨树、桃树、枣树、荔枝、杨梅，单说李树就有玉李、蜜柑李、麦熟李等十种。隋炀帝尽情欣赏苑内美景，日暮则选择一苑过夜。一天，炀帝宿于明霞苑，杨夫人对他说："玉李一夜间猛长，树荫覆盖数亩。"炀帝问起原因，夫人答说："夜里有人听到空间仿佛千百人，乱哄哄地说'李树当茂'，早晨一看果然。"炀帝自感不祥之兆。又有一天，炀帝宿于晨光苑，周夫人告诉他："苑中的杨梅，也在一夜间猛长。"炀帝因为自己姓杨，便喜出望外地追问："杨梅的繁茂，能赶得上玉李吗？"夫人回答："杨梅虽繁茂，但长势还是抵不过玉李。"炀帝一听，不禁神色黯然。过后，杨梅和玉李同时结果，苑妃摘下两果一并交给炀帝，炀帝当即问道："这两种果子，哪种好吃？"苑妃回答："杨梅表象好看，可味道清酸，赶不上玉李纯甜，苑中人都爱吃玉李。"炀帝低头长叹："厌恶杨梅，喜好玉李，这是人情还是天意呢？"不久，各地起兵反隋，隋炀帝逃往扬州，院中苑妃发现杨梅枯萎。同在这天传来消息，隋炀帝被缢杀，而李渊伐平群雄，建立唐朝。

胡 颓 子 果

沿江佳果半含春，三月挂枝多喜人。

常食三五胡颓子，何愁内室言腹疼。

——《胡颓子》·近代·肖刚

物种基源

胡颓子果（Elaeagnus pungens Thunb.），属常绿灌木胡颓子成熟的果实，又名蒲颓子、半含春、卢都子、雀儿酥、甜棒子、牛奶子根、右滚子、四枣、半春子、柿模、三月枣、羊奶子。胡颓子多为野生状态，常生于山坡疏林下或林缘灌丛的阴湿环境，也发现于向阳山坡或路旁，偶有庭园等人工栽培，主要分布于长江流域诸省。

生物成分

据测定，每100克胡颓子果肉，含水分85.3克，脂肪5.96克，蛋白质4.26克，含有单糖和寡糖、维生素C，还含钙、铁、磷、锌、硒等16种微量元素。

食材性能

1. 性味归经

胡颓子果，味甘、酸，微涩，性平；归肺、胃、大肠经。

2. 医学经典

《食疗本草》："消食化积，止咳生津。"

3. 中医辨证

胡颓子果，可止咳平喘、消食止痢，适用咳嗽、哮喘、腹泻久痢、食欲不振等症的食疗助康复。

4. 现代研究

胡颓子果实，含糖类、脂肪、鞣质、有机酸及维生素B、C等，对慢性支气管炎、肠炎细菌有一定的抑制作用。

食用注意

胡颓子果不应多食，以免引起脾胃失和，腹部不舒服。

传说故事

成吉思汗与胡颓子

当年，一代天骄成吉思汗的铁蹄横扫欧亚大陆，为了提高大军的战斗力和远征实力，将一批水土不服拉稀和连年征战、体弱多病的战马弃于胡颓子树林中。待他们凯旋，再经过丢弃战马的那片胡颓子树林时，发现那些被遗弃的拉稀病马，不但没有死，反而都恢复了往日的神威，见主人归来更是呼啸而起，奋蹄长嘶。将士们没想到小小的胡颓子竟有如此神奇的作用，便立即向成吉思汗禀报此事，成吉思汗得知后，下令全军将士立即采摘大量的胡颓子果随军携带。果然，经常食胡颓子果的人和马，比以前更加体力充沛，百病不生，精神抖擞，与敌作战有如神助。

越　橘

黄柑绿橘未分珍，琐碎登盘辄献新。

正可呼为木奴子，不知谁是铸金人。

——《金橘》·宋·苏轼

物种基源

越橘（Vaccinium L.），为杜鹃花科越橘亚科乌饭树属常绿小乔木植物越橘的果实，又名大越橘、黄背越橘、乌鸦果、苍山越橘，甸果、地果、笃斯越橘等。全世界越橘品种有 130 多个，我国原产约 37 种，主要分布于东北及西南北区，多为野生，我国越橘资源量很大，仅黑龙江利用面积就达 16 万平方千米以上。

生物成分

据测定，每 100 克笃斯越橘鲜果肉含果汁 80 克，可溶性糖 5～11 克，可滴定酸 2～3 克，维生素 C 25～53 毫克，游离氨基酸 54.2 毫克，果胶 0.5 克，种子含干性油 30%，叶和嫩枝含熊果甙、花青甙和鞣质（6%）。

食材性能

1. 性味归经

越橘，味甘、酸，微涩，性温；归脾、胃、大肠经。

2. 医学经典

《本草通玄》："行气，止痛，舒肝和胃，止痢。"

3. 中医辨证

越橘，可和脾胃、解毒、通淋、止痛、止痢，适用于肾结不痛、痛风等疾病的食疗助康复。

4. 现代研究

越橘具有抑菌、消炎、止痛功能，适用于肠炎、尿道炎、痢疾、里急后重等症的辅助康复功能。

食用注意

阴虚火旺者慎食越橘。

传说故事

插簪成越橘验冤的传说

相传，长白山下，有一孝妇，被人诬陷杀姑，妇不能自明，嘱行刑者取其髻长簪子插于石缝，说："若生越橘，则可验吾冤。"行刑者从其言，后果生越橘。此后，每有人插桔枝于石隙，秀茂成荫，岁有华实。

乌 饭 树 果

寒食乌饭遍地花，杨柳轻拂催种瓜。
遥想当年介子推，烈火难熔品质嘉。
——《寒食节乌饭》·清·桑成

物种基源

乌饭树（Vaccinium bracteatum Thunb.），为杜鹃花科越橘亚属常绿小乔木植物乌饭树成熟的果实，又名羊尘饭、十月乌、珍珠花、乌饭子等。苏南、江淮一带，每于寒食节采其树叶挤汁煮成乌饭，故名。我国南北各地都有分布，以江苏、浙江、福建为多。

生物成分

据中国林业科学院化学工业研究所测定，每 100 克野生乌饭树果肉，含水分 82 克，脂肪 0.8 克，蛋白质 0.73 克，碳水化合物 12.7 克，膳食纤维 3.74 克，灰分 0.44 克，还含维生素 B_1、B_2、C、尼克酸和 18 种氨基酸，此外，还含微量元素钙、磷、锌、镁、铁、硒等。

食材性能

1. 性味归经

乌饭树果，味甘、微酸，性温；归肺、肾经。

2. 医学经典

《名医别录》："益气，固精，强筋骨。"

3. 中医辨证

乌饭树果，滋肝补肾、益精明目，适用于虚劳精亏、轻身明目、黑发驻颜、益气力而延年不衰。

4. 现代研究

乌饭树果含有多种维生素、氨基酸、尼克酸、多种微量元素，有增强机体免疫力功能，增强机体抵抗力，促进细胞的新生，降低血中胆固醇的含量，抗动脉硬化，改善皮肤弹性，抗脏器及皮肤衰老，延缓皮肤皱纹等作用。

食用注意

脾胃虚弱，有湿热、泄泻者少食、慎食乌饭树果。

传说故事

乌饭树果汁解马钱子毒的传说

相传，五代南唐李后主——李煜，于公元 975 年被俘降宋，囚禁中，他常思念宫廷，回忆往事。就在当年的中秋之夜，他仰望空中明月，触景生情，勾起了他满腹的丧权之耻和亡国之恨，提笔写下了："春花秋月何时了，往事知多少？小楼昨夜又东风，故国不堪回首月明中！雕栏玉砌应犹在，只是朱颜改。问君能有几多愁，恰似一江春水向东流。"宋太宗赵光义知道这首词后大为恼火，认为他想要复辟，于是赐他马钱子自毙。李后主服了马钱子后，状如牵机而死，宋太宗命人迅速埋葬。是夜，被在外的南唐心腹御医和太监掘坟，灌以乌饭树果汁救醒，隐姓埋名于中条山中……

这仅是传说，乌饭树果汁是否能解马钱子毒，或当时在乌饭树果汁中还掺加其他药，不得而知，有待专家考证。

山　苍　子

悬壶济世若许年，撇汤早晚定晴川。

疗疾却要东南远，山苍朱砂莫蓊然。

——《定位山苍子》·宋·秦永南

物种基源

山苍子〔LitSea cubeba（Lour.）Pers.〕，为樟科木姜子属落叶灌木或小乔木的成熟果实，又名山鸡椒、木姜子、臭籽、山胡椒、椒花、荜澄茄。

山苍子自然生长规律是："一年出土，三年结果，五年盛产，七年衰老，九年枯亡。"如立地条件较好、管理水平高时，寿命也可达 20～50 年。结果后的山苍子新梢基本上都能形成花芽，成为结果枝，结果枝分为长果枝和短果枝两种，进入盛果期的植株，随树龄增大长果枝比例下降，短果枝是山苍子的主要结果枝，主要分布于我国浙江、福建、台湾、江西、湖南、湖北、广东、广西、安徽、四川、云南、贵州等省（区）。

生物成分

山苍子果仁，含香料油 2％～8％，核仁含油 25％～61.8％、灰分 2.91％、粗纤维 25.57％、蛋白质 13.57％，香料油为淡黄或黄棕色透明液体。

山苍子的花和叶亦含芳香油，其中叶含量为 0.2％～0.4％，主要成分是桉叶醇。

山苍子果实、果梗均可提取芳香油，每年 5 月底 6 月初，当果实呈草绿色时采摘，可蒸炼 2％～8％的芳香油。主要用于合成紫罗兰酮、乙基紫罗兰酮等单体香料和维生素 E、维生素 A 等，还可用于食品、化妆和皂用香精等。

食材性能

1. 性味归经

山苍子，味辛，性温，有小毒；归脾、胃经。

2. 医学经典

《食物本草》："清神智，温肾暖脾，健胃消食。"

3. 中医辨证

山苍子，利肾和中、利五脏，有助于神志昏暗、食积气胀、脘腹冷痛、反胃呕吐、肠鸣泄泻、痢疾等疾病的助康复和辅疗。

4. 现代研究

山苍子有抗菌、消炎功效，对阿米巴痢疾的辅助疗效显著。

食用注意

山苍子性温，内热盛者慎食。

传说故事

孙思邈与山苍子

相传，唐朝年间，相国寺有位和尚叫能悟，患了癫狂症，经常大哭大闹，他病了很久，虽然服用许多名医的汤药，但总不见好转。

能悟的哥哥仲某，与"药王"孙思邈是好友，他恳请孙思邈来替他弟弟治癫狂症。孙思邈询问病情后，认真地观察了能悟的苔脉，对仲某说道："让你弟弟今晚好好睡觉，明天醒来就会好的。"仲某听了喜出望外。孙思邈又吩咐："先给你弟弟一些咸食吃，等他口渴时再来叫我。"

到了傍晚，能悟口渴想喝东西，家人赶紧报知孙思邈。孙思邈取来一包药粉，调入半斤酒中，让能悟喝下，并让仲某安排他睡在一间僻静的房间内，过了一会儿，能悟便昏昏入睡了。孙思邈再三嘱咐不要吵醒他，让他自己醒来，直到第二晚下半夜，能悟才醒来。他醒后，神志完全清醒，癫狂症痊愈了，仲某重谢孙思邈，并向其询问道理。孙思邈回答："此病用了山苍子，按君、臣、佐、使配伍，调入酒中服用治疗，以微醉为好，病轻者半日至一日就可醒来，病重者两三日才有知觉，让他睡到自然醒，病必能愈。"

刺　梨

刺梨花开淡淡红，柳絮轻拂舞东风。
惆怅本是一株雪，何人看破识雌雄。

——《咏刺梨》·近代·刘雅平

物种基源

刺梨（Rosa roxburghii Tratt.），为蔷薇科蔷薇落叶灌木刺梨的果实，又名缫丝花。刺蘑、山刺梨、赛哇（藏语）、刺石榴、野石榴（陕西）、刺梨子、木梨子、刺梨蔷薇、茨梨、送春归、文光果。

刺梨因枝皮、叶、花柄、果均有密生针刺而得名。刺梨除原复型外，还有一个复型，即单瓣缫丝花，又称野生刺石榴，为本物种的果生原始类型，分布与原复型相同。

刺梨产陕西、甘肃、江西、安徽、浙江、福建、湖南、湖北、四川、云南、贵州、西藏等地，也见于日本。在我国，尤以贵州分布最广，产量最高，鲜果年收购量可达 6000 吨，实际产量约为 10000～15000 吨。贵州东、南、西部的边缘刺梨较少，中部较多，以毕节地区的毕节、纳雍、黔西织金、大方等地为最多，是刺梨分布最密集、产量最高的地区。广西的乐业、南丹，湖南的西部及云南部分地区也有大量野生刺梨分布。刺梨多分布在道路、溪沟、水塘两旁或田坎、土坎、坡脚、山谷等荒野处。

生物成分

刺梨是目前所发现的果品种类中维生素 C 含量最高的果品之一，每 100 克鲜果肉中含维生素 C2087.77 毫克，有些类型达 3499.84 毫克，刺梨果干样含粗蛋白 3.81％、油脂 0.88％；鲜果含总糖 4.23％～4.5％（其中还原糖 2.61％）、单宁 0.62％、总酸（以苹果酸计）1.34％、灰分（干样）5.4 克，另外还有胡萝卜素 0.13 毫克、维生素 B_1、B_2、尼克酸等。

刺梨中的糖主要有葡萄糖、木糖、阿拉伯糖和果糖，有机酸主要是酒石酸、苹果酸和乳酸，蛋白质由 16 种氨基酸组成，人体必需的各种氨基酸都有相当的含量。

种子中含油 7.4％，油中含棕榈酸 7.5％，硬脂酸 3.2％，十六碳烯酸 0.2％，亚油酸 49％，油酸 18.3％，亚麻酸 19.5％，山俞酸 1.9％，十二碳烯酸 0.3％和微量的月桂酸及豆蔻酸等。

刺梨根皮、茎中含有鞣质，其含量分别为 19.75％和 20％。

食材性能

1. 性味归经

刺梨，味酸、甘、涩，性平；归肺、胃经。

2. 医学经典

《本草经疏》："健胃，清痰，降火，除热。"

3. 中医辨证

刺梨生食可清六腑之热，熟食可滋五脏之阴，对消化不良、食欲不振、食积饱胀、咳嗽痰喘、口渴失音、小儿风热、酒精中毒等诸症有很好的助康复及辅助疗效。

4. 现代研究

刺梨的果实、花、叶、根均可入药，果实可健胃消食、除积解暑，对慢性胃炎康复效果不错。刺梨的花对肠炎引起的泻痢辅助疗效极佳，叶捣烂外敷可治小儿热疮、外洗对外痔康复效果显著。刺梨的根亦可用于健胃、消食、止泻、固精的康复。

食用注意

患金疮、妇人产后、脾虚泄泻、胃冷呕吐、小儿痉挛忌食用刺梨。

传说故事

杨老吉叩拜茅山老道

相传，有一位书生，面色蜡黄泛白，重病在身，他便向杨老吉求治，杨对他说，你患的是大热症，气血耗损，病入膏肓，可去茅山道观看看。书生便登茅山道观求诊，道士一看，忙笑着告诉他，不必担忧，你回家每天吃一个鲜刺梨，无鲜刺梨可把干刺梨煮熟，连着果及汤都吃下，病自然会慢慢好起来。书生依道士嘱咐去做了，一年后，病果然好了。一天，他遇上了杨老吉，杨见他满面红光，气血复壮，犹如处子，十分惊讶地说，你一定遇上神仙了吧？不然，你的病怎能好起来呢？书生如实相告，杨老吉听罢，便穿上礼服，面朝茅山叩拜，自责学医未到家。

女 贞 子 果

碧树如烟覆晚波，清秋欲尽客重过。
故园亦有如烟树，鸿雁不来风雨多。

——《宛陵馆冬青》·唐·赵嘏

物种基源

女贞子果（Ligustrum lucidum Ait.），为木樨科常绿乔木冬青树的果实，又名女贞实、冬青子、爆格蚤、白蜡子树、祯木、女贞木、冬青、鼠梓子、叶冻青、将军树、水蜡树、水瑞香、大蜡叶、水祯、白蜡树。

冬青原产于我国，主要分布在长江流域及以南各地。若丛植于庭院一角或墙垣之前，四季枝繁叶茂，树冠端正如盖，尤其隆冬飘雪，绿叶红果白雪，相互辉映，堪称冬日一美景，全国各地均有种植。

生物成分

女贞子果实，含齐墩果酸、甘露醇、葡萄糖、棕榈酸、硬脂酸、油酸、亚油酸、熊果酸、乙酰齐墩果酸，种子含脂肪油 14.9％，油中棕榈酸与硬脂酸为 19.5％，油酸及亚麻酸 80.5％。此外，女贞子含总磷脂约 0.39％，不含生物碱等。

食材性能

1. 性味归经

女贞子果，味甘、微苦，性凉；归肝、肾经。

2. 医学经典

《神农本草经》："滋肝补肾，明目，乌发。"

3. 中医辨证

女贞子果，可补肝肾、强腰膝，有利于阴虚内热、头昏眼花、耳鸣、腰膝酸软、须发早白等症状的康复与辅疗。

4. 现代研究

女贞子所含原儿茶酸、原儿茶醛，对绿脓杆菌、伤寒杆菌、痢疾杆菌、枯草杆菌等致病菌均有抑制作用，对人体各种炎症的康复有很好的辅助疗效，同时对高血压，高血脂及糖尿病亦有辅助食疗效果。

食用注意

脾虚泄泻患者慎用女贞子果。

传说故事

一、女贞子抗衰老

相传，鲁地有一女，非常美慕女贞凌冬不凋，负霜雪而枝叶葱翠之性，皮青肉白，含蓄而不露之贞操。每见此树而作歌颂之，并植于庭堂之前，每日观之。采其实而服之，年百岁犹有少女之容，为守贞操而不婚。人们颂扬之，而名此木为女贞。晋苏颜为女贞颂序云："女贞之木，一名冬青，负霜葱翠，振柯凌风。故清士钦其质，而贞女慕其名，或树于云堂，或植之于阶庭。"

二、林景曦和女贞子树

相传，南宋灭亡后，元军掘皇墓取宝，弃掷遗骨。曾任南宋朝廷大学士的林景曦，见此便扮成乞丐，腰系百余个各一两重的银牌，贿通看守墓的番僧，说明收集先帝遗骨的来意，说若找到高宗和孝宗的骨骸更好。经番僧的引点，林氏终将两帝的遗骨分别收存匣中，带回自己的家乡东嘉择地安葬。其后，他又从临安常朝殿前移回冬青树一株，精心植于墓前。此后常以这常朝殿的冬青树为题吟诗，抒发心中的哀思，如《梦中作》其一曰："一抔未筑珠宫土，双匣亲传竺国经。只有春风知此意，年年杜宇哭冬青。"

鸡 冠 果

闲居山林独悄然，隔窗观果可清心。

遍地蔓生鸡冠果，蝴蝶穿梭舞翩跹。

——《鸡冠果》·清·陈永山

物种基源

鸡冠果〔DuCnesnea indica（Andr.）Focke.〕，为蔷薇科多年生草本植物蛇莓的果实，又名蛇莓、蛇泡草、蛇盘草、蛇果草、龙吐珠、宝珠草、三匹风、三叶莓、地杨梅、三爪龙、三脚虎、红顶果。

鸡冠果大多野生在山坡、路旁、沟边或田埂的杂草中，全株覆盖白色柔毛，茎细长，匍匐，节节生根，全国各地都有分布。

生物成分

经西北农学院测定，每 100 克可食鸡冠果，含蛋白质 1.1 克，脂肪 0.2 克，碳水化合物 7.4 克，膳食纤维 1.6 克，维生素 A、B_1、B_2、C、E，烟酸、叶酸及微量元素钾、钠、钙、碳、锌、铜、锰、硒、铁等，还含有各种氨基酸和亚油酸及皂化物烃、醇和甾醇，甾醇中主要成分为 β - 谷甾醇。

食材性能

1. 性味归经

鸡冠果，味甘、酸，性凉；归肺、胃、脾经。

2. 医学经典

《本草品汇精要》："润肺，生津，健脾，和胃。"

3. 中医辨证

鸡冠果，可生津止渴、清热解酒、滋养补血，有助于保护视力、护养肝脏、助消化、通大便、改善贫血。

4. 现代研究

鸡冠果，富含氨基酸、果糖、蔗糖、葡萄糖、柠檬酸、苹果酸、果胶及多种维生素和矿物质，有助于肠胃蠕动、改善便秘、预防痔疮及血液病变，还可缓解放疗反应、减轻病症，对帮助康复有益。

食用注意

（1）对鸡冠果过敏体质者忌食。

（2）尿路结石患者忌食。

传说故事

鸡冠果的传说

从前有一个小伙子和自己的母亲相依过日子，一天晚上，小伙子打鱼回家时，看见一个姑娘从桥上跳到河里，小伙子连忙把她救了上来，并带回了家。这个姑娘自称是逃荒的，爹娘在半路上饿死了，现在一人无依无靠，只有一死随爹娘去了。小伙子的母亲看这姑娘不错，就让她住在自己屋里，姑娘刚坐下，一只老公鸡猛扑过来，全身鸡毛倒竖，姑娘吓得魂飞魄散，急忙躲到小伙子身后，这时小伙子气急败坏地拿着棍子把老公鸡赶走了。

之后，姑娘说是吓病了，什么都不想吃，只想喝碗鸡血，小伙子虽然舍不得与自己相伴多年的老公鸡，但为了给姑娘治病只好去捉公鸡了，只见那公鸡又飞又跳，又扑去啄那姑娘，那姑娘吓得直叫。小伙子拿砖头砸向公鸡，公鸡飞走了，再也没有回来。公鸡走后姑娘的病渐渐好了起来。

一天晚上，小伙子的母亲去看望姑娘，刚撩起蚊帐，见一只大蜈蚣躺在床上，吓得大叫，跑去叫儿子来看，那蜈蚣精听到声音连忙翻了个身，又变成姑娘。小伙子过来一看，哪有什么蜈蚣精？说是母亲看花眼了，母亲无奈只好把事闷在了心里，再说那蜈蚣精知道事情在母亲面前败露，睡到半夜把母亲给毒死了。原来这蜈蚣精专门变成美女迷惑年轻男子，然后害其性命，蜈蚣精正要毒害小伙子，这时老公鸡突然飞了回来，立扑蜈蚣精救下小伙子，那蜈蚣精变回原形与公鸡大战了起来，蜈蚣精不愿恋战逃向山腰，公鸡追向山腰，公鸡越战越勇，那蜈蚣精也不示弱，整整战了三天三夜，蜈蚣精终于倒在地上死了，公鸡也精疲力尽，奄奄一息。小伙子醒来找到山上，看到了公鸡与蜈蚣精搏斗的地方，恍然大悟，后悔莫及，当初不相信母亲的话，害了母亲和公鸡。

小伙子哭了很久很久，为了纪念公鸡，他在公鸡与蜈蚣精搏斗的地方埋下公鸡。从此，每年到了春天，埋公鸡的地方就会长出一丛藤蔓，结出像公鸡脸一样的果实，通红通红的，从此人间就有了鸡冠果的传说，这就是鸡冠果的来历。

橡　子

老农家贫在山住，耕种山田三四亩。
苗疏税多不得食，输入官仓化为土。
岁暮锄犁傍空室，呼儿登山收橡实。
西江贾客珠百斛，船中养犬长食肉。

——《野老歌》·唐·张籍

物种基源

橡子（Quercus acutissima Carr.），为壳斗科（山毛榉科）栎属落叶乔木橡子树果实的种子，又名麻栎、青冈、苞栩、苞标等。

《救荒本草》中所记载的橡子树统称为麻栎，其种子含有淀粉和脂肪油，可以酿酒，油可以制成肥皂。橡子，花期为4个月，果实在次年10月成熟。种质资源分布在全世界，有7个属，600余种。我国有6个属320余种，除青海、新疆、西藏外，全国各省（区）均有橡树资源。

生物成分

据测定，橡仁含水分10%～12%、淀粉30%～70%、单宁2%～18%、糖类8%～10%、油脂3%，橡碗（壳斗）含单宁73%。不同地区及同一地区不同种类的橡仁成分含量差异较大。橡仁可食，亦可酿酒，淀粉代粮浆纱。

食材性能

1. 性味归经

橡子，味苦、微涩，性微温；归脾、大肠经。

2. 医学经典

《本草纲目拾遗》："涩肠固脱，止痢解毒。"

3. 中医辨证

橡子，苦涩，微温，有收敛止血之功，有助于肠风下血、水泻、食不消化、日泻多次的肠道病症的辅疗。

4. 现代研究

橡子有解毒杀菌的功效，有益于淋巴结核、阿米巴痢疾、恶疮，红、白痢疾等病变的康复和辅疗。

食用注意

内热、大便秘结者慎食。

传说故事

人、鸟与橡树

女孩出生那天，父母在院子里种下了一棵橡树，并在橡树上刻下女孩的名字——思华，希望她能够像这棵橡树一样茁壮成长。

女孩学会走路了，她围着这棵橡树跑啊跑，跑累了，就坐下来背靠着橡树休息。女孩的名字就刻在橡树的心窝上，所以，从女孩出生的那天开始，橡树的心里就有了这个叫思华的女孩，它发现自己爱上了她。然而，它不能走动也不能说话，只能默默地注视这女孩，尽量让自己的绿叶生得更浓密，为女孩带来更多的清凉。

女孩当然不会知道橡树深爱着她。不过，她童年的大部分时光都是和橡树一起度过的。每当她有了伤心事，就会把橡树当成知心朋友，滔滔不绝地向它诉说，橡树总是摇动着自己的绿叶，有时还会滴下一两滴露珠。这时，女孩就劝橡树："我还没哭呢，你倒是先哭了……"

女孩再大一些，就不爱跟橡树说话了，她时常依偎在橡树旁边，想象着外面的世界。橡树想：如果我们能这样相依相偎一生一世，我也死而无憾了。

然而，有一天，女孩离开了家，离开了深爱着她的橡树，去了遥远的繁华大都市。她对橡树说，她要到远方去寻找她的梦想和爱人。橡树哭了，和人一样，它的泪滴是咸的。橡树再也打不起精神了，它的绿叶再也不像从前那么茂密了。一只喜欢橡树的啄木鸟对橡树说："你的身上长满了虫子，你的叶子也黄了好多，再这样下去，你会死掉的！"橡树悲痛地对啄木鸟说："我心爱的人儿去了远方，再也不会回来了，我活着还有什么意思呢？"

啄木鸟说："可惜她不知道你心里在想什么。爱一个人却不能亲口告诉她，这种感觉真的很难受……这样吧，我把你的一片叶子摘下来，飞到远方去送给她，她就会明白你的心思，也许会回来看你呢！"

橡树听了很高兴，它精挑细选，最后选了一片心形的叶子，让啄木鸟带给远方的女孩。啄木鸟把树叶衔在嘴里，飞了很远很远的路程，终于飞到了女孩所在的城市，把树叶交给了女孩。女孩看到这片树叶，只是觉得非常美丽，并没有想到这片树叶来自家乡那棵橡树。她把树叶当成书签，夹在了她最喜欢的一本爱情小说里。啄木鸟回来后，把这一切原原本本地告诉了橡树。橡树听了非常开心："虽然她没有回来看我，甚至根本就没想起我，可是我的叶子夹在了她最喜欢的书中，给她带去了一份快乐，这让我感到很幸福。"接着，橡树又对啄木鸟说："我用挂在树上的常春藤浆果编了一串项链，你能再帮我个忙，送给远方的她吗？"啄木鸟这时已经疲惫不堪了，可看到橡树渴求的目光，它点了点头："只要能让你快乐，我什么都愿意做。"啄木鸟又衔起了这串对它来说十分沉重的浆果项链，向远方飞去。当它把这串项链交给女孩的时候，已经精疲力尽。可是，它还是拼着最后一丝力气，飞回了橡树身边。它告诉橡树，女孩看到浆果项链很开心，她总有一天会回来的。说完，啄木鸟就静静地伏在橡树的树枝上。它知道自己快死去了，可是它并不悲伤，因为它爱橡树，心甘情愿为它做任何事。虽然橡树并不爱啄木鸟，也不知道啄木鸟爱自己，但是这并不重要，啄木鸟觉得，只要能给橡树带来快乐，即使献出生命也不觉得遗憾。

橡树哭了，哭得很伤心，它知道啄木鸟是因为自己才死去的，它甚至读懂了啄木鸟的爱。

女孩看到那串浆果项链，终于想起了远方的橡树，因为她小时候就喜欢坐在橡树下编这种项链。这时候，女孩已经嫁给了一个帅气的男孩，男孩很爱她，女孩觉得自己很幸福。多年以后，女孩带着自己的丈夫和孩子回到了故乡。在她看来，还是故乡最温馨、最亲切，她决定后半辈子在这里生活。

橡树又看到了女孩，看到女孩过得很幸福很快乐，它心里就有一种说不出的愉悦，于是，它更加理解那只为它而死的啄木鸟了。橡树长得更加繁茂了，女孩的孩子常常像当年她妈妈一样围着它跑，跟它说悄悄话。有一次，孩子问它："为什么你的心窝上刻着我妈妈的名字？"

橡树摇动着绿叶，傻傻地笑了。它想给孩子讲一个动听的爱情故事，可是它只是一棵橡树。

酸 浆 果

野果地所献，重意在所临。
采得洛神珠，入口润心田。

——《食酸浆》·清·陈其炳

物种基源

酸浆〔Physalis alkekengi L. var. franchetii (Mast.) Makino〕，为茄科植物酸浆的果实，又名姑娘菜、姑娘儿、洋姑娘、挂金灯、红姑娘、戈力、灯笼草、洛神珠。在各地的野外都比较常见，早在公元前300年《尔雅》中便有关于酸浆的记载。酸浆果实为浆果，球形，成熟时橙红色，未熟时绿色，酸苦，种子为肾形。

生物成分

酸浆果，除含常规的蛋白质、碳水化合物、膳食纤维、维生素、微量元素、氨基酸等外，尚含酸浆苦素 A、B、C，木樨草素及木樨草素-7-β-D-葡萄糖苷。

食材性能

1. 性味归经

酸浆果，味酸、苦，性寒；归肺、脾经。

2. 医学经典

《神农本草经》："清凉，化痰，镇咳，利尿。"

3. 中医辨证

酸浆果，能清热解毒、利咽、化痰、利尿，有利于咽喉肿痛、音哑、痰热咳嗽、小便不利、黄疸、痢疾、水肿，适用于天疱疮、湿疹、疔疮、丹毒的康复与辅疗。

4. 现代研究

酸浆果煎剂对大肠杆菌有抑制作用，酸浆的抗菌成分为油状液，此部分对体外金黄色葡萄球菌有抑制作用。

食用注意

（1）脾虚、便溏及痰湿咳嗽者忌食。
（2）孕妇忌用。

传说故事

酸浆的传说

相传，从前有一财主，心狠手辣，拼命让长工干活，不管长工的死活，不少长工都生了病。其中有一位长工身患肺病，整日咳嗽，还小便不畅。财主见他干不了活，还得养活他，就起了歹心，趁天黑把他送到荒野中，并在周围割了些杂草盖在其身上而去。这位长工哭天喊地也无济于事，只好等到天明。天亮后，不但咳嗽，还觉得饥饿难忍，向四周望去，只见在茫茫草丛中，长着一些橙红色球形小果子，只好爬着前去摘来充饥，就这样饥了吃酸浆果，困了土地当铺，历经七天七夜。工友们好不容易找到他，把他抬到财主家，过了两天，却已能行走，再过两天，不咳不吐，小便也通，竟好如初。这位长工讲了他的经过，工友们愤怒地要找财主算账，被他拦住了，"我们吃人家的饭，就忍了吧。"财主知道后，自知理亏，也不再说什么了。长工们觉得奇怪，每逢热伤风咳嗽，便到荒野中摘些野酸果来吃，倒也减轻了不少咳嗽的痛苦。日子长了，就把这酸酸的、甜甜的浆果叫"酸浆果"。

滇 刺 枣

枣下何攒攒，荣华各有时。
枣欲初赤时，人从四边来。
枣适今日赐，谁当仰视之。

——《古咄唶歌》·中华书局《先秦汉魏晋南北朝诗·汉诗》卷一

物种基源

滇刺枣（Ziziphus mauritiana Lam），为鼠李科枣属常绿或落叶乔木毛叶枣的果实，又名毛叶枣、柿枣、印度枣、南枣、酸枣（广东、云南）、缅枣（广西、云南）、西西果、麻荷（傣语）。

野生滇刺枣在我国主要分布于云南，其次为四川渡口、广西东兴、广东、海南、福建和台湾。一般生长在海拔 1800 米以下的山坡、丘陵和河边灌丛的干热地区。

生物成分

滇刺枣，每 100 克可食部分，含水分 81.6 克，蛋白质 0.8 克，脂肪 0.3 克，碳水化合物 17.0 克，膳食纤维 1.1 克，无机盐 0.3 克及胡萝卜素、烟酸、维生素 B_1、B_2、C 等。

滇刺枣，每 100 克（干），含水分 12.9 克，灰分 5.56 克，膳食纤维 3.99 克，蛋白质 1.93 克，脂肪 3.39 克，总糖量 57.43 克及 β-胡萝卜素、维生素 B_1、B_2、C、D、P，还含 17 种氨基酸和微量元素钾、钠、钙、镁、铁、锌、铜、磷、钴、锰等。

食材性能

1. 性味归经

滇刺枣，味甘，性微凉；归脾、胃、肾经。

2. 医学经典

《本草纲目拾遗》："补中益气，强肾益脾。"

3. 中医辨证

滇刺枣，可补中益气，养血安神，对脾虚食少、乏力、便溏、妇女脏燥等症有辅助食疗康复效果。

4. 现代研究

滇刺枣有免疫、兴奋、抗氧化、抗突变等作用，有助于降低血清谷丙转氨酶，非血小板减少性紫癜、银屑病的治疗和康复，对胃痛、关节疼痛病有辅助食疗作用。

食用注意

（1）滇刺枣不可多食，易损脾致腹泻。

（2）不要和黄瓜、萝卜一起食用。

（3）服用退热净、布洛芬时勿食滇刺枣。

传说故事

"养性枣树"的传说

董养性（1616—1672），乐陵东董家村人，家贫、聪颖，遍读天下书，有"江北第一才子"之称，做官清廉。后辞官，百姓送他一副对联："董县令挂冠回家种枣树；奇才子养性晒书晾肚脐"。一日，董养性在树下晾肚睡着，忽从天上落下一群红胖子（小枣），将其砸醒，他拿起枣，掰开，满腹金丝相连，一吃，肉甘甜，有清肺、提神、养性之感。随即兴赋诗："小枣老来红又甜，满腹金丝谱琴弦。弹就阳春白雪曲，云红天外任舒展。"将此树命名"养性树"，又名"老米红"。

南 酸 枣

脆若离雪，甘如含蜜。

脆者宜新，当夏之珍。

坚者宜干，荐羞天人。

有枣若瓜，出自海滨。

全生益气，服之如神。

——《枣赋》·清·严可均

物种基源

南酸枣〔Choerospondias axillaries（Roxb.）Burtt. EtHill.〕，为漆树科南酸枣属落叶乔木南酸枣的果实，又名五眼果、四眼果、酸枣树、货郎果、连麻树、山枣树、鼻涕果、五眼铃子、花心木、哨死仔、山枣子。核果椭圆形或近卵形,熟时黄色;核坚硬,顶端有 4～5 个小孔。花期 4 月,果期 9～10 月。分布于长江流域以南的浙江、福建、湖南、广东、广西、贵州、江西等省(区)。

生物成分

据测定,100 克可食南酸枣干果肉,含水分 9.68 克,可溶性固形物 12 克,总糖 7.9 克,碳水化合物 3.6 克,脂肪 0.4 克,有机酸 2.5 克,膳食纤维 1.4 克,果胶 5.0 克,单宁 1.1 克,维生素 B_1、B_2、A、C 及 18 种氨基酸,包括人体所必需的 8 种氨基酸,还含有 α-儿茶素、南酸枣甙和 β-谷甾醇等。

食材性能

1. 性味归经

南酸枣,味甘,微酸涩,性微寒;归肺、脾、胃经。

2. 医学经典

《本草纲目拾遗》:"清热解毒,消食导滞,止痛。"

3. 中医辨证

南酸枣,可导滞消食、杀虫收敛,有益于消化不良、腹胀腹痛、食欲不振、虫积等辅助食疗。

4. 现代研究

南酸枣,可解毒、祛风湿、消炎、止痛。对于酒醉、疮疡肿痛、烫伤创口有良好的辅助食疗。研究还表明,用果皮、果树皮煎汤内服或浓缩保留灌肠,可治疗急、慢性细菌性痢疾,效果亦佳。

食用注意

南酸枣不宜和动物肝脏同时食用。

传说故事

"半尺枣"树的传说

据传,春秋时,在贵州贵溪,鬼谷子曾携孙膑、庞涓二弟子云游于此,鬼谷子欲考察二人,就说:"为师腹饥,尔觅一粒半尺枣与吾食。"庞涓转遍枣林,空手而归。孙膑则从此树上摘下一颗半红半绿的枣子,交与师父。鬼谷子笑着点了点头,红的这半已熟能吃(尺),绿的这半未熟还不能吃(尺),这不是半尺(吃)枣吗?后来鬼谷子就将自己的绝学传于孙膑,此树也被后人称为"半尺枣"树。

软 枣

林中有紫果,叶稀满枝头。
枣熟已美软,霜露添膏油。

——《软枣》·清·孙燕

物种基源

软枣（Diospyros lotus L.），为柿树科柿属落叶乔木君迁子的果实，又名丁香柿、红蓝枣、小柿、野柿子、黑枣、丁香枣、西洋枣、牛奶柿、牛奶枣、羊矢枣、糯枣。树高 20～30 米，果小而长，状如牛的奶子，籽中有汁，汁甘美，成熟后则紫黑色。主产于辽宁、河北、山东、山西、湖北等地和中南、西南各地。

生物成分

软枣，果实含无色飞燕草素、无色花青素、儿茶酚、山奈酚、杨梅皮素及鞣质；还含有蛋白质、糖类、膳食纤维及维生素 B_1、B_2、C 及矿物质、钙、锌、铁、锰、铜、锌等。果实可直接食用，也可以酿酒、制醋，北方还用其制冰糖葫芦。

食材性能

1. 性味归经

软枣，味甘，性凉；归心、肺、大肠经。

2. 医学经典

《本草纲目拾遗》："止消渴，去烦热，令人润泽。"

3. 中医辨证

软枣，有安神镇心之效，久服悦人颜色，令人轻健，对热渴、咳嗽、吐血、咳血等症有辅助食疗作用。

4. 现代研究

软枣，有抗自由基及降压作用，对支气管炎、肺热咳嗽、痰中带血等疾病有辅助康复与食疗效果。

食用注意

（1）软枣性凉，脾胃虚寒者忌食。
（2）不宜多食。

传说故事

"知县枣树" 的传说

明万历十九年，王登庸任乐陵知县，"劝民种枣，教民树艺，有过者，以赎错"。规定凡犯错之人，除依法处罚外，另罚栽枣树 50 棵。王知县任职间为提倡植树，身体力行，亲手植下枣树 50 棵，百姓称为"知县树"，知县树历经战乱，现存仅剩一株。

第十三章 菌藻类

灵 芝

高山石室半空嵌，选取灵芝草尽芟。

法意要修心一等，道情焉用口三缄。

丹砂保重开清境，白发相宜倚翠岩。

曩劫缘中因种在，布衣鹤袖凤来衔。

——《缘识》·宋·宋太宗

物种基源

灵芝（Ganoderma），为多孔菌目多孔菌科灵芝属植物紫芝、赤芝的干燥子实体，又名赤芝、红芝、血灵芝、灵芝草、菌芝、菌灵芝、灵芝菌、万年蕈、茵等。

我国最早的中药学专著，秦汉时期的《神农本草经》记载灵芝有紫芝、赤芝、青芝、黄芝、白芝、黑芝 6 种，均被列为"上品"之药。晋代葛洪的《抱朴子》一书中，把灵芝分成石芝、木芝、草芝、肉芝、菌芝 5 类。据调查，我国所产的灵芝有 50 多种，其中以赤芝为代表种。夏秋季生于栎类等多种阔叶树干基部，在热带则能寄生于茶、竹、油棕和可可等经济作物，罕生于针叶树。全国大部分地区均有分布，国内已广泛进行人工栽培。

生物成分

灵芝含有多种氨基酸、蛋白质、生物碱、香豆精、甾类、三萜类、挥发油、甘露脑、树脂及糖类、维生素 B_1、C 等，粗纤维比较丰富，子实体中多达 54％～56％。

同科植物赤芝含上列各种成分外，还含有生物碱、内酯、水溶性蛋白质和多种酶类。

同科植物云芝中含有多种糖，蛋白质结合多糖、灵芝酸 A、B、C、D、H，多孔菌酸、棕榈酸。近年来还发现了一种对白血病有强活性作用的物质细胞毒 14‑元二羟苯甲大环内酯。

食材性能

1. 性味归经

灵芝，味甘，性温，无毒；归肝、胃、肾经。

2. 医学经典

《滇南本草》："安神、益精气、强筋骨。"

3. 中医辨证

灵芝，补肺益肾、和胃健脾、安神定志，有益于虚劳、咳嗽、气喘、失眠、消化不良等症的食疗助康复。

4. 现代研究

灵芝，对中枢神经系统有抑制作用，对血压呈先升后降的双向作用，能使尿量增多，能加强心脏收缩能力，有止咳、祛痰作用，并能促进气管黏膜上皮修复，有保护肝脏作用，对肠有兴奋作用，对肺炎球菌、甲型链球菌、白色葡萄球菌及流感杆菌均有一定的抑制作用，对大肠杆菌、变形杆菌、痢疾杆菌及绿脓杆菌亦有抑制作用。

食用注意

灵芝对某些慢性疾病有一定的治疗效果，但疗效出现较慢，亦不是什么"长生不老"或"起死回生"的灵丹妙药。正如明代医学家李时珍所说，"服食可仙，诚为迂谬"。

传说故事

一、灵芝为炎帝之女化身传说

灵芝神话起源于《山海经》。《山海经中次七经》说，炎帝小女名"瑶姬"，刚到出嫁之年，即"未行而卒"。她的精魂飘荡到"姑瑶之山"，"化为瑶草，实为灵芝，其叶胥茂，其华黄"。因"天帝"（炎帝）哀怜瑶姬早逝，便封她做巫山云雨之神。有一天，楚怀王来到云梦，住进一所叫"高唐"的台馆，这位渴慕爱情的女神悄然走进寝宫，向正在午睡的楚怀王倾诉爱情，楚怀王从朦胧中醒来，记起她在梦中临别时的叮嘱："妾在巫山之阳，高邱之岨，旦为朝云，暮为行雨，朝朝暮暮，阳台之下。"便给瑶姬立了一座庙，叫作"朝云"。后来，楚怀王的儿子楚襄王来这里游玩，也做了一个同样的梦。楚国著名诗人宋玉根据这两个梦，写成传颂千古的《高唐赋》和《神女赋》。现在，巫山生长灵芝特别多，传说都是女神撒下的相思籽。

二、麻姑献寿图上的灵芝

《洛神赋》，三国著名诗人曹植的代表作，是一个描写人神恋爱的故事，其中有"尔乃税驾乎蘅皋，秣驷乎芝田"，意思是你驾着华丽的马车到蘅皋出游，晚来将驾车的马驱赶到栽种芝草的田野上放牧。汉班固《汉武帝内传》是六朝人伪作，着重写汉武帝与西王母的故事，也谈到西王母居住的昆仑山上种有芝田，这是有关灵芝神话传说的又一个版本。由此派生出另一个神话故事：旧俗三月三日为西王母寿诞，每到这一天，仙女麻姑都要到绛珠河畔采集灵芝，酿酒为王母祝寿，这段故事已成为天津杨柳青民间年画"麻姑献寿图"的主题。

三、九仙山灵芝传说

传说，很久很久以前，九仙山一高峰上有一棵神草——灵芝，有时夜间放光，那光在方圆百里内都能看到，别说把那棵灵芝采下，就是能接受它光的照射，触一触它的叶片，也能消除疾病，要是采一枚浸上水，能治成千上万人的病。

有一年，九仙山一带瘟疫流行，十人九瘟，人们忽然想起山上那株灵芝。然而，山峰高耸入云，陡峭如壁，上山无路，很少有人上过山顶，即便上去了，也很难下山。为采摘这片叶子，有好多棒小伙爬了几步，便却步而回。

却说山下王家村有一随父行医的王姓姑娘，年满 18 岁，长得俊秀苗条，心地善良，心眼机灵，名字也叫灵芝。她眼看父老乡亲一个个病倒在床，心如刀绞，她想：我这行医的，连乡亲们的病都治不了，还有何面目见人？

听说一片灵芝叶能救众乡亲，我灵芝姑娘何不去试试？于是，她告别了父母兄弟，带上干粮上了山。到峰前一看，哪里有路？想问路，可等了一天也没见人影。于是满山找，找了七天七夜，忽然见一白头老翁立在面前，指着一条石缝对她说："这就是通上山顶的必经之道，但要走这条道必须具备三条：一要心诚，二要胆大，三要不回头。"说完，白头老翁消失得无影无踪，姑娘知道这是神人指点，就按照老翁说的办了。这条石缝，就像万丈高空抛下的一根绳索，顺石缝而上，如同登天，稍有闪失，就会粉身碎骨，向下一望，也会头晕目眩。然而千难万险，都被姑娘要救众乡亲的那颗坚定不移的心排除。姑娘像走平地，没有半点恐惧，终于攀枝扣石，爬上顶峰，但找遍了峰顶上的所有沙石草木，也没见灵芝的影子。这时，她随身带的干粮早已吃尽，山顶上又没有水喝，饿得蜷伏在山阴的一棵柞树下，靠啃树皮充饥，靠树叶上的露水润体，她要等那棵灵芝出现。这样又待了七天七夜，最后灵芝姑娘变成了一株附在树桩上的蘑菇。这棵蘑菇经过日晒雨淋，很快在九仙山、五莲山繁殖起来，成了今天的灵芝，它不仅救治了当时的人，还世世代代地发挥着神奇功能。

发 菜

枸杞实垂墙内外，骆驼草耿路高低。
沙蒿五色斓如锦，发菜千丝柔似薏。
比屋葡萄容客饱，上田婴奥任儿吃。
朔主天府须栋梁，蓬转于思复而思。

——《咏宁夏属植物》·于右任

物种基源

发菜（Nostoc flagelliforme），为念珠藻属植物发菜的藻体，又名地毛、头发菜、发藻、大发丝、地耳筋、毛菜、仙菜、竹筒菜、粉菜、龙须菜、黑金菜、净池毛，以新鲜呈蓝绿色或橄榄色，风干后变成乌黑带有光泽、丝发柔韧，形如一团团头发者佳，分布于我国的内蒙古、新疆、甘肃等省（区）。

生物成分

据测定，每100克可食发菜含水分13.8克，蛋白质20.3克，碳水化合物36.4克，膳食纤维21.9克，含有钙、铁、磷、锌、硒等多种微量元素，还含有维生素 B_1、胡萝卜素等多种维生素。

食材性能

1. 性味归经

发菜，味甘，性寒；归肝、肾、肺、胃、膀胱经。

2. 医学经典

《中国中药资源志要》："补血和中，潜阳利水，化痰止咳。"

3. 中医辨证

发菜，有清热解毒、活血化瘀、顺气、理肺、止咳之效，有益于佝偻病、小便不利、浮肿、食滞不化、脘腹胀满、咳嗽多痰和冠心病、肝阳上元所致眩晕、咯血、失眠等症食疗助康复。

4. 现代研究

发菜营养丰富，蛋白质含量高，钙质也较多，更富含磷、铁等矿物质，含量均高于猪、牛、羊肉及蛋类，有助消化、解积腻、清肠胃、降血压之功用；发菜具有较强的理气作用，无脂肪，为山珍之"瘦物"，能化痰软坚，清肺止咳，可辅助治疗脂肪瘤、肥胖症、痰湿咳嗽等病症；发菜的有效成分能降血压、利尿，调节神经，是高血压、冠心病、高血脂患者的理想食品；发菜可为人体提供丰富的营养成分，对贫血、老年慢性支气管炎等症有一定疗效。

食用注意

(1) 发菜性寒，平素脾胃虚寒、大便溏薄之人忌食，凡患风疹、痹痛、内伤等病症者慎食。

(2) 因为发菜的大量采集是导致沙尘暴的祸根之一，国务院已发出要求各地禁止采集发菜、取缔发菜贸易的通知，人工培植另当别论。

传说故事

发菜由来的传说

相传，宋朝三关元帅杨景和双天官寇准，遭奸贼王强陷害而病，三军中几位名医都不知他们患的是什么病，杨景的师父任道安云游到此，闻知徒弟患病，便急忙赶来救助。任道安不仅精通兵书战策，而且医术超群，切脉后说道："治这种病需用 36 味稀缺草药，还要用龙须凤发做药引子。""龙须凤发"是指皇帝的胡须和女皇的头发，到哪里去找呢？任道安想了想说，八贤王的胡须可以代替当今万岁的胡须，八贤王听罢，立刻剪了自己的胡子送来。任道安又说，中原没有女皇，得到大辽，把萧太后头顶的红发剪下三根来最宜。众人一听，要取敌国女皇的头发，这比虎口拔牙还难。忽然孟良跳到佘太君面前说："我去盗凤发，你们尽管放心。"果然，孟良经过长途跋涉，历经千辛万苦，百般周折，终于盗来三根凤发。任道安取出他从深山里采来的 36 味药，亲手煎熬，然后将凤发和龙须化成灰，调进药汤，杨景和寇准喝了汤药，到了晚上，二人就病体痊愈。后来，这件事感动了上帝，上帝令仙女每人献一根青丝投放人间，第二天，在杨景军营附近长出了许多像头发一样的发菜。

茯　苓

草堂归来背烟萝，黄绶垂腰可奈何。
因汝华阳求药物，碧松之下茯苓多。

——《送阿龟归华》·唐·李商隐

物种基源

茯苓 [Poria cocos (Scgw.) Wolf]，为担子菌纲多孔菌科多孔菌植物茯苓的菌核，又名玉灵、茯灵、万灵精、茯菟、松腴、更生、金翁、不死曲、不死面、降晨伏胎、松柏芋、土茯苓、松木薯、野苓等，以大小均匀一致，皮色色差一致，外皮绷而紧、顶头有鹦鹉嘴、无皱者佳。皮内呈淡红者为"赤茯苓"，皮内呈白色者为"白茯苓"，如苓块中有松根穿透者为"茯神"。分布于河北、河南、山东、安徽、浙江、福建、广东、广西、湖南、湖北、四川、贵州、云南等省（区）。茯苓在我国作为药用保健品已有 3000 多年的历史，是药食两用的珍品。

生物成分

茯苓含有蛋白质 0.64%～1.06%，脂肪 0.35%～0.51%，此外还含有卵磷脂、葡萄糖、甾醇、茯苓酸、组氨酸、胆碱、矿物质、脂肪酶、蛋白酶以及 β-茯苓聚糖及其分解酶等成分，有很多营养成分是对人体有益的。

食材性能

1. 性味归经

茯苓，味甘、淡，性平；归心、肺、脾、肾经。

2. 医学经典

《神农本草经》："利水渗湿，健脾和中，宁心安神。"

3. 中医辨证

茯苓甘淡而平，甘则能补，淡则能渗，性平和缓，既能健脾养心，又能利水渗湿。故凡脾虚及水湿内停所致病症，皆常应用，尤其对于脾虚湿胜之症，更为适宜。其特点是性质和平，补而不峻，利而不猛，既可扶正，又可祛邪。正虚（脾虚）邪盛（湿盛），必不可缺。

4. 现代研究

茯苓，有利尿作用，能增加尿钠、尿钾排出量，可能与影响肾小管重吸收机能有关。茯苓还有降血糖、镇静以及抑制金黄色葡萄球菌、大肠杆菌变形杆菌等作用。此外，茯苓又能使离体兔肠的自动收缩幅度减小，张力下降。常吃茯苓对老年性浮肿、肥胖症也有益处。

食用注意

（1）虚寒精滑或气虚下陷者忌食用茯苓。
（2）不宜与白蔹、地榆、秦艽、米醋、雄黄同服食。

传说故事

一、茯苓名字的由来

从前有个员外，家里仅有一个女儿，名叫小玲。员外雇了一个壮实小伙子料理家务，叫小伏，这人很勤快，员外的女儿暗暗喜欢上了他。不料员外知道后，非常不高兴，认为俩人门不当户不对，差距太大，不能联姻，便准备把小伏赶走，还把自己的女儿关起来，并托媒将小玲许配给一个富家子弟。小伏和小玲得知此事后，两人便一起从家里逃出来，住进一个小村庄。

后来小玲得了风湿病，常常卧床不起，小伏日夜照顾她，二人患难相依。有一天，小伏进山为小玲采药，忽见前面有只野兔，他用箭一射，射中兔子后腿，兔子带着伤跑了，小伏紧追不舍，追到一片被砍伐的松林处，兔子忽然不见了。他四处寻找，发现在一棵松树旁，一个球形的东西上插着他的那支箭。于是，小伏拔起箭，发现在棕黑色球体表皮裂口处露出里面白色的东西。他把这种东西挖回家，做熟了给小玲吃。第二天，小玲就觉得身体舒服多了，小伏非常高兴，经常挖这些东西给小玲吃，小玲的风湿病也渐渐痊愈了。这种药是小玲和小伏第一次发现的，人们就把它称为"茯苓"。

二、苏东坡与茯苓

历代医家及养生学家都很重视茯苓的延年益寿之功，唐宋时服食茯苓已是很普遍的事情。宋代文学家苏东坡就很会做茯苓饼，他曾指出，茯苓饼"以九蒸胡麻，用去皮茯苓少入白蜜为饼食之，日久气力不衰，百病自去，此乃长生要诀"。苏东坡年已六旬还有惊人的记忆力和强健的身体，这可能和他常吃自制的茯苓饼有很大关系。

三、成吉思汗与茯苓

相传，成吉思汗在中原作战时，小雨连绵不断地下了好几个月，大部分将士水土不服，染上了水湿症，眼看兵败垂成，成吉思汗十分着急。后来，有少数几个士兵因偶尔服食了茯苓，得以痊愈。听说此事后，成吉思汗大喜，他急忙派人到盛产茯苓的地区运来大批茯苓给将士们吃，兵将们吃后病情好转起来，成吉思汗最后打赢了仗，茯苓治病的神奇功效也被广为传颂。

四、茯苓之趣

明代大药学家李时珍曾到罗田九资河一带考察和收集茯苓，称其"茯苓有大如斗者，有坚如石者，绝胜"。而今，九资河几乎家家户户种茯苓，每到冬春，家家都在忙于整场备料，屋前屋后堆满了老松木段，待来年初夏，段木入土，进行接种栽培。1973 年，九资河乡七里河村种的一个茯苓，重达 48 千克，是普通茯苓的数十倍重，在广交会上展出后，令外商惊叹不已。后来，又在九资河出产了一个重达 54 千克的大茯苓，人称"茯苓王"，至今仍珍藏在林业部展览馆内。《中国医药报》又有报道，浙江遂昌农民李陈树，栽种了一特大茯苓，重 78 千克，长 100 厘米，宽 50 厘米，高 30 厘米，实为罕见之珍品。

白　木　耳

佳蕈出何许，南山白云根。

畦丁入云采，遍地脱叶翻。

——《食十月蕈》·宋·汪藻

物种基源

白木耳（Tremella fuciformis Berk），为担子菌纲银耳目银耳科寄生菌银耳的子实体，又名白耳子、雪耳、银耳、白耳、桑鹅、五鼎芝等，形如人耳故名。白木耳一般制成干品，以干燥、色白微黄、朵大体轻、有光泽、胶质厚者为佳品。

我国白木耳原为野生，今在全国大部分地区有栽培，产地为四川、湖北、福建、浙江、江苏、江西、广西、云南、台湾、贵州、陕西等地，其中以福建漳州和四川通江的银耳最为著名。福建古田县白木耳产量最高，占全国产量的一半左右，有"银耳之乡"的美称。

生物成分

据测定，每 100 克白木耳含蛋白质 5 克，脂肪 0.6 克，碳水化合物 78.3 克，粗纤维 2.6 克，钙 380 毫克，此外还含有磷、铁、钾，维生素 B_1、B_2、D、A 等成分，其所含氨基酸的种类多达

17 种。

食材性能

1. 性味归经

白木耳，味甘、淡，性平；归肺、胃、肾经。

2. 医学经典

《本草再新》："润肺滋阴，清补肺阳。"

3. 中医辨证

白木耳，滋阴润肺，益胃生津，利肠道，有助于肺热咳嗽、肺燥干咳、久咳喉痒、咯痰带血、久咳络伤、肋部疼痛、肺痈肺痿、产后虚弱、月经不调、肺热胃酸、大便秘结、大便下血、新旧痢疾的康复与辅疗。

4. 现代研究

白木耳含有丰富的蛋白质、多种维生素、17 种氨基酸、肝糖和有机化合物，滋润而不腻滞，具有补脾开胃之功，又有益气清肠作用，安眠健胃补脑又不致兴奋。养胃阴，清肺热，济胃燥，还可滋阴润肺，故对咯血、衄血、痰中带血、大便出血、肺、胃肠道出血等有特效。现代研究还表明，白木耳能增强机体抗肿瘤的免疫能力，还能增强肿瘤患者对放射治疗或化学治疗的耐受力。

食用注意

（1）不应食用变质的银耳。如果银耳根部变黑，外观呈黑色和黄色，闻之有异味，触之有黏感，说明已经变质。食用变质的银耳容易引起黄杆菌外毒素中毒，轻者恶心、呕吐、腹痛、腹泻，重者可出现肝脾肿大、黄疸、腹水、抽搐、昏迷、瞳孔散大，甚至消化道出血、肝、脑、肾严重损害而死亡。

（2）不应饮用隔夜的银耳汤。银耳汤过夜后其营养成分减少，并产生有害成分。因为银耳含有少量的硝酸盐类，经煮透后，如放时间较长，在细菌分解作用下，硝酸盐将会还原成为亚硝酸盐，人饮用放置过夜的银耳汤，亚硝酸盐就自然地进入血液循环，使人体正常的血红蛋白被氧化成高铁血红蛋白，失去携带氧气的能力，引起中毒，发生肠源性紫绀症等一系列症状。

（3）服用四环素类药物时不宜食用。服用四环素类药物时忌食含钙多的食物，白木耳含钙较多、每 100 克约含钙 380 毫克，服用四环素类药物时食用将会影响四环素类药物的吸收而降低疗效。

（4）服用铁剂时不宜食用。服用铁剂时忌食含磷多的食物，本品含有较丰富的磷元素，能和铁剂结合形成不溶性沉淀物，既影响食物的营养价值，又降低药物的疗效。

传说故事

慈禧太后与白木耳

相传清朝慈禧太后得了痢疾，许多太医都无法医治，束手无策，后太医唐容川以银耳做成汤剂给慈禧太后服用后，马上就好了。自此之后，慈禧就经常饮用银耳汤。同时又因为历代皇家贵族都将银耳看作是"延年益寿之品""长生不老良药"，故此，"上有所好，下必甚焉并贡之"。银耳就成为各级官员孝敬慈禧太后的一种专利品，并让人到处搜寻最好的银耳进贡给慈禧太后及皇家贵族，达官贵人也争相食用银耳，造成银耳市价飙升，一小匣子银耳就要花一二十两银子才能买到。一般的人即使花了大价钱，在市场上也不容易买到上品。

黑 木 耳

蔬肠久自安，异味非所夸。

树耳黑垂聃，登盘今亦乍。

——《木耳》·宋·朱熹

物种基源

黑木耳（Auricularia auricula），为担子菌纲银耳目木耳科黑木耳植物的子实体，又名光木耳、云耳、木蛾、耳子、木茸、树鸡、黑菜、木菌、细木耳、木檽等。根据寄生在腐朽、阴湿树林品种的不同，生成的品种亦不同。如有桑耳、槐耳、榆耳、柳耳、拓耳、杨栌耳等多种，因外形似人耳、颜色黑褐色而得名，以细嫩、肉厚、色黑发亮者为上品。我国对黑木耳的记载已有1000多年的历史，在我国大多数地区均有生产，自古因生长在桑葚、槐、榆、楮、柳树的朽木上为多，故有五耳之称，以桑、槐木材上生长的为最好，柘木上生长的较差，枫树上生长的木耳有毒，人食后有副作用，可引发旧病，情绪烦闷等。有毒木耳误食能使人狂笑不止，如出现食用木耳中毒，立取服冬瓜藤汁来解毒。现全国各地均有栽培。

生物成分

据测定，每100克黑木耳含蛋白质10.6克，粗纤维7克，碳水化合物65克，脂肪0.2克及维生素B族，尼克酸，还含微量元素钙、铁、铜、镁、锌、硒、磷等。

食材性能

1. 性味归经

黑木耳，味甘，性平；归脾、肝、大肠经。

2. 医学经典

《神农本草经》："益气不饥，轻身强志。"

3. 中医辨证

黑木耳有滋润强壮、润肺益气、补血活血、镇静止痛等功效，是中医用来治疗腰腿疼痛、手足抽筋麻木、痔疮出血和产后虚弱等病症常用的配方药物。

4. 现代研究

黑木耳含有丰富的蛋白质、铁、钙、维生素、粗纤维，其中蛋白质含量和肉类相当，铁比肉类高10倍，钙是肉类的20倍、维生素B_2是一般蔬菜的10倍以上，对患有肥胖症、高血压、糖尿病、高血糖的病人非常有益。

食用注意

（1）服用维生素药物时不宜食用。黑木耳中含有多种人体易于吸收的多种维生素，服用维生素时食用木耳可造成药物蓄积。此外，木耳中所含的某些化学成分对合成的维生素也有一定的破坏作用，故服用维生素药物时不宜食用黑木耳。

（2）服用四环素类药物及红霉素、甲硝唑、西咪替丁时不应食用。黑木耳里所含的钙，可和药物结合成一种牢固的结合物，使营养价值和灭菌作用均有不同程度地减弱；黑木耳中的钙、镁离子还可和红霉素等药物结合，延缓或减少药物的吸收。

（3）不应用热水泡发黑木耳。木耳是一种菌类植物，采摘时含有大量的水分，干燥后变成草质，用凉水浸泡发制，水分可缓慢地浸入，能使木耳恢复到生长期的半透明状，发制出的木耳量多、脆嫩，吃起来爽口，也便于存放。如用热水发制，可比冷水发制的量减少 1/3 左右，且口感绵软发黏，不适于保存。

（4）新鲜木耳不应食用。新鲜木耳含有一种卟啉类光感物质，食用后身体被太阳照射的暴露部位可引起日光性皮炎，出现瘙痒、水肿、疼痛，甚至发生坏死，个别严重者因咽喉水肿还可发生呼吸困难，干燥后所含的毒性则消失。

（5）脾虚消化不良或大便稀者忌食，对黑木耳及类似真菌过敏者也应慎食。患有血小板减少等有出血性倾向疾病者，应少食或不食黑木耳，否则会有加重出血倾向。

传说故事

黑木耳叫"树鸡"的传说

很久以前，茫茫大山中有个小山村，村里有个英俊勤劳的后生，和一位美丽善良的女孩私订终身。但是，这个女孩也被山中的一个妖怪看上了。一日，妖怪趁后生不在，将女孩抢走，后生和村民闻讯后追来，妖怪见无处可逃，便将女孩打死藏在一个枯死的树洞里并封死，妖怪也被后生一箭射中跌下山崖死去。

后生找不到自己心爱的女孩，伤心欲绝，守住枯树不肯离去，嘴里不停地叫喊着女孩的名字，泪如雨下。说来也怪，后生的泪水滴在枯树上，树上竟然长出了许多黑黑的像耳朵一样的东西，似乎是那树洞中的女孩听到了后生的呼唤。后来，人们便将这东西叫"木耳"，并将其用来做菜，因其做的菜味美如鸡肉，故而人们也叫它"树鸡"。

据说，那后生常年守在山上，吃那枯树上长出的木耳，任凭风吹雨淋，竟然百病不侵，以至于长生不老。时至今日，每逢雨过天晴，山上的一些枯树上，也总能够见到这些状如耳朵，吃如肉类的东西，这也似乎证实了那痴情后生现在还活着。

平 菇

天下风流笋饼馐，人间济楚蕈馒头。
事须莫与缪汉吃，送与麻田吴远游。
——《约吴远游与姜君弼吃蕈馒头》·宋·苏轼

物种基源

平菇（Pleurotus ostreatus），为担子菌纲伞菌目侧耳科侧耳属侧耳的子实体，又名鲜蘑、培养蘑、鲍鱼菇、北风菌、冻菌、白杨菌、核桃菌、梨窝、蚝菌、天花蕈、鲍鱼菇、元蘑、蛤蜊菌、杨树菇等，以片大、菌伞厚、伞面边缘完整、破裂口少、菌柄短者为佳。主要品种有：粗皮侧耳、美味侧耳、晚生侧耳、白黄侧耳、凤属侧耳等。全国各地均有栽培。

生物成分

据测定，每100克可食平菇含热能20千卡，蛋白质1.9克，脂肪0.3克，碳水化合物4.6克，膳食纤维 2.3 克，含有维生素 A、B_1、B_2、C、E，还含有微量元素锰、铜、钙、磷、钾、钠、铁、镁、锌、硒，尚含 D-甘露醇、D-山梨醇、18 种氨基酸，包括人体所必需的 8 种氨基酸。

食材性能

1. 性味归经

平菇，味甘，性微温；归肝、胃经。

2. 医学经典

《食疗本草》："补脾胃、除湿邪、祛风、散寒、舒筋、活络。"

3. 中医辨证

平菇，有补脾除湿、缓和拘挛的功效，有益于脾胃虚弱、饮食减少、痹症肢节酸痛、手足麻木及拘挛不舒等症的食疗助康复。

4. 现代研究

平菇子实体中含有抗肿瘤细胞多糖体，能提高机体的免疫力，对肿瘤细胞有很强的抑制作用。平菇中含有侧耳素和蘑菇核糖核酸，具有抗病毒作用，能抑制病毒的合成和繁殖。平菇基本不含淀粉，脂肪含量少，是糖尿病和肥胖症患者的理想食品。常吃平菇还具有降低血压和血液中胆固醇的作用，可预防老年心血管疾病和肥胖症，有利于防止血管硬化。平菇还能治疗自主神经紊乱，对妇女更年期综合征有辅助治疗效果。平菇对治疗肝炎、慢性胃炎、胃和十二指肠溃疡、软骨病也有一定功效。

食用注意

（1）脾、胃虚寒者切勿多食平菇。
（2）痛风患者慎食平菇。

传说故事

八岐岭大蛇与平菇的传说

相传，秦岭山脉有个支脉叫八岐岭，岭下有条八个头、八个尾的大白蛇，眼睛如同青铜镜，背上长满青苔似椴木，头顶侧常常飘着雨云。它非常喜喝酒，本来被人们作为水神来崇拜，但每年除要喝酒外，还要吃一个女孩作为献祭。一次，黎山老母路过八岐岭，见八头蛇如此残忍，伤害民女，便摇身一变，变作祭献女，对八头蛇说："在吃我之前你必须喝足酒，不然，我进入肚中你很难受。"八头蛇应允了，张开血盆大口让黎山老母灌酒。灌醉后，黎山老母将八头蛇杀死。后来蛇烂，蛇鳞一片片被风吹贴在腐朽的树木上，这就是人们今天看到的一片片白蛇鳞似的白平菇。

地　耳

野老贫无分外求，每将地耳作珍馐。
山晴老仆还堪拾，岩到明朝更可留。
人世百年闲自乐，山斋一饭饱还休。
曲肱偶得同疏食，不是乾坤又孔丘。

——《拾地耳》·明·庄昶

物种基源

地耳（True liverwort；Marchan-lia polymopha），为蓝藻门念珠藻科念珠藻属植物地耳的子实体，又名地软、地木耳、地皮菜、野木耳、地见皮、地钱、岩衣、天仙菜、地踏菰、地踏菇、地踏菜、圣菜儿、鼻涕肉等。

地耳是真菌与藻类结合的一种共生植物，其结构非常简单，分不出根、茎、叶，也无花无果。它是依靠细胞分裂来繁殖的，由许多细胞连成的念珠状群体，缠绕在一个公共胶质鞘中，呈不规则的集合成肉眼可见的珠状植物体，分布于我国的黄淮、江淮、西南、西北及陕南秦巴山区和陕北黄土高原的湿润荒坡野岭。

生物成分

地耳中含蛋白质、膳食纤维、胡萝卜素、硫胺素、核黄素、尼克酸，维生素 B_1、E、C 及无机元素钾、钠、钙、镁、铁、锰、锌、铜、磷、硒等，此外还含肌红蛋白、β 胡萝卜素、海胆烯酮、鸡油菌黄质、磷质、淄醇以及葡萄糖甙、香树脂醇类等。

食材性能

1. 性味归经

地耳，味甘，性寒；归肝、大肠经。

2. 医学经典

《太平圣惠方》："养血、止血、养胃、清心。"

3. 中医辨证

地耳，清热明目，收敛益气，有助于目赤、脱肛等病症的食疗助康复。

4. 现代研究

地耳是低脂肪食材，糖尿病、肥胖患者极为适合食用。它含有丰富的蛋白质及微量元素，能为人体提供多种营养成分，具有补虚益气、滋养肝肾作用，并能令妇人有孕，亦有辅助降压之功效。

食用注意

凡脾胃虚寒、大便不实者慎食地耳。

小记

地耳还是平民代粮度荒的恩物。清代王磐编纂的《野菜谱》中，收录了一首民歌《地踏菜》曰："地踏菜，生雨中，晴日一照郊原空。庄前阿婆呼阿翁，相携儿女去匆匆。须臾采得青满笼，还家饱食忘岁凶。"

这首民谣记述了地耳救荒的情景。可见，地耳自古以来就是饥年重要的度荒天然野蔬，不知拯救了多少劳苦大众，是大自然恩赐之宝，它为人民立下了不可磨灭的功绩。

传说故事

地耳由来的传说

据说，"地踏菜"是踩碎的驴皮。相传，牛魔王的妻子铁扇公主与张果老有私情。一日，张果老与铁扇公主又在江苏盱眙铁槛寺山下果老洞里龙凤颠倒。牛魔王回芭蕉洞寻铁扇公主未果，便腾云驾雾来到果老洞前，见张果老的坐骑小毛驴安闲地在草地上啃草，道情筒和芭蕉扇放在果老洞外，牛魔王认定张果老与铁扇公主又在洞中干好事，便气愤地上前抓住小毛驴，从前往后一撕，将毛驴的皮剥了下来，放在脚下，将驴皮踩得稀巴碎后，用力将驴皮一踢，再用芭蕉扇一扇，飞向四方的碎驴皮纷纷落在荒山野岭的草丛中。从此，张果老的碎驴皮经晴天太阳一晒休眠，雷雨之后，碎驴皮便纷纷舒展，水灵灵的活灵活现，这便是现在的野生蔬菜"地踏菇"。

石 耳

寒严摘耳石崚嶒，下有波涛气有蒸。
知汝清齐常自爱，不当持供五湖僧。
——《石耳》·明·李攀龙

物种基源

石耳（Umbilicaria esculenta Minks），为地衣门脐衣科石耳属植物石耳的子实体，又名石木耳、岩菇、石壁花、岩苔、石菇等。因其形似耳，并生长在悬崖峭壁阴湿石缝中而得名，是一种野生植物食材，分布于我国华南、西南及陕西南山区。

生物成分

据测定，每 100 克石耳含蛋白质 13.58％，脂肪 0.6％，碳水化合物 66.22％，膳食纤维 1.68％，总氨基酸 11.5％以及胡萝卜素，维生素 A、B_1、B_2 及微量元素钾、钠、钙、镁、铁、铜、锌、锰、磷、硒、锗等，还含有石耳酸、红粉苔酸等。

食材性能

1. 性味归经

石耳，味甘，性微寒；归脾、肝经。

2. 医学经典

《日用本草》："清热，止血，明目，化痰。"

3. 中医辨证

石耳具清热、解毒、止血、利尿的功效，有益于衄血、咳血、吐血、便血、崩漏的缓解，适于肝热目赤、目昏、肺热咳嗽等诸症的食疗助康复。

4. 现代研究

石耳对止咳、平喘及消炎有良好的辅助疗效，还有养胃、清心、益精及益色、抗衰老的效果，并有降血脂、抗血凝、抗辐射、降血压等功效，民间传男子食石耳益精增髓，女子食石耳后清宫易孕。

食用注意

脾胃虚寒的病人不宜食用。

传说故事

李时珍与石耳

石耳是庐山一宝，明朝的大医学家李时珍，曾亲自到庐山的汉阳峰采集石耳。

相传，有一年李时珍的老母得了重病，久治不愈。李时珍心里非常焦急，他听说庐山生长一种石耳，可以治他母亲的病，就要亲自到庐山去寻找。他的弟弟知道以后，便对李时珍说："哥哥，你在家照应母亲，还是让我去吧！"

李时珍一想，也是呀！眼下母亲病重，自己不能离开，只好让弟弟前去。他叮嘱说："你要千万小心，速去速回，免得家里挂念。"

弟弟答应一声，便收拾行装，离了湖北蕲春，匆匆赶路。

行了数日，到了庐山，他攀上山峰，遇见一位采药的老大爷，白眉长须，却精神抖擞，满面红光。李时珍的弟弟走上前去，问道："老人家，你可知道庐山什么地方有石耳吗？"

老大爷看了他一眼，见是个外地人，便告诉他说："庐山的最高峰，名叫汉阳峰。汉阳峰的西面有个石耳峰，那儿就有石耳，不过，你要去采石耳可不容易，石耳长在悬崖的石缝中，峰陡石滑，青苔漫布，弄不好会摔下悬崖，那可就粉身碎骨啦！还有，那石耳肉厚多汁，要是让它的汁水喷在你的身上，嘿，你的耳朵可就变成石头耳朵啦！"

李时珍的弟弟一听，不觉一笑：这老儿还真会吓唬人哩，能有这么险吗？我才不信哩。他告别了老大爷，不以为然地转身寻路攀登汉阳峰去了。

再说李时珍在家等了一个多月，还不见弟弟回来，心里急啊！他既为母亲的病焦虑，又牵挂着弟弟，决心亲自到庐山跑一趟。

李时珍急如星火地赶到庐山，也碰见了那个采药的老大爷。李时珍恭恭敬敬地施了一礼，问道："大爷，请问庐山的石耳产在什么地方呀？"

大爷一看，说："咦！你不是一个月以前就来过吗？怎么，没找到石耳呀？"

李时珍一听，心里明白，忙说："大爷，那是我的弟弟，你看见他啦？他现在在哪儿呀？"

老大爷这才知道弄错了，说："他呀，是个冒冒失失的人，准是不听我的话，说不定都变成石头耳朵啦！"

李时珍吃了一惊，忙向老大爷作揖，恳求说："请大爷千万救救我的弟弟吧！"

老大爷见这位客人很懂礼貌，便拿了一把小刀和一只木瓜交给李时珍说："你去采石耳，万万不可贪睡了，要是瞌睡来了就用这把小刀在胳膊上划一下，再把木瓜水挤进去，这样，你就不会瞌睡了。至于你弟弟嘛你也不用着急，只要你采到了石耳，你弟弟自然有救。"

李时珍再三拜谢，急忙往汉阳峰而去。

李时珍来到了汉阳峰下，抬头一看，呀！果然是庐山绝顶，险要得很，李时珍用绳子绑着身体，逐级攀登，好不容易攀上了半山悬崖。此时，日已西沉，天渐渐暗下来了。他赶了几日路，爬了一天山，实在疲劳不堪，眼皮不由自主地打起架来了。他明白自己已经身处险境，切不可贪睡呀！只要稍不留神，坠下悬崖，就会落得尸骨难寻。他想起了老大爷的叮嘱，赶紧用小刀在胳膊上一划，划开一道小口，又把木瓜水挤进破处！哎呀！钻心似的痛啊，他咬着牙，忍着痛，头上冒出了豆大的汗珠，这一痛倒好，瞌睡虫全被赶跑了。

皓洁的月光照着群山，李时珍睁大着眼睛，在悬崖石头缝里寻找石耳。他看着看着，忽见一只只石耳从崖石缝里慢慢长了出来，只只闪着银光，一会儿变成银白色，一会儿呈深紫色，一会儿变成淡黄色，一会儿又现出翡翠般的绿色，真是好看极了。那些石耳被晚风一吹，越长越大。突然，"噗！"喷出一股汁水，向四面溅开，把李时珍吓了一跳，赶紧往旁边躲闪。险哪！

要是被汁水溅上了，自己的耳朵就变成石头耳朵啦。李时珍等了一会儿，见石耳不喷汁水了，这才小心翼翼地把石耳采了下来。

李时珍采到了石耳，又四处寻找自己的弟弟。他找啊，找啊，果然在一个地方看见一对石头耳朵。他不觉一阵心酸，莫非这就是我的弟弟吗？他对着手上的石耳说："石耳啊石耳，你救救我的弟弟吧！"李时珍话一说完，那石耳突然放射出一阵阵耀眼的金光，金光直照到那对石头耳朵上。一会儿，只见那对石头耳朵动了几动，隐隐约约似有人在地上翻了个身，发出一声轻轻的呻吟："苦煞我也！"

李时珍一听，果真是弟弟的声音，心里好不高兴，赶紧走上前去，把弟弟扶起，喊道："弟弟，快醒醒！"

弟弟一见哥哥在身旁，"哇！"的一声哭了起来："唉！悔不该不听老大爷的话，才有今日之苦啊！"

旭日东升，天亮了，兄弟二人吃尽千辛万苦，终于采到了庐山石耳。

李时珍和弟弟回到湖北老家，用采来的庐山石耳煎汤、配药，给母亲喝，果然药到病除，不久母亲的病就好了。

后来，李时珍在他的《本草纲目》里，特地记下了他在庐山汉阳峰采石耳历险的经过，并说石耳是滋脾润肺的珍贵补品，说明了它的药用价值。

竹 荪

菌中花，林君子，面纱郎。
白嫩嫩，扑鼻清香，终能脱颖。
出深山丛岭淡然妆。
毋须招徕，自风流，海内名扬。
维生素，多营养。
高蛋白，少脂肪。
盛宴上，占尽春光。
强身健体，笑病魔瘟疫逃亡。
畅销寰宇，播福音，人寿无疆。

——《金人捧露盘·竹荪赋》·现代·徐明生

物种基源

竹荪（Bamboo fungus；Dictyo-phora spp.），为担子菌亚门腹菌纲鬼笔目鬼笔科竹荪属植物竹荪的子实体，又名长裙竹荪、竹参、竹笙、竹菌、竹荪菇、竹姑娘、面纱菌、网纱菇、仙人笠、植物鸡、臭角菌、蛇头、蛇蛋、蘑菇女皇、虚无僧菌等。

竹荪是野生在竹类根部上面的一种食用菌，有很多品种，主要分为长裙竹荪和短裙竹荪两种，以长裙竹荪最为名贵。竹荪以其身形俊美动人而著名。竹荪原为野生植物，产量稀少，近年来已有人工栽培。主要产区在四川、云南、广东、广西、湖北等省（区）。

竹荪是世界上著名的珍贵食用菌，有"菌中皇后""真菌之花""素菜之王""京果之王"之美誉，是我国的高档出口商品，换汇率高。

生物成分

据测定，每100克干竹荪中含粗蛋白20.2克，粗纤维1.26克，碳水化合物60.4克，还含有天门冬氨酸、苏氨酸、丝氨酸、谷氨酸、脯氨酸、甘氨酸、丙氨酸、缬氨酸、蛋氨酸、异亮氨酸、亮氨酸、酪氨酸、苯丙氨酸、赖氨基酸、组氨酸、精氨酸等21种氨基酸、总量14.461克，其中必需氨基酸6.88克，谷氨酸含量1.76%。

食材性能

1. 性味归经

竹荪，味甘，性平；归脾、肺经。

2. 医学经典

《食疗》："滋补强壮，健脾益肺。"

3. 中医辨证

竹荪，有滋补强壮、和中健脾的功效。对不思饮食、气息不畅、精神萎靡、头晕目眩者及对脾胃消化功能有益。

4. 现代研究

用竹荪作药膳对腹壁上多余的脂肪有消除作用，减肥效果明显，还可以减轻高血压、高胆固醇、高血脂及心、脑血管病等症状，对人体可起到滋补强壮的作用，使人益寿延年。

食用注意

有一种叫黄裙竹荪的（也叫杂色竹荪），形态长得很像竹荪，但裙的颜色有橘黄色或柠檬色，这种竹荪有毒，不能食用，要注意区别，不要错食。

传说故事

观音托梦送子

相传，竹海里有一蔡姓山民，夫妇勤劳善良，男樵女织，相亲相爱，日子过得倒也其乐融融，但美中不足的是，已年近花甲，却一直没添人丁。为此，夫妇没少烧香求佛，也没少相向垂泪过。有一年久旱无雨，土地龟裂，夫妇二人整天开山引泉，救活了不少干渴濒临死亡的竹木和动物。一天夜里风雨交加，电闪雷鸣，蔡老汉照例又身披蓑衣出去巡山护林。夜半，忽见得挂榜岩下烟雾腾腾，火光冲天，原来是雷电引燃了干枯的山林。蔡老汉当下大声呼喊并奋力扑救，众乡亲寻声赶来，终于把山火扑灭，老汉却被浓烟熏瞎了眼睛。那一夜，老妇送走了背回老汉的众乡亲，看着床上痛苦辗转的丈夫，想起今后生活的艰难，蔡大娘忍不住失声痛哭。迷迷糊糊中不知过了多久，却看见柴扉"吱呀"自开，整个院子顿时祥光万丈，有位雍容华贵的妇人手托净瓶款款而来，两个眉目清秀的童子紧侍其后。大娘认得那是观音菩萨，便立即拜倒在地，不敢抬头。只听得菩萨柔声说道："你命中本该无子，今受瑶箐仙姑之托，念你夫妇平时乐施善德，守护山林有功，送一对子嗣与你二人送终，明日前往瑶箐府中领去。"蔡大娘欣喜若狂，连连磕头谢恩，不料一下碰到面前的竹桌子边，醒了，原来刚才做了一个梦。大娘将信将疑，很是奇怪，忙叫醒老伴，原来蔡老汉刚才也做了一个同样的梦，于是更觉奇怪。第二天，大娘起了个大早，换上洁净衣服，提上香烛贡品，换扶着老伴往竹林深处赶去。虽不知瑶箐仙姑居住何处，却听说仙人住在山高路远、人迹罕至处，当下便往竹海中最为险要的擦耳岩走。好不容易走到擦耳岩下，只见得削壁千仞，古藤老树若隐若现，飞瀑九叠，凌空而泻七彩斑斓。绝壁之上，有一神秘洞宇流光四溢却陡不可攀，似有似无的丝竹声，在幽谷缭绕回旋。夫妇明白，这里一定便是仙姑所在的地方，只是无路可寻，只好就地净手焚香，遥遥祷告，之后抱憾而归。返回的路上，大娘却发现路边楠竹旁有一朵特别的菌子，奇香扑鼻，形状独特。"莫不是仙姑给我的?!"大娘心中一动，却没敢说出来，与老伴小心翼翼地把菌子掘出来，带回家中煮好吃了下去。

不久，大娘果然生下一对胖乎乎的儿子。因为这对孩子是老妇吞食了竹菌才生的，于是就取名为"大、小竹生"。这对竹生也确实不同寻常，三个月便能说话，七个月即能走路。两个竹生长大后，秉承了父母的美德，还无师自通地能编织、制作精巧的竹工艺品和竹用品，并且毫无保留地把这些绝活传授给了众乡亲，因此，深得人们拥戴。

自从有了这样一对宝贝儿子后，蔡老汉夫妇更是虔心信佛，愈加尽心地守护山林。每年农历二月十九、六月十九、九月十九，观音菩萨的这三个生日，夫妇都要赶到擦耳岩向观音及瑶箐敬香。后来，大小竹生攀上绝壁用竹筒装来九叠瀑布源泉头的甘泉为父亲治好了眼睛，大、小竹生还和竹海最美丽的姑娘墨兰孪生姐妹结了婚。蔡老汉夫妇都活了一百多岁，无疾而终。双竹生在乡亲们的帮助下，料理好父母的后事后，各带着妻子悄然进山再也没有回来，有人说，他们是随瑶箐仙姑回天宫去了，把菌子留在人间，这便是竹荪。

猴 头 菇

色如鹅掌味如蜜，滑如莼丝无点涩。
伞不如笠钉胜笠，香留齿牙麝莫及。

——《蕈子》·宋·杨万里

物种基源

猴头菇［Hericum erinaceus（Bull. Fr.）Pers］，为担子菌纲多孔菌目齿菌科猴头菌属猴头菇植物的子实体，又名猴头蘑、猴头菌、花菜菌、对脸菇、刺猬菌、山伏菌、阴阳蘑。

我国的野生猴头菇主要产地是黑龙江、吉林、内蒙古、河南、河北、浙江、四川、甘肃、湖南、湖北、广西、云南等省（区）。其中以黑龙江小兴安岭和河南伏牛山区出产的猴头菇最为有名。我国野生猴头菇数量较少，近些年来，人工培育猴头菇生长周期大大缩短，产量大增。据测定，人工培育的猴头菇营养成分和药用价值都优于野生猴头菇。

生物成分

据测定，每100克猴头干品中含蛋白质26.3克，脂肪4.2克，碳水化合物44.9克，粗纤维6.4克，磷356毫克，铁18毫克，钙2毫克，含有硫胺素、核黄素、胡萝卜素等。从所含蛋白质中，分析出16种氨基酸，其中有7种是人体必需的氨基酸。

食材性能

1. 性味归经

猴头菇，味甘，性平；归脾、胃、肾经。

2. 医学经典

《中国药用真菌》："益气，健脾，和胃。"

3. 中医辨证

猴头菇，利五脏、助消化、滋补、益气，有益于长期消化不良、神经衰弱、病后虚弱的食疗助康复。

4. 现代研究

（1）猴头菇能抑制艾氏腹水癌细胞中的遗传物质脱氧核糖和核糖核酸的合成，从而可以预防消化道癌症和其他恶性肿瘤。

（2）猴头菇的提取液对消化不良、慢性胃炎、胃和十二指肠溃疡、食道癌、胃癌、贲门癌均有明显的疗效。

（3）猴头菇所含的不饱和脂肪酸，有利于血液循环，能降低血液中的胆固醇含量，是高血压、心血管疾病患者的理想食品。

（4）猴头菇还有提高细胞免疫功能，抑制肿瘤肿块和延长人的生存时间等作用。

猴头菇现已成为助疗消化道疾病的辅助药物，因此，多吃些猴头菇对人体极为有利。

食用注意

对猴头菇过敏者忌食。

传说故事

猴头菇的来历

相传，孙悟空护送唐僧历经八十一难取得真经，助唐僧功成名就，但自己头上的猴帽金箍还在，成了肉体上的折磨、心理上的阴影。孙悟空心想：南海观音菩萨有紧箍咒给俺老孙戴上，也一定有松箍咒去掉的办法。于是，一个筋斗翻了落伽山来见观音菩萨。见到了观世音，跪倒在观音脚下，一跪就是九九八十一天，但还是无济于事，其原因是：观音怕给孙猴子解除了金箍后，他再把天、地、人三界闹得不安宁。孙悟空看透了菩萨心计，便跪对观音起誓："慈航大师在上，如果替小猴解除金箍后，我南不去朱雀惊扰红光老祖，北不赴玄武烦北极真武大帝，东不临扶桑龙宫揪教广，西不造访天竺佛国面如来，上不登灵霄宝殿看望张玉皇，下不到地府骂十殿阎罗王。只要除去头上的金箍，重回海洲花果山水帘洞，与众猢狲安享天伦。"观音菩萨念悟空跪拜诚心诚意，起誓情真意切，动了恻隐之心，念动松箍咒，解除了孙悟空头上的猴帽和金箍，孙悟空挥起金箍棒把松下的猴帽及金箍挑起来甩向关外长白山茫茫林海，挂在朽木上，便生出了猴头菇。

香　菇

官山蘑菇天下无，迸石菌蚕攒宝珠。

阿香执御云中驱，天瓢急注争葩荑。

——《采蘑菇》·元·袁桷

物种基源

香菇［Lentinus edodes（Berk.）Sing］，为担子菌纲伞菌目伞菌科伞菌族香菇属植物香菇的子实体，又名香蕈、椎耳、香信、冬菰、厚菇、花菇、冬菇、香纹、香菰、香菌。

香菇原为野生，现已广泛人工栽培，我国是世界上最早食用香菇的国家。据《庆元县志》记载，明太祖朱元璋吃过香菇后，食欲大开，赞不绝口，传旨宫中常备香菇，民间吃香菇的时间要更早些。

我国香菇的主要产地是安徽、浙江、江西、福建、江苏、湖北、广东、广西、云南、陕西、四川、贵州、台湾等地。现在人工栽培的香菇已扩展到全国各地。

生物成分

据测定，每 100 克香菇可食用部分含水分 13 克，脂肪 1.8 克，碳水化合物 54 克，粗纤维 7.8 克，灰分 4.9 克，钙 124 毫克，磷 415 毫克，铁 25.3 毫克。维生素 B_1 0.07 毫克，维生素 B_2 1.13 毫克，尼克酸 18.9 毫克。鲜菇除含水 85%～90% 外，固形物中含粗蛋白 19.9%，粗脂肪 4%，可溶性无氮物 67%，粗纤维 7%，灰分 3%。此外，香菇中含有 30 多种酶和 18 种氨基酸，人体必需的 8 种氨基酸中，香菇就含有 7 种。

食材性能

1. 性味归经

香菇，味甘，性平；归脾、肝、胃经。

2. 医学经典

《日用本草》："治风破血，益气不饥。"

3. 中医辨证

香菇，益气补虚、健脾养胃、发麻疹、托痘毒、清热化痰，是体质虚弱、久病气虚、气短乏力、饮食不香、小便频数患者理想的康复食疗补品。

4. 现代研究

香菇含有多种化学成分，具有调节人体新陈代谢、帮助消化、预防肝硬化、消除胆结石、防治佝偻病等作用，含有麦甾醇，可转化为维生素 D，促进体内钙的吸收，增强抗病能力。正常人吃香菇能防癌，癌症患者适量吃香菇能抑制肿瘤细胞的生长。

食用注意

（1）香菇性极滞濡，中寒与滞者不宜食用。
（2）痧痘后、产后、病后患者慎食香菇。

传说故事

朱元璋与香菇

据浙江《庆元县志》记载，明太祖朱元璋在金陵做皇帝，因祈雨而吃素，苦于素菜无油水，吃了容易饿。军师刘伯温向明太祖推荐香菇，太祖吃了很满意，下令大量采购香菇。刘伯温乘机奏请将这田少山多、百姓很苦的庆元作为种菇的专业县。从此，香菇的种植在这里代代相传。一直到新中国成立前，仅庆元一县就有 60% 的人口从事香菇种植，在历史上一直有"菇乡"之称。

草　菇

春雨绵绵春烟浓，草蕈破土春山中。
金丁玉笠进入口，三嚼五嚼生清风。

——《草蕈》·清·喻恒福

物种基源

草菇〔Volvariella volvacea（Bull. ex Fr.）Sing〕，为担子菌亚门层菌纲伞菌目光柄菇科草菇属植物真菌草菇的子实体，又名美味草菇、麻菇、秤菇、稻草菇、苞脚菇、美味苞脚菇、兰花菇、南华菇、贡菇、中国蘑菇、细花草菇、大花草菇、麻菌、草菌、大黑头、老婆菇。草菇的人工栽培是我国劳动人民的智慧结晶，早在公元1245年就有栽培的记录，所以草菇的英文名有两个：（paddy）straw mushroom 和 chinese mushroom。主要产地是我国广东、广西、福建、云南、四川、湖南、江西、安徽等南方各省（区）。现主要以人工栽培为主。

生物成分

据测定，每100克干草菇含蛋白质37.13%，脂肪2.06%，还原糖9.88%，纤维素9.18%，磷0.902%，钙0.0232%，铁0.0135%。每百克鲜草菇含维生素C 206.27毫克，比富含维生素C而著名的柚、橙、番茄、辣椒都高，此外，还含有包括人体必需的8种氨基酸在内的17种氨基酸等物质。因此，草菇的营养价值是较高的。

食材性能

1. 性味归经

草菇，味甘，性寒；归脾、胃经。

2. 医学经典

《中国药用真菌》："消暑、清热、降血压。"

3. 中医辨证

草菇，有益肠胃、护肝、化痰、理气，对食欲不振、脾胃失调、咳嗽痰少、头晕乏力等症有食疗促康复的效果。

4. 现代研究

草菇具有抗坏血症、提高免疫力、加速创伤愈合等功效。此外，它还具有降低胆固醇和抗癌、解毒作用，草菇可以阻止体内亚硝酸盐的形成，因此具有较强的防癌作用，还有溶解血清胆固醇、降低血压的功能，还可作为治疗肝炎的辅助药物。晒干的草菇蕾，能使麻疹早出齐。

现代医学研究还表明，草菇含有异构蛋白，可增强人体免疫机能，降低胆固醇含量，预防动脉粥样硬化。草菇培养液具有抑制金黄色葡萄球菌、伤寒杆菌、大肠某些菌生长的作用。另外，科学家从草菇中提取出一种具有抗癌作用的多糖，对白细胞减少症、传染性肝炎有疗效，对癌细胞有抑制作用，对乳腺癌、皮肤癌、肺癌都有一定的预防效果。

食用注意

脾胃虚寒者不宜多食草菇。

传说故事

韩湘子与草菇

有一天，韩湘子在天上云游时，路过京城长安上空，只见金銮殿外鼓乐喧天，不时从殿中传来悠扬的丝竹声。定睛一看，原来是满朝的文武大臣在为皇帝庆寿。席上摆满了龙脑凤肝、燕窝海参、琼浆玉液。韩湘子心中愤愤不平地想，天下数年大旱，庄稼颗粒无收，饿殍遍野，民不聊生，作为皇帝不为百姓着想，却如此奢侈铺张。我何不施点小法术，惩治一下这个昏庸的皇帝呢？

主意一定，按下云头，就地变作一个化缘的老和尚，手拿木鱼，来到金銮殿前。这边君臣畅饮之际，殿外跑进一个小太监："启禀皇上，宫外边有一个老僧人求见，说是为皇上祝寿的。"皇帝犹豫了一下，便宣老僧人进来。一会儿，只见一个鹤发童颜、光彩照人、身披袈裟、双手合十的僧人走了进来。"你这老僧有何礼物要送给朕啊？"皇帝问道。

"寿礼不大，可礼轻情意重啊。"说道从袖内取出一个花盆，一包面疙瘩，"此花盆能在一会儿工夫长成蘑菇，特以此献寿。"说着用大袖遮住花盆中面疙瘩，不一会儿，袖子一收，长出水灵灵未破膜的草菇来，并叫御膳房按山珍做出一道美味可口的下酒菜。皇帝一尝，不禁大喜道："大师好法力啊！不知可还有别的法术没有？"

韩湘子恭恭敬敬地说："皇上莫急，还有一样，待贫僧变来，皇上一定喜欢的！"

说着他举手往空中一招，口中念道："美人、美人快快来！"霎时，七八个美女轻落金銮殿，翩翩起舞，她们个个樱桃小口，人人面若桃花，脉脉含情的眼睛直向皇帝送秋波。

皇帝高兴极了，忙说："大师，你这礼物朕喜欢极了，你要什么赏赐，尽管说来！"韩湘子不慌不忙从袈裟袖中取出化缘钵道："贫僧只要一小钵银子即心满意足了。"于是，皇帝命人接过韩湘子手中的化缘钵，去国库取银子，可是装了大半天，把国库的银子都快装空了，化缘钵也没有装满，皇帝急得满头大汗，而韩湘子呢，转眼间不见了，连带来的那些美女也消失得无影无踪。

皇帝大怒，命人四处捉拿韩湘子，而韩湘子把国库的银子用来救济那些穷苦的百姓后，就又云游去了，皇帝到哪里去找他呢。

蘑 菇

空山一雨山溜急，漂流桂子松花汁。
山膏松暖都渗入，蒸出蕈花团戢戢。

——《蕈子》·宋·杨万里

物种基源

蘑菇（Agaricus bisporus），为担子菌亚门层菌纲伞菌目伞菌科蘑菇属真菌植物蘑菇的子实体，又名双孢蘑菇、双孢菇、白蘑菇、洋蘑菇、洋菌、洋茸、西洋菌、西洋草菇、麻菇草、蘑菇草、肉蕈，以蘑菇颜色洁白、菌褶粉红者佳。分布于世界72个国家，以欧洲、亚洲东部、北美洲、澳洲各国为主要产区。我国福建、广东、浙江、江苏、上海、四川、湖南、湖北、台湾、广西、安徽、云南、贵州等省市皆有生产，以福建产量最多。

生物成分

据测定，每100克鲜蘑菇中含水分93.3克，蛋白质2.9克，脂肪0.2克，碳水化合物3克，粗纤维0.6克，钙8毫克，磷6.6毫克，铁1.3毫克，维生素C 4毫克，尼克酸3.3毫克，此外，还有钠、钾、锰、铜、锌、氟、碘、酪氨酸酶和维生素A、B、D、E、K，5-磷酸腺甙以及多种氨基酸，如苏氨酸、天冬氨酸、亮氨酸、羟基赖氨酸等，并含有非特异性植物凝集素等。

每100克干蘑菇中含蛋白质36.1～40克，脂肪3.6克，碳水化合物31.2克，磷718毫克、铁188.5毫克，钙131毫克，灰分14.2克，粗纤维6克。

食材性能

1. 食材性能

蘑菇，味甘，性平；归肠、胃经。

2. 医学经典

《日用本草》："益气、杀虫、悦神、开胃、止泻、止吐。"

3. 中医辨证

蘑菇，补脾益气、润燥、化痰，有助于膨胀饱满、老年体虚、手足拘麻、四肢关节痹痛、咳嗽等症的康复与辅疗。

4. 现代研究

蘑菇含有蛋白质、多糖，富含人体必需的赖氨酸等，还含有丰富的矿物质元素、多种维生素及酶类。蘑菇提取液有明显的镇咳、稀化痰液的作用。

蘑菇的有效成分可增强 T 淋巴细胞功能，从而提高机体抵御各种疾病的免疫功能，能预防便秘、肠癌、动脉硬化、糖尿病等。蘑菇中所含的人体很难消化的粗纤维、半粗纤维和木质素，可保持肠内水分，并吸收余下的胆固醇、糖分，将其排出体外。

对蘑菇中 EDA 的研究证实，蘑菇经日晒后可增加维生素 D，之所以有这样神奇的功效，是因为它含有维生素 D 产物前体——麦甾醇，这种物质在日光照射下会转化成维生素 D。蘑菇晒后食用效果更佳。这就提示我们，蘑菇对所有人群尤其是青少年、老年妇女等特别需要补钙的人群非常有益。

食用注意

（1）蘑菇性滑，便泄者慎食。

（2）有毒的野蘑菇禁食，如毒伞、白毒伞、豹斑毒伞、红毒菇等，误食一定量时会有生命危险。检验蘑菇是否有毒，只要将蘑菇与米饭同炒，如饭变为黑色，则此蘑菇一定有毒，不可食。

（3）服用螺内酯、氨苯蝶啶及补钾药物时不应食用，服用螺内酯、氨苯蝶啶及补药物时，可使体内的血钾升高，同食出现胃肠道及心律失常的症状。

（4）服用四环素族及红霉素、甲硝唑、西咪替丁等药时不宜食用。服用四环素族药及红霉素等药时食用含钙离子丰富的食品，药物可和钙离子结合生成不溶性的沉淀物，破坏食物的营养，降低药物的疗效。

（5）不宜多食偏食。《本草求真》说："蘑菇能理气化痰，而于肠胃亦有功也，然皆体润性滞，多食均于内气有阻，而病多发。"《饮膳正要》说："内气发病，不可多食。"

（6）不宜与野鸡同食。可诱发痔疮，导致出血。

蘑菇之最

（1）辽宁省辽西山区曾采到一批巨型名贵蘑菇，蘑菇菌盖 33 厘米，高 12 厘米，似面盆大小，当地人们称它为云盘菇。

（2）北京丰台区、卢沟桥乡郭庄子村，有人培出 6.5 千克的一只大蘑菇。

（3）河北省涞水县农民曾采集一株特大野生菇，这野生菇叫紫包菇，外形像一座塔，共 14 层，高 22 厘米，重 20.5 千克。

传说故事

神农架与蘑菇的传说

相传，神农尝百草，平均一天之内中毒 12 次，幸亏他医术高明，每次都能找到解救之法。

一日，他带着臣民遇到一悬崖峭壁。正在苦思上山的方法时，忽见一只猴子沿着山壁的藤蔓往上攀爬，神农灵机一动，便让臣民砍掉藤蔓，沿着岩壁搭起架子，一天搭上一层，整整搭了一年，搭了 360 层才搭到山顶。传说，后来人们盖楼房用的脚手架，就是学习神农的办法。

神农用同样的办法，带着臣民尝完了一山花草，又到另一座山上去尝，很多年后，神农带着摘到的草药和种子，还有整理的 365 种草药的药性状况准备下山去，发现上山时搭的木架已落地生根，竟然长成一片林海，已腐朽的木头上长出许多蘑菇。神农尝后安然无恙，并记入了《神农本草经》。后来，人们为了纪念神农的功绩，就把这一片茫茫林海和长蘑菇的地方取名为"神农架"。

金 针 菇

粳米沈蒸禾秆熏，崇墉阴屋沤氤氲。
有根亦幻饶青李，无种还生摘紫云。
可杂官厨沾肉味，差同春茗作靴纹。
山中苍石朝阳气，香饭斋期食不贫。

——《南华菌》·清·黎简

物种基源

金针菇（Flammulina velutipes），为担子菌亚门层菌纲伞菌目口蘑属或金钱菌属真菌植物金针菇的子实体，又名构菌、金针菌、毛柄金钱菌、朴菇、朴菰、朴蕈、浆菌、菌子、金菇、青杠菌、榎菌、增智菇、萱草花菌、萱蕈。

金针菇色泽金黄或黄褐，菌柄颜色极似金针菜（故名金针菇）。以表面黏滑，菌肉白色或肉黄色，较厚而柔软为佳。菌褶白色或象牙白色，宽广、较稀疏。菌柄细长，圆柱状，往往稍弯曲，色泽黄褐乳白相间，十分艳丽，是主要食用部位。菌柄色淡、菌盖较小为佳。

我国主要产地有河北、浙江、山西、内蒙古、吉林、黑龙江、江苏、湖南、湖北、广西、甘肃、青海、陕西、四川、云南等省（区）。

生物成分

据测定，每 100 克鲜金针菇含蛋白质 2.72 克，糖 4.45 克，铁 0.22 毫克，钙 0.09 毫克，磷 1.48 毫克，钾 0.37 毫克，维生素 B_1 0.29 毫克，维生素 B_2 0.2 毫克，维生素 C 2.27 毫克。金针菇含 16 种氨基酸，其中有人体必须 8 种氨基酸，占总量的 44.5%，赖氨酸和精氨酸含量特别丰富，可促进儿童智力提高（故名增智菇）。含原黄素，还含天门冬素等。

每 100 克干品中含有蛋白质 31.23 克，脂肪 5.78 克，粗纤维 3.34 克，碳水化合物 60.2 克，钙 16 毫克，磷 280 毫克，铁 9.8 毫克，尼克酸 23.4 毫克。

食材性能

1. 性味归经

金针菇，味咸、微苦，性寒；归胃、肝、心经。

2. 医学经典

《食治本草》："利肝脏，益肠道。"

3. 中医辨证

金针菇，有利湿热、宽肠胃、利尿、止血的功效，有助于赤涩、乳痈肿痛、血热头晕、耳鸣、心悸、烦忧、吐血、大便下血等症的康复与辅疗。

4. 现代研究

金针菇含有较多的维生素 B_1，可刺激胃肠蠕动、促进食物排空、增进食欲，并有安神的作用。金针菇还有高钾低钠的特性，故有利尿和帮助高血压、肾炎病康复的作用。专家研究结果还表明，金针菇是儿童保健增智，老年人延年益寿，成年人增强记忆的必需食品，故人们称为"超级食品"，亦称其为"增智菇""一休菇"。

食用注意

脾胃虚寒、泻痢者勿食金针菇。

传说故事

金针菇的来历

相传，三国时期，华佗在神农架为一个垂危的病人上门扎针，突然，闯进了几个凶神恶煞的魏兵，把华佗拉到门外大声喝道："你就是华佗吧，我们丞相的头痛病又发了，赶快跟我们走。"这时神农架的百姓都闻讯赶来，围住魏兵不放。这时华佗含泪说道："众位父老乡亲们不要难过，我走后，将这六根金针给你们留下。"说罢将拿金针的手一扬，发出六道金光，在空中飞舞，好似流星追月，气贯长虹，纷纷落入神农架林海。华佗走后的次日清晨，人们发现林海中到处都长出像金针似的植物，金灿灿、亮晶晶、清香扑鼻、光彩夺目，碎金似的阳光洒进林海，与金针样的植物随风摆动，很像华佗手上的金针，这便是金针菇。

鸡 㙡

> 借问真游趣，殊途何一家。
> 白蚁伴栎鸡，同为餐中花。
> 拜别西王母，白狐去天涯。
> 食却鸡㙡蕈，弹子散林鸦。
>
> ——《食鸡㙡》·清·陈旭斋

物种基源

鸡㙡（Collybia mushroom；Col-lybia albuminosa），为担子菌纲伞菌目伞菌科伞菌族鸡㙡属真菌植物鸡㙡的子实体，又名鸡脚菇、鸡肉丝菇、鸡腿蘑菇、伞把菇、豆鸡菇、白蚁菰、鸡菌、鸡棕、蚁鸡枞、桐菇、三堆菌等。

鸡枞生长的特点是与土栖白蚁共生，有白蚁巢的地方才有鸡枞，因此有白蚁菰、蚁鸡的名称。鸡枞主要产于西南地区和台湾省，其中以云南产的鸡枞最为有名，而以青皮鸡枞和黑皮鸡枞的味道最好，以蒜头鸡枞的质量为最佳。国内分布于江苏、福建、台湾、湖南、广东、广西、四川、贵州、云南。

生物成分

据测定，每 100 克鸡枞含蛋白质 28.8 克，碳水化合物 42.7 克，还含有钙 23 毫克、磷 750 毫克、维生素 B_2 1.2 毫克。另外鸡枞中的氨基酸含量多达 16 种。此外，鸡枞还含麦角甾醇。

食材性能

1. 性味归经

鸡枞，味甘，性平；归脾、胃、大肠经。

2. 医学经典

《本草纲目》："益胃、清神、治痔。"

3. 中医辨证

鸡枞能益胃、清神、治痔，有助于内痔出血、脾胃虚弱、消化不食、食少纳呆、痰湿内停等症的康复与辅疗。

4. 现代研究

鸡枞含有多种维生素和氨基酸，对慢性胃炎、慢性肝炎、糖尿病等症的康复与辅疗效果显著。

食用注意

对鸡枞过敏者禁食。

传说故事

鸡枞与白蚁

鸡枞自古以来与白蚂蚁共同生存，还有一则美丽的传说。

相传，原来天上有十个太阳，被后羿射杀九个，剩下一个吓破心胆，一直躲在山后不敢露面，这对众黎民百姓可不是一件好事。没有阳光，万物不能生长，百姓就没有吃的和穿的，但太阳还有一个好朋友——白公鸡，白公鸡常唱歌给太阳听，帮太阳解忧愁，去孤独感。躲在山后的太阳很听白公鸡的话，只要白公鸡一叫，太阳就出来了。但太阳一出来，藏在佛光寺院内栎树洞下，修炼千年常与白蚂蚁为伍的白狐狸精犯了忌，因为太阳一出来就坏了她和佛光寺年轻力壮的小沙弥了空的好事。因一切牛鬼蛇神、魑魅魍魉是喜阴暗怕阳光的，所以白狐狸精对白公鸡一直怀恨在心，千方百计想除掉白公鸡。一天，白狐狸精对了空和尚撒娇地说道："我想喝口鸡汤，你何不去把叫晓的白公鸡给我捉来。"了空和尚爱白狐狸精年轻美貌，因此，只要白狐狸精一撒娇，便言听计从。凭着他的武功，不费吹灰之力，便将白公鸡捉来交给白狐狸精，去和众僧应付功课了。白狐狸精接过白公鸡把血吸尽，甩给白蚂蚁做巢，天长日久，白公鸡和栎树的根一起新陈代谢，腐变，长出了像鸡腿一样美味的鸡枞菌，而现在承担叫太阳出来的是色彩斑斓、高冠长尾的大红公鸡了。

冬 虫 夏 草

冬虫夏草名符实，变化生成一气通。
一物竟能兼动植，世间物理信难穷。

——《聊斋志异外集》

物种基源

冬虫夏草［Cordyceps sinen-sis（Berk.）Sacc.］，为子囊菌纲肉座菌目麦角科虫草属冬虫夏草菌，又名虫草、冬虫草，一般简称为虫草，古书上有"冬为虫，夏为草"的记载。

在公元 8 世纪，随同唐代金城公主入藏的僧医马哈亚纳和藏族翻译家昆卢遮纳，根据唐代医书编译了现存最早的藏医古代文献《月王药诊》，在这本古老的藏医文献中共收有 300 多种药材，其中有译自唐代医书的中药，也收载了一部分青藏高原的特产药物，冬虫夏草就是其中的一种。最初，它运用于藏族地区，藏语叫"雅扎贡布"，雅就是夏，扎就是草，贡是冬，布是虫，合起来是"夏草冬虫"，藏医将它列为"常用中品"，以后逐渐传到内地，为中医所采用。

冬虫夏草是虫，也是草。它是高原不怕冻的昆虫——蝙蝠蛾的幼虫，它躲在泥土里，被冬虫夏草真菌——麦角菌科植物的菌种侵入虫体后，萌发成菌丝体，吸取幼虫体内的营养，分裂为虫菌体，重复分裂，满布虫腔，使昆虫死亡，只剩下一层皮，虫体死后，体内的虫草真菌继续生长，到了夏天，又从虫的头部长出像草一样的子实体露出地面。所以冬虫夏草是各种夏草真菌的子座及其寄生物和虫草蝙蝠蛾幼虫尸体的复合物。它的外壳是虫体，里面实际上是一种真菌，它冬天是虫，夏天却是草，冬虫夏草其名来源于此。全世界已发现的虫草约有 300 多种，我国有 60 余种。

冬虫夏草产于我国气候多变、人烟稀少的高山草地，如西藏、青海、云南、贵州、四川等地，其中青海、四川最多，多生长于 3500～5000 米的山地阴坡、半阴的灌木丛和草甸中。

生物成分

据测定，每 100 克冬虫夏草含蛋白质 22.32～32 克，脂肪 8.4 克，粗纤维 18.53 克，碳水化合物 28.9 克，虫草酸 7 克，其脂肪中不饱和脂肪酸有 82.2%，此外，还有甘露醇和 20 多种氨基酸、维生素 B_{12}、虫草多糖等。冬虫夏草，鲜香微辛，风格独特，是餐桌上的野味佳肴。

食材性能

1. 性味归经

冬虫夏草，味甘、微辛，性平；归肺、肾经。

2. 医学经典

《本草从新》："补肺益肾，止血化痰。"

3. 中医辨证

冬虫夏草，能补虚损、益精气、止咳化痰，常用以治疗虚痨咳嗽、咯血、自潮盗汗、阳痿遗精、腰膝酸痛、病后久虚不复之症。

4. 现代研究

冬虫夏草浸剂有扩张支气管的作用，对肠道、子宫及心脏均有抑制作用，还有镇静及催眠作用，对链球菌、葡萄球菌、炭疽杆菌、结核杆菌以及皮肤真菌有抑制作用。因此，医生常将虫草用于痰喘咳嗽、盗汗、阳痿、遗精、腰膝酸痛、病后久虚不复等症的食疗促康复。

食用注意

有表邪者不宜使用虫草。

传说故事

一、冬虫夏草的由来

在很久以前，青藏高原雪山下有个名叫夏草的姑娘，夏草的阿爸在夏草的妹妹刚出生时就离去了。只剩下夏草和妹妹，还有患气急病、脱发、眼花的阿妈，母女三人相依为命。夏草带着妹妹每天赶着一群羊和牦牛奔波在草原上，勤劳的夏草放养的羊群总是又肥又壮。晚上，夏草总是用歌声安慰阿妈，告诉阿妈草原上发生的事情。

长大后，夏草成了远近闻名的美丽而孝顺的姑娘，求亲的人挤破了帐篷，可夏草从来没有点过头，因为夏草立志要养更多的牛羊，买药为阿妈治病，还要抚养未成年的妹妹。

有一天晚上，夏草唱完歌，进入梦乡，梦里山神告诉夏草："你翻过眼前的大雪山，再走上三天，那里会有人帮你阿妈治病。"

第二天，夏草安顿好阿妈和妹妹后，一人带着十天的干粮，牵着马出发了。夏草历尽千辛万苦，翻过了一座座荒无人烟的雪山，精疲力尽，可还是没有见到一个人。夏草再也坚持不住了，饥饿得昏睡在草地上。

等她醒来时，见到身边坐着一位小伙子。小伙子跟她说，你已经睡了一天了。小伙子名叫冬虫，是山下"健康国"的人，之所以称"健康国"是因为那里的人一万年来都是1000人左右，个个都非常健康，许多人活到120岁，还有150岁的老人。夏草很纳闷："他们靠什么长寿？"冬虫说："山神赐给'健康国'一种圣药，我们称它'长角的虫子'。"夏草似乎看到了希望，小伙子就是梦里的人。

冬虫领着夏草来到了"健康国"，这里温暖如春，繁花似锦，是一块雪山环抱的绿色盆地，简直是个世外桃源。夏草说明了来意，善良的"健康国"人们热情接待了夏草，并送给她一袋圣药——长角的虫子。

夏草非常感动，依依不舍地告别了"健康国"的人们。冬虫陪着夏草翻山越岭回到了阿妈的身边。夏草按照"健康国"人的嘱咐每天把十根"长角的虫子"炖羊肉，一天分两次喂阿妈吃，一周后，阿妈的气急病好了；三个月后，阿妈果然长出乌黑的头发来了，也没有再见到阿妈生病；来年春天的一个清晨，阿妈的眼睛忽然亮了，看见了英俊的冬虫和仙女般的女儿，阿妈高兴极了。

因为冬虫是"健康国"的人，他终归要回去，但是夏草不仅对他充满了感激之情，更有爱慕之意，夏草坚持要送冬虫一段路程。他们走啊走，翻过了一座座雪山，可就是怎么也找不到"健康国"影子。原来熟悉的"健康国"已经成为一片平地。冬虫不知道发生了什么事，为什么一年之间，他失去了所有的亲人、长辈、朋友。他伤心欲绝，抱着夏草痛哭，夏草隐隐约约感觉到这事可能跟自己有关，觉得非常愧疚，也不禁流下了眼泪。

夏草阿妈一直在等夏草回来，一天、两天、一个月、两个月……可夏草阿妈再也没有等到她女儿的回来。夏草阿妈很着急，决定去找女儿。

夏草阿妈翻过了一座座雪山，也来到了"健康国"的位置，她被眼前的风景迷住了，她相信冬虫和夏草一定在这里，可是那里很安静，只有风吹草动的声音，忽然她看到一种熟悉的东西，就是"长角的虫子"。夏草阿妈似乎一下子明白了一切，那"长角的虫子"就是冬虫和夏草的化身……

二、冬虫夏草治怯汗大泄

《文房肆考》记载一医话：说有个叫孔裕堂的人，乃桐乡乌镇人。述其弟患怯汗大泄，虽盛暑，处密室帐中，犹畏风甚。病三年，医药无效，症在不起。适有戚自川解组归，遗以夏草冬虫三斤，遂日和荤蔬作肴炖食，渐至痊愈。因信此物之保肺气，实腠理，确有佳效，嗣后用之俱奏效。

口　蘑

口蘑之名满天下，不知缘何叫口蘑。
原来产在张家口，口上蘑菇好且多。
——《口蘑》·近代·郭沫若

物种基源

口蘑（Saint george's mushroom；Tricholoma gambosum），为担子菌纲伞菌目伞菌科伞菌族菌类植物口蘑的子实体，又称白蘑、蒙古口蘑、云盘蘑、银盘。银盘也叫营盘，是口蘑中的最上品。其名为口蘑，实际上并非一种，乃是集散地汇集赶来的许多蘑菇的统称，按传统的叫法，至少还有以下多种：青腿子蘑、香杏、黑蘑、鸡腿子、水晶蕈、水银盘、马莲杆、蒙古白蘑等等。口蘑的主要产地是塞外草原，即河北的沽源、张北、尚义和内蒙古，集散地在张家口，故名口蘑。

生物成分

据测定，每100克口蘑干品含蛋白质35.6克，脂肪1.4克，碳水化合物23.1克，粗纤维6.9克，灰分16.2克，钙100毫克，磷162毫克，铁32毫克，维生素$B_1$0.021毫克，维生素$B_2$2.53毫克，烟酸55.1毫克。所含营养素比较全面，多为人体所需，因而常吃口蘑，可强身健体，少发病，延年益寿。

食材性能

1. 性味归经

口蘑，味甘，性温；归肺、肝经。

2. 医学经典

《中国药用真菌》："润肺止咳、平肝益肾。"

3. 中医辨证

口蘑，利肝脏、益肠胃、清肺热，有益于肝病肠胃疾病及外感风寒咳嗽的康复与辅疗。

4. 现代研究

口蘑所含营养全面，多为人体所需，可增强体质，提高人体的免疫力，有保健功能，有助肝炎、痢疾、伤风感冒咳嗽、妇女月经不调、白带过多等疾病的辅助食疗，经常食口蘑还有利于降低血压及降血中胆固醇的作用，对软骨病康复亦有效。

食用注意

对菌类过敏者慎食口蘑。

传说故事

清末的"口蘑肥鸡汤"

"口蘑肥鸡汤"是清末同治皇帝初立时,东西两太后常用的一道宫廷菜。据清宫御膳食单记载,两位皇太后,每位座前晚膳一桌,火锅二品,共有菜点三十八只。其中疆字口蘑肥鸡汤,是取用河北张家口出产的优质蘑菇以及燕窝、嫩肥母鸡蒸制而成。鸡肉酥烂,汤汁肥鲜,皇太后非常喜欢食用。

至溥仪当皇帝时,此菜仍然是清宫中一道名菜。清室被推翻以后,御厨转入菜馆,此菜就逐渐成为南北各地菜馆的一道传统名菜。

冬　菇

似花似伞自殊常,摘入篮中颗颗香。

味重不容众亲口,自古空门煮菜汤。

——《冬姑》·元·张炳鸿

物种基源

冬菇〔Flammulina velutipes(Curt. ex Fr.)Sing.〕,为担子菌纲伞菌目伞菌科冬菇属真菌植物冬菇的子实体,又名毛脚金钱菌、金钱菌、黄耳菌、冻菌、构菌,以中部下凹、边缘极薄、表面黏滑、稍具光泽、菌肉菌褶白或象牙白者佳,分布于河北、山西、内蒙古、吉林、江苏、湖南、广西、陕西、甘肃、青海、四川、云南等省(区)。

生物成分

据测定,每100克可食冬菇含蛋白质15.5～20克,脂肪0.6～20克,食物纤维29～35克,碳水化合物29～35克,尚含有胡萝卜素、尼克酸、维生素E及微量元素磷、铁、硒等。此外,冬菇中还含有多种氨基酸。

食物性能

1. 性味归经

冬菇,味稍咸,微苦,性寒;归肝、肾经。

2. 医学经典

《中国药用真菌》:"利肝脏,益肠胃。"

3. 中医辨证

冬菇,有补脾益气、护肝功能,有助于脾胃虚弱、肝部不适、营养不良、面色萎黄、身体瘦弱的康复。

4. 现代研究

冬菇含有多种氨基酸和维生素,特别是所含维生素E对抗衰老、预防高血压、肝脏等系统及肠胃道溃疡，强身健体有积极作用，学龄儿童食之可以有效地增加身高和体重，因其含有精氨基酸和赖氨基酸。

食用注意

冬菇性寒，脾、胃虚，长期泄泻者慎食。

传说故事

冬菇与商船老板

传说，很久以前，有一个专卖冬菇的商人，带着上等的冬菇，坐商船从天津出发南行去上海，一路上冬菇香气四溢，引起海中鱼虾成群结队绕船而行游。船老板担心鱼群围聚过多，会造成翻船事故，遂愿出重金在旅客中求得驱赶鱼群的良策。

这个冬菇商人见此机会既可以宣传自己的冬菇，又可以得到赏金，便将冬菇说成是鱼群追逐的对象，于是船老板以高价买下冬菇，让商人把冬菇全部抛入海中，果然，鱼群都追逐随波漂流的片片冬菇而散去。

蜜 环 菌

上品功能甘露味，功在千秋不容毁。
蜜环本是天仙子，会同天麻降兆瑞。
——《蜜环菌》·宋·袁文华

物种基源

蜜环菌（Honey agaric shoe-str-ing fungus；Armillarislla mellea），为担子菌纲伞菌目伞菌科伞菌族蜜环菌属真菌植物蜜环蘑的子实体，又名蜜色环菌、蜜蘑、栎菌、根索菌、根腐菌、榛菇、榛蘑，以菌新鲜、菌托大、质密、微黄色、菌环厚者佳，分布于河北、山西、内蒙古、吉林、浙江、湖南、广西、贵州、云南等省（区）。

生物成分

据测定，每 100 克可食蜜环菌含蛋白质 2.6 克，脂肪 0.1 克，膳食纤维 4.3 克，碳水化合物 3.9 克及胡萝卜素、维生素 A、B_1，还有尼克酸、微量元素钾、铁、磷、硒等，尚含 18 种氨基酸，其中有 8 种是人体所必需的氨基酸。

食材性能

1. 性味归经

蜜环菌，味甘，性寒；归肝、胃、肺、大肠经。

2. 医学经典

《中国药用真菌》："清目、利肺、益胃肠。"

3. 中医辨证

蜜环菌，调气疏肝、和胃止咳，有利于胸中痞闷、腔腹不适、呕吐少食、痰滞等症的辅疗。

4. 现代研究

蜜环菌含有多种维生素和氨基酸，经常食用蜜环菌能预防视力失常、眼炎、夜盲、皮肤干燥、黏膜失去分泌功能，并可以抵抗某些呼吸道及消化道的感染，以及有助上述多种疾病的康复和辅疗。

食用注意

蜜环菌，性寒，脾虚泄泻患者慎食。

小记

蜜环菌与兰科植物中的重要药材——天麻的关系密切，天麻被蜜环菌侵染以后，其菌索进入天麻块茎的皮层中时，蜜环菌即破坏皮层组织，当侵入块茎的消化细胞中时，则蜜环菌的菌素被迅速消化。因此，可以说，前者寄生物是蜜环菌，后者寄生物是天麻，可知二者是互为寄生的关系，而主要是天麻对蜜环菌的寄生。如果没有供天麻寄生的蜜环菌，则其块茎将逐年退化。

传说故事

天麻与蜜环菌的传说

相传，天麻原是天庭瑶池的英俊守卫圣者，整个瑶池别无他者。一日，蜜环仙子跟随王母娘娘赴瑶池开蟠桃大会。无意中，蜜环仙子飘拂中的束石榴裙的腰带缠到天麻的三尖两刃如意枪柄上，二人彼此一笑生情，一来二往，男女仙神之间免不了云布雨施。此事，被天庭专司清洁的好事者扫帚星得知，便在王母娘娘面前加油添醋说天麻与蜜月环仙子，如何如何不顾羞耻，有违天规，望娘娘能杀一儆百，以振天威，天宫幸唉！王母娘娘一气之下，命天庭大力士麻力大仙将天麻与蜜环仙子逐出天庭，发配凡间。而吃醋的麻力大仙接到命令，如获至宝，将天麻与蜜环仙子抓在一起，用手使劲一搓，将天麻与蜜环仙子搓成一个团团扔向人间。从此，二者成为植物王国里为数不多的相依为命、患难与共、亲密无间、永不分离的情侣，一个是上品中药天麻，一个是美食中的蜜环菌。

松 口 蘑

天花乱坠松蕈随，宫门素食珍此味。
割肥方厌万钱厨，唤醒皇家千日醉。

——《松蕈》·清·陈启灿

物种基源

松口蘑（Matsu-take；Tricholo-ma matsutake），为担子菌纲担子菌亚门口蘑科口蘑属真菌植物松蕈的子实体，又名松蘑、松菌、松树蕈、松茸、松蕈、老鹰菌、鸡丝菌、青岚菌、松伞蘑、黄鸡㙡、青岚菌等，以菌质新鲜、菌肉白色、肥厚、质密、黏滑、菌褶弯生者佳。主产于辽宁、吉林、黑龙江、云南、贵州、台湾、广西、四川、西藏等省（区）。

生物成分

据分析，每100克可食松口蘑含蛋白质20.3克，脂肪3.2克，膳食纤维47.8克，此外，还有多糖类、多种氨基酸和维生素 B_1、B_2、E、C 及微量元素钙、铁、磷、硒等。

食材性能

1. 性味归经

松口蘑，味甘，性平；归脾、肺经。

2. 医学经典

《中国药用真菌》："补益肠胃，理气止痛，化痰。"

3. 中医辨证

松菇有益肠健胃、止痛理气、强身健体等功效，还有提高人体免疫功能和健肤的作用。

4. 现代研究

松菇中含有多元醇，可益于糖尿病，菇内的多糖类物质，含脂肪少，有利于防止高血压、高血脂和胆固醇增高等症的发生，因此，松菇在健胃、防病、抗癌、辅治糖尿病方面有较好的食疗作用。

食用注意

对食用菌类过敏者勿食松口蘑。

传说故事

松口蘑与梁武帝

相传，梁武帝萧衍在位时期，曾一度出现文化盛世现象，他崇尚经学，不仅经常出席一些讲经会，还曾亲自在重云殿讲解《老子》的经义，声如洪钟，令上千名听众如痴如醉。据说，有一次，在靠近北方敌国松辽的地方松林里，梁武帝邀请高僧云光法师讲经，由于佛理精湛，听众虔诚，使佛祖也为之感动，便向会场所在的松林里撒下一地五彩缤纷的香花，香花谢后，便长出无数松蕈，一时传为佳话。

梁武帝自此更加笃信佛教，每天只吃一顿饭，也不饮酒。每天的下饭菜就是一小盘松蕈。穿的也是棉织品，不用丝绸，他认为取丝织绸要杀死许多蚕蛹的生命，与佛家的经义是相违背的。每当朝廷必须处死一些罪犯时，他会一连几天精神不振，后来他索性想出家为僧，曾四次来到建康城（今南京）中最大寺院同泰寺修身。因此，得了个雅号：皇菩萨，又名食松蕈的皇帝。

白　蘑

细菌多无算，银盘大一围。
未殊榆肉脆，更较树鸡肥。
御墨题犹湿，嘉蔬物岂微。
流传文馆记，盛事景龙稀。

——《银盘菇》·清·朱彝尊

物种基源

白蘑（Tricholoma monglicum Imai），为担子菌纲伞菌目伞菌科伞菌族白蘑属真菌植物白蘑的子实体，又名蒙古口蘑、口蘑、银盘、云盘蘑、粗菌、肉蕈、珍珠蘑，以新鲜、表面光滑、边缘内卷、厚而致密、菌褶弯生、稠密、不等长、白色者佳，主产于河北、内蒙古、辽宁、吉林、黑龙江等地。

生物成分

据测定，每100克鲜白蘑菇中含有蛋白质3.1克，脂肪0.3克，碳水化合物3.3克，粗纤维0.7克，还含钙、磷、铁等微量元素。此外，还含有维生素A、B、D、E、K及5-磷酸腺苷及多种氨基酸。

食材性能

1. 性味归经

白蘑，味甘，性平；归胃、肝经。

2. 医学经典

《药用蕈菌》："祛风活络，清热燥温。"

3. 中医辨证

清热解毒、醒肝明目，对于风寒湿痹、肌肉疼痛、癫痫发作、肝硬化腹水辅助疗效明显，并有助于悦神、开胃、止吐、止泻。

4. 现代研究

白蘑，从子实体分离出的免疫调节蛋白TML-1和TML-2能明显刺激肿瘤细胞坏死因子的产生，并在体外对某些肿瘤胞株有特异性的抑制作用。白蘑多糖能显著刺激小鼠T细胞的母细胞化和增强小鼠腹腔巨噬能力，对小鼠肉瘤S-180的抑制率为67%。

食用注意

对真菌子实体食用后过敏者慎食。

传说故事

白素珍护心镜落地生白蘑的传说

相传，许仙和白娘子相遇一年后的端阳节，按习俗插艾蒲，喝雄黄酒，以驱妖避邪。一大早，小青蛇就躲到山里去了，白娘子仗着千年道行没有走。

小青走后，许仙果然不停地劝白娘子喝酒（是金山寺老法海和尚的教唆）。白娘子勉强喝了两杯雄黄酒，立刻觉得头昏眼花，四肢瘫软，连忙找了个借口，支开许仙，逃回房中休息。不一会儿，许仙也回到房中，撩开帐幔一看，只见一条大碗口粗的白蛇盘在床上，许仙见此，吓得大叫一声，倒在地上，气绝身亡。

白蛇醒来，深知闯下大祸，为了救夫，不畏艰险，盗得峨眉山仙草，在盗草过程中，与南极仙翁属下的鹿童和鹤童打得天昏地暗，白娘子的前后护心镜也被鹿、鹤二仙童打落在地，掉在峨眉山野草树丛中，长出白蘑，民间有歌谣为证：

> 端阳雄黄酒落肚，冒死盗药救亲夫。
> 鹿鹤二童拒盗草，打落心镜生白蘑。

树 舌

海红不似花红好，杏子何如巴榄良。
更说高丽生菜美，总输山后蘑菇香。
——《咏蘑菰》·元·杨允孚

物种基源

树舌［（Ganoderma applanatum（Pers. ex Gray）Pat］，为担子菌纲多孔菌目多孔菌科树舌属真菌树舌菌植物的子实体，又名赤色老母菌、扁木灵芝、扁芝、扁蕈、白斑腐菌、平盖灵芝、扁芝、白皮壳灵芝、皂荚蕈、老母菌、枫树菌、皂角菌、梅花蘑、扁蕈，以菌管显著多层，浅栗褐色，管层间有时由菌肉分开，管口灰褐色或近污黄色为佳。全国大部分林区均有分布，可进行人工栽培或深层发酵培养。

生物成分

据现代科学分析，树舌中含有蛋白质、脂肪、碳水化合物、粗纤维，矿物质钙、磷、铁及维生素 B_1、B_2、C、D 等成分。树舌不但蛋白质含量高，而且质量好，其蛋白质由 18 种氨基酸组成，其中有 8 种是人体所必需的，还含有 30 多种酶。维生素 D 原是一般蔬菜中所缺少的，被人体吸收后，受阳光的照射，能转变成维生素 D，使人体增强免疫力和对疾病的抵抗力。

食材性能

1. 性味归经

树舌，味甘、微苦，性平；归肝、脾、胃经。

2. 医学经典

《中国药用真菌》："祛风除湿，清热止疼。"

3. 中医辨证

树舌，"舌菌耳辛苦微毒，祛风除湿消肿速，肠风泻血反胃妙，热积胸膈泻痢服"，特别对胃脘、肝区疼痛的康复与辅助食疗效果好。据四川省成都市东城区草药诊所的验方，生于皂角树上的赤色树耳（老母菌）用于食道癌的缓解与延寿效果佳。

4. 现代研究

树舌，具有调节免疫、镇痛镇静、护肝解毒等作用，对急慢性肾炎、各种胃炎、风湿痛、神经痛、四氯化碳肝损伤、高血压（特别是收缩压）等症的康复有效果，并对肿瘤细胞有抑制作用。

食用注意

对食用菌类有过敏体质者勿食树舌。

传说故事

树舌的传说

树舌这种真菌菇大地上原来是没有的，这里有一段美丽的传说。

相传，汉代有个孝子名叫董永，家道贫寒，靠给财主做佣工赡养父亲。父亲去世后，他无钱葬父，就卖身给财主换钱办丧事，和债主约定在守孝三年后就去做工抵债。

董永的孝行被天上思凡的七仙女看见，心中暗自倾慕，便在众姐妹们的帮助下，下凡来找董永，以结秦晋之好。这天，董永正要去债主家做工，走到一棵老槐树下，只见一位美若天仙的女子对他盈盈而笑，羞答答地说道："我愿做你的妻子，不知你意下如何？"董永大吃一惊，心中是有十二分愿意，但是想到自己的处境，只好摇摇头说："多谢小姐美意，只是我董永已卖身为奴，怎好连累小姐呢？"

七仙女恳切地说："只要你我夫妻恩爱，纵然贫贱又何妨呢？"于是二人就以老槐树为媒，请土地公公主婚，在槐树下成了婚配。成婚后，董永和七仙女成了眷属，可老槐树倒了霉，王母娘娘说事情坏在老槐树的三寸不烂之舌上，命圣母娘娘的儿子沉香用劈山斧剁下老槐树做媒说话的舌头。沉香一斧将老槐树舌头剁粘在树干上，长出了现在人间美食真菌——树舌，而老槐树从此再也不会说话了。

金　耳

嵇康食石髓，安期枣如瓜。
虚无不可致，想象生咨嗟。
深谷隐松桂，雨露油灵芽。
名齐金光草，品异仙掌茶。
采采供晨飧，色莹味亦嘉。
金膏溢齿颊，五内生云霞。
腥腐一以荡，神明发精华。
吾闻古灵仙，饵芝乃升遐。
从兹谢厚味，服尔登云车。

——《食菌》·明·顾璘

物种基源

金耳（Tremella mesenterica Retz. ex Fr.），为担子菌纲银耳目银耳科金耳属植物金耳的子实体，又名黄木耳、黄金银耳、黄耳、金木耳，以其色黄如金，其形如耳而得名。分布于我国山西、江西、福建、四川、云南、西藏等省（区）。现已进行人工栽培和深层发酵培养。

生物成分

据测定，每100克金耳含蛋白质6克，脂肪0.7克，碳水化合物77.6克，膳食纤维2.6克，此外，还含有磷、铁、硒、锌、钾、钙和维生素 B_1、B_2、A、D 等，其所含氨基酸的种类达18种之多，其中人体所必需的氨基酸8种，占氨基酸总量的38.9%。

食材性能

1. 性味归经

金耳，味甘，性温；归肺、肝、肾经。

2. 医学经典

《药用蕈菌》："润肺止咳，平肝益肾。"

3. 中医辨证

金耳,滋阴清肺,补肾护肝,对肺虚咳喘、腰膝酸软、头晕目眩、易于疲劳等症状有辅疗的效果。

4. 现代研究

金耳,营养丰富且全面,对神经衰弱、心悸失眠、慢性支气管炎、肺源性心脏病、白细胞减少症、高血压、血管硬化症有较好的助康复效果。

食用注意

对真菌过敏体质者勿食金耳。

附:金耳的食用方法

金耳干品在煎煮以前先用水洗净,然后放在温水中浸泡 12 小时(温度较高时可缩短时间,较低时可延长时间),经浸泡后膨胀的重量倍数为干品的 20 至 25 倍。浸泡后再用水洗一下,将原浸液用纱布过滤,滤液不足时应加水至所需水量于砂锅内,同时放入金耳,煮沸经 10~15 分钟,再用文火煮 6~8 小时,最后煮成一碗(约 350 毫升)稀稠适中的糊状物,加入适量白糖,充分搅拌,趁热服用,连续服用 10 天,停三四天后再继续服用。通常服用 10 天左右,对肺虚、易疲劳有效果。

传说故事

金耳的故事

从前,钱柴山下住着一个姓钱名瑞枝的人,好逸恶劳,原本受父亲的管束,尚能种半亩山地,后来觉得太累,就去做点小本买卖,但嫌来钱太慢,于是他想出了一个发财快的歪门邪道:每天夜里去有名的寺庙,不管是纪念祠庙、道教宫观,还是佛教寺院,只要有佛像装金塑像的,他就去剥塑像身上的金皮,回来放在炉中一熔,便成了金豆,金豆一熔,就成了金块,金块再一熔,便成了市场上流通的金锭。

一日夜里,他又来到一座寺庙,趁众僧熟睡,便先从进门的哼哈二将身上的贴金剥起,再剥灵官护法神、二进的四大金刚、大雄宝殿的释迦牟尼、弥陀佛、药师佛、南海观音……都剥遍,最后剥到地藏王菩萨身上的金皮。这时,地藏王菩萨正在真魄显灵,岂容钱瑞枝猖狂剥金,便报知地府十殿阎罗王,命牛头马面、黑白无常四个鬼将钱瑞枝拿下,也学钱瑞枝剥佛金、熔金锭的程序,先将钱瑞枝的衣服剥了,再将其皮剥下,撕碎了放到油锅里煎,待煎至亮黄,洒向丛林垩树木。而凡洒向丛林落在地上的钱瑞枝的皮都腐烂成树肥,附着枯萎朽木上的皮,从树干的裂缝中长出了黄亮亮、水灵灵的金耳。

蝉 花

菌子白于云,罗生枯杨枝。
地气蒸地膏,俨如三秀芝。
鲜摘色莹润,薄美香敖腴。
饮食贵适口,岂谓物细微。

——《摘菌》·元·吕诚

物种基源

蝉花 [Cordyceps sobolifera（Hill.）B. et Br.]，为子囊菌纲肉座菌目麦角科蝉花属子坐的（包括子囊孢子）及尸体（菌核）复合体，又名蝉生虫草、蝉草、蝉虫草菌、大蝉虫草、虫花、金蝉花、蝉蛹草、蝉茸、冠蝉、胡蝉、蜩、螗蜩、唐蜩，以子座单个或双个从蝉若虫头部长出角状，分枝或不分枝，干后黑褐色，高 3～7 厘米，有头部及柄，柄粗 4～5 毫米。头部下部稍大，上部渐变细，表面有细小的点状突起，孢子细长丝状，无色透明者佳。主产于四川、云南、安徽、福建、浙江、江苏、陕西等地。

生物成分

蝉花，主含氨基酸，其中有 12 种游离氨基酸及多种微量元素钙、钾、磷、镁、锌、铁、锰、硒等，此外，还含蛋白质及甲壳质酸及酚类化合物、蕈糖、麦角甾醇、蝉花素等。

食材性能

1. 性味归经

蝉花，味甘，性寒，无毒；归肺、肝经。

2. 医学经典

《药用菌蕈》："镇惊熄风、清热解毒。"

3. 中医辨证

蝉花，散风除热，利咽、透疹、退翳、解痉，有利于热伤风、咽痛、音哑、麻疹不适、风疹瘙痒、目赤翳障、小儿惊风抽搐、破伤风等症的康复与辅疗。

4. 现代研究

蝉花为复合体真菌，有镇静、镇痛作用，有利于改善睡眠、减轻人体疼痛、增强免疫力、提高抵抗力、降低血糖等。

食用注意

有表邪者不宜服食蝉花。

传说故事

金蝉脱壳变蝉花

相传，金蝉子和玉靖蜓，自幼青梅竹马，后来一起到南海洛伽仙山修炼得道，双双成仙，移居天山紫霞宫，只等王母娘娘降旨，便可永结秦晋，可谓金玉良缘。

一日，修炼千年得道的黄蜂女妖，乘玉靖蜓奉观世音菩萨护送百花仙子回宫之命，金蝉子独自在紫霞宫午睡之机，变成了玉靖蜓的模样来调戏金蝉子。黄蜂女妖为控制金蝉子纯阳全过程，先与金蝉子亲吻，往金蝉子嘴里吐毒汁，然后将亲吻的舌头还原为毒刺，准备拴定金蝉子。就在这千钧一发之际，金蝉子觉醒，忙折断黄蜂女妖的毒刺，留下躯壳脱身而逃。这就是"金蝉脱壳"变蝉花的由来，到现在金蝉的嘴里还插着黄蜂女妖的毒刺呢。

野 蘑 菇

露浸原野菌蕈香，饥庶何曾半季粮。
回归天然方怀古，效法当年朱元璋。
　　　　　——《读野菇的传说》·近代·陈学高（台）

物种基源

野蘑菇（Agaricus arvensis Schaeff. ex Fr.），为担子菌纲伞菌目伞菌科伞菌族野蘑菇属真菌植物野蘑菇的子实体，又名野草菇（生荒草丛），麦野菇（生在麦地），木野菇（生林地），野油菇等，以表面近白色、干燥、平滑、边缘早期内弯，后平伸，菌肉厚，白色，柔韧，菌褶离生，稠密者为佳。一般在雨后生于山坡、草原或旷野草丛中。我国的江苏、安徽、浙江、福建、河北、山西、内蒙古、青海、新疆、云南、贵州均有产出。

生物成分

经西北农学院对野生20多种野生鲜蘑菇的测定，每100克野蘑菇营养组成含量波动在：蛋白质2.6~4.1克，脂肪0.1~0.2克，膳食纤维1.5~3.0克，碳水化合物3.3~4.4克，所含维生素B_1、B_2、C、E及微量矿物质随产地变化而变化，氨基酸等物质含量变化也亦然。

食材性能

1. 性味归经

野蘑菇，味甘，性温；归脾、胃经。

2. 医学经典

《中国药用真菌》："舒筋活络，近风散寒。"

3. 中医辨证

野蘑菇，味甘性温，对养肝、护肝、明目、醒脾、养颜、生津等功能独到，对舒筋活络功效颇好。山西五台县制药厂生产的"舒筋散"的原料之一就是野蘑菇。

4. 现代研究

野蘑菇，有提高人体免疫功能和健肤作用，经常食用野蘑菇对血液循环系统帮助极大，可降低血压和血中的胆固醇，并对预防肝炎和软骨病有一定的帮助。

食用注意

（1）体质过敏者忌食野蘑菇。
（2）无识别能力者不要轻易采食野蘑菇。

传说故事

朱元璋与野蘑菇

明朝开国皇帝朱元璋，在安徽皇觉寺当小沙弥之前，曾给财主放牛，常因农忙牛吃不饱草，被财主和管家毒打，有时还不让吃饭。有一次，因未喂饱牛，两天没给他吃饭，实在无法可想，就偷了财主家的一个破汤罐，在沟边挖了个洞安上，从荒原草丛中捡来野蘑菇，放在汤罐里煮得半生半熟，连汤夹水吃下去充饥。此事又被管家发现，告诉财主，财主赶来将汤罐打得粉碎，三天没给饭吃，还得去放牛。据说，当年的朱元璋能识得20多种野生蘑菇，就是在南京登基做大明第一代皇帝后，还经常派人到荒山野外采摘野蘑菇品尝怀旧。

附

（一）毒蘑菇的中毒与治疗

野生蘑菇是美味食品，自古以来我国劳动人民就喜食。但其中有些是有毒的，误食轻则引起恶心、呕吐、腹泻、腹痛、胡说、幻视、狂笑，重则死亡。因此，识别毒菌极为重要。毒蘑菇比食用菌种类少，全世界约有200种，我国已知和怀疑有毒的蘑菇有183种，其中致命的有31种。

（二）毒蘑菇对人体的损害类型

一种毒蘑菇经常含有多种毒素，一种毒素又经常存在于多种毒蘑菇中，而且一种毒蘑菇含有毒素的种类与多少，因时间、地点，以及误食毒蘑菇人的体质、饮食习惯、同什么食物共食、前后吃过什么食物、食用毒菌的方法等而异，经常表现出混合症状。毒素性质和毒菌种类是很难截然划分的，现根据毒蘑菇对人体损害的不同，大体上可分成以下几个类型：

（1）肝损害型：误食毒伞、白毒伞等引起的，其有毒成分为毒肽、毒伞肽。毒伞等毒菌50克，内含毒肽7毫克，就可使人致死。一般潜伏期长，中毒症状在6～48小时表现出来，先呕吐，继之腹泻、腹痛，有时在呕吐后出现短暂假愈期，严重时病情迅速恶化，治疗如不及时，1～2日内可致死亡。

（2）神经精神型：误食豹斑毒伞、毒红菇、毒杯伞、花褶伞、大花褶伞等引起的，其有毒成分为毒蝇碱等。其潜伏期较短，一般在食用后10分钟至6小时内发病，引起精神兴奋、错乱、抑制，以及各种幻觉反应。

（3）胃肠炎症：误食毒红菇、毒粉褶菌、褐盖粉褶菌、月夜菌、白乳菇、喇叭菌、黄粘盖牛肝等引起的，其毒素为类树脂物质、石炭酸、类甲酚化合物等。食后10分钟至6小时发病，出现剧烈恶心、呕吐、腹痛、腹泻，也有疲倦、昏厥、胡言等，严重者吐血、脱水，以及急性肝、肾功能衰竭而死亡，一般发病者病程短，恢复快，愈后较好，中毒死亡者很少。

（4）溶血型：误食鹿花菌类（鹿花菌、赭鹿花菌、褐鹿花菌等）最为典型，其毒素过去多认为是马鞍菌酸，经研究证明它无毒，认定是鹿花菌素，属于甲基联胺化合物，其溶血作用极强。另外，毒伞类含有毒伞肽和毒肽，也可引起溶血。其潜伏期较长，一般在食后6～12小时发病。发病多数是经一定时间寒战、发热、腹痛、头痛、恶心、呕吐等症状，可在1～2天内因毒素大量破坏红细胞而很快出现溶血症状。其主要表现是急性贫血、血红蛋白尿、闭尿、尿毒症、肝及脾脏肿大等。中毒严重者脉弱、抽搐等，甚至可能因肝脏严重受损及心力衰竭而死亡，但这种情况很少。

（5）呼吸与循环衰竭型：误食亚稀褶黑菇等引起的，其毒素不详。潜伏期20～60分钟，最长达24小时。中毒后以心肌炎、急性肾功能衰竭和呼吸麻痹为主，瞳孔稍散大，不昏迷，副交感神经不兴奋，无黄胆肝大。有些病人在初发病时呕吐或腹痛，头晕或全身酸痛、发麻、抽搐等。目前尚无特效药治疗，死亡率高，早期彻底洗胃、排毒等措施是挽救中毒者生命的重要方法。

（6）光过敏皮炎型：误食胶陀螺等引起的，其毒素是光过敏物质卟啉类。潜伏期较长，一般食后1～2天发病。中毒后人体细胞对日光敏感，经日光照射部位出现皮炎，像红肿、火烤般发烧和针刺样疼痛。有的病人还出现轻度恶心、呕吐、腹痛、腹泻等。如一旦发现中毒，建议立即送有条件的医院抢救治疗。

海 带

深居海底任逍遥，辽阔无涯独自骄。
起舞随波摇靓影，摇身逐浪展妖娆。
虾兵腹内充饥饿，龙将床中盖体绡。
宁愿离家抛暗日，献身桌上食材好。

——《咏海带》·近代·郑宏高

物种基源

海带（Laminaria japonica），为褐藻门大叶藻科海带属海生沉水草本植物翅藻的全草，又名海马兰、江白菜、纶布、海带草、海带菜、西其菜、黑昆布、鹅掌菜等。干海带以叶片较大、色浓绿或紫中微黄，叶柄厚实，无枯黄叶者为佳，水发海带以整齐干净、无杂质或异味者为佳。

我国主产区为烟台、旅顺、大连、青岛等浅海，以大连产质量好，产量最大，自 1927 年从国外移植到今。

生物成分

据测定，每 100 克可食海带含蛋白质 8.3 克，碳水化合物 56.3 克，膳食纤维 9.8 克及维生素 A、B_1、B_2、B_{12}、C 等，还含微量元素碘、钙、钾、磷、镁、锌、铁、硒和胡萝卜素、尼克酸、昆布素、脯氨酸、大叶素、硫胺酸、碳黄酸、甘露醇等。

食材性能

1. 性味归经

海带，味咸，性寒；归肝、肾、胃经。

2. 医学经典

《嘉祐本草》："软坚散结，行气化湿。"

3. 中医辨证

海带，软坚化痰，清热利水，故有益于头晕目眩，肝火上升，痰饮带浊、疝胀疝瘕、水肿、黄疸、脚气，瘿瘤瘰疬的康复与辅疗。

4. 现代研究

海带含有丰富的各种微量元素，又是纤维素和碱度较高的食品，海带能强化人体免疫力，调节营养成分的吸收，具有把内脏的脂肪、胆固醇、过多的盐分、致癌物质排泄出体外的作用，还有抑制肥胖症、防止老化等效果。另外对净化血液、强化心脏机能、保护视力、促进儿童的成长发育和记忆力集中，特别是对便秘、脱发症、皮肤美容有明显的效果。此外，海带中含有多量的维生素 A 原，能促进眼视紫质的合成，可防治夜盲症。海带中的碘含量极高，可以纠正缺碘引起的良性甲状腺肿大、儿童克汀病、智力低下或老年痴呆症。因此，常适量食海带能预防骨质疏松症和贫血症，使人骨骼挺拔壮实，牙齿坚固洁白，容颜红润娇嫩，变得更健美。

食用注意

（1）不宜与甘草同食。

（2）孕妇不宜食用，因为海带有催生的作用，如果在怀孕早期的时候，多吃了海带，会造成流产；而且海带含碘量非常高，过多食用会影响胎儿甲状腺的发育，所以孕妇要慎食。

（3）甲亢患者不宜食用。因为海带中的碘的含量较丰富，甲亢患者若食用，会加重病情。

（4）海带性寒，脾胃虚寒的人也应忌食。吃海带后不要马上喝茶，也不要立刻吃酸涩的水果。因为海带中含有丰富的铁，茶叶中的鞣质与酸涩水果中的植物酸都会阻碍人体对铁的吸收。

（5）由于现在全球水质的污染，海带中很可能含有毒物质砷，所以烹制前应用清水浸泡两三个小时，中间应换一两次水，但浸泡时间不要过长，最多不超过 6 小时，以免水溶性的营养物质损失过多。

附：海带的质量分级

海带根据质量，一般分为四等：
一等品：叶宽厚，每条长约 1.5 米，色泽浓黑或深褐，叶端无白烂或黄的杂物。
二等品：叶宽，每条长 1 米左右，色泽红褐，或稍带绿色，叶端无白烂或黄的杂物。
三等品：叶长 50～100 厘米之间，叶体薄，色泽黄绿。
四等品：叶长 20～50 厘米，较碎，色泽不一。

传说故事

海带由来的传说

相传，在水族中最为温柔美貌的当数蚌了，就连东海龙宫的当朝一品龟丞相也对蚌精垂涎三尺，想尝尝鲜。

一日，夜深人静，龟丞相独自来到蚌精的居住地——周山艳月洞，他蹑手蹑脚地来到艳月洞前，往里一探头，嘿！蚌精正两壳张开在蚌池中沐浴。好一个水中芙蓉！这时龟丞相心猿意马，欲罢不能，于是龟丞相解开玉带，卸了朝服挂在蚌池上，便潜入蚌池调戏蚌精。蚌精见此，乘机将两壳一合，把龟丞相锁定于蚌池中，自己抽身到壳外，还扬言要把蛤蜊精、蚬子精、鲤鱼精等众姐妹请来吃龟肉。龟丞相急得在蚌壳中连连起誓："蚌娘娘，你是我乌龟十八世前的姑老太，小龟孙下次再也不敢造次了，行行好，放我出去吧！我的好姑奶奶！"蚌精有意戏弄龟丞相，直等龟丞相求情到八十一遍时，启开蚌壳放龟丞相出来。龟丞相刚一露面，就赶紧穿好朝服，准备系玉带时，玉带被蚌精两壳夹住了，龟丞相用力一扯，玉带一拉两断，自己摔了仰面朝天，玉带沉入海底，长出了海带。

龙　须　菜

千菊溪头话别情，君行我住两伶俜。
山中有酒招元亮，石上无禾养百龄。
狼尾屋低苔漠漠，龙须菜长水泠泠。
故乡语燕应堪听，莫放扁舟过洞庭。

——《送董炎震归攸县》·宋·乐雷发

物种基源

龙须菜［Gracilaria verrucosa（Huds.）Papenf.］，为江蓠科海产多年生草本植物江蓠的藻体，又名海菜、线菜、竹筒菜、海面线，以鲜亮紫褐略带黄绿、无杂质、无泥沙者佳。垂直分布于黄海、东海及南海高潮带至潮下带，现已人工养殖。

生物成分

经测定，每 100 克龙须菜含水分 12.8 克，蛋白质 20.3 克，碳水化合物 56.4 克，膳食纤维 3.9 克及维生素 E、硫胺素、胆甾醇、藻红肮、藻胶多糖、半乳糖、类脂质。此外，尚含多种微量元素等。

食材性能

1. 性味归经

龙须菜，味甘，性寒；归肺、脾、膀胱经。

2. 医学经典

《本草纲目》："清热，软坚，化痰。"

3. 中医辨证

龙须菜可清热，散结，利水，有益于淋巴结核（俗名"老鼠疮"）、水肿、咳嗽等症的食疗助康复。

4. 现代研究

龙须菜有利于甲状腺肿大、贫血、皮肤瘙痒等症的食疗，效果明显。

食用注意

（1）脾胃虚寒者不宜多食。

（2）服用四环素类药物及红霉素、甲硝唑、西咪替丁时不宜食用。食物中的钙元素能和四环素类药物结合形成不溶性的螯合物，和红霉素、甲硝唑、西咪替丁结合形成沉淀，影响药物的吸收而降低疗效，本品含钙量高达 2.56%，故服用四环素类药物及红霉素等药时不宜食用。

（3）服用左旋多巴时不宜食用。服用左旋多巴不宜食用高蛋白食品，因为高蛋白食物在肠内可产生大量阻碍左旋多巴吸收的氨基酸，降低药物的疗效，龙须菜蛋白质含量高达 20.3%，故服用左旋多巴时不宜食用。

（4）不宜与橘子等果酸多的水果同时食用。橘子、葡萄、柠檬等含果酸较多的水果若和含蛋白质丰富的食物同时食用，果酸会使蛋白质凝结，影响消化吸收。

传说故事

龙须菜名字的由来

青州民间流传一则生动的传说：有一年，山东青州闹水灾，老百姓没有吃的，张县官便向朝廷写奏章，请求放粮。皇帝看后，决定亲自到青州察看民情。张州官听说后，急得团团转，皇帝来这里，吃什么呢？他为此操碎了心。一天，他走到院子里，看到小儿子正拿着像葱须的海草边吃边玩，心里一亮，他赶紧到屋里跟夫人说："你去把孩子手上像葱根上的根须的东西要下来，再洗一洗，洗干净后再给我。"夫人照他的话做了。张州官把洗干净的海草拌上佐料，放在一个漂亮的盘子里。皇帝来了，吃饭之时，张州官就把那盘菜端了出来。皇帝从没见过这样的菜，就问这是什么菜。张州官恭恭敬敬地回答："这叫龙须菜。"皇帝说："龙须菜？我怎么没有听说过。"州官又说："这是我们这儿海里的特产。"皇帝一尝，味道不错。一会儿，一盘龙须菜就吃光了。皇帝又问："还有没？"张州官说："没了。这个菜要九年才长一次，皇帝万岁运气好，正好碰到了。"州官怕皇帝识破，就扯了这样一个谎。从此，这海草就叫"龙须菜"。

紫　菜

清冬宾御出，蜀道翠微间。
远雾开群壑，初阳照近关。
霜潭浮紫菜，雪栈绕青山。
当似遗民去，柴桑政自闲。

——《送崔明府赴青城》·唐·耿沣

物种基源

紫菜（Porphyra marginata），为红藻门红毛菜科海生植物边紫菜的叶状体，古称索菜，又名紫英、子菜、乌菜、坛紫菜、甘紫菜、条斑紫菜，以表面光滑滋润，呈紫或紫红色，有光泽，不暗淡、片薄、质嫩、无沙，有特别的香味，手感柔，面不潮，不脆者质优。主要产品有甘紫菜、圆紫菜、坛紫菜等。其颜色有紫褐、紫红、黄褐、褐绿色等。我国沿海均有生长和栽培。

生物成分

据测定，每100克紫菜，含水分12.7克，蛋白质25.7克，脂肪1.1克，碳水化合物21.5克，粗纤维20.6克，灰分13.4克，钾1.8克，钠710.5毫克，钙264毫克，镁105毫克，磷350毫克，铁54.9毫克，锰4.32毫克，锌2.47毫克，铜1.68毫克，硒7.22微克，碘1.8毫克，胡萝卜素1.37毫克，硫胺素0.27毫克，核黄素1.02毫克，尼克酸7.3毫克，抗坏血酸2毫克，还含多种氨基酸和维生素U等。

食材性能

1. 性味归经

紫菜，味甘，性寒；归肺、脾、膀胱经。

2. 医学经典

《本草从新》："消瘿瘤结块，治热气烦失咽喉。"

3. 中医辨证

紫菜，能化痰止咳，软坚散结，利水消肿，清热利咽，养心除烦，有益于痰热互结所致的瘿瘤、瘰疬、咽喉肿痛、咳嗽，烦躁失眠、脚气、水肿、淋病、小便不利、泻痢等的康复与辅疗。

4. 现代研究

紫菜中含丰富的钙、铁元素，不仅是治疗妇女儿童贫血的优良食物，而且可以促进儿童、老人的牙齿、骨髓生长和保健。紫菜中的维生素U含量比卷心菜高70倍，是健胃的最佳食品。紫菜中含有丰富的胆碱成分，有增强记忆的作用，含大量牛磺酸可降低胆固醇，有利于保护肝脏，由于还含有一定量的甘露醇，故它是一种有效的利尿剂，可作为治疗水肿的辅助食品，可降低血浆胆固醇含量，对于防治甲状腺肿大、慢性气管炎、水肿和湿性脚气、高血压等症均有一定帮助。

食用注意

胃寒阳虚、胃肠消化功能不好者应少食，腹痛便溏者不宜食用。

传说故事

一、紫菜包饭的由来

古时候，来天朝纳贡的高丽使臣朴一生先生无意中发现，天朝的百姓有时候吃一种绿紫色的海水蔬菜。朴先生品尝后觉得这是人间美味，既可当作菜品，又能够填饱肚子。于是，朴先生决定把这道菜带回高丽，然而高丽并不产此种紫色海水蔬菜，朴先生就带了一筐生紫菜回去，高丽距京城路途遥远，长途跋涉回到高丽的朴一生发现，所有的生紫菜都变成了紫菜干，于是朴先生充分发挥了高丽人民的创造力与想象力，把紫菜包着糯米饭团吃。从此，发明了闻名世界的"紫菜包饭"。

二、紫菜消肿核

浙江医大中医师余莲湘来信介绍称：一中年商人左侧耳边颈后起一核，初如桂圆核大，因经常摸，竟越摸越大，乃恐惧问治于余，余教其每天用紫菜汤佐膳，并嘱勿摸，以免扩大。连吃一个月后，核块在不知不觉中消失。其后，余自己肛门前会阴部左侧生个小核，初时不觉痛痒，后来逐渐扩大如枣子大小，既硬且痛，妨碍起坐，余也每天用紫菜半两，烧汤吃（有时还加用海蜇皮），连吃一月余，小核也慢慢地消失，迄今20余年未曾复发。

裙 带 菜

扬帆破浪费封题，水天一色鸥飞低。
浩瀚碧波三万里，裙带过酒月歪西。

——《海上初食裙带菜》·清·吴明芝

物种基源

裙带菜（Undaria pinnatifida），为刺藻科裙带菜属多年生大型海藻植物裙带菜全草，又名海芥菜、海带草、海马蔺、海草、海藻，以体长、叶宽、青褐色、不带黄、干度足、无杂质者佳，分布于我国北方沿海及浙江嵊泗等地。

生物成分

据测定，每100克裙带菜，含有主要营养成分除常规蛋白质、碳水化合物、微量脂肪和膳食纤维外，碘、溴、钙约1.8克，维生素 B_{12} 0.7微克，核黄素210~1000微克，裙带菜还含有藻胶酸、丙氨酸、甘氨酸、脯氨酸，别异亮氨酸等氨基酸，以及有机酸类、亚油酸甲酯、植物醇、棕榈酸、岩藻甾醇、甘露醇等。

食材性能

1. 性味归经

裙带菜，味咸，性寒；入肝、脾经。

2. 医学经典

《食鉴本草》："软坚散结，消肿利水。"

3. 中医辨证

裙带菜有清血、消炎的功能，有益于结核肿块、瘰疬、便秘、疝气肿痛、睾丸肿大等症之食疗助康复。

4. 现代研究

裙带菜光合作用合成的主要产物是褐藻酸和藻聚糖等多糖类，这些多糖类在降低胆固醇、降低血压、增强血管弹性作用及预防成人病等方面具有良好的疗效。通过对裙带菜的进一步研究还发现，它含有极为充足的人体所必需的多种营养素，如果这些营养素缺乏或不足，会使人出现抵抗力降低、毛发脱落、皮肤干枯、衰老等症状，用这些营养素还可制造甲状腺素。裙带菜中还含有大量多糖成分，特别是藻朊酸，试验证明藻朊酸对某种癌症病毒起抑制作用，削弱癌细胞的生长活动。在多糖成分中还有含量较高的食物纤维，对便秘有显著疗效。

食用注意

脾胃虚寒、腹泻者不宜食裙带菜。

传说故事

裙带菜的传说

相传，《西游记》中的唐僧，自出娘胎到取经，可谓历尽千难万险，死里逃生。

唐僧的父亲陈子春中了状元后，任江西九江司马，他带着身怀唐僧的妻子殷凤英，误上了江洋大盗余洪的贼船，逆江而上赴九江上任。行至途中，余洪贼突然在舱外大叫起来："真古怪来，真古怪，南边有金龙在戏水，北方有鲤鱼跃龙门，请大人出舱看宝珍。"陈子春听舱外有奇景，便走出舱外问："船家，奇景在何方？"余洪："大人，您往船边来一点，便能看到。"就在陈子春刚走到船边，被余洪贼一脚踢入江中。余洪贼走进船舱，对殷凤英实施非礼，殷凤英至死不从，在撕打过程中，动了胎气，唐僧哇哇地来到人间。而悲痛欲绝的殷凤英解开自己的裙子，将刚出生的唐僧包好，扎好裙带，投入江中，嘴里说："苦命的儿啦，去找你的父亲吧！"就这样，唐僧父子顺江而下，来到海龙宫后花园，被龙王三小姐发现，命虾兵蟹将将父子二人打捞上来，送上还魂床，醒来后沐浴更衣，包扎在唐僧身上的裙子被鲨鱼婆子更换下来，扔进大海，沉入海底长成裙带菜。

鹿　角　菜

东瀛潮岩鹿角芽，天赐良肴玉盘载。
蒸煮烩炒斋膳美，众口一词天颜开。

——《鹿角菜》·明·刘基

物种基源

鹿角菜 [Gloiopeltis furcata (Post. et Rupr.) J. Ag.]，为褐藻门墨角藻科岩菌属海生鹿角菜藻体的全藻，又名鹿角豆、鹿角棒、山花菜、赤菜、鹿角、海萝、纶、猴葵。

鹿角菜，呈紫红色，高 4～10 厘米左右，盘状不规则的叉状分枝藻体，多生长在中潮带和高潮带下部岩石上，常是丛生成群成片生长，长三四寸，分叉像鹿角，故而得名。我国沿海北起辽东半岛，南至台湾基隆、雷州半岛的硇州岛均有分布。

生物成分

据测定，每 100 克鹿角菜含褐藻酸 27.8 克，甘露醇 2.7 克，蛋白质 5.3 克，氮 2.7 克，可溶性盐 12.8 克及钾、钙、钠、碘、硒、磷、锰、锌、镁等微量元素，黏质液中还含半乳糖、二甲基缩醛、琼脂二糖及牛磺酸等。

食材性能

1. 性味归经

鹿角菜，味甘，性寒；归肺、脾经。

2. 医学经典

《食性本草》："消肿，化痰，清热。"

3. 中医辨证

鹿角菜，软坚散结、镇咳化痰、清热解毒，对劳热、痰结、痞积、痔疾等症的食疗效果不错。

4. 现代研究

鹿角菜，含多种酸、醇、甙、蛋白质和无机盐，有益于甲状腺肿大、颈淋巴结核肿大、支气管炎的咳嗽、肺结核等症的食疗助康复。

食用注意

脾胃虚寒者不宜食用。

传说故事

鹿角菜的传说

传说，很古的时候，雌鹿像雄鹿一样，都长有长长的角，而现在为什么不见雌鹿像雄鹿一样长角呢？原来，一个姓陆名善的青年小伙子，长年在东海打鱼为生。一天，陆善从集市卖完鱼回港，走到滩涂的草荡，见一只饿狼在追扑一只怀胎的母梅花鹿。陆善脑海一闪，我姓陆，狼正在追杀一头怀胎母鹿，他连忙除去扁担两头的鱼筐，操起扁担赶跑了饿狼，救了怀胎的母鹿。此时人鹿相安无事，陆善回港，鹿觅食。可在当夜，陆善做了一梦，母鹿对陆善说："你救了我母子，无以为报，我把我头上的角已插在海滩东山潮带下部岩石边，你在打鱼闲时，可将长出的东西取来，既可当菜又可上市卖。"说毕，对陆善磕了三个头，钻进草丛不见了。当陆善醒来时，天已大亮，出海打鱼，正好退潮，潮带下岩石上长满了紫红色像带血的鹿角的海草，这便是鹿角菜。所以现在的母鹿都不见有像雄鹿一样的长角。

海 藻

海水海浪生海藻，天涯海角任逍遥。
入载相传神农氏，后来居上视为宝。

——《海藻》·清·江诚

物种基源

海藻（Sargassum siliquastrum），为马尾藻科海生植物海蒿子或羊栖菜（小叶海藻）的全藻体，又名海草、落首、乌菜、海带花、大叶藻、海蒿子、羊栖菜、大蒿子、海根菜、小叶海藻、大叶海藻。根据海藻所含的色素、形态结构和生活史的不同，分为11类，主要有褐藻、红藻、绿藻、蓝藻等，如海带属褐藻，紫菜属绿藻。海藻属于比较原始的植物，它和高等植物的不同点在于，它没有真正的根、茎、叶的分化，更不会开花结果。它们大多分布在沿岸浅海或光线能透过的海水上层，利用阳光进行光合作用，把无机物转化为有机物。海藻主要产于福建、广东、浙江、山东、辽宁等地海区，生长在浅海的岩石上。

生物成分

据测定，每100克海藻含水分11.3克，蛋白质4.2克，脂肪0.8克，碳水化合物53.9克，钙7.27克，铁92毫克，还含藻胶酸、藻多糖、甘露醇等。

食材性能

1. 性味归经

海藻，味苦、咸，性寒；归肝、胃、肾经。

2. 医学经典

《神农本草经》："软坚、散结、消痰、利水。"

3. 中医辨证

海藻具有软坚散结、消痰的功效，有利于瘿瘤结肿或瘰疬结核、睾丸肿痛、疝气等症的康复。

4. 现代研究

海藻可以作为肥胖病人的减肥食品，因为它热量低，而且含有大量纤维素，食用少量后即有饱胀感；海藻还可以作为糖尿病人的充饥食品，因为它不含糖分。

海藻中含有多种微量元素，如铁、锌、硒、钙等，这些元素都与人的生理活动有着密切的联系，其中铁是人体造血功能必不可少的，锌有助于儿童的智力发育，钙可以使人的骨髓强健。而近年来的研究还表明，硒可以防止癌症的产生，增强人体的免疫机能。

食用注意

（1）海藻不能与甘草同时食用。
（2）海藻含有高量的钾，慢性肾病患者食用容易引起心律不齐，肾透析患者也不宜食用。
（3）海藻含有丰富的碘，促使甲状腺功能亢进恶化，因此具有甲状腺机能异常者不宜食用。
（4）海藻属于普林核酸类，会产生尿酸，痛风者不宜多食。

传说故事

乾隆与海藻

乾隆皇帝在位60年，活了85岁，算得上中国历史上的长寿皇帝。据野史记载，乾隆皇帝并非爱新觉罗氏，是生自浙江海宁陈氏家族。在膳食上，由于陈家靠海生活遗传影响，喜好食海藻、淡菜、鸡汤烩黄豆芽。据说乾隆在驾崩之前还不忘此菜，离开人世前，膳食太监还喂了他三勺海藻、淡菜烩豆芽汤。

石 花 菜

浪摇石花菜，潮退岩上晒。
捡来入中厨，和饭缠五采。

——《石花菜》·明·周顺明

物种基源

石花菜（Eucheuma gelatinae J. Ag），为红藻门红翎菜科植物琼枝白藻体，又名海冻菜、石华、海菜、琼枝、草珊瑚、红丝、凤尾、大本、小本、牛毛菜、鸡毛菜、冻菜，多为紫红色或黄绿色，呈不规则叉分枝软骨质。常有圆锥形突起，两缘密生羽状小枝，枝之间相互附着形成团块状，皮层表面呈四分孢子囊层形分裂。多生长于海潮线附近碎珊上及低潮线阴暗的石缝中，在我国多分布于广东、海南岛沿岸及山东等沿海区域。

生物成分

据测定，每100克石花菜，含水分15.6克，蛋白质5.4克，脂肪0.1克，碳水化合物68.9克，灰分6克，钾141毫克，钠380.8毫克，钙167毫克，镁15毫克，磷209毫克，铁2毫克，锰0.04毫克，锌1.94毫克，铜0.12毫克，硒15.19微克，硫胺素0.06毫克，核黄素0.2毫克，尼克酸3.3毫克，还含琼胶、多糖、黏液汁、卤化物、硫酸盐等。

食材性能

1. 性味归经

石花菜，味甘、咸，性寒、滑；归肝、肺经。

2. 医学经典

《日用本草》："清肺化痰、清热燥湿、滋阴降火、凉血止血。"

3. 中医辨证

石花菜，清肺部热痰、导肠中湿热，对阴虚湿热、痔血等症康复效果明显，并有防暑解毒功效。

4. 现代研究

石花菜含有丰富的矿物质和多种维生素，尤其是它所含的褐藻酸盐类物质具有降压、降脂功能，对高血压、高血脂有一定的预防作用。

石花菜能在肠道中吸收水分，使肠内容物膨胀，增加大便量，刺激肠壁，引起便意。所以，经常便秘的人可以适当食用一些石花菜。

食用注意

脾胃虚寒者忌食。

传说故事

石花菜的传说

相传，唐明皇执政期间，回纥族起兵反唐，玄宗御驾亲征。朝中除留守大臣外，都随军护驾，内宫有白白胖胖的杨贵妃和肥得可观的干儿子安禄山，二人终日如胶似漆，鬼混在一起。

一日，杨贵妃与安禄山在华清池洗"百花香汤"鸳鸯浴，此事被从空中路过京城长安的水仙水母娘娘发现，就和杨贵妃、安禄山二人开玩笑地重演了一场"水漫泗洲"的恶作剧，把水袋口往下一倾，水随地势一泻千里，连同"百花香汤"一并冲入大海，幸好安禄山是武将出身，一手抱住杨贵妃雪白的光身子，一手死抓住华清池边的玉石不放，才免被大水冲走，随水流入大海的"百花香汤"的百花被海水一淹，软皮皮地沾在潮后的岩石和珊瑚上，长出如花般的海草。后来，人们把这种海草取名为"石花菜"。

岩 头 菜

三江源水向东流，水汇大海不回头。

咸淡交生海人草，慢嚼细咽蛔虫愁。

——《鹧鸪菜》·清·石晓

物种基源

岩头菜［Caloglossa Leprieurii（mont）J. Ag.］，为红叶藻科美舌藻属植物美舌藻的全藻体，又名鹧鸪菜、美舌藻、海人草、鲁地菜、乌菜、蛔虫菜、岩衣、石疤。岩头菜生于咸淡水相交的潮水带及波浪平静的岩石上，故名岩头菜。此外，岩头菜的同类植物松节藻科海人草，产于我国台湾、东沙及南沙群岛，还有松藻科刺松藻产于渤海、黄海等处的岩石处。

生物成分

据测定，岩头菜，主要成分除蛋白质、碳水化合物、微量脂肪和膳食纤维外，含氯化钾8.2%，碘0.013%，钾（K20）5.21%，氮2.10%，可溶性盐21.12%，尚含多种维生素及麦角固醇和脂肪酸等。此外，全藻还含 L-α-海人草酸与一种甙"海人草素"，可分离出甾醇，主要为胆甾醇。

食材性能

1. 性味归经

岩头菜，味咸，性平；归肾、大肠经。

2. 医学经典

《食用本草》："驱虫、杀虫、化痰、消食。"

3. 中医辨证

岩头菜，可健胃消食、止咳化痰、杀虫驱虫，对蛔虫病及其引起的蛔虫性肠梗阻、腹痛、消化不良等有良好的助康复效果。

4. 现代研究

岩头菜是一种特效驱蛔虫药。药理研究表明，其所含的美舌藻甲素是驱蛔虫的有效成分，使用岩头菜煎剂后，驱虫率高达 80％以上。若将藻体有效成分经醇提取精制后服用，驱虫率可高达 91％左右。服用岩头菜驱虫的优点是无明显的副作用。

食用注意

（1）凡低血压者最好不食。

（2）孕妇慎食。

传说故事

岩头菜治虫第一人

叶天士，清代江苏苏州吴县人，为康熙、乾隆年间名医。自十四岁父亡后，十多年间，先后从师 17 人之多，汲取众人之长，终成一家之言，医名远播，名震四方。

一日，叶天士下乡巡诊，见孔家庄的小孩个个面黄肌瘦，时不时地用两手抱按腹部，疼得在地上打滚。叶天士诊断为虫积，便叫孔家庄上有小孩的父老乡亲将紫褐色的海水岩头菜煮熟了当咸菜吃，要连吃三天。老百姓一试，果然灵验，凡吃海水草的孩子肚子不疼了，在大便中均发现了一团团的虫子。叶天士开此先河，成了用岩头菜治虫积的第一人。

麒 麟 菜

碧波浩淼海天中，潮落海岩现紫红。

八千海疆生鸡胶，啖膏石花海西东。

——《麒麟菜》·民间·张群

物种基源

麒麟菜（Eucheuma；Eucheuma muricatum），为红藻门红翎科植物麒麟菜的全藻体，又名鸡胶、鸡脚菜等。藻体呈分枝状细圆柱体，具刺状或锥形实体，多生于有珊瑚礁的岩石上，我国东海、台湾、广东及海南诸岛海岸浅海均有分布。

生物成分

据测定，麒麟菜富含粘胶质，胶质中含有半乳糖，半乳糖硫酸脂、硫酸脂钙盐 3.6 -去水半乳糖，D 葡萄糖醛酸和 D -木糖。

食材性能

1. 性味归经

麒麟菜，味咸，性平；归肺、心经。

2. 医学经典

《日用本草》："清热祛痰，利水解毒。"

3. 中医辨证

麒麟菜，软坚散结、清热化痰，有利于肺痈咳嗽、喉炎、颈淋巴结肿、水肿、小便不利等症的康复。

4. 现代研究

麒麟菜属海藻，有降低血清、胆固醇的作用，对气管炎、咳嗽、痰多不畅及冠心病、高血脂、高血压患者的助康复和辅疗极为有益。

食用注意

对海藻类植物过敏体质者忌食。

传说故事

麒麟菜的来历

按华东地区生小孩的习俗，孩子生下后的第三天要"洗三"，要煮糖粥、染红蛋。

这习俗有个有趣的传说：一个女人在怀孕前，要由送子观音菩萨骑着麒麟兽，像分配计划似的送子到位后才能怀孕，十月怀胎生下孩子后，要在"三朝"这天，即"洗三"前要煮糖粥，除送糖粥给左邻右舍外，主要是要报答麒麟送子时远途跋涉之苦。有一年，东海渔霸张三丰家生了个男婴，由于张三丰生性霸道，男婴"洗三"这天没有煮糖粥敬重送子麒麟。"洗三"这天，麒麟如期而至，没有吃上糖粥，心中大为不快，便将埋在海滩装男婴胎胞衣的瓦罐（中药名"紫河车"），用麒麟角挖出来，摔在下潮后的岩石上，瓦罐被摔得粉碎，摔烂的胎胞衣粘在岩缝中，长出像麒麟角叉似的海水草。后来，人们称这种海水草为"麒麟菜"，而张三丰的男婴没过几天也就夭亡了。

鸡 腿 菇

已认山家作当家，与猿分栗雀分茶。

气先十月地抽笋，光现五台天雨花。

幸有玉延炊夜月，肯令绣谷咽朝霞。

凭君试隽山中味，却较闲忙定不差。

——《以庐山所产天花蕈冬笋延饷赵季茂通判》·宋·岳珂

物种基源

鸡腿菇（Schopftintling），为担子菌纲伞菌目伞菌科鬼伞族鸡腿菇属植物鸡腿菇的子实体，又名毛头鬼伞，鸡腿蘑、毛头鬼盖。

鸡腿菇，春至秋生于林下草丛中，有时生长在有机肥比较丰富的田野。国内已进行人工栽培，主产于河北、山西、辽宁、吉林、黑龙江、江苏、福建、青海、四川等地。

生物成分

据测定，每100克可食鸡腿菇含蛋白质25.4克，脂肪3.3克，碳水化合物58.8克及维生素A、B_1、B_6、C、D、E等，还含烟酸、叶酸和矿物质钾、钠、钙、镁、磷、锌、铜、硒、铁等。

食材性能

1. 性味归经

鸡腿菇，味甘、滑，性平；归胃、心经。

2. 医学经典

《药用蕈菌》："清神益智，益脾胃，助消化。"

3. 中医辨证

鸡腿菇，健胃消食，养阴益肝，有益于消化不良、腹胀、肝区疼痛、黄疸等疾病辅助食疗。

4. 现代研究

鸡腿菇，可辅助治疗消化不良、精神疲乏和痔疮等症。鸡腿菇含一种特殊的抗癌活性物质和改善糖尿病的有效成分，长期食用，对降低血糖浓度、辅助治疗糖尿病有良好的效用。

鸡腿菇含有多种人体必需的氨基酸，赖氨酸和亮氨酸的含量尤其丰富，经常食用，可增强人体免疫力。

食用注意

感冒初起患者勿食鸡腿菇。

传说故事

鸡腿菇的传说

《封神演义》中，轩辕坟中三妖精之一的九头雉鸡精，化身为胡喜媚，受女娲娘娘之命与九尾狐狸精苏妲己、玉石琵琶精王贵人，三位一起侍奉纣王，祸乱商朝朝纲。在商朝将灭亡时，商定合伙再共刼周营，被姜尚识破，合众击退。三妖精决议逃回轩辕坟修身养性，伺机东山再起，后被二郎神率哮天犬赶到，将九头雉鸡精杀死。九头雉鸡精的九个鸡头除一个鸡头扔进鄱阳湖外，八个鸡头和鸡翅都给哮天犬吃了。雉鸡腿和鸡胸被二郎神带走，不巧的是，有一只雉鸡腿失落轩辕坟外，烂后长出毛头鬼伞——鸡腿菇，现在吃起鸡腿菇还有鸡肉丝的香味呢。

茶 树 菇

深山菌蕈纷贡数，山篜相逢尽筐筥。

儿童归来恣烹煮，脆于熊掌肥于羜。

——《食蕈子》·元·洪希文

物种基源

茶树菇（Cylindracea agrocybe），为伞菌纲伞菌目伞菌科田蘑属植物茶树菇的子实体，又名茶薪菇、茶菇、神菇。茶树菇菌柄脆嫩，菌盖褐色，菌柄长 6～12cm 左右，浅黄褐色。野生茶树菇产量很低，20 世纪 90 年代初，江西谢远泰育菇专家通过深入研究，驯化栽培成功。近年来，江西、福建、浙江、湖南等省均已进行规模生产，产量也不断提高，生物精化率可达 60%～80%。该菇国内外市场需求量大，是很有发展前途的珍稀食用菌之一。

生物成分

据测定，茶树菇中的蛋白质非常丰富，其中所含的氨基酸种类有 18 种之多，包括人体所必需的 8 种氨基酸，在其他的 10 多种的非必需氨基酸中蛋氨酸的含量最高，为 2.5%。茶树菇中还富含微量元素铁、钾、钠、锌、硒，还含有维生素 B 族及抗癌多糖及葡萄糖营养成分。

食材性能

1. 性味归经

茶树菇，味甘，性温，无毒；归脾、胃、肾经。

2. 医学经典

《中国药用真菌》："补肾强身，防癌抗癌。"

3. 中医辨证

茶树菇，益气开胃，健脾止泻，有利于胃腹胀满不思饮食及痢疾等症的康复与辅助食疗。

4. 现代研究

茶树菇含有人体所需的天门冬氨基酸、谷氨酸等多种氨基酸和多种矿物质、维生素等，有滋阴壮阳之功效，对抗癌、降压、防衰、小儿低热、美容保健有辅助治疗效果。

食用注意

因胃热导致，消化功能薄弱者慎食。

传说故事

茶树菇的传说

相传，春秋时代，越王勾践用美人计，将美女西施献给吴王夫差，使夫差整天贪恋美色，不思朝政。而越王勾践三年卧薪尝胆，养精蓄锐，终于打败了夫差灭了吴国，西施圆满地完成爱国之举，与范大夫一起回归田园浣纱、采茶，相亲相爱，行乐品茶之余，将泡后的茶叶渣倒在茶树根上，茶渣久朽后生菇——茶树菇。

牛 肝 菌

食蕈由来胜茹芝，十年此味望晴霓。

雕盘细簇春云朵，惠我殷勤助杀鸡。

——《新蕈》·宋·强至

物种基源

牛肝菌（Boletus edulis Bull. ex Fr.），为担子菌纲伞菌目牛肝菌科植物美味牛肝菌的子实体，又名白牛肝、牛肝菌、大脚菇、炒菌、石头菇。

牛肝菌，子实体单生或群生，覆盖直径 7～15 厘米，扁半球形，边缘钝，潮湿时稍带黏性，平滑，褐色、红褐色、黄褐色、土黄色以至暗褐色。

夏秋间生于混交林内地上，较贫瘠的土壤上亦可生长。主产于吉林、黑龙江、江苏、安徽、福建、四川、贵州、云南、西藏、新疆、台湾等地。

生物成分

据测定，牛肝菌中含蛋白质 17%、脂肪 5.8%、粗纤维 8.6%，此外，还含有多糖类、多种氨基酸和维生素 B_1、B_2、C 等。

食材性能

1. 性味归经

牛肝菌，味微酸、辛，性平；归肺、脾经。

2. 医学经典

《药用菌蕈》："解表和中，健脾化湿。"

3. 中医辨证

牛肝菌，有补虚止带、和中养胃、行气健脾的功能，有利于外感风寒咳嗽、食积腹胀、白带过多的康复与辅助食疗。

4. 现代研究

牛肝菌子实体提取的粗多糖能提高人体免疫功能，使体外 E-玫瑰花结合率及淋巴细胞转化率明显提高，并提高巨噬细胞的吞噬功能。

食用注意

对真菌过敏体质者慎食美味牛肝菌。

传说故事

牛肝菌的传说

传说，西王母瑶池聚仙盛会如期进行，坐在瑶池最后排的是铁扇公主，左边坐的是牛魔王，右边坐的是托塔李天王的大儿子金吒。铁扇公主虽是生过红孩儿的半老徐娘，但姿色不减当年，令金吒心潮涌动，暗地里揪了铁扇公主大腿根上一把，铁扇公主碍于牛魔王在身旁，未能向金吒意表。但从此后，魂不守舍，日夜，金吒俊俏面孔不停地在她脑海中闪动。一日三，三日九，铁扇公主与金吒犹如干柴烈火，为了搬掉牛魔王这块丑陋的绊脚石，两者商定后，效仿人间潘金莲与西门庆，将牛魔王毒死，切剁成碎块，扔向人间西北大草原，让其投生牛胎去了。唯有牛魔王的肝遗忘在芭蕉洞外的丛林中，连同林中的枯枝烂叶一起朽烂，长出了可食的人间美食——牛肝菌。

第十四章　参草类

人　参

移参窗北地，经岁日不至。

悠悠荒郊云，背植足阴气。

新而养陈根，乃复作药饵。

天涯藜藿心，怜尔独种参。

——《移山参》·南宋·谢翱

物种基源

人参（Panax ginseng C. A. Mey.），为五加科多年生草本植物的根，又名薓、人薓、黄参、血参、土精、地精、海腴、百尺杵、金井玉阑、棒槌、鬼盖、山参、人衔。水烫、浸糖后干燥者称"白糖参"，蒸熟后晒干或烘干者称"红参"，晒干者称"生晒参"。

人参，春天开始生苗，5～6月开花，7～8月结果，名人参果实，简称人参果，呈扁圆形，如豆粒大小，生青熟红，十分好看。人参果实的种子之所以珍贵，是因人参是靠种子来繁殖的。

我国是世界上最早认识和应用人参的国家。2000多年前的《神农本草经》就指出人参能"补五脏、安精神"。其后的历代名医陶弘景、唐松敬、陈藏器、张仲景、李时珍等也都对人参作过高度评价。东北是人参著名产区，主要分布在吉林省东部和长白山脉的抚松、集安、通化、临江等地，产量占全国的90%以上。另外，俄罗斯与我国接壤的远东和朝鲜亦有产出。现在流行于市的大多为人工栽培园参，野山参罕不多见。

生物成分

据测定，人参含有19种氨基酸，人参多糖，多肽类、蛋白质、微量元素、有机酸类有水杨酸、香草酸、延胡索酸、琥珀酸、马来酸、苹果酸等，以及人参皂苷、人参酶类、挥发油、萜类、生物碱等成分。从人参根上切下来的根须，名"参须"，其成分种类相当，但所含质量差远了。

食材性能

1. 性味归经

人参，味甘、微苦，性微温；归脾、肺经。

2. 医学经典

《神农本草经》："大补元气，复脉固脱，补脾益肺，生津安神。"

3. 中医辨证

人参，大补元气，醒脾益肺，生津止渴，安神增智，有利于气虚欲脱，脾气不足，食少倦怠，反胃吐食，大便滑泄，肺气亏虚的虚咳喘促、行动乏力、脉虚自汗、津伤口渴、消渴、心神不安、失眠多梦、惊悸健忘等症的康复与辅助食疗。

4. 现代研究

人参，有提高免疫、抗氧化、抗肿瘤的作用。其人参皂苷、人参多糖、人参烯醇能促进人体的核酸和蛋白质的合成，能抗病毒，促进学习和记忆，调节心血管，可增进造血系统功能，还具有抗氧化、降低血糖、治疗性功能障碍、贫血、神经衰弱等疾病的食物辅助作用，效果独特。

食用注意

（1）人参与藜芦、五灵脂、皂荚，不能同食同用。
（2）实热症和湿热症、正气不虚者不宜服用人参。
（3）人参作补益时，要去除参芦（茎），因参芦有涌吐的副作用，易致呕吐。
（4）水煎人参服用忌用铁器。
（5）服用人参时最好勿喝浓茶。
（6）服用人参，多种古籍记载与白萝卜反，但目前尚有争议。

传说故事

一、东海龙王三公主与人参

相传，人参是天宫的长寿花根，善良的龙王三公主，冒险救出上天偷参的紫貂，并私自下凡播散长寿花，王母娘娘大怒，命太上老君将她擒获，多亏观世音菩萨讲情，死罪虽免，天条难容，最终被贬人间变成了梅花鹿。从此，"人参、貂皮、鹿茸角"就成了东北的"三宝"。

二、挖人参拜山神的传说

旧社会进山挖参叫放山，是一项十分艰苦的劳动，民间逐渐形成了一种挖参的行业，有很多严格的山规。进山后，要先拜山神爷——老把头。据传说很早以前，山东莱阳有个姓孙的老人，来到长白山挖山参，迷路死在山里，临死前他咬破手指在石壁上写了一首顺口溜："家住莱阳本姓孙，翻江过海来挖参，三天吃个拉拉蛄，你说伤心不伤心，如若有人把参找，顺着蛄河往上寻。"后人尊称他为老把头，也就是采参的祖师爷。由于采参人翻山越岭，风餐露宿，时常有迷路饿死或被野兽所伤的危险，为图吉利，进得山来要先祷告祖师爷保佑一路平安。

三、验人参功效的传说

《图经本草》记载着这样一个试验人参真假的故事："使二人同走，一人含人参，一人空口，两人各走奔三五里许，其不含人参者，必大喘，含者气息自如。"足见参的功效。

四、御赐"石柱参"的传说

石柱参是人参佳品，产于辽宁省宽甸县石柱子乡，故取名石柱参。

相传在明朝万历年间，村里一位老人在山上放羊，突然下起了大雨，他急忙把羊往破庙里赶。可是，一百多头羊聚在山崖的阴处，好像在争吃什么东西，老人推开羊群一看，原来在抢食地上的参叶。他小心地把人参挖出来，这棵参形体灵秀，芦长皮老，须长且清，有珍珠疙瘩，据纹深推算，少说也有300多年，村人视之为"参神"。老人把这棵"参神"上贡给皇帝，帝大喜，遂将石柱参御赐为"大明国宝"，下诏在村中择地培植。及至明末清初，每逢秋季人参上市时，东北三省的人参集散地营口，参商云集，但石柱参不到，则不开行。

五、参童避难闯关东的传说

黑龙江抚松县，目前被人们誉为"人参之乡"，东北谚语有："东三省，三宗宝，人参貂皮乌拉草"，因而，现今普遍认为，山海关以外的东北三省是我国的人参主产地，而关内似乎不产人参。传说山东才真正是人参的故乡呢，这里有个美丽的神话故事。

相传，在很久很久以前，山东有座云梦山，山上有座云梦寺，寺里有两个和尚，一师一徒，师父无心在山上烧香念佛，经常下山与朋友吃喝玩乐。平时，对小徒弟百般虐待，小徒弟被师父折磨得面黄肌瘦。有一天，师父又下山会友，小徒弟正在庙里干活，不知从哪里跑来一个红肚兜小孩，帮小和尚做事。从此以后，只要师父一外出，红肚兜小孩就来帮小徒弟的忙，师父一回寺，小孩就不见了。

日子久了，师父见小徒弟脸色红润，再多的活也能干完，感到很奇怪，心想，这里一定有什么奥妙。他把小徒弟叫来，威逼盘问，出于无奈，小徒弟只好说出了真情。师父心里思忖，深山僻岭，哪来的红肚兜小孩呢？莫非是神草棒槌？他从箱子里取出一根红线，穿上针，递给小徒弟，并交代："等孩子来玩的时候，悄悄把针别在小孩的红肚兜上。"第二天，师父又下山了，小徒弟本想把实情告诉红肚兜小孩，可又怕师父打骂，只得趁小孩急着回家的时候，把针别在小孩兜肚上。第三天清晨，师父把徒弟锁在家里，拿着镐头，顺着红线，找到一棵老红松旁边，看到那根针插在一棵棒槌苗子上，他高兴极了，举镐就刨，挖出一个"参童"来。拿到寺里，把"参童"放进锅内，加上盖，压上石头，然后，叫小徒弟升火烧煮。偏巧这时候，师父的朋友又来找师父下山去玩，师父推辞不掉，临走时，对小徒弟千叮万嘱："我不回来，不准揭锅！"师父走后，锅里不断喷出异常的香气，小徒弟出于好奇心，不顾师父的叮嘱，搬开石头，揭开锅盖，原来锅里煮着一只大棒槌，香气冲鼻，掐下一块放进嘴里一尝，味道又甜又香，于是，不管三七二十一，干脆吃光为止，连汤也喝个精光。就在这时，师父急急忙忙地赶了回来，小徒弟一急，不知所措，在寺院里跑了两步，顿觉两腿轻飘，悠然地腾空起飞而去。师父一看这般情景，知道"参童"让小徒弟偷吃了，懊悔莫及。

原来，红肚兜小孩就是那棵人参变的。老红松树下长着一对人参，自从那棵"参童"被老和尚挖走以后，剩下的这棵人参对着老红松哭哭啼啼。老红松说："好孩子，别哭了，我带你到关东去吧，那里人烟稀少，我可永远保护着你。"人参不哭了，跟着老红松从山东逃到了关东深山老林，就在长白山上安家落户了。从此以后，关内人参日趋消失，而长白山的人参却越来越多。

参趣

一、人参趣名谈

人参另有六个趣名，即："老山""大山""扒山""移山""石柱""秧参"。所谓"老山"，是产于长白山者，年代在200年以上，能补将绝之元气，为参类最佳品。"大山"，凡生于山中，在数十年者，无论大小，统名之曰"大山"，治疗虽与"老山"同，但功力较薄。"扒山"为山野所生，苗将出未出之际，或被猎人、禽兽踩踏，参苗陷入土内，再数十年复苗，或有四五十年始苗者，为采参人所得，故名扒山参，治疗功力与"大山"同，唯形态略差而已。"移山"亦野生，有三五十年不等，为采参者所见，明知年限尚少，又恐被人采去，将其掘起，栽于家园或植于山野者，故名"移山"。据说其治疗功力较"大山""扒山"次65％。"石柱参"俗名石柱子，产于石柱沟者，其效用又较"大山"减80％。最次者是"秧参"，即参园所栽种，补气力更逊。

二、现存最大人参

人参分为山参和园参。山参为山野自生，生长年头不限，可生长几十年至百余年不等。康熙二年（1663年），曾有人挖到过一棵净重20两（当时16两为一斤）的老山参。1981年8月，吉林省抚松县北岗乡农民，用了六个多小时挖出了一棵特大的山参，它已有百岁以上，重达287.5克。这棵大山参外形美观，紧皮、细纹，参须上长满匀称的金珠疙瘩。从颅头到须根长54厘米，是我国现存最大的一棵山参，目前陈列在人民大会堂的吉林厅中。

三、近代参价最高纪录

根据参农经验，野山参生长四五十年才增加一两（十六两制），历年愈久，性愈温和，其精力亦足，"因其吸天空清静之气足，受地脉英灵之质厚，故效力巨也"。民间有"七两为参，八两为宝"的说法。1989年8月，有3名放山人，在吉林省抚松县露水河的原始森林中，挖到一株"老山"参，后经人参专家鉴定，这株野山参重305克，至少生长达500年之久，因而被视为参中"奇宝"。这株特大老山参，参形极佳，舒展优美，吸引了不少海内外的求购者，从几万到十几万，几十万，最后由一名不愿意透露姓名的港商以108万元的价格拍卖成交，创下了国内一株参价逾百万元的最高纪录。

西 洋 参

生长大西洋，医界声名噪。

而令引种庆成功，吾侪堪骄傲。

中医多辩证，运用应推敲。

唯有气阴双亏时，始显其功效。

——《卜算子·西洋参》现代·王焕华

物种基源

西洋参（Panax quinquefolium L.），为五加科多年生草本植物西洋参的根，又名种洋参、花旗参。

西洋参在我国历史并不长久，直到17世纪才传入我国。早在1697年，有位叫鲍德伦的学者，在法国科学院首次宣读了关于中国人参的医疗作用的论文之后，才使西方人士得以注意。1714年，一位英国传教士到中国传教，对中国人参极感兴趣，他将中国人参带回本国，又在英国皇家学会会报上发表了一篇题为《叙述远东人参》的文章，再次引起了当时欧洲学者的重视。不久，论文传到加拿大魁北克的拉菲太神父手中，他详细研究了中国人参植物标本，认为当地森林与远东人参产地自然环境相似，推测当地可能亦有类似植物生长，于是，他雇用印第安人在加拿大森林中寻找。历时两年，终于在加拿大南部蒙特利尔的森林中发现了与中国人参同类的植物。尔后，在加拿大东南部、美国东部以及北美大西洋沿岸的许多地区，掀起了一股西洋参采挖的热潮，一时间，西洋参名噪北美、并且远销东亚，传入我国。自清代吴仪洛《本草从新》和清代赵学敏《本草纲目拾遗》先后收载以后，在我国医药界才开始逐渐应用于临床，为补益之品。现在我国已栽培生产。

生物成分

据测定，西洋参含挥发油、亚油酸、甲酯等 11 种脂肪硫酸、树脂，铁、铜、锌、钴、锶、锰等 20 多种微量元素，以及西洋参皂苷、人参皂苷等。

食材性能

1. 性味归经

西洋参，味苦、微甘、性寒；归心、肺、肾经。

2. 医学经典

《本草纲目拾遗》："益肺阴、清虚火，生津止渴。"

3. 中医辨证

西洋参，益气补阴，养阴清热，对口干、力乏、咽干、声音嘶哑、干咳、午后潮热、咯血、肺结核、冠心病、热病伤阴有辅助治疗作用。

4. 现代研究

西洋参具有抗突变、控心律失常、降低血脂和抗脂质过氧化、抗疲劳、抗应激、抗缺氧、抗惊厥、抗病毒等作用，治疗体质虚弱、抗衰老效果明显。

食用注意

（1）西洋参性寒，能伤阳助湿，故中阳衰微，胃有寒湿者忌食。
（2）如火炒、煎西洋参，忌用铁器。
（3）西洋参亦反藜芦。

传说故事

一、西洋参传入我国与研究现状

西洋参原产于大西洋沿岸的北美原始森林中，是一种古老的植物，约于 1670 年左右，法国牧师雅图斯来我国辽东地区传教，从当地人们的传说中听到许多有关人参是神草的故事，引起他的兴趣。他以《鞑靼植物人参》为题叙述了长白山中人参的形态特征和药用价值，并附绘制的原植物图，发表在英国皇家协会会刊上，被在加拿大蒙特尔的法国传教士法朗士·拉费多看到，他在当地印第安人的帮助下，在蒙特利尔地区大西洋沿岸丛林中找到了与中国人参相似的野生植物，经送法国巴黎植物学家鉴定，认为同属五加科植物，但不同种。

他们为了与中国的人参相区别，就把这种采自大西洋沿岸丛林中的神奇植物命名为"西洋参"。

17 世纪 90 年代，康熙皇帝为了表示对满族祖先发祥地的崇敬，曾诏令禁止在长白山砍伐森林，一草一木都不准动，如有违抗者，轻则充军，重则处死。禁令造成了人参供应的紧张，从而使得高丽参以及北美的西洋参得以相继流入我国。西洋参贩运到中国可换得大量的黄金，因此，西洋参在北美一直有"绿色黄金"的美称。

西洋参传入后，清太医院的御医们对西洋参进行了集体研究鉴别，并按中医药学理论研究了西洋参的性味、归经、功能和主治。在《本草备要》中将西洋参列入新增的第一种药，称

"西洋参，苦甘凉、味厚气薄、补肺降火、生津除烦、虚而有火上宜"。这是中外古今首次将西洋参收载于中医药文献中。

我国于1948年曾引种西洋参成功，但未能推广运用，直到1980年，我国科技人员发扬攻关精神，在国内大面积栽培西洋参，获得了可喜成果。目前，国产西洋参总产量每年可达100吨以上，价格比进口西洋参便宜1/3至1/2，甚至更低些，有些地方仅为进口价的1/5。据报道，我国引种的西洋参的种子由国家种子公司、医药管理局等部门进口，并经专家鉴定确认是西洋参原植物，这是保证国产西洋参质量的前提。

自然条件不易改变植物的遗传性，但条件相宜与不宜会影响植物的生长和养分的积累。我国科学家们一方面研究选择与原产地相似的气温、雨量、光照、土壤等自然条件栽培，另一方面，研究花旗参本身的生物学特性，人为地满足其特性的需要。为了提高花旗参的产量和品质，我国引进了美国、加拿大的种参方法。结合我国丰富的种参经验，采用中西结合的方法和多种措施：施用天然有机肥料而不用化肥；精耕细作，使土壤中的养分、水分、空气适宜于洋参植株生长；调节好光照，使其生长健壮，抗病能力强，增强光合物质的积累；少用农药，代之以高效而又无污染的生物防治病虫害技术；少收或不收种子而使根部养分更为充实；收获加工及时，不使根中养分转化，俗话说"浆足"，摸索与总结了整套栽培技术。经多家科研机构的专家分析比较，国产西洋参比进口西洋参质地细密，分泌道多，主要有效成分人参皂甙含量高（国产的为6%～11%，进口的5%左右），香气浓，疗效显，有抗缺氧、抗疲劳、增强记忆和镇静作用。这就表明国产的西洋参可与进口参媲美，正因如此，我国卫生部已批准国产西洋参与进口西洋参通用。

二、慈禧太后与西洋参

据说，光绪二十一年前后，慈禧常有脾虚挟湿之患，太医考虑调摄不宜燥烈，常以西洋参、党参同处一方，外感风热时，需用人参处也改用西洋参，拟香砂六君丸时，有时以西洋参代取党参或人参。由于皇太后的应用，因而西洋参的身价倍高，用量日增。

人 参 芦

参食其根茎，功效见《本草》。
服芦得益深，祛却泻烦恼。
——《参芦汤》·清·左宗棠

物种基源

人参芦（Panax ginseng C. A. ey.），为五加科草本植物人参的根上的茎叶，又名人参楂子、桠叶。

本品质优者莫过于分布在东北长白山区野生于山林中的野山人参茎叶。我国吉林、辽宁、黑龙江有大量栽培的园参，取参后晒干的茎叶。

生物成分

据测定，人参芦含多种三萜皂甙，另含β-揽香烯、人参炔醇、人参烯等挥发油，还分离得到齐墩果酸、人参三醇及蛋白质合成促进因子。此外，尚含多种糖类、维生素及人参黄酮类等物质。凡是人参中含有的物质基本都含有，只是存量和所含物质的比例相差太远。

食材性能

1. 性味归经

人参芦，味甘、苦，性微温；归脾、胃、肺经。

2. 医学经典

《本草纲目拾遗》："益气升提。"

3. 中医辨证

人参芦，既能补虚，又能止泻、催吐，对脾虚泄泻、日久不止、气陷脱肛等症有辅助疗效，亦能催吐。

4. 现代研究

人参芦，对高级神经活动的兴奋和抑制均有影响，但主要加强大脑皮层的兴奋过程，又可使抑制趋于集中，可调节神经功能，使紧张造成的紊乱的神经过程得以恢复，增加记忆能力，亦有像人参一样提高工作能力，增强机体非特异性抵抗能力，提高机体的适应性，促进病理过程恢复正常功能。但与人参相比，无论是物理性、化学性和生物性刺激都相差甚远。研究结果还表明，人参芦对于脾虚久泻不止、体虚、痰壅、胸膈等症的辅助食疗效果明显，但对传统医学文献所提到的催吐效果不太明显。鉴于人参及人参芦对我国人民做出的历史性贡献，赞同江苏医术名家王焕华先生对人参与人参桠叶的赞美诗，现敬录于此：

功参天地状如人，识者奇思赋妙名。
万岭千峰藏肢体，三桠五叶聚精灵。
善疗百病尊神草，誉冠诸参列上珍。
喜看科研成果出，东风吹遍满园春。

食用注意

（1）煎服人参芦时不应用铁锅。
（2）服用人参芦时不得与藜芦同时服用。
（3）人参芦有催吐作用，用于补虚时应在医生指导下，注意用量。

传说故事

狗食参叶升天的传说

唐候，晋县虞乡人，从师道清观，资性笃实，人称憨子。师令汲水，与一异童游戏，常被师笞，候以实告师，师尾随其后观看，什么也没见到。责罚候愈甚。又告师，师远视，方得其实。师授以铁针、红线令簪童头顶间，如命，童痛归入葡萄架下，掘地获人参如童大。师烹于釜中，下山访友，候闻有异香满屋，候偷食至尽，叶及余液以饲犬。师归恐责，急忙逃向西南崖，步迹长五六尺许，至今犹存。师追回问所余，曰："饲犬矣。"师欲宰犬求汁以自食用，候与犬竟飞去，以言人参之功如此也。

太 子 参

浮石山前竹叶青，西河柳淡日朦胧。

合欢花下木蝴蝶，舞翅翩翩戏童参。

——《戏蝶图》·明·佚名

物种基源

太子参（Pseudostellaria-ophyllacx Pax et Hoffm.），为石竹科多年生草本植物异叶假繁缕的块根，又名孩儿参、童参。

《本草从新》中记述："太子参，虽甚细如参条，短紧结实，而有芦纹，其力不下人参。"太子参原指五加科植物人参之小者。现在商品则普遍用石竹科植物异叶假繁缕的块根，虽有滋补之功，但其力较薄，之所以又名孩儿参、童参，多因为其力小不及人参之故而名太子参。

生物成分

据测定，太子参含淀粉，糖类有果糖、麦芽糖、蔗糖、氨基酸，微量元素锰以及皂苷，棕榈酸、亚油酸、β-谷甾醇、太子参环肽 A 和 B 等成分。

食材性能

1. 性味归经

太子参，味甘、微苦，性平；归脾、肺经。

2. 医学经典

《本草从新》："益气健脾，生津润肺。"

3. 中医辨证

太子参，补益脾肺，益气生津，对脾气虚弱，胃阴不足的少食倦怠，能益脾气、养胃阴，对于气虚津伤的肺虚燥咳及心悸难眠、虚热少汗，能益气生津。

4. 现代研究

太子参有抗衰老作用，使人延年益寿。研究结果还表明：太子参能升高血红蛋白的数量，能明显缩短出血和凝血时间。

药食禁忌

外感风寒发病初始者，慎服食太子参。

传说故事

一、李时珍与太子参

相传，明代大医学家李时珍历尽磨难，呕心沥血，终于写成了《本草纲目》。一天，他带着手稿，日夜兼程来到了南京，欲请一个出版商的好友出版。他住进一家客店，入夜，忽然听见有一妇女在呻吟。李时珍闻其声便知其病，于是立即唤来店小二问道："隔壁何人患病？"店小二诉说是自己的妻子。"有病为何不求医？"李时珍又问。店小二诉说道："先生有所不知，我们虽然在此开店，但赚来的钱还不够一家子七口人的柴米油盐。"李时珍十分同情，便自愿给其看病。李时珍边诊脉边问病情，店小二说："好几天没米下锅了，她只能吃一些番薯干。我们是靠孩子挖来的野菜根充饥的。"李时珍走过去，顺手拈了一株"野菜根"左看右看，然后又尝了尝说："这是一种药，可治你妻子的病。从哪里采来的？"店小二说："紫金山。"李时珍又随手掏出一锭银子放在桌子上，说："天明去买点米，把这药先煎给你妻子服，服了就好。"店小二感激得双膝跪地，连声道谢。次日，店小二妻子服后，病果然好了。店小二又把李时珍带到紫金山朱元璋太子的墓地。只见那里绿草如茵，到处是这种药草。李时珍连声道："好极了！好极了！"他如获至宝，挖了满满一担。

后来，李时珍想把这个药草补写进《本草纲目》，因为药草生长在朱元璋太子的墓地，就定名为"太子参"，但是又怕此药的灵效一传出去，大家都来明太祖墓地挖药，触犯了王法，因此，最后还是没有写进《本草纲目》。

二、"太子参"名字的由来

春秋时期，郑国国王的儿子，年五岁，天资聪慧，能辨忠识奸，深得国王厚爱。但这位王子却体质娇弱，时不时生病，宫中太医屡治不效。后国王张榜遍求补益之药，并悬以重赏。一时间，各地献宝荐医者络绎不绝，但所用皆为参类补药，却并未奏效。

一天，一位白发老者揭榜献药，声称非为悬赏，而实为王子贵体、国家大计着想。国王对老者说："尔诚心可鉴，然若药不灵验，怕有欺上之罪吧。"老者呵呵笑道："王子贵体稚嫩，难受峻补之药，需渐进徐图之。吾有一药，服百日必能见效。"于是，王子如法服用老者所献的这种细长条状、黄白色的草根。三个月后，果见形体丰满，病恙不染。此时，国王始信老者所言，大喜之余，晋封王子为太子，又急寻老者以封赏，但老者已行踪难觅。国王问老者所献之药何名，众皆摇头不知。近臣谏曰："药有参类之性，拯挽太子之身，就叫太子参吧。"于是，"太子参"的美名就由此传开了。

党 参

五台党参独占先，医家藜芦不为邻。
识得深山白蟒肉，迷途知返色增鲜。

——《潞党参》·清·吴朋华

物种基源

党参〔Codonopsis pilo-sula（Franch）Nannf.〕，为桔梗科多年生缠绕性柔弱草本植物党参的根，又名潞党参、台党参、野台党、野台党参、黄参、狮头参、中灵草根、口党、辽参、三叶菜根、叶子草根、五台党、潞州党。

党参在我国山西、陕西、甘肃等省均有产出，尤以山西党参为著名。现在山西党参多为栽培，野生者较少，以独支不分叉、粗长、皮紧、味甜者质量为佳。

生物成分

据测定，党参，含人参皂甙、生物碱、蛋白质、淀粉、菊糖、维生素 B_1、B_2，糖类除菊糖外，还含葡萄糖、蔗糖、挥发油、树脂等。新疆党参含党参碱和次党参碱，川党参所含挥发油比其他产区的党参要多。

食材性能

1. 性味归经

党参，味甘，性微温；归脾、肺经。

2. 医学经典

《本草从新》："补中益气，健脾益肺。"

3. 中医辨证

党参，补气、健脾、益肺，有益于气虚疲乏、倦怠无力、肺虚咳喘、语言轻微、脾虚便溏、浮肿等症的康复与食疗。

4. 现代研究

党参有强体作用，能抗疲劳、抗高温；又能增红细胞、血红蛋白、促进血凝、使血浆与钙结合时间明显缩短，还有升高血糖、降低血压及增强网状内皮细胞吞噬功能。

食用注意

（1）党参与藜芦不宜同用。

（2）注意与植物白蟒肉相区别。白蟒肉为我国东北地区一种植物的根，即山胡萝卜。白蟒肉呈纺锤状，党参呈长圆锥形；白蟒肉顶端有茎痕而无芦，党参顶端有狮子盘头芦；白蟒肉质不坚实，党参质坚有弹性；白蟒肉断面白色无黄心而有蜂窝，党参断面有黄色圆心而有细小致密小孔；白蟒肉味稍苦有辣腥气，党参味甜而有香气。

传说故事

一、"党参"名字的由来

神仙路过猪拱地，童心未泯识党参。

传说吕洞宾和铁拐李两位神仙从中原来到太行山云游，看见四周犹如仙境一般，二仙赞叹不已。当他们走到平顺地界时，忽然看见了一头山猪，在山坡的土里乱拱，二仙童心未泯，想看个究竟。见山猪拱过的地方，黑土疏松，油光发亮，土里长着一种似豆秧的东西。铁拐李把它放在口中，边嚼边跟着吕洞宾赶路。走过了一程，吕洞宾气喘吁吁，回头再看铁拐李，却神情如常，紧紧跟随。

途中他们遇见一樵夫，樵夫说："这是一种神草。传说古时上党郡有户人家，每晚都隐约听到人的呼叫声，但每次出门看望，却始终不见其人。在一个深夜，主人随声寻觅，终于在离家一里多远的地方发现一株不平常的形体和人一样的植物，因出在上党郡，所以叫'党参'。"

二、党参姑娘的传说

很久以前，有户贫苦的青年，名叫黄七郎，父子二人相依为命。后来，黄七郎的父亲得了重病，吃了数副药也不见效，病情却越发严重了。因为看病他们还欠了高财主很多债。听说党参可以治病，他就自己上山去找党参。

黄七郎背着背篓和挖锄，在山里寻啊，找啊。到处是峭壁陡岩、冷风飕飕、黑雾弥漫，很是吓人。黄七郎又累又饿，终于倒在了一个岩洞里。模模糊糊中，他觉得好像是睡在花瓣铺的床上，软软和和的，非常舒适。面前还站着个年轻姑娘，面目俊秀、身材苗条，十分动人。姑娘问他到这里来干什么，他叙说了自己的苦处以后，姑娘告诉他说："前面夹槽里有一大棵党参，你把它挖去栽在自己的园子里，再掐一片叶儿，给你父亲煎水喝，病就会好的。"黄七郎醒了，原来是一场梦。这时候，天已亮了。他爬过悬崖，来到夹槽，果然发现了一棵党参。黄七郎小心地挖了起来，嘿，竟有一尺多长，且已成了人形，有胳膊有腿，有鼻子有眼，模样就像昨夜的姑娘。他双手连土捧起，理顺党参的藤秧，慢慢地放进背篓，一口气背回了家。他把党参栽到菜园里，搭好藤架，然后掐了一片党参叶儿进屋给爹煎水喝，不想爹的病一下子就好了。

此后，黄七郎天天给党参浇水，经常培土锄草，看得比什么都珍贵。终于有一天，党参架下走出了梦中的姑娘，并与黄七郎结成了夫妻，过起了幸福的生活。

世上没有不透风的墙，这件事后来被高财主知道了，他逼着黄七郎以菜园里的党参和他美貌的妻子还债。黄七郎自然不肯，财主就来抢。眨眼之间，党参不见了，黄七郎的妻子也不见了。财主恼羞成怒，就把黄七郎父子送到官府治罪。县官大笔一挥，竟判了黄七郎"私种毒药，窝藏民女"的罪名，戴上脚镣手铐，下了监牢。

党参姑娘回山以后，请动了山上百合、柴胡、天麻、牡丹、桔梗、沙参等百药之精，施展法术，杀了县官，宰了高财主，救出了黄七郎，夫妻双双回到了山上。

南 沙 参

沙参分北南，用时须细看。
南沙清肺火，北沙非早寒。

——《沙参》·现代·王玉轩

物种基源

南沙参〔Adenophora tetraphylla（Thunb）Fisch.〕，为桔梗科沙参属多年生草本植物轮叶沙参或杏（细）叶沙参等同属多种植物的干燥根或鲜根，又名沙参、白渗、苦心、文虎、泡参、泡沙参、稳牙参、保牙参、轮叶沙参、四叶沙参、细叶沙参、多岐沙参、杏叶沙参、铃儿草、大沙参、空沙参。

南沙参，其根白色，粗壮，其质清虚，其味虽不甚苦，而寒性独著，气味俱薄，具有清扬上浮之性，故专主上焦而走肺经。

夏季在山林里游玩，经常可以看到形似小铃铛一样的紫色小花，这便是南沙参，人们管它叫文铃儿花或铃铛花。

生物成分

据测定，南沙参，含沙参皂甙、糖类、淀粉。

食材性能

1. 性味归经

南沙参，味甘，性寒；归脾、肺经。

2. 医学经典

《神农本草经》："主血积惊气、除寒热、补中、益肺气。"

3. 中医辨证

南沙参，清肺祛痰之功效较胜，具清肺火而益肺阴，兼有风热感冒而肺燥热者可以使用。

固凡气虚感邪在表，可予南沙参补脾气、兼止咳化痰。因此，南沙参清肺作用强。

4. 现代研究

南沙参对慢性咽喉炎症、声带损伤者有独特康复效果。

食用注意

南沙参亦反藜芦，不应同用。

传说故事

一、"沙参"名字的由来

古时，人参在我国北方野生甚多，当其功用被人们所知之后，人们上山大量采挖，致使野山参采挖殆尽，濒于绝种。相传一位叫文希的药农，对此深感痛心，他虽能采到人参，也不忍心挖。他试想能否把人参种植到自家的田园，使其繁殖，一则保护了人参，二则不用上山采挖。于是，他上山费了好大气力采了几棵人参种在田里，精心管理，生长良好。天有不测风云，此时老母身染重病，需要人参急救，药农是位孝子，他只好将参挖出，为老母治病。因为他种在比较肥沃的沙地里，当他把参挖出后，比野生者粗大而肥厚，汁液甚多。他灵机一动，何不只取其汁液，而不破伤人参。他用小刀将人参下部划破，用手将人参挤压，汁液滴出。然后又种在地里。老母病好了，人参也活了下来。但几经繁殖，人参已非野生之形，功用也不敌野山参，只好另起名称。一名依药农之名称为"文希"；一名叫"沙参"，乃以种于沙地而名；一名叫"志取"，意为药农将野生人参变为家种，又取汁为其老母治病。

二、沙参姑娘

"莱胡参"是沙参之王，闻名海内外。提起莱胡参，还有一个美妙动人的传说。

据说很早以前，莱阳城南胡城村，有一个青年，人称张大哥，自幼丧母，十岁丧父，孤单单地一人过日子，为人老实勤快。他把父母留给他的二亩薄田整得地平土深，全部种上了沙参。他想用这二亩沙参盖三间房，娶个贤惠漂亮的媳妇。因此，他天天守在地里，除草、捉虫、浇水，一刻也不肯闲着。二亩沙参长得非常好，比财主"斜巴眼"家的好上几倍。

"斜巴眼"以为张大哥的地里有参神，几次派人要用二亩好地换他那二亩沙参地。张大哥都一口回绝了，恨得"斜巴眼"牙根痒痒。

沙参收成的季节快到了，张大哥在地头上搭起一个小棚子，昼夜守护着参田。张大哥见沙参棵棵长得像小孩胳膊一样粗，有的还带着胳膊腿儿，像个招人喜爱的胖娃娃，心里喜得像吃了蜜一样甜。这沙参是他的希望，他的幸福，他要盖房娶妻，要过美好的日子。他太喜爱这二亩地沙参了。于是便捡了两棵最大的，用盘子盛，恭恭敬敬地供在他的小棚子里。

这天晚上，张大哥躺在床上，刚一闭上眼睛，一个天仙般的姑娘就站在他的面前，可是一睁开眼，那姑娘又不见了。一连几次都是这样，那姑娘十七八岁的年纪，杨柳般的腰身，杏儿般的双眼，圆圆的脸蛋，粉皮细肉，两腮有一对浅浅的酒窝，微微一笑，露出两排洁白整齐的牙齿。一身乳白色衣裙拖到地上。张大哥长这么大，还没见过如此俊美的姑娘，一连几个晚上都是这样。

这一天，张大哥把收下的沙参堆在一块，仔细地用苫子苫好，准备明天拿到集上去卖。可是天明以后，一大堆沙参一棵也不见了，张大哥顿时觉得天旋地转，两眼发黑，"扑通"一声栽倒了，当他苏醒过来的时候，只见身旁坐着一个姑娘，仔细一看，和前些天晚上见的那个姑娘一模一样，张大哥一阵激动，立即抓住了她的手。

姑娘告诉他，沙参是被"斜巴眼"偷去了。我是沙参姑娘，张大哥勤劳善良，又如此珍爱沙参，愿同张大哥结为夫妻。张大哥一听，激动得心都要跳出胸膛，慌忙朝沙参姑娘跪下行礼，沙参姑娘连忙扶住他，当天二人拜了天地，结为夫妻。

这件事很快传到"斜巴眼"耳朵里，他立即带了三个狗腿子来到张大哥家，说张大哥拐骗良家女子，要送衙门治罪。他一挥手，三个狗腿子朝张大哥扑来。"斜巴眼"自己则猛地抱住了沙参姑娘。张大哥顿时气得七窍冒烟，顺手抓起一条棍子打倒了两个狗腿子，又举起了棍子朝"斜巴眼"砸去。"斜巴眼"急忙松开沙参姑娘，和三个狗腿子连滚带爬逃走了。

"斜巴眼"逃走后，沙参姑娘拉住张大哥的手说："咱们快逃吧，他们还会回来的。"这样，沙参姑娘和张大哥便连夜逃往长白山，仍然以种沙参为业。东北人为了纪念沙参姑娘和张大哥，把他们的故事编成戏，还到北京演出过呢。

北 沙 参

种宜沙地谓沙参，"识美""希文"赋雅名。

效可祛痰并止咳，治擅润肺并滋阴。

米、糖煮粥欣疗渴，竹、麦煎茶喜护音。

南北殊科功近似，临床应用有区分。

——《沙参》·现代·王焕华

物种基源

北沙参（Glehnia lit-toralis Fr. Schmidt ex Miq.），为伞科多年生草本植物珊瑚菜的根，又名识美、希文、苦心、白参、羊乳、羊婆奶、羚儿草、北沙参、银沙参、志取。北沙参，以条细长、圆柱形、均匀、质坚、味甘者为佳，产于我国华东、华北、中南各地。

生物成分

据测定，北沙参含挥发油、香豆素、淀粉、生物碱、三萜酸、豆甾醇、β-谷甾醇、沙参素等。

食材性能

1. 性味归经

北沙参，味甘、微苦，性微寒；入肺、胃经。

2. 医学经典

《本草纲目》："润肺止咳，养胃生津。"

3. 中医辨证

北沙参滋阴润肺，有利于肺阴不足咳嗽、咯血的康复。滋阴养胃，有益于胃阴不足、口渴、食欲减退的辅助食疗。

4. 现代研究

北沙参有提高 T 细胞比值，提高淋巴细胞的转化率，升高白细胞、增强巨噬细胞功能，延长抗体存在时间，提高 B 细胞等作用，可提高和促进免疫功能，还可增强正气，减少疾病，预防癌症的产生。

食用注意

北沙参亦反藜芦，不宜同用。

传说故事

南、北沙参的传说

相传，须弥山下有个谭家庄，庄东住着一户姓红的老实狩猎人，兄弟三人只有老三生了一个男丁，取名红花郎。庄西住着一户姓沙老实庄稼汉，就在红花郎生的当天，沙家生下双胞胎——两个女儿。大女取名沙湖，二女取名沙泊。红、沙两家相处极好，所以红花郎与沙家小姐妹青梅竹马，两小无猜。长大后，红花郎非沙女不娶，沙家两姐妹合起来起誓，非红花郎不嫁。红、沙两家儿女一天天长大，到了男婚女嫁的年龄，却逢秦始皇修筑万里长城，在民间大征民工，红花郎在逃难时，也被强行拉走。一去三年杳无音讯，到了第四年初冬，沙氏姐妹暗地商定，背着家人为红花郎收拾好寒衣，历尽千辛万苦来到嘉峪关寻找红花郎。后来经乡人指点，原来红花郎在两年前就因劳累过度，死于长城脚下，并找到了红花郎死后所葬的沙丘。沙氏姐妹哭得死去活来，不吃不喝，最终死在红花郎的墓旁。好心的人们将姐姐沙湖葬在红花郎墓南，妹妹沙泊葬在红花郎的墓北。来年春暖花香，在红花郎的墓南北，各长出一种根像人参的不同花草。因姐妹都姓沙，又和红花郎一起葬在沙丘，其根又和人参的模样差不多，人们就将沙湖墓上长出的草叫"南沙参"，沙泊墓上长出的草叫"北沙参"。

丹　参

根红叶茂参名丹，筋舒血活畅循环。
十二经脉皆调畅，何惧高寿有阻拦。

——《丹参》·明·石晓

物种基源

丹参（Salvia miltiorrhiza Bunge），为唇形科多年生草本植物的根及根茎，又名赤参、山参、紫丹参、红根、红暖药、紫党参、红参、血参、血参根、血丹参、红丹参、赤丹参、血生根、血山根、木羊乳、连马、山红萝卜、活血根、靠山红、烧酒壶根、野苏子根、山苏子根、大红袍、蜜罐头、蜂糖罐、朵朵花根、却蝉草根、奔马草根、长鼠尾草根、水羊草根、红娘子根。

丹参的同属植物有南丹参、甘肃丹参、云南丹参及变种福毛丹参，主产于江苏、安徽等地，以条根粗壮、紫红色者为佳。

生物成分

据测定，丹参主要含丹参酮甲、乙、丙及维生素 E，异丹参酮甲、乙，隐丹参酮，异隐丹参酮，丹参酸甲酯，羟基丹参酮 II_A，丹参新酮，丹参酚，原儿茶醛及原儿茶酸等。

食材性能

1. 性味归经

丹参，味苦，性微寒；归心、肝经。

2. 医学经典

《大明本草》："活血祛瘀、除烦安神、凉血消痈。"

3. 中医辨证

丹参，养神定志，通利关脉，有益于骨节疼痛、四肢不遂、头痛赤眼、热闷狂温、血郁心烦、恶疮疥癣、瘿赘肿毒、丹毒等症的辅助食疗。

4. 现代研究

丹参具有扩张血管、降低血压、镇静、安定、镇痛、降低血糖的作用，对于冠心病及脑血管病、心肌梗死、心律失常、硬皮病、早期肝硬化、血栓闭塞性脉管炎、血吸虫引起的肝脾肿大、肩周炎、肾病综合征等疾病的康复极为有益。

食用注意

丹参与藜芦反，切勿同用。

传说故事

丹参的传说

相传很久以前，东海岸边的一个渔村里住着一个叫阿明的青年。阿明从小丧父，与母亲相依为命，因自幼在风浪中长大，练就了一身好水性，人称小蛟龙。有一年，阿明的母亲患了妇科病，经常崩漏下血，请了很多大夫，都未治愈，阿明甚是一筹莫展。正当此时，有人说东海中有个无名岛，岛上生长着一种花开紫蓝色、根呈红色的药草，以这种药草的根煎汤内服，就能治愈其母亲的病。阿明听后，喜出望外，便决定去无名岛采药。村里的人听说后，都为阿明捏了一把汗，因为去无名岛的海路不但暗礁林立，而且水流湍急，凡上岛者十有九死，犹过鬼门关。但病不宜迟，阿明救母心切，毅然决定出海上岛采药。

第二天，阿明就驾船出海了。他凭着高超的驾船技术和水性，绕过了一个个暗礁，冲过了一个个激流险滩，终于闯过"鬼门关"，顺利登上无名岛。上岸后，他四处寻找那种开着紫蓝色花、根是红色的药草。每找到一棵便赶快挖出其根，不一会儿就挖了一大捆。返回渔村后，阿明每日按时侍奉母亲服药，母亲的病很快就痊愈了。

村里人对阿明冒死采药为母治病的事非常敬佩。都说这种药草凝结了阿明的一片丹心，便给这种根红的药草取名为"丹心"。后来在流传的过程中，取其谐音就变成"丹参"了。

玄　参

玄参黑润重乡邦，壮水无根火自降。
年久疬疮消磊磊，时行目疾治双双。
游风斑毒清多种，燥热狂烦去一腔。
更有熏衣香可合，氤氲几阵透纱窗。

——《咏玄参》·清·陈友山

物种基源

玄参（Scropnularia ning-poensis Hemsl.），为玄参科多年生草本植物玄参的根，又名元参、重台、正马、玄台、鹿肠、鬼藏、端、咸、逐马、馥香、黑参、野芝麻、山当归、水萝卜。

玄参根中空，花有紫、白两种颜色，因根似人参，长两三寸，状如天门冬，又似薯蓣。生时本作白色，迨切成片后，忽然变黑，黑即玄色，故名玄参，主要分布于我国的东北、华北及西北广大地区。

生物成分

据测定，玄参，含植物甾醇、生物碱、脂肪酸、油酸、微量挥发油及维生素A，还含玄参素、草萜甙类，其中哈马甙占70％～80％，8-哈巴素占20％～30％。此外，尚含有L-天门冬素，北玄参尚含对甲氧基肉桂酸等。

食材性能

1. 性味归经

玄参，味苦、咸、甘，性微寒；归肺、胃、肾经。

2. 医学经典

《日华诸家本草》："祛风邪，补虚损，疗健忘，消肿毒。"

3. 中医经典

玄参甘苦咸寒，苦寒相合则泻火解毒，甘寒相合则滋水养阴，咸寒则润，又能软坚润燥。本品主入肾经，能壮肾水以制浮游之火，具有清上彻下之功，为滋阴降火要药，具有润燥、软坚、解毒之效。故凡阴虚症、热毒症均可应用。尤其是邪热内盛，肾阴不足之症更为必用之品。

4. 现代研究

玄参有降低血糖、降低血压、轻度强心、扩张血管、解热、抗真菌作用。故对高血压、高血糖、咽喉疼痛、痰核瘰疬初起、淋巴结肿大、热毒疮疡、脉管炎等疾病有较好的辅助康复效果。

食用注意

（1）玄参性寒滑，脾胃虚寒、食少、便溏者不宜食用。
（2）玄参反藜芦，切勿同时服食。

传说故事

变色参的传说

相传，古时玄参通身乌黑发亮，形圆而润腻，故名玄参。到宋代，因避始祖玄朗讳，把玄字改作元字，皇帝说话金口玉言，什么都要随从，就连玄参也不例外，于是玄参之色就不能是黑色，变成青白色。到了清代康熙年间，避康熙玄烨之讳，将玄字又变为元字。玄参一怒之下，把其色变为先白后黑，人们又给它起名叫变色参。这只是后人传说，其实早在汉代《吴普本草》就称为鬼藏，乃鬼脸变色之意。

双 参

金童玉女对对参，却似洞房婚后人。

花开粉红小药草，膝下无子食此根。

——《合合参》·清·钟尧

物种基源

双参（Triplostegia glandulife-ra），为川续断科多年生草本植物西南囊荷花的块根，又名萝卜参、童子参、羊蹄参、山苦参、子母参、合合参、对对参、肚拉、白都拉、萝卜都拉、西南囊荷、一枝蒿、土洋参，主产于云南、四川等南方各省。

生物成分

据测定，双参，主含挥发油、三萜皂甙、β-谷甾醇、常春藤皂甙之生物碱等，还含维生素 E。

食材性能

1. 性味归经

双参，味甘、微苦，性平；归脾、肾经。

2. 医学经典

《神农本草经》："补气、益肾。"

3. 中医辨证

双参，气血双补，活血调经，对阳痿、遗精和不孕之症有很好的食疗效果。

4. 现代研究

双参，富含皂甙化合物及维生素 E，对体虚欲脱、肢冷脉微、阳痿、宫冷、久病虚羸、神经衰弱、性功能障碍如阳痿、早泄等有很好的辅助康复疗效。另据报道，对久病体虚、肾虚腰痛、慢性肝炎的食疗效果亦不错。

食用注意

服用双参，忌服酸、麻辣食物。

传说故事

双参助孕的传说

古时南无参，一老者婚后数十载无子，以采药为生。一日发现不少样如蒿草、花开粉红而小之草药。其根并如孪生人形状，四肢备也。老者惊奇，莫非北参移于此乎？尝其味稍甘，而无异味，于是采得。老两每日口煎服之。半年之后，老者气力倍增，老伴竟身怀有孕，生出一对双胞胎来。为记住药之名，就将此药名之为"双参"。

苦　参

豆科槐属话苦参，明目强身皆有成。
当年蜀国诸葛氏，剥皮织袋军粮屯。

——《虎麻》·宋·刘明

物种基源

苦参（Sophora flavescens Ait.），为豆科槐属落叶亚灌木的黄色根，又名苦茨、水槐、地槐、菟槐、骄槐、白茎、苓茎、禄白、虎麻、苦骨、野槐、川参、凤凰爪、牛参、陵郎根、山槐根、好汉枝根、地骨、地参、白萼、藏苦骨。

苦参，其根黄色，长五七寸许，两指粗细。三五茎并生，苗高三四尺，叶碎青色，极似槐叶，春生冬凋。其花黄白色，七月结实如小豆子，全国各地基本都有分布。

生物成分

据测定，苦参含多种生物碱：d-苦参碱，d-氧化苦参碱，槐花醇，L-臭豆碱，L-穿叶赝靛碱及黄花碱等。

食材性能

1. 性味归经

苦参，苦、咸，性寒；归心、肝、胃、大肠、膀胱经。

2. 医学经典

《仁存堂经验方》："久服强身，防老，明目；杀虫、利尿。"

3. 中医辨证

苦参，清热燥湿，杀虫利尿，种子补肾、强身、明目，对湿热泻痢、便血、黄疸、阴肿阳痒、湿疹湿疮、皮肤瘙痒、疥癣、小便不利、肾虚等症有食疗效果。

4. 现代研究

苦参含有多种生物碱，对细菌性痢疾、感染性疾病如滴虫病、兰氏贾弟鞭毛虫病、钩端螺旋体病、传染性肝炎等疾病有助疗效果。

食用注意

（1）脾、胃虚寒引起的久痢久泻勿用苦参。
（2）苦参食用量忌大，不宜长食、久食。

传说故事

张五神力拔苦参的传说

天秀山余脉上生长有多种名贵草药，其中苦参是常见的一种，据说早年大旱，有人因饥饿吃食了很多苦参的根茎，结果中毒，造成呼吸加快、流涎，最后因呼吸抑制而死亡。牲畜也有因吃食苦参而中毒、出汗、搐搦而死的。此后，山下人们再不敢枉食这种草药，除少量入药外，大部分苦参都被人们充当木柴烧火。

可是山下村寨里有个叫张五的农民，他上山从不用柴刀拦腰砍断苦参，而是凭借自己有一身的好力气，总是连根把苦参拔出来，回家后，他还剥开苦参的茎皮编制麻袋，他编制的麻袋特别经久耐用。

于是，很多人也学张五的样子不用砍刀，用双手去拔苦参，可是没有一个人能连根拔出的。张五教会人们用苦参茎皮编制麻袋的手艺，却不能传授连根拔苦参的力气。因为苦参根须发达，扎地纵横，即便健壮汉子也很难连根拔出。人们由此彻底佩服了张五的神力。苦参从此也有了一个新的名字叫"好汉拔"。

至今，人们仍习惯把这种生长在山坡草丛中或郊野、路边、溪沟边上的苦参草药，称为

"好汉拔"。

土 人 参

紫气东来彩云生，万物纷争各逞能。
广寒宫门夜不锁，蟾蜍飞降紫人参。

——《紫人参》·明·石晓

物种基源

土人参〔Talinum paniculatum（Jacq.）Gaertn.〕，为马齿苋科一年生草本植物栌兰的根，又名水人参、土洋参、紫人参、栌兰、假人参。福参、速参、土人参，主根粗壮，分枝如人参，棕褐色。叶片对生或互生，倒卵形，全缘。夏季开花、洋红色。蒴果圆球形。原产于热带美洲，我国黄河以南及台湾均有栽培或野生。

生物成分

据测定，土人参，主含挥发油、鞣质及糖类。

食材性能

1. 性味归经

土人参，味辛、微甘，性温；归脾、胃经。

2. 医学经典

《青草药彩色图谱》："补中益气，养肺生津。"

3. 中医辨证

土人参，益气健脾，滋补强壮，适用于脾虚劳倦、纳呆泄泻、肺痨咳嗽，自汗盗汗的辅助食疗与康复。

4. 现代研究

土人参有防止土的宁引起的惊厥、有显著的降血压和呼吸兴奋的作用，对结核杆菌有抑制作用，对脾虚泄泻、虚寒咳嗽、风湿关节痛的康复有食疗辅助效果。

食用注意

除本品外，各地名为"土人参"的植物较多，如桔梗科的金钱豹根、伞形科明党参的根、伞形科大齿当归的根、玄参科藓生马先蒿的根、蔷薇科翻白草的根，以及唇形科地瓜儿苗等不下十余种，其中有的并无补益作用，有的甚至含有毒性，因此在选用时必须慎重鉴别。

传说故事

土人参的传说

相传，土人参原为生长在月球广寒宫院内的紫吉利仙草，五百年生一支，一千年方成熟，是专门用于天宫众神仙调节肠胃不适的，由月宫蟾蜍大仙专门看管。一日，蟾蜍大仙想：常有神仙来寻找紫吉利仙草而食，来时精神不振，双手抱腹，吃后走时双手划动神气活现，于是他也摘了几支紫吉利仙草尝尝，食后果然腹内舒服。蟾蜍刚食下紫吉利仙草不久，玉皇大帝腹泻如注，派太白金星前来广寒宫取紫吉利仙草。谁知一支成熟的都没有，玉皇大帝得知是刚被蟾蜍吃了，遂将蟾蜍大仙贬下凡间，蟾蜍大仙一气之下，乘广寒宫院门夜未上锁，将紫吉利草偷带人间。从此，从未看到过地上的蟾蜍拉过稀，据说，蟾蜍每天夜里都要偷吃土人参呢。

拳　参

肺热生青烟，七窍冒火星。
常适食拳参，周身可安宁。

——《食拳参》·现代·邵伯

物种基源

拳参（Polygonum bistorta L.），为蓼科多年生草本植物拳参的根茎，又名紫参、草河东、重楼、虾参、回头参、破伤药、刀剪药、刀箭药、疙瘩参、山柳柳、石蚕、刀枪药、马蜂七、地虾、山虾、铜锣、鸢头鸡、山虾子、红蚤休。

生物成分

据测定，拳参含鞣质（可水解鞣质和缩合鞣质）没食子酸、逆没食子酸、D-儿茶酚、L-表儿茶酚、6-没食子酰葡萄糖和3.6-二没食子酰葡萄糖。

食材性能

1. 性味归经

拳参，味苦、涩，性微寒；归肺、肝、大肠经。

2. 医学经典

《本草图经》："清热解毒、燥湿消肿、止血。"

3. 中医辨证

拳参，凉血止血，镇肝息风，有益于肺热、口舌生疮、吐血、衄血、痔疮出血、湿热泻痢、痈肿瘰疬、毒蛇咬伤等症的康复与食疗。

4. 现代研究

拳参有镇静、镇痛、凉血、止痢的功效，对于热病高热神昏、惊痫抽搐以及破伤风、湿热泄泻等症的辅助食疗效果较好。

食用注意

拳参所含鞣质成分，对过敏者慎服食。

传说故事

拳参的传说

从前，有个小镇上突发痢疾，病情发展很快，全镇的百姓有大半都得病了，而镇上的大夫都束手无策。在这危急时刻，庄上德高望重的老族长便召大伙商量控制病情的事，不过大家也为找不到好的方法而头疼。

庄上有位异姓小伙子是个富有同情心的年轻人，老族长的女儿看到小伙子心地善良，便对他心生爱意。小伙子看到大家为此事愁眉不展的，他便决定外出寻找治疗方法。当他把这个想法告诉老族长时，大家都为他的勇敢而感动。

第二天清晨，小伙子便背起行囊踏上了寻药之路，庄上的百姓知道了他的壮举，都纷纷为他送行。小伙子翻山越岭，历经千辛万苦，寻找了多天也没有找到药材，而此时他所带的粮食和水已经用完了，小伙子又饥又渴，但他想到镇民们都还在等他回去，便把一切困难都抛在了脑后，继续踏上了寻药之路。在饥渴之中，小伙子睡着了，梦中他梦到了一位白头发白胡子的老者，老者告诉他："拳参，生于田野，叶如羊蹄，根似海虾，色黑，可治赤痢。"小伙子醒来后，立即按照老者说的去寻找，很快就在田边找到了这种草药。小伙子欣喜若狂，迅速回到镇里用拳参煎水给百姓喝，很快百姓的痢疾都好了。

老族长看到小伙子挽救了庄上百姓的生命，便将自己的女儿许配给了他。后来，小伙子在妻子的帮助下开了家很大的药店，专门为那些贫困的百姓免费送药看病。

明　党　参

大脚女辈放牛僧，患难饥食山花根。
九五移至祖陵种，从此冠名明党参。

——《明党参》·清·石喜枝

物种基源

明党参（Changium smyrnioides Wolff），为伞形科多年生草本植物山萝卜的根，又名粉沙参（生品）、红党参、明参、山花根、山萝卜。江苏南京郊区俗称"山萝卜"，句容、江浦一带民间将其称为"山花根"，为江苏、安徽、浙江地方特产。其根有两种：一种是直条形的，一种为短纺锤形的，饭锅蒸熟可食。

生物成分

据测定，明党参主含淀粉、少量的挥发油，还含甾体皂甙，β-谷甾醇、氨基酸、葡萄糖和维生素 A、B_1、B_2 等物质。

食材性能

1. 性味归经

明党参，味甘、微苦，性寒；归肺、胃经。

2. 医学经典

《中国传统补药》："和胃、补气生津、润肺化痰、强壮筋骨。"

3. 中医辨证

明党参，益气养胃润肺，适用于病后虚弱，食少口干以及肺燥咳嗽、呕吐等病症的辅助康复。

4. 现代研究

在抗菌试验中，对白色葡萄球菌、大肠杆菌、伤寒杆菌有较好的抑菌作用，利于劳伤脱力咳嗽、贫血头晕、风湿痹痛及血压不稳的康复食疗。

食用注意

外感咳嗽以及梦遗滑精者，忌食用明党参。

传说故事

朱元璋与明党参

相传，朱元璋初起兵，一度屡败，被官府悬赏捉拿。他和大脚老婆即后来的大脚皇后马娘娘一起，逃到江苏句容和叫花子一起躲在破庙里，不敢抛头露面，可叫花子对他很好，到外边偷草给他垫着睡觉，讨得残菜剩饭给他们吃，不够吃，叫花子就上山挖一种叫山萝卜（江浦、句容当地居民叫山花根）的植物来充饥。后来，朱元璋时来运转，当上大明开国皇帝，总是忘不了那些搭救过他和马娘娘的叫花子以及难中充饥的山萝卜，他派人四处打听叫花子的下落，后来在江浦找到了。朱元璋下了一道圣旨，让朝廷将叫花子供养起来，并将山萝卜移至句容的皇祖陵四边栽种，敕封为"明党参"。

手 参

春回大地百芽萌，奇花异草满乾坤。
梦求药王孙思邈，赐降仙草佛手参。
——《戏说手参》·近代·朱维均

物种基源

手参（Gymnadenia cono psea），为兰科多年生草本植物手参的块茎，又名佛手参、掌参、手掌参、阴阳参，块茎肉质，肥壮者佳，形似手掌而得名，通常两枚，分布于我国东北和西北各地。

生物成分

据测定，手参含甙类、黏质液、淀粉、蛋白质、糖类、草酸、无机盐等物质，淀粉可酿酒，亦可泡酒。

食材性能

1. 性味归经

手参，味甘、微苦，性平；归肺、脾、肾经。

2. 医学经典

《中国药典》："补气养肺、补肾益精。"

3. 中医辨证

手参，为强壮、益肺强精剂，适用于体虚气弱、神疲纳呆、肺虚咳喘以及肾虚阳痿等病的食疗和辅助康复。

4. 现代研究

手参，养肺润肺、养胃生津，并对伤寒杆菌、葡萄球菌、结核杆菌有明显的抑制作用，并有补肾强精的功效，对益肺结核、肾虚阳痿等症有辅助疗效。

食用注意

手参不应和藜芦同用。

传说故事

"手参"名字的来历

从前，在神龙山下住着个叫阿牛的孝子，母亲得了肺病躺在床上起不来，又无钱替母亲抓药看病，只有天天跪在药王庙药王菩萨的面前，乞求药王菩萨救救母亲。当阿牛在药王庙膝盖跪出血来，晕迷过去时，药王菩萨感动了，问阿牛："你可愿意用一只手指头来救你母亲吗？"阿牛答应了，并顺手拿起一把砍刀依树当切板，将自己的一只手指头剁下来。等阿牛昏醒来的时候，发现门口的树下长出了似手指的"萝卜"，放在锅中煎汤给母亲喝，果然灵验，母亲的肺病一天天地好了。人们都说这是阿牛孝感天地，感动了药王菩萨。从此，将阿牛给母亲治肺病的"萝卜"叫"手参"或"佛手参"。

参 三 七

本名山漆不须疑，屈指何曾有数推。
锋簇涂来疮即合，杖笞敷上痛无知。
损伤跌扑堪排难，肿毒痈疽可救危。
猪血一投俱化水，真金不换效尤奇。

——《本草诗》·清·赵瑾叔

物种基源

参三七〔Panax nodoginseng（Burk.）F. H. Chen〕，为五加科多年生草本植物三七的根，又名三七、山漆、田三七、金不换、血参、田漆、田七、旱三七。参三七草药名的来历有二：一说其根如参，叶子为掌状复叶，每张复叶又由3～7枚长圆形的小叶组成，故以其形态而名；一说参三七生长的成熟期较长，一般需要栽培三年后才能入药，以生长七年的参三七为上品，故名。此乃以参三七生长时间才入药而命名，还有说参三七之名乃言其功，治金疮用药后3～7天必恢复如初，这为臆释。但以前说是秋季结籽而采挖的为"春三七"，冬季成熟后采挖的为"冬三七"。主产于云南、广西、贵州，四川亦产。

生物成分

据测定，参三七，含总皂甙约12%，分离为三七皂甙A、B、B_1、B_2、C_1、C_3、D_1、D_2、E_1、E_2，水解得三七皂甙元A、B，为齐墩果酸型衍生物，尚含酮类化合物，β-谷甾醇，β-谷甾醇-D-葡萄糖甙以及生物碱。

食材性能

1. 性味归经

参三七，味甘、微苦，性温；归肝、心、胃经。

2. 医学经典

《本草纲目》:"止血、化瘀、消肿、定痛。"

3. 中医辨证

参三七,止血、消肿、定痛,有益于金刀箭伤、跌扑损伤、血出不止及吐血、衄血、下血、血痢、崩漏、经血不止、产后恶血不下、血晕血痛、赤目、痈肿、虫咬、蚊伤诸痛的康复与治疗。

4. 现代研究

参三七能缩短凝血时间,并使血小板增加而有止血作用。所含皂甙A有强心作用,参三七能增强冠状动脉血量,减慢心率,减少心肌氧的消耗,并有能对抗因垂体后叶素所致的血压升高和冠状动脉收缩的作用。参三七水煎剂对关节炎有明显的抑制作用。经抗菌试验,参三七对多种皮肤真菌有不同程度的抑制作用,三七甲素、乙素均有活血作用,但作用较缓。

食用注意

服用参三七时,慎食鲜蚕豆。

传说故事

一、曲焕章猎虎创白药

传说,20世纪初,有一位擅打老虎的猎人曲焕章,生在云南的江州县。有几次,他明明见老虎受伤倒地,可请人去抬时,却不见了老虎的踪影。人们议论纷纷,疑是"神虎"。曲焕章虽不相信有什么鬼神,却也觉得奇怪。有一次,他又打中一只虎,便立即跟踪观察,只见受伤的虎挣扎着爬行,当虎寻到一种药草时,便吃了,伤口便立即停止流血,曲焕章如获至宝,马上将这种草药采回来试验,发现治疗跌打损伤果然有效。在此基础上,他又多方收集,整理民间有效的治伤草药,经反复筛选配制,于1914年正式生产出"曲焕章白药",即现在药店出售的"云南白药",其主要成分就是云南的滇参三七。1937年"七七事变"后,云南第五十八、六十军北上抗日,李宗仁率40万官兵与日军血战台儿庄时,满怀爱国热情的曲焕章捐献了3万瓶"云南白药"给抗日部队。蒋介石闻知很高兴,挥笔题写了"功效十全"的匾额并派专人送到云南昆明赠给曲焕章。云南督军唐继尧也曾为"云南白药"赠匾"药冠南滇"。

二、七色糯饭与"三七"

很久以前,有种植物一直被人们认为是仙家神药,是上天赐给人间用于解救人们肉体痛苦的神品,许多病只要吃一点这种神草都能好。是谁把这种神草带到人间的呢?传说在很远古的时候,西南边陲滇东南文山的老君山下住着一家三口:阿爹,阿妈和儿子覃秀。一天,阿爹得了筋骨病,没过几天就瘫了;阿妈又被刀砍伤,流了很多血,伤口一天比一天烂得大。覃秀什么药都找来给阿爹、阿妈吃,都不见好转,他心里非常焦急。

转眼就到六郎节,爹妈的病仍然没有好。这天清早,覃秀学着阿妈往年做花饭的方法,染了七色糯米,分别放在蒸笼里蒸。蒸好后,覃秀在晒台上铺了一床草席,把花糯饭抬出来晒。这时,一只田鸡落到了草席上。田鸡蹲在草席中,接连拣了七粒七色糯米饭吃了,接着田鸡变成了一个庄家姑娘,对覃秀说:"我叫七妹,是仙女。一天,我到南天门游玩,听见人间有哭声、呻吟声。我就变成了一只天鹅飞到人间来看,才知道你阿爹、阿妈生了病,躺在床上呻吟。

我想起人间没有好药治病，飞回天上，冒着危险，悄悄把太上老君的一棵神药丢到人间来了。只要找到此药，你爹妈的病就能治好，太上老君把那种药称为'山中之奇'，我们姊妹简称它为'三七'。它三枝七叶，像把伞，顶端有一百多颗红籽，缀成一个圆盘形。我把它丢到了老君山山顶。"覃秀听了，决定去老君山找回三七。

历经千辛万苦，覃秀终于来到了老君山山顶。他在山顶上仔细地寻找三七，可是连三七的影子也没有看见。这时，天已经黑了，野兽成群结队地向山顶围拢来。覃秀赶忙摸箭袋，没摸着，却摸到了花糯饭。他心里一亮，立刻掏出花糯饭来打开，刚一摊开，立刻飞出一对凤凰。凤凰向四周看了看，急速叫了三声。顿时，花、草、竹、藤、木，凡不是三七，都应声倒伏在地。接着，一棵三枝七叶、顶着一团圆盘形红籽的三七，从泥土中摇摇晃晃地冒了出来。拿到三七后，覃秀回了家，用三七治好了阿爹、阿妈的病。随后，覃秀和七妹结了婚。一家四口，欢喜不尽。一天，七妹兜了三七红籽，递一把锄头给覃秀，说："阿哥，人间患病的人多呢，我俩将三七种上，以后好为更多的人治病。"从此，人间种上了三七。

三、"田三七"的由来

古时候，一个叫张二的青年，患了一种疾病，口鼻出血不止，虽经多方医治仍无效果。一天，一位姓田的医生路过，他取出一种草药的根，研磨成粉给张二吞下，不一会儿工夫，血竟然止住了。张二一家非常感激，并要求医生留下这种神奇草药的种子。

一年后，张二家的草药长得非常茂盛。恰巧，知府大人的独生女患了出血症，多方治疗不见好转，无奈只好贴出告示：能治好女儿病者，招其为婿。张二闻知后带上自种的草药，二话没说，拿出草药研成末给小姐服下。谁知不到一个时辰，小姐竟死了。知府大怒，命人将张二捆起严刑拷打，他被逼讲出实情。知府大人即令捉拿了田医生，并将其定为谋害杀人罪。临刑之日，田医生万般无奈，只好向亲自监斩的知府大人解释说："此草药对各种血症都有疗效，但须长到三至七年才有效。张二所用之药，仅长满一年，本无药性，当然救不了小姐。"说罢，他从差役手中要过利刀，在自己大腿上划一刀，鲜血直流，他从自己的药袋中取出药粉，内服外敷，即刻便血止痂结。在场的人惊讶不已，知府大人后悔不已，只好放了田医生。人们为了记住这一惨痛教训，就把这种药定为"三七"，表示必须生长到三至七年才有用。因为此药为田医生所传，故在我国的一些地方，三七也被称作"田三七"。

肉　苁　蓉

> 黑司令是肉苁蓉，未取河西那得逢。
> 调作肥羊羹甚美，遗来野马沥偏浓。
> 痿服阳事精能益，痛止阴门带不凶。
> 大至斤余宜酒洗，假充须识嫩稍松。
>
> ——《本草诗》·清·赵瑾叔

物种基源

肉苁蓉（Cistanche salsa），为列当科多年生草本植物肉苁蓉的干燥带鳞叶的肉质茎，又名黑司令、肉松蓉、淡苁蓉、甜苁蓉、大云、淡大云，寄生于红沙、盐爪爪或珍珠等植物的根上，亦有寄生于琐琐树根上的。

肉苁蓉，市售为甜苁蓉和咸苁蓉两种。甜者以个大、身肥、鳞细、色灰色至褐色、油性大、茎肉软者为佳；咸者以色黑质糯、细鳞粗条、体扁圆形者为佳。以内蒙古产者为最佳。市场上常有三种混淆品，即盐生肉苁蓉、沙苁蓉和管花肉苁蓉。

生物成分

据测定，肉苁蓉，含16种氨基酸，占总量的0.03％，肉苁蓉多糖，有鼠李糖、木糖、阿拉伯糖、半乳糖、果糖、葡萄糖等单糖，聚缩而成的杂多糖；多种微量元素按多少排列为 $K>Na>Ca，Mg>Fe>Mn>Zn>Cu$；尚含挥发油以及睾丸酮和雌二醇类似物、β-谷甾醇、肉苁蓉素、琥珀酸、甜碱、胡萝卜苷等多种成分。

食材性能

1. 性味归经

肉苁蓉，味甘、咸，性温；归肾、大肠经。

2. 医学经典

《神农本草经》："补肾阳、益精血、润肠通便。"

3. 中医辨证

肉苁蓉，有滋五脏、生肌肉、暖腰膝之效，对男子阳衰不育、遗精遗尿，女子阴衰不孕、带下阴痛等疾病有康复与辅助食疗之效。

4. 现代研究

肉苁蓉含有多种氨基酸，肉苁蓉多糖、挥发油、睾丸酮、雌二醇类似物等，对增强免疫、降低血压、反突变、调节内分泌作用好，对无精子症及老年性白内障的康复有独特效果。

食用注意

肉苁蓉能助阳、滑肠，故阴虚火旺及大便泄泻者忌服，肠胃有实热之大便秘结者亦不宜服用。

传说故事

一、五代卢质谐谑"苁蓉"荐官

五代时的卢质，好谐谑，在任后唐庄宗记室时，医官陈玄补为医学博士。有司请卢质写奏章为陈赐官，卢的奏章中有"既怀厚朴之才，宜典从容之职"的句子，意思是说陈某忠厚朴实，宜任闲适的官。其中"厚朴"与"从容"（苁蓉）皆中药名，这两句话用在这里，亦庄亦谐，庄宗看见后，连称"妙！妙！"

二、苏东坡与刘贡父"从容"答对

北宋著名史学家刘贡父请苏轼等文人学士喝酒，苏轼的弟子有事找他回家，苏便起身告辞，此刻刘贡父正喝得高兴，意欲挽留，笑曰："幸早里，且从容"。苏轼不假思索，答道："奈这事，须当归。"在座宾客们听见这般对答，都纷纷称赞两位才智过人，出口成对。原来，刘贡父的出句表面意思是时间还早，不要着急。这六字中却包含了三味水果和一味中药，即杏、枣、李和苁蓉。答句的意思是怎奈这事，必须我回去处理，妙的是六字中也含三果一药，即奈（音

nai，苹果之一种）、蔗、柿和当归。刘、苏在随意的谈话中，特别是苏轼于急忙回家前，迅速而贴切地对出这样的妙对，好似信手拈来，非有捷才者不可。

三、成吉思汗与肉苁蓉

肉苁蓉又称肉松蓉、大芸，为列当科一年寄生草本植物肉苁蓉的肉质茎，素有"沙漠人参"的美誉，主产于内蒙古西部、甘肃等地。

肉苁蓉具有极高的药用价值，关于它的药效，民间至今还流传着一个美丽的传说。

相传，金明昌元年（1190 年），成吉思汗的结拜兄弟扎木合因嫉妒其强大，联合其他部落进攻成吉思汗。双方大战，成吉思汗失利，被围困于一片长满梭梭（琐琐树）林的山上，饥渴难忍，精疲力尽。扎木合当众残忍地将俘虏分 70 口大锅煮杀，激怒了天神，天神派出神马，跃到成吉思汗面前，仰天长啸，将精血射至梭梭树根上，然后用蹄子刨出像神马生殖器一样的植物根块。成吉思汗与将士们吃了根块，神力涌现，冲下沙山，一举击溃了扎木合部落，为统一蒙古奠定了基础。从此，成吉思汗开创了一个征服欧洲次大陆的新时代。从肉苁蓉这一美丽的传说便可以看出其功效。

当　归

雄关高阁壮英风，捧出热心，披开大胆；

剩水残山余落日，虚怀远志，空寄当归。

——四川剑阁姜维词联

物种基源

当归〔Angelica sinensis（O-livi.）Diels〕，为伞形科多年生草本植物当归的根，又名芹、薜、山蕲、白蕲、文无、秦归、云归、乾归。

当归的根略呈圆柱形，根的上端称"归头"，主根称"归身"，支根称"归尾"，全体称"全归"，全长 15～25 厘米，有浓郁香气，外皮细密，黄棕色至深褐色，有纵纹及横长皮孔。质柔韧，断面黄白色或淡黄棕色，皮部厚，有棕色油点，形成层呈黄棕色环肽，木质部色较淡；根头部分断面中心常有髓和空腔，以粗长、油润、外皮色黄棕、断面色黄白、气味浓郁者为佳，与优质药用当归亦相混淆品有欧当归和东当归（大和归）。主产于甘肃东南部，云南、四川、陕西、湖北亦有栽培。

生物成分

据测定，当归根主含挥发油，主要为单萜和倍半萜，特殊香气成分为亚丁基苯酞。另含邻羧基苯正戊酮、2.4 -二氢酞酐、东当归酞内酯，β-谷甾醇、阿魏酸、烟酸、尿嘧啶、腺碱、亚叶酸和生物素，其中当归多糖占 8.5%，还含维生素 B_{12}、E、A 及微量元素钠、钾、钙、镁、硅、铝、磷、铁、锌、铜等。

食材性能

1. 性味归经

当归，味甘、辛，性温；归肝、心、脾经。

2. 医学经典

《神农本草经》："补血活血，调经止痛，润肠通便。"

3. 中医辨证

当归，甘补辛散，苦泄湿通，既能补血，又能活血且兼气止痛，入心、肝、脾三经。心主血，肝藏血，脾疏血。故对血虚萎黄、眩晕、心悸、月经不调、经闭痛经、虚寒腹痛、肠燥便秘、风湿痹痛、跌扑损伤、痈疽疮疡等症的康复与食疗有益。

4. 现代研究

当归，除历来用于血液系统的运行和解除疼痛外，由于当归含有兴奋子宫和抑制子宫的两种成分，抑制主要为高沸点的挥发油，兴奋成分为水溶性或醇溶性的不挥发性物质，另有降低血管阻力，抗心律失常，抑制血小板凝聚作用，并能明显降低血压，改善肺通气量，提高机体防御能力，还有促进子宫增生作用。

抗菌试验：对痢疾杆菌、伤寒杆菌、大肠杆菌、血溶性链球菌等有抑制作用。

食用注意

（1）如纯虚无瘀滞者，使用当归须谨慎。

（2）湿阻中满，大便溏泄者不宜食用当归。

传说故事

一、姜维与当归

三国时期，司马昭派遣大将钟会、邓艾进攻蜀国，蜀主刘禅荒淫昏庸，开门投降。这可苦了坚守剑阁的姜维，欲降不愿，欲战不能。在无可奈何的情况下，只得假降钟会，待后伺机利用钟、邓及司马昭三者之间的矛盾，策反钟会，重振蜀汉。

还在姜维坚守剑阁时，他的母亲就被司马昭派人抓去了。当姜母听说儿子不是以身殉国，反而率兵投敌时，气得大骂"逆子无德"，并写了一封斥责姜维不忠不孝不义的信，偷偷叫人送给姜维。当姜维看到母谕后，心中忐忑不安，心想照实话对老母说明吧，难免泄露天机，坏了大事，枉费一番苦心；不对老母说吧，又不忍老母为此而伤心。姜维左思右想，终于想到一个绝妙的方法，利用祖国绚丽多彩富有文学性的中药名，以寄托自己的抱负。于是，他拣了两包中药，一包是远志，一包是当归，托送信人带回去给老母。真是知儿莫若母，姜母一看，心领神会，完全理解了儿子的用意，是孩子胸怀远志，打算重振社稷，失去的江山应当重归蜀汉。为了能使姜维毫无牵挂，一心救国，自己竟撞墙而死了。

二、"正当归时又不归"的故事

古时候，有个青年名叫王福，胆大力壮，与母亲相依为命，靠务农采药维持生活。离家几百里外有座高山，据说山上长有很多神奇的药草，由于山高路险，加上毒蛇猛兽横行，所以很少有人敢去。王福年少气壮，很想探个究竟，征求母亲意见，其母生怕儿子有什么意外，就劝他结婚以后再去。王福遵照母亲意思，择期成了家。谁知婚后夫妻恩爱，也不再提上山采药之事了。

一天，左邻右居背地议论王福，说他胆小，婚后被老婆拖住后腿，不敢上山去了。此话传到王福耳里，一激之下，王福决心上山探险采药，妻子依依不舍，泣不成声。王福说："我若三年不归，你可另嫁他人。"次日，毅然上山去了。

　　亲娘日盼夜望，转眼三年过去了，仍不见儿子回来，估计必死无疑，王母通情达理，遵照儿子的托付，劝自己的媳妇改嫁。谁知改嫁不到半月，王福竟满载名贵药材而归，见妻子改了嫁，后悔不已，他们相约再见一面，会面时抱头痛哭。王福指着药材说："原想卖掉药材，给你买些新衣，如今已不必了，就把这些药材送给你吧。"从此以后，新妇悲痛伤感，忧郁成病，月事不调，骨瘦如柴，望着这堆药材，生啖活吞，企望中毒，了却此生。谁知吃了以后，反而月经通调，日益康复。后人便取唐诗中"正当归时又不归"中的当归两字，做了此药名称。从此，当归也成了一味妇科良药了。

三、母包"当归"激儿归的故事

　　相传当归有一段趣事：有个乡村老妪，因儿子出门经商多年未归，甚觉孤苦伶仃，故请一位老郎中代写信函，招儿子归里。此老郎中不动笔杆子，只捡了一包中药交给老妪，吩咐她托人捎给儿子便可。当儿子打开老母亲托人捎来的药包时，只见内有四味中药，百思不得其解。尔后，经人指点，儿子顿时醒悟，立即整装启行，不久便回到了母亲身边。此乃何药，如此巧妙地激发起儿子那急促的思乡之情呢？原来是当归、熟地、知母、乳香四味药材。若拼凑排列起来，便成为两句话："知母乳香，当归熟地"也。真是"心有灵犀一点通"，儿子怎么能忘养育之恩呢？

甘　草

习习春风，丝丝春雨。
一等沾濡，十方周普。
甘草得之甜，黄连得之苦。
天意发丛林，檐声闹窗户。
古德尝云已不迷，等闲教坏人男女。

——《偈颂七十八首》·宋·释正觉

物种基源

　　甘草（Glycyrrhiza urdlensis Fisch.），为豆科多年生草本植物的干燥根及根状茎，又名美草、蜜甘、蜜草、路草、国老、粉草、甜草、甜根子、棒草、灵通、甘草枝叶如槐。1.5～2 米高，但叶端尖而糙涩，似长白色的小毛，结角如相思角，子如小豆，极坚硬，嘴咬难碎。主产于内蒙古、甘肃、陕西、山西、辽宁、吉林、黑龙江、河北、青海、新疆。

生物成分

　　据测定，甘草，含二萜类化合物甘草甜素，主要是甘草酸、钾钙盐、黄酮类化合物，有甘草苷、异甘草苷、新甘草苷及它们相应的苷元素及异甘草呋喃糖苷，鼠李糖异甘草苷，还含有18 种氨基酸、多糖、β-谷甾醇、有机酸、有阿魏酸、柠檬酸、苦味酸等。

食材性能

1. 性味归经

　　甘草，味甘，性平；归心、脾、肺、胃经。

2. 医学经典

《神农本草经》："清热解毒，补脾益气，祛痰止咳，缓急止痛，调和诸药。"

3. 中医辨证

据古医家甄权说："诸药中甘草为君，治七十二种乳石毒，解一千二百种草木毒，调和众药有功，故有'国老'之号。"《本草乘雅半偈》也说："甘具生成、路通能所、草从柔化、和协众情。"还说："甘草和具四义，一合，二纯，三分明，四接续，四德备焉。"故中药经典全书《本草纲目》中说："甘草甘味主中，有升降浮沉，可上可下，可外可内，有和有缓，有补有泄，居中之道尽矣。"

4. 现代研究

甘草有糖、有皮质激素样作用及抗菌、抗病毒、抗肿瘤、抗艾滋病毒、解毒等作用，对尿崩症、肺结核、支气管哮喘、急性食物中毒、皮肤瘙痒、皮炎、烧伤、术后尿潴留、预防糖尿病等病症有很好的康复辅助功能。

食用注意

（1）甘草味甘，能助湿雍气，令人中满，故湿盛而胸腹胀满及呕吐者忌服。

（2）甘草与大戟、芫花、海藻、鲢鱼反，不宜同食。

（3）久服较大剂量的甘草，易引起浮肿，服用和使用当注意。

（4）甘草"令男人阳痿"，其依据是，甘草提取物有雌激素样作用，50毫克相当于0.1毫升雌二醇的效力，男子应用雌激素会使性欲减弱。这说明甘草不但没有壮阳作用，相反它可通过类雌性激素样作用影响人体的性功能，从而使男子宗筋弛纵，阴茎不举，出现阳痿。显而易见，甘草的作用，不是"令人阳不痿"，而是"令人阳痿"。

传说故事

一、口含甘草行路解蛊毒

甘草解百毒，每试必验。岭南人多用此含口中行路，以解蛊毒之患。他们怕别人得其法，乃讹称为三百头牛药，或三百两银药。久与他们亲近，方知乃甘草尔。

二、甘草治喉痛的传说

从前，在一个偏远的山村里有位草药郎中，他总是很热心地为人治病。有一天，郎中外出给一位乡民治病未归，家里却来了许多求医的人。郎中妻子一看这么多人急等着丈夫治病，而丈夫一时又回不来，便暗自琢磨：丈夫替人看病，不就是那些草药嘛，一把一把的草药，一包一包地往外发放，我何不替他包点草药把这些求医的人打发了呢？她忽然想起灶前的地上有一大堆草棍，拿起来咬上一口，觉得甘甜适口。于是，她就把这些小棍子切成小片，用纸一包一包地包好，发给了那些病人说："这是我家郎中留下的药，你们赶快拿回去煎水喝吧。"

过了些日子，几个病愈的人特地登门来答谢郎中，说吃了他留下的药后病就好了。草药郎中一听就愣住了，而他的妻子心中有数，赶忙把他拉到一边，小声对他如此描述了一番，他才恍然大悟。草药郎中又急忙询问那几个人的病情，方知他们分别患了咽喉疼痛、中毒肿胀之病。此后，草药郎中便在治疗咽喉肿痛和中毒肿胀时，均使用这种"干草"。由于该草药味道甘甜，郎中便把它称作"甘草"，并一直沿用至今。

三、甘草反鲢鱼的故事

甘草反鲢鱼之事，见于长沙萧琢如所著《遁园医案》。盐山名医张锡纯曾见一离奇案件：有一农家，人口众多，冬月塘涸取鱼，煮食以供午餐。到了晚上，有一位妇女初觉饱闷不适，卧床休息，众人均未介意，谁知次日呼之不起，人已僵硬。于是乎全家惊慌，不明其故。再三考查，自进午餐后并未更进其他食物，后经细察，除鱼汁骨肉外，唯存甘草一条，约四五寸长。究其所来，据其家女儿说，小孩哭闹，每以甘草与食，釜中所存必系小儿所遗落者。又检所烹之鱼，皆系鲢鱼，并非毒物，而且古代医书并无甘草反鲢鱼之说。不一会，死者家属赶到，其中一少年大吵大嚷："甘草鲢鱼同食毙命，千古无此奇事，岂得以谎言搪塞？果尔，则再用此二物同煮，与我食之。"说完此话，还催促农家照办，并亲自拿起鲢鱼和甘草二物，放入锅中烧熟，当场吃尽，不仅如此，还笑话旁观者愚昧胆小。当天晚上，这少年毫无不适，但到第二天早晨，却僵卧不起，一命呜呼。这样才使死者家属无言而去。由此得出：鲢鱼是常食之物，甘草乃常用之药，张锡纯主张在用甘草时，应以戒食鲢鱼为妥。

艾　叶

榴花角黍斗时新，今日谁家不酒樽。
堪笑江湖阻风客，却随蒿艾上朱门。

——《艾》·宋·戴复古

物种基源

艾叶（Artemisia argyi Levl. et Vant.），为菊科多年生草本植物艾的干燥叶，又名冰台、艾蒿、医草、灸草、蕲艾、黄草、家艾、甜艾、草蓬、狼尾蒿子、香艾、野莲头、阿及艾。

艾，生长于路旁、草地、荒野，全国大部分地区均有分布。产于河南汤阳称"北艾"，产于浙江宁波的"海艾"，产于湖北蕲州的为"蕲艾"，这都是艾的上品。

生物成分

据测定，艾叶含有挥发油，成分为水芹烯、毕澄茄烯、侧柏醇、桉油素、萜品烯醇、蒿醇、樟脑、龙脑、芳樟脑、甘石竹烯、1-α-萜品烯醇、反式香苇醇、莰烯、香芹酮、α-雪松烯、榄香醇、异龙脑、乙酸龙脑酯、有椒酮、百里香酚、香桧烯、1，8-桉叶素、侧柏酮、β-蒎烯、α-松油醇、松油醇-4、马鞭草酮、γ-杜松油烯、绿叶萜烯酮、蒿酮、甲基丁香酚、异松茸醇、对-聚伞花素、柠檬烯、5，7-二羟基-6，3′，4′-三甲氧基黄酮、5-羟基-6，7-3′，4′-四甲氧基黄酮、多糖等。

食材性能

1. 性味归经

艾叶，味辛、苦，性温；归肝、脾、肾经。

2. 医学经典

《本草经集注》："散寒止痛，温经止血。"

3. 中医辨证

艾叶，如灸，可治百病，煎饮祛风散寒，温经镇痛，对于少腹冷痛、经寒不调、宫冷不孕、吐血、衄血、崩漏、妊娠下血等诸症的康复有效果，外洗可治皮肤瘙痒。

4. 现代研究

艾叶有平喘、镇咳、祛痰、抗过敏、镇静、抗菌、抗炎作用，对伤寒杆菌、痢疾杆菌、金黄色葡萄球菌、溶血性链球菌、肺炎双球以及常见的致病性皮肤真菌等均有抑制作用。

食用注意

(1) 用艾叶量不宜过大，否则可兴奋大脑皮层及皮下中枢，引起痉挛。

(2) 如用艾叶量过大，亦可引起肝细胞代谢障碍而发生中毒性黄疸及肝炎，故用量不宜超过 15 克。

(3) 每年端午节不少地方民族有用艾叶浸酒，量不可超 15～20 毫升。

传说故事

一、延年益寿说艾灸

据医学史记载：唐代药王孙思邈常用艾叶温灸足三里穴，后来活到 101 岁。《旧唐书》中亦说：柳公度年八十余岁，步履轻便，别人向他请教养生之术，他回答说："吾初无术，但未尝以元气佐喜怒，气海常温耳。"柳公度也是经常用艾灸气海以防病延年的。《针灸集成》还记载：广西有一人，"少时多病，遇一异人，教令每岁灸脐中，自后康健"。脐中即"神阙"穴，结果是"年逾百岁而甚健壮"。另据日本《东岗舍笔记》云：三河国宝饭郡水泉村农人满平，庆长七年生于该村，宽政八年，寿达 194 岁，于享保年间受庆贺，被征至江府，献白发，赐御米若干。《日本·文库名家漫笔》又说：元保十五年九月十一日，要推荐几位长寿老人从桥上走过，最先走过的是满平及其一家三代老人，此时满平已 242 岁。当问满平何术致长寿时，答曰：无他妙法，惟我家自祖先相传，灸三里，其灸法：每月自朔日灸，至八日而止，年中逐月无间断。灸数不同，法如下。右侧：朔八壮，二日九壮，三日十一壮，四日十一壮，五日九壮，六日九壮，七日八壮，八日八壮。左侧：塑九壮，二日十一壮，三日十一壮，四日十一壮，五日十壮，六日九壮，七日九壮，八日八壮。"灸一灼，谓之一壮，久为使人壮健。"由此可见，艾灸法是祖国医学的重要组成部分，是中华民族的瑰宝，它具有温阳培元，增强体质，防病保健之功。因此，古代养生学家曾说过："若要安，三里常不干。"

二、艾虎辟邪的传说

古民谣云："五月五日午，天师骑艾虎；蒲剑斩百邪，鬼魅入虎口。"相传古时农历五月初五这一天，魔鬼横生，伤害百姓，钟馗善擒妖魔，为民除害，以菖蒲之叶为剑，以艾编织为虎，斩妖驱魔，天下得以太平。人们为了纪念他，五月初五，家家门户遍插艾香。有人采艾扎成人形，俗称艾人，或剪练成艾虎形，贴以艾叶，美称为艾虎。后人又将艾称为中医之草，以治百病。

三、"艾"名的由来

传说唐朝名医孙思邈自幼好学，从五岁开始跟随父亲走街串巷给人看病，经常到山上采集药品。一天孙思邈和几个小朋友到山上一起玩耍，有个小朋友一不小心摔了一跤把脚崴了，脚肿得很厉害动弹不得。小朋友疼痛难忍，坐在地上哇哇直哭，怎么办？孙思邈灵机一动就从地上拔了一把草，放在嘴里嚼烂糊在小朋友疼痛处，过了一会儿，小朋友不哭了，而且肿痛也在逐渐消失，其他小朋友问孙思邈这是什么药，孙思邈思索片刻，他想，小朋友哭的时候总是哎哎的，就把这种草药叫"艾叶"吧。从此"艾叶"这种药一直用到今天。

四、黄巢与插艾

端午节有门前"插青"的习俗。这青是指艾蒿和菖蒲，因其颜色青绿，故称为"插青"。艾蒿，多年生草本，具有祛湿止痒，温经止血，散寒止痛之功；菖蒲，多年生常绿草本，具有化痰开窍，化湿行气，祛风利痹，消肿止痛之功。"插青"习俗，出自黄巢起义中的一段家喻户晓的故事。唐末黄巢起义，各藩镇封建地主四处逃窜。同时，大肆传谣，说起义军有"隔山妖剑"之术。群众闻讯，纷纷逃避。

起义军经过宁化县境内时，见一妇女带着两个孩子慌乱地逃跑，年长的大孩子背在身上，而把年幼小孩子用手牵着走，母子行走均显得吃力难行。黄巢即上前询问，那妇女答："大的孩子是嫂嫂所生，而哥嫂已病故，不能再生孩子，故需用心爱护；小的是我亲生，若遇危难，我宁可丢弃亲生儿，背着嫂嫂的孩子跑，以保其命。"黄巢听罢，甚为感动，特授一法给该妇：赶快带子、侄返家，不必逃避；若有军队骚扰，可在门楣插上艾蒿和菖蒲，定可保安全。该妇听其言，带子、侄返家后，即在自家门前插上了艾蒿和菖蒲。士兵们经过此地时，见青而过，概不干扰。这天恰好是端午，远近群众纷纷仿效，确保了家庭安全。为了纪念此事，每于端午节插此以作纪念，或有贴上对联云："菖蒲驱恶迎吉庆，艾叶避邪保平安。"

五　加　皮

白发童颜叟，山前逐骝骅。
问翁何所得，长服五加茶。
——《桂香室杂记》

物种基源

五加〔Acanthopanax sentico-sus（Rupr. et Maxim.）Harms〕，为五加科多年生草本植物细柱五加的根皮，又名五加豺漆、文章草、五花、豺节、木骨、追风使、刺通、白刺、茨五甲、白笋树、五叶路刺、刺五加、南五加皮，以五叶交加者为最好的五加，因用其根皮，故名五加皮。

五加，有南五加和北五加之分。南五加为五加科药用五加，它包括五加属植物五加、刺五加、无梗五加、糙叶五加，轮叶五加的根皮，无毒。北五加皮是萝藦科多年生草本植物杠柳的根皮，属于近代的一种民间草药，清代以前的医书中均无论述。南五加主产于湖南、湖北、河南、四川、江苏、浙江、安徽、江西、云南、贵州、陕西、甘肃等省。

生物成分

据测定，南五加皮主含挥发油及树脂，油中主要成分为4-甲基水杨醛及维生素A、B类物质及鞣酸、脂肪油等，北五加皮含杠柳毒甙等为强心甙，南五加的叶嫩时可作蔬菜食用。

食材性能

1. 性味归经

五加皮，味甘、辛，性温；归肝、肾经。

2. 医学经典

《神农本草经》："祛风湿、疗痹痛、强筋骨、起痿弱。"

3. 中医辨证

五加皮，祛风湿，补肝肾，强筋骨，利水，对于风湿痹症、筋骨痿软、体虚乏力、小儿行迟、水肿、脚气有较好的辅助疗效。

4. 现代研究

南五加皮的功用

（1）能抑制动物踝关节肿胀，有抗关节炎的作用并有镇痛作用。

（2）能增强机体对疾病的抵抗力，对放射性损伤有保护作用。

（3）有抗利尿作用，对性腺、肾上腺、内分泌有兴奋作用。

（4）有降血糖作用，可治疗轻、中型糖尿病。

（5）有减低血管通透性的作用。

（6）体外试验，有杀死寄生虫幼虫的作用。

北五加皮：

（1）所含强心甙有类似毒毛旋花子甙的作用，如过量服用，有紊乱心血管的作用，严重时可导致死亡。

（2）可使动物自发活动减少、呼吸徐缓、唾液分泌增加，并有轻度痉挛，对实验性关节炎有抗炎作用，并有缩短脊髓反射潜伏期的作用。

食用注意

使用前必须严格辨明是南五加与北五加，不可大意。

传说故事

一、李白与南五加皮

五加皮也是道家服食之品，煮根茎酿酒饮用，最为益人，且补精强志。相传"斗酒诗百篇"的诗仙李白，饮用的就是五加皮煮的酒。还留下了煮酒之法：用五加皮、地榆各一斤，袋盛，入无灰好酒二斗中，大坛封固，置大锅内，文火煮之，冷却。以渣晒干为丸，每日服五十丸，药酒送下，临卧再服，添精补髓，功难尽述。民间赞云："文章作酒，能成其味，以金买草，不言其贵。"古代人们把能善诗文作为学识才华的标志，因此，人们就用五加皮等补益的方法作为增加智力的手段，故五加皮又称为"文章草"。

二、五加皮酒的传说

五加皮酒，历史上流传一段佳话：在很久以前，浙江西部严州府东关镇（含建德境内）的新安江畔，住着一个叫郅中和的青年，他为人忠厚，并有一手祖传造酒手艺。有一天，东海龙王的五公主佳婶来到人间，爱上了淳朴勤劳的郅中和，后结为伉俪，仍以营酒为生。五公主见当地老百姓多患有风湿病，她建议郅中和酿造一种既能健身又能治病的酒来。经五公主指点，在造酒时加入五加皮、甘松、木瓜、玉竹等名贵中药，并把酿出的酒取名为"致中和五加皮酒"。此酒问世后，黎民百姓、达官贵人纷至沓来，捧碗品尝，酒香扑鼻，人人赞不绝口，于是生意越做越兴隆。由于该地区属严州府东关镇，后又称之为"严东关五加皮酒"。

贝　母

根形如贝，色白味辛。
以金为用，肝肺之药。

——《本草乘雅半偈》

物种基源

贝母（Fritillaria cirrhosa D. Don），为百合科多年生草本植物卷叶贝母、乌花贝母或棱砂贝母的鳞茎，又名虻、黄虻、苘、贝母、空草、贝父、药实、苦花、勤母、苦菜。

我国地域横跨亚热带、温带和寒带，所产贝母品种较多，归纳起来主要有四种：一为川贝母，主产于云南、四川；二为浙贝母，主产浙江象山县等地；三为新疆贝母，主产于天山山脉；四为土贝母，产于河南、陕西等地。川贝母又分松贝、青贝和炉贝三类，松贝很小，直径仅 4～12 毫米，颗粒最小者特称为"珍珠贝"，主产于四川阿坝藏族自治州，为川贝中之最优品。青贝稍大，直径约 10～16 毫米，主产于青海、四川、云南交界处，品质亦佳。炉贝与青贝大小相似，品质次于前两者，主产于四川昌都、德钦和大理。另外，四川松潘地区号称"贝母之乡"，这个地方多雪山草原，出产的"正松贝"为贝母之珍品，所以，早在明代的时候，就有贝母"川者为娜"之说。

由于贝母产地的气候、水性、土质的差异，导致了贝母的性味、归经、功效各有不同。如川贝母既偏于补，又偏于润，故虚咳者宜，而浙贝母大苦寒，降痰开郁，清肝火，除时气烦热，治疗痰热蕴肺之咳嗽、喉痹、瘰疬、乳痈、肺痈、一切痈疖肿毒，其性味俱厚，较之川贝母之清降之功强数倍。新疆贝母产于天山，其山高而寒凉，四季积雪不化，地质肥沃，水性寒而滑利，故止咳之力最强。土贝母则偏重于散结毒，消痈肿，善治瘰疬痰核及乳痈。

生物成分

据测定，贝母，主含生物碱及贝母素甲、乙和贝母醇。生物碱中，如川贝母中的川贝碱，西贝碱、炉贝碱、白炉贝碱、青贝碱和松贝碱等，浙贝母中的贝母丁碱、贝母芬碱、贝母辛碱、贝母替定碱，此外，还含甾类化合物等。

食材性能

1. 性味归经

川贝母，味甘、苦，性微寒；浙贝母，味苦，性寒；归肺、肝、心经。

2. 医学经典

《神农本草经》："化痰止咳，清热散结。"

3. 中医辨证

贝母皆属苦寒之品，皆能清肺化痰而止咳，以治痰热咳嗽之症，严格说来：川贝母，性凉而甘，滋润性强，长于润肺化痰，多用于肺热燥咳，肺量劳嗽之症，多用虚症。

浙贝母，苦寒较甚，开泄力大，清火散结之功较强，多用于外感风热，痰火郁结之咳嗽以及瘰疬，痈肿等症，多用于实症。

此外，还有土贝母与川贝、浙贝非一类，功善清热解毒，仅用于外科疮疡肿毒，绝无化痰止咳之效。

4. 现代研究

（1）贝母所含生物碱，能扩张支气管，平滑肌减少分泌，故有良好的镇咳祛痰作用。

（2）有类似阿托品样作用，除可松弛支气管平滑肌，减少分泌外，还有扩大瞳孔、降血压作用。

（3）贝母素对子宫有较强的兴奋作用，已孕子宫更敏感。

食用注意

细心明辨患者病症虚实，再用属地的贝母。

传说故事

一、"贝母"药名的由来

传说，以前松潘地区有一得了"肺痨病"的贫妇李氏，身染肺痨，连孕三胎，均坠下死婴。丈夫与公婆唯恐断了门庭香火，终日惶惶不安。

有一天，算命的瞎子从门前经过，婆婆叫算命先生给媳妇算算命，排一排八字。瞎子问算何事？婆婆就把媳妇连生三胎死孩子的事说了。算命先生把生辰八字排了一下说："你媳妇属虎，戌时出生，出洞虎非常凶恶；头胎儿属羊、二胎儿属狗、三胎儿属猪。猪、狗、羊都是虎嘴里的食，被他妈妈吃掉了。"婆婆不信，说："虎毒不吃儿，她怎么会吃亲生儿呢？"算命先生说："这是命中注定，无法挽救。"婆婆问道："有办法保住下一胎孩子吗？"瞎子屈指又掐了一下说："办法倒有，就怕你们嫌麻烦！"婆婆说："不瞒先生说，我家三房就守着一个儿子，三家香火一炉烧，只要生个活孩子，让我们干什么都行。先生你说吧。"算命先生说："再生下胎儿时，瞒住孩子妈。抱着孩子向东跑，跑出一百里到东海边，那里有一个海岛，爬上海岛就万事大吉了。虎怕海水，下不得海，上不了岛，吃不了孩儿，孩子就能保住性命了。"

婆婆把瞎子说的话告诉老头和儿子，他们心中都有了数。没到一年，媳妇又生孩子了。同以前一样，孩子刚生下，母亲就晕过去了。丈夫也顾不得照料妻子，抱起孩子就往东跑，可跑出十多里地孩子便死去了，一家人非常伤心："怎样才能把孩子养活呢？"

这天，瞎子又来算命，婆婆把孩子死去的情况告诉他，瞎子说："跑慢啦，跑得比虎快，使虎追不上孩子，孩子才能保住。"

又过了一年，媳妇又要生孩子了，丈夫准备好一匹快马，喂饱饮足，小孩子刚落地，他就用红被单包好，跳上马重打三鞭，快马如流星般朝东跑去，跑了一百里地，到了东海边，他又跳上一只快船，划到海岛住了下来。孩子的母亲晕了一个多小时才苏醒过来，不见孩子急得直哭。

五天过后，丈夫从海岛上回来说："爬上海岛只三天孩子又死了。"一家人伤心极了，老夫妻俩和儿子商量，要把媳妇休掉，再娶一个能养活孩子的，媳妇闻听伤心地哭起来。

这时，有个医生从门口经过，他走进屋问道："你们有什么为难的事啊？"媳妇就把经过情形告诉了医生。医生看她面色灰沉铁青，断定她有病，就说："我自有办法，叫你生个活孩子。"

公婆和丈夫都不相信。

医生说："瞎子算命是瞎说，信他干什么？你媳妇不是命硬，是有病。肺脏有邪，气力不足，加上生产使力过猛，生下胎儿不能长寿，肝脏缺血，供血不足，使产妇晕倒，我教你们认识一种草药，让她连续吃二个月，一年后保她能生个活孩子。"

在医生的劝说下，公婆把媳妇留下来，讲定如果再生死孩子便休她。从此，丈夫每天按医生教的上山挖药，煎汤给媳妇喝，喝了三个月，媳妇果然怀孕，十月临盆，生下一个大胖小子。大人没有发晕，小孩平安无事，一家人高兴得简直合不上嘴。孩子过了一百天，他们买了许多礼物，敲锣打鼓，到医生家道谢。

医生高兴地问道："我的草药灵不灵？"

"灵，真灵！"丈夫问医生这种草药叫什么名字？

"它是野草，没有名字。"

"我们给它取个名字吧！"

好！医生想了想，问道："给它取个什么名字呢？"

"我的孩子名叫宝贝，母亲又安全，就叫贝母吧！"

"好一个响亮的名字！对，就叫它贝母。"

二、贝母治"人面疮"奇谈

《唐人记其事》云："江左尝有商人，左膊上有疮如人面，亦无他苦。商人以红酒滴口中，其面赤色。以物食之，亦能食，多则膊肉胀起。或不食，则一臂痹焉。有名医教其历试诸药，金石草本之类，悉无所苦，至贝母，其疮乃聚眉闭口。商人喜，因以小苇筒灌其口中，数日成痂，遂愈，然不知何疾也。"《本经》言为金疮，此岂金疮之类欤？

知　母

孝道首推儿知母，母慈儿孝皆茹苦。
天伦之乐谈何易，孝顺儿孙有几何？
——《戏咏知母》·近代·孙映

物种基源

知母（Anemarrhena as phode-loides），为百合科多年生草本植物知母的根状茎，又名肥知母、蒜瓣子草、羊胡子根、地参。

知母，每年宿根旁生子根，状如蚔虻之状，故原名蚔母，又来之化名知母、蝭母。叶形似菖蒲而柔润，叶根难枯。四月开青花，如韭花，八月结实。主产于我国河北、山西、内蒙古，东北的西部、江苏北部徐州亦有产出。

生物成分

据测定，知母，根含多种甾类皂甙、还原糖、多量的黏液质和烟酸，含氧杂酮、C－葡萄糖甙及胆碱等。

食材性能

1. **性味归经**

知母，味甘、苦，性寒；归肺、胃、肾经。

2. 医学经典

《神农本草经》："清热、滋阴、润肺、生津。"

3. 中医辨证

知母，有清热滋阴、降火之功，对外感热病、高热烦渴、肺热燥咳、骨蒸潮热、内热消渴、肠燥便秘有独特的康复与辅助食疗效用。

4. 现代研究

知母：

（1）传统认为有解热作用，现代研究证明尚有利尿作用。

（2）能促进脂肪组织对葡萄糖的摄取，可使肝糖原下降，横膈糖原升高。

（3）抗菌试验证明：知母对溶血性金色葡萄球菌，甲、乙型溶血型链球菌、肺炎双球菌、痢疾杆菌、伤寒与副伤寒杆菌、霍乱杆菌、大肠杆菌、变形杆菌、绿脓杆菌、百日咳杆菌及常见致病性皮肤真菌均有较强的抑制作用；对白色念珠菌亦有抑制作用。

食用注意

凡脾虚便溏或寒饮咳嗽者，不宜服用。

传说故事

老妪无儿认孝子

从前有个孤寡老太婆，无儿无女，年轻时靠挖药为生。因她不图钱财，把采来的药草都送给了有病的穷人，所以年老了却毫无积蓄。这苦日子倒能熬，但老人有块心病就是自己的认药本事无人可传，想来想去，她决定沿街讨饭，希望能遇上个可靠的后生，认作干儿子，传给他认药治病的本事，了却自己的心愿。

一天，老人讨饭来到一个村落，向围观的众人诉说了自己的心事。一时间，讨饭老太要认干儿子传授采药本事的消息便传开了。不久，有一个富家公子找到了她，这公子有自己的小算盘："学会了认药治病，岂不多条巴结官宦的路子？"于是便把老太婆接到家里，好衣好饭伺候着。但过了两年，却一直不见老太婆提药草之事，这天，他假惺惺叫了老人一声"妈"，问起传药之事，老太婆答道："等上几年再说吧。"这下子把公子气得暴跳如雷，他叫嚣起来："白养你几年，你想骗吃骗喝呀，滚你的吧！"老人也不愠怒，冷笑一声，换上自己的破衣裳，离开了公子的家门。

她又开始沿街讨饭。没多久，又有个商人找到她，愿认她当干妈。这商人心里盘算的是卖药材，赚大钱。他把老太婆接到家，先是好吃好喝招待，可过了一个多月，仍不见老人谈传药之事，心里就忍不住了，便又像公子一样，把老人赶出了家门。一晃两年过去了，老人仍不停地沿街乞讨，说着心事，竟被很多人当成疯子、骗子。这年冬天，她蹒跚着来到一个偏远山村，因身心憔悴，摔倒在一家门外。

响声惊动了这家的主人。主人是个年轻樵夫，他把老太婆搀进屋里，嘘寒问暖，得知老人饿着肚子，急忙让妻子做了饭菜端上，老人吃过饭就要走，两口子拦住了："这大冷的天，您上哪儿去呀？"当老人说还要去讨饭时，善良的两口子十分同情，劝她说："您这把年纪了，讨饭多不容易，要是不嫌我们穷，就在这儿住下吧！"老人迟疑了一下，最后点了点头。

日子过得挺快，转眼春暖花开。一天，老人试探着说："老这样住你家我心里过意不去，还是让我走吧。"樵夫急了："您老没儿女，我们又没了老人，咱们凑成一家子过日子，我们认您当妈，这不挺好吗?"老人落泪了，终于道出了详情。而樵夫夫妇却没有介意:"都是受苦人，图啥报答呀，您老能舒心就行了。"从此，樵夫夫妇忙着活计，很孝顺老人，老人就这样过了三年多的幸福时光，到了八十岁的高龄。

这年夏天，她突然对樵夫说:"孩子，你背我到山上看看吧。"樵夫不明就里，但还是愉快地答应了老人。他背着老人上坡下沟，跑东蹿西，累得汗流如雨，但还不时和老人逗趣，老人始终很开心。当他们来到一片野草丛生的山坡时，老人下地，坐在一块石头上，指着一丛线型叶子、开有白中带紫条纹状花朵的野草说:"把它的根挖来。"樵夫挖出一截黄褐色的草根，问:"妈，这是什么?"老人说:"这是一种药草，能治肺热咳嗽、身虚发烧之类的病，用途可大啦。孩子，你知道为什么直到今天我才教你认药么?"樵夫想了想说:"妈是想找个老实厚道的人传他认药，怕居心不良的人拿这本事去发财，去坑害百姓!"老太婆点了点头:"孩子，你真懂得妈的心思。这种药还没有名字，你就叫它'知母'吧。"

后来，老太婆又教樵夫认识了许多种药草。老人故去后，樵夫改行采药，但他一直牢记老人的话，真心实意为穷人送药治病。

板　蓝　根

人病患鸡瘟，阎王开鬼门。
庸医无对策，炒作板蓝根。
——《戏说板蓝根》·民谣

物种基源

板蓝根 (Isatis indigotica Fort.)，为十字花科板蓝根属多年生草本植物菘蓝的根，又名叶冬蓝根、青蓝根、山蓝根、草大青根、靛青根、蓝靛根、靛根、大蓝根、大青根、马蓝根、菘蓝根、葳根、大蓝龙根、土龙根、蓝根、大青叶根。板蓝根有南北之分，北板蓝根片为圆形切片，切面皮部黄白色或淡棕黄色，有放射状纹理，形成层呈环状，周边淡灰，黄色至淡棕黄色，有时可见密集的疣状突起及叶柄残基。南板蓝根片表面灰棕色，具细纹，外皮易剥落，呈蓝灰色。木部灰蓝色至淡黄褐色，中间有髓。南板蓝根，名马蓝，属爵床科多年生草本植物干燥根茎或根，叶叫蓝靛叶。北板蓝根叫菘蓝，叶叫大青叶。北板蓝根主产于江苏、河南、河北、陕西、安徽，全国各地有栽培。南板蓝根主产于江苏、浙江、福建、台湾、广东、广西、贵州、云南、四川、湖南、湖北，野生或栽培。

生物成分

据测定，板蓝根，根含靛蓝、靛玉红，有14种氨基酸(其中精氨酸含量最高，1.94%)，靛甙，经水解生成吲羟和葡萄糖。爵床科马蓝板蓝根含靛蓝、靛玉红，叶含靛甙、色胺酮等。

食材性能

1. 性味归经

板蓝根，味苦、咸，性大寒;归心、胃经。

2. 医学经典

《本草纲目》:"主热毒痢、黄疸、喉痹、丹毒。"

3. 中医辨证

板蓝根，清热解毒，凉血利咽，用于温毒发斑，舌绛紫暗，痄腮，喉痹、烂喉丹痧，大头瘟疫，丹毒，痈肿。

4.现代研究

(1) 有利胆、抗炎、解热作用。

(2) 对心脏、血管、肠平滑肌有抑制作用。

(3) 对子宫平滑肌有兴奋作用。

(4) 能增强机体吞噬细胞的吞噬能力。

(5) 能降低毛细血管的通透性。

(6) 有抗菌和抗病毒能力。

食用注意

板蓝根苦、咸，大寒，如不是实热火毒之症，则不宜用。

传说故事

一、刘禹锡与板蓝根

唐代著名诗人刘禹锡对医药也很精通，其所著《传信方》两卷，曾在国内外广为流传。在《传信方》中，刘禹锡特别记载了一种名叫"大蓝"中药的神奇疗效：大蓝汁加雄黄、麝香，治疗蜘蛛咬伤。一位叫张荐的判官被斑蜘蛛咬伤后，仅两天就头面肿痛，几欲不治。情急之下，他以重金四方觅医，一位并不出名的医生揭了榜。这位医生把蜘蛛投到一大碗蓝汁里，蜘蛛碰到大蓝汁就死了。医生又在大蓝汁里加麝香、雄黄。这次，被投进去的蜘蛛竟然化为水了。张荐感到很神奇，就把加了麝香、雄黄的大蓝汁涂于被咬处。几天后，患处就消了肿，创口也变得像小疮一样。没过多久，张荐就痊愈了。这大蓝就是板蓝根。

二、青金龙与紫银龙种板蓝根的传说

东海龙王和南海龙王在从天宫返回龙宫的路上，看见人间尸首遍野，又惊又疑。经打听，原来是瘟疫流行造成的，如果不控制，还会蔓延到海里去。两位龙王着急了，连忙商量对策。宅心仁厚的南海青金龙主动请命，发誓不除掉瘟疫，决不回龙宫。老龙王十分高兴，便派他去与东海龙子协力同心，消灭瘟疫。东海龙王的小龙孙紫银龙得知消息，便蹦蹦跳跳来到老龙王面前，硬要老龙王答应他随青金龙叔叔到人间去。老龙王看见龙孙热心助人，便一口答应了。青金龙和紫银龙辞别老龙王，扮作郎中模样，来到人间。叔侄俩先到药王菩萨那里取了药种子，遍地播撒，又教人们细心培育药苗。

不久，药苗发育苗壮，长得像湖边芦苇一样茂盛。叔侄俩教人们用这种药苗的根煎水给患者服用。这种神药居然有奇效，患者一个个迅速康复。于是，人间无论男女老少，都把青金龙和紫银龙奉若神灵，待若上宾。叔侄俩深受感动，决定永留人间，专心防治瘟疫。转眼到了八月十五晚上，叔侄俩来到海边，双膝跪地，叩谢老龙王的养育之恩。然后，携手没入海边的神药丛里，变成了两种特别苗壮的药苗。人们知道这药苗是龙子龙孙叔侄俩变的，便把它叫作"龙根"。后世医家们著书时把它改称为"板蓝根"。

仙　茅

真人蹑身凌紫霞，下悯浊世长咨嗟。
崇楼杰阁耀金碧，开阐至道非雄夸。
仙茅连山可度世，守此规规如井蛙。
灵云一笑万事毕，到今福地空桃花。

——《题天庆观》·宋·邓肃

物种基源

仙茅（Curculigo orchioides Gaertn），为石蒜科（仙茅科）多年生草本植物仙茅的根状茎，又名独茅根、茅爪子、婆罗门参、独脚仙茅、蟠龙草、风苔草、冷饭草、小地棕根、地棕根、仙茅参、独脚丝茅、黄茅参、独足绿茅根、天棕、山棕、盘棕、土白芍、千年棕、番龙草、山兰花。梵音称谓"阿输乾阿"，西域婆罗门僧献方唐玄宗，故名"婆罗门参"。

仙茅，叶如青茅而软，且略阔，面有纵纹，似初生棕榈秧，高 30～40 厘米，春初生长，冬至枯，三月开如栀子，黄色花，不结实，根肉质，主产于广东、四川、江苏、云南、贵州，浙江亦有产出。

生物成分

据测定，仙茅主根茎，含淀粉、树脂、鞣质、黏液质、石蒜碱、丝兰皂甙元等。

食材性能

1. 性味归经

仙茅，味辛，性热，有小毒；归肾经。

2. 医学经典

《开宝本草》："温肾阳、壮筋骨，祛寒湿。"

3. 中医辨证

仙茅，温肾壮阳，祛寒除湿，对阳痿、精冷、筋骨痿软、腰膝冷痹、阳虚冷泻等症有良好的康复和食疗效果。

4. 现代研究

仙茅，有对中枢系统镇静、抗缺氧功能，有抗炎、增强机体免疫、反突变及雄性激素样作用，对治疗阳痿、耳鸣、老年遗尿、喘促上气、崩漏下血、高血压等疾病有辅助康复效果。

食用注意

（1）仙茅，温热，火热之症，如咽痛、便秘、消渴、阳强易兴、尿赤等症不宜服用。
（2）仙茅忌用铁器煎煮。

传说故事

一、唐明皇服食仙茅

求长生之方始于秦始皇，盛于唐朝。相传，五代时筠州刺史王颜著有《续传信方》，因书中编录有西域婆罗门僧服仙茅方，当时盛行于世。云能治五劳七伤，明目且益筋力，宣而复补。俗传十斤乳石不及一斤仙茅。其实本方乃西域道人所传。开元元年，婆罗门僧进此药，明皇服之有效，当时禁方不传。天宝之乱，方书流散，上都僧三藏始得此方，后渐流传于世。不论有无疾病，均服此方，不知服食之理，惟借药纵姿以速其生者，并用于房中术。明朝弘治年间，东海张弼《梅岭仙茅诗》云："使君昨日才持去，今日人来乞墓铭。"乃妄服仙茅之写照。

二、夏朝文庄公曾服仙茅

夏文庄公禀赋与别人大不相同，一人睡则身体冰冷，如死人一般，睡醒后须让人加温良久方能活动。一僧传与常服仙茅、钟乳石、硫黄之药，数十剂方愈。因仙茅乃性热之药也。

菟 丝 子

唐周武则天，视兔如己命。
兔死埋豆田，从此豆不宁。

——《豆寄生》·现代·王维

物种基源

菟丝子（Cuscuta chinensis），为旋花科一年生缠绕寄生草本植物金丝藤的全草，又名吐丝子、菟丝实、无娘藤、没娘藤、无根藤、菟藤、菟楼、野狐丝、豆寄生、黄藤子、黄丝藤、萝丝子等。

菟丝子，多寄生于豆藤之上，使豆不能生长而枯死，因此，有盘死豆、缠豆藤之俗称，丝金黄色或红色，但菟丝子的克星是凤仙花，如果长菟丝藤的地方预先栽几棵凤仙花则太平无事，不再长菟丝缠死豆了，主产于华东各省的豆科作物，特别是大豆尤甚。

生物成分

据测定，菟丝子，含菟丝子脂贰、淀粉酶、维生素 A 类物质、糖类及钙、铬、锰、铁、镍、锌等微量元素。

食材性能

1. 性味归经

菟丝子，味甘，性平；归肝、肾经。

2. 医学经典

《神农本草经》："接筋续伤，补益虚损，增加力气，使人肥健。"

3. 中医辨证

菟丝子，滋养肌肉、壮阳、强筋健骨，有利于阴茎寒冷、滑精、小便后余沥不尽，口苦干燥而渴、血寒淤积等症的康复和辅疗。久服可明目，轻身有力，延年益寿。

4. 现代研究

菟丝子，除传统认为有补肾壮阳作用外，还有：

（1）可以减低心率，收缩巨幅增加；

（2）有降压作用，并能抑制肠运动；

（3）用菟丝子，对白癜风有效。

食用注意

实热症不宜用菟丝子。

传说故事

一、黄丝藤治兔伤的传说

从前，江南有个养兔成癖的财主，雇了一名长工为他养兔子，并规定，如果死一只兔子，要扣掉他四分之一的工钱。一天，长工不慎将一只兔子的脊骨打伤，他怕财主知道，便偷偷地把伤兔藏进了豆地。事后，他却意外地发现伤兔并没有死，并且伤也好了。为探个究竟，长工又故意将一只兔子打伤放入豆地，并细心观察，他看见伤兔经常啃一种缠在豆秸上的野生黄丝藤。长工大悟，原来是黄丝藤治好了兔子的伤。于是，他便用这种黄丝藤煎汤给有腰伤的爹喝，爹的腰伤也好了。又通过几个病人的试用，断定黄丝藤可治腰伤病。不久，这位长工辞去了养兔的活计，当上了专治腰伤的医生。后来，他把这药干脆就叫"兔丝子"。由于它是草药，后人又在兔字头上面冠以草字头，便叫成"菟丝子"。

二、白兔变菟丝的传说

相传，菟丝乃武则天心爱的白色玉兔所变。武则天入宫时，带了一只小白兔，十分可爱，入宫后的宫廷争斗生活，使天真的媚娘非常厌烦，而使她最开心、最解闷的就是这只小白兔，因此，视兔如命。武则天被贬作尼姑后，皇后嫉恨媚娘，不让其将白兔带走，也不让给它吃食物。白兔饥饿，便跑到宫墙外好远的农家豆地觅食，被户主打死，埋于豆田，遂化为丝，如兔状，缠于豆茎而吸其汁液，生不让食其豆，死也不让豆生长，其性情犹如媚娘。由于黄豆色黄，渐渐全身亦黄，但眼睛红血丝未变，使丝藤间或有红色者，人称之为"吐血丝"，武则天登基后，封白兔为王女。由于此丝由兔化生，遂呼为"菟丝"，又称"王女"。

骨 碎 补

山涧猢狲姜，雨露更茂旺。

御赐骨碎补，五代明宗皇。

——《猴姜》·清·赵瑾叔

物种基源

骨碎补（Dauallia mariesii），为水龙骨科附生植物槲蕨的根茎，又名肉碎补、石碎补、飞天鼠、飞来凤、鸡姜、石岩姜、猴姜、毛姜、申姜、爬岩姜、岩连姜。

骨碎补生于江南，根寄生于石之上，有叶毛，皮色外形似姜。其根的样子粗壮扭曲，略具猴形，故又有"猴姜"之称。

生物成分

据测定，骨碎补，根茎含淀粉、葡萄糖、油甙、柚甙元、鼠李糖、四环三萜类等成分。

食材性能

1. 性味归经

骨碎补，味甘，性温；归肝、肾经。

2. 医学经典

《开宝本草》："补肾强骨，续伤止痛。"

3. 中医辨证

骨碎补，补肾、活血、止血，有益于肾虚久泻及腰痛、风湿痹痛、齿痛、耳鸣、跌打闪挫、骨伤、阑尾炎、斑秃、鸡眼等疾病的康复和辅助治疗。

4. 现代研究

骨碎补除传统认为有补肾、疗跌打损伤外，还有降血脂、治疗关节炎的辅助功能。

食用注意

骨碎补性温，故阴虚火盛者不宜用。

传说故事

一、猴为猴疗伤的传说

从前，凤阳山上住着一个以采药为生的老人，养着一只聪明伶俐的小猴，以猴为伴。一天，他带着小猴上山采药，当爬攀到悬崖顶上采一棵草药时，小猴不幸跌了下来，前后肢均骨折，痛得凄声鸣叫。老人把小猴抱回草棚，并找来各种草药给它治伤，可是，不见好转。一天夜里，老人刚睡下，突然听见一阵响声，睁眼一看，只见七八只猴子从草棚的破窗口跳了进来，老人偷偷地瞧着，只见它们悄悄地走到伤猴窝边，看看它，摸摸它，又吱吱地叫几声，然后，一只老猴叫了一声，猴子们就跳出窗口走了。不一会儿，这只老猴又跳了进来，嘴里衔着一根野草，野草的叶子有巴掌那么大，野草下结着一个鸡蛋大的块根。它走到伤猴窝边摘下块根，塞进嘴里嚼了起来，嚼烂了便吐在伤猴的腿上，再用前爪抹平，接着又摘下野草上的叶子贴在伤腿上，最后用叶茎一圈圈地缠住伤腿，一切做好后，老猴在伤猴耳边，轻轻叫了几声，便跳出破窗走了。不几天，伤猴的腿竟痊愈了。

老人按野草的样子，在山上终于找到了这种野草。因为这野草是老猴献出来的，又因为它的块根辛辣如姜，所以老人便取名"猴姜"。以后，人们因为猴姜能治跌打损伤、骨折等症，又取名为"骨碎补"。

二、李嗣源赐名"骨碎补"

五代十国后唐明宗皇帝李嗣源也命名了一种草药。一天，卫士们围着狩猎场，争看皇帝射鹿。皇帝果然箭无虚发，射中了鹿的后脚，卫士们顿时爆发出阵阵喝彩声。皇帝正在得意间，突然从山谷树林中窜出一只凶猛的金钱豹，吓得皇帝的宠妃从马上摔下来，把左脚胫骨摔成骨折，皇帝心里很着急。这时，一名出身民间草医的卫士跪在皇帝面前说："万岁切勿受惊，奴才还认得点草药，保娘娘平安无事。"说完，便从山冈上采来草药，捣烂敷在皇妃的伤口上，很快血住痛止，不几日，便可行走自如。皇帝大喜，问卫士此草药叫什么名字。卫士说："启禀万岁，此药尚无名字，请皇上恩赐。"皇上捋着胡须，笑着说："此药能把碎骨补起来，就叫'骨碎补'吧。"后来，李时珍又根据其形状将其命名为"猴姜"。有的地方叫"胡孙姜"或称"石毛姜"。

续 断

性温味苦肝肾经，续骨安胎治耳鸣。

伤外妇科称妙药，人身百脉任通行。

——《续断》·现代·王焕华

物种基源

续断（Dipsacus japonicus），为川续断科植物川续断的干燥根，又名川断、龙豆、属折、接骨、南草、接骨草、鼓槌草、和尚头、川萝卜根、马蓟、黑老鸦头、小续断、山萝卜。

续断入药很早，《神农本草经》中列之为"上品"，它因能"续折接骨"而得名。《别录》中又有"接骨"之称。

曲池老人说："续有接续、嗣续、连续三义，诚为男、妇之要药。"接续者，接续筋骨血脉也；嗣续者，保胎接代也；连续者，延年葆春之义也。续断主产于湖北、四川等地。

生物成分

据测定，续断，含续断碱、三萜皂甙、挥发油、龙胆碱、β-谷甾醇、长春藤皂甙元等。

食材性能

1. 性味归经

续断，味苦，微温；归肝、肾经。

2. 医学药典

《神农本草经》："补肝肾，续断骨，疗折伤，止崩漏。"

3. 中医辨证

续断强筋骨，补肝益肾，止血止痛，对腰膝酸软、关节酸痛、崩漏、跌扑损伤有康复辅疗功能。

4. 现代研究

续断对肺炎链球菌有抑制作用，还有促进组织再生作用和抗维生素 E 缺乏症作用。

食用注意

续断，色红细瘦，折断时有烟尘冒起为正宗续断。

传说故事

续断名字的由来

相传古时候，有一个医生收藏了一个秘方，山霸要他献出，医生不肯，结果被山霸打断了双腿，丢在山边。这个医生便采了一种药草煎汤服用，治好了断腿，因为这药草能续接断骨，便给它取名为"续断"。

杜 仲

几株苍友茂庭园，郁冠尽展遮天。

惠荫驱暑享怡然，人济连连。

杜仲浓茶甘酽，滋心健魄千年。

通身珍异宝源源，尽献人间。

——《画堂春杜仲》·近代·柏增元

物种基源

杜仲（Eucommia ulmoides），为杜仲科落叶乔木杜仲的树皮，又名思仙、木棉、思仲、石思仙、丝连皮、扯丝皮、丝棉皮、玉丝皮、丝楝树皮。

杜仲，以皮厚、块大，内表面暗紫色，断面丝多者为佳，主产于湖北、四川等地。

生物成分

据测定，杜仲，含松脂素苷、丁香脂素苷、杜仲苷、杜仲素、绿原酸、熊果酸、杜仲酸、鞣质、黄酮类及多种氨基酸和微量元素。

食材性能

1. 性味归经

杜仲，味甘，性温；归肝、肾经。

2. 医学经典

《神农本草经》："补肝肾、强筋骨、安胎。"

3. 中医辨证

杜仲，补中、益精气、坚筋骨、强志，有益于肝肾不足、腰膝酸痛、头目眩晕及阳痿、尿频、尿不尽、下阴湿痒等症的辅助康复，疗效好。

4. 现代研究

杜仲有镇痛、镇静、降血压、抗炎、抗菌、降血脂、抗应激、抑制子宫收缩等作用，并能减少胆固醇吸收。

另外，杜仲具有"三降"（降血脂、降血压、降血糖）、"七抗"（抗炎、抗菌、抗病毒、抗疲劳、抗骨质疏松、抗衰老、抗肿瘤）的疗效和保健功能。国家著名中成药"全杜仲胶囊"和杜仲保健食品已风靡全球。

食用注意

阴虚火旺者慎服。

传说故事

杜仲药名由来

很多年以前，洞庭湖货运主要靠小木船运输，船上拉纤的纤夫由于成年累月低头弯腰拉纤，以致积劳成疾，他们十个人中有九个患上了腰疼痛的顽症。有一位青年纤夫，名叫杜仲，心地善良，他一心想找到一味药能解除纤夫们的疾苦。

为了实现这一愿望，他告别了父母，离家上山采药。一路上，他走过了潺潺溪流，也走过了荆棘丛生的陡坡。有一天，他在山坡上遇到一位采药老翁，于是满心喜悦地走上前拜见，可老翁连头也不回就走了。杜仲心急如焚，屈指一算离家三七二十一天，老母所备的口粮已吃光，可至今重任渺茫，于是，他又疾步追上前去拜求老翁，并诉说了纤夫们的疾苦。老翁感动泪下，于是从药篓里掏出一块能够治腰膝疼痛的树皮给杜仲，指着对面高山叮嘱杜仲："山高坡陡，采药时可要小心性命！"杜仲连连道谢，拜别了老翁，沿山间险道攀登而去。半路上，他又遇到一位老樵夫，听说杜仲要上山顶采药，连忙劝阻："孩子，想必你家还有老小，此山巅天鹅也难以飞过，猿猴也为攀缘发愁，此去凶多吉少啊……"杜仲一心要为同伴解除病痛，毫无动摇，他艰辛地爬到半山腰时，只听得乌鸦悲号，雌鹰对着雄鹰哀啼，好像在劝其快回。杜仲身临此境，真是心慌眼花，肚子也饿得咕咕作响，突然一个栽倒翻滚在山间，万幸的是身子悬挂在一根大树枝上。过了一会，他清醒过来，发现身边正是他要找的那种树，于是拼命地采集。但他毕竟精疲力竭，又昏倒在悬崖上，最后被山水冲入浩渺的八百里洞庭湖。

洞庭湖的纤夫们听到这一噩耗，立即寻找，找了九九八十一天，终于在洞庭湖畔一水边的芦苇丛中找到了杜仲的尸体，他手上还紧紧抱着一捆采集的树皮。纤夫们含着泪水，吃完了他采集的树皮，果真，腰膝痛全好了。为了纪念杜仲，从此人们将这种树皮命名为"杜仲"。

白　术

谷深不见兰生处，追逐微风偶得之。
解脱清香本无染，更因一嗅识真如。
老僧似识众生病，久在山中养药苗。
白术黄精远相寄，知非象马费柔调。

——《答琳长老寄幽兰白术黄精三本二绝》·宋·苏辙

物种基源

白术（Atractylodes macrocephaia Koidz.），为菊科多年生草本植物的根茎，又名山蓟、杨枹蓟、山芥、天蓟、山姜、乞力伽、山精、山连、冬白术、白大寿、沙邑条根、枹杨、枹蓟、于术、冬木、浙术、种术、白苶。

白术野生品种几乎已绝迹，现在用的都是栽培品，以个大、质坚实、断面黄白、香气浓者为佳，主产于浙江、江苏、江西、湖北、湖南、安徽等地，其中以浙江于潜山区的白术品质最佳。

生物成分

据测定，白术，含14种氨基酸、多糖有甘露聚糖、果糖、菊糖以及棕榈酸、甾醇、挥发油（含量1.4%）及萜类成分，还含白术内脂、苍术酮及维生素A类物质。

食材性能

1. 性味归经

白术，味苦、甘，性温；归脾、胃经。

2. 医学经典

《陆川本草》："健脾益气、燥湿利水、止汗、安胎。"

3. 中医辨证

白术，和中、燥湿、益气、补脾，有益于气虚倦怠乏力、脾虚便溏、泄泻、带下、脾虚水肿、表虚自汗、妊娠胎动不安等症的康复与辅疗。

4. 现代研究

白术能促进体重增大，增强网状内皮系统吞噬功能，升高白细胞，提高淋巴细胞的转化率，有升高肾上腺皮质激素作用，还有保护肝脏、防止肝糖原减少以及轻度降血糖、抗菌、抗血凝等作用。它还可以促进电解质，尤其是钠的排出。

食用注意

白术能燥湿伤阴，故只适用于中焦有湿之症，如属阴虚内热或津液亏耗燥渴者，均不宜服用。

传说故事

一、白术姑娘的故事

传说南极仙境有只仙鹤，衔着一支药草，想把它带到人间，种植在最好的地方。仙鹤来到了天目山麓上空，看到下界有一块靠山、傍水、向阳和避风的盆地，便降落下来，把口里衔着的药草种了下去。仙鹤日里除草、松土和浇水，夜里就垂颈俯首，守护在旁。日子一长，仙鹤竟化成了一座小山，人称"鹤山"。

有一天，鹤山附近发生一场大瘟疫，不少人染病在床。这一天，正是九月重阳，秋高气爽。潜街尽头，来了一位姑娘，白衣白裙，上绣朵朵菊花和点点朱砂，她摆了摊在叫卖白术，免费发放给病人。有个药店老板见有利可图，就全部收买了下来。

果然，这白术奇效无比，人们个个摆脱了病魔，药店老板发了一笔大财。他贪得无厌，想起姑娘临走时说家住鹤山，便入山寻找，可找来找去，找不着一户人家。老板娘知道这事，心生一计，对着老板耳朵，如此这般一说，把老板说得眉开眼笑。

转眼到了第二年重阳，那白姑娘又来卖白术了。这一次，老板显得百般殷勤，搬凳献茶。白姑娘一坐定，老板娘偷偷用针穿了一根红线，别在了姑娘的衣裙上。白姑娘收了钱就走，老板却带了一个伙计，悄悄地跟了上去。白姑娘顺着一条荒芜的羊肠小道往山坡上走，走着走着，忽然不见了。老板和伙计满山寻找，在山冈上找着了一株穿着红线的药草，香味扑鼻，老板开心极了，说："好！这个活宝贝可落到我手里了！"于是大声叫喊伙计："快！快！拿锄头来。"谁知一锄头掘下去，"啪"的一声，闪出一道金光，刺瞎了老板的眼睛。那株千年老白术就无影无踪，再也找不着了。以后，再没有见到那白衣姑娘。

于潜鹤山所产的白术，来得特别珍贵，你若切开来看一看，还有朱砂点和菊花般的云头形状哩！

二、《神仙传》中的白术故事

《神仙传》中说了一个故事：汉武帝巡视东方，遇见一老汉在道边田里做农活儿，老汉头上放出有"道行"的人才有的白色光环，竟高达数尺。汉武帝好奇地询问老汉，老汉回答说："我

85 岁时，就已经发白齿落，后来有一个道者教我绝谷（不吃粮食）的方法，只吃白术饮水。没有多少日子我就返老还童，长出乌黑的头发，生出新的牙齿，能日行三百里路。如今我已经 180 岁。"汉武帝感谢老汉传授了长寿秘方，赐给玉帛等物。

三、观音庵小尼姑与白术

早在汉代，茅山观音庵有个会看病的老尼姑，她懂得不少中草药，在方圆左右很有名气。山里山外的人害了病，常到观音庵求医。老尼姑自己并不采药，她把这活派给一个小尼姑。小尼姑每天照着老尼姑说的样子满山遍野地去采药，至于什么草药能治什么病，她就一窍不通了。老尼姑很贪财，谁给的钱多她就给谁下好药；钱少的，她就用些不济事的野草去蒙骗人家。小尼姑看着觉得不公平，可是因为她自己并不认识草药，只能干着急。

有一天，一个穷人来求药，这人一分钱也没有，老尼姑问也不问，硬把那个人赶走了。

小尼姑十分气愤，她偷偷从屋里抓了一把草药，追到庵外，唤住那个人说："大哥，你先拿去吃吃看。"

可是，等那个人一走，小尼姑的心又不安了："那人到底有什么病？给的草药能治他的病吗？千万别吃坏肚子呀！"

谁知过了些日子，那个穷人来到观音庵，竟找到老尼姑千恩万谢说："多亏你们那位小菩萨，把家父害了多年的足膝软瘫治好了。"老尼姑十分奇怪，庵里没有治那种病的药呀！就审问小尼姑："你偷了我什么药？快说！"小尼姑也弄不清楚这是怎么一回事，后来留心一查才明白：原来她给那位穷人的草药叫白术，不是老尼姑叫她采的，大概是自己采药时不小心裹进药篮子里，又被老尼姑当作没用的野草扔到一边了。从此，小尼姑知道白术可以治病。

过了些日子，小尼姑受不了老尼姑的气，逃出观音庵回家还俗了。从此她靠挖白术为生，不光治好了许多足膝软病的病人，慢慢地又知道，白术对腹胀、呕吐、腹泻等几种脾虚病有更好的疗效。

石　斛

旋汲清泉石斛方，便疑身已置江乡。

八九吞胸云梦小，应笑，白头儿戏未曾忘。

荷叶且看张翠盖，此外，芙蓉谁望集朱裳。

还有不如人意处，遮去，碧天明日照泱泱。

——《定风波·题轴轩左右埋二石槛植荷其中》·元·姚燧

物种基源

石斛（Dendrobium nobile），为兰科多年生常绿草本植物金钗石斛及同属多种石斛的干燥或鲜新茎，又名金钗、杜兰、禁生、石遂林兰。

石斛的同属品种很多：有黄草石斛（束花石斛）、金石斛（短唇石斛）、美化石斛（粉花石斛、环草石斛）、罗河石斛（黄花石斛）、细茎石斛、广东石斛、铁皮石斛、耳环石斛等，主产于广西、广东、云南、贵州、四川等地。

生物成分

据测定，石斛，含淀粉、多糖、豆甾醇、黏液质及生物碱 0.3%，主要是石斛碱、石斛次碱、6-羟基石斛碱、石斛醚碱等。

食材性能

1. 性味归经

石斛，味甘，微寒；归胃、肾经。

2. 医学经典

《神农本草经》："益胃生津，滋阴清热。"

3. 中医辨证

石斛，滋阴清热，养阴和胃，有益于阴伤津亏、口干烦渴、少食、干呕、病后虚热、目暗不明等症的调理与康复。

4. 现代研究

石斛能促进胃液分泌，以助消化，并能增强肠蠕动，有降低血压、抑制心脏搏动的作用，对葡萄球菌有抑制作用。

食用注意

石斛属甘寒之品，能愈邪助湿，故温热病尚未化燥者不宜早用，湿温病尤当忌用。

传说故事

一、石斛延年益寿的传说

很久很久以前，有个张孝子，他的老父亲因终年劳累过度病倒在床。张孝子家里很穷，但他为了给老父亲治病不惜花光了所有家当。但老父亲的病依然不见起效，眼看着就要不行了。一天老父亲对张孝子说，不要再给自己治病了，留着钱好好生活娶妻生子，张孝子听后更是伤心不已，愧疚不已，自责不能治好老父亲的病，不能让老父亲安享晚年。

这时候来了一位白发胡须的老人对张孝子说，这座大山的峭壁上生长着一棵千年的石斛，谁要是找到会变得有福气，要是吃到肚子里去，能够消除百病、延年益寿。张孝子听闻后非常高兴，立刻要去寻找这悬崖峭壁上的千年石斛为老父亲治病。白发老人提醒他，悬崖峭壁，会有丧命的危险。

张孝子毫不畏惧，毅然决然登上悬崖峭壁寻找石斛。他找了许多天，衣服、手臂都被锋利的岩石划破了，也没有放弃。终于在最高的山峰上找到了那棵白发老人所说的千年石斛，真是色彩瑰丽又具有亲和力啊！他踩着陡峭的峭壁去摘那棵石斛，只见脚下一滑，张孝子抓着石斛一起摔下深渊了，张孝子想这下死定了，只是还没有把石斛拿给老父亲啊！等他醒来之后，发现自己已经躺在家中的床上，那棵救命的石斛还在手里。最后，他把石斛给老父亲食用后，老父亲果然消除百病、延年益寿了。大家都说那白发老人是神仙，这棵石斛是仙草啊！

二、宋世雄善饮石斛茶

据《中国中医药报》披露：我国著名播音员宋世雄的嗓音，之所以能长期保持良好，有赖于每日饮用石斛茶。据记载，已有30多年播音史的宋世雄，其保嗓药的妙方是我国著名老中医刘渡舟教授介绍的，他对宋世雄说："清利咽喉，保护嗓子，用胖大海不如石斛效果好。"我国著名京剧表演艺术家梅兰芳、马连良等，也常服用石斛为原料的饮料。

淫　羊　藿

为之讲灵面，不为世俗知。

盖以多见贱，蓬藋同一亏。

君如听予服，此语不敢欺。

勿信柳子厚，但夸仙灵脾。

——《寄何首乌丸与友人》·宋·文同

物种基源

淫羊藿（Epimedium grandiflorum Morr.），为小檗科多年生草本植物的干燥的地上部分，又名剪叶淫羊藿、心叶淫羊藿、仙灵脾、仙灵毗，放杖草、弃杖草、三枝九叶草、铜丝草、肺经草、三叉骨、三角莲、三叉风、羊角风、牛角花、铁菱角、铁打杵、黄连祖、干鸡筋、千两金、刚前，以色青绿、无枝梗、叶整齐不碎者为佳，主产于陕西、湖北等地。

生物成分

据测定，淫羊藿，含淫羊藿甙，去氧甲基淫羊藿甙，维生素 A、B、C、D、E，黄酮化合物去氧甲基 $\beta-1/3$ 氧淫羊素，苦味质，鞣酸，木兰碱，还含挥发油等。此外，它含三十一烷、蜡醇、植物甾醇。

食材性能

1. 性味归经

淫羊藿，味辛、甘，性温；归肝、肾经。

2. 医学经典

《神农本草经》："补肾壮阳，强筋骨，祛风除湿。"

3. 中医辨证

淫羊藿，补命门，益精气，坚精内，利小便，对肾阳不足、男子阳痿、女子不育、妇女更年期高血压及小儿麻痹急性期等病症的康复与辅疗极为有益。当代药学家周登成云："淫羊藿，辛温，归肝、肾；壮阳、强肾、健骨筋，利阳痿、遗精、寒痹痛、腰膝酸软、肢不仁等症的康复。"

4. 现代研究

淫羊藿具有：

（1）兴奋性机能、促进精液分泌的作用；

（2）降血压作用，明显而持久，主要是由于舒张周围血管所致；

（3）明显降低血糖作用；

（4）本品少量利尿、大量抗利尿；

（5）维生素 E 样作用，及镇咳作用。

据抗菌试验证明：淫羊藿对脊髓灰质炎病毒及其他肠道病毒，均有显著的抑制作用。

食用注意

淫羊藿，性温，故火热症、阳强易举忌用。

传说故事

一、淫羊藿的传说

从前，有对小夫妻婚后多年不育，父母劝儿休妻另娶，可儿子于心不忍，从此整天遭受责骂，被逼双双离家出走，沿途以乞讨为生。

一天傍晚，他俩在山脚下倚树小憩，突然狂风呼啸，吓得羊群东奔西跑。他们见牧羊人照应不及，随即上前帮着把受惊的羊逐一赶回棚圈内，牧羊人十分感激，便挽留他们放羊，又供吃包住。他俩发现母羊生殖力特别强，而他们因无子嗣才流落此地，于是细察其食料，只见所有的羊都争着挑吃一种野草的叶子。他们从中受到启示后，也采集这种草，连根带叶煎汤服，不久这少妇竟怀孕了。

小夫妻告辞牧羊人后，欢愉地重归家园。邻里询问吃的什么灵丹妙药，他们笑答："那是羊爱吃的一种野草，草叶像豆叶，边缘有毛茸茸的细齿。"植物学上称互畔为"藿"，而这草叶形似豆叶，加上羊吃了这草会不断交合，由此，生物学家命其名为"淫羊藿"。

二、陶弘景与淫羊藿

据记载，南北朝时的著名医学家陶弘景是个业精于勤、对中医药具有执着追求的人。一日采药途中，他忽听一位老羊倌对旁人说："有种生长在树林灌木丛中的怪草，叶青，状似杏叶，一根数茎，高达一二尺。公羊啃吃以后，阴茎极易勃起，与母羊交配次数也明显增多，而且阳具长时间坚挺不痿。"谁知说者无心，听者有意，陶弘景暗自思忖：这很可能就是一味还没被发掘的补肾良药。于是，他不耻下问，虚心向羊倌实地请教，又经过反复验证，果然证实这野草的壮阳作用不同凡响。因羊吃了该草后会淫乱母羊，故起名叫"淫羊藿"。

三、淫羊藿药名的由来

相传在西北部有一牧羊人婚后久无子。其放牧时常见羊食一种如豆叶的草而好淫，一日百遍交合。思之，采其叶煎服之，果然强举而有子。因牧之羊为淫羊，故称之为"淫羊藿。"

锁 阳

锁阳根向肃州移，绝类男阳亦甚奇。
龙马精遗何足信，妇人淫合更堪疑。

——《本草诗》·清·赵瑾叔

物种基源

锁阳（Cynomorium songari-cum），为锁阳科多年生肉质寄生草本植物锁阳的肉质茎，又名举阳参。

锁阳以个大、色红、坚实、断面粉性、不显筋脉者为佳，主产于新疆、甘肃、内蒙古、宁夏等省（区），寄生在一种白刺的植物根上。

生物成分

据测定，锁阳含水溶性 β -型皂甙，淀粉和还原糖，煮熟可食用。

食材性能

1. 性味归经

锁阳，味甘，性温；归肾、大肠经。

2. 医学经典

《本草从新》："益精兴阳，润燥养精。"

3. 中医辨证

锁阳，大补阴气，益精血，利大便，对阳痿早泄、梦遗滑精、腰膝冷痛、筋骨痿软等症的康复与辅助食疗，效果甚佳。

4. 现代研究

锁阳可用于各种瘫痪、如外周弛缓性瘫痪，周围神经炎、脊髓神经性炎、小儿麻痹症后遗症的康复，效果良好。

食用注意

（1）腹泻或阳强易举者忌食服。
（2）阴虚火盛者不宜食用。

传说故事

一、薛仁贵改苦峪城为锁阳城

相传，当年薛仁贵征西，中了敌人埋伏，被困于甘肃的苦峪城，军中粮草断绝，官兵只好到郊外挖野菜充饥。有一名士兵偶尔从沙土里挖到了一种红萝卜似的野菜，吃起来很甜，当地人说是"锁阳"。薛仁贵大喜，连呼"救命菜，救命菜！天赐神粮也！"命令士兵多挖多采，煮粥当粮，渡过了难关。战争结束后，薛仁贵为了感谢锁阳的救命之恩，把苦峪城改为"锁阳城"，以示纪念。

二、锁阳叫"黄哥郎"的传说

相传，唐员外的姑娘红果与长工黄哥相爱，但员外嫌贫爱富，一对情人双双逃走，半路被管家害死，埋在沙堆里，后来黄哥变成了"黄哥郎"。红果姑娘怕狗吃尸体，变成了一种茨"狗忌"（枸杞），长在坟头上扎狗。至今"黄哥郎"（锁阳）总是依偎在红果（枸杞）身旁，寄生在刺根上。

决 明 子

雨中白草秋烂死，阶下决明颜色鲜。
著叶满枝翠羽盖，开花无数黄金钱。
凉风萧萧吹汝急，恐汝后时难独立。
堂上书生空白头，临风三嗅馨香泣。
——《秋雨叹·其一》·唐·杜甫

物种基源

决明（Cassia obtusifolia L.）或小决明（Cassia tora L.），为豆科多年生草本植物决明子或小决明子的成熟种子，又名草决明、羊明、羊角、马蹄决明、还瞳子、狗屎豆、假绿豆、马蹄子、芹决、羊角豆、野青豆、猪骨明、猪屎蓝豆、细叶猪屎豆、夜拉子、羊委豆，以籽粒饱满、色绿带棕者为佳，主产于江苏、安徽、浙江、山东等省。

生物成分

据测定，决明与小决明种子均含蒽醌类物质。决明种子中含油 $4.65\% \sim 5.79\%$，油的主要成分为棕榈酸、硬脂酸、油酸、亚油酸，尚含组氨酸、蛋氨酸等 20 多种氨基酸及铁、锌、锰、铜、镍、钴、钼等多种微量元素和维生素 A 类物质，如 β-胡萝卜素等。

食材性能

1. 性味归经

决明子，味甘、苦、咸，性微寒；归肝、大肠经。

2. 医学经典

《神农本草经》："清热明目、润肠通便。"

3. 中医辨证

决明子苦寒，入肝以清肝火，甘咸质润而润肠燥，善散风热，能升能降是其特长。有较好的明目作用，故以明目之功而名，为眼科常用药。

4. 现代研究

决明子具有：

（1）降血脂，并有缓泻作用；

（2）降血压，并有利尿作用；

（3）对免疫功能影响，决明子对细胞免疫功能有抑制作用，而对巨噬细胞的吞噬功能有增强作用，并具有收缩子宫作用。

据抗菌试验证明：决明子对结核杆菌、葡萄球菌、白喉杆菌、大肠杆菌、伤寒杆菌、副伤寒杆菌、乙型副伤寒杆菌等均有抑制作用，水浸剂对抗皮肤真菌有作用。

食用注意

大便溏泄或血虚眩晕者，则当忌服用。

传说故事

一、决明子治眼病的传说

从前，有个老秀才，还不到六十岁就得了眼病，看东西看不清，走路拄拐杖，人们都叫他"瞎秀才"。

有一天，一个南方药商从他门前过，见门前有几棵野草，就问这个草苗卖不卖。老秀才反过来问："你给多少钱？"药商说："你要多少钱，我就给多少钱。"老秀才心想：这几棵草还挺值钱，就说："俺不卖。"药商见他不卖就走了。

过了两天，南方药商又来了，还是要买那几棵草。这时瞎秀才门前的草已经长到三尺多高，茎上已经满了金黄色花，老秀才见药商又来买，觉得这草一定有价值，要不然他为何老要买？老秀才还是舍不得卖。

秋天，这几棵野草结了菱形、灰绿色有光亮的草籽，老秀才一闻草籽味挺香，觉得准是好药，就抓了一小把，每天用它泡水喝，日子一长，眼病好了，走路也不拄拐杖了。又过了一段时期，药商第三次来买野草，见没了野草，问老秀才："野草你卖了？""没有。"老秀才就把野草籽能治眼病的事说了一遍。药商听后说："这草籽是良药，要不我三次来买？它叫'决明子'，又叫'草决明'，能治各种眼病，长服能明目。"以后，老秀才因为常饮决明子泡的茶，一直到八十多岁还眼明体健，曾吟诗一首："愚翁八十目不瞑，日数蝇头夜点星，并非生得好眼力，只缘长年饮决明。"

二、服决明子明目的传说

相传，陕西龙门山有一老道，年过百岁，仍鹤发童颜、耳聪目明。其远可眺十里以外之物，其近可视蝇头小字。人以为奇，恳求老道传授仙方，老人欣然应允，授以决明子，令其捣烂吞服，每次一小匙，连服三百六十五天，净得天地四时明阳之气。龙门人服决明子后，个个目明眼亮，眼疾全除。

烟 草

本国烟，外国烟，成瘾苦海都无边。
前人唱，后人和，饭后一支，神仙生活。
错！错！错！
烟如旧，人苦透，咳嗽气喘罪受够。
喜乐少，愁苦多，一朝上瘾，终身枷锁。
莫！莫！莫！

——《戒烟歌》·台湾社会祥和基金会

物种基源

烟草（Nicotiana spp.），为茄科一年生草本植物烟的叶片，又名野烟相思草、返魂草、仁草、八角草、金丝醺、贪报草、延命草、穿墙、土烟草、金鸡脚下红。

我国栽培的烟草有四种，主要栽培的只有红花烟草和黄花烟草两种，亦偶见白花烟蒂，原产于热带美洲，我国华北、东北、西南等各省均有栽培。按叶的用途及调制方法，烟草可分为烤烟、晒烟、晾烟和香料烟等类。

生物成分

据测定，烟草茎、叶均含烟碱（音译"尼古丁"）、挥发油、苹果酸、柠檬酸等。

食材性能

1. 性味归经

烟草，味辣，性热；归心、肺经。

2. 医学经典

《中国药典》："行气止痛、解毒杀虫。"（非燃烧吸烟）。

3. 中医辨证

烟草气特异，味辛辣。其烟气具有刺激作用，其性属纯阳，善行善散，故有行气止痛，解毒杀虫之功。

4. 现代研究

吸烟有害健康，祸害无穷。但作为药物应用于治病（非燃烧吸入），对食后饱胀、气结疼痛、痈疽、疔疮、疥癣、蛇犬咬伤的康复和辅疗效果突出。

食用注意

烟草含有多种致癌、致畸、致突变"三致"物质，特别是吸烟和吸二手烟，绝对有害于人体的健康。

传说故事

一、讨饭"烟"的传说

某人爱吸烟，但从来不买，见谁吸烟就往谁跟前凑，死皮赖脸地吸白烟。人们对其编有顺口溜："在家不买，出门不带，人给就吸，没吸就戒。"

一天，他见一老汉在墙跟头吸烟，就凑上去说："你吸了这一袋，让我吸吸吧！"老汉不理他，吸完一袋又一袋。他又说："你吸了两袋才让我吸呀？"老汉还不理他，又挖一袋继续吸着。这人又说："我知道了，你是连吸三袋才让我吸哩！"

老汉越听越火，把烟杆在膝盖上一折两截，装进口袋就走。这人跟在后头叫着说："是回去换上新烟杆让我吸呀？"

二、烟熏人醒的传说

传说很久很久以前，在美洲印第安人的部落里，有一个首领的公主得了急病昏死过去了，被抬到野外天葬，等待"飞鸟"的啄食。昏聩中闻芳香之气，醒而见卧旁有草，于是就采而嗅之，顿时觉得遍体清凉，霍然而起。公主非但没有被飞鸟啄食，反而活着回来了。人们一问，才知道公主是被一种辛辣气味熏醒的，这种散发着气味的植物就是烟草。从此，它就以还魂草的美名广为流传。后来，印第安人发现手卷烟叶，焚其一端，从另端口吸之，颇有"滋味"，人类的抽烟就从此开始。烟草传入我国是在 17 世纪。

吉 祥 草

紫袍玉带草，习俗视为宝。

吉言人造就，天意谁知晓？

——《吉祥草》·清·陈维康

物种基源

吉祥草〔Reineckia carnea（Andr.）Kunth〕，为百合科多年生常绿草本植物吉祥草的全草，又名松寿兰、观音草、解晕草、洋吉祥草、广东万年青、结实兰、玉带草、紫袍玉带草、九节莲、小青胆、小叶万年青、小九龙盘、软筋藤、竹节伤、竹棍。

吉祥草，形似万年青而叶小，其根状茎匍匐于地下及地上，节明显，夏季花开紫色，浆果圆形，似佛项之珠，生须根如龙胆结于地表。全国各地均有栽培，常取其吉祥之意，放置于厅堂、书斋及公共场所。

生物成分

据测定，吉祥草含薯蓣皂甙元、奇梯皂甙元、铃兰皂甙元、五羟螺皂甙元、吉祥草皂甙元、异吉祥草皂甙元、异万年青皂甙元、异卡尔嫩皂甙元、喷陶洛皂甙元，以及 β-谷甾醇及其葡萄糖甙。

食材性能

1. 性味归经

吉祥草，味甘，性凉；归肺经。

2. 医学经典

《本草纲目拾遗》："祛风、润肺、接骨。"

3. 中医辨证

吉祥草，质轻入肺经，故具清肺、止咳、理血、解毒之功，对肺热咳嗽、吐血、跌打损伤、疮毒、疳积等疾病的康复有辅助效果。

4. 现代研究

吉祥草，具有镇痛、抗炎、抗菌的功能，内服对肺结核、感冒咳嗽、慢性支气管炎、哮喘、风湿性关节炎等症有很好的辅助康复效果。

食用注意

吉祥草性凉，脾虚久泻者不适宜服用。

传说故事

民俗吉祥草的由来

相传，南方一妇临蓐，血晕不能医。正在束手无策之时，其子玩耍而归，手拿数束色泽翠润、茎直如箭的青草入室，见母之状，弃草而哭。一股清香充满室内，产妇血晕随止，顺产一婴，但见此草叶皆软而低垂，色亦橘瘁，乃此草救妇一命也，随呼此草为"吉祥草"。至此南方民俗妇临蓐之时，以此草连盆移至产室，以解厄及血晕，其叶必经数月乃复鲜艳，亦一奇也。

桑 叶

一年两度伐枝柯，万木丛中苦最多。
为国为民皆是汝，却教桃李听笙歌。

——《桑》·明·解缙

物种基源

桑叶（Morus alba L.），为桑科落叶灌木桑树的干燥叶片，又名铁扇子、家桑子、枯桑子、荆桑叶、桑葚树叶、桑树叶、黄桑叶、霜桑叶、冬桑叶、白桑叶、鸡桑叶、子桑叶、山桑叶、金桑叶、晚桑叶、老桑叶、双叶、双桑叶、童桑叶、神仙叶。

桑叶，有好多种，叶大如掌而厚名白桑，叶花而薄名鸡桑，先椹而后叶名子桑，叶尖而长名山桑。全国各地均栽培。

生物成分

据测定，桑叶含蜕皮甾酮、牛膝甾酮、羽扇豆醇以及微量 β-谷甾醇、芸香甙、桑甙、异槲皮素、东莨菪素、东莨菪甙、α-β-己烯醛、顺式 β-γ-己烯醇、苯甲醛、丁香酚、芳樟醇、苄醇、丁胺、丙酮、胡卢巴碱、胆碱、腺嘌呤、多种氨基酸和维生素、绿原酸、延胡过酸、叶酸、甲酰四氢叶酸、内消旋肌醇、铜、锌，还有植物雌激素等。

食材性能

1. 性味归经

桑叶，味甘、苦，性寒；归肺、肝经。

2. 医学经典

《神农本草经》："疏风散热，清肺润燥、清肝明目。"

3. 中医辨证

中医认为桑叶，清肺泻胃，凉血燥湿，祛风明目，既能疏散风热，又能消泄肝火。故对风热袭肺、发热咳嗽或燥热伤肺、干咳无痰，以及风热上攻或肝火上炎、目赤肿痛等症的康复和辅助食疗有益。桑叶还是收汗之妙品。

4. 现代研究

桑叶有抗病原微生物、降血糖、降血压、抗炎、利尿作用，对伤寒、杆菌、葡萄球菌有抑制作用。

食用注意

桑叶性寒，脾虚泄泻者勿宜服用。

传说故事

一、收汗妙品的传说

严州山寺有一游僧,形体羸瘦,饮食甚少,每夜就枕,遍身汗出,迨旦,衣皆湿透。如此20年,无药能治。监寺僧曰:"吾有绝妙验方,为汝治之。"三日之后,宿疾果然痊愈。其方单用桑叶一味,乘露采摘,焙干碾末,每日二钱,空腹用温水汤调服。如有男子汗症,何不以此一试?

二、桑叶治咳嗽的传说

很多年以前,在药山东北面的深山老林里住着这么娘儿俩。儿子叫达木,是个老实厚道的小伙子,对母亲非常孝顺。娘儿俩常年靠种地打柴为生,日子过得也算不错。

有一年,几场秋雨过后,母亲突然病倒了,躺在炕上,头晕目眩,干咳不止。达木翻山越岭到处弄药,给母亲治病。眨眼工夫,半个月过去了,母亲的病情也没有好转,达木十分着急。

一天,达木听说药山上的老道能治病,打算把母亲背去医治。可是因为路途太远,母亲怕累坏儿子,说什么也不去。"儿呀,你为妈治病东跑西颠,受了多少苦和累,妈妈心里都明白,这药山大老远的,如果我能走还行,这么远的道儿,全靠你一个人背着,那哪行?妈妈领你这个情了。"

达木说:"妈,我听说药山上青华观里有个老道能治不少病,还会出偏方,咱就去呗,我能背动你,累了就歇会儿再走。"

"哎,儿呀,我不是不相信,你说咱这隔山跨岭的,那么容易吗?把你累个好歹,那可咋整?这么的,你先去给妈妈弄几个偏方让我吃一吃,看看再说。"

"妈……"

"儿呀,偏方治大病啊!听妈妈的话,去打听一下,啊?"

"这……"

"行啦,妈知道你不放心我一个人在家,快去快回吧!"

由于妈妈得的头痛咳嗽病,达木临去药山前,先烧好一盆儿开水留给母亲喝。达木连日来四处求医,给母亲治病,确实感到挺累,晚上还得照料母亲,但他一点都不露一点愁容,因为他是妈妈的儿子,给妈妈治病,天经地义。把水烧开之后,舀到盆儿里,竟忘了盖上盖儿,就急急忙忙地走出了家门。

过了几个时辰,老太太感到口渴,想去喝点开水,她慢慢地来到盆儿前一看,水里泡着几片树叶,便自言自语地说:"唉,秋风刮落叶,都刮到盆里来了。"说着,她把树叶拣了出去。老太太喝完开水,就在炕上躺下,不一会,就迷糊着了。一觉醒来,她感觉头痛减轻了,身上也舒服了,活动活动之后,下地又喝了一碗水。太阳快要落山了,天边上出现了一片片火烧云。把大山映照得五颜六色,格外好看。这时,达木累得满头大汗,急匆匆地跑回家来。一进门就问:

"妈妈,怎么样了?"

"哎呀,这阵子很好,头脑清醒多了。儿呀,偏方弄来了吗?""唉!今天不走运,偏赶上药山青华观里的老道出去化缘,我怕您一个人在家不行,没敢多等,明天我再去。"达木为没见到药山老道很惋惜。

"儿啊,为妈妈白跑一趟,赶快吃饭,早点儿歇一歇。"

"妈，不要紧。咱俩一起吃吧？"

"儿呀，妈今个喝这开水，不知咋回事，觉得跟往常不一样，我再喝点开水。"

"妈，好喝也不能喝得太多呀！"

"哎，那是。"

第二天早晨，母亲老早就起来，达木问她怎么回事儿。母亲说病好多了，想起来下地走一走。达木一听感到纳闷儿，向母亲问道："妈，你昨天吃什么药了吗？"

"没有，我就喝开水。"

"你看见水里有什么东西没有？"

"噢，那水盆你没盖上盖儿，被风刮进几片咱家台上的桑树叶子。"

达木听了，猛然想起，昨天忘把开水盆盖上。这时候，他暗暗地琢磨：是不是这桑树叶子有药的作用，能够治母亲这种病呢？寻思来寻思去，觉得有点奇怪。不管怎么的，妈妈的病情见好就行。

吃过早饭，达木又给母亲烧好开水，便去桑树上摘下几片叶子放到盆中浸泡。然后，他又去药山青华观拜见老道士。

达木到了青华观，向老道士说明来意。老道士首先盘问一下达木的住处，然后又仔细地询问他母亲是什么样的病状，都问明白之后，老道士给达木出了几片被霜打过的桑叶治疗他母亲病情的偏方。

达木听了，十分高兴，心里默默地说："霜打桑叶是良药，怪不得母亲喝了桑叶泡过的开水，病情有了明显的好转，看起来这东西确实好使啊！"

达木回到家里，按着药山青华观里老道士的偏方，在自个家前台子的桑树上摘下霜打的叶子，就精心地熬起药汤来。

就这样，几天便把母亲的病治好了，娘儿俩非常感谢药山青华观里的老道士。

菖 蒲

晓露飞初湿，春苗剪又生。
静怜千叶瘦，幽喜一峰横。
郁郁明人眼，青青异物情。
安期如可待，吾亦扫黄精。

——《石菖蒲》·明·孙作

物种基源

石菖蒲（Acorus Gramine-us soland），为天南星科多年生草本植物石菖蒲的根状茎；九节菖蒲（Anemone alta-icl Mey.），为毛茛科多年生草本植物阿尔泰银莲花的根状茎；鲜菖蒲〔rus Gramineus Soland. var. Pusillus（Sieb）Engl〕为天南星科多年生草本植物钱菖蒲的新鲜状茎，又名白菖蒲、水菖蒲、蒲剑。

我国有25个种属菖蒲，130多种，自生于溪润之滨，叶为剑状，故有"水剑草"之称，主产于四川、浙江、江苏、江西、福建、辽宁、湖南、湖北等省。

生物成分

据测定：（1）菖蒲，含挥发油 0.5%～0.9%，尚含降脂成分二聚细辛醚。

（2）钱菖蒲，含挥发油 1.3%～3.27%，油中含 α-细辛醚 12.75%，β-细辛醚 37.12% 等，

此外，还含菖蒲烯二醇、菖蒲烯酮、水菖蒲酮、菖蒲酮、水菖蒲素和水菖蒲草酮。民俗中有农历五月初五日用菖蒲与艾叶一起浸酒，清毒邪的习俗。

食材性能

1. 性味归经

菖蒲，味辛，性温；归心、脾、胃经。

2. 医学经典

《神农本草经》："芳香开窍，和中化湿。"

3. 中医辨证

菖蒲虽属辛温之剂，但以芳香为用，其性走窜，善能化湿浊之邪，而有豁痰宣壅、开窍通闭之功；以振清阳之气，聪耳目而醒神健脑，并能和中开胃。故对痰湿蒙闭、清阳不升而引起的神志昏迷、耳聋不聪、头目不清，精神迟钝、记忆模糊、癫狂、痴呆以及湿浊中阻、脘痞不饥噤口下痢等症，均为常用之品。

4. 现代研究

（1）所含挥发油能促进消化液分泌，制止胃肠异常发酵，缓解肠管平滑肌痉挛，故能和中辟浊止痛。

（2）动物试验对某些中枢有抑制作用，因而可镇静及催眠。

（3）有较强的降温作用，能使正常体温下降。

（4）外用对皮肤稍有刺激作用，故能改善局部血液循环。

（5）对常见致病皮肤真菌有不同程度的抑制作用。

食用注意

菖蒲，唯性燥散，凡阴亏血虚及精滑多汗者不宜用，如用菖蒲与艾叶浸酒，不可多饮，5～10毫升足矣。

传说故事

一、汉武帝与菖蒲

《神仙传》曾有这样一段记载："汉武上嵩山，夜忽见有仙人长二丈，耳出头巅，垂下至肩，礼而问之，仙人曰，吾九疑之神也，闻中岳石上菖蒲一寸九节，可以服之长生，故来采耳。忽然失神人所在。帝顾传臣曰：彼非复学道服食者，必中岳之神以喻联耳，为之采菖蒲服之。经二年，帝觉闷不快遂止。时从官多服，然莫能持久，惟王兴闻仙人教武帝服菖蒲，乃采服之不息，遂得长生。"唐代李白曾作诗为汉武帝惋惜："神仙多古貌，双耳下垂肩。嵩岳逢汉武，疑是九疑仙。我来采菖蒲，服食可延年。言终忽不见，灭影入云烟。喻帝竟莫悟，终归茂陵田。"

二、菖蒲酒换官的故事

《后汉书》曾记载这样一段真实的故事：有个叫孟佗的人极想当官，而本人又缺才无功，于是想了一个办法，不惜重金买了一坛菖蒲酒，送给当朝宰相张让。张让接后，喜形于色，当即下令封孟佗为凉州五品刺史。一坛菖蒲酒，换得刺史官，这从侧面证明了在当时菖蒲酒的身价。

三、菖蒲酒的古往今生

菖蒲酒特产于山西省垣曲县历山脚下，据史料记载，已有2000多年的悠久历史，是我国较早的名酿美酒之一，被历代宫廷列为端阳节必饮的御用酒浆。垣曲菖蒲酒之所以被视为珍贵，主要在于它采用了九节菖蒲这种名贵药材。九节菖蒲生长于海拔2000米高的历山之巅，因此，素有"无志者难以求取"之说。采集菖蒲又仅限于农历小满前后10天左右的时间内，过早，其浆不足，质差；过迟，则苗枯萎，难寻。酿造菖蒲酒的水也非一般可比，传说要取远古时舜帝在历山脚下亲手开凿的舜王泉水，舜王泉水是矿泉水，常饮可医治诸病，延年益寿。作为高级滋补药酒，宋《太平圣惠方》即有记载："菖蒲酒，主大风十二痹，通血脉，调荣卫，治骨立萎黄，医所不治者。"《本草纲目》亦云："菖蒲酒，治二十六风，一十二痹，通血脉，治骨萎，久服耳聪目明……"足见菖蒲酒有抗衰老和强身健体之效。菖蒲酒色泽橙黄透亮而不失中草药之天然本色，其味清香逸远，醇和可口，甜而不腻，饮后令人神清气爽。因此，历代皇家都视为稀世琼浆，滋补玉液。到了明代，每到农历五月初五端阳节这一天，皇帝除自己饮用外，还赐给官眷内臣一起品尝。

菖蒲酒的选料之精和酿造工艺之细，也非比寻常。一个熟练工人每天只能精选1.5～2.5千克九节菖蒲，酿酒用的豌豆，须从大小不一的豌豆粒中筛选出最大的；所用的高粱，须把每粒都劈做六、八、十瓣方可。发酵是在深埋土中的地缸里进行，出酒则是在每日凌晨鸡鸣之前，已经酿造成的酒还要密封起来，存放在地下，数年之后，方可饮用。垣曲县历山脚下是菖蒲酒得天独厚的产地，菖蒲酒厂在继承当地民间私营酒家酿造菖蒲酒秘方的基础上，进一步研究唐代《外台秘要》和宋代《太平圣惠方》中的"菖蒲酒方"，博采历代众家酿造菖蒲酒方之精华，造出更加精制的新菖蒲酒。北京市一位名叫高齐民的老中医，每日坚持服饮少许菖蒲酒多年，使其长年不愈的关节肿痛突然消失。他赞叹说："此乃菖蒲酒之功也。"我国文学巨著《水浒传》《西游记》中都有关于称颂菖蒲美酒的佳句，当代亦有不少名人对菖蒲酒的赞辞。"名酒溯源肇炎汉，历代曾闻列御膳。琼浆玉液庆延龄，盈铗连牍见经传。"这是由周恩来总理曾亲自命名的"评酒家"溥杰先生为菖蒲酒题写的一首诗。中国科协副主席裴丽生先生亦书云："根源二千年，美名自古传。今朝更争艳，跻足四化间。"

四、刘邦与菖蒲

相传，汉高帝刘邦在一次行军中，烈日酷暑，士兵大渴，行至一小溪旁，饱饮溪水。不久，士兵们大多上吐下泻，无力行走。有人献石菖蒲，服药即愈，刘邦大喜，回都城咸阳后，立御碑将石菖蒲功绩载之，被传为佳话。

五、食菖蒲可长寿的传说

相传，四州严道县有个穷书生，家中常糠米无存，只好靠野菜度日。一日，他摘取石菖蒲花拌糠吃，觉得味道可口，吃后腹内清凉。以后，菖蒲花拌糠便成了他的主食。日子一久，这位骨瘦如柴的书生竟然长得又白又胖。附近有位财主欲求返老还童之法，得知穷书生吃了那样的"仙药"变了样，也令家人摘来拌糠吃，可他愈吃愈难受，一气之下，便差人将附近的菖蒲都铲除了，绝了穷书生的食源。穷书生望着铲掉的菖蒲号啕大哭，直哭得死去活来，不知怎的，在他掉下眼泪的地方，突然长出了小粟，以后，他再也不愁吃的了。常吃这种东西，越活越年轻，直到108岁，还未长胡须。

金 钱 草

不恋华堂恋草庐，清芬遍地翠华舒。

金钱不惜为人用，《金匮》能添一笔无？

——《金钱草》·现代·王焕华

物种基源

金钱草（Lysimachia Chris-tinae Hance），为报春花科多年生常绿草本植物过路黄的全草，又名遍地香、地钱儿、铍儿草、连钱草、铜钱草、白耳草、乳香藤、九里香、半池莲、千年冷、遍地金钱、金钱草、马蹄草、透骨消、透骨风、过墙风、巡骨风、蛮子草、胡薄荷、穿墙草、团经草、风草、肺风草、金钱薄荷、十八缺草、江苏金钱草、透骨草、一串钱、四方雷公根、钱凿草、钱凿王、大叶金钱草、野薄荷、马蹄筋骨草、破铜钱、佛耳草、神仙对坐草。

我国由于历史悠久、幅员辽阔、植物的变迁等诸方面的原因，致使草药资源混淆不清，品种杂乱，同名异物或异名同物者不胜枚举。就以金钱来说，就有5种名同而物异的品种：（1）唇形科植物活血丹。（2）报春花科植物过路黄。（3）旋花科植物马蹄金。（4）伞形科植物白毛天胡荽。（5）豆科植物金钱草。无论何科，属植物都有清热、利湿、化石、解毒、通淋、退黄、消肿的作用，对肝胆、泌尿系统结石以及黄疸肝炎，尿血尿痛，肾炎水肿及痈肿疮节均可治疗。上述五种金钱草全国几乎都有产出。

生物成分

据测定，金钱草，含甙类、黄酮类、鞣质、挥发油、氨基酸、胆碱甾醇、氯化钾、内酯类等成分。

食材性能

1. 性味归经

金钱草，味甘、咸，微寒；归肝、胆、肾、膀胱经。

2. 医学经典

《本草纲目拾遗》："利水通淋，清热消肿。"

3. 中医辨证

金钱草，消热祛湿，利尿通淋，对尿路感染、泌尿系统结石、胆囊结石、肾炎浮肿、黄疸等症的康复有独特的效果。

4. 现代研究

金钱草有如下功效：

（1）本品有利尿作用，可能与其所含钾盐有关。

（2）本品有排石作用，可能通过化石，把结石碎化为沙或通过利尿作用把细结石排出，本品能促使小便变为酸性，促使碱性结石溶解。

（3）有利胆作用。

据抗菌试验证明，本品水煎剂对金黄色葡萄球菌有抑制作用。

食用注意

（1）金钱草为治肝、胆和泌尿系统的结石必用之品，对肝、胆结石更有效，但需坚持长期服用。

（2）有五种不同科属金钱草，但以报春花科过路黄治结石为优。

传说故事

医生巧识金钱草

从前，有个男人肋下突然如刀扎似地刺痛，后来竟活活痛死了，剖腹检查，发现胆里有一块小石头。妻子怀念丈夫，把这块石头装在小网袋里，挂在脖子下，终日不离。一天，她上山割了一大捆草抱回家，发现那块石头化了一半，她十分奇怪，逢人便讲。一位医生听到后，就和她上山，照样割草回来，按类分开，把那块石头先后放到每种草上试验，结果终于找到了能化胆石的药草。医生说："它比金钱还贵重，就叫它金钱草吧！"这种金钱草的茎柔弱伏地而长，春末夏初开黄花，沿地而过，故植物名叫过路黄。至今人们用它清热祛湿、利尿排石，疗效很好，特别是对胆、肾、膀胱结石有较好效果。

半 夏

瓜茂麦熟听鸣蛙，晨露晶莹映朝霞。
《金匮》孕妇妊娠吐，人参干姜伴半夏。

——《半夏》·清·吴铭祖

物种基源

半夏〔Pinellia ternate（Thunb）Breit〕，为天南星科多年生草本植物半夏的块根，又名地文、水玉、守田、示姑、羊眼半夏、和姑、蝎子草、地珠半夏、麻芋果、三步桃、泛石子、地鹧鸪、地茨菇、老黄嘴、老尚头、野芋头、老鸹头、提嘴豆子、地巴豆、无心菜、天落星、老鸹眼、麻芋子、地雷公、老瓜蒜、狗芋、珠半夏、裂刀菜、麻草子，以色白、粉性足者为佳，主产于湖北、四川、江苏等地。

生物成分

据测定，半夏，含β-固甾醇葡萄糖甙和游离的β-固醇、微量挥发油、植物醇、皂甾、辛辣性醇类、生物碱等。

食材性能

1. 性味归经

半夏，味辛，性温，有毒；归脾、胃经。

2. 医学经典

《大明本草》："治吐食反胃，霍乱转筋，肠腹冷、痰疟。"

3. 中医辨证

半夏燥湿化痰，降逆止呕，消痞散结。用于痰多咳喘，痰饮眩悸，风痰眩晕，痰厥头痛，呕吐反胃，胸脘痞闷，梅核气；生用外用治痈肿痰核。

法半夏：燥湿化痰，用于痰多咳喘，痰饮眩悸，痰厥头痛。

姜半夏：温中化痰，降逆止呕。用于痰饮呕吐，呕吐反胃，胃脘痞满。

清半夏：燥湿化痰，用于湿痰咳嗽，胃脘痞满，痰涎凝聚，咯吐不出。

4. 现代研究

（1）本品能镇静咳嗽中枢，解除支气管痉挛，并能使支气管分泌物减少，故有镇咳祛痰作用，所含皂甙亦与祛痰有关。

（2）本品可抑制呕吐中枢，故有镇吐作用。

（3）本品有毒成分难溶于水，不被姜汁、高温（100℃加热3小时）所破坏，而能被白矾（明矾）所消除，故制半夏必须加白矾。

食用注意

（1）半夏绝对不可生食，生食有毒。

（2）治病必须煎熟，而且要配足量的生姜或干姜解毒。

传说故事

一、半夏称"和姑"的来历

相传，有一名医，因家务事与其姑闹不和，久未去姑家。为了和好，在麦收之后主动到姑家看望，以示和好。不去则已，到其姑家一看，只见其面色萎黄，消瘦许多。其姑见侄到来，泪如泉涌，诉其思念之情，得病之由。这位名医知其病由，又加诊脉，认为乃气结壅滞而致痰湿凝结，胸膈胀满之症。但几经用药，未见其效。其实这位医生知道该用半夏而未敢用，怕有毒而有误解。不得已，乃重用半夏，以香油炒过，为末，配以它药。几副之后，病情就大有好转。姑侄重新和好。为记住这件事，他就将半夏称作"示姑""和姑"，并每至麦收之后要亲自到亲戚家去看望一遍，互相问候。至今还保留"看麦罢"的风俗习惯。

二、生姜解半夏

在宋朝，我国有位判官杨立之回到楚州时得了喉痛，白天吃不下饭，晚上痛得睡不着觉，异常痛苦，请了许多医生，吃了许多中药都没有效。恰好这时一名高丽的太医杨吉老来楚州办事，杨立之的两个儿子听说后，赶快把他请了过来。杨吉老仔细诊察了杨立之很久后才对他的儿子说道："你父亲的病非常蹊跷，必须先吃一斤生姜片，才可以用药，否则便无法可治！"说罢就去办自己的事了。

杨立之的两个儿子听后，感到很为难，说："喉咙已经溃烂、疼痛不止，怎么能吃生姜呢？"但也没有别的方法了，只好试一试。结果杨立之吃了生姜后并没有什么异样，也没感到什么辣味儿。在他吃够半斤生姜的时候，疼痛、肿胀就有所减轻，等到吃够一斤生姜的时候，脓血就完全消失了。这时他觉得生姜也有辣味了，吃饭、喝汤已经无碍，喉痛已经好了。

第二天，判官亲自去拜访杨吉老，感谢他的救命之恩，并奇怪他是如何将自己的病治好的。杨古老说："你在南方做官，很爱吃鹧鸪，鹧鸪爱吃生半夏，而生半夏有较小的毒性，你吃鹧鸪吃得多了、久了就容易引起生半夏中毒。生姜能解生半夏的毒性，所以仅用生姜就把你的病根除，也不用再服其他的中药了。"

黄 连

前秋抱腹疾，香连一服佳。

今伙腹疾同，香连乃为灾。

方知内患殊，不可一例该。

天机本活泼，刻舟求剑乖。

——《服药有悟》·清·袁子才

物种基源

黄连（味连、鸡爪连）（Coptis chinensis Franch）、三角叶黄连（雅连）（C. deltoidea C. Y. Cheng et Hsiao）、云南黄连（云连）（C. Y. Cheng）、峨眉野连（凤尾连、岩黄连）〔C. omeie-nsis（chen）C. Y. cheng〕，为毛茛科多年生草本植物黄连〔（味连、鸡爪连）、三角叶黄连（雅连）、云南黄连（云连）或峨眉野连（凤尾连、岩黄连）〕的根状茎，又名上草、光连、刺盖连、川连、王连、支连、川黄连、炒黄连、姜黄连。因黄连根如连珠而色黄，故名，主产于四川、云南、江苏等地。

生物成分

据测定，黄连的根状茎含多种生物碱，主要为小檗碱（黄连素），其次为黄连碱、甲基黄连碱、掌叶防己碱、药根碱、非洲防己碱，此外还含有青萤光酸等。

食材性能

1. 性味归经

黄连，味苦，性寒；归心、肝、胃、大肠经。

2. 医学经典

《神农本草经》："清热燥湿、清心除烦、泻火解毒。"

3. 中医辨证

黄连，大苦大寒，大寒能清湿热，味苦性燥，具有泻火燥湿之功。尤长于泻心火，清肠胃湿热，而为清心、除烦、消痞、止痢、治湿水郁结之主药。民间汉族有婴儿出生，以一滴黄连滴婴儿嘴以清胎毒，再以一滴甘草水以和之，亦名出生后"先苦后甜"之意。

4. 现代研究

（1）小檗碱有加强白血球吞噬金黄色葡萄球菌的功能。

（2）小檗碱可增加胆汁形成，使胆汁变稀，故有很好的利胆作用，对胆囊火甚为合适。

（3）小檗碱能扩张末梢血管而有降压作用。

（4）小檗碱对子宫、膀胱、支气管、肠胃道平滑肌都有兴奋作用。

（5）小剂量黄连素有增强乙醯胆碱的作用、抗病毒作用和抗肾上腺素作用。

（6）小檗碱有缓和的解热作用。

据抗菌试验证明：本品抗菌谱较广，对痢疾杆菌作用最强，优于磺胺，对金黄色葡萄球菌、肺炎双球菌、脑膜炎球菌、白喉杆菌、链球菌、结核杆菌也有较显著的抑制作用。

此外，体外试验黄连素和黄连煎剂，对钩端螺旋体也有较强的抗菌作用。另外，还有抗多种流感病毒、阿米巴原虫和真菌的作用。

食用注意

黄连若过量服用，则苦寒败胃，使消化不良。同时，本品性燥，多用易伤胃津，如火盛津伤者，应与养阴药同用。炒制后，虽可减缓苦寒之性，然终究属伤胃之品，故脾胃虚寒非有实火者则不宜用。

传说故事

一、黄连姻缘

"良药苦口数黄连，绿化争艳正月间。清热解毒除沉疴，苦尽甜来结姻缘。"这是一首咏黄连的诗，提起这首诗，在民间还流传着一个有趣的故事：从前，在大巴山深处有一个姓陶的医生，他家有个药园子，栽种着数百种中草药。有个青年帮工替他经管着药园。他忠厚勤奋，起早贪黑在园子里浇水锄地，栽花种药。正月的一天早上，寒霜未化，冷气袭人，小伙子在园子的后山上发现一株油绿的小花，正迎着寒风独自开放。于是，他把这棵野草连根挖起来种在园子里，经常浇水施肥，并把这花的种子撒在园子里。第二年初春，绿茵茵的小花开了满园子。

陶医生有个聪明伶俐的爱女，名叫妹娃，有一天她突然得了一种怪病，全身燥热，又吐又泄，只两三天就病得不省人事了。这时正巧陶医生在外地行医还未归，于是请了几个医生给妹娃诊治，但是都未见效。青年心中十分焦虑，突然，他想起园里那棵绿色的小花。记得前几个月喉咙疼痛，偶然摘了一片小叶嚼了几下，这叶苦得麻舌尖，但过了一个多时辰，喉咙痛减轻了许多，接着他又嚼了几片，当天喉咙疼痛症状全消失了。这种药能不能治妹娃的病？想到这里，他从园子里扯了一棵，熬成一碗汤送给妹娃喝，谁知这药还真灵验，妹娃早上喝的药，下午病情就有了好转，再服两次，妹娃的病竟痊愈了。陶医生回来，得知是这位帮工用小草治好了女儿的病，连声赞扬说："妹娃得的是肠胃热重，一定要用清热解毒的药才能治好，这开绿花的小草看来对清热解毒有特效。"

这位青年名叫黄连，陶医生为了记住这种药，也为了感谢这位帮工，就把这草药叫作"黄连"，还把自己的爱女许配给了黄连。"黄连姻缘"的故事至今还在民间广为流传。

二、黄连之趣

我国中草药数有千种之多，大概最苦的莫过于黄连，黄连几乎成了"苦"的代名词。多少年来，人们根据黄连的这一特点，创作了许多歇后语，既形象又生动，丰富了祖国语言词汇。没想到，黄连除了具有高度的医疗价值外，还在文学领域做出了贡献。现将所收集的关于黄连的歇后语，选录于下，以供读者欣赏。

黄连树下弹琴——苦中作乐。

黄连树下一棵草——苦苗苗。

黄连树上吊苦胆——苦上加苦。

黄连木雕图章——刻苦。

黄连木刻寿星——苦老头。

黄连拌蜜吃——苦中有甜。

大锹刨黄连——挖苦。

先吃黄连后吃蜜——先苦后甜。

不仅如此，世人还把贫苦的生活比喻成黄连，如明代僧智舷有诗云："黄山有黄连，甘美类苹果，不是性味移，头陀能忘苦"，这只是反其意而用之。

"哑巴吃黄连，有苦说不出"，是怎么得来的呢？传说明代学者王阳明的学生刘观时向王阳明求教："一个人的感情在将发未发时，是什么气象？"王阳明回答说："哑子吃苦瓜，与你说不得，你要知苦时，还是你自吃。"后人认为黄连比苦瓜更苦，于是把苦瓜改为黄连，变成了这条歇后语。

黄连之苦闻天下，它到底苦到什么程度呢？有人做了这样的试验：用 1 份黄连素加上 25 万份的水，这样配制出的溶液仍具有苦味。黄连的根茎里大约含有 7% 的黄连素，由此可见，黄连确实是够苦的了。

胖 大 海

声嘶力竭嗽音哑，利咽润肺效非差。
春瘟冬邪喉生痰，泡饮莫大一壶茶。
——《饮大洞果茶》·清·童休

物种基源

胖大海（Sterculia lgchnophora Hance），为梧桐科落叶乔木胖大海树的干燥成熟种子，因其果干小，泡开来膨胀后是干时的 20 倍，故名。其又名大洞果、莫大、胡大海、彭大海、大海子、安南子、故大发，以个大、坚硬、外皮细、棕黄色、有皱纹与光泽、不破皮为佳，主产于广西、河南等省。

生物成分

据测定，胖大海，种子外层含西黄芪胶黏素；果皮含半乳糖、戊糖等成分。

食材性能

1. 性味归经

胖大海，味甘，性寒；归肺、大肠经。

2. 医学经典

《本草纲止拾遗》："清热润肺、利咽解毒，润肠通便。"

3. 中医辨证

胖大海能宣肺、利咽、清热，对感冒咳嗽、音哑、咽喉肿痛等症的康复有益。

4. 现代研究

胖大海，种子浸出液有缓泻作用；种仁（去脂干粉）有明显降压作用，外皮软壳、种仁均有利尿、镇痛、抗炎、杀菌作用，对腹泻、急性扁桃体炎、干咳、便血的康复有辅助食疗效果。

食用注意

胖大海当茶饮可缓解咽肿疼痛，有消炎作用，但症状减缓和痊愈即止，不可久服常服，防止量聚积中毒。

传说故事

胖大海药名的由来

在古代，有个叫彭大海的青年经常跟着叔父乘船从海上到安南（今越南）大洞山采药。大洞山有一种神奇的青果能治喉病，给喉病病人带来了福音，但大洞山上有许许多多野兽毒蛇出没，一不小心就会丧命。彭大海很懂事，深知穷人的疾苦，他和叔父用采回来的药给穷人治病，少收或不收钱，穷人对大海叔侄非常感激。

有一次叔父病了，大海一人到安南大洞山采药，一去几个月不回来，父老乡亲们不知出了什么事。等叔父病好了，便到安南大洞山了解缘由。叔父回来后说："据当地人传说，去年有一个和我口音相似的青年采药时，被白蟒吃掉了。"大海的父母听了大哭，邻友们跟着伤心流泪，说他为百姓而死，大家会永远记住他，便将青果改称"彭大海"，又由于大海生前比较胖，也有人叫"胖大海"。

鹿 蹄 草

千年古猿助天成，剑献秦王伤自身。

幸得寺外鹿衔草，人猿双止血与疼。

——《古猿献剑》·宋·方成

物种基源

鹿蹄草（Pyrola rotundifolia ssp. chinensis），为鹿蹄草科多年生常绿草本植物鹿蹄草根状茎，又名鹿寿草、鹿衔草、小秦王草、秦王试剑草、破血丹、纸背金牛草、大肺筋草、红肺筋草、鹿寿茶、鹿安茶、鹿含草。

鹿蹄草，以花大、萼片较宽较厚、舌形急尖、叶下常呈灰蓝绿色、幼时尤著，主产于浙江、安徽，全国各省都有分布。

生物成分

据测定，鹿蹄草，含鞣质、挥发油、蔗糖、熊果粉甙、酶等。

食材性能

1. 性味归经

鹿蹄草，味甘、酸，性寒；归肝、肾经。

2. 医学经典

《神农本草经》："补虚益肾，祛风除湿，活血调经，止血止痛。"

3. 中医辨证

鹿蹄草补虚益肾，强健筋骨，对于肝肾不足、筋骨无力、腰膝酸疼以及肾虚、小便混浊等症的康复有益。

4. 现代研究

鹿蹄草，能增强心搏，调整心率，有明显的扩张血管、降低血压的作用，对金色葡萄球菌、变形杆菌、大肠杆菌有抑制作用。

食用注意

鹿蹄草，性寒，脾胃虚寒、长久腹泻者慎服食。

传说故事

一、鹿衔草药名的由来

很久以前，东北的深山密林中群居着野鹿。为此，当地许多好奇的居民都想观鹿逗乐，但人现鹿散，不能如愿。这倒越发激起了人们想了解这群自然生灵的欲望。

有一天，几个居民费心谋划后，擎着自制的鹿头模具，躲藏在又深又密的草丛中，用卷起的树叶吹出阵阵鹿鸣声，不一会儿，果然引来了大群野鹿。

只见野鹿雌雄相嬉，有些还相互交配。奇怪的是，居民发现一对野鹿当交配完毕后，雄鹿便倒"毙"于地。接下来，便有一群雌鹿围绕过来，发出悲鸣号叫，继而把头凑在一起，又四散而去。约莫半晌工夫，这散去的雌鹿都衔着相同的草回来，原来刚才是为雄鹿寻药草去了。这些雌鹿把草衔到雄鹿嘴边，磨来蹭去，没多久，奇迹出现了，倒地的雄鹿竟慢慢眨动眼睛，醒过来了，而且犹如刚从睡梦中醒来，重又神采飞扬，和雌鹿交颈摩肩，戏玩如初。

窥此幕的居民颇感惊奇，想看这神草是什么样子，便蹿出草丛把鹿群吓跑。近前一看，这草长着圆圆的叶片，香气浓郁，当地生长很多，于是便采些拿回家，心想人吃了可能也会有药效。后来验证，此药草确有益肾补虚救急之功。可给药草取个什么名字呢？当时观鹿的几个居民提议，叫"鹿衔草"吧，就这样定了名。后来又发现此药草还有祛风除湿活血的功效。

二、李世民与鹿衔草

隋朝末年，秦王李世民带领兵马，所向披靡。一日，他令部队在西山寺前小憩，忽见西山寺上洞中住着一个千年古猿。那古猿看出李世民乃真命天子，就献上一口宝剑，秦王接过宝剑一看，果然十分锋利。忽然，秦王不小心割伤了手，鲜血直流，于是随手丢了宝剑，恰好丢在大古猿的脚上，也割了一道口子。古猿不慌不忙在寺庙墙脚下扯了一把野草，用双手揉了揉敷在伤口上，血就止住了，秦王也仿效古猿的做法，果然灵验。后来，秦王在东征西伐的战场上就是靠这种草药治好了士兵的伤口。将士们为感谢秦王的恩德，将这种草药命名为"秦王试剑草"，又称为"小秦王草"，即"鹿蹄草"。

三、鹿蹄草止血的传说

相传在一个山区小村，住一户邱四农户，其妻很善良，一日上山干农活，听一小鹿在叫，她寻声追去，见小鹿叫的地方伏卧一老鹿，老鹿蹄扎一刺，肿大而不能行。小鹿含泪舔老鹿伤蹄，又舔邱妻之手，邱妻会意拔去刺，包其蹄，喂其食而去。数日，老鹿伤愈，小鹿感谢，见邱妻蹄跳而叫，又衔野鸡于其家，以报其恩。后来邱妻临产出血不止，邱四急而无法，见小鹿在外，诉其难。小鹿跑去叫来老鹿，衔着不少小草放于床前，示意熬服。邱四依其意熬汤给其妻服，果血止。从此，邱四夫妇常用此草为人治病，并取名为"鹿衔草。"

牛　膝

拜师收徒贯古今，师授徒学理当然。

终忧百倍前三徒，知人知面不知心。

——《传授徒采药有悟》·民间·施飞

物种基源

牛膝（怀牛膝）（Achyranthes bidentata Bl.），为苋科多年生草本植物牛膝的根，又名百倍、牛茎、脚斯蹬、铁牛膝、杜牛膝、怀牛膝、怀夕、真夕、牛夕、怀膝、土牛膝、淮牛膝、红牛膝、牛磕膝、牛克膝、牛盖膝、粘草子根、牛胳膝盖、野牛充膝、接骨丹、牛盖膝头，主要栽培于河南，除东北外，全国广布。

生物成分

据测定，牛膝，含三萜皂甙，水解后生成齐墩果酸、葡萄糖醛酸样物质，并含有多量钾盐及生物碱等物质，还含有脱皮甾酮和牛膝甾酮，种子含三萜皂甙。

食材性能

1. 性味归经

牛膝，味苦、酸，性平；归肝、肾经。

2. 医学经典

《神农本草经》："活血去瘀，引血下行，利尿通淋，补肝肾。"

3. 中医论证

牛膝味苦能泄，入肝、肾二经，能活血祛瘀，引血下行，故为妇科血瘀症之常用药。活血能通利关节，补肝肾可强壮筋骨，所以对风湿关节痹痛以及肝肾不足、腰膝酸痛、筋骨无力之症，亦常应用。

4. 现代研究

牛膝有如下功效：

（1）有短暂的降压作用和轻度利尿作用。

（2）能加强子宫收缩。

（3）对胃肠运动有轻度抑制作用，故可解痉。

（4）实验证明有镇痛作用。

食用注意

妇女月经过多及孕妇忌用。

传说故事

一、牛膝药名的由来

从前有位行医卖药之人，死前将一秘方传给他的得意门生，并说："这种药草是个宝，用它制成药，能强筋骨、补肝肾，药到疾除。"徒弟接过一看，这药草上长叶的部位膨大，其形状像牛的膝头，为了好记，就叫它"牛膝"。

二、郎中收徒的故事

有位河南郎中到安徽来卖药行医，日子一长，人熟地熟了，也就定居在这里了。河南郎中是个光棍汉，无妻无子，孤身一人，只是收了几个徒弟。他认识一种药草，经过炮制可强筋骨、补肝肾。郎中靠它不知治好了多少气虚血亏的痨伤病人。郎中心想：应该把这秘方传给谁呢？从表面上看，几个徒弟都不错，但是知人知面不知心，真要把这秘方传给一个心地善良的好徒弟，还得试一试。于是他就对徒弟们说："我如今年老多病，不能再采药卖药了。你们都学会了本事，各自谋生去吧。"

大徒弟心想：师傅卖了一辈子药，准攒了不少钱，他又无儿无女，留下的钱财理应归自己。所以，他对师傅说："我不离开师傅，师傅教我学会了本事，我该养你到老。"别的徒弟也都这么说。师傅一看，只好先到大徒弟家中来住。大徒弟好吃好喝地招待，令师傅十分满意。过了些日子，大徒弟趁师傅不在家，偷着把师傅的行李打开一看，原来师傅根本就没钱，只有一样多年没卖出去的药草。大徒弟好不扫兴，从此对师傅再也不关心了。师傅这才看透了大徒弟的心思，就离开他，搬到二徒弟家中。

二徒弟也像大徒弟一样，先是殷勤招待师傅，等发现师傅没钱时也冷下脸来。

过了些日子，师傅又去找三徒弟，三徒弟也不比两位师哥强多少。师傅最后同样住不下去了，只好背上行李卷，坐在街上哭。

这时，最小的徒弟知道了。他跑来对师傅说："到我家去住吧。"师傅摇摇头说："我身上一个钱也没有，白吃你的饭行吗？"小徒弟说："师徒如父子，徒弟供养师傅还不应该吗？"

师傅见他说得实心实意，就搬到小徒弟家中。过了不多日子，师傅突然病倒了，小徒弟整天守在床前伺候着，真像对亲生父母一样孝顺。师傅看在眼里，暗暗点头。一天，他把小徒弟叫到面前，解开贴身的小包袱，说："这里有一种药草是个宝，用它制成药，能强筋骨、补肝肾，药到病除，我现在就传给你吧！"

不久，师傅死了，小徒弟把师傅安葬妥当。以后，他就靠师傅传下的秘方，成为一个有名的郎中。后开了爿大药店，远近闻名。

师傅留的药草形状很特别，茎上有棱节，很像牛的膝头。因此，小徒弟就给它取了个名字，叫作"牛膝。"

黄 芩

羡君四入泻心汤，仲景推崇耐忖量。
久病得痊唯一味，因时而伍妙三黄。
肌热可祛医斑疹，腹烂多空唤腐肠。
配术安胎称圣药，何妨小试自亲尝。

——《黄芩》·现代·王焕华

物种基源

黄芩（Scutellaria baicalen-sis Georgi），为唇形科多年生草本植物黄芩的干燥根，又名山茶根、黄芩茶、土金茶根、黄花黄芩、大黄芩、下巴子、川黄芩、空肠、经芩、黄金条根、黄文、虹胜、妒妇、炖尾芩、印头、内虚、元芩、子芩、宿芩、腐肠、枯芩。

黄芩，以条长、质坚实、色黄者为佳，主产于河北、山西。

生物成分

据测定，黄芩含黄芩甙、黄芩素、汉黄芩素、汉黄芩甙、黄芩新素。此外，尚含 β-谷甾醇、苯甲酸、黄芩酶等。叶、茎中含所黄芩甙及汉黄芩甙。

食材性能

1. 性味归经

黄芩，味苦，性寒；归肺、胆、大肠经。

2. 医学经典

《神农本草经》："清火燥湿，祛热解毒，止血，安胎。"

3. 中医辨证

黄芩苦寒，苦能燥湿，寒能清热，为清热燥湿常用之品，用于湿热诸症，而尤长于泻肺经之热。故对邪热犯肺、身热咳嗽、痰黄黏稠之症，为必用之品，生用可安胎。

4. 现代研究

黄芩具有：

（1）有解热、抗炎、抗变态反应作用。

（2）能扩张血管、降低血压作用。

（3）所含黄芩甙有镇静作用，并能降低毛细血管的通透性，故能止血；黄芩甙分解后产生黄芩甙元及葡萄糖醛酸，黄芩甙元有利尿作用，葡萄糖醛酸有解毒作用。

（4）对肠道管有抑制作用，此外，尚有利胆及升高血糖作用。

据抗菌试验证明：本品抗菌谱较广，对白喉杆菌、葡萄球菌、溶血性链球菌、肺炎双球菌、脑膜炎双球菌及伤寒杆菌、痢疾杆菌、百日咳杆菌等都有较强的抑制作用，对多数皮肤真菌及流感病毒也有抑制作用，而抑菌的成分为黄芩甙元。

食用注意

黄芩，属苦寒之品，能伤脾胃，若非实热，则不宜用。

传说故事

一、李时珍与黄芩

据《本草纲目》作者，明代著名药物学家李时珍自己回忆，在他 20 岁那年，因患感冒咳嗽，久咳不止，且伴有发热，皮肤犹如火燎，每日咳痰碗许，并口渴多饮，以致寝食几废，当时急坏了他的老父亲李言闻。李言闻是当时一名医，他让儿子服了许多中药，诸如柴胡、荆芥、竹沥、麦冬之类，均无效果，病情日益加剧，家人及众邻都以为李时珍必死无疑。后来，李言闻遍查医书，偶然见到金元时期名医李东垣治肺热如火燎的论述，恍然大悟，原来"烦躁引饮"而昼盛者，属"气分之热"，宜一味黄芩汤以泻肺经气分之火。遂取黄芩片一两，水两盅，煎成一盅，给李时珍饮服。次日就身热尽退，随后痰嗽皆愈。对此事，李时珍颇有感叹："药中肯綮，如鼓应桴，医中之妙，有如此哉！"从李时珍的病情分析，很可能是"大叶性肺炎""肺脓痹"之类的肺部感染性疾病，以致发热咳痰，烦渴多饮，肤如火燎，一月余病情日见加重，属于中医"肺热实火"之症。为什么一味黄芩有如此神效呢？原来黄芩味苦寒，能泻实火除肺热，对壮热烦渴、肺热咳嗽有良效，在清上焦实火方面，尤以清肺热见长。现代研究表明，黄芩有广谱的抗菌作用，可抑制多种病原微生物，对肺炎双球菌、溶血性链球菌、葡萄球菌以及痢疾杆菌、百日咳杆菌、大肠杆菌等，均有较强的抗菌作用，对甲型流感病毒也有杀灭效果。所以，大剂量的黄芩可抗菌消炎，加上黄芩本身还有退热作用，因而一味黄芩竟使李时珍的病霍然而愈，挽救了这位大药物学家的性命。

二、黄芩和黄连的故事

"秦地无闲草，样样都是宝"，这话一点儿也不假。很早以前，在渭北的乔山上，就长着数不清的草药。每到春天乔山山脉到处是茂密的树木，葳蕤的芳草和盛开的鲜花，苍翠碧绿，红黄蓝紫，美不胜收。一到秋天，正是采药的时候，满山的果实，使进山采药的人笑逐颜开，人人背个空筐进山，下山个个筐子都装得满满的。

乔山草药虽多，但只有两种特别珍贵，那就是"孩儿参"和"黄芩"。孩儿参长得又白又嫩，像胖娃娃的胳膊腿。黄芩长得黄亮黄亮，就是有点消瘦。相传，孩儿参和黄芩长在一起，它们一块儿汲取阳光雨露，一块儿玩耍，一块儿长大。黄芩称孩儿参为姐姐，孩儿参称黄芩为妹妹，它们两小无猜，情同亲姐妹。几年过去了，它们都长成了大姑娘。尤其是孩儿参，不但长得漂亮，而且心地善良，性格温柔，年老体弱的病人都特别喜欢它，许多疑难杂症，一经它医治，很快就好了。

黄芩妹妹看到那么多老爷爷都喜欢孩儿参姐姐，冷落了自己，心里就有点不舒服。于是渐渐疏远了孩儿参姐姐，即使偶然见了面，也总是沉着脸，冷冰冰的。而孩儿参姐姐却从不计较，对黄芩妹妹仍然像过去一样热情。尽管这样，黄芩妹妹还是越来越讨厌孩儿参姐姐，把嫉恨变成冷言冷语，总不经意数落孩儿参姐姐，弄得参姐姐很难堪，心里沉沉的。它想向黄芩妹妹解释，但黄芩妹妹嫉恨太深，又一时解释不清楚。两人的关系越来越僵，孩儿参姐姐心里十分难过，它想：黄芩妹妹既然那么恨我，我为什么一定要留在这儿呢？别的地方不也一样有许多病人需要治疗吗？又何必一定要挤在一块儿，惹黄芩妹妹不高兴。于是，孩儿参姐姐决定到人烟稀少的宁夏去。

孩儿参姐姐悄悄把自己的想法告诉黄芩妹妹，要它一定为自己保密，千万不能说出去，不然姐妹就再也见不着面了。黄芩妹妹一听孩儿参姐姐要走，心里十分高兴，连连点头答应为孩儿参姐姐保密。孩儿参姐姐见黄芩妹妹满口答应，才放心地走了。

孩儿参姐姐远赴宁夏，找黄芩妹妹看病的人多了，黄芩妹妹好高兴哟！它想自己以前那么苦，受人冷落，还不都是因为孩儿参姐姐压着，如果孩儿参姐姐再回来，它不照样又要遭人冷落了吗？于是黄芩妹妹就把孩儿参姐姐到宁夏的事偷偷传了出去。这消息一传十，十传百，宁夏的人也很快知道了。宁夏人可高兴啦！他们怕孩儿参姐姐再回去，日夜看守着它。从此，乔山再也见不到孩儿参了。人们若需要孩儿参，只好千里迢迢地去宁夏找。

自从孩儿参姐姐走后，开始黄芩妹妹还很高兴，可是日子久了，黄芩妹妹也渐渐感到无聊和寂寞。想起和孩儿参姐姐一块相处的快乐日子，心里十分后悔，一个人想起来常常暗自流泪，看病的人知道是它赶走了孩儿参，都骂它黑了心。黄芩妹妹心里虽很苦，但很难启齿。众人口毒，久而久之，黄芩的心真的变成黑的了，并渐渐枯朽，但也更苦了。

灯芯草

挖空心思多耗油，一山二水传千秋。

后娘生子挑灯草，前娘生儿挑石头。

——《灯草星与石头星传说》·宋·江岚

物种基源

灯芯草（Juncus effusus），为灯芯草科多年生沼泽草本植物灯芯草的茎髓，又名秧草、水灯草、野席草、龙须草、灯草、水葱、赤须、灯心、碧玉草。灯芯草，以色白、条长、粗细均匀、有弹性者为佳，全国有沼泽地均产。

生物成分

据测定，灯芯草含三肽类，为γ-谷氨酰-缬氨酰-谷氨酸，并含芹素及多糖类物质。多糖有阿拉伯糖、木聚糖、甲基戊聚糖等，尚含纤维、脂肪油、蛋白质及菲类及其衍生物、挥发油。新鲜草中含樨草素、樨草素-7-葡萄糖苷、氯化钾。

食材性能

1. 性味归经

灯芯草，味甘、淡，性微寒；归心、小肠经。

2. 医药经典

《开宝本草》："利水渗湿，清心、利尿、安神、除烦。"

3. 中医辨证

灯芯草，味淡性寒，主入心经，有淡渗利湿泄热的功效，能引起心经之热下行从小便排出，多用于热病、小便赤涩热痛及心火亢盛之烦躁不安之症。汉族孕妇多在产后用桂圆灯芯草汤安神稳心。

4. 现代研究

灯芯草有安神、利尿、止血、镇静的作用。对胃肠型感冒、流行性出血热、急性肾衰、慢性肾小球肾炎、口疮、小儿夜啼、小儿顽固性呕吐、婴儿腹泻、流行性腮腺炎等疾病有加快康复和辅助疗效。

食用注意

如用于产妇安神、定心、除烦，最好与桂圆同煎热服。

传说故事

灯芯草点灯的故事

传说古时候灯芯塘有个良家妇女陈氏，正直，善良，勤劳，父亲是远近闻名的医生，她自然学到不少医学知识，谁家有人生病，有求必应，药到病除，没有治不好的。自从父母亡故后，她嫁给一个老实贫苦的农民为妻，婚后生下一男孩，日子过得挺不错。

话说有对夫妻喜添一女儿,白白胖胖的,夫妻视为掌上明珠,可是出生不久就发生了不幸的事:小女儿不吮奶,不哭也不动,继而双目紧闭,口角流水,心跳微弱,面色苍白,已经不省人事了。夫妻舍不得丢掉自己的亲骨肉,请来村里、县里的医生,都医治无效,眼看小女儿活不成了,夫妻俩急得哭了。村里人赶来看望,有人打听到陈氏能治好小孩的病,叫他们赶快去请她来。

陈氏知道后,马上带上几条白色细长柔软的草药,朝小孩家赶去。陈氏边诊边问病情,诊完后,劝小孩爹妈不要担心,她会治好小孩的病,并叫人准备所需要的东西。她找来一个浴盆,倒入热水,把采来的新鲜药物搓碎搅拌,然后帮小儿洗头、擦身,接着便是烫点。她拆下一段白色草药放在油里蘸蘸,又移到火里烧红,再贴到小孩身上烫,先是额头两点,最后手掌心两点,总共烫了十四点,不一会,烫点红起来,成为痂,然而小孩却无响也无动。此时,陈氏说过几天小孩的病就会好的,她到时再来看,并嘱咐小孩爹妈严加照顾,说完就告辞了。不久,小孩的病竟奇迹般好起来了。谢天谢地,宝贝女儿已睁开眼了,会吮吸,长得更加可爱了,夫妻心里乐极了。后来,陈氏又来看过几次,见小孩无恙也就放心了。孩子的爹妈真不知怎样感谢这位救活了他们女儿的神医。后来,不知哪个顽皮鬼竟拾起弃落的白色草药,拿回家试作灯芯点灯,灯光明亮。由于它可以作灯点,又因它是陈氏医生从她家乡带来的,于是"灯芯草"这个名字不胫而走,从此就叫开了。

桑 寄 生

寄人篱下且偷生,离却主公是本能。
桃楝松茶皆是娘,自以为荣千载混。

——《戏说桑寄生》·清·钱春高

物种基源

桑寄生〔Loranthus parasi-ticus(L.)merr.〕,为桑寄生科常绿寄生小灌木桑寄生的带叶茎枝,又名桃树寄生、苦楝寄生、广寄生、相思树寄生、槐花寄生、松树寄生、茶寄生、寄生。

桑寄生,以表面色红、叶多者为佳,主产于广东、广西、云南等省(区)。

生物成分

据测定,桑寄生含丁香素、中肌醇、四种黄碱素类物质,此外,尚含有脂肪油、黏质液、树脂等,还含广寄生甙,水解后得槲皮素。

食材性能

1. 性味归经

桑寄生,味苦,性平;归肝、肾经。

2. 医学经典;

《神农本草经》:"祛风湿、补肝肾、强筋骨、安胎。"

3. 中医辨证

桑寄生甘苦性平,归肝肾二经,既能除风湿,又能补肝肾、强筋骨,故对风湿痹痛、日久不愈、损伤肝肾、腰膝痿软之症尤为适宜。至于用治妊娠胎漏、胎动不安者,是其补肾以固胎元之功。

4.现代研究

桑寄生具有：

(1) 降血压作用，作用点在内感受器，引起降压反射，或由于抑制延髓或脊髓血管运动中枢所致，但作用短暂而不持久。

(2) 所含广寄生甙，有显著的利尿作用。

据抗菌试验证明，桑寄生对伤寒杆菌、葡萄球菌、流感病毒及脊髓灰质炎病毒有抑制作用。

食用注意

桑寄生虽性平，但用量不可过大。

传说故事

一、桑寄生药名的由来之一

从前，有个财主的儿子得了风湿病，腰酸膝痛，行动不便，后来瘫痪在床，请了许多医生也没有治好。财主听说二十里外南山有个药农，善治此病，就指派一名小长工，每隔两天进山取一次药，但连服了多种草药，仍不见效。

这年冬天，天气特别冷，又连降了几天大雪。这天小长工刚上路，由于衣着单薄，冻得浑身打战，实在无法进山，便徘徊在村外。他想：反正吃什么药也不见好，于是就把老桑树枝叉上长的一种小枝条折下来，冒充草药送给东家，财主照常煎给儿子喝。小长工见瞒过了财主，便每天去掐那枝条充药。时间一天天过去了，财主儿子的病却一天天地好了起来。药农得知消息后，觉得很奇怪，心想：整整一个冬天没来取药，他到底吃了什么药治好了病呢？于是亲自下山来探问究竟。药农刚迈进财主家的院门，刚好碰到小长工。小长工怕露了馅儿挨打，只好将事情经过告诉了药农，并央求药农为其保密，药农答应了小长工的要求。小长工领着药农来到村外老桑树下，折了一些树上的小枝条。药农回去用这些小枝条，先后治愈了不少风湿病患者。因为这些小枝条寄生在桑树上，药农就给它取名为"桑寄生"。

二、桑寄生药名的由来之二

相传，桑寄生是无意中被一农夫发现，这位农夫姓姬名生，世代在黄河流域耕作，因辛勤操劳加之风寒所袭，晚年之后他腰腿疼痛，而又家贫如洗无钱医治，几乎丧失了劳动力。

一日他田间劳作后，连回家的力气也没有了，心一横干脆死于荒野算了。于是栖身于许多藤条缠绕的桑树之间，一觉醒来已日落西山，只觉得周身出汗，肢节舒展，多年的腰腿疼痛明显减轻了。后来，他每于劳作后，都躺在这些乱藤上休息，久而久之他的腰腿疼痛不仅痊愈了，而且干活也来了力气。此事很快在乡邻里传开，不少腰腿疼痛者前来找他，有的如法套用，有的还灵活发挥，折回许多藤条煎汤饮用，的确都有比较好的效果。后来人们为了纪念它的发现者，把这种藤条称为"寄生"了，又因这种藤条大多寄生于桑树上，随着文字分工的过细，后人又把它称为"桑寄生"了。

旱　莲　草

地生鳢肠旱莲草，人盼长寿松不老。

心如莲花无邪念，海阔天空任逍遥。

——《墨草》·清·郝峰

物种基源

旱莲草（Eclipta prostrate L），为菊科多年生草本植物鳢肠草的地上部分，又名旱莲草、墨草、墨斗草、墨旱莲。

旱莲草，以色深、叶肥厚者为佳，广泛分布于世界热带、亚热带地区，我国绝大多数地区有分布。

生物成分

据测定，旱莲草，含蛋白质 26.5%，挥发油 0.8%，主含 α-丁香烯、胡萝卜素、维生素 A、烟碱 0.08%，微量元素钾、氯等，此外尚含皂苷 1.32%，鞣质、黄酮、噻吩类化合物等。

食材性能

1. 性味归经

旱莲草，味甘、酸，性寒；归肾、肝经。

2. 医学经典

《新修本草》："补肾益阴，凉血止血。"

3. 中医辨证

旱莲草，甘酸性寒，甘主补，酸能敛，寒清热，入肝肾经，既能补肾益阴，又善养肝凉血，有良好的止血作用。故凡肝肾阴虚之头晕目眩、须发早白以及阴虚血热之各种出血之症，内服、外用，均颇有效。此外，捣烂外擦手足，可防治水田性皮炎，效果亦良好。

4. 现代研究

旱莲草具有免疫、抗菌、抗诱变、保肝、增加冠状动脉流量的作用；对中枢神经镇静、镇痛、滋补肝肾、止血作用；对痢疾、皮炎、创伤、退热、驱蛔等疾病的康复与辅疗效果明显。

食用注意

脾胃虚寒、大便泄泻者不宜服食旱莲草。

传说故事

吃旱莲草长寿的传说

相传，唐代有个叫刘简的人，平生爱慕仙道，听说哪里有名山仙迹，定要去游览拜访。开元（713—741）初年，刘简遇到一位自称"虚无子"的采药老人，虚无子被刘简锲而不舍的精神所感动，便把他带到自己的药园参观。虚无子对他说："长生不死是不可能的，但长寿是可望的。"虚无子指着水池边一种长得墨绿的草说："别以为只有高山上的灵芝是仙草，这水边也长仙草，我就是常食这种草药，活到百岁而发不白、耳聪目明的。"

临别时，虚无子送给刘简一包药种，让他回去后种在水池或水田边，苗长到半尺以后即可开始服用。嫩时可当菜吃，夏秋可采鲜茎叶煎水喝，每天用本品二两左右；冬天则用阴干的茎叶，每天一两煎水饮用。长期坚持，必有成效。刘简回家后按照虚无子的吩咐，种植、食用，果然也活到一百多岁而发不白、耳不聋，还能看清书上的小字。因这种植物叶墨绿，刘简便给它取名为"墨斗草"或"旱莲草"。

补 骨 脂

七年使节向边隅，人言方知药物殊。

奇得春光采在手，青娥休笑白髭须。

——《服"补骨脂"有悟》·唐·郑愚

物种基源

补骨脂（Psoralea corylifolia L.），为豆科一年生草本植物补骨脂成熟的果实，又名故芷、骨脂、故子、故脂子、故之子、故之、故纸、怀故子、破故脂、破故纸、破故子、破骨子、婆固脂、补骨鸥、黑故子、胡故子、胡韭子、吉固子、和兰苋、固子、固脂、川故子、吉故子、破固脂。补骨脂，以粒大、饱满、色黑者为佳，主产于东北、西北等地。

生物成分

据测定，补骨脂含香豆精衍生物（补骨脂内酯、补骨脂里定、异补骨脂内酯），黄酮类化合物（补骨脂甲素、补骨脂乙素等），尚含豆甾醇、棉籽糖、脂肪油、挥发油及树脂等。

食材性能

1. 性味归经

补骨脂，味辛、苦，性大温；归肾经。

2. 医药经典

《开宝本草》："补肾壮阳。"

3. 中医辨证

补骨脂，辛、苦、大温，以气为用，专入肾经，为补肾壮阳之主药，能壮阳以化阴寒，补肾以固下元，补命火以温脾止泻，补肾气以纳气平喘。故凡肾阳不足、下元不固、脾肾阳虚之症，皆为常用之品。

4. 现代研究

（1）补骨脂乙素具有明显的扩张冠脉作用，并能兴奋心脏，提高心脏功率，具有能对抗脑垂体后叶素引起的收缩冠状血管的作用。

（2）补骨脂外用时能促进皮肤色素新生。

（3）补骨脂对于因化学疗法及放射疗法所引起的白细胞下降，有使其升高的作用。

根据抗菌试验结果证明：补骨脂，对结核杆菌及酶菌有抑制作用。

食用注意

补骨脂，性温燥，易伤阴液，阴虚有火，大便燥结者忌用。

传说故事

补骨脂治阳气衰绝的传说

相传，唐朝元和年间，75岁高龄的相国郑愚被皇上任命为海南节度使。年迈体衰的郑相国只好马不停蹄地去赴任。旅途劳顿和水土不服，使他"伤于内外，众疾俱作，阳气衰绝"，从而一病不起。

后来，诃陵国李氏三番登府推荐中药"补骨脂"。郑相国抱着试试看的心情，按照李氏介绍的方法，服用后七八日，渐觉应验，又连服十日，众疾竟霍然而愈。后郑愚常服此药品，82岁时辞官回京，将此药广为介绍，并吟诗一首："七年使节向边隅，人言方知药物殊。奇得春光采在手，青娥休笑白髭须。"

含 羞 草

萋萋含羞草，玄宗当天昭。

本是自然景，皇封环儿笑。

——《含羞草》·清·尚则

物种基源

含羞草（Mimosa pudica），为豆科多年生草本植物的全草，又名知羞草、喝呼草、感应草、望江南、怕羞草。

含羞草，有毛和刺，二回羽状复叶，富感应性，触动时小叶折合，叶柄下垂。夏季开花，花淡红色，头状花序，荚果成熟后分节脱落。原产于热带美洲，我国各地均有栽培。

生物成分

据测定，含羞草，叶茎含蛋白质、多糖、纤维素、尼克酸、抗坏血酸及微量皂苷；种子含脂肪油、蛋白质、烟酸、维生素 B_1、维生素 B_2 等。

食材性能

1. 性味归经

含羞草，味甘，性寒，有小毒；归脾、胃、心经。

2. 医学经典

《岭南采药录》："清热、解毒、消积、安神。"

3. 中医辨证

含羞草，能安神镇静，止血收敛，散瘀止痛，对失眠、胃胀胃痛、诸疮肿毒有康复辅疗的效用。

4. 现代研究

含羞草，具清热解毒、消食的功能，故对肠炎、胃炎、失眠、小儿疳积、目热肿痛、深部脓肿、带状疱疹等症有辅助疗效，使康复速度加快。

食用注意

（1）有脾、胃虚空，腹泻者忌用。

（2）含羞草有小毒，用药时注意用量，不宜过大。

故事传说

一、杨玉环"羞花"雅号的由来

相传有一天，杨玉环打扮得花枝招展的，和宫女一起到宫苑里赏花。在花丛中，杨玉环长裙飘舞，无意中碰到了一种细叶草。这草的叶子立即卷了起来，宫女们见了，以为是杨玉环的美貌羞得花卉掩住了脸盘。这消息传到了好色的唐玄宗耳中，立即召见了她，一见倾心，封为贵妃。其实，杨玉环长裙触碰的是含羞草，唐明皇不明其中的道理，还真以为是杨玉环的美貌把花都给羞了，竟情不自禁地脱口赞道："好一个羞花的美人！"杨贵妃"羞花"的雅号便由此而来。

二、含羞草考

《植物名实图考》早有记载：此草"手拂气嘘似皆知觉，大声恫喝，即时俯伏"，所以又叫感应草、喝呼草。其实与其叶的膨压作用有关。小叶与叶柄着生处，如手足之关节，特别膨大，内充满液体，一被触及，液体迅即流向他处，因而皱缩起来，使小叶立起，而在叶柄着生处，其变化正巧相反，于是便"含羞"地低下去，这与它的生长环境有关。正如乾隆癸酉御题《知时草诗序》云："西洋有草，名僧见底斡，译汉文为知时也，其贡使携种以至，历夏秋而荣，在京西洋诸臣因以进焉。以手抚之则眠，愈刻而起，花叶皆然，其眠起之候，在午前为时五分，午后为时十分，辄以成诗，用备群芳一种。"含羞草老家原在热带南美洲的巴西，因时常有暴风骤雨，是适应环境的本能反应。现今许多人都说它是具有"生物电"的代表植物之一，亦不无道理。因其是热带植物，只有到南方才能见到，故称为"望江南"。目前，全国各地均有栽培，以作观赏之用。

白　及

叶似藜芦式，花开紫红色。
紫花多繁茂，白花易消失。
日呼为紫兰，供赏园中植。
根白连及生，御赐而名得。

——《白及》·清·江茂修

物种基源

白及〔Bletilla striata（Thu-nb）Reichb. f.〕，为兰科多年生草本植物白及的块茎，又名甘根、白根、白给、白芨、冰球子、白乌儿头、地螺丝、羊角七、千年棕、君球子、一兜棕、白鸡儿、辄口药、利知子，以个大、饱满、色白、半透明、坚实者为佳，主产于贵州、四川等地。

生物成分

据测定，白及，含多量白及胶质液（约占55%），尚含淀粉挥发油及甘露聚糖。

食材性能

1. 性味归经

白及，味苦、甘、涩，性微寒；归肝、肺、胃经。

2. 医学经典

《神农本草经》："收敛止血，消肿生肌。"

3. 中医辨证

白及，苦甘性凉，质黏而涩，为收敛止血良药，入肺胃经，故肺胃出血较为常用。味甘兼有补肺及生肌之功，对肺痨或胃肠出血，不但能止血，而且有促进病灶愈合的作用。用于外科痈肿疮疡，未脓者可使之消散，已溃者可使之肌生，内服外用均有良效。此外，外敷治创伤出血，油调治皮肤皲裂，效果亦佳。

4. 现代研究

白及有良好的局部止血作用，其原理为使血细胞凝集，形成人工血栓。白及末生效迅速，优于紫珠、大小蓟。

另据研究报道，临床有配雷米封治疗浸润型或空洞型肺结核，据观察比单用雷米封或单用白及好。

据抗菌试验证明：白及对结核杆菌有显著的抑制作用，故可用治肺结核、矽肺并发肺结核。与异菸肼同用有协同作用，疗效更好。白及水浸剂在试管内对奥杜盎氏小芽孢癣菌有抑制作用。

食用注意

白及忌与乌头、附子同时服食。

传说故事

皇帝赐名白及

古代有位会稽将官，保护皇帝从关外回京，一路上杀了十几名番敌。眼看来到山海关口，突然又冲出六名番敌，围拢过来，这将官请皇帝先行一步，自己断后迎敌，终因疲劳过度，寡不敌众，被敌人砍了四刀后，他还稳坐在马背上，冲杀了回来。当到关前，一声大吼，马竟跃上城头，番敌追来又用箭射，这将官又中一箭。

皇帝很感动，马上命太医抢救，血止伤愈，就是肺被箭射穿，呼吸困难，嘴里吐血，病情危急。皇帝下令张贴榜文，征召天下能医之人。随即，一位老农拿着几株叶像棕榈叶、根像菱角肉的中草药，献给皇帝道："把这药烘干研成粉，一半冲服，一半外敷。"将官用药后果然痊愈。

皇帝要封老农做官，他不要，赏他银子他不受。老农笑道："我什么也不要，只请您把这味药叫太医院编入药书，公布天下，救治众生。"皇帝赞许，问药叫何名，老农答："还没有取名，请皇帝赐名。"皇帝想了想，问："你叫何名？"老农道："我叫白及。"皇帝笑道："那就给它取名'白及'吧。"从此，白及这味药就流传下来。也有人说，老农分文不取，送药治病，又叫它"白给"，后人写成了"白及"。

夜 交 藤

乾坤万物具本能，首乌之蔓夜交藤。

八十老翁服食后，白发转为黑发人。

——《江苏滨海民谣》

物种基源

夜交藤（Polygonum multi-florum Thunb），为蓼科多年生草本植物何首乌的藤茎，又名棋藤、首乌藤、夜交屯、何首乌藤，以粗壮均匀、外表紫褐色者为佳，产于江苏、浙江、湖南、湖北、河南等地。

生物成分

据测定，夜交藤，含蒽醌衍生物，主要为大黄酚和黄泻素，还含大黄酸、大黄泻素甲醚，此外还含磷脂等。

食材性能

1. 性味归经

夜交藤，味甘，性平，微温；归肝、肾经。

2. 医学经典

《江苏植药志》："补肝肾、养心安神、养血通络。"

3. 中医辨证

夜交藤，补肾益精，养血去风，为滋补良药，对烦躁失眠、多梦易惊、周身酸痛、腿腰酸软、皮肤痒疹的康复与辅疗有益。

4. 现代研究

夜交藤具有：

（1）所含卵磷酸为构成神经组织，特别是脑脊髓的主要成分，有强壮神经作用，同时为血球及其他细胞膜的重要原料，能促进血细胞的新生与发育。

（2）因本品有效成分能与胆固醇结合，所以能减少肠道对胆固醇的吸收，对血清胆固醇的增高有抑制作用，并能阻止胆固醇在肝内的沉积。

（3）本品能阻止类脂质在血清内滞留或渗透到动脉内膜，故能缓解动脉硬化的形成。

（4）蒽醌衍生物能促进肠管蠕动，而有泻下作用。

（5）有类似肾上腺皮质激素样作用。

据抗菌试验证明：夜交藤，对福氏痢疾杆菌和流感病毒有抑制作用。

食用注意

夜交藤，有通便、解毒之能，但临床很少应用。

传说故事

夜交藤返老还童的传说

古时候，在一座山上住着一位姓何的老翁，他自幼身体衰弱多病，须发也早早发白。他虽然才 50 多岁，可那老态龙钟的样子，说他 80 多岁都有人相信，何老翁日夜为此而烦恼苦闷。

一天，何老翁到山下一位朋友家做客，到晚上才回家。归途中，他发现一株藤青植物，其枝蔓自己互相交缠，交缠一会忽又自行分开，如此周而复始循环不止。他大为惊奇，把这植物的块根挖出来带回家去，问遍了乡村的左邻右舍，没有人能知道此物是啥。

几个月后，有位异乡的老友来做客，听了此事说："既有异常之兆，此物定是珍物，你可把它作为补品服用，一定会大有益。"何老翁听了连连称道。他遵照老友嘱咐，把挖回的块根研为细末，每日空腹服用，黄酒为引送服一钱。当他服过七天之后，就觉得身体比以前硬朗多了，于是他又增加到每日二钱继续服用。服过一年多以后，何老翁的身体强健犹如少年一般，苍白的须发也逐渐变得乌黑发亮，真乃是"归途偶得夜交藤，服后白发变黑颜"。何老翁之事在民间广为流传，由于服了此药使白发变黑，返老还童，所以这种藤本植物的块根便取名为"何首乌"，其蔓茎取名为"夜交藤"。

陈 皮

葳蕤映庭树，枝叶凌秋芳。
故条杂新实，金翠共含霜。
攀枝折缥干，甘旨若琼浆。
无假存雕饰，玉盘余自尝。

——《咏橘》·南朝·萧纲

物种基源

陈皮（Citrus retic-ulata Blanco），为芸香科常绿小乔木或灌木桔（柑橘）等多种变种植物成熟的果皮，又名化皮、化州、橘红、化州陈皮、柚皮橘红、毛化、化州柚、化州仙橘等。

生物成分

据测定，陈皮含挥发油（主要成分为右旋柠檬烯）、陈皮甙、枸橼醛、川皮酮、维生素 B_1 等。

食材性能

1. 性味归经

陈皮，味辛、苦，性温；归脾、肺经。

2. 医学经典

《神农本草经》："理气健脾，燥湿化痰。"

3. 中医辨证

橘皮一般认为以陈久者较好，故名陈皮。味辛而性温，气芳香而入脾肺；辛则散而行气滞，苦温则燥湿祛寒；滞气行则脾胃自健，寒湿去则痰涎自消，故为理气健脾，燥湿化痰之要药。凡寒湿内阻、脾肺气滞所至之症，均可应用。

4. 现代研究

陈皮有如下功效：

（1）所含挥发油对消化道有缓和的刺激作用，有利于胃肠积气的排除，并可使胃液分泌增多，故有助于消化。

（2）所含挥发油能刺激呼吸道黏膜，使分泌物增多，故有祛痰作用。

（3）本品略有升高血压、兴奋心脏的作用，又能使肾容量减小，肾血管收缩而有抑尿作用。

（4）橙皮甙类有类似维生素 P 的作用，能降低毛细血管的脆性，防止微血管出血，并有降低胆固醇的作用。

据抗菌试验证明，本品在试管内有抑制葡萄球菌生长的作用。

食用注意

性偏温燥，故津亏实热之症者慎用。

传说故事

一、橘子树为仙人罗辩所种

按梁绍壬《岭南杂记》相传：化州橘红树，为仙人罗辩种于石龙腹上，共九株，各相去数步，以近龙井略偏一株为最。又有传说在近在井下有礞石，礞石能化痰，橘树得礞石之气故化痰之力更胜。故梁氏家藏《苏泽堂化州橘皮》著有橘红歌曰："右龙灵异不可测，首向青霄尾潜泽，有时声吼洪如鹅，有时喷沙白似雪，鸣或宰相应期生，鸣或科甲蝉联翼。由来州牧履其常，唯恐怪奇骇愚俗，亭碑鼓吹镇其头，甃镶累石填其穴，天生灵异无可凭，离奇屈曲化为橘。橘之为性温且平，能愈伤寒兼积食，消痰止嗽功更奇，谁先辩此真龙脉，价值黄金不易求，寄语人间休浪掷。"

二、陈皮治咳喘的传说

相传在明朝初年，有一北方人到化州任县太爷，他长年累月罹患咳喘痰多的病，每晚都要衙役为他煎药服。有一次，在一个风雨交加的初春夜晚，衙役懒得到外面取水，便在庭院金鱼池里取水煎药给县太爷饮，县太爷服后顿觉心胸舒坦，喘平气顺，痰消寝安。转天，县太爷便一再追问原委，衙役推搪不过，便将真情禀报。县太爷感到蹊跷，便亲临该池，见水池周围有几棵橘红树，橘红花盛开，香气馥郁扑鼻，池水中漂浮着许多橘红花。

县太爷料想必定是橘红之功效，于是，便将原来的药方配加橘红数片煎服，连服数日后，不料喘咳病竟全好了。

三、李宗仁与化州橘红

1996 年春，李宗仁先生故地重游，来到广东省化州，亲自到赖家园老药农家选购正宗化州久制橘红果。李宗仁先生对化州橘红为何如此青睐？原来，李宗仁曾于 1921 年军阀混战时期，带兵路过化州城。当时正是六月，天气炎热，又下了几场大雨，暑湿缠绵，部队中很多人患了感冒、支气管炎、咳嗽、肠胃炎等病，李宗仁自己也反胃呕吐、喘咳不止，一时间官兵上下，人心惶惶，以为中了邪。一天，有两名士兵闯进了化州城下的赖家橘红园，从橘红树上摘了十几个满枝茸毛的橘红果，回去煮茶给大伙饮用。官兵们自饮了橘红汤后，病体渐息，元气恢复；李宗仁喝了也恢复了健康。此后，李宗仁接连打了几个胜仗，不久即荣升为边防司令。李宗仁先生曾说，他的荣升也有广东化州橘红的一份功劳。几度风云突变，1965 年 7 月，李先生历尽艰难险阻，从海外回归祖国，几十年戎马生涯，风风雨雨，很多往事都忘却了，然而，化州橘红在他脑海中还留有深刻的记忆。

四、陈皮治胸闷的传说

《泊宅编》记载：橘皮宽隔降气、消痰逐冷，有特殊功效。其他药物多以新鲜为珍贵，唯有橘皮以陈年者为好，橘皮品种又以洞庭一带所产为最佳。

传说莫强中做江西半城县令时，突然得了消化系统的病症，凡食毕，便立即感到胸闷，十分难受，用方百余贴，病情依旧。偶得一同族的偏方，称喝橘红汤，煎来早晚饮服，数贴之后，吃饭有了味道。一日莫强中坐堂视事，操笔批阅文件，顿觉有一物坠入腹中，感觉十分明显。莫强中大惊，汗如雨下，小吏扶其归后宅休养。须臾间，腹疼便急，解下数块坚硬如铁弹丸的东西，腥臭不可闻。从此，莫强中胸部渐渐宽舒，原来他解下的是脾胃冷积之物。询问是何药起了作用，其外甥说："……阿舅，你病有十年多了，药饵吃下百余贴，论品类也有数百种，而治疗胸闷之症，橘皮有特效，那是古籍中记载过的。"

远 志

因君病肿两留连，梦到茅山采药年。

我自当归君远志，敢言同病一相怜。

——《漫成六首》·明·汤显祖

物种基源

远志（Polygala tenuifolia Willd.）或卵叶远志（P. sibirica L.），为远志科多年生草本植物远志的根或根皮，又名苦远志、棘菀、棘苑、小草根皮、细草根皮、小鸡腿皮、细叶远志（又名山茶叶根皮、光棍茶根皮、小鸡棵根皮、线茶根皮、山胡麻根皮、米儿茶根皮、燕子草根皮、草远志、十二月花根皮）、线茶根皮、小鸡根、卵叶远志、宽叶远志、西伯利亚远志、醒心杖，主产于东三省、华东、中南、华北。

生物成分

据测定，远志，含远志皂甙，水解后生成远志皂甙元 A、远志皂甙元 B，还含远志素、远志醇、远志碱、脂肪油、树脂等。

食材性能

1. 性味归经

远志，味苦、辛，性微温；归肺、心、肾经。

2. 医学经典

《神农本草经》："祛痰利窍，宁心安神，消痈散肿。"

3. 中医辨证

远志，安神益智，祛痰消肿，对心肾不交、失眠多梦、健忘惊悸、神志恍惚、咳痰不爽、疮疡肿毒、乳房肿痛等病症有加快康复的辅助效果。

4. 现代研究

远志具有：

(1) 所含皂甙，能刺激胃黏膜，出现轻度恶心，故胃炎及胃溃疡病人应慎用。

（2）可增加支气管分泌，增强支气管粘膜上皮纤毛运动，故有祛痰作用。

（3）所含皂甙有溶血作用。

（4）能增强子宫的收缩力和紧张度。

据抗菌试验证明，本品对痢疾杆菌、伤寒杆菌及结核杆菌皆有显著的抑制作用。

食用注意

远志，偏温，故津亏实热之症者不宜用得过早。

传说故事

一、谢安与远志

南朝刘义庆在《世说新语》中记载：东晋大臣谢安（320～385），起初隐居，朝廷多次请他出山而不从。后来，东山再起，做了桓温（312～373）司马官。当时，有人送给桓温不少药材，其中有一味是远志。桓温就问谢安，这种药又叫小草，不知什么原因。有个名叫郝隆的大臣，立即回答说："这很容易理解，处则为远志，出则为小草，隐居就叫作远志，出山即成为小草。"巧妙而又不失礼貌地回答了桓温，嘲笑了谢安。谢安听了，微微一笑。此借"远志"之名为喻，是有关远志的著名典故。

二、龚自珍与远志

九边烂熟等雕虫，远志真看小草同。

枉说健儿身在手，青灯夜雪阻山东。

龚自珍（1792～1841），清末思想家、文学家，浙江仁和（今杭州）人，道光进士，官至礼部主事。这首诗的历史背景是，当林则徐赴广东查禁鸦片时，曾预料英帝国主义可能出兵侵犯，建议清廷应加强战备，巩固边境海防，绝不能妥协，可惜他的建议未被重视和采纳。在这种情况下，诗人借喻中药名远志，吟诗抒怀，表达自己的思想和心境。诗的大意是说我纵然通晓兵书，熟悉边境的作战地形和有抗击敌人的具体办法，可是得不到朝廷的重用。所以虽有保卫国家的远大理想，却像中药的远志一样，空有其名，仔细看看其长相，它和普通小草无二样。现在虽有匡正天下的抱负、不平凡的身手，却像被大雪封阻在山东道上的游子一样，不能前进。诗人在这里借喻中药远志，生动形象地表达了自己的人生抱负，抒发了不被重用的心境和愤世之情。

莱 菔 子

芦菔出深土，内含霜雪清。

冷然消暑暍，快矣解朝酲。

脆白浑胜藕，顽青亦可羹。

镇州禅悦味，从此得佳名。

——《芦菔》·元·昌诚

物种基源

莱菔子（Raphanus sativus L），为十字花科一年生或两年生草本植物萝卜的成熟种子，又名葵、芦萉、芦菔、荠根、罗服、萝蔔、薗葵、紫菘、萝卜、紫花菘、温菘、萝葍、楚菘、秦菘、土酥、葵子、萝白，以饱满、有色泽为佳，全国各地均有产出。

生物成分

据测定，莱菔子含芥子碱、脂肪油、挥发油等。

食材性能

1. 性味归经

莱菔子，味辛、甘，性平；归脾、胃、肝经。

2. 医学经典

《新修本草》："消食导滞，降气化痰。"

3. 中医辨证

莱菔子既能消食导滞，又善降气祛痰，消食之中还具有行气除胀之功，但均宜于实症，对食积停滞、脘腹胀闷诸症，与消导行气药同用，其功益彰；若正气虚者，应与补脾益气药配伍，庶食积去而中气不损。其用治痰饮停留、咳嗽、痰多、气喘之症，与化痰止咳药同用，效果较为显著。

4. 现代研究

莱菔子，能兴奋消化道腺体的分泌，有利胆及利尿作用。

据抗菌试验证明，本品对链球菌、葡萄球菌、肺炎球菌、大肠杆菌均有抑制作用；对常见致病性皮肤真菌有抑制作用。

食用注意

（1）若肺肾虚咳喘满者，不宜服用。

（2）本品能损耗正气，体虚者不宜服食。

（3）本品能消除补药药力，故不能与人参、熟地等补药同用。

传说故事

一、光绪与莱菔子

据《清宫秘史》云：光绪皇帝患有痰涎壅盛、脘腹痛之症，要太医开补药吃。太医遵旨，光绪服后，症情非但不减，反而加剧。后来，太医院的下医在煎药时，偷偷在药中加入一把莱菔子，因莱菔子能行气健胃，消食化痰，故而皇帝吃了此药，一剂病减，二剂身轻，三剂病愈。光绪是个短命皇帝，他4岁登基，在位34年，38岁即天亡。有人说光绪短命一方面是政治上的失利，但其滥用补药，不注意养生，也是过早天折的一个因素。在这一点上，康熙就与光绪不同，康熙熟谙医理药性，从不乱服补药，认为"服补药大无益"，所以，他能摄政61年，享年69岁。

二、慈禧与莱菔子丸

据传，慈禧太后垂帘听政时，有一年慈禧做寿，游园看戏，又品尝御膳房特地为她做的有

"寿"字图案的各色精美佳肴，慈禧一时高兴，多吃了一些，因此而病倒了。由于精力日见衰退，慈禧命御医每日给予上等人参，煎成"独参汤"进行滋补。开始疗效不错，但到后来，日复一日，非但不见效，反而觉得头胀、胸闷、食欲不佳，还常爱发怒，大怒之后，常见流鼻血。太医院的众多御医束手无策，即张榜招贤："凡能医好太后之病者，必有重赏。"转眼3天，有位走方郎中（也有资料说是下诏苏州名医曹沧州进京为慈禧治疗），对皇榜细加琢磨，悟出太后发病的机理，便将皇榜揭了下来。郎中从药箱内取出3钱莱菔子，研细后加点面粉，用茶水拌后搓成3粒药丸，用锦帕一包呈上去了，并美其名为"小罗汉丸"，嘱咐1日服3次，每次服1粒。说也奇怪，太后服下1丸，止住鼻血；2丸下去，除了闷胀；3丸服下，太后竟然想吃饭了。慈禧大喜，即赐给郎中一个红顶子（红顶子是清代官衔的标志），这就是当时盛传的"三钱莱菔子，换个红顶子"的笑话。

三、莱菔子制面毒的传说

据《洞微志载》：齐州有人病狂，云梦中见一红裳女子，引入宫殿中，小姑会，每日遂歌云。

五灵楼阁晓玲珑，天府由来是此中。

惆怅闷怀言不尽，一丸萝葡火吾宫。

有一道士解释说："此犯大麦毒也。"医经云，萝卜制面毒，故曰"火吾宫"，火者毁也，遂以药并萝卜治之，果愈。据资料记载，萝卜与地黄同服，可使头发变白。《国老谈苑》中记有一则故事："寇准年三十余，太宗欲大用，尚难其少，准知之，遂服地黄，兼饵萝菔以反之，未几，髭发皓白。"

四、萝卜汤治豆腐毒的传说

有一人好吃豆腐，而中豆腐毒，医治无效。一天，听卖豆腐的说他的妻子错把萝卜汤倒入锅中，豆腐没做成。他心想：萝卜汤能致豆腐做不成，何不以萝卜汤饮之，治我之病。以此，病果然好了。萝卜解毒之功由此可知。

天 麻

无风摆动独摇芝，互依生存世间奇。

唐宫惊变祸此物，险乎毒杀李隆基。

——《说天麻》·清·吴光年

物种基源

天麻（Gastrodia elata BL.），为植物门被子植物亚门单子叶植物纲微子目兰科树兰族天麻属与蜜环菌互相依赖生长的多年生寄生草本植物，又名赤箭、独摇芝、定风草、鬼督邮、离母、合离草、神草、仙人脚、明天麻、水洋芋等。

我国利用天麻药食两用已有2000多年的历史，《神农本草经》已有赤箭的记述，列为上品。根据天麻地茎的生长发育阶段的不同，可分为箭麻、白麻、米麻和禾麻四种，以干燥、有红嘴（俗称鹦鹉嘴）掰开断层有光泽者佳，主产于云南、贵州、四川等省。

生物成分

据测定，天麻，含天麻素、香草醇、香荚兰醛、甙类、生物碱及维生素 A 等；此外，尚含天麻挥发油、黏质液，油中成分为香草醇。

食材性能

1. 性味归经

天麻，味辛、苦，性平，无毒；归肝经。

2. 医学经典

《神农本草经》："平肝息风，定惊止痉。"

3. 中医辨证

天麻甘平质润，专入肝经，有平肝、息风、止痉的功效，凡眩晕头痛、痉挛抽搐以及肢体麻木、手足不遂等一切风症，皆可平息，尤其以头痛、眩晕最为常用。但甘润性平力缓，单用效果不甚显著，应据虚实寒热，适当配伍，疗效亦佳。

4. 现代研究

天麻，含有多种甙、醇及维生素，对痰瘀型冠心病、肾虚型腰膝酸软、失眠、大人风热头痛、高血压、高血脂的助康复功能颇佳，并有抑制癫痫发作的作用，所含香草醇有促进胆汁分泌的作用，天麻对小儿惊悸效果亦好。

食用注意

天麻虽能"久服益气，轻身延年"，但每次服食量不可过大。

传说故事

一、李隆基与天麻

《唐宫惊变》中提到：唐明皇李隆基，每日清晨调服一盅赤箭粉，作为滋补上品，然后再临朝。在其登基不久，他的姑母太平公主，欲仿效武则天，企图谋权篡位，命潜伏在李隆基身边的心腹宫女袁蓉蓉，在为其调食的赤箭粉中下毒，不料事泄，阴谋败露。事后唐明皇仍服他的益寿珍品赤箭粉。

二、天麻治头痛的传说

天麻是一种珍贵的中药材，生长在深山峡谷之中，一株只长一个天麻的，叫独麻；一株长一窝天麻的，叫窝麻。天麻主治肝风头痛、眩晕、小儿惊风等症，功效显著。中国不少深山都产天麻，但保康出的药效最好，这里还有个传说故事。

古时候，荆山深处有一个部落，住着百十户人家，过着安居乐业的生活。这一年，部落里突然流行起一种奇怪的疾病。这种病一旦缠身，头痛得像裂开似的，严重的会四肢抽搐，半身瘫痪。部落里的人们占卜求医，但都不见效果。

部落首领平时弄点草药给人们治治头痛脑热，他见人们被病魔折磨而自己又束手无策，心中十分难过，就决心去访求名医，寻找治愈这种病的药物和方法。

　　这位首领听说五道峡有一个神医能治疗这种病，于是带了干粮披星戴月，向五道峡进发。五道峡是山中蜿蜒曲折的大峡谷，四周崇山峻岭环绕，人迹稀少，到哪里去寻找神医呢？这位首领翻越了一座座山峰，走遍了每道山坡，终于在一片树林里遇到了一位打柴的老汉。他想从老汉那里打听神医住在什么地方，老汉打量了部落首领一下，说神医这几天到双梯寨去了，让他到那里找一找。这位首领辞别了老汉，又急急忙忙地向双梯寨赶去。

　　这双梯寨，实为耸立在万仞绝壁上的天然石寨。一路上山道崎岖，奇峰插云，这位首领吃尽千辛万苦，终于攀上了双梯寨。没想到他刚进寨门就感到头晕目眩，一头栽进一洞中。

　　没过多久，他慢慢醒来，四肢也不再抽搐了。他起身打量洞内的东西，发现石桌上堆着一些植物块茎。正在这时，洞外走进来一位老汉，手中端着一碗药，让部落首领喝下去。这位首领一看，眼前的老汉正是在五道峡树林里遇到的那位打柴人。他刚要说话，老汉笑哈哈地拦住他，告诉他生的病和部落的人们生的病一样，要靠一种药材医治。

　　药材已准备好，就放在石桌，让他病好后带回部落里去。这位首领躬身下拜，感谢老汉的救命大恩。老汉告诉他说，这种药材如果吃不完，就把它藏在背阴的烂树叶里，它就会永远用不完。

　　这位首领低身下拜，待他抬起头时，老汉已不见踪影了。这位首领知道自己遇到的老汉是神医，他的药材是天赐之物，就把老汉备好的药材放进口袋里，背回到部落里去了。

　　回到部落，这首领把神医赐的药材熬了一大锅，让生病的人喝下，几锅药水一喝，部落里生病的人逐渐好了。他把剩下的药材，依照神医所嘱，藏在背阴处的烂树叶里。从此，这药材就年复一年地繁殖下来。

　　人们说这药材是神医所赐的上天之物，又专治头晕目眩，半身麻痹瘫痪，就把这种药材叫作"天麻"了。现在，人工栽培天麻已获成功，到保康五道峡的游客，都不忘购买一些药效好的天麻带回去滋补身体。

第十五章　花卉类

人　参　花

新罗上党各宗枝，有两曾参果是非。

入手截来花晕紫，闻香已觉玉池肥。

旧传饮子安心妙，新捣珠尘看云飞。

珍重故人相问意，为言老矣共思归。

——《谢岳大用提举郎中寄茶果药物三首紫团参》·宋·杨万里

物种基源

人参花（Pananx ginseng C. A. Mey），为五加科多年生草本植物人参的含苞待放的干燥蓓蕾，又名神草花。人参花长至四年方始开花，每棵人参每年仅开一朵小花，每 30 千克人参方能采得 50 克人参花，真可谓弥足珍贵，素有"绿色黄金"之称，产自东北长白山脉的人参花最佳。

生物成分

据测定，人参花，含有丰富的人参皂甙、氨基酸、人参酸、蛋白质、酶类、多肽、人参多糖、人参挥发油、人参二醇、人参三醇、植物硫酸、植物甾醇、胆碱、麦芽糖、葡萄糖、蔗糖、果胶、维生素 A、B_1、B_2 和 C 等。人参花还含有稀有金属元素锗，锗被医学界誉为"神奇元素"。

食材性能

1. 性味归经

人参花，味甘、微苦，性温；归心、肾经。

2. 医学经典

《神农本草经》："补元气，益脾胃，安神，益智，升阳。"

3. 中医辨证

人参花，可清热消渴、生津、平肝消火，服用后补五脏、安精神、定魂魄、止惊悸、除邪气、明目、开心、益智、轻身延年。

4. 现代研究

人参花蕾中的人参总皂甙含量是人参根的 5.06 倍，其中可提升人体免疫力，并抑制癌细胞成长的人参皂甙 Rd 含量高达 2.77%，是人参根的 13.85 倍；能保护细胞膜和防止细胞老化、扩张血管、降低血压和血糖、提高肝细胞蛋白质和 DNA 合成，显著抑制宫颈癌细胞生长的人参皂甙 Re 的含量是人参根的 14.7 倍。人参花中对于人体抗疲劳、防衰老的人参皂甙 Rm7cd，比人参根高 10 倍多。另外，人参花蕾几乎不含有人参根中所具有的会导致上火的皂或甙 Ro，所以阴虚火旺、不能用人参根滋补者亦可食用。更为特别的是，人参花蕾中竟含有独特的人参花蕾 9 肽和 11 肽，均属小分子肽，可以被人体百分之百吸收，被称为"校正肽"，能迅速而准确地识别并校正细胞内的各种"C-C平衡"。

它在提神、降压、降糖、降血脂、抗癌、调理胃肠功能、缓解更年期综合征等诸多方面有突出保健效果。

食用注意

(1) 实症、热症者忌服。
(2) 忌铁器，畏五灵脂，反藜芦。
(3) 儿童不宜食用。

传说故事

人参的由来

深秋的一天，有两兄弟要进山去打猎。进山后，兄弟俩打了不少野物，正当他们继续追捕猎物时，天开始下雪，很快就大雪封山。没办法，两人只好躲进一个山洞，他们除了在山洞里烧吃野物，还到洞旁边挖些野生植物来充饥。一天，他们发现一种外形很像人形的东西味道很甜，便挖了许多，当水果吃。不久，他们发觉，这种东西虽然吃了浑身长劲儿，但是多吃会出鼻血。为此，他们每天只吃一点点，不敢多吃。转眼间冬去春来，冰雪消融，兄弟俩扛着许多猎物，高高兴兴地回家了。

村里的人见他们还活着，而且长得又白又胖很有精神，感到很奇怪，就问他们在山里吃了些什么。他们简单地介绍了自己的经历，并把带回来的几个植物根块给大家看。村民们一看，这东西很像人，却不知道它叫什么名字，有个长者笑着说："它长得像人，你们俩兄弟又亏它相助才得以生还，就叫它'人生'吧!"后来，人们又把"人生"改叫"人参"了。

茉 莉 花

刻玉雕琼作小葩，清姿原不爱铅华。
西风偷得余香去，分与秋城无限花。
——《茉莉》·明·赵福元

物种基源

茉莉花（Jasminum sambac（L.）Aiton），为木樨科茉莉花属常绿灌木茉莉的花，又名末丽、荣花。茉莉花原产印度，汉代从亚洲西南部传入我国，现在遍及长江流域和江南各地。其中享有盛名的是粤闽的木本茉莉、苏州的蔓性茉莉和宝珠茉莉。叶翠花白香浓的茉莉花为庭院盆栽上品，通常放置阳台或窗口，亦可短期入室内观赏。夏夜纳凉，花开送香，颇有"一卉能熏一室香，炎天犹觉玉肌凉"之感。

茉莉花分布于江苏、浙江、福建、台湾、广东、四川、云南等地，每年 7 月前后花初开时，择晴天采收，晒干，即为食用和药材茉莉花。

生物成分

据测定，茉莉花含挥发油性物质，主要成分为苯甲醇或其脂类、茉莉花素、芳樟醇、安息香酸、芳樟醇酯等，还含有吲哚、素馨内酯等物质。茉莉花油与黄金同价，用于熏茶、泡茶饮用。

食材性能

1. 性味归经

茉莉花，味甘、辛，性温；归脾、肺、大肠经。

2. 医学经典

《本草汇编》："理气，开郁，和中辟秽。"

3. 中医辨证

茉莉花，有去脂清肠、开胃、补心、益气、清口利尿功效，有助于缓解紧张情绪、消除抑郁、解油腻、减肥、腹胀腹泻、感冒发热、头晕头痛等症的辅助治疗。

4. 现代研究

茉莉花有"理气开郁、辟秽和中"的功效，常饮之，有清肝明目、生津止渴、祛痰治痢、通病利水、祛风解表、疗疮、坚齿、益气力、降血压、强心、防龋、防辐射损伤、抗癌、抗衰老之功效，使人延年益寿、身心健康。

食用注意

茉莉花，辛香偏温，火热内盛、燥结便秘者慎食。茉莉花根有毒，不能食，内服宜慎或遵医嘱。

传说故事

一、茉莉花的由来

许多国家的青年男女之间，常互赠茉莉花表达纯洁忠诚的爱情。此意源于一个古老的传说，公主莉苇苇爱上一位勇敢的猎人，婚礼前突然有海盗入侵，猎人勇敢善战，带大伙把海盗歼灭，可他自己却在冲锋陷阵中牺牲了，公主为之忧伤而死，在她的墓地上长出洁白芳香的茉莉花，从此茉莉花成了忠于爱情的信物。而今，以茉莉花喻爱情的歌曲风靡中外，传唱不衰。

二、茉莉花根有毒

至于茉莉根为药，还有一则趣闻。清代乾隆年间，纪晓岚的《阅微草堂笔记》载述：福建某地有个年轻姑娘，未嫁前突然去世，无法查明原因，只得入棺埋葬荒郊。但数年后，这姑娘的亲戚在外地发现她依然活着，询问后方知其父母包办婚姻，被逼服药造成假死，入葬夜，由她的恋人掘墓揭开棺盖救出，与其逃到异乡结成夫妻，姑娘所服之药就是茉莉根。出自明代的《本草汇编》记载："以酒磨一寸服，则昏迷一日乃醒，两寸两日，三寸三日。"倘使追溯到东汉末年，神医华佗施行外科手术，所用麻沸散中就有茉莉根。现代药理研究表明，茉莉根之所以能麻醉致人昏迷，就在于所含生物碱有毒，故跌损骨节脱臼者，用此接骨则镇痛可愈。

附：茉莉花记趣

古往今来，茉莉花以其清丽、馨香、纯净、高雅的美学品格，令世人垂青。宋代姚述尧的《行香子·茉莉花》是这样描写茉莉花的："天赋仙姿，玉骨冰肌。向炎威，独逞芳菲。轻盈雅淡，初出香闺。是水宫仙，月宫子，汉宫妃。清夸檐卜，韵胜酴醾。笑江梅，雪里开迟。香风轻度，翠叶柔枝。与玉郎摘，美人戴，总相宜。"宋代杨巽斋的《茉莉》则云："麝脑龙涎韵不作，熏风移种自南州。谁家浴罢临妆女，爱把闲花戴满头。"

月 季 花

只道花无十日红，此花无日不春风。

一尖已剥胭脂笔，四破犹包翡翠茸。

别有香超桃李外，更同梅斗雪霜中。

折来喜作新年看，忘却今晨是季冬。

——《腊前月季》·宋·杨万里

物种基源

月季花（Rosa chinensis Jacq.），为蔷薇科蔷薇属常绿或半落叶植物月季的花，又名四季花、月月红、长春花、月月开、四季春、月光花等。

月季花居十大名花第五，被誉为"花中皇后"。原产我国，栽培历史悠久。相传神农时代已种野生月季，汉代宫廷大量栽植，唐宋时栽培更为普遍。如今，大江南北均有栽培，遍布世界各地，约有上万个品种，成了花卉中的大族。我国的月季名品甚多，其中突出的要数紫雾、朦胧、雪山、和平、黑旋风、奇光异彩、伊丽莎白、十全十美等。

生物成分

据测定，月季花，含槲皮苷、鞣质、没食子酸、花色苷、β-胡萝卜素、挥发油等，挥发油的主要成分为香茅醇、牻牛儿苗醇、橙花醇、丁香油酚、苯乙醇、葡萄糖苷等。

食材性能

1. 性味归经

月季花，味甘，性温；归肝经。

2. 医学经典

《中国药典》："活血调经，消肿解毒，润肤养颜。"

3. 中医辨证

月季花，可活血调经、消肿解毒、润肤养颜，有益于月经不调、痛经及筋骨疼痛、跌打损伤、脚膝肿痛等症。

4. 现代研究

月季花对于妇女月经不调、痛经、赤白带下、高血压、肺虚咳嗽、咯血、肿毒有较好的辅助疗效。

食用注意

（1）脾胃虚弱者，孕妇及月经过多者慎服。

（2）血热、血虚者不要饮用。

（3）用量不宜过大，过量可引起腹痛，多服、久服易引起便溏腹泻。

传说故事

"和平"月季回祖国

说起"和平"月季，还有一段趣闻。18世纪，法国引种中国月季，可此时适逢英法战争，于是签订暂时停战协议，由英国海军护送中国月季到法国，栽在拿破仑二世的夫人约瑟芬所建造的月季花园内。其后，园艺家把这一月季与欧洲蔷薇嫁接，培育出"杂交茶香"新体系，再经法国园艺家费兰西斯进行上百次杂交试验，培育出国际园艺界赞誉的新品种"黄金国家"。这时又遇第二次世界大战爆发，费兰西斯将这批新秀装入邮包投寄美国，再经美国园艺家培耶培育出千姿百态的珍品。1945年，为庆祝反德国法西斯取得彻底胜利，"太平洋月季协会"从这批新秀中，选择一个品种定为"和平"，表达世界人民爱和平的共同愿望。1973年，美国友人欣斯德夫人，带着丈夫生前对中国人民的深情厚谊，与女儿手捧"和平"月季，献给毛泽东主席和周恩来总理。这样，远离故乡的名贵月季，在外域历经200多年的变迁发展，又重新回归祖国。

山 茶 花

青女行霜下晓空，山茶独殿众花丛。

不知户外千林缟，且看盆中一本红。

性晚每经寒始拆，色深却爱日微烘。

人言此树尤难养，暮溉晨浇自课童。

——《山茶》·宋·刘克庄

物种基源

山茶花（Camellia japonica L.），为山茶科常绿灌木或乔木植物山茶树的花，又名茶花、山茶、红茶花、冬耐等。山茶原产我国，隋唐由野生进入栽培，宋代栽培之风渐盛，明清栽培更盛。我国的山茶多达300多个品种，云南山茶居全国之首，占有100余种，以昆明、大理、滇池等处的著名。1961年，郭沫若到昆明北郊龙泉山见一株明代山茶及唐梅、宋柏，于是作《游黑龙潭》诗："茶花一树早桃红，百朵彤云啸傲中。惊醒唐梅睁眼倦，衬陪宋柏倍姿雄。"将山茶写得威风凛凛，活像一位战斗英雄。刘慎谔《云南植物地理》记载："云南茶花之盛甲于全国，大理为其栽培中心，品种类目仅此一城已有四十余种。"《滇中茶花记》总结茶花有十绝：根、干、枝、叶、皮、花色、花期、插花、长寿、耐寒，无处不美。丽江有棵清代乾隆年间栽植的山茶树，每年开花上万朵，被誉为"滇中山茶王"。云南山茶花花型多，有宝珠型、牡丹型、玉杯型、磬口型、榴花型等。常见的珍品有银红色的二乔、宫粉色的玛瑙、桃红色的恨天高、红白相间的紫袍玉带。其中宫粉茶花，每朵96瓣，犹如凝脂露粉，玉质无瑕，煞是好看。

生物成分

据测定，山茶花含花白苷、花色苷等，果实含脂肪油、山奈苷及出茶皂苷，山茶皂苷水解后可得山茶皂苷元 A、B、C。

食材性能

1. 性味归经

山茶花，味甘、微辛，性寒；归心、肝经。

2. 医学经典

《本草再新》："活血分，理肠风，清肝火，润肺养阴。"

3. 中医辨证

山茶，是吐血、衄血、下血之要药，适用于吐血、衄血、咳血、肠风下血、功能性子宫出血，也适用于跌打损伤及水火烫伤等症的康疗。

4. 现代研究

山茶花含花白苷、花色甙，果实含脂肪油、山茶甙。山茶甙可抑制移植性软组织瘤生长及成横纹肌细胞瘤的形成。凡取其花为药，通常在含苞欲放时采收，晒干或烘干备用，临床以宝珠茶花为佳。山茶叶与山茶根也可入药，前者捣烂敷治痈疽肿毒，后者捣烂敷治跌打损伤。此外，山茶还有抗烟尘、驱污染、净化空气的作用，对人体健康有益。

食用注意

山茶性寒，腹泻寒痢者勿食。

传说故事

山茶花的联想

1979 年邓小平访美，美国总统卡特在白宫举行国宴。宴席中央装饰 1500 枝红、粉、白三色茶花，欣赏者问主事人为何选择茶花？答曰："因为山茶花是公元前很多年首先在中国发现的。"足见茶花色香姿韵兼备，能激起国际友人对美好感情的联想。

玫 瑰 花

麝炷腾清燎，鲛纱覆绿蒙。
宫妆临晓日，锦缎落东风。
无力春烟里，多愁暮雨中。
不知何事意，深浅两般红。

——《玫瑰》·唐·唐彦谦

物种基源

玫瑰花（Rosa rugosa Thunb.），为蔷薇科落叶灌木植物玫瑰的花蕾，又名红玫瑰、徘徊花、刺玫瑰等。我国是玫瑰原产国。据《西京杂记》记载："汉武帝的乐游苑中，栽培有玫瑰树"。说明种植玫瑰，最迟始于西汉。现在主要分布于江苏、浙江、山东、安徽等地，全世界现有 700 多个品种。玫瑰是点缀园林、制作花篱的好花卉，适宜于布置花坛或盆栽供观赏，即使单独瓶插一朵，也能显出清新、雅致、悠闲的韵味。

生物成分

据测定，玫瑰花含丰富的维生素 A、B、C、E、K，以及单宁酸，含有少量挥发油和鞣质、没食子酸、色素等。

食材性能

1. 性味归经

玫瑰花，味甘，微苦；归肝、脾经。

2. 医学经典

《本草正义》："香气最浓，清而不浊，和而不猛，柔肝醒胃，流气活血，宣通室滞而绝无辛温刚燥之弊，断推气分药之中，最有捷效而最为驯良者，芳香诸品，殆无其匹。"

3. 中医辨证

玫瑰花，可理气活血、美容护肤，有益于安神、养心、解郁，对心血亏虚、惊悸失眠、郁闷不乐等症有辅助疗效。

4. 现代研究

玫瑰花能改善内分泌失调，对消除疲劳和伤口愈合也有帮助，还具有调气血、调理女性生理问题，促进血液循环，美容、调经、利尿、缓和肠胃神经、防皱纹、防冻伤、养颜美容的功效。

食用注意

（1）孕妇应避免服用。
（2）口渴、舌红少苔、脉细弦劲之阴虚火旺症者不宜长期、大量饮服。

传说故事

一、玫瑰为媒

玫瑰作为爱情花，有则玫瑰为媒的故事。相传从前有位书生进京赶考，落第而归，又见家遭洪水淹没，他只好流落他乡，靠一大户人家做工糊口。春季的一天，这大户家的小姐与丫头梅香进花园里赏花扑蝶，梅香拉住小姐指着河边挑水的青年，说那是老爷新雇的长工，还见过他偷闲看书呢。"噢，我倒要与他一会。"小姐说罢，就同梅香朝长工走去。梅香上前对正给玫瑰浇水的长工说："喂，小姐来看花，你怎不回避？"他连忙施礼说："小姐息怒，敝人就走。"梅香拦住说："且慢，等对上对子也不迟。"他难以推脱。小姐示意梅香出上联："红颜小姐。"长工即答："黑脸长工。"小姐听了暗暗点头，觉得以"黑脸长工"对"红颜小姐"，似拙实巧。梅香又机灵地说："算是对上了，能不能按上下联各续九个字？"长工见美丽端庄的小姐站在花前，耳边斜插一朵玫瑰，遂脱口而出："红颜小姐，鬓插一枝玫瑰花前站；黑脸长工，肩挑两个粪桶水边走。"小姐掩口一笑，对梅香说："这一定是个书生，我要设法帮助他继续读书。"过后，他得益于小姐诸多帮助，终于金榜题名，同小姐结为伉俪。

二、基督教与玫瑰

基督教徒认为，耶稣被钉在十字架上时，鲜血滴地处长出一朵红玫瑰。伊斯兰教徒则说，穆罕默德的汗水洒在地上，变为稻谷和玫瑰。伊斯兰教圣地麦加有个叫汉西旦的无赖，追求美丽少女梦加遭拒绝，竟诬陷她是叛徒魔女。于是教徒群起点燃干柴焚烧梦加时，天神垂怜，把围住她的木柴全部变成玫瑰花，使之显得越加俊美。

桂 花

弹压西风擅众芳，十分秋色为谁忙。

一枝淡贮书窗下，人与花心各自香。

——《秋夜牵情》·宋·朱淑贞

物种基源

桂花（Osmanthus fragfans Lour.），为木樨科木樨属常绿阔叶乔木植物桂树的干燥花朵，又名木樨、丹桂、金桂、岩桂、九里香等。根据桂花的花色和花期，有金桂、丹桂、银桂、四季香桂，各具千秋，唯金桂耐人寻味，每年9月中下旬，翠叶间夹着层金黄色小花，虽无绚丽色彩，但潇洒不俗，香超群芳，弥空不散。另有两个变种金木樨和淡黄木樨，为我国特有树种，分布于我国的云南、四川、广东、广西和湖北等省。

生物成分

据测定，每100克鲜桂花，含水分63克，脂肪0.1克，碳水化合物8克，还含有多种芳香物质；花蜡含碳氢化合物、月桂酸、肉豆蔻酸、棕榈酸、硬脂酸等物质，可泡茶、浸酒、做点心。

食材性能

1. 性味归经

桂花，味辛、香，性温；归心、脾、肝、胃经。

2. 医学经典

《本草汇言》：“化痰止咳，生津，破寒，散结，治牙痛。”

3. 中医辨证

桂花散寒破结、化痰镇咳、止牙痛、消口臭，有助于喘咳多痰、闭经腹痛、口干咽燥、肝气胃痛、风湿麻、筋骨疼痛、肾虚腰痛等症。

4. 现代研究

桂花有助于肝胃气痛、口臭、闭经、腹痛辅助疗效，还可健脾益肾、舒经活络，对痰多喘咳、便血、胃下垂、十二指肠溃疡、腰腿扭伤亦有辅助疗效。

传说故事

一、吴刚月中伐桂

吴刚伐桂神话，最早见于汉代刘安《淮南子》，到唐代段成式《酉阳杂俎》则进而发挥。相传月宫中桂树高500丈，吴刚励志学仙修道，因触犯道规，被罚砍树，可总是时砍时合，永远砍不倒。吴刚只好留在那里终年伐桂，唯有中秋月夜，方可在树下稍事小憩，与人间遥享欢乐。

二、人桂恋歌

桂花还作为友谊与爱情的象征，相传早在战国时期，韩与燕两国为表示友好，曾互以桂花相赠。在盛产桂花的兄弟民族地区，青年男女常采桂花相互赠送，以表达爱慕之情，甚至含有"一片桂花一片心，桂花林中结终身"的祝愿。宋代浙江仁和县书生狄明喜，一次乘船外出，暮色时到郊野小酒店进餐，酒至半酣，他见上酒的姑娘桂淑芳秀丽大方，言语慧敏，便借院内繁茂的桂花吟诗言情："今宵欲折高枝去，吩咐嫦娥自主张。"姑娘微笑答道："适才聆听佳作，无异御沟红叶之传，感承厚爱，也不能无动于衷。"过后两人携手至寝所，挑灯品茶，相对细语。由此，盛传"人桂恋歌"趣事。

桃 花

争开不待叶，密缀欲无条。

傍沼人窥镜，惊鱼水溅桥。

——《桃花》·宋·苏东坡

物种基源

桃花〔Prunus persica（L.）Batsch〕，为蔷薇科桃属落叶乔木植物桃树的花，又名碧桃、花桃、观赏桃。桃树的品种极多，全世界有 3000 种以上，我国约有 1000 多种，可分为果桃和观赏桃。我国栽培桃树的历史悠久，在距今 7000 年前浙江余姚市河姆渡遗址中曾挖掘到桃核，在距今 5000 年前的新石器时代殷商时期遗址中也陆续发现不少桃核，从而可以证明，桃树在我国的栽培历史不会少于 3000 年。全国除高寒山区外均有分布。

生物成分

据测定，桃花，含山萘酚、胡萝卜素、维生素 B_1、维生素 B_2、尼克酸、维生素 C、维生素 E、优质蛋白质、挥发油、脂肪、纤维素、钾、铁、磷、锌等。

食材性能

1. 性味归经

桃花，味甘、辛，性微温；归心、肺、大肠经。

2. 医学经典

《名医别录》："主得水气，破石林，通二便，下浊。"

3. 中医辨证

桃花，性走泄下降，利大肠甚快，用以治气实人病水饮肿满、积滞、大小便闭塞者，则有功无害。譬如患痰饮、脚气、膀胱宿水，取适量桃花阴干，捣为散，以温清酒和服，通利为度。

4. 现代研究

桃花所含的山萘酚、柚皮素等能够改善血液循环，促进皮肤营养和氧供给，滋润皮肤；含有的多种维生素，能够防治黑色素在皮肤内慢性沉着，有效清除黄褐斑、黑斑。桃花敷脸可治老人斑和雀斑，白桃花加等量的冬瓜种子混合，做成敷脸膏，涂在脸上有美肤效果，主治小便不利、石淋、水肿、痰饮、脚气、便秘、经闭、癫狂、疮疹，可治疗跌打损伤、瘀血肿痛。

食用注意

（1）桃花性热，有微毒，多食使人腹胀，与冷水同食易引起腹泻。

（2）孕妇忌食。

传说故事

一、李隆基与桃花

相传，唐明皇李隆基曾在御花苑内采摘桃花，亲手插在杨贵妃的头上，喜称"此花尤能助娇态"，道出了桃花独特的魅力。

二、桃夭村的故事

春秋时，"桃之夭夭，灼灼其华"，说的就是男女之间的婚事。据此，传说有个桃夭村，每年桃花盛开之时，民间的未婚青年男女，都从四方赶来择偶。这个村的选录官以女子美丑定高下，主考官则以男士文章优劣排名次，然后按男才女貌相应序号配对入座。秀才蒋生文思超群，论应考文章该摘桂冠，可主考官唆使差役向他索要三百贯铜钱，蒋生怒道："我无钱填入你腰包，不愿以钱财的神力使文章短气。"差役一听，羞愧退却。这时，与蒋生同来的富商马某，虽胸无半点文墨但腰缠万金，他尾随差役私下如数解囊，结果马某竟名居榜首，而蒋生排名末尾。蒋生感叹："文字没有称量，受糟蹋倒也罢了，可得到个丑妻怎么办呢？"不久，掌管婚事的官署宣布："排名最后的女子与蒋生结婚。"但当他揭开头巾一看，却是位美如天仙的妙龄女郎。

原来这女郎凭相貌理应排名第一，只因选录官向她索要重贿，遭之斥责而记仇在心，遂将她排到最后一名。他俩携手进洞房时，蒋生含笑自慰："假使我付出三百贯铜钱，名列高等，今晚又怎能与你结为良缘？"女郎亦补充道："是非颠倒，世态大多如此，只有守定平素品行，最终才能获得幸福。"这时形神沮丧的马某，所娶的那位女冠军，丑陋不堪，奥妙就出自那富家丑女，事先向选录官行贿一千两银子，于是从最后一名变为名列第一。蒋生对马某中肯地说："这是你自摘苦果，又能埋怨谁呢？"

三、桃花治咯血

桃花还可祛病保健。传说唐代一少妇范娟梅，一次随同丈夫赴庙会，路遇扬州一霸黄宗汉，黄霸见她美貌绝伦，顿起邪念，倚势强行抢夺，她奔逃惊恐过度，回家后不久咯血，精神失常狂癫，家人问医求药，也不见效。次年春天，桃花盛开，丈夫陪她到附近桃园看花，她突然摘食大量花瓣，过后顽疾竟自愈。这可从李时珍《本草纲目》中找到答案："此亦惊怒伤肝，瘀夹败血，遂致发狂。偶得桃花利痰饮，散滞血之功。"

杜 鹃 花

愁锁巴云往事空，只将遗恨寄芳丛。

归心千古终难白，啼血万山都是红。

枝带翠烟深夜月，魂飞锦水旧东风。

至今染出怀乡恨，长挂行人望眼中。

——《杜鹃花得红字》·宋·真山民

物种基源

杜鹃花（Rhododendron simsii），为杜鹃花科常绿或半常绿灌木植物杜鹃花的花，又名映山红、山石榴、山踯躅、红踯躅、金达莱等。

杜鹃花源于我国，南北朝已有种植的记载，唐人白居易曾多次移种山野杜鹃花于厅前，清人陈淏子《花镜》总结了杜鹃花栽培经验。如今，全世界有杜鹃花900余种，我国占530种之多，长江以南分布普遍，尤盛产于云南、西藏、四川。其中以四川杜鹃花最负盛名，《草花谱》称"杜鹃花出于蜀中者佳，谓之川鹃，花内十数层，色甚红"。我国常栽培的种类有：毛鹃、夏鹃、西洋鹃、羊踯躅、迎红杜鹃、马银花、云银杜鹃，花色丰富，有白、红、粉红、紫、紫红、偏蓝色、红白复色，并有条纹和斑点等种种变化，有的具有芳香，有的则无味。

生物成分

据测定，杜鹃花叶和嫩枝中含黄酮类、香豆精、三萜类、有机酸、氨基酸、鞣质、酚类、甾醇、强心甙、挥发油等。

食材性能

1. 性味归经

杜鹃花，味酸、甘，性温；归心、脾、肾经。

2. 医学经典

《四川中药志》："治腹痛下痢，痔出血及内伤咳嗽。"

3. 中医辨证

杜鹃花，有和血、调经、祛风湿、治月经不调、闭经、崩漏、跌打损伤、风湿痛、吐血、衄血的功效。

4. 现代研究

杜鹃花含氨基酸和维生素，有润肺清喉、益气宁神、调和经血、强健大脑神经的功效。20世纪70年代，自周恩来总理提出攻克老年慢性气管炎以来，在临床应用杜鹃花已取得满意疗效基础上，进行了化学成分及药理作用等方面的研究，取得不少可喜成果。专家们研究发现，杜鹃属于植物中的黄酮类化合物，具有治气管炎、治心血管疾病、抗炎、抗肿瘤、保肝等作用。

食用注意

（1）需要注意的是，黄色杜鹃的植株和花内均含有毒素，误食会中毒；白色杜鹃的花中含有四环二萜类毒素，人中毒会引起呕吐、呼吸困难、四肢麻木等，重者会引起休克，严重危害人体健康。

（2）杜鹃花有小毒，请在医生指导下使用。

传说故事

花鸟同名的传说

传说，周代末年，蜀帝杜宇在位时，天下发生洪水灾害，他见百姓遭受水淹的苦难，便四方招贤治水，招到一名叫鳖令的人，制服了洪水。于是蜀帝让位给他，自己隐居山中，死后化作一只杜鹃鸟，整日翻飞啼叫，同情民间疾苦，催人及时耕作，直至口滴鲜血，仍然鸣叫不止。蜀人都说，这是蜀王的归魂悲泣到呕血。杜鹃鸟嘴角上有一红斑，像凄叫时滴出的鲜血，此时正值杜鹃花盛开，世人就说杜鹃花是杜鹃鸟啼血染成的，因鸟嘴红斑与红花色彩巧合，故花与鸟同名。

菊　花

秋丛绕舍似陶家，遍绕篱边日渐斜。

不是花中偏爱菊，此花开尽更无花。

——《菊花》·唐·元稹

物种基源

菊花（Chrysanthemum morifolium Ramat.），为菊科菊属多年生草本植物菊花的头状花序，又名甘菊、家菊、白菊花、滁菊花、杭菊花、贡药花、甜菊花、菊华、秋菊、九华、黄花、帝花女花、笑靥金、节花。因其花开于晚秋和具有浓香，故有"晚艳""冷香"之雅称。按产地和加工方法不同，分为"亳菊""滁菊""贡菊""杭菊"。

菊花居十大名花第三，有高风亮节之誉，原产于我国黄河流域，汉代已将菊花广泛移植，唐代花色品种渐多，宋代发展到盆栽，清代盛行艺菊之风。现在超过 3000 多个品种，成为古今中外花卉奇观。

生物成分

据测定，菊花的花和全草含有由菊油环酮、单龙脑酞酸酯、菊醇、龙脑和乙酸龙脑酯、黄酮类等成分组成的挥发油，还有木樨草素-7-葡萄糖苷、大波斯菊苷、刺槐素-7-鼠李糖葡萄糖苷二水合物，另有儿茶酚衍生物-3，4-二羟基苯乙酮等物质。

食材性能

1. 性味归经

菊花，味甘，性微寒；归肺、肝经。

2. 医学经典

《神农本草经》："久服利血气，轻身耐老延年。"

3. 中医辨证

菊花，主要分白菊、黄菊、野菊。黄、白两菊，都有疏散风热、平肝明目、清热解毒的功效。白菊花味甘、清热，力稍弱，长于平肝明目；黄菊花味苦，泄热力较强，常用于疏散风热；野菊花味甚苦，清热解毒的力很强。野菊的茎、叶功用与花相似，无论内服与外敷，都有功效。桑叶与菊花，均能疏散风热、清泄肺肝，故对于外感风热、发热头痛及目赤肿痛等症，两药往往相辅为用。但桑叶疏风清肺的功效较好，故治肺燥咳嗽，往往用桑叶而不用菊花；菊花则长于平肝阳，且能清热解毒。

4. 现代研究

菊花有很好的抗菌、扩张冠状动脉血管作用，既可内服，又可外用。药理研究证实，菊花的清热解毒功效在于它有广谱抗菌作用，对多数皮肤真菌、葡萄球菌、链球菌、痢疾杆菌、绿脓杆菌和流感病毒等，具有较好的抑制作用。将菊花制成浸膏外用，可治宫颈糜烂；用菊花煎汤熏洗，可治湿疹和皮肤瘙痒。如患痈肿疔毒、淋巴结发炎，可煎汤内服，并取鲜菊花捣汁涂于患处；关节炎患者，可用菊花、陈艾作芯，做成护膝，有消炎止痛作用。菊花配鱼腥草、忍冬藤，煮汤内服，可防止流行性感冒；用菊花泡茶饮，有辅助降压效果。

近年来，菊花的身价倍增，有医药科研单位发现它含丰富的黄酮，这类化合物有扩张冠状动脉的作用，能增加冠状动脉的血流量，对心绞痛有一定疗效。用怀菊花浸出物治疗冠心病，有效率达 58% 以上，尤其对伴有高血压、心绞痛的患者，有很好的疗效。

食用注意

注意防霉蛀，如有霉蛀，宜烘干，不宜暴晒。

传说故事

一、女娲与菊花

说起菊花的来历，还得从女娲说起。女娲 99 岁那年，双目突然发红，相继失明。

伏羲想起了天塌时拯救他和女娲的石狮子。石狮子救下他俩后，身躯虽然化了，但它留下的尸骨——青风岭还在。他想石狮子既然能救他俩的性命，也一定有办法治好女娲的眼睛。于是他面向青风岭烧了三炷香，跪下祈祷道：“石狮神灵！女娲双目失明了，请您想办法治治她的眼睛吧。”

石狮子在青风岭上空显露身影说：“唯有玉皇后花园的菊花能清风明目，开水冲服方能医治。”说罢，身影就消失了。

天宫离伏羲家有十万八千里，伏羲也已年过 99 岁，怎能走得动？于是就命他的儿子有熊前往，伏羲对有熊说：“你母亲的眼睛唯有玉皇大帝后花园的菊花才能治好，我已年迈，行动不便，你去想法采摘几朵吧。”

有熊是个孝子，应声而往，他走了七七四十九天的路，爬了七七四十九天的天梯，才来到南天门。

南天门宫阙巍峨，有 18 个天兵天将把守，看来不易进去。他就顺着宫墙走，想找个缺口。他来到了天宫北侧，发现宫墙外贴墙长着一棵高大的玉树。他就两手抱树，脚蹬宫墙上到了墙上，解下大腰带，拴在树上，双手抓住腰带下到玉皇后花园里。

园里种满了各色各样的花草，正是晚秋季节，秋风萧瑟，百草枯萎，万花皆败，唯有凌傲风霜的菊花盛开，像一片片的碎银在闪光，散发着一股股的清香。不用问这盛开的花就是菊花了，于是他挑最大的花朵采摘起来。

“谁如此大胆，竟敢偷摘御花？”杨二郎巡逻到这里，正好瞧见，大声喝道。

有熊吓得浑身哆嗦，连忙跪下求饶道：“我是凡世伏羲之子有熊，只因母亲女娲双目失明，前来采摘几朵菊花为母亲治眼病。”

“这是玉皇派花神种的药花，专为宫中使用，岂能容你这凡俗子采摘！”

杨二郎用铜钗指向他，“走，跟我去见玉皇！”

有熊无法，只得跟杨二郎去见玉皇。杨二郎叫他跪在堂下，向玉皇禀告了他摘花之事，玉皇听后，勃然大怒，斥道：“昔日你父盗走了我的火种，我还没有惩治，今日你又来偷我的菊花，我要老账新账一起算！”

“玉皇，你听我说……”

“闭嘴，我没工夫听你狡辩！”玉皇对杨二郎命令道：“去，把他押送天牢！”

有熊被押向天牢，铁栅高密，镣铐深重，怎能脱身？他不由失声痛哭起来。

第二天傍晚，玉皇的大女儿雷姐去花园采花回来，路过天牢门口，听到天牢有熊的哭声，感到十分稀奇，因为她从来没听见过男子的哭泣，也不相信男子也会哭。

由于好奇心促使她不由地走到了天牢里面，她询问哭泣的青年男子："你犯了什么罪？为什么哭泣？"有熊见这么个窈窕淑女询问，想：女子心肠软，大都有同情心，说不定还会帮助自己呢。于是竹筒倒豆子，将来龙去脉倒了个底朝天。

雷姐被有熊的不畏艰苦、不惧风险的英雄行为和孝心所感动，爱上了这个凡尘青年。她早过腻了碧海青天夜夜心清苦的生活，羡慕喧闹的人间，想下凡尘，只可惜没有机会，现在真是一个好机缘。于是，她决定下凡，对有熊说：

"我救你一命好吗？"

"多谢姐姐！"有熊跪在雷姐面前，"你若能救我一命，并且把你采的花送给我，我将终身为你烧香磕头！"

"谁稀罕你烧香磕头！我只要你答应一个条件！"雷姐说。

"别说一件，只要我能办到，一万件也答应！"有熊显得十分诚心。

"我……我……我想给你做媳妇！你答应吗？"雷姐说着，羞怯地低下头。

"这，恐怕不好办！"有熊皱起了眉头。

"为什么？"雷姐惊奇地睁大了眼睛。

"你在天上，我在凡尘，天渊之别，怎能联姻？"

"我愿下凡，与你同归。"

"恐怕玉皇不同意。"

"我们不会偷着走？"

"这事还得先与我父母商量。"

"他俩若不同意呢？"

"这……"

"自己的事得自己做主，你若拿不定主意，我也不救你，你母亲的眼也治不了啊！"

"那么，我就答应你！"有熊无可奈何地说。

雷姐砸开了铁锁和镣铐，领着有熊翻过后墙，伸手抓住一片白云，拉住有熊站在上面，怀揣着那把菊花飞下凡尘了。

转眼落在黄河北岸青风岭下有熊家的院里，有熊领雷姐见了父亲，伏羲非常高兴。

雷姐将菊花揪了一朵，放在锅里煮，煮了一个时辰，倒出一碗喂女娲喝，女娲喝下，药到病除，睁开了双目。

女娲见眼前站着一个窈窕淑女，就问是何人？有熊替她作了介绍，女娲也非常高兴，叫他们俩当天婚配。

第二天，玉皇升堂传雷姐上殿，托塔李天王奏书道出了雷姐救出有熊，二人结拜夫妻下凡的事，玉皇又勃然大怒："速去凡尘把她捉拿上来！"

托塔李天王说："陛下息怒，听臣分解。雷姐早有思凡之心，她是您的爱女，你既然疼她，不如成全了她！"

玉皇觉得也是理儿，顿时息了怒火，但他怕其他几个女儿仿效，因而又道："那么，得去收了她的锦衣，叫她永世不得再回天宫。"

李天王点头说："陛下，雷姐去黄河北岸青风岭下落户，那里贫寒，是不是陪她点嫁妆呢？"

"嗯，你去给她送一千两黄金。"

"黄金不会滋生，花完就没了。"

"那陪什么？"

"人间疾病甚多，我看不如陪她菊花、山药、牛膝、地黄这四样药种，封其只准在覃怀生长。她可以种这四样药材，销向四海五洲，金钱会取之不尽，用之不竭。"

"好，随你办去！"玉皇挥手。

雷姐就在覃怀一带种植起了菊花、山药、牛膝、地黄这四大怀药，销往各地。

据说其他一些地方也引种这四种药材，但都无药性，唯有这覃怀一带种的药性十足，因为他们是天爷封的。

覃怀黎民为了感激玉皇的恩德，家家户户，世世代代都张贴玉皇的画像，上写：供奉天爷之灵位。

二、菊花仙子的传说

很早以前，大运河边住着一个叫阿牛的农民，阿牛家里很穷，他七岁没了父亲，靠母亲纺织度日。阿牛母亲因子幼丧夫，生活艰辛，经常哭泣，把眼睛都哭烂了。阿牛长到13岁，他对母亲说："妈妈，你眼睛不好，今后不要再日夜纺纱织布，我已经长大，我能养活你！"

于是他就去张财主家做小长工，母子俩苦度光阴。两年后，母亲的眼病越来越严重，不久竟双目失明了。阿牛想：母亲的眼睛是为我而盲，无论如何也要医好她的眼睛。他一边给财主做工，一边起早摸黑开荒种菜，靠卖菜换些钱给母亲求医买药。也不知吃了多少药，母亲的眼病仍不见好转。一天夜里，阿牛做了一个梦，梦见一个漂亮的姑娘来帮他种菜，并告诉他说："沿运河往西数十里，有个天花荡，荡中有一株白色的菊花，能治眼病。这花要九月初九重阳节才开放，到时候你用这花煎汤给你母亲吃，定能治好她的眼病"。于是，重阳节那天，阿牛带了干粮，去天花荡寻找白菊花。原来这是一个长满野草的荒荡，人称天荒荡。他在那里找了很久，只有黄色花，就是不见白菊花，一直找到下午，才在草荡中一个小土墩旁的草丛中找到一株白色的野菊花。这株白菊花长得很特别，一梗九分枝，眼前只开一朵花，其余八朵含苞待放。阿牛将这株白菊花连根带土挖了回来，移种在自家屋旁。经他浇水护理，不久八朵花朵也陆续绽开，又香又好看。

于是他每天采下一朵白菊煎汤给母亲服用，当吃完了第七朵菊花之后，阿牛母亲的眼睛便开始复明了。

白菊花能治眼病的消息很快传了出去，村上人纷纷前来观看这株不寻常的野菊花。这一消息也传到了张财主那里，张财主将阿牛叫去，命他立即将那株白菊移栽到张家花园里。阿牛当然不肯。张财主便派了几个手下人赶到阿牛家强抢那株白菊花，因双方争夺，结果菊花被折断，他们才扬长而去。阿牛见这株为母亲治好眼疾的白菊横遭强暴，十分伤心，坐在被折断的白菊旁哭到天黑，直至深夜仍不肯离开。半夜之后，他朦胧的泪眼前猛然一亮，上次梦见的那位漂亮姑娘突然来到他的身边。姑娘劝他说："阿牛，你的孝心已经有了好报，不要伤心，回去睡吧！"阿牛说："这株菊花救过我的亲人，它被折死，叫我怎么活？"姑娘说："这菊花梗子虽然断了，但根还在，它没有死，你只要将根挖出来，移植到另一个地方，就会长出白菊花。"阿牛问道："姑娘，你是何人？请告知，我要好好谢你。"

姑娘说："我是天上的菊花仙子，特来助你，无须报答，你只要按照一首《种菊谣》去做，白菊花定会种活。"接着菊花仙子念道：

"三分四平头，五月水淋头，六月甩料头，七八捂墩头，九月滚绣球。"念完就不见了。阿牛回到屋里仔细推敲菊花仙子的《种菊谣》，终于悟出其中意思：种白菊要在三月移植，四月掐头，五月多浇水，六月勤施肥，七月八月护好根，这样九月就能开出绣球状的菊花。

阿牛根据菊花仙子的指点去做了，后来菊花老根上果然长出了不少枝条，他又剪下这些枝条去扦插，再按《种菊谣》说的去栽培，第二年九月初九重阳节便开出了一朵朵芬芳四溢、娇媚迷人的白菊花。后来阿牛将种菊的技能教给了村上的穷百姓，这一带种白菊花的人就越来越多了。因为阿牛是九月初九找到这株白菊花的，所以后来人们就将九月九称作"菊花节"，并形成了赏菊花、喝菊花茶、饮菊花酒等风俗。

金 银 花

金银赚尽世人忙，花发金银满架香。
蜂蝶纷纷成队过，始知物态也炎凉。
——《金银花》·清·蔡淳

物种基源

金银花（Lonicera japonica Thunb），为忍冬科常绿或半常绿缠绕藤本植物忍冬的花，又名忍冬花、银花、双花、二花、金藤花、茶叶花、双苞花、右旋藤、鸳鸯草等。

金银花，夏季开花，雌雄两性，成对腋生，长管状花冠，构成2唇形，上唇4裂直立，下唇反卷。初放时洁白如银，数天后变为金黄，新旧相参，黄白相映，形成一金一银色调，散发浓香。据此，民间有首情歌描写："天气氤氲夏日长，金银二宝结鸳鸯。山盟不以风霜改，处处同心岁岁香。"把金银花比作形影不离的情侣，后人誉之为鸳鸯花。还因入冬时节，老叶枯落，叶腋再簇生新叶，经冬不凋，故又有"忍冬"雅称。

金银花为温带及亚热带植物，分布全国各地。其质量首推河南密县所产密银花，在金银花家族中负有盛誉；其产量要数山东平邑所产济银花，居全国首位。

生物成分

据测定，金银花含黄酮类化合物木樨草素及绿原酸、异绿原酸、环已六醇、肌醇、皂苷、鞣质等，还含有0.6%的挥发油，油中含有30多种成分，主要有双花醇和芳樟醇等。

食材性能

1. 性味归经

金银花，味甘，性寒；归心、胃经。

2. 医学经典

《外科精要》："治痈疽发背，不问发在何处，皆有奇效。"

3. 中医辨证

金银花，善于化毒，故为治痈疽、肿毒、疮癣、杨梅、风湿诸毒的要药，毒未成者能散，毒已成者能溃，但其性缓，用需加倍。

4. 现代研究

金银花含有多种人体必需的微量元素和化学成分，同时含有多种对人体有利的活性酶物质，具有抗衰老、防癌变、轻身健体的良好功效。

新近的研究指出，金银花能促进淋巴细胞的转化，而淋巴细胞转化率可反映细胞免疫功能，即提高机体免疫力。金银花还能增强白细胞的吞噬功能，从另一个角度来提高免疫功能。金银花还能促进肾上腺皮质激素的释放，对急性炎症有明显的抑制作用。

南京野生植物研究所用动物实验证明，金银花能显著提高动物对高温环境的耐受力，当对照组的动物因高温死亡50%时，喂饲金银花茶的动物在相同环境下仅死亡6%，这证实了金银花的清热解暑作用。

食用注意

脾胃虚寒及疮疡属阴症者慎服。

传说故事

一、金银花名字的来历

禹州流传这样一则故事。古代在禹州西部的伏牛山脚下，有一驿馆，驿馆边有一客栈，驿馆和客栈的对面是一家山货铺，山货铺的女主人叫忍冬，她有两个女儿，长得美丽大方，人见人夸，大的叫金花，小的叫银花。一年春节，时疫流行，过往的公差和商贾都感染了时疫，都是一样的症状：头疼发热、四肢酸痛、咳嗽流涕、浑身无力。大夫们用传统的方法治疗总是不见效，驿馆和客栈老板一筹莫展。开山货铺的女主人忍冬知道情况后，心想：自己以前得过这种病，喝完自己房后长的一种花所煎的汤就好了，何不让他们也喝碗这花煎的汤试试？她煎好了汤让女儿们送到了客栈，商贾们喝完了，第二天便感觉浑身轻松，症状减轻，经过几天治疗大家都痊愈了。客栈老板如释重负。驿丞知道后，也向忍冬求药，忍冬煎好后让女儿们送去，公差们喝完后觉得好了许多，没几天就康复了。商贾和公差们打听到了忍冬母女的名字，他们纷纷向忍冬母女道谢，并打听用的什么药。忍冬母女如实相告，他们问这是什么树上结的花，忍冬母女说不知道，有人望着金花和银花两姐妹，灵机一动说："干脆叫金银花吧！"从此，公差和商贾们走到哪里就把忍冬母女给他们治病的故事讲到哪里，金银花的故事便流传开来。金银花是禹州的地道药材，不仅具有清热解毒、健脑明目之功能，而且是防暑降温、清火润燥的佳品。在禹州逍遥观，用当地山泉泡制的金银花茶，对第一次饮用的人来说久久难忘。

二、金银花的传说

古时候，一个村里，有一对善良的夫妻，妻子怀了双胞胎，生下一对可爱的女儿，一个叫金花，一个叫银花，她俩长得如花似玉，聪明伶俐，父母疼爱，乡亲、邻居们也非常喜欢这对姐妹。

两姐妹都到18岁了，求亲的人络绎不绝，几乎踏破门槛。可姐妹俩谁也不愿出嫁，生怕从此分离。她俩私下发誓："生愿同床，死愿同葬！"父母也拿她俩没办法。

谁知好景不长，忽然有一天，金花得了病，这病来势又凶又急，金花浑身发热，起红斑，卧床不起。请来医生给她看了病，医生惊叹地说："哎呀！这是热毒症，无药可医，只好等死了！"

银花听说姐姐的病没法治，整天守着姐姐，哭得死去活来。

金花对银花说："离我远一点吧，这病过（传染）人。"

银花说："我恨不得替姐姐得病受苦，还怕什么过人不过人呢？"

金花说："反正我活不成了，妹妹还得活呀！"

银花说："姐姐怎么忘啦？咱们有誓在先：生同床，死同葬。姐姐如有个好歹，我绝不一个人活着！"

没过几天，金花的病更重了，银花也卧床不起了。她俩对爹妈说："我们死后，要变成专门治热毒病的药草，不能让得这种病的人再像我们似的干等死了。"

她俩死后，乡亲们帮着其父母把她俩葬在一个坟里。

来年春天，百草发芽，可这座坟上却什么草也不长，单单生出一棵绿叶的小藤，三年过去，这小藤长得十分茂盛。到了夏天开花时，先白后黄，黄白相间。人们都很奇怪，认为黄的就是金花，那白的是银花。想起两姐妹临终前的话，就采花入药，用来治热毒症，果然见效。从此，人们就把这种藤上的花称为"金银花"了。

三、金银花的故事

据说很久以前有个村子里，住着一对老年夫妇，开个小药铺，日子倒也过得去。老两口有个独生女儿，心灵手巧、眉清目秀，姑娘爱戴金色和银色的花朵，人们便顺口儿叫她"金银花姑娘"。

金银花姑娘长到16岁的时候，能做一手好针线，还学会了诊病配药。有一年闹瘟疫，得病的人上呕下泻，吃药也没用，不到一天，就会死去。于是大家都心神不定，十分担忧。金银花姑娘见了，昼吃不香，夜睡不着，对他爹说："救灾治病是我们的本分，还是想办法救百姓吧。"她爹听了，便写了很多红纸招贴："我家专治瘟疫，贫困者送诊给药。"大街小巷，到处贴满了招贴。

这消息，一传十，十传百，很快就传扬开了。三乡五里外的人都来诊病讨药，店堂挤得满满的，金银花姑娘不分白天黑夜地给人们诊病配药，不到半月，所有得病的人都好了。从此，金银花姑娘的名字，也传得远近闻名了。

不久，有个大户知道了金银花姑娘，便托人给傻瓜儿子说亲，金银花姑娘不愿意，她想嫁个情投意合有本事的小伙子。可是，穷人家哪能拧得过大户人家，金银花姑娘还是被迫嫁到他家去了。

金银花姑娘出嫁后，终日啼哭，饭不吃，茶不喝，身体一天天地瘦了。这事被一个坏蛋知道了，心里就打了坏主意，想勾引金银花姑娘。坏蛋找着姑娘的傻丈夫，说："你媳妇得了一种疾病，我家里有一祖传秘方，只要她一看，连药都不吃就会好的！"傻小子拿着秘方高高兴兴地回家，交给金银花姑娘，姑娘一看，越加哭得厉害。

原来药方上画了一大堆牛屎，牛屎上插了一把金银花，旁边又写着："高山有好水，平地有好花。可惜金银花，落到傻瓜家。"

金银花姑娘越哭越伤心，从天黑一直哭到天亮，第二天就悄悄地回了娘家。坏蛋仗着自己父亲是县官，有钱有势，横行霸道，他知道金银花姑娘回家，便派人在半路等着，待姑娘到时，强拉硬扯地把姑娘拉上轿去，叫人抬起直往家里奔。金银花姑娘啼啼哭哭，不知道出了什么事。

一到坏蛋家，只见坏蛋弯着腰，嬉皮笑脸地来拉她，金银花姑娘气极了，"啪啪"两个嘴巴，又"呸"地吐了一口，然后一头撞在石柱上死了。消息传遍了全村，人们为了报答金银花姑娘给大家治病的恩情，将姑娘埋在风景最好的地方。不久，在她的坟上长出许多金黄色和银白色的花朵，鲜艳秀丽，清香扑鼻，人们都说是金银花姑娘变的。大家锄草、浇水，并给它取了个名儿叫作"金银花"。

第二年，村子里很多人害了眼病，男的不能下地，女的不能推磨。有一夜，人们梦见了金银花姑娘，她对大家说："大叔大婶听得清，金银花能治百病；大叔大婶听得清，金银花能治眼病。"

从那时起，人们就把金银花当成药材。夏天小孩子喝了用它熬的水，就不生疖子，不生痱子。害眼病的，用金银花熬的水洗一两遍就好了。

四、金银花解草菇毒

宋人张邦基《墨庄漫录》记述：宁宗年间，平江府天平山白云寺有几个和尚，在山间采一篮草菇，回寺后炒熟食之，到半夜均呕吐不止，其中三人匆忙到宅外采来鸳鸯草嚼食，结果平安无事；而另外两人不肯服用，则中毒丧生，这鸳鸯草就是金银花。

牡 丹 花

庭前芍药妖无格，池上芙蕖净少情。

惟有牡丹真国色，花开时节动京城。

——《赏牡丹》·唐·刘禹锡

物种基源

牡丹（Paeonia suffruticosa Andr.），为毛茛科多年生落叶小灌木牡丹之花，又名鼠姑、鹿韭、白茸、木芍药、百雨金、洛阳花、宝贵花。

神话传说中对于武则天的"花须连夜放，莫待晓风吹"的醉昭，牡丹仙子未能奉昭，而遭贬于洛阳，说明牡丹在中国的栽培历史悠久。牡丹以其端庄典雅的花容、绮丽多彩的姿态而艳冠群芳，历来被誉为"花中之王"。春末夏初，盛开的各色牡丹无不使赏花人流连忘返。至今，河南洛阳牡丹和山东菏泽牡丹早已誉满中外。经过人们的长期培育和选择，品种极多。早在清代，根据花色的不同分为正黄色、大红色、桃红色、粉红色、紫色、白色、青色等，记载了131个品种，其名称不但富有诗情画意，而且都符合牡丹的"身份"。至今，牡丹的品种之多更是不胜枚举。

生物成分

据测定，牡丹花含牡丹皮酚原苷，可水解成牡丹酚苷，花还含有芍药苷、苯甲酰芍药苷、苯甲酰氧化芍药苷、羟基芍药苷等。

食材性能

1. 性味归经

牡丹花，味苦、淡，性平；归心、肝、肾经。

2. 医学经典

《神农本草经》："主寒热，清心，和肝，养肾。"

3. 中医辨证

牡丹花能除时气头痛、客热五劳，是血中气药，有助于女人经脉不通，产后恶露不止，又有助于衄血、吐血、崩血、淋血、跌扑瘀血、可下气而止血、和血而生血、推陈血致新血等。

4. 现代研究

牡丹花含牡丹酸、牡丹酸甙、牡丹酸原甙、芍药甙、挥发油等成分，有助于降压、镇痛、镇静、催眠等功效，并对伤寒杆菌、痢疾杆菌、大肠杆菌、葡萄球菌、肺炎球菌等有抑制作用。

食用注意

牡丹花作菜肴前一定要用淡矾水浸泡10～15分钟。

传说故事

武则天与牡丹花

据说唐朝有年腊月，女皇武则天喝醉酒，令百花齐放，次日御苑花团锦簇，唯独牡丹不趋附。武后一气之下，将牡丹从长安贬到洛阳，谁知牡丹在此落户，竟开得十分茂盛。武后闻之则大为恼怒，又下令放火烧毁，然而，"野火烧不尽，春风吹又生"，牡丹越加开得硕大绚丽。牡丹这种不畏威压的性格，堪称花中一杰。民间如此传说牡丹蔑视强暴，也有诗人赋予这花王以可贵品格。皮日休对晚唐黑暗现实不满，加入黄巢领导的农民起义军，他另辟蹊径颂牡丹："落尽残红始吐芳，佳名唤作百花王。竞夸天下无双艳，独立人间第一香。"

槐　花

琢句不成添鬓丝，且撸筇杖看云移。

槐花落尽全林绿，光景浑如初夏时。

——《秋日》·宋·陈与义

物种基源

槐花（Sophorajaponica L.），为豆科落叶乔木植物槐树的干燥花，又名金药树、护房树、豆槐树、槐米树等。树身高大挺拔，树皮灰褐色纵裂，树冠球形，繁枝绿色。奇数羽状复叶，小叶卵形至卵状披针形。夏日开花，圆锥花序顶生，花萼钟状，蝶形花冠，乳白或黄白色，团团簇簇，清香四溢，荚果圆柱形，肉质不裂。原产我国，大部分地区有分布，喜光耐寒，生长快，树龄长。既抗烟尘，又供观赏，还是蜜源树。

生物成分

据测定，槐花含芦丁、槲皮素，槐二醇、维生素 A，花蕾中含芳香甙，干花蕾中含三萜皂甙 0.4%，水解后得白桦脂醇、槐花二醇和葡萄糖、葡萄糖醛酸等物质。

食材性能

1. 性味归经

槐花，味苦，性微寒；归肝、大肠经。

2. 医学经典

《证和本草》谓："槐花，味苦，性平，无毒，治五痔，心痛、眼赤，杀腹藏虫及血热，治皮肤风及肠风泻血，赤白痢，宜炒服。"

3. 中医辨证

槐花，可凉血止血、清肝泻火、清热解毒，有助于治疗大便下血或痔疮出血、大便干结难解或便秘、皮肤瘙痒、月经过多、经色深红或紫红、质地稠粘有块、腰腹胀痛等症。

4. 现代研究

槐花含芦丁、槲皮素、槐二醇、维生素 A 等物质。芦丁能改善毛细血管的功能，保持毛血管正常的抵抗力，防止因毛细血管脆性过大、渗透性过高引起出血、高血压、糖尿病，服之可预防出血。槐花有降血压、预防中风的特殊功效，还能治疗便血、尿血、痔血等血热病症，高脂血症或胆固醇血症患者宜常服用。

传说故事

一、齐景公爱槐

春秋时，齐国君王景公特别爱槐，他派专官看守，并在树旁明示禁牌："触犯者受刑，损伤者处死！"一天，有一小吏喝醉酒，从树下踉跄经过，碰伤了枝，进牢房准备处治。小吏的女儿恳求相国晏子救其父，她说自己与父相依为命，现在国君仅因他碰伤槐树的枝叶，就治死罪，不只是自己失去依靠，也要玷辱国君的名声，一旦传扬出去，恐怕邻国认为我们国君爱树而贱民。经晏子苦谏，景公才废除伤槐之法，释放了那个小吏。其实，爱树禁令未尝不可，只是处罚太重罢了。

二、张飞与平舆古槐

相传东汉末年，张飞去汝南途中，路过平舆二龙里，张飞勒马望古槐，突然发现这棵参天大树，随即勒转马头，来到树下，昂首仰望古槐，又张开双臂合抱树身。此时，走来一位老者，张飞连忙问个端详。老者便讲述了此树的不凡来历：话说战国时期，宋国大圣人墨子前去劝说楚王不要进攻宋国，一路走得又热又渴，至此遇见一位百岁老翁在井边汲水栽树。他便上前施礼，请求老翁借口水喝。喝罢水，他问老翁："你老人家如此年迈，为何还要栽树？"老翁笑道："百岁栽树，造福后人！"墨子听后深受感动，便动手帮助老翁挖坑、浇水，栽下此树。张飞闻听，面对古槐，感叹道："真乃神奇古槐，堪称稀世珍宝，愿吾与汝同寿！"张飞乘马离开此地时，还留恋不舍，不时勒马回首，一望再望。从此，张飞勒马望古槐的故事一直流传至今。明清文人李尚苑诗云："闻道平舆有古槐，世人传说汉时栽。千年神物独存种，百代灵根自葆胎。"今天的古槐以它顶天立地百折不挠的风骨仍在激励着自强不息的平舆人民与时俱进、继往开来！

三、王氏"三槐堂"

王氏"三槐堂"为王姓宗祠的堂号，出自北宋王祐的故事。王祐，字景叔，莘（今山东）人，被太宗封为兵部侍郎。北宋初年曾任潞州知府，不久代替符彦卿镇守大名。曾极力为蒙冤的符彦卿辩护，声称其无罪，世人说他有阴德。王祐曾亲手在院中种植了三棵槐树，预言说："吾之后世，必有为三公者，此其所以志也。"后来其次子王旦，在宋真宗景德三年（1006 年）果然做了宰相，封魏国公，天下称之为"三槐王氏"。

四、槐荫树为媒

《孝义传》记载："纽回子士雄，少质直孝友，其庭前有一槐树，枝甚郁茂，及士雄居丧，树遂祐，服阕还宅，复荣。高祖闻之，下诏褒扬。"《天仙配》是我国的传统剧目，说的是玉帝第七个女儿向往人间的幸福生活，私自下凡同卖身葬父的长工董永，在槐树下定为终身伴侣。婺剧《槐荫树》亦为同一题材，这一美丽传说一直流传至今。

白 兰 花

琼姿本自江南种，移向春光上苑栽。

试比群芳真皎洁，冰心一片晓风开。

——《咏玉兰》·清·康熙

物种基源

白兰花（Michelia aiba DC.），为木兰科含笑花属常绿乔木植物白兰花树的花，又名白玉兰、白兰、缅桂等。

白兰花原产喜马拉雅山及马来半岛，我国广东、广西、云南等旅游胜地也有许多白兰花。初夏开花，延续至暮秋，花开之时，宛如点点银星，闪烁于绿叶丛中，令人放慢脚步贪婪观赏。其实，白兰花并不新奇，但有雅俗兼备的风韵。说"雅"，白兰花可与名贵花并媲美，花朵小巧精致，如同饱蘸玉液琼浆的毛笔头，俏丽端庄，散发清甜幽香。其色、姿、味非同凡俗，颇得皇妃或名门闺秀所好，亦受文人墨客青睐。论"俗"，白兰花常出现在街头卖花女的竹篮里，周瘦鹃有一首诗便是这一情景的写照："生小吴姑脸似霞，莺声嘹呖轻喧哗，长街唤卖白兰花。借问儿家何处是？虎丘山脚水之涯，回眸一笑髻鬟斜。"

生物成分

据测定，白兰花含挥发油 0.26%，油中主要成分为橙花叔醇、桉叶素、β-石竹烯、α-松油醇等，还含芳樟醇、苯乙醇、甲基丁香酚、抗氧化剂和杀菌剂等物质。

食材性能

1. 性味归经

白兰花，味辛、苦，性温；归肺、胃经。

2. 医学经典

《调疾饮食辩》："滋阴化浊，止咳化痰，利尿。"

3. 中医辨证

白兰花能镇咳、平喘，对女子白带、男子白浊、咳嗽、喘痰有显著的改善作用。

4. 现代研究

白兰花含有抗氧化剂、杀菌剂，有助于慢性气管炎、前列腺炎等缓解和改善症状。

食用注意

脾胃虚弱、肺热咳嗽、痰多黄稠者忌食或忌用于药中。

传说故事

康熙与白兰花

康熙一生酷爱白兰花，并赋有《咏玉兰》诗。这在历代帝王中是首屈一指的，这里有一段有趣的故事。

相传，康熙二十六年元宵夜，康熙独卧万寿宫，梦见一年轻婀娜素衣女子，飘然而至康熙龙床前，自报家门，说她是白兰花仙子，今夜专程陪万岁，一边说一边宽衣解带直往康熙怀里钻。康熙见年轻美貌并带有淡雅的白兰花香气女子钻进怀里，性欲倍增，缠绵无限，一会真龙戏水，一会儿鸾凤颠倒，云布雨施之后，白兰花仙子撒娇地要康熙将苏州虎丘的白兰花移至北京御花园内栽，康熙当即应允，天明就办，白兰花仙子满意而去。康熙一梦醒来，下内衣湿了一大块，忙唤太监为他更衣。

天亮早朝，康熙传旨，要苏州府将苏州虎丘的白兰花移栽至北京御花园，并写下诗《咏玉兰》。

鸡 冠 花

秋光及物眼犹迷，著叶婆娑拟碧鸡。
精彩十分伴欲动，五更只欠一声啼。

——《咏鸡冠花》·宋·赵企

物种基源

鸡冠花（Celosia cristata），为苋科一年生草本植物鸡冠花之花序，又名鸡髻花、鸡公花、鸡角枪、鸡冠苋。

鸡冠花，茎直立，粗壮；单叶互生，长椭圆形至卵状披针形，先端渐尖，全缘，基部渐狭而成叶柄；穗状花序多变异，生于茎的先端或分枝的末端，常呈鸡冠状，有紫、红、淡红、黄或杂色，花密生，每花有3苞叶，花被5枚，广披针形；胞果成熟时横裂，内有黑色细小种子，花期7～9月，全国大部分地区有栽培，为观赏植物。国外早列入蔬菜行列。

生物成分

近年来，国外科学家对鸡冠花进行了深入研究，认为它含有极为丰富的营养成分，如脂肪、蛋白质、叶酸、泛酸和维生素 B_1、B_2、B_4、B_{12}、C、D、E、K 等多种维生素及 21 种氨基酸、13 种微量元素和 50 种以上的天然酶和辅酶，其中蛋白质高达73%，可补充粮食之不足，其花瓣和花籽皆可食用。美国将其作为粮食作物普遍种植；意大利科学家在一份调查报告中指出，每年第三世界国家大约8万名儿童因缺少氨基酸而双目失明，只要每天食用100克鸡冠花瓣，就足以阻止这一灾祸的降临。其籽粒很小，味似棒子，可炒熟吃或混合于小麦中制成面粉，蛋白质含量较高，是人类理想食品之一。我国历史上亦有将其作为救荒济民之食品的记载。

食材性能

1. 性味归经

鸡冠花，味甘，性凉；归心经。

2. 医学经典

《玉楸药能》："清风退热，止衄敛营，治吐血、血崩、血淋诸失血症。"

3. 中医辨证

鸡冠花，可清热除湿、凉血止血，有助赤白痢疾、痔漏下血、吐血、咯血、衄血、血淋、崩漏、带下、遗精、乳糜尿，主治痔疮、痢疾、吐血、衄血、血崩、荨麻疹，可凉血、止血，有益于肠风便血、赤白痢疾、崩漏、带下、淋浊等症的康复。

4. 现代研究

鸡冠花煎剂，对人体阴道毛滴虫有良好的治疗作用，虫体与药液接触 5～10 分钟后即趋消失。通过小白鼠减压耐缺氧实验，证明鸡冠花能增加心肌对缺氧的耐受力，从临床病例观察，此药可使心室率减慢，血压降低，因此可以降低心肌耗氧量，改善心肌耗氧与供氧间的平衡失调而使绞痛缓解。

食用注意

寒饮咳喘，久病滑泄者慎食。

传说故事

一、朱棣与鸡冠花

相传，明代皇帝朱棣，一年秋天到御花园赏景，发现满园鲜红的鸡冠花中有一株白色，就摘下藏在袖管内，遂召学士解缙作鸡冠花诗。解缙随意写下第一句："鸡冠本是肥脂染。"皇帝故意问："鸡冠花尽是红的吗？"他应了一声："是！"皇帝从袖里掏出一朵白鸡冠花，心想这可把他难住了，不料解缙文思一转，写出第二句："今日为何浅淡妆？"皇帝紧逼一句："你说为何？"解缙续上三四两句："只为五更贪报晓，至今戴却满头霜。"皇帝满意地频频点头，特设宴举杯赞扬他的文才。

二、鸡冠花的来历

从前伏牛山有座蜈蚣岭，岭下住着张双喜母子俩，家里养了一只红公鸡，每天凌晨报晓，催人下田耕作。秋收前，蜈蚣精嫉妒张家屋前宅后稻谷金黄，便化成美貌姑娘，到张家门口讨饭，双喜见之求婚，姑娘当即应允，并结为夫妻。可红公鸡一见美女，就展翅引颈追啄，吓得她赶忙关门躲避，于是要双喜把红公鸡赶到野外。张大妈不见红公鸡，推开房门四处寻找，岂料看见床上竟躺着一条大蜈蚣，一眨眼又变成漂亮的媳妇。张大妈受惊后，把这事告诉儿子，可双喜怎么也不信。次日清晨，美妻邀双喜上山观光风景，刚到蜈蚣岭，忽见美妻现出蜈蚣精原形，喷吐毒雾迷得双喜晕头倒地。此刻，蜈蚣精正要吮吸双喜的脑髓，突然从树林里跳出一只红公鸡，向蜈蚣精猛扑猛啄，经过一场激烈搏斗，结果双方俱亡。当双喜从昏迷中苏醒过来，只见自己饲养的红公鸡浑身血痕斑斑。双喜流着悔恨的热泪把它埋了，不久此地生长出一株翠绿植物，肉质花穗红里发紫，俨如大公鸡的鸡冠，村民们称之为"鸡冠花"。

梅 花

众芳摇落独暄妍，占尽风情向小园。
疏影横斜水清浅，暗香浮动月黄昏。
霜禽欲下先偷眼，粉蝶如知合断魂。
幸有微吟可相狎，不须檀板共金樽。

——《山园小梅》·宋·林逋

物种基源

梅花（Prunus mume），为蔷薇科腊梅花属落叶灌木植物蜡梅的花蕾，又名腊梅、黄梅、腊木、香梅、黄腊、铁筷子花、雪里花。

梅花居十大名花之冠，素有"花中魁"之称。其故乡在我国，从河南安阳出土商代铜鼎上梅核图案考证，以及我国第一部诗集《诗经》记载"终南何有？有条有梅"诗句来看，我国种植梅花的历史迄今至少有 3000 年。梅花为蔷薇科落叶小乔木，也有少数呈灌木状，可分为花梅与果梅两大系统，有直脚梅、垂枝梅、龙游梅、杏梅四类，据统计共 323 个品种。

生物成分

据测定，蜡梅花含挥发油，内含 1，8 -桉叶素、龙脑，芳樟醇、苯甲醇、乙酸苄酯、金合欢醇、松油醇、吲哚等，蜡梅花又含洋蜡梅碱、异洋蜡梅碱、蜡梅甙、α-胡萝卜素。

食材性能

1. 性味归经

梅花，味甘、微苦，性温；归肺、心经。

2. 医学经典

《江苏植物志》："治心烦口渴，气郁胃闷。"

3. 中医辨证

梅花解暑生津，开胃散郁，有助于热病渴烦、胸内闷、咳嗽、烫火伤、咽喉肿痛。

4. 现代研究

乌梅所含枸橼酸、琥珀酸、苹果酸，可促进胆汁分泌，对大肠杆菌、痢疾杆菌、伤寒杆菌、结核杆菌等均有明显抑制作用。

食用注意

溃疡病患者慎食梅花。

传说故事

一、史可法与梅花

相传，清兵于 1645 年围攻扬州，民族英雄史可法见广储门外有座梅花岭，即留下遗言："我死当葬梅花岭上。"城破后史公被俘至敌营，他誓死不降而殉国。爱国志士无法寻求史公尸骨，取其衣冠葬于梅花岭，至今仍保存史公衣冠冢，满山梅花象征着史公的高风亮节。

二、隋炀帝与《梅图》

史载隋炀帝因沉迷酒色，患了消渴病，每天口干舌燥，日渐身瘦骨立，大量饮水也无济于事。太医官连派了数名自称为第一流的医生，结果治不好病，都被炀帝斩了。郎中莫君锡听说最后轮到太医张玉，此人是他旧日好友，但医术平平，此去必然凶多吉少。于是征得太医官同意代张玉为炀帝治病。莫医生进宫后铺纸挥墨，画成"梅林"与"雪景"两幅图。他为炀帝把脉说："陛下龙体之恙，乃真水不足，龙雷之火上越，非草木金石之品能治，需宽容十天，待我去求一仙友，取来天池之水，方灭得龙雷之火。为避风吹火动，望陛下这几天独居一室，倘感寂寞，臣有画两幅供观赏。"炀帝点头准奏，接过图画挂在墙上，每看到"梅林"图上累累梅子，想起梅子酸甜滋味，禁不住唾液横生，口渴舌燥渐消。再看那"雪景"图上万树枝白，又觉从头到脚寒气逼人，烦欲心火又大减。莫医生十天进宫，炀帝笑曰："爱卿，这两幅图真好！朕每天观赏，病也好了一大半，如再喝下你取来的天池水，恐怕病就痊愈了。"莫医生指着两幅图奏道："陛下望梅林思青梅，口中顿生唾液，不停地咽下能浇灭身上龙雷之火，这就是天池水啊！又观赏雪景，身上感受寒冷，心火不再上升欲饮，病情也就自然好转。请陛下日后朝夕赏图，继续独居，静心养神，不出月余则龙体大安。"炀帝一听大喜，果然到期病愈。原来这叫移情妙治，利用环境改变，外物刺激，使体内产生有益变化，从而达到治病疗疾的目的。

芍 药 花

浩态狂香昔未逢，红灯烁烁绿盘笼。
觉来独对情惊恐，身在仙宫第几重。

——《芍药》·唐·韩愈

物种基源

芍药花（Paeonia lactiflora），为毛茛科植物芍药的花序，又名离草、将离、婪尾春、没骨花、殿春花、白芍、金芍药。

芍药原产我国北部，有 3000 余年历史，为我国最古老的名花。宋代刘攽《芍药谱》记载 31 种，苏轼称"扬州芍药为天下之冠"，有"洛阳牡丹，扬州芍药"并茂之说。明代王象晋《群芳谱》记载芍药 39 种，北京从扬州引种栽培，仅丰台一地就有芍药连畦接畛，开花时一天竟卖出万余茎。清代陈淏子《花镜》记载芍药 88 种，北京曾盛极一时。现在除华南炎热地带不宜生长，几乎各地均有栽培，全世界有 1000 多品种。

罗愿《尔雅翼》言："制食之毒，莫良于勺，故得药名。"历代文人为其风姿绰约、花美绝伦所倾倒。清代孔尚任诗云：

一枝芍药上精神，斜倚雕栏比太真。
料得也能倾国笑，有红点处是樱唇。

真乃惟妙惟肖，难怪《尔雅》云："世谓牡丹为花王，芍药为花相。"是说芍药之美次于牡丹矣。苏敬云："芍药，今处处有之，淮南为胜。"

生物成分

据测定，芍药，花含黄芪甙、山柰酚 3，7 -二葡萄糖甙、多量没食子鞣酸、除虫菊素、β -谷甾醇、廿五碳烷等；根含芍药甙、牡丹酚、芍药花甙、苯甲酸等。

食材性能

1. 性味归经

芍药花，味酸、苦，性凉；归心、肾经。

2. 医学经典

《名医别录》："通顺血脉，缓中，散恶血，逐贼血，消痈肿。"

3. 中医辨证

芍药花平抑肝阳、养血柔肝、敛阴收汗、缓中止痛，有助于胸腹疼痛、泻痢腹痛、自汗盗汗、阴虚发热、月经不调、崩漏带下等症的康复。

4. 现代研究

芍药含芍药甙、挥发油、苯甲酸等成分，有解瘀、镇痛、消炎、抗菌等作用，可扩张血管、抗心肌缺氧、抑制血小板聚集、降低全血黏度。赤芍药在 20 世纪 50 年代曾为治宫外孕的主药，60 年代以其治冠心病及缺氧性中风。近年又有专家发现，白芍药还有降解黄曲霉菌致癌因素功能，可预防肝癌发生，提高免疫功能。

食用注意

芍药花，味酸、苦，性凉，因寒性引起的痢疾患者不宜用芍药。

传说故事

一、猎人与芍药花

传说，宋代有个猎人酷爱芍药，可又崇敬大自然，不愿将山上野芍药移植自家田园，只好常到崖头盘坐，大饱眼福而归。日久，芍药感到从未遇到过这样怜香惜玉的知音，便感叹自己草木弱质，无法登门拜访道谢。秋末的一天，猎人在山上遇见一只狼，欲举枪射击，可走近一看却是一只白犬，就任其自去，然白犬亲热地绕着他欢跳数圈，又远去从地里掘干草根，衔在嘴里摇头摆尾送给猎人，他带回家精心栽培养护，冬去春来，渐渐青枝绿叶，蓓蕾绽开，开出绝无仅有的奇花，竟然是一株芍药，于是取名为"白犬"。

二、忠贞爱情与芍药花

能与花王媲美的，唯有芍药。芍药花初夏开放，硕大艳丽，奇容异色。在周朝时，男女平时交往，常以芍药作为互相赠送的礼品或信物。相传一对男女，自由地真诚相爱，以芍药花而定终身。由于战争，男子死于战场，女子性情刚烈而重情义，抱芍药花，面对男友死亡之方向抽泣，终因伤痛过度亡于芍药丛中，真是"晚秋早夏浑无伴，暖艳清香正可怜"。人们有感于女子的忠烈，以花比人，从此，在将离别时，赠之以芍药，以示情义永存、忠贞不渝之义。故后人把芍药名为可离、将离或离草诸名。

向 日 葵 花

此心生不背朝阳，肯信众草能翳之。
真似节旄思属国，向来零落谁能持。

——《葵花》·宋·梅尧臣

物种基源

向日葵花（Helianthus annuus），为菊科一年生草本植物向日葵的花序，又名文菊、西番莲、迎阳花、一丈菊、望日莲、向阳花、太阳花、朝阳花。

葵花原产美洲，传入我国已久，栽培地区广泛。茎直立，粗壮，中心髓部发达，外有粗毛和斑点，叶互生，有长柄，叶广卵圆形，先端急尖或渐尖，边缘具锯齿，基部截形或心脏形，两面粗糙；头状序单生，总苞片多层，卵圆形，花托扁平，具膜质托片，周围一轮舌状花，黄色，中央筒状花，紫棕色，瘦果浅灰或黑色，扁长卵形，花期春夏季。各地均有栽培，于花期采收花朵，晒干用，其茎、髓、叶、花盘、果实亦可入药。

生物成分

据测定，向日葵含槲皮黄甙、三萜皂甙和向日葵皂甙 A、B、C 等，其甙元是齐墩果酸和刺囊酸。花粉含甾醇，主要为 β-谷甾醇等。

食材性能

1. 性味归经

向日葵花，味甘，性平；归肝、肺经。

2. 医学经典

《民间常用草药汇编》："祛风，明目，治头昏，面肿，又可催生。"

3. 中医辨证

向日葵，花，可祛风，有助于头昏、面肿、牙齿痛；子，主治血痢、脓肿；叶，主治高血压；果壳，主治耳鸣；根，主治胸膈、胃脘作痛，二便不通，跌打损伤；花托，主治头痛、目昏、牙痛、胃痛、腹痛、月经痛、疮肿；茎髓，主治血淋、尿路结石、乳糜尿、小便不利。

4. 现代研究

向日葵花含槲皮黄素、三萜皂甙和向日葵皂甙 A、B、C 等，其甙元是齐墩果酸和刺囊酸；花粉含甾醇，主要为 β-谷甾醇。经药理实验，向日葵花有扩张血管、降低血压以及兴奋呼吸、增强小肠收缩和退热作用；茎髓有利尿作用。向日葵花有祛风、明目功效，治疗头晕、面肿、牙痛，又可催生。

食用注意

霉变的向日葵花及花盘不宜使用。

传说故事

一、苏武与向日葵

相传，汉武帝时，苏武奉诏出使匈奴，因拒降而被扣留 19 年，流放北海牧羊，他叫看望的家人带来向日葵种子种在北海地界，一边牧羊，一边种植葵花，19 年如葵花向太阳一样坚持乃旌心向汉。昭帝时，匈奴与汉和好，苏武终于返汉。

二、葵花趣

向日葵是人们最熟悉的植物，开着金灿灿的轮状花，以花盘随着太阳旋转而得名，清晨它笑迎朝阳，中午它昂望红日，傍晚它凝视夕晖。唐代李涉赞云：

此花莫遣俗人看，新染鹅黄色未干。

好逐秋风天上去，紫阳宫女要头冠。

宋代司马光赋诗云：

四月清和雨乍晴，南山当户转分明。

更无柳絮因风起，唯有葵花向日倾。

据研究，这种与太阳依依不舍之特性，与花盘下面的茎部有一种奇妙的"植物生长素"有关。其生长素有两个特点：一是背光部分生长素比向光面的多，当遇到阳光照射时，花盘便朝着太阳弯曲；二是生长素能刺激细胞的生长，加速分裂繁殖，所以背光面比向阳面生长得快，故而朝阳，这便是秘密之所在。

荷　花

世间花叶不相伦，花入金盆叶作尘。

惟有绿荷红菡萏，卷舒开合任天真。

此花此叶长相映，翠减红衰愁煞人。

——《赠荷花》·唐·李商隐

物种基源

荷花（Nelumbo nucifera），为睡莲科多年生水生草本莲的花蕾，又名莲花、芙蓉、芙蕖等。我国栽培荷花历史悠久，距今 7000 千年前河姆渡文化遗址中发现有荷花的花粉化石；6000 年前仰韶文化遗址中也发现碳化莲子；东北泥炭层中掘出的古莲子尚能发芽成活；而云冈、龙门、敦煌石窟中的雕画和雕像常有"莲花化生"之形象。古时还将农历六月二十四日定为"荷花生日"。而大量的诗词文赋更是不胜枚举，唐代王昌龄诗赞云：

荷叶罗裙一色裁，芙蓉向脸两边开。

乱入池中看不见，闻歌始觉有人来。

宋代杨万里诗云：

毕竟西湖六月中，风光不与四时同。

接天莲叶无穷碧，映日荷花别样红。

至于将荷花称为"花中君子""翠盖佳人"乃是后世佳话，周敦颐的《爱莲说》、朱自清的《荷塘月色》等等，被传为传世佳篇。

我国是世界上栽培荷花最多的国家，以中部和南部的浅水河塘分布最多。现有 150 多个品种，分花莲、藕莲和子莲三大类。花莲多用于观赏，常见有宫粉、桃红、纯白，民间颇爱并蒂莲，所谓并蒂莲，即是一朵花中两个大花心。

生物成分

据测定，荷花含生物碱，包含莲心碱、异莲心碱、去甲基莲心碱、荷叶碱、前荷叶碱、半角花素、甲基紫堇杷灵、去甲基乌药碱等；含糖、柿子糖、β-谷甾醇等物质。

食材性能

1. 性味归经

荷花，味甘、微苦，性温；归脾、肾、心经。

2. 医学经典

《本草再新》："清心，凉血，解热毒，治惊痫，消湿去风，治疥疮。"

3. 中医辨证

荷花有活血止血、祛湿除风之功效，有益于跌损呕血、天泡湿疮、夜梦遗精、中暑烦闷、面部皱斑等症的辅疗。

4. 现代研究

荷花，含槲皮素、木樨草素、异槲皮甙、木樨草素葡萄糖甙、山奈酚、山奈酚-3-半乳糖葡萄糖甙、山奈酚-3-二葡萄糖甙等多种黄酮类，有益于清心火、平肝火、泻脾火、降肺火、消暑除烦、生津止渴、治目红肿、益色助颜，久食可使面色红润，容光焕发。

食用注意

（1）外感初起表症及大便干结、疟疾、痞积等症忌食用荷花。
（2）不可与蟹龟肉同食荷花，避免某些不良反应。

传说故事

一、并蒂莲的来历

古籍记载金代泰和中，大名府有名叫吕和成、程荷艳一对情侣，山盟海誓，情投意合，但无奈家庭阻力，终难成婚，便相抱投水殉情。过后池塘所盛开的荷花全是并蒂，红裳绿盖，一水皆香，民间认为这是青年情侣的精灵化身，从此并蒂莲成为忠贞爱情的象征。

二、莲花仙子战恶龙

传说在很久很久以前，辽东半岛，在渤海与黄海交界处有一个地方叫普兰店。普兰店东三华里处有一片水乡，水乡深处，有一片莲花怒放的地方，人们叫它"谷泡"或叫"莲花湖畔"。湖里住着一位美丽善良的莲花仙子。湖两岸百姓在莲花仙子的呵护下过着美满祥和的温馨生活。可这些朴实善良的百姓万万没有想到的是，这里将发生一次惊天动地的劫难。

渤海湾里住着一条凶狠、丑陋的蛟龙王子，他听说莲花湖里住着一位非常美丽动人的莲花仙子，领着这里的百姓过着安逸的生活，就决定占领这个地方，霸占莲花仙子，让当地的百姓听从他，为他卖命。

一个阳光明媚的早晨，莲花湖畔的百姓像往常一样在这里耕耘、织布、养蚕、狩猎……突然间，西南方向的空中乌云密布、狂风骤起、风沙翻滚，渤海里一股黑色龙卷风向着莲花湖席卷而来，蛟龙王子露出狰狞凶狠的面孔，大吼大叫地说道："我要在这里称王，我要娶莲花仙子为妻。你们都听着，从现在开始，都要服从于我。"当地的人们早就痛恨这条蛟龙，便拿起武器同他斗争。可是淳朴的人民哪里是他的对手，看着百姓不断地倒下，莲花仙子看在眼里，疼在心里，她穿上自己最心爱的粉红色长衣裙，手拿家中祖传的双锋宝剑，冲出湖面与蛟龙展开了一场生与死的搏斗。

这是一场前所未有的大战，莲花仙子与蛟龙激战了九九八十一个回合，七七四十九天，天地万物都在感受着正义与邪恶的斗争与较量。就在最后关头，莲花仙子再次手持双锋宝剑挥出闪眼光环，顿时，天地间一道耀眼的光亮从莲花湖里升起，深深地刺向蛟龙的眼睛，就在蛟龙准备拼尽全力冲向莲花仙子时，说时迟，那时快，莲花仙子再一次使出全身力气一个腾飞健步冲向蛟龙，用锋锐无比的宝剑刺断了他的喉咙，此时疼痛难忍的蛟龙翻腾着身子撞断了莲花湖南岸边的高山，逃回渤海湾里一命呜呼了。后来，人们发现那座山的形状像两个车轮，就起名"车轱辘山"。

东方升起了一轮红日，万物复苏，而美丽的莲花湖因这场大战而枯竭了，所有的莲花都渐渐地凋谢了，疲惫不堪的莲花仙子奄奄一息地说："我不行了，我死后，把我身上的莲花籽全部留下来，埋在莲花湖中，以后让这里飘满花香，让这里的人民充满希望。"只见莲花仙子站在湖中，伸出双手，一股热量由她身上散发出来，大地万物都能感受她的温暖。此时，一粒粒晶莹剔透的莲花籽从空中飘落下来，投入大地的怀抱，深深地埋在这黝黑的土地之中，而美丽的莲花仙子再也回不来了。

萱 草 花

春条拥深翠，夏花明夕阴。
北堂罕悴物，独尔淡冲襟。

——《萱草》·宋·朱熹

物种基源

萱草花（Hemerocallis fulua L.），为多年生草本百合科植物萱草、黄花萱草或小萱草的花蕾，又名忘忧草、宜男草、黄花菜、谖草、鹿葱、丹棘、绿葱草、金针菜、漏芦果、地人参等。萱草花有大萱草和小萱草之分。花冠漏斗状，橘黄和橘红色。从夏至秋，朝开暮闭，亭亭玉立，外柔内刚，端庄雅达，给人以亲切和蔼之感，难怪激起古人情诗意海，喻之为慈母音容。观赏花多属重瓣，如今选育的新品种，花大如杯口，每葶可抽30～40朵，尤其开黄花的"黄云棠"，开红花的"红紫绒"独具一格。萱草原产我国南部，秦岭以南一带有野生，全国各地有栽培，其适应力强，常丛植于假山、花坛、路旁、水边、庭院、墙角，以供观赏。萱草花（黄花萱草）为高档素菜，荤素皆可。

生物成分

据测定，黄花萱草花（即金针菜）含糖60％以上，微量矿物质钙、磷、铁、胡萝卜素，鲜有维生素A、C。小萱草含维生素A、B、C及蛋白质、脂肪。花粉含海藻糖酶、多种氨基酸、Y羟基谷氨酸、β-谷甾醇、β-谷甾醇葡萄糖甙、天门冬素等。

食材性能

1. 性味归经

萱草花，味甘，性凉，有小毒；归脾、肺、心经。

2. 医学经典

《日华子本草》："利湿热，宽胸膈，消食积。"

3. 中医辨证

萱草花，可凉血、利水、消肿，有助于胸膈烦热、小便赤湿、湿热黄疸、夜不安静、痔疮便血、跌瘀痛等症的康复与疗效。

4. 现代研究

萱草花含糖类、多种维生素及酶类，对过劳积伤、忧愁太过、夜不能寐、肝郁气滞、神志不清、肾虚腰酸、耳鸣以及小便短少、疼痛或尿血等症有很好的辅助疗效。

食用注意

食鲜萱草花（金针菜）必须在烹调前焯水1～2分钟，去其有害成分。

传说故事

一、嵇康与萱草花

西晋"竹林七贤"之一的嵇康，刚强正直，但他是魏宗室姻戚，怕时人议论这层关系才激烈反对司马氏统治集团，故常特意佩戴萱草花，用来表示自己早就忘了同曹魏的裙带关系。

二、陈胜与萱草花

至于萱草利尿治浮肿，有一则传说。据说秦末农民起义领袖陈胜，从小家贫，患有浮肿病。一次，他讨饭到黄家，黄婆心地善良，叫女儿黄花蒸一碗萱草花给他吃了，不久，解下许多小便，浮肿渐渐消了。陈胜称王后，为感谢黄家母女恩德，邀请她俩进宫，可餐桌上的佳肴，难以引起陈胜的食欲。他突然想起当初萱草花的美味，就请黄婆再烹调一碗，但总感味道不及当年，怎么也咽不下。黄婆说："饥饿之时萱草香，吃腻鱼肉萱草苦。"自此，陈胜就留下黄家母女种植萱草，平日当蔬菜调食，并将萱草另取名为"黄花菜"。

美 人 蕉

照眼花明小院幽，最宜红上美人头。

无情有态缘何事，也倚新妆弄晚秋。

——《美人蕉》·清·庄大中

物种基源

美人蕉（Canna indica L.），为美人蕉科美人蕉属多年生草本球根花卉食用美人蕉的根和花瓣，又名红艳蕉、观音姜、小苞蕉头、连蕉、兰蕉、水蕉、红蕉、虎头蕉、昙华等。美人蕉，植株高达1米多，根茎横卧肥大，地上茎肉质不分枝。叶大互生，长椭圆状披针形，顶端尖，微波状，叶柄有鞘。总状花序自茎顶抽出，花冠多为红色，也有淡黄、乳白、肉粉诸色。初夏开花，延续至深秋，花大而美。尤其炎夏酷暑，大多数花皆消逝在浓密的绿荫里，美人蕉却碧叶繁茂，硕花簇簇，热闹非凡，激人精神振奋，此时更有观赏价值。其色彩缤纷，艳丽悦目的花部，粗看似花瓣，实则由雄蕊转化而成，其中有一片反卷成唇状，植物学上称作"瓣化雄蕊"。另有一种食用美人蕉，根肉既代主粮，又当蔬菜，其花以开水焯后，可用佐料拌食；若取其鲜花，炒肉丝或鸡蛋，更是一种美味保健菜肴。美人蕉原产美洲热带和亚热带，很早传入我国，全国大部分地区有栽培。

生物成分

据测定，美人蕉，花含有多种生物碱和多种维生素及氨基酸，还含微量元素钙、磷、铁、镁、锌、锰、锗、硒等；根含淀粉，维生素A、B等。

食材性能

1. 性味归经

美人蕉，味甘、淡，性凉；归肺、脾、大肠经。

2. 医学经典

《药性论》："收敛、祛咳。"

3. 中医辨证

美人蕉，性味甘、淡、凉。根，具有清热、利湿、收敛、补肾功效，有助于咯血、久痢、痈毒肿痛、血崩、白带、月经不调的康复。花，可止血，有助于金疮出血、外伤出血的康复。

4. 现代研究

美人蕉含多种氨基酸、生物碱和微量元素，对急性传染性肝炎、急性黄疸肝炎、高血压、妇女白带、血崩、小儿肚胀发烧等有很好的辅助疗效。

食用注意

美人蕉性凉，凡寒痢患者忌食用。

传说故事

美人蕉的传说

传说此花曾是天上的仙女，下凡欲与人间少女媲美。当她目睹绿水青山，男耕女织，一派欢乐景象，竟眷恋难舍，再不愿回到天宫过那种寂寞的生活，就扎根大地幻变成一株翠叶红花，人们取名为"红蕉"。到唐代时，有位诗人见其红艳柔美，恰似美人，遂吟诗："一似美人春睡起，绛唇翠袖舞东风。"这个形象的比喻赢得人们赞许，从此富有魅力的"美人蕉"代替了原名。

虞 美 人

君王意气尽江东，贱妾何堪入汉宫。

碧血化为江上草，花开更比杜鹃红。

——《虞美人花》·清·女诗人许氏

物种基源

虞美人（Papaver rhoeas Lilor），为罂粟科罂粟属一、二年生草本植物丽春花的花蕾，又名丽春花、赛牡丹、百花娇、蝴蝶、满园春等。

虞美人，原产欧亚两洲，我国早有栽培，高 40～80 厘米，全株密生粗毛，叶互生呈羽状缺裂，边缘有粗毛锯齿，先端急尖。春末夏初，长有绒毛的花梗从基部伸出，朵朵蓓蕾下垂，宛如含羞低头的少女，文静可人。等到蕾绽花开之时，花枝挺立，花冠向上，四片瓣呈大红，或紫红、或粉红、或纯白、或白边红花、或白花红边诸色，像朵朵红云，似光洁彩绸，花姿袅袅，颤动若舞。正如《花镜》描绘："单瓣丛心，五色俱备，姿态葱秀，倘因风飞舞，俨如蝶翅扇动，亦花中之妙品。"既有妩媚神韵，亦有温柔质朴风采，为满园春色平添情趣。难怪诗圣杜甫赞美："百草竞春华，丽春应最胜。"

生物成分

虞美人成分很复杂，据现代分析结果表明：其花含花色素，如矢车菊素的甙和袂康蹄纹天竺甙、袂康酸。全草含丽春花定碱、丽春花宁碱、原阿片碱、黄连碱、白屈菜红碱等多种生物碱。种皮含吗啡、那可汀、蒂巴因。种子含油，油中又含亚麻酸、油酸、亚油酸。尤其所含多糖类，对吉田肉瘤及艾氏腹水癌有抑制作用，并能延长动物生命。

明人李时珍曾论述："此草有殊功而不著其形状，今罂粟亦名丽春草，与此同名，恐非一物也，当俟博访。"经现代科学考察证实，罂粟与虞美人幼时难以辨别，长大后其株、叶、花各俱姿容；又虞美人无毒，而罂粟为制毒原料，两者应予分辨清楚，切莫混为一物。

食材性能

1. 性味归经

虞美人，味甘，性湿；归肺、大肠经。

2. 医学经典

《广西药用植物名录》："收敛，止泻，镇咳，镇痛。"

3. 中医辨证

虞美人花镇咳，果止泻、镇痛、镇咳，可有助于咳嗽、黄疸、痢疾、泄泻、腹痛的治痛。

4. 现代研究

虞美人具有抗肿瘤因子，在动物体内实验表明，对吉田内肉瘤、艾氏腹水癌有作用，并能延长动物的寿命。

食用注意

咳嗽或泻痢初起者忌服食。

传说故事

一、霸王别姬

相传秦末楚汉相争，项羽与刘邦争夺天下，项羽骄矜恃勇，刚愎独断，不如刘邦礼贤下士，知人善用，终究被围困于垓下。这时，项羽呼唤随军奔波的爱妾虞姬，入营幕夜饮，忽听楚歌四起，他预感将覆灭于刘邦之手，不禁慷慨悲歌："力拔山兮气盖世，时不利兮骓不逝；骓不逝兮可奈何，虞兮虞兮奈若何！"虞姬和歌答曰："汉兵已略地，四方楚歌声。大王意气尽，贱妾何聊生。"此刻，被誉为一代佳人的虞姬想到故乡江东，民殷国富，回去还大有可能，但夫君项羽自暴自弃，霸业已尽，她不愿被抛在荒原野外，也不甘忍奇耻入汉宫为妾，于是拔下项羽的佩剑自刎，死于他的马前草地。嗣后，碧血渗透的土地上，竟然长出秀美的红花，人们美其名为"虞美人花"，人与花合二为一，又称之为"虞美人"。

二、虞美人草与虞美人

相传，雅州名山县出虞美人草，花叶两相对，人如近之，即向人而俯，如为之唱虞美人曲，则此草相应而舞，别的曲则不舞，人们相传为美人之生也。

红 花

红花颜色掩千花，任是猩猩血未加。
染出轻罗莫相贵，古人崇俭戒奢华。
——《咏红花》·唐·李中

物种基源

红花（Carthamus tinctorius L.），为菊科红花属一年生草本植物红花草的花，又名红蓝花、刺红花、草红花、红花草、红蓝、黄蓝、红花菜等。

红花，直立茎上部分枝，无毛，叶互生，叶片长椭圆或卵状形，先端尖，基部窄，抱茎，叶缘羽状齿裂，齿端有针刺，叶的两面无毛。上部叶渐小，边缘不裂，呈苞片状包围头状花序，有尖刺。头状花序顶生，有梗，排成伞房状。总苞近球形，外层苞片卵状披针形，边缘具有针刺，内层苞片卵状椭圆形，中部以下全缘，末端长尖，上部边缘有短刺。花序全部由两性管状花组成，橘红色，五裂片条形。雄蕊五枚。雌蕊子房椭圆形，裂柱头两裂，瘦果椭圆形或卵形，具四棱，无冠毛或冠毛鳞片状。花期5～6月，果期6～7月。原产埃及和我国各地，尤以西藏所产著称。《救荒本草》列入可食蔬菜类。

生物成分

据测定，红花，含二氢黄酮衍生物、红花甙、红花醌甙及新红花甙，红花甙系黄色素，在花瓣中酶的催化下可氧化成红色素即红花醌甙，红花甙水解后生成红花素与葡萄糖。此外，红花还有木聚糖类与脂肪油（称红花油）、β-谷甾醇、棕榈酸、内豆蔻酸、月桂酸等。

食材性能

1. 性味归经

红花，味辛，性温；归心、肝二经。

2. 医学经典

《本草纲目》："活血，润燥，止痛，消肿，通经。"

3. 中医辨证

红花，色红，质柔软而润，渍汁如血，与之同类也，同类相归，味辛香特异，散行散破，乃行血、破血、和血、调血之要药，善通利经脉，为血中之气药，能泻而又能补，主胎产百病因血为患。

4. 现代研究

红花含红花黄色素、红花甙、红花油等成分，可兴奋子宫、小肠、支气管等平滑肌，降低血清中总胆固醇、三硝甘油酯及非酯化脂肪酸的水平。

食用注意

孕妇忌服食。

传说故事

红花救产妇

据《船窗夜话》记载，有一则医家轶事，奉化人陆吁，医术高明，他得知新昌一孕妇难产，从200里外赶去为她诊治。他一进门就听病人家属哭诉："产妇已死了。"陆医师上前摸其胸口尚有微热，说："此属血闷，能找到红花数十斤，则可救活。"病家主人火速如数买来红花，陆医生令其将红花投入盛清水的大锅内，架起柴火煮沸，然后用三只木桶装红花汤，桶上放着窗格，把产妇抬来放在上面。红花汤气味小了，又陆续掺入。不久，产妇的手指颤动起来，半天后，她竟从死亡边缘活过来了，全家人化悲为喜，都说幸亏遇到神医救命。陆医生说："我哪里是神医，只因为血闷致产妇昏死，而红花为活血解瘀良药，不过是用药对症罢了。"

郁 金 香

兰陵美酒郁金香，玉碗盛来琥珀光。
但使主人能醉客，不知何处是他乡。

——《客中行》·唐·李白

物种基源

郁金香（Curcuma aromatica），为百合科多年生草本植物郁金香之花，又名郁香、红蓝花、紫述香、草麝香、洋荷花、洋水仙、香之花。

鲜茎扁圆锥形，叶带状波针形，碧绿似剑，花茎高于叶。春季开花，花单生茎顶，花大直立如杯，经园艺专家杂交培育，现有800多个品种，花形有碗形、球形、卵形、重瓣形、百合花形等，花色有红、紫、橙、黄、白、黑等。其中黑郁金香被视为稀世奇珍，花期4月下旬。郁金香与常用中药姜科植物"郁金"并非一物，应予以区别。

生物成分

据测定，郁金香，花含矢车菊双甙、水杨酸、精氨酸、雄蕊茎；叶含郁金香甙A、B、C和少量郁金香甙；芽含赤霉素A。

食材性能

1. 性味归经

郁金香，味苦，性平，无毒；归心经。

2. 医学经典

《本草拾遗》："解毒，除口臭，除心腹间恶气痊。"

3. 中医辨证

郁金香，有除秽、祛臭、解毒功效，有助于除心腹间恶气、鬼痊，解蛊野诸毒，避秽气。

4. 现代研究

郁金香对枯草杆菌、金黄色葡萄球菌有抑制作用。其鳞茎含赤霉素，可作镇静药，治脏燥症，可缓解妇女脏燥症、更年期综合征及失眠等病症。

食用注意

妇女月经过多者慎用。

传说故事

三勇士求婚

说起郁金香,有则民间故事。传说古代荷兰有位美丽少女住在城堡里,有三位勇士同时向她求爱。一位赠她一顶皇冠,一位给她一把宝剑,一位送她一块黄金。可这三位勇士都不中她的意,他们只好捧着这三件宝物向花神祷告。花神认为爱情应出于两相情愿,不可勉强凑合,遂把皇冠变成鲜花,宝剑变成绿叶,金块变成球根,三者塑成一株郁金香。此事传开后,荷兰人有个信约:"谁轻视郁金香,谁就触犯上帝。"于是整个国家种植2万多英亩郁金香,其出口量占世界首位,行销100多个国家,被誉为"世界花后"。从此郁金香与风车、奶酪、木鞋被定为荷兰"四大国宝"。

牵 牛 花

柔条长百尺,秀萼包千叶。
不惜作高架,为君相引接。

——《牵牛花》·宋·文同

物种基源

牵牛花〔Pharbitis il (L.) Choisy.〕,为旋花科牵牛花属一年生缠绕草本植物牵牛花的花朵,又名黑丑、白丑、二丑、草金铃、金铃、白牵牛、黑牵牛、喇叭花、盆真草、狗耳草、勤娘子、姜花、裂叶牵牛、打碗花、江良科、常春藤、叶牵牛等,品种有:大花牵牛、白边牵牛、裂叶牵牛和圆叶牵牛四种。

牵牛花茎分枝缠绕,绕篱紫架而生,叶互生,心脏形,三裂至中部,裂口宽圆,先端渐尖,叶柄长。夏季开花,花冠漏斗状,先端五裂,白色,蓝紫或紫红;花守时开闭,晨曦初露,仿佛一只只小喇叭,吹奏无声晨曲,中午闭合。然好在生生不息,今天开的花谢了,明晨又有新蕾怒放,招展枝头,延续至秋季。原产热带美洲,在中国广泛分布,生于山坡、河谷、路旁等处。

生物成分

据测定,牵牛花含树脂苷类化合物和生物碱,其中有牵牛亭,牵牛子酸C、D、麦角醇、裸麦角碱、野麦碱等,此外尚含有牵子酸甲、乙及没食子酸等。

食材性能

1. 性味归经

牵牛花,味苦,性寒,有小毒;归肺、肾、大肠经。

2. 医学经典

祖国传统医学文献《雷公炮炙论》:"泄水通便,消痰涤饮,杀虫攻积。"

3. 中医辨证

牵牛花，质重而气轻，人下焦而走气分，味辛，性寒且有毒，功主泻水、下气、杀虫，为通用下药，不可多服，主治水肿、咳喘、痰饮、脚气、虫积食滞、大便秘结等。

4. 现代研究

牵牛花有泻下、利尿、杀虫、兴奋平滑肌等作用，有助于支气管咳喘、胃溃疡疼痛、水肿、小儿胃柿石症、癫痫等病症的治疗。

食用注意

孕妇及胃弱气虚弱者忌服食牵牛花。

传说故事

一、牵牛花的来历

传说从前伏牛山中有座金牛山，山脚下有个贫穷的村庄，村民无钱买牛耕地，只能用铁铲掘地种庄稼。一年夏天，有一对孪生姐妹从田里刨出一只银喇叭，异常惊喜。这时，有位白胡子老人对她俩说："这山有一头金牛，银喇叭即为开山的钥匙，喇叭一吹响山就开了。"话音刚落，则飘然而去。姐妹俩高兴地爬上山，吹响了喇叭，山果然洞开，但金牛不肯走出。她俩牵着牛鼻子往外拉，终于把金牛拉出洞口，可是她俩用力过猛，脚一滑掉进山内，山洞突然闭合，再也出不来了。从此，金牛为百姓耕田种地，银喇叭也变成喇叭花，开遍山野，乡亲们为纪念这姐妹俩，把喇叭花唤为牵牛花。

二、牵牛花治水肿的传说

相传古时，洞庭湖泽地区生长着一种野生草，缠绕而生，开大喇叭花。一天，一位老农牵着一头患了水肿病的大水牛，在田间放牧，吃了许多这样的野草，第二天这牛拉了许多稀便后，水肿病竟好了，老农就将此草记下，传于乡邻，治愈了许多牛水肿病，后来试用于人身，也获得了奇效。人们就给这种草起了一个"牵牛"的名称，流传至今，故中医有"牵牛逐水起于野老"之说。

丁 香 花

丁香体柔弱，乱结枝犹垫。

细叶带浮毛，疏花披素艳。

深栽小斋后，庶近幽人占。

晚堕兰麝中，休怀粉身念。

——《江头四咏·丁香》·唐·杜甫

物种基源

丁香花（Eugenia caryophyllata. Thunb.），为桃金娘科木本草植物丁香之花蕾，又名丁子香、肢解香、雄丁香、公丁香等。丁香是热带植物，有常绿乔木和落叶灌木或小乔木两种。从子粒大小来分，按《中国药学大辞典》："粒小为雄（按：与母丁香相比而小）丁香，而味浓香，又称为公。"

丁香花，春季开花，浓香四溢，沁人肺腑，是我国名贵花卉之一，原产马来群岛与非洲，我国有 1300 多年的栽培历史，有 24 个品种，长江以南地区基本都有分布。

生物成分

据测定，丁香花蕾含挥发油，主要为丁香油酚、乙酰丁香油酚、β-石竹烯等；花中还含三萜化合物，如齐墩果酸、黄酮和对氧萘酮类鼠李素、山奈酚等。

由于丁香有辛香气味，沈括在《梦溪笔谈》中记载："郎官日含鸡舌香，欲其奏事对答，其气芬芳。"鸡舌香即丁香。丁香既是较佳的调味品，又是提炼高级化妆品的原料。

食材性能

1. 性味归经

丁香花，味辛，性温；归脾、胃、肺、肾经。

2. 医学经典

《药性论》："温中降逆，补肾助阳。"

3. 中医辨证

丁香气强烈而芳香，味辛气浓而沉降，有助脾胃虚寒、呃逆呕吐、心腹冷痛、食少吐泻、肾虚阳痿等症。

4. 现代研究

丁香花有抗菌、促进胃液分泌、抑制胃肠运动、促进胆汁分泌、抗溃疡、抗缺氧、抗血栓，凝血、血小板聚集、驱虫、降压等作用，另对麻痹性肠梗阻、乳头疮、乳腺炎、小儿睾丸鞘膜积液、胃痛、肝炎、食管炎、胆囊炎、腰痛、胸神经痛等症有一定的食疗助康复效果。

食用注意

（1）不宜与郁金同食用，丁香与郁金为相畏之品，故不能同用。

（2）丁香食用时不应加热时间过久，丁香所含挥发油极易挥发，加热时间太久，将使挥发油大量损失。

传说故事

一、白丁香的来历

关于白丁香的来历，有一则民间传说。从前京城一显官生性傲慢，常辱骂家中名厨做菜不适口，厨师把心里的苦闷告诉邻里穷秀才。秀才得知显官将举办春宴，就想出一上联教他席间向显官征答下联。大办春宴的那天，京城显贵都应邀做客，厨师先为显官斟一杯酒，他呷了一口责问："为何斟冰冷酒？"厨师答道："小人想借此作上联，请大人对下联，让大家为你文才盖京师助兴。"说罢，跪地壮着胆说："水冷酒，一点二点三点，点点在心（'水'为'冰'的异体字）。"众宾客点头称好，可显官却无言以答。宾客解围："厨师先去做菜，让我们一起想想。"厨师说："等大人对出，小人才敢站起。"众宾客见桌上有酒无菜，显官失尽面子，不久便被气死。次年春天，显官的坟上长出一株丁香全开白花，往年参加春宴的同僚闻讯后前去看望，穷秀才也赶来凑热闹，并说："丁香花的'丁'字是'百'字头，'香'字是'千'字头，'花'是

'万'字头，这是他死后在阴间对出的下联。"即为："丁香花，百头千头万头，头头是道。"那么古来的紫丁香又怎会变成白丁香呢？秀才继而解释："显官死后明白做人的道理，他要告诉儿孙做人不可追逐红里发紫，恶紫夺朱，仗势欺人。要心胸大度像白色，淡泊官禄，清白明志。"由此变种为白丁香。

二、李隆基与丁香花

说起丁香的药用，据传古代唐朝皇帝李隆基爱吃生冷食物，一天深夜，突然腹部壅塞胀满，接着上吐下泻，太医诊治无效，遂张榜征召名医良药。一乞丐得知便揭榜，随侍卫醉歌进宫，乞丐望了皇上一眼说："脾胃乃仓廪之宫也，陛下饮食生冷，伤于脾胃，须用丁香等鲜花制成香袋，悬挂于室内，方可龙体安康。"皇上命侍从遵嘱行事，当夜李隆基梦中又见乞丐，问他何人？答曰："八仙之一蓝采和是也。"数天后，即病愈。

水仙花

凌波仙子生尘袜，水上轻盈步微月。
是谁招此断肠魂，种作寒花寄愁绝。
含香体素欲倾城，山矾是弟梅是兄。
坐对真成被花恼，出门一笑大江横。
　　　　　——《王充道送水仙花五十支》·宋·黄庭坚

物种基源

水仙花（Narcissus. Tazetta. Lvar. chinensis Roem. Syn. Monog），为石蒜科水仙属多年生草本植物水仙之花，又名金盏银台、俪兰、史花、姚女花、雅蒜、天葱等。

王世懋《花疏》云：凡花重台者为贵，水仙以单瓣者为贵，短叶高花佳种也，宜置瓶中，其物得水则不枯，故以水仙称其名也。前接蜡梅，后迎江梅，真岁寒友也。故金盏银台之名，言花之状也。花被扩展而外反呈蝶状白色，副花冠浅杯状黄色。着生于花被管上，形似金盏银台。《南阳诗注》云：此花外白中黄，茎干虚通如葱，本生武当山谷间，土人谓之天葱，其花莹韵，其香清幽，宛然美丽之少女，又名"雅蒜""女史花"。花期1～4月，一般栽培不结果。还有千叶水仙，花为重瓣，原产福建与浙江，现全国各地广为培植，品种多样。

生物成分

据测定，水仙花含伪石蒜碱、石蒜碱、多花水仙碱、漳州水仙碱，还含挥发油0.2%～0.45%，主要为丁香油酚、苯甲醛、苄醇、桂皮醇。

食材性能

1. 性味归经

水仙花，味微苦，性微寒；归心经。

2. 医学经典

《本草图经》："清热解毒，祛风，活血。"

《现代实用中药》："治妇女子宫病、月经不调。"

3. 中医辨证

水仙花，有祛风、清热、活血、调经之功效，治妇女五心烦热、月经不调，亦去风气，花无毒、鳞茎有小毒，对痈肿疮毒、虫咬、鱼骨鲠亦有运用。

4. 现代研究

水仙花，可祛风除热、活血调经、消炎解毒，有助于胃肠炎、腮腺炎、急性乳性炎、淋巴腺炎、乳痈初起等症的助疗。

食用注意

鳞茎含生物碱，有小毒。

传说故事

一、水仙叫"姚女花"的由来

相传，一姓姚的老妇人，花甲之年而无子，住在长离桥旁。在一个寒冷的冬天，夜半梦见观星落地，化作一丛水仙，香美非常，老妇人取而食之，醒来就生下一个美丽的小女儿，聪慧过人，所以，人们又称水仙为"姚女花"。观星即女史在天柱下，故迄今水仙又名"女史花"。

二、《洛神赋》与水仙

相传，画八卦的古圣伏羲，有一个美貌女儿宓妃，溺死于洛水，遂成洛水女神，由此引出一则爱情故事：汉末上蔡令甄逸，生了个才貌双全的女儿，曹植向她求婚未成，却在兵荒马乱中被袁绍的儿子袁熙夺取。曹操攻破冀州，其子曹丕先入袁府，见甄女美貌绝伦，纳为妻室，生有一子。然曹丕原妻郭氏屡进谗言，谋害甄女致死。曹植闻讯后，归途中夜宿洛水，梦见甄女抱头痛哭，他醒来悲伤至极，遂作《感甄赋》篇："体迅飞凫，飘然若神。凌波微步，罗袜生尘。动无常则，若危若安。进止难期，若往若还。转眄流精，光润玉颜。含辞未吐，气若幽兰。华容婀娜，令我忘餐。"赋中借洛水神宓妃喻甄女之美姿。待甄女之子曹叡即位为魏明帝时，便改《感甄赋》为《洛神赋》。

三、水仙的由来

水仙还作为济贫致富和陶冶性情的象征。传说福建漳州有个穷困的村庄，暮秋的一个傍晚，一乞丐到最穷的农妇门前讨饭，她把留给儿子的饭菜都给他吃了。这乞丐原是神仙，竟把吃下的饭菜喷吐在屋前宅后，随着一阵旋风不见了。过后此地长出了许多水仙花，母子俩一面出卖水仙花营生，一面把陆续长出的水仙花分送给乡亲。经数年繁衍，村民们均靠经营水仙花致富。

四、乞丐与水仙

传说，宋朝时福建漳州有母女俩相依为命。女儿名叫水仙，病得很重，老妈妈好不容易弄来一碗鸡蛋汤要喂她，这时，门外有一个乞丐饿昏在地，水仙让出鸡蛋汤给乞丐吃。乞丐得救后，深为水仙精神感动，就从衣袋里掏出一个像葱头样的东西说："把它栽在水里，用它开的花煎汤给姑娘喝，姑娘就会药到病除的。"后来，姑娘喝了用那花煎的汤，果然病好了，人们为了记住水仙救人又被人救这件事，就把这种花叫作"水仙花"。

五、武则天与水仙

传说崇明水仙来自福建。那时唐代武则天女皇要百花同时开放于她的御花园，天上司花神不敢违旨，福建的水仙花六姐妹当然也不例外，被迫西上长安。小妹妹不愿独为女皇一人开花，行经长江口，见江心有块净土，就悄悄溜了，留在崇明岛。以后，福建水仙五朵花一株开，而崇明水仙一朵怒放。

六、江西吉水水仙

据说，宋代时，有一闽籍的京官告老回乡，当他乘船南返，将要回到家乡漳州时，见河畔长有一种水生植物，并开着芳香的小白花，便叫人采集一些，带回培植。据《蔡坂乡张氏谱记》记载：明朝景泰年间，他们的祖宗张光惠在京都做学官，一年冬天请假回乡，船过江西吉水，发现近岸水上有叶色翠绿、花朵黄白、清香扑鼻的野花，于是拾回蔡坂培育成新卉传下。

玉 簪 花

宴罢瑶池阿母家，嫩琼飞上紫云车。
玉簪堕地无人拾，化作江南第一家。

——《玉簪》·宋·黄庭坚

物种基源

玉簪花〔Hosta. plantaginea (Lam.) Aschers.〕，为百合科玉簪花属多年生草本植物玉簪花之花蕾，又名内消花、玉簪、白鹤花、白鹤仙、白萼、白玉簪、小芭蕉、金销草、化骨莲等。

玉簪花，清香玉白，形如冠，簪故名，苗高尺余，叶生茎端，淡绿色，6～7月抽茎分枝，分数蕊，长2～3寸，清香莹白，宛若翩翩欲飞的白鹤挺立在枝端，又名白鹤花、白萼。《本草纲目》则以人物化而取白鹤仙之名，至秋作荚四瓣如马蔺子，其实若榆钱而狭长，《分类草药性》又称为小芭蕉。除变种重瓣玉簪外，还有一种紫色玉簪花，花紫色，种子是黑色的。

玉簪原产我国及日本，如今全国各地均有栽培，土质条件不拘。因其花叶俱美，多植于林缘或庭院，以添自然景色，亦可盆栽摆设庭廊，置阳台、案几均宜。又因夏夜开花，香气袭人，若能与纳凉结合，则更为理想。盆栽玉簪，为确保开花，有四忌：一忌多晒，二忌多肥，三忌多阴，四忌多湿。然四多并非不要，而是指不要过多，否则对开花不利。

生物成分

据测定，玉簪花主含芳香油，易挥发，油内脂肪酸主要是亚麻酸、棕榈酸、油酸、硬脂酸等，还含碳水化合物、皂苷、香豆精、三萜、氨基酸，此外尚含微量元素铜、锌、钙、磷、镁、硒等。

食材性能

1. **性味归经**

玉簪花，味甘，性凉，有微毒；归肺、肾经。

2. 医学经典

《本草纲目》："拨脓解毒，生肌。"

3. 中医辨证

玉簪花，清热解毒、消肿利尿，有助于咽喉肿痛、小便不通、疮毒、烧伤。根、叶对消肿解毒、止血、痈疽、瘰疬、咽肿、吐血、骨鲠、遗精、吐血、肺气肿、白带等症有食疗助康复的效果。

4. 现代研究

玉簪花有杀菌、消炎、解毒、补肾的功效，对伤寒杆菌、大肠杆菌、白喉杆菌、痢疾杆菌、金黄色葡萄球菌等均有抑制作用，并有润肺止咳等辅助功效。玉簪花浸麻油可治烫伤。

食用注意

玉簪花无毒，但烹调还是需用沸水焯一下为好。

传说故事

一、玉簪花的传说

玉簪花有两个传说，一说西王母宴请群仙，仙女们欢饮玉液琼浆，个个飘然入醉，云发散乱，头上的玉簪遗落凡尘，化为玉簪花。另一个是说，汉武帝曾为宠妃李夫人取玉簪蛰头，宫女们争相仿效，玉簪花便由此得名。

二、玉簪花的由来

玉簪花的由来，有则神话传说。王母娘娘对三个女儿管束甚严，整天被关在深宫里弹琴、绣花、习字，不准离宫门半步。一次，在瑶池举行蟠桃盛会，各路神仙均到此为王母娘娘祝寿，她才允许宫内三姐妹前来为之助兴。盛会酒宴结束，王母又令三姐妹乘紫云车回宫。可小女儿在途中贪婪脚下人间美景：桃红柳绿，清水潺潺，男耕女织，孩童嬉戏，鸡鸣狗吠……激起下凡一游的愿望，谁知王母早就看透小女儿的心思，随即指令紫云车飞速奔驰，任凭三姐妹怎样施法术，也无法使车速减慢。小女儿自感无法脱身，只好拔出发髻上的白玉簪代己下凡。玉簪掉落在江南的山沟里，此地人迹罕至，无人发现，天长地久，它被泥土掩盖，屡经阳光、和风、雨露孕育，终于化成一株翠绿的植物，直挺的茎上长出像玉簪似的花蕾，花蕾绽开，散发清淡优雅的香气。年复一年，玉簪花开了又谢，谢了又开，由一株繁衍成一片。一天，有个青年农民发现这玉簪花，就挖了一丛养在家里。此事一传开，人们都赶来观赏，青年把花株及花籽赠给他们，慢慢地成了家庭观赏花。因其花形奇特高雅，倍受众人仰慕，便美其名为"江南第一花"。

三、玉簪花又叫催生草

纣王有个妃子喜爱白花，白花之中最爱的是玉簪花。有一年，这个妃子怀孕了，生产的这天，孩子生不下来，皇宫里的人心急火燎，谁也没有办法，这个妃子知道自己性命难保，便让宫女拣盆最好的玉簪花给她端来。宫女来到花园里，玉簪花没有一朵盛开的，便拣了一盆含苞欲放的端到妃子床前。妃子见花流下泪来，说道："洁白如玉的花，只有你与我终身相伴，今天就要死别，这是最后相见！"话音刚落，只听"沙沙"声，玉簪花都开了，接着"哇"的一声啼哭，婴儿也生下来了。喜讯传到纣王那里，他听说是玉簪花催得孩子降生，便说："那不是催生草吗？"消息从宫里传出来，难产的妇女也用玉簪花催生，均灵验。因此，玉簪花又名"催生草"。

辛 夷 花

金英翠萼带春寒，黄色花中有几般。
凭君与向游人道，莫作蔓菁花眼看。
——《玩迎春花赠杨郎中》·唐·白居易

物种基源

辛夷花（Magnolia. biondii. Pamp.），为木兰科木兰属落叶灌木迎春花之花蕾，又名木兰、白木莲、玉兰花、应春花、玉堂花、辛矧、侯桃、木笔花、姜朴花、迎春花等。

辛夷花，《大和本草》曰："辛夷大木也，其叶似柿，花未开时厥状似笔，故名木笔。二月开白花，外紫内白，极似玉兰，故亦名玉兰。叶生于花谢之后，在南方都春开花，故又有迎春花之名。"陈藏器曰："辛夷花木发时，苞如小桃子，有毛，故名侯桃。初发如笔头，北人呼为木笔。"《四川中药志》一名姜朴花，盖言其树皮如厚朴，花味如姜也。玉兰，又名白木莲诸名，其香如兰，其花如莲，故有诸名。《本经》一名房木，实为舫木之讹，用此木可以雕舫。

辛夷花原产湖北，庭园中多栽培，现已分布于河北、陕西、江苏、安徽、浙江、江西、湖北、湖南、四川、台湾等地。

生物成分

据测定，辛夷含挥发油0.5%～2.86%，除品种、产地因素外，其含量的差异尚与采摘时间有关，一般以12月至逾年1月采摘者含量最高。油的主要成分为丁香油酚、黄樟油脑、茴香脑和桂皮醛等，还含有黄酮类及花色甙类化合物、癸酸、油酸、维生素A、生物碱和微量芦丁等。

食材性能

1. 性味归经

辛夷花，味辛，性温，无毒；归肺、肝经。

2. 医学经典

《神农本草经》："祛风解表，宣通鼻窍。"

3. 中医辨证

辛夷花，温中解阻、利九窍、通鼻塞、利涕出，有助于高血压、鼻炎、副鼻窦炎、感冒头疼等症的辅助食疗。

4. 现代研究

辛夷花含挥发油、癸酸、油酸、维生素A、生物碱，可用于鼻塞流浊涕、齿痛等，具有收缩鼻黏膜血管，通窍、消炎之功效，也有降血压及收缩子宫的作用，适合风寒感冒而鼻塞不通、流清水鼻涕、头风头痛者服用助康复。

食用注意

身体有发炎症状或妇女经期来时，不可服用。

传说故事

辛夷花名的由来

相传古代有一位姓秦的举人，得了一种怪病，经常流脓涕，腥臭难闻，而且头痛得厉害，他四处求医，总不见效，十分苦恼。一位朋友发现他终日闷闷不乐，便劝道："老兄，天下这么大，本地医生治不好，何不到外地求医？"他觉得有道理，而且外出求医时，还可顺便观赏山水，散散心里的郁闷。于是第二天就出了门，他走了许多地方，鼻病仍然没有治好。后来，他在夷人居住的地区遇见一位白发老翁，老翁从自己房前一株落叶树上采摘了几朵紫红色的花蕾，让他每天早晚用这药煮鸡蛋吃，说是顶多一个月就能治好。他服了十几天，果然十分灵验，鼻不流脓了，头也不痛了。他从老翁那里要了一包药种，回家以后，便在庭院中种了起来。几年以后，长得郁郁葱葱。他就用这药给人治疗鼻病，都很灵验，他也成了当地的名医。人们问他这药叫什么名字，他也答不上来，因为他也忘了向老翁询问此药叫啥名字。后来他想，这是辛年从夷人那里引种来的，于是就叫作"辛夷"。

千 日 红

漫说花无百日红，谁知花不与人同。
何由觅得中山酒，花正开时酒正中。

——《千日红》·清·钱兴国

物种基源

千日红（Gomphrenag Iobosa L.），为苋科一年生草本植物千日红的花序，又名滚水花、球形鸡冠花、千日粉、吕宋花、火球花、不凋花、百日红、长生花、千金红、蜻蜓红、粗糠花、百日白等。

千日红植株高 50～60 厘米，主茎直立，分枝旁出，节部膨大。单叶对生，短圆状倒卵形，两面均有白色柔毛，边缘有睫毛。夏季开花，延续至霜降，头状花序顶生，多为红色，或深红，或紫红，或粉红。《花境》描述："千瓣细碎，圆整如球，生于枝梢。至冬，叶虽萎而花不蔫，妇女采簪于鬓，最能耐久。略用矾水浸过，晒干藏于盒内，来年犹然鲜丽。"因其植株矮，花繁色浓，灿烂多姿，花干而不凋，不论大面积布置花坛，还是单独盆栽点缀居室，均有别致情趣。

千日红原产南美洲，据说这是明代郑和下西洋带回的种子，现产于江苏、福建、四川、广西等。

生物成分

据测定，千日红花序中含花青素，紫色花序还含有千日红或 I、II 及其羟芳酰基衍生物，皂甙及少量苋菜红素和异苋菜红素等。

食材性能

1. **性味归经**

千日红，味甘，性平；归肺、肝经。

2. 医学经典

《福建民间草药》：“祛风，镇肝，退热，明目。”

3. 中医辨证

千日红，清热明目、平肝熄风、止咳定喘、散结消瘿，主治头风、目痛、气喘咳嗽、百日咳、支气管炎、痢疾、小儿惊风、癫痫、小儿肝热、夜啼、高血压头痛等症。

4. 现代研究

千日红，可祛风清热、镇肝潜阳、散结消肿、祛痰、平喘。千日红的花朵中含有人体所需的氨基酸、维生素 C、维生素 E 及多种微量元素，具有清肝明目、止咳定喘、降压排毒、美容养颜等功效。

千日红茶最适宜在冬季饮用，因为它可调整内分泌紊乱，帮助身体进行一场全面的免疫系统“革命”，可解郁降火、补充血色，并能通经络、消炎、祛斑，特别是去除由内分泌紊乱引起的黄褐斑、雀斑、色斑、暗疮。

食用注意

千日红虽有清肝定喘之功效，但它所含的千日红素会让没有哮喘的人喝完后，有点儿神经麻木。

传说故事

千日酒与千日红

据晋人张华《博物志》卷五记载：刘玄石好酒，求饮一杯，醉眠千日，故又名“千日酒”。酒正中，酒兴正浓人醉意。诗人由千日红想到千日酒，便特意找来这种美酒，面对正在盛开的千日红花朵，尽兴赏花饮酒，进入醉意正浓之时，说可追求到情趣理想的境界。

啤　酒　花

尧女守贞节，非命于天涯。

欲知此物源，来自帝王家。

——《啤酒花》·近代·刘亚平

物种基源

啤酒花（Humulus. Iupulus L.）为大麻科葎草属多年生蔓性宿根草本植物的花体，又名忽布酒花、香蛇麻、蛇麻花、酵母花、啤瓦古丽等。

啤酒花植株雌雄异株，用于啤酒的仅为含有强烈苦味的物质和精油的雌花，呈微黄绿色，每朵花有花瓣 40～100 片，分香型花和苦型花两种。前者的干品中含 α-酸 5％以上，酒花树脂 14％以上；后者干品中含 α-酸 8％以上，酒花树脂 16％以上，用于啤酒生产。可赋予啤酒苦味、风味和香味；花中单宁可与蛋白质化合淀，以提高啤酒外非生物稳定性，花中的软树脂具有防腐、降低啤酒表面张力和有助于泡沫的形成和持久等作用。每年夏、秋花盛开时采摘花序，鲜用或晒干备用。

我国新疆北部有野生啤酒花，辽宁、吉林、黑龙江、河南、河北、山东有栽培。

生物成分

据测定，啤酒花主要含树脂、挥发油、黄酮类化合物、鞣质等，具体组成为水分6%～17%，精油0.13～3%，树脂14%～16%，单宁7%～11%，含氮物质10%～17%，粗纤维10%～18%，灰分5%～10%，α-酸5%～8%。树脂中分为硬树脂和软树脂两大类。软树脂中主要有葎草酮和蛇麻酮等。挥发油主要有香叶烯及葎草烯，此外，尚有少量芳樟醇、蛇麻醇等，黄酮类化合物有黄芪甙、异槲皮甙、路丁等。

食材性能

1. 性味归经

啤酒花，味苦，性平；归心、胃、膀胱经。

2. 医学经典

《新疆中草药手册》："健胃，消食，利尿，安神。"

3. 中医辨证

啤酒花功能独特，有利于整个消化系统和神经系统，有利于消化不良、腹胀、肺结核、胸膜炎、失眠、癔症、浮肿、膀胱炎等症的食疗助康复。

4. 现代研究

啤酒花浸膏及其有效成分蛇麻酮、葎草酮等，在体外对多种革兰氏阳性细菌及耐酸杆菌有较强的抑制作用，对结核杆菌亦能抑制，蛇麻酮作用强于葎草酮，而对革兰氏阴性细菌及真菌却无抗菌活性。实验证明，蛇麻酮的抑菌作用常与抗生素发生协同作用，青霉素、红霉素均可增强之。

国外民间将蛇麻用于癔症、不安、失眠，蛇麻提取液对中枢神经系统小量镇静，中量催眠，大量麻痹。蛇麻酮、葎草酮均具镇静作用。

此外，蛇麻花的乙醇提取物，对离体兔空肠、豚鼠子宫平滑肌有强大的解痉作用，并能拮抗乙酰胆碱、氯化钡的致痉作用，其解痉作用系直接松弛平滑肌，有报告啤酒花对兔子的实验性动脉粥样硬化有治疗作用，并可使其血压有轻度下降。

食用注意

啤酒花极易诱发痛风，故痛风病人应绝对禁止食用。

传说故事

啤酒花的传说

相传，尧帝的女儿婢婢在出嫁途中，遇强人被抢劫到荒郊，欲施强暴，尧女不从，吞金而死，送嫁人就地将婢婢埋葬。第二年寒食节尧帝祭爱女，将祭酒浇在婢婢坟上长出的藤蔓植物上。到了中元之节（农历七月十五日），尧帝再祭爱女时，藤蔓植物开放着微黄绿色的花，十分好看。尧帝说："这是我在寒食节用祭酒浇过的草，这花就叫'婢酒花'吧。"后来日久天长，人们将"婢"改成"啤"，叫"啤酒花"。

雪　莲　花

北国天山生雪莲，雌雄同株肩并肩。

甘园小识论真伪，本草拾遗说分明。

——《雪莲》·清·成晓风

物种基源

雪莲花（Saussureainvolucrate Kaf. et Kir），为菊科多年生草本植物雪莲带花的全株，又名雪莲、雪荷花、大拇花、优钵罗花，藏语称恰果苏巴，新疆、西藏亦称卡尔莱丽等。

雪莲花生于高山，花生枝端，洁白如雪，或呈紫红，形色俱美，故而得名。《阅微草堂笔记》云："塞外有雪莲，生崇山积雪中，状如今之洋菊，名以莲耳。"《柑园小识》云："雪莲生于西藏，藏中积雪不消。暮春初夏，生于雪中，状如鸡冠，花叶逼肖，花高尺许，雌雄相并而生，雌者花圆，雄者花尖，色深红。"《本草纲目拾遗》云："雪荷花产伊犁西北及金川等大寒之地，积雪春夏不散，雪中有草，类荷花，独茎，亭亭雪间可爱，较荷花略细，其瓣薄而狭长，可三四寸，绝似笔尖，云浸酒则色微红。"产于新疆、西藏、青海、四川、云南等地高山积雪的岩缝中。

生物成分

据测定，雪莲全草含黄酮、挥发油、生物碱、甾醇，含原糖和十六种氨基酸、雪莲内酯等。普通人均可食，如雪莲花炖母鸡、雪莲甲鱼汤、雪莲花泡酒或泡茶等均可。

食材性能

1. 性味归经

雪莲花，味甘、苦，性温；归脾、肝、肾经。

2. 医学经典

藏医学文献《月王药珍》《四部医典》："除寒，壮阳，调经，止血。"

3. 中医辨证

雪莲花性温，有散寒、除湿、止痛、活血、通经、暖宫、散淤、强筋、助阳功效，有助于治疗阳痿、腰膝酸软、妇女崩带、月经不调、风湿性关节疼痛等症的辅疗。

4. 现代研究

雪莲花具有生理活性有效成分，其中伞形花内酯具有明显的抗菌、降压、镇静、解痉作用。东莨菪素具有祛风、抗炎、止痛、祛痰和抗肿瘤作用，临床上治疗喘急性、慢性支气管类有效率为 96.6%；芹菜素具有平滑肌解痉和抗胃溃疡作用；还含有秋水仙碱，能抑制癌细胞的增长，特别对乳腺癌有一定疗效，对皮肤癌、白血病和何杰金氏病等亦有一定作用。雪莲花还具有强心作用，对动物发情期子宫具有强大的选择性兴奋作用，这与临床用于月经不调、崩带、胎衣不下、终止早期妊娠等相适应。雪莲花还有清热解毒、通经活络、壮阳补血之效，可治疗炭疽病、中风、妇女小腹冷痛、肾虚、腰痛、遗精、阳痿、血热病引起的头痛、风湿性关节炎等。

食用注意

用量不宜过大，孕妇慎服。

传说故事

仙女与雪莲花的传说

　　传说很久以前，天山上住着一个非常美丽的仙女。她因为在天宫时，神往凡间自由自在的生活，以至于在侍奉王母时走神而被贬下凡间。天宫并没有安排她去凡间人口、气候条件都比较不错的地方，而是贬她到了非常寒冷的天山极顶，并严格限制她必须在雪线以上活动，并不允许她和凡间的人说话，如若违反，她将会被再一次惩罚。仙女在寒冷的雪山上一个人孤独地生活，她没有后悔自己被贬下天界，而是更加幻想天山雪线以下的人间生活。一天，在天山仙女生活的范围里，忽然闯进了一个小伙子。仙女见有凡人闯入，便躲到小伙子看不到她的地方，偷偷地观察小伙子。只见小伙子满面的愁容，一脸的憔悴；他身上的衣服因跋山涉水而破烂不堪。可尽管这样，仍然无损小伙子的眉清目秀、英俊非常的外表。于是，仙女的内心开始倾慕于这个小伙子，她见他很不高兴的样子，就一直想暗中帮助他开心起来。

　　小伙子是山下的牧民，因为妻子忽然得了一种怪病，不但浑身发热，四肢无力，还脸色煞白，看不见一丁点的血色，而且浑身还长有大小不一的紫斑，望着病床上的妻子，小伙子焦急万分。他请了好多医生来看妻子的病，但医生大都摇头叹气，说此病没治，叫小伙子赶快给妻子准备后事，可小伙子说什么也不相信这些话，他尽所有的力量到处寻找能治好妻子病的配方，并时常陪伴在妻子的病床前。有时妻子从病痛中醒来，小伙子就拉着妻子的手不停地流泪，每每看到丈夫那深情的样子，妻子总会强忍着疾病的折磨，送给丈夫一个欣慰的微笑。见妻子这样，小伙子总是感到揪心的疼痛，他暗暗地发誓，不管怎样，他一定要救活妻子，哪怕是上刀山下火海也在所不惜。

　　后来，小伙子听草场上一位老人讲：相传，过去天山上经常有异光出现，而每当异光乍现后，都会有一朵雪白美丽、像荷花一样的花开放，人们把这种花唤做"雪莲"。老人还说，雪莲花是王母在天上沐浴的专用花，每当王母沐浴时，说不定什么时候就有一朵雪莲溢出浴缸，而那时，这天山上就会有异光乍现，因为这天山极顶是王母梳妆台上的一面镜子，那镜子久在天宫充满灵性，每当它见有美丽雪莲流逝而去时，就会发出惊异的叹息，这就是那天山奇异光芒的原因。雪莲花是天上的神物，不要说吃上一口，就是放在鼻子下闻上一闻，也会气清神爽，百病难侵。老人最后对小伙子说："要想救你妻子的命，或许只有雪莲才行，你不妨到天山上走一遭，试一试运气。"小伙子听了老人的话，安置好妻子，背上干粮，顶风冒雪地爬上雪山。他已经下定决心，不找到雪莲绝不走下天山，就是死也要和妻子一起死去。就这样，小伙子闯入了仙女的生活地带。

　　而仙女则在一旁，不停点拨着他说出自己的心中所想。她终于明白小伙子是因为自己妻子，才来天山寻找雪莲的。尽管她有些失望，但还是被小伙子的真诚和毅力所感动，她决定，先试探小伙子一下，然后再决定是否帮助他。于是，她把自己打扮一番，不顾天宫的禁条，现出了自己的身形。她的出现，把小伙子吓了一跳，他做梦也没想到，一位美丽的仙女会出现在他的面前，只见那仙女，面容华丽而丰润，肌肤白皙而娇嫩，穿着一身华贵的衣裙，再配饰上天下少有的玉石珠宝，显出一派雍容高贵、光彩夺目的气质。仙女说："年轻人，我知道你是为救你的妻子才上天山找雪莲的。只要你答应我一个条件，你就会得到雪莲，救活你的妻子。"小伙子一脸惊讶，茫然顺从地点着头问道："美丽的仙女，我不知道你是从哪里来，但既然你说能帮我找到雪莲，救我妻子的命，我想你能说到做到，但不知道你所说的条件是什么？不妨说出来听听，只要我能做到，我会答应你的。""是吗？"仙女说，"我要你得到雪莲救活你妻子后，就必须赶快抛弃她，然后和我成亲，你能做到吗？""啊？！"小伙子听完仙女的条件，不由得大惊失色。他想了好大一会儿，才神情坚毅地说："不！尊敬的仙女，我不能答应你的条件，我和妻子的结合是上天安排好的，我不能因为得到雪莲就无情地抛弃她，那样的话，就是让我们活着，也是生不如死。"仙女见小伙子这样说，就问："难道你嫌我没有你妻子漂亮吗？"小伙子摇了摇头，表示否认。仙女又问："难道你以为我没有她富有吗？"小伙子仍在摇头。"那你是觉得我出身不比她高贵吗？"小伙子还在摇头。见此，仙女无奈地叹了口气，她说："真想不到，人间的情意要比天宫多出许多，你宁可冒着找不到雪莲的危险，也不愿抛弃你患病的妻子，也罢！我既然现身了，为了人间能有这样感人的真情厚意，我今天就冒着被天宫再贬的危险，来成全你。"说着话，仙女身上忽然泛起万道霞光，慢慢地她变成了一朵大大的、美丽的雪莲花。看到眼前的情景，小伙子惊呆了。他做梦也没想到，自己多少天来寻找的雪莲竟会这么快被他找到。他待了好久，才慢慢反应过来，用颤抖的手慢慢摘了几朵雪莲花瓣，然后小心翼翼地放入怀中。下山后，他把雪莲花瓣喂给妻子，果然，妻子的病慢慢好起来。当妻子听丈夫讲起寻找雪莲的经过后，不由得从内心发出一番感慨。

后来，人们就发现天山的雪线上开满了美丽的雪莲花，从此，天山开始成为雪莲花最为茂盛的产地之一。而有人说，天山上那所有的雪莲，都是那个仙女幻化的，她果真又被天宫惩罚了，而这次，天宫惩罚她的是贬她做一辈子雪莲花形，为人间治病。她也乐意接受这样的惩罚，把那朵大花变成了很多的小花，雪莲也就从此开遍了天山山麓。

栀 子 花

栀子比众木，人间诚未多。
于身色有用，与道气相和。
红取风霜实，青看雨露柯。
无情移得汝，贵在映江波。

——《栀子》·唐·杜甫

物种基源

栀子花（Gardenia jasminoides Ellis），为茜草科常绿灌木山栀的花蕾，又名薝卜花、山栀花、白蟾花、雀舌花、林兰、木丹、枝子、鲜支、楮桃、黄黄子、薝葡、越桃、卮子。

栀子花：枝干苍劲，株丛紧凑。叶倒卵状长椭圆形，先端渐尖全缘，翠绿光亮。花生于叶腋或枝顶，花冠像古代盛酒器"卮"，今谷加木旁作"栀"，故名"栀子花"。每到初夏，那晶莹皎洁的栀子花陆续绽开，有的含苞欲放，有的初展芳华，有的大放异彩。鹅黄浅绿的长花柄，六裂回旋的花序，瓣厚丰腴，含蓄庄重，清丽高雅；还有那沁人肺腑的浓香，即便花谢枯萎，仍余香不绝，主产于浙江、江西、湖南、福建，此外，四川、湖北、云南、贵州、江苏、安徽、广东、广西、河南等省均有栽培。

生物成分

据测定，栀子含黄酮类栀子素、果胶、鞣质、藏红花素、藏红花酸、D-甘露醇、廿九烷、β-谷甾醇，尚含多种具环臭蚁醛结构的甙。

栀子花的食用，明人王象晋《群芳谱》记载："以大栀子花食用佳。"如炎夏酷暑，取栀子花浸汁，配兑清凉饮料，既色泽鲜亮，又有良好的解暑效果，因花朵富含芳香油，以其熏制高级花茶，幽香浓醇，别具风味。

食材性能

1. 性味归经

栀子花，味苦，性寒；归肺、心经。

2. 医学经典

《神农本草经》："泻肺火，止肺热，咳嗽，止血衄，消痰。"

3. 中医辨证

栀子花，可泻火除烦、清热利尿、凉血解毒，有助于热病心烦、湿热黄疸、淋症涩痛、目赤肿痛、火毒疮疡；外用可消肿止痛，治扭挫伤痛。

4. 现代研究

栀子水煎剂或冲剂给人口服后，20～40分钟胆囊有明显的收缩作用，并能使血中胆红素减少，表明栀子具有利胆作用，栀子煎剂和醇提取液对实验动物具有持久性降压作用；栀子水浸液对许兰氏黄癣菌、腹股沟表皮癣菌、红色表皮癣菌等多种真菌有抑制作用。

食用注意

栀子花性寒，凡脾胃虚寒、泄泻久泻者慎食。

传说故事

栀子花名字的由来

传说从前有一个姑娘，她很小的时候就没有了父亲，就和多病的母亲一起生活，好在姑娘有一手的好刺绣，她们母女俩就靠为别人绣点东西，苦度光阴。

有一天，姑娘正在家里绣东西，忽然有人敲门，"家里有人吗？家里有人吗？我们是路过的，我家公子口渴了，可以给点水喝吗？"原来是路过的主仆二人，姑娘便从水缸里舀了碗水，侧着身子从门缝里递给了门外的人。

"好白嫩的小手！"公子只觉得眼前一亮，他偷眼向里一瞅，一位肩削腰细的女子背对而立，简直是窈窕之至。

"真漂亮的女子啊！"站在柴门外，公子心底暗说。

公子回到家中后，满脑子里都是姑娘的倩影，他从此夜难成寐，心神不宁，却又难以启齿和父母诉说，假以时日，他终于卧病在床。这下可把他的父母给急坏了，唯一的儿子好好的怎么就生病了呢，这让他们如何是好呢？还是母亲心细，她找来小书童一问缘由，原来如此。母亲马上就到儿子床前去告诉儿子，她可以满足他的任何愿望，毕竟他们就这么一个儿子嘛。听母亲如此一说，公子的病马上就好了一大半，母亲马上就派人到姑娘家去提亲。

孰知姑娘却也是个有心之人。其实那天隔着门缝她也看见了公子，也是芳心大动，只是她身为女儿家，而且男女授受不亲，她不便多问罢了。

姑娘让母亲答应了这门亲事，只是提出了一个条件，需要公子金榜题名后，方可完婚。

这对公子来说倒也正中下怀，公子原本就在苦读，以求秋闱时夺取功名。他原本就准备考取功名后再成家，既然姑娘也是如此想法的话，公子便更加用功了。

一晃考期到了，公子的父母便让书童带上足够的银两陪公子进京应试去，临走的前夜，公子在书童的帮助下，偷偷地去和姑娘见了一面，两人原本就是一见钟情，再见更是如胶似漆，恨不得把心都挖出来交给对方了，遂许下来生来世仍为夫妻的誓言后，匆匆而别。

所谓天有不测风云，在进京的路上，公子由于水土不服，病在了路上，书童在银两全部用光的情况下，把公子托给了客栈里的店主，马上赶回家取钱。

紧赶慢赶，等书童赶回来后，公子已经不在客栈了，旁边的人说他给店主赶走了，却一不小心掉到河里淹死了，头被河水泡得有笆斗那么大，幸亏有地方上的人捐了副棺木。现今棺材停在城西的庙里，书童无奈中只好把棺木运回公子老家，全家人哭得是死去活来。

姑娘听到这个噩耗后，马上就晕了过去，从此茶不思饭不想，郁闷寡欢，慢慢的一病不起，一个月后就不治而亡。

光阴似箭，一晃又好多天过去了。一天，公子家门前忽然来了好多人，"老爷大喜了，你家公子考中状元回来了！"一个又一个的公差打扮的人通报之后，公子的父母有点相信这是真的了。

当公子身着官服站在他们面前的时候，他们终于知道他们的儿子没有死。原来，公子确实是给客栈的店家赶出了客栈，他在饿得实在无奈之下，用自己的衣服和别人换了吃的，而那人穿了他的衣服后，不小心掉进了河里，因为头给河水泡大了，别人只认衣服，就以为是他了，而他给好心人救了，不仅看好了他的病，并资助他进京赶考的费用，他才得以金榜题名，荣耀回乡。

后来，公子问起了姑娘，才知道姑娘在听到他死的消息后，已经生病而死。公子禁不住泪流满面，他马上赶到姑娘的坟前，往事历历，如在眼前，如今他金榜题名了，可是姑娘已经离他而去。公子左思又想，痛不欲生，想起临别前的誓言，他不吃不喝的在姑娘的坟前待了三天三夜，谁劝也没有用，第四天早上终于跟随姑娘而去。

人们打开了姑娘的坟墓，把他们埋在了一起，第二天坟上就长出来一棵小树，上面开满了雪白雪白的花，散发出醉人的清香，人们便各取了姑娘和公子的名字中的一字，给花取了个名字就叫"栀子"。

木 芙 蓉

水边无数木芙蓉，露染胭脂色未浓。
正似美人初醉著，强抬青镜欲妆慵。

——《木芙蓉》·宋·王安石

物种基源

木芙蓉（Hibisusm. Utabilis. Linn），为锦葵科落叶灌木或小乔木植物木芙蓉的花，又名木莲、醉酒芙蓉、大叶芙蓉、三变化、芙蓉、七星花、地芙蓉、霜降花、拒霜花等。

《花史》云：芙蓉有两种，出于水者谓之草芙蓉，出于陆者谓之木芙蓉，又名木莲。因其花艳如荷花故名。木芙蓉多为灌木，叶互生，大如桐，有人呼为大叶芙蓉，冬凋夏茂。花类牡丹、荷花，最耐寒而不落，早晨开花时为白色或粉红色，至下午则变为深红色。单生于枝端，经风吹拂，摇摆不定，犹如醉仙姑，俗呼醉酒芙蓉。《本草纲目》曰："8～9月始开，故名拒霜。"又称霜降花，均为花开于冬而耐寒之意也，俗呼为桦皮树。相如赋谓之华木，注云："皮可为索也"。苏东坡诗云："唤作拒霜犹未称，看来却是最宜霜。""群芳谱里群芳俏，俏中还数木芙蓉。"是说花白一日三变，这种变色现象，与白天气温和光照时花瓣里花青素和酸性物质的浓度有关。芙蓉花朵硕大，色彩纷呈，品种极多。红芙蓉嫣红重瓣，堪与牡丹媲美；黄芙蓉淡妆秀丽，自古视为珍种；还有一种"三醉芙蓉"：清晨花开白色，中午逐渐变红，日暮转为深红，犹如醉酒仙姝。而"弄色芙蓉"更为有趣，花开第一日素白，二日浅红，三日鹅黄，四日深红，花落时变成紫褐色。《花镜》云：芙蓉花"清姿雅质，独殿众芳，乃秋色之最佳者"。古人喜将此花植于水滨、池畔，波光花影，相映成趣。浙江温州江边两岸广种此花，所以称为"芙蓉江"；湘江两岸遍植此花，唐诗中有"秋风万里芙蓉国"佳句，湖南又称"芙蓉国"。而五代时后蜀主孟昶于成都城上栽种此花，每至深秋，四十里以内芙蓉盛开，如锦似绣，蔚为壮观，故称成都为"蓉城"和"锦城"。

生物成分

据测定，芙蓉花含黄酮甙和花色甙，前者为异槲皮甙、金丝桃甙、云香甙、槲皮素4-葡萄糖甙和槲皮黄甙；后者的含量随花的颜色变化而不同：早晨花呈淡黄时不含花色甙，中午（淡红）和傍晚（粉红色），含花色甙矢车菊素 3.5-二葡萄糖甙、矢车菊素 3-芸香糖甙-5-葡萄糖甙，傍晚花色甙的含量为中午的三倍。

食材性能

1. 性味归经

木芙蓉，味辛，性平；归脾、肺经。

2. 医学经典

《本草纲目》："消肿，排脓，止咳，止痛。"

3. 中医辨证

木芙蓉，清热解毒、消肿止痛、凉血止血、通经活血，有助于痈肿、疔疮、烫伤、肺热、咳嗽、吐血、白带、崩漏等症的康复，外用可有助头癣的康复。

4. 现代研究

木芙蓉花含黄酮甙、花色甙等成分；其叶、根、皮对金黄色葡萄球菌有抑制作用。近年研究发现，木芙蓉叶对流感病毒有明显抑制作用，有助于流感的康复。

食用注意

体虚者不可多食木芙蓉花。

传说故事

木芙蓉驱邪的传说

木芙蓉还给人间留下驱邪向善的传说。据传水獭深夜闪着绿眼，蹲在河边吃鱼，乡民们不知何物，就说它是人淹死后变成的落水鬼，它要投胎换世，定要作怪把人拖下水作替身。但水獭最怕木芙蓉，一碰着木芙蓉叶，身上的毛就烂掉。为驱逐水獭为害，乡民们就在水边栽种木芙蓉。又据流传，五代十国时，有个叫胡勇的鳏夫，秋天的一个傍晚，他喝醉酒后回家时，忽听河中传出小孩的呼救声，就跳下河救起小孩，可他自己却被水流吞没了。不久，在胡勇献身的河岸上长出一株木芙蓉，盛开的花瓣上还露出醉脸似的绯红，人们称之为"醉酒关公"。

松 花 粉

柔绿侵窗遮散阴，室外松涛贯耳鸣。

松花落砚参鹅黄，声韵萧萧和短吟。

——《咏松花》·元·陆轩元

物种基源

松花粉（Pinus massoniana Lamb.），为松科常绿乔木马尾松的雄花花粉，又名松黄。春季马尾松开花时采下雄花穗，晾干搓下花粉，过筛除花穗及枝叶即得松花粉。

松花粉为淡黄色极微细而易流动的粉末，体轻、不沉于水，易飞扬，手捻有滑感，以体轻、色淡黄者为佳，分布于东北辽宁、吉林、黑龙江。

生物成分

据测定，松花粉主要含脂肪油和色素，脂肪油中含 α-蒎烯和 β-蒎烯，还含蛋白质多种氨基酸糖类、多种维生素、酶素类等营养物质。

食材性能

1. 性味归经

松花粉，味甘，性温；归心、肾经。

2. 医学经典

《唐本草》："滋肾养阴，养血护肝。"

3. 中医辨证

松花粉，可养血祛风、益气平肝、养阴补肾，对风眩头晕、腰膝酸软、易疲劳、神经衰弱、失眠多梦、梦遗有良好的辅助疗效。

4. 现代研究

松花粉含有多种氨基酸、维生素及糖类，对预防和康复高血压、动脉硬化、心血管病、中风等症效果良好，特别是对小儿成长、恢复中老年的男性活力和精神疲劳效果颇佳。

食用注意

有花粉体质过敏者慎食松花粉。

传说故事

武则天与松花粉糕

相传，武则天在位，生理需求和床上功夫了得，素有"三十岁似狼，四十岁如虎，五十岁赛狮子"之说。她和天上公驴星下凡的薛敖曹，每次上床完毕后，都要太监或宫女奉上热气腾腾的松花茯苓糕，吃完后方才安息。

瑞 香 花

外著明霞绮，中裁淡玉纱。

森森千万笋，旋旋两三花。

小霁迎风喜，轻寒索幕遮。

香中真上瑞，兰麝敢名家。

——《瑞香花新开五首》·宋·杨万里

物种基源

瑞香花（Daphneoaora），为瑞香科常绿灌木瑞香树的花，又名睡香、蓬莱花、风流树、露甲、千里香、瑞兰、白瑞香、雪花皮、麝囊、夺香花、雪凉花、山梦花。

瑞香原产我国，分布于长江以南各地，有黄、白、紫、三色花，枝干婆娑，株形优美，单叶互生，长椭圆形，表面深绿。冬生花蕾，春始开花，头状花序顶生，密生成簇，形似丁香，色白或红紫，芳香浓烈。现有金边瑞香、蔷薇瑞香、白瑞香等优质品种，其观赏价值较高。喜阴不耐寒，宜植于肥沃湿润土壤。

生物成分

据测定，瑞香全草含白瑞香素-7-葡萄糖甙，即白瑞香甙 2%～4%，白瑞香素-8-葡萄糖甙及多量伞形花内酯。

食材性能

1. 性味归经

瑞香花，味辛、甘，性温；归脾、肺经。

2. 医学经典

《药性考》："清利头目，齿痛宜含。"

3. 中医辨证

瑞香花，祛风除湿、活血止痛，有助于风寒外感、齿痛、胃腔痛、肺脓肿、风湿腰痛、坐骨神经痛、毒蛇咬伤、胎动流血、产后血晕、面部生疔等病症的康复。

4. 现代研究

瑞香花含瑞香甙、瑞香素-8-葡萄糖甙，尚含多量伞形花内酯，有降低血液凝固性，促进体内尿酸排泄的作用。

食用注意

1. 湿病初起患者不宜食瑞香花，否则火上加油。
2. 不宜多食。

传说故事

瑞香名字的由来

瑞香这个名字的来历，相传与一位和尚有关。据《清异录》载述：庐山有个叫比丘的和尚，

"昼寝磐石上，梦中闻花香酷热，及觉求之，因名睡香。四方奇之，谓为花中祥瑞，遂名瑞香。"宋人王十朋亦有诗作证："真是花中瑞，本朝名始闻。江南一梦后，天下仰清芬。"自此，文人骚客常在梦幻中捕捉瑞香的诗情画意。

山 丹 花

团栾绛蕊簇枝间，铅鼎成丹七返还。
乞与幽人伴幽壑，不妨相对两朱颜。

——《山丹》·宋·郑域

物种基源

山丹花（Lilium Pumilum DC.），为百合科百合属多年生草本植物山丹花蕾，又名细叶百合、百合等。鳞茎球形或圆锥形，白色，肉质鳞片叶长卵形至长圆形，茎直立，叶互生，叶片线形，边缘具乳头状突起，花1～3朵顶生，或数朵排成总状花序，鲜红色，下垂，花瓣6片，反卷，蜜腺两侧具乳头状突起，雄蕊6枚，花药红色，雌蕊子房圆柱形，柱头膨大，3裂，蒴果，长圆形，室背开裂，种子多数，花期7～8个月，果期9～10个月。

花色艳丽，是著名的野生花卉，生于山坡草地、林间草地、路旁等处，分布于华北、东北、西北、河南、山东等省（区）。

生物成分

据测定，山丹花含有多种类胡萝卜素，其中大部分是顺花药黄质酯，占91.7％～94％。花含蛋白质21.29％，脂肪12.43％，碳水化合物3.61％，还原糖11.47％，以及多种维生素、β-胡萝卜素等。古人曾用山丹花炒肉丝，还有山丹花粥、山丹花羹等。

食材性能

1. 性味归经

山丹花，味甘、微苦，性平；归心、肺二经。

2. 医学经典

《本经》："润肺清火，安神。"

3. 中医辨证

山丹花，可养阴润肺、清心安神，有助于阴虚久咳、痰中带血、虚烦惊悸、失眠多梦、精神恍惚的康复。

4. 现代研究

山丹花有降低血浆胆固醇，改善血糖生成反应，降低血糖以及增进大肠功能，促进排便通畅的作用。山丹花高钾低钠（钾钠比为76：1），有降低血压和保护血管的作用。

食用注意

（1）凡风寒咳嗽、溃疡病、结肠炎患者不宜食用山丹花。

（2）中气虚实或两便溏泄者忌食山丹花为妥。

传说故事

山丹花的由来

从前，有一文人酷爱山丹花，花蕾吐艳盛开时，他在花间酌酒赏花为乐，此刻一秀才路过此地，上前询问："请问相公，此花何名？"他不作正面回答，却吟一诗："人间花木眼曾经，未识斯花状与名。丹却青山暮春色，续他红树坠时英。"秀才从此诗第三句悟出花名，不禁击掌赞道："诗句嵌入'山丹'花名，实在巧妙！"自此，他俩结拜为友。

紫 荆 花

杂英纷己积，含芳独暮春。
还如故园树，忽忆故园人。

——《见紫荆花》·唐·韦应物

物种基源

紫荆花（Cercis chinensis Bunge），为豆科植物落叶乔木或大灌木紫荆树的花，又名满条红、紫金盘、乌桑、箩筐树、扁头翁、肉红、内清、白林皮。

紫荆花，树皮暗褐色，老时粗糙纵裂，叶互生，近圆形，光泽无毛。春末夏初，于抽叶前开花，花冠似蝶，4～10朵簇生于老干或新枝，密密层层，花色紫红，偶有白色，花期达半月之久。新枝风华正茂，老干青春不老，年轻人见之奋发向上，老年人见之壮心不已。本品原产我国，主产于四川、河南、湖南、湖北等地，喜温暖，忌水涝，易繁育，适宜于公园、草坪、庭院、墙隅、篱外种植，亦可盆栽布置厅堂。倘若群植，既固坡保土，又抗氯气滞尘，可觅得大自然真趣。

生物成分

据测定，紫荆花，含鞣质、赖氨酸、天门氨酸，可泡茶、浸酒。

食材性能

1. 性味归经

紫荆花，味苦，性寒，无毒；归心、肝经。

2. 医学经典

《开宝本草》："活血通经，消肿解毒。"

3. 中医辨证

紫荆花，可清热凉血、祛风解毒，用于风寒湿痹、妇女经闭、血气疼痛、喉痹、淋症、痈肿、疥癣、跌打损伤、蛇虫咬伤的康复。

4. 现代研究

紫荆花对京科68－1病毒有抑制作用，对孤儿病毒能延缓细胞病变，试管内能抑制葡萄球菌的生长。

食用注意

孕妇忌服食。

传说故事

紫荆花喜家庭和睦

古时候有一传说，言兄弟俩人因分家阋墙，院内紫荆树花萎枝蔫，经人劝解，和好如初，紫荆树又花繁叶茂，似乎此物也有灵性，喜欢和睦家庭。后世皆以此为前车之鉴，教育晚辈。

君子兰花

兰溪春尽碧泱泱，映水兰花雨发香。
楚国大夫憔悴日，应寻此路去潇湘。

——《兰溪》·唐·杜牧

物种基源

君子兰花（Clivia miniata Regel Gartenfl.），为多年生常绿草本植物君子兰花的蕾，又名燕草、官兰、剑兰花等。

兰花居十大名花第四，人称花中君子，原产于我国东南部山坡林荫下，栽培历史悠久。春秋末期，越王勾践在绍兴诸山种兰，魏晋时以植兰点缀庭院，唐代移入盆栽，宋代日趋普遍，明清育兰鼎盛。如今，在兰科的王国里，约有500多个品种，遍布世界各地，我国就有150种到1000余种。据说泰国已培育出3000余种，其鲜花畅销全世界，成为兰花的主要产地。其品种大致可分为四大类：一是春兰，于3月前后开花，通常每梗一花，香味极浓；二是蕙兰，又名夏兰，于夏季开花，一梗数花，香味较淡；三是建兰，夏秋季两度开花，花大绚丽，质量较优；四是墨兰，于春节前后开花，又称报岁兰。还有根据其花瓣形态、色泽，分为荷瓣类、梅瓣类、水仙瓣类、蝶瓣类、素心类等。花色呈红、黄、橙、绿、青、蓝、紫、白等，以花萼、花瓣洁白清素无瑕者名"素心兰"为佳品。

生物成分

据测定，君子兰花，含生物碱0.15%～0.21%，其中皮层部分含0.26%。目前已提取出石蒜碱、君子兰亭、君子兰明、君子兰碱、君子兰瑟亭5种生物碱，还有氨基酸、微量元素硒等。

食材性能

1. 性味归经

君子兰花，味辛，性平；归肺、胃、大肠经。

2. 医学经典

《本草纲目拾遗》："芳香化湿，醒脾，开胃，解表。"

3. 中医辨证

兰花，可顺气和血、利湿消肿，有利于咳嗽咯血、肠风、血崩、淋病、白浊、白带、跌打损伤、痈肿等症的康复。

4. 现代研究

君子兰花中的生物碱有消炎、止痛、利尿、保肝等作用，对高血压、心血管疾病有疗效，还抗疲劳和抗缺氧，低剂量生物碱对中枢神经系统有兴奋作用，剂量高时有抑制作用，石蒜碱对脊髓灰质炎病毒有抑制作用。

食用注意

君子兰的根不宜食用，只宜作跌打损伤的外用。

传说故事

拒为权势画兰

相传，宋末郑所南画墨兰独具一格，县官索画不得，便以赋税威逼。郑翁回答："头可破，兰不可画。"于是绘就绕屋可挂的巨幅兰画，上题"纯是君子，绝无小人，深山之中，以天为春"，表达了君子不畏强势的傲然骨气。清代扬州八怪之一的郑板桥，题"破盆兰花图"诗，有"而今究竟无知己，打破乌盆更入山"诗句，主张兰花重返山野，实则要人摒弃世俗。郑板桥一生酷爱兰、竹，正如他的自述："盖其竹千叶皆青翠，兰花亦然，色相似也；兰有幽芳，竹有劲节，德相似也；竹历寒暑而不凋，兰发四时而有蕊，寿相似也。"这何尝不是仁人志士高洁品德的写照呢？

凌 霄 花

托根附树身，开花寄树梢。
自谓得其势，无因有动摇。
一旦树摧倒，独立暂飘摇。
疾风从东起，吹折不终朝。
朝为拂云花，暮为委地樵。
寄言立身者，勿学柔弱苗。
——《紫葳》·唐·白居易

物种基源

凌霄花〔Campsisradicans (L.) Seem.〕，为紫葳科凌霄花属落叶木质藤本美洲凌霄的花，又名紫葳、芰华、藤萝花、翟陵、碎骨风、倒挂金钟、武威、鬼目、堕胎花、上树蜈蚣等。

凌霄岁久能独立成林，并非世人所谓趋附之木。藤具气根，茎黄色，有棱壮网裂；单数羽状复叶，对生，顶端小叶较大，卵形或卵状披针形，先端渐尖，边缘有锯齿；花成疏大顶生聚伞圆锥花序，花大，萼绿色，花冠赤黄色，漏斗状钟形，先端5裂，裂片圆形，开展；蒴果细长，豆荚状，花期7~9个月，生于山谷、溪边、疏林下，或攀缘于树上，石壁上，或为栽培。我国南北各地均有分布，是江苏连云港市名花之一。千年古凤凰城——南城镇，素有"凌霄之乡"美誉。

生物成分

据测定，凌霄花，含有芹菜素、维生素、多种氨基酸及少量碳水化合物、微量元素和β-谷甾醇等。

食材性能

1. 性味归经

凌霄花，味甘，性寒；归肝、心经。

2. 医学经典

《图经本草》："行血去瘀，凉血祛风。"

3. 中医辨证

凌霄花，可凉血去瘀，有助于血滞闭经、血热风痒、虫咬奇痒、癥瘕、酒齄鼻等病症的康复。

4. 现代研究

凌霄花含芹菜素、β-谷甾醇等，用于月经不调、经闭、产后乳肿、风疹发红、皮肤瘙痒、痔疮。

食用注意

（1）气虚血弱，内无瘀热者慎服。
（2）孕妇禁服。

传说故事

一、凌霄花治痒

相传，很久以前一个盛夏的傍晚，在钱塘西溪的药王庙门口，躺着一个贫苦老农，只见他浑身溃烂，号哭不止，庙里的和尚出来问他是怎么一回事，那老农哭道："我也不知道是怎么搞的，我浑身发痒，就用手抓，哪知道越抓越痒，皮肤都抓破了，还流出黄水，这黄水流到哪就烂到哪。这样，就发了癞，皮肤溃烂，发出臭味。东家看见，认为我没有救了，就把我赶了出来。如今我吃住全无，也没有家，只好躺在这等死。"那和尚听了，蹲下来反复地看了看他的皮肤，问道："黄水流到的地方是否痒？"老农说："痒，抓心痒，只是痒的皮肤很嫩，一抓就破，也有不痒的时候，就是破的地方结疤、发癞的时候，但是，从发癞的地方又不断地流出黄水来。"和尚又问："前些日子，你都是起早下田么？"老农说："我每天太阳升起以前，都得去田里摘黄花菜。"和尚听到这里，吐了一口气，摇摇头说："这不是发癞，而是你中了天蛇毒，我有法子把你的病治好。"和尚把老农领进庙，安排一间偏房让他住下，弄口饭给他吃，让他安静一会。自己到厨房，用一种树藤花煮了一大锅汤，倒进水桶，对老农说："你想活命，就把这桶药汤喝光。"老农一听有活命，也就什么也不说了，一口气喝了大半桶，后来又把剩下的全喝了，这样连喝了三天，身上果然不痒了，黄水流得也少了，抓破的癞也结了硬疤，而又渐渐脱落。又过了十几天，竟然全都好了。老农万分感激，老和尚对老农说："这是因为你起早下田的缘故，早晨的草上露水多，许多黄花蜘蛛伏在草上，动也不动，但是，只要你碰了它，它就会咬你。黄花蜘蛛有毒，被咬破的地方就发痒，你如一个劲地抓，就越抓越痒，皮肤抓破了，流出毒水，那毒水流到哪就烂到哪，使得你浑身溃烂发臭，所以就得了这种病。我用凌霄花煮汤给你渴，凌霄花是清热、解毒的良药。"那老农千恩万谢，告别了和尚。

二、苏东坡与凌霄花

相传，宋代西湖藏春坞门前，有两株古松，凌霄花攀附其上。有位叫清顺的诗僧，常常在树下睡觉。其时，苏东坡任杭州郡守，有一天来访，正碰上轻风吹落了不少凌霄花朵，清顺指着落花向东坡索诗。东坡不假思索，即兴念道："双龙对起，白甲苍髯烟雨里。疏影微香，下有幽人昼梦长。湖风情软，双鹊来争噪晚。翠飐红轻，时堕凌霄百尺英。"有情有景，堪称佳作。

合 欢 花

一树高花冠玉堂，知时舒卷欲云翔。

马嘶不动游缨耸，雉尾初开翠扇张。

旧渴未须餐玉屑，嘉名端合纪青裳。

云窗雾冷文书静，留取余清散远香。

——《题玉堂合欢花初开》·元·袁桷

物种基源

合欢花（Albizia julibrissin），为豆科落叶乔木植物合欢树的花，又名青裳、绒花树、马樱花、夜合花、夜合槐、益蜀忿。

合欢树，树身高大，枝条开展，树冠开阔。偶数羽状复叶，纤细对生状似镰刀，夜间成对相合。夏季开花，花色淡红，头状花序簇生于叶腋，或密集于小枝顶端。早晨，当朝阳冉冉升起时，翠叶像孔雀开屏似地舒展开来，满树绒球般的粉红花朵飘洒细丝，吐出清甜的香味沁人肺腑。夕阳西下，那"羽杆"两旁的小叶像折伞一样依次叠合，如红云似晚霞的花朵越加醒目。合欢花以朝开暮合的特性赢得人们喜爱，被视为吉祥、幸福、和合、美好的象征。

合欢花为何朝开夜合？原来其叶柄基部有一种细胞组织，就像反应灵敏的储水袋，在白天和夜里，会因光线强弱或温度高低的变化，使储水袋吸水或放水，细胞因而膨胀或缩小，使叶片张合。合欢花原产于我国黄河、长江及珠江流域各省。

生物成分

据测定，合欢花主要含挥发性成分。据报道，从合欢鲜花中分出25种成分，主要成分为反-氧化芳樟醇、α-罗勒烯、川氧化芳樟醇、芳樟醇、异戊醇和4-戊烯-2-醇等。

食材性能

1. 性味归经

合欢花，味甘，性平；归心、肝经。

2. 医学经典

《本草衍义》："解郁安神，开胃理气，清风明目。"

3. 中医辨证

合欢花，舒郁、理气、安神、活络，有助于郁结胸闷、失眠健忘、风火眼疾、视物不清、咽痛、痈肿及跌打损伤疼痛等症的康复。

4. 现代研究

合欢花有较强的镇静催眠作用，对头晕、心悸、失眠、神经衰弱有很好的辅助康复作用。最新研究进一步表明，在食用方面，用合欢花配以鸡肝、羊肝或猪肝蒸服，对风火眼疾有良好的康复作用。

食用注意

最新研究结果表明，合欢花有抗孕和终止妊娠的作用，故孕妇不可食用合欢花。

传说故事

合欢树的由来

夜合为合欢之别名，古人誉之为"有情树"。对此，有个悲壮动人的故事：传说从前虞舜南巡苍梧而亡，他的两位妃子遍寻湘江而未得，终日痛哭流泪，泪尽则滴血，血尽而死。过后，人们发现她俩洒下血泪之地，长出血泪斑斑的"湘妃竹"。虞舜与两妃的精灵相合，变成合欢树，枝枝相连，翠叶相对，朝开夜合，相亲相爱。自此，人们常以合欢树表示纯洁的爱情。

扶 桑 花

花是深红叶麹尘，不将桃李共争春。
今日惊秋自怜客，折来持赠少年人。
——《红槿花》·唐·戎昱

物种基源

扶桑花（Hibiscus Rosa – sinensis），为锦葵科常绿灌木或小乔木朱槿的干燥花，又名佛桑、大红花、桑槿、状元红、花上花、红木槿、小牡丹、舜英、日及、吊钟花。

扶桑在我国栽培历史悠久，西晋稽含《南方草木状》记述："扶桑出南凉郡，花深红色，五出，大如蜀葵，重敷柔泽，有蕊一条，长如花叶，上缀金屑，日光所烁，疑若焰生一丛之上。日开数百朵，朝开暮落，自五月始，至中冬乃歇。"可见我国在1700年前就培植扶桑，且此文为世界最早而较全面的描述。明代李时珍《本草纲目》、徐宏祖《徐霞客游记》，对扶桑也记有多种花色及单瓣、重瓣的不同品种，其栽培居世界前列。清代陈淏子《花镜》称其"五色婀娜可爱，有深红、粉红、黄、白、青色数种，并有单叶、千叶之异"。除此，还培育一些新品种，近代扶桑杂交又取得重大成就。扶桑原产于我国南部，现在全国各地均有栽培。相传本品出自碧海之中，叶似桑，树两两同根偶生，更相依倚，故名。

生物成分

据测定，扶桑，花含矢车菊素-2葡萄糖苷、矢车菊素槐糖葡萄苷和槲皮素2葡萄糖苷、β-谷甾醇、蒲公英赛乙醇酸酯。

食材性能

1. 性味归经

扶桑花，味甘，性寒；归肺、肝经。

2. 医学经典

《本草纲目》："清肺，化痰，凉血，解毒。"

3. 中医辨证

扶桑花，可清肺热、去痰火、理咳嗽，有助于痰火咳嗽、鼻衄、痢疾、赤白浊、痈肿、毒疮的康复，又可润容补血。

4. 现代研究

扶桑花对抑瘤作用较为明显，有助于肿瘤患者的康复。

食用注意

经试验，扶桑花有致敏作用。

传说故事

一、蔡襄漳州赏扶桑

北宋明道年间，著名书法家蔡襄到漳州任军事判官，晚秋在西耕园驿内目睹数十株扶桑，开花繁盛艳丽，他感到寒月穷山之间，竟有这般奇特花卉，便想到暮秋初寒的扶桑，好比早春的灼灼夭桃，不禁写下《耕园驿扶桑花》一诗："溪馆初寒似早春，寒花相依媚行人。可怜万木凋零尽，独见繁枝烂漫新。清艳夜沾云表露，幽香时过辙中尘。名园不肯争颜色，灼灼夭桃野水滨。"不久，蔡襄离开漳州乘桴东下，临行前又特意观赏一次扶桑。15 年后，蔡襄又来到漳州，再度到耕园驿观赏扶桑。此时的季节，不再是先前晚秋，而正值初夏，可扶桑仍像以前那样灿烂。他回想往昔旧作，便举笔将那首诗题于西壁。蔡襄长久惦念并屡赏扶桑，足见爱之深切。然古代留下咏扶桑花的诗不多，也许是不易见到的缘故吧。

二、尧舜之女化扶桑

《山海经·海外东经》记载："汤谷上有扶桑，十日所浴，在黑齿北，居水中。有大木，九日居下枝，一日居上枝。"扶桑，盖日所出之处，故俗为"日及"。另外还有，相传扶桑花乃尧和舜的两个女儿，被恶人捉到，用船放于海中，任意漂流，不知过了多长时间，漂到一海岛上，由于饥寒交迫，两人相依而死于岛上。两个姑娘就化生为扶桑，用她们那美丽的脸蛋变成鲜艳无比的天仙之花，为后人留下无限的憧憬。

野 菊 花

野菊亭亭争秀，闲伴露荷风柳。
浅碧小开花，谁摘谁看谁嗅！
知否？知否？不入东篱杯酒。
——《如梦令》·宋·张镃

物种基源

野菊花（Chrysanthemum. indlcum L.）为菊科菊属多年生草本植物野菊的嫩苗或花朵，又名野山菊、野黄菊、路过菊、苦薏、岩香菊等。

我国大部分地区有分布，适应性很强，对土质、温度、湿度要求都不严，在山坡、原野、路旁、田野、野旷地、草丛、田埂等处均可以生长。

生物成分

据测定，每100克可食鲜嫩野菊，含水分81.8克，蛋白质3.2克，脂肪0.5克，碳水化合物6克，膳食纤维3.4克及微量元素钙、磷、锌、硒等。此外还含挥发油、多种黄铜及二萜类成分。最近从中分得具有多种生物活性的正二十八烷醇、胡萝卜苷、豚草素、山俞酸甘油酯、棕榈酸及两个新的倍半萜，称为野菊花醇及野菊花三醇。

食材性能

1. 性味归经

野菊花，味苦、辛，性微寒；归肺、肝经。

2. 医学经典

《本草纲目拾遗》："清热解毒，清肝明目。"

3. 中医辨证

野菊花，可散风清热、平肝祛火、清热解毒，用于热风感冒、头痛眩晕、目赤肿痛、眼目昏花、疮痈肿毒的辅助康复。

4. 现代研究

野菊花含刺槐素-7-鼠李糖葡萄糖甙、野菊花内脂、矢车菊甙，对金色葡萄球菌、白喉杆菌、大肠杆菌、痢疾杆菌、结核杆菌及流感病毒均有抑制作用，能使周围血管扩张而有降压作用，可治高血压，并可用于治疗淋巴管炎、皮肤溃疡、火伤及无名肿毒等。

食用注意

因风寒引起的感冒暂不可食野菊花。

传说故事

吕洞宾让风流鬼变野菊

相传，吕洞宾在八仙中是一位风流大仙，不仅上、中、下八统神仙皆知，人间百姓也家喻户晓。在他"三戏白牡丹"败北后，连阴曹地府专司阎王台前张贴鬼话连篇告示的女风流鬼也知吕洞宾好色。

一日，太阳快要落山，女风流鬼闲暇之余，来到吕洞宾回归纯阳洞必经之路，试试桃花运气，于是在路边变成一棵野菊花，绽放得鲜艳无比，胜过牡丹，香气袭人。

正巧这时吕洞宾飘然而至，闻到其香，停住脚步，留神四方，只见路边野花丛中，一朵白色野菊花，随风招展，特别诱人，迈步上前摘了下来，放在鼻子上嗅了又嗅，爱不释手，揣入怀中，带回纯阳洞。夜间，女风流鬼缠住吕洞宾，吕洞宾越想越觉得不对劲，觉得上当，因在云雨过程中怎么一点体温都没有？吕洞宾立即抽身，拔出宝剑，念动真言咒，一剑劈下，女风流鬼变成死鬼，野菊花也不见了。

枸 杞 花

为爱仙岩夜吠灵，故将服食助长生。

和霜捣作丹砂屑，入水煎成沆瀣羹。

颊舌留甘无俗味，旗枪通谱亦虚名。

曜儒要炼飞升骨，莫厌秋风古废城。

——《枸杞茶》·元·王旭

物种基源

枸杞花（Lycium ChinenseMill. Gard. ed.），为茄科枸杞属落叶灌木枸杞的花，又名狗奶子花、苦杞花、红溜溜花、枸杞花等。

另有一种宁夏枸杞，也称中宁枸杞（Lycium barbarum L.），落叶灌木。枸杞原产于我国华北、西北等地，现在各地均有栽种和分布。

生物成分

据测定，枸杞花含枸杞多糖（LBP）、氨基酸、甜菜碱、维生素 B_1、B_2、C、色素（玉蜀黍黄素、酸浆果红素、隐黄质）烟酸和人体必需的微量元素。

食材性能

1. 性味归经

枸杞花，味甘，性平；归肝、肾经。

2. 医学经典

《名医别录》："滋补肝肾，益精明目。"

3. 中医辨证

枸杞花，可滋肾、润肺、明目、补肝，有益于肝肾阴亏、腰膝酸软、头晕目眩、目昏多泪、虚劳咳嗽、消渴、遗精等症的康复和辅助功效。

4. 现代研究

枸杞花含有人体需要的营养素，所含甜菜碱有降血糖的作用，故以枸杞花冲开水代茶饮，对糖尿病有稳定病情的功效，尤其所含胡萝卜素中的木质素颇丰，锗的含量亦较高，能增强机体免疫力，升高白细胞，可抑制癌细胞的繁殖。

食用注意

感冒初起者勿饮食枸杞花及茶。

传说故事

枸杞治眼病的传说

说起枸杞，有个动人的故事。从前宁夏有个姓苟的三口之家，女儿红果跟妈妈下田做活，突然一场地震降临，摇倒了茅屋，把在家养病的父亲压死了。红果的母亲在常年痛苦流泪中，眼睛渐渐模糊不清。红果为了治好母亲的眼病，就跋山涉水，沿途询问樵夫，前往南山采药。傍晚，又饿又累的红果倒在石板上呼呼大睡，一觉醒来已经是次日凌晨，朦胧中有位白胡子爷爷站在她面前，关切地问："姑娘，你小小年纪，怎敢独自上山？"红果说明来意后，老爷爷深受感动，指着南山坡说："那里有一种茨树，上面结的果实可治眼病。"红果拱手跪下道谢，可一抬头不见其踪影。她把采回的果实熬给母亲服食，连服数天，眼病竟然痊愈了。

玳玳花

方物就中名最远，只应愈疾味偏佳。

若交尽乞人人与，采尽商山枳壳花。

——《商州王中丞留吃枳壳》·唐·朱庆馀

物种基源

玳玳花（Citrusaurantirumvar. amara Engl.），为芸香科柑橘属常绿灌木或小乔木酸橙的变种花蕾，又名代代花，枸橘、香橼等。《神农本草经》云："春生白花，至秋成实，七月、八月采者为实，九月、十月采者为壳。"

春末夏初，玳玳花盛开，其花瓣肥腴，色呈洁白，犹如繁星点点，缀满枝头，清香扑鼻，沁人肺腑。花开之后，结出扁圆果实，橘黄如金，常悬树上，数年不落，新老同枝，花果一树，惹人喜爱。由于果实当年不脱落，可至翌年或第三年泛变青绿色，又称"回春橙"；玳玳花又名代代花，"代代"，有代代相传之意。酸橙花（玳玳花），分布于我国南部各地，浙江、江苏、广东、贵州等地均有栽培，于5~6月采摘花蕾，烘干用，幼果者称枳实，成熟者称枳壳，为常用中药。

生物成分

据测定，玳玳花的花蕾含挥发油，油中主要含柠檬烯芳樟醇、牻牛儿醇及香茅醇、缬草酸等，并含有新橙皮甙和柚皮甙。果皮含挥发油1.5%~2%，油中主要成分为右族柠檬烯等。另含黄酮类：枳属甙、橙皮甙、野漆树甙、柚皮甙，种子含脂肪油18%，芳香油为食品、化妆品香精的原料，花可熏制名贵的花茶，亦是良好的温中健胃剂，嗅药"科隆水"就是以提取的玳玳花油为主要原料制成的。

食材性能

1. 性味归经

玳玳花，味甘、微苦，性平；归肺、胃经。

2. 医学经典

《雷公炮炙论》："理气宽胸，开胃止呕。"

3. 中医辨证

玳玳花，调气疏肝、和胃止呕，有益于胸中痞闷、脘腹胀痛、呕吐少食的康复和辅助治疗。

4. 现代研究

玳玳花含多种有益人体的醇类、有机酸及芳香挥发油，对慢性胃炎、高血压、肥胖症的康复效果独特。

食用注意

阴虚血燥及孕妇气虚者慎服食。

传说故事

晏子使楚的故事

相传，楚王为了难住齐国使者晏子，绑了一个齐国人说他偷了东西，借此来污辱晏子，说齐国人只会做贼。晏子当即引用了"橘生淮南而为橘，生于淮北而为枳"的例子，来证明齐人在本土不做贼，而在楚国却偷东西，因为楚国适应做贼的人。晏子非常机警地反击了楚王，使楚王自讨没趣，这就是广为人知的晏子使楚的故事。《博物志》上说："橘渡江而北，化为枳，今之江东，甚有枳橘。"这说明人和事物都会随着环境的改变而变化。

南 瓜 花

园丁傍架摘黄瓜，村女沿篱采碧花。
城市尚余三伏热，秋光先到野人家。

——《秋怀》·宋·陆游

物种基源

南瓜花（Cushaw；Pumpkin，Cucur‑bitamoschata），为葫芦科一年生草本植物中国南瓜的花，又名番瓜、饭瓜、倭瓜、窝瓜、南瓜把等。

中国南瓜，全株披刚毛，茎呈五角棱，中空，节略膨大；单叶互生，通常阔卵形，近于圆形或心脏形，先端尖，叶腋略呈波状。上面绿色，下面淡绿色，叶柄比叶片稍长，叶腑侧边生一卷须；花单性，腋生，雌雄同株，黄色，花冠钟状漏斗形，裂片具皱纹，向外反卷；瓠果大型，扁圆形不等。花期6~7月，果期8~9月。栽培于屋边、园地及河滩边，全国各地均有分布。于花期盛开时采集，晒干或鲜用，其果实、根茎、叶、瓜蒂、种子均入药。

生物成分

据测定，南瓜花金黄鲜艳醇香，果圆形或瓢形，有30多种营养元素，几乎不含脂肪，含有较高的蛋白质，富含果胶质、叶绿素、叶黄素、胡萝卜素，含有戊聚糖、葡萄糖、淀粉以及瓜氨酸、精氨酸、天门冬素、南瓜子碱、可溶性纤维，还含有维生素A、B，C、E及钙、磷、铁、钾等矿物元素，可制南瓜花茶、汤、膏等食用。

食材性能

1. 性味归经

南瓜花，味淡，性凉；归脾、胃经。

2. 医学经典

《中国药植图鉴》："清湿热，消肿毒。"

3. 中医辨证

南瓜花，有利湿、清热、解毒之功效，有益于养心宣肺、乏力倦怠、少尿水肿等症的缓解与康复。

4. 现代研究

南瓜花含有丰富的膳食纤维，维生素 E、C、视黄醇、葫芦巴碱等物质，对肝、肾疾病及肝硬化有辅助治疗作用。南瓜花中含有丰富的锌，有利于人体生长发育，花中所含果胶有保护胃粘膜，促进肠蠕动功能。研究结果还表明，南瓜花对糖尿病患者也有辅助康复的效果。

食用注意

胃寒胀闷患者不宜食用南瓜花。

传说故事

叶天师与南瓜礼

南瓜每到夏秋之际，多且便宜，却可送礼。江南名医叶天师来到江苏宜兴为一患者诊治疑难之症。这患者治好病后，穷得无钱报答，送了两只大南瓜给叶天师，叶天师欣然收下，对送南瓜的人讲："你家用一担一担的肥料和水浇灌起来的南瓜，我就不客气收下了。"送瓜人实话实说："我家好东西没有，南瓜多呢，每年吃不完也是剩给猪子吃……"

佛　手　花

春雨空花散，秋霜硕果低。
牵枝出纤素，隔叶卷柔荑。
指竖禅师悟，拳开法嗣迷。
疑将洒甘露，似欲揽伽梨。
色观黄金界，香分白麝脐。
愿从灵运后，接引证菩提。

——《佛手柑》·明·朱多炡

物种基源

佛手花（Citrusmedicavar. sarcodactylis Swingle），为芸香科柑橘属常绿小乔木或灌木佛手树的花，又名手柑花、五指柑花、佛手香橼花、福寿柑花、蜜萝柑花等。

佛手花枝梢有棱角，叶互生，长椭圆形，边缘有微锯齿，叶腋有刺。初夏，于枝梢叶腋开花，圆锥花序，花萼似杯，花瓣 5 枚，基部紫赤色，上部白色。秋季刚结果时绿色，冬季成熟时黄色，老熟时为古铜色。基部圆形，上部分裂如掌，呈手指状，浓香醉人。

佛手花原产于亚洲，我国南方各地均有栽培，一般用嫁接繁殖，喜温暖通风、阳光充足、土壤肥沃。佛手果姿态奇特，形、色、香俱美，为名贵的冬季观果盆栽花木。

生物成分

据测定，佛手花含挥发性芳香油，油内主要含佛手内酯、柠檬内酯为主要成分的香豆精类化合物，另有黄酮类化合物，主要是布枯叶苷和陈皮苷。

食材性能

1. 性味归经

佛手花，味苦、酸，性辛；归肺、胃经。

2. 医学经典

《本草再新》："舒肝，破积，和胃，化痰，消癥瘕瘰疬。"

3. 中医辨证

佛手花，理气宽胸、化痰消胀，有益于胸腹胀痛、神经性胃痛、呕吐、喘咳等病症的康复与辅疗。

4. 现代研究

佛手花对消化不良、妊娠呕吐、小儿传染性肝炎等症状有缓解与辅疗作用。

食用注意

阴虚有火、无气滞症状者慎食服。

传说故事

佛手的来历传说

相传，妙庄王视三公主妙善为掌上明珠，而三公主决意出家修行，上了桃花岛白雀寺。气得妙庄王几天吃不下饭，后来生了一场怪病，服遍了灵丹妙药不见好转，急得太医们束手无策，王后更是心急火燎，整日里愁眉不展，以泪洗面。

消息传到白雀寺三公主妙善耳朵里，妙善心里十分难受，父王这次得病，全是自己引起的。怎么办呢？自己不懂医道，怎么医得了父王之病？想着想着不由得黯然泪下。这一切全被住持竹心师父看在眼里，问妙善有何难言之处。妙善见师父询问，当即跪下道："惊动大师心感不安，还望大师训教。"

"哪里，哪里，本师一向体谅众位，有何难言之事不妨说出来听听。"

妙善见寺主十分和蔼，刚才的紧张心理一下消除了许多，就大着胆子将听到父王害病的情况禀告出来。大师听后，微微闭上眼，双手合掌，口中念道："阿弥陀佛！出家人以寺为家，以佛为宗，否则，难修真身！"

妙善原以为大师会同情她，想不到大师还是嫌自己六根不净。出家修行，难道只是血肉之躯，没有情感之欲吗？国无主一日不安啊！没容妙善细想，大师又轻轻说道："出家人要以慈悲为重，你父王得了病，你可在菩萨面前每日祷告，保佑你父早日康复，好了却你心中之病，快去吧！"大师说完径直走了。

妙善遵照大师的吩咐，每日里在菩萨面前为父王祈祷。一天夜里，妙善做了一梦，梦见两个神仙气冲冲来到她面前，大声斥道："妙善，你身为王家之女，竟不顾王家体面，私自出走，今日妙庄王为你害病，而你无动于衷，你还有一点孝心吗？"

妙善吓了一跳，说："父王害病，小女已知，小女在此每日诵经祈祷父王早日康复，百姓安居乐业！"

"说得比唱得好听，我们不听你说的，要看你做的。告诉你，你父王的病，只有取你的臂肉煎汤服用方才会好！我们是特来取你手臂的！"妙善结巴巴地说："这，这从何说起……"没等妙善分辩，两个神仙扑上来，举刀就向妙善手臂砍来，吓得妙善惊叫起来，醒来方知是梦，摸摸手臂还是好好的，隐约感到有点疼痛，心里慢慢平静了下来。岂料，这样的梦一连做了三个晚上，且一模一样，弄得妙善精神恍惚，不知如何是好！难道这一切是真的？妙善再也控制不住心中急流的冲撞，向大师请了假，回宫看望父王。

妙善的到来，使得父王十分高兴，母后更是欢喜得不得了，劝女儿多住些日子，妙善向母后讲起自己连续三夜做梦之事，母后听了惊奇地说道："儿啊，为娘也做了三夜的梦，和你说的一模一样，这可千万使不得呀！"

妙善十分平静地说："娘，国无主一日不宁啊！女儿决心已定，为父治病，在所不惜！"当即砍下自己的手臂，匆匆离别了王宫，回到白雀寺。

妙庄王服了女儿的臂肉汤，病一下好了，当他知道事情的真相后，心中十分不安。想当初自己只晓得要女儿回来，竟要桃花岛白雀寺住持以罚苦工相逼妙善，以为女儿吃不了苦，会自己跑回王宫的，岂料女儿决心如此坚定！今又回宫断臂为父治病，实乃天下之大孝！既已如此，自己也只得祈祷上苍，让女儿尽快康复。每日里除了自己焚香拜佛，还下旨全城百姓一起朝拜祈求。后来，妙善的断臂处竟一夜间长出十几只手来，众人十分惊讶！齐呼："阿弥陀佛！阿弥陀佛！"这就是人们传说的"千手观音"。

当时为妙庄王治病用的是臂肉，太医将剩余的手掌抛出城外。不久，在海边的礁石丛里竟长出许多像手掌样的植物来，人们把它采来蒸了吃，味道十分鲜美。有人说那是观音菩萨的手掌变的，故称作"佛手"。

素 馨 花

雷骨冰肌合耐寒，怕寒却不离家山。
老夫怀土与渠等，一镬移来得许顽。

——《素馨》·宋·方岳

物种基源

素馨花〔Jashum officinale L. var. grandifLorum（L.）Kobuski〕，为木犀科常绿直立灌木素馨花或素芳花的花蕾，又名素芳花、素心花。

素馨花，枝条下垂，有角棱，平滑无毛；单数羽状复叶对生，总叶柄扁平而有翅，小叶椭圆形或卵形，先端有极小的尖头，或呈三角尖形；花两性，聚伞序顶生，有数花朵，白色，萼裂片 5 枚，花冠筒状。裂片芽时覆瓦状排列；浆果椭圆形，黑色。花期 2～6 月（广东 7～12月）。多为栽培，亦有野生，分布于云南、广东、福建、台湾、四川、浙江等地。于夏秋花期清晨采收花蕾，隔水蒸后立即晒干。

生物成分

据测定，素馨花鲜花含挥发油，内含乙酸苄酯、芳樟醇、茉莉花素、吲哚及邻氨基甲酸甲酯等物质，素馨花是提炼芳香油的原料，可薰制成花茶。

食材性能

1. 性味归经

素馨花，味辛，性平；归肝、胃经。

2. 医学经典

《本草纲目》："疏肝解郁，理气止痛。"

3. 中医辨证

素馨花疏肝、理气、止痛，有助于气郁胃痛、下痢腹痛、肝区痛、胸脯不适等症的辅助康复。

4. 现代研究

素馨花，有助于肝气郁滞，胸脘胁肋疼痛的辅助康复。

食用注意

婚后未怀孕的妇女慎食素馨花，因其有抗生育作用。

传说故事

父归杀马

传说从前蜀中有一蚕女，父亲被人劫走而留下乘马，其母亲焦急发誓，谁能将蚕女之父找回，就以女儿许配。这马听了，随即脱缰出奔，四处寻觅，终载其父回归。过后，此马昼夜嘶鸣，不吃饲料，其父知情后，一怒之下将马宰杀，剥下了马皮晒于庭院，蚕女从此经过，不料被马皮卷上桑树，化为春蚕，遂奉为"蚕神"。因春蚕与素馨花同为白色，故后人咏素馨花，留下"宝马未归新月上，绿杨影里倚红桥"的诗句。

樱 花

浅浅花开料峭风，苦无妖色画难工。
十分不肯精神露，留与他时著子红。

——《樱桃花》·元·方回

物种甚源：

樱花（Cerasus pseudocefasis），为蔷薇科樱桃属落叶乔木樱桃树的花，又名朱樱花、朱果花、荆桃花、含桃花、樱朱花、莺桃花、樱珠花等。樱桃树有许多品种，我国作为果树栽培的有甜樱桃、酸樱桃和毛樱桃三种。

樱桃树：树皮褐色光滑，小枝无毛，叶卵形或卵状披针形，先端尾状，边缘具芒齿，幼叶淡绿褐色。春季开花，花白色，亦有粉红，3～5朵成伞房状花序，萼筒钟形，核果球形，由红渐变为黑色，主要种类有早樱、垂樱、吉野樱，花先于叶开放，满树银白，似飞雪迎春，极为壮观。

生物成分

据测定，樱花含有蛋白质、少量的脂肪、糖类、多种维生素、氨基酸及微量元素钾、钠、镁、钙、磷等，还含有樱花素，少量的芫花素和甾体化合物。樱花可泡酒，亦可挤汁等。

食材性能

1. 性味归经

樱桃花，味甘，性温；归脾、肾经。

2. 医学经典

《备急千金要方》："樱桃花令人好颜色，美容颜。"

3. 中医辨证

樱桃花，能益气、祛风湿，对瘫痪、四肢不仁、风湿腿痛、腰痛等有康复辅助效果。

4. 现代研究

樱桃花中含有的花青素、花色素及维生素 A、E 等，这些营养素都是有效抗氧化剂，对消除肌肉酸痛有辅助疗效。

食用注意

（1）樱桃花性温，热性病者不宜食。
（2）虚热喘咳者忌食。
（3）糖尿病患者慎食。
（4）对樱桃花粉过敏者尤其要留意。

传说故事

樱桃和大熊猫

日本首相田中角荣于 1972 年访华，他与周恩来签署中日联合声明，赠送中国 1000 株樱花，中国赠送日本一对熊猫，表达两国人民的深厚情意。

蔷　薇　花

红罗斗结同心小，七蕊参差弄春晓。
尽是东风女儿魂，蛾眉一样青螺扫。
三姊娉婷四妹娇，绿窗虚度可怜宵。
八姨秦国休相妒，断肠江东大小乔。

——《咏七姊妹花》·明·杨基

物种基源

蔷薇花（Rasa multiflora），为蔷薇科落叶小灌木多花蔷薇的花朵，又名刺花、白残花、刺蘼、牛棘、墙蘼、七姊妹、十姊妹、野蔷薇、和尚头、买笑花、买米米花、玉鸡苗、牛勒、倒钩刺、蔷薇等。

蔷薇花色彩缤纷，有粉、红、黄、白诸色，夏季开花，茎枝多尖刺，有时呈偃伏或缠绕状；单叶羽状复叶互生，小叶椭圆形或广卵形，头端钝或尖，末部钝圆形，边缘有锯齿，托叶明显，花多数簇生，为圆锥形伞状花序，白色，芳香，花瓣 5 枚，心脏形或广倒卵形；蒴果生于环状或壶状花托里面，花期 5～6 月，生于路旁、田边或丘陵地的灌木丛中，全国大部地区有分布。

花最大者，名"佛见笑"，小者名"木香"，皆香艳可人。

蔷薇花主含挥发油，主要成分有黄芪苷、委陵菜酸、多种维生素，特别是维生素 C 及鞣质。

生物成分

据测定，蔷薇花油可作香露、薰衣、洒衣，还可以提炼香精用作食品或制成高级香水。蔷薇花还可以制作成凉拌时蔬。

食材性能

1. 性味归经

蔷薇花，味苦、微涩，性平；归心、膀胱经。

2. 医学经典

《本草纲目》："顺气和胃，解渴，止血。"

3. 中医辨证

蔷薇花，止痢、止痛、止血、活血、止渴，有益于小儿遗尿、妇人脱发、关节炎、黄疸、痞块、无名毒肿、久痢等症的辅助康复。

4. 现代研究

蔷薇花有助于消暑，治疗中暑、胃肠炎、疟疾等病症，对刀伤出血的止血有辅助疗效，对面瘫、高血压、偏瘫的辅助疗效也不错。

食用注意

用蔷薇作凉拌菜时要将花粉洗尽，开水稍焯后凉拌。

传说故事

一、蔷薇叫"买笑花"的由来

汉武帝与妃子丽娟在园中观花，适值蔷薇初放，其态若含笑迎人，汉武帝不禁赞道："此花绝胜佳人笑也。"丽娟问："笑可以用钱买吗？"汉武帝答："可以。"于是，丽娟便拿出黄金百两，作为买笑钱，陪汉武帝寻欢作乐笑一天，从此使蔷薇得了"买笑花"这个不光彩的别名。

二、古人与蔷薇

（1）元帝且作诗描写宫廷倡女采摘蔷薇花的情景："倡女倦春闺，迎风戏玉除。近丛香影密，隔树望钗疏。横枝斜绾袖，嫩叶下牵裙。莫疑插鬓少，分人尚有余。"

（2）据《云山杂记》载述：唐人柳宗元每次收到韩愈诗作时，总是用蔷薇浸水洗手后才阅读，以示态度虔诚。

（3）蔷薇花因其花异香氤氲，五代时成了女子日用香料。《妆楼记》云："周显德五年，昆明国献蔷薇水十五瓶，云得自西域，以洒衣，衣敝而香不灭。"

（4）《宋史》亦有"占城有蔷薇水，洒衣经岁芳香不歇"的记载。据此，宋人徐积对蔷薇寄托丰富的想象："春风萧索为谁张，日暖仍熏百和香。遮处好将罗作帐，衬乘堪用玉为床。"

三、蔷薇之最

美国亚利桑那州有棵堪称世界上最大的蔷薇树，树直径达 1.5 米，枝条遮盖 500 余平方米地面，用 68 根柱子和数千米铁管作支架，树荫下可容纳 150 人纳凉。

秋 海 棠

海棠珠缀一重重，
清晓近帘栊。
胭脂谁与匀淡？
偏向脸边浓。
看叶嫩，
惜花红，
意无穷。
如花似叶，
岁岁年年，
共占春风。

——《诉衷情》·宋·晏殊

物种基源

秋海棠花〔MaLus spectabilis（Ait.）Borkh.〕，为秋海棠科多年生草本植物秋海棠的花朵，又名八月春、断肠花、相思草、断肠草等。秋海棠原产于我国，有 400 多个品种。全国各地均有分布。

秋海棠与贴梗海棠有别，后者为蔷薇科木瓜属植物，果实即常用中药"木瓜"。还有，尽管秋海棠与海棠均为花中佳品，但属两种花卉。秋海棠为秋海棠科草本植物，主要产于江南一带，畏寒喜阴湿，花期通常为 8～9 月；而海棠则属蔷薇科木本植物，多分布在北方地区，耐寒喜阳光，花期一般为 4～5 月。此两者虽名相近且均有观赏价值，但治病疗疾各不相同，必须加以区别，切勿将海棠混为秋海棠。

生物成分

据测定，秋海棠花除含有蛋白质、糖类、微量元素和氨基酸外，尚含有草酸、强心甙、黄酮类、甾醇成分。

食材性能

1. 性味归经

秋海棠花，味酸，性寒；归肝、心经。

2. 医学经典

《本草纲目拾遗》："清热解毒，消肿生肌。"

3. 中医辨证

秋海棠花，活血化瘀，止血生肌，有利于吐血、咯血、喉痛、淋浊、月经不调、崩漏带下的辅疗和康复。

4. 现代研究

秋海棠，其花泡茶饮，可消暑益胃，有益风湿痹痛、痢疾，外用可助癣疾、跌打损伤，并有协助杀虫效果。

食用注意

秋海棠富含草酸成分，故肾结石、尿道结石患者慎用。

传说故事

一、陆游和秋海棠

相传，宋人陆游热恋聪慧文静、知书达理的唐婉，婚后情投意合，但陆母嫌其家贫，便以结婚不育为借口，逼儿休妻。经陆母策划安排，先为其儿娶亲，再将唐婉改嫁给赵士程。过后陆游外旅谋职，唐婉送上一盆秋海棠，感叹地说："我为此花取名为断肠花！"陆游因难于携带，就托她代为养护。10 年后，陆游回归故里，走进沈园散心，到小桥头驻足长时观赏一盆秋海棠。老园丁见此上前问道："相公莫非喜欢这盆断肠花？"陆游一愣后不禁自问："这是唐婉为我送别时，为秋海棠取的名，别人怎么会知道？"接着又询问："此花哪里可买？"园丁回答："这是赵夫人寄养此地，你找她一问就知。"说罢，唐婉正巧到桥头与陆游相遇，两人面对此花百感交集。陆游随即赋《钗头凤》一首，其中诗云："东风恶，欢情薄。一怀愁绪，几年离索。错！错！错！"唐婉亦和词曰："角声寒，夜阑珊。怕人询问，咽泪装欢。瞒！瞒！瞒！"前者表达陆游顺应母意，对唐婉爱不欲达的无限悔恨；后者倾诉唐婉咽泪郁闷，寻梦依托断肠花之苦恋。自此，作为秋海棠别名的"断肠花"流传至今。

二、泪洒北墙出"秋海棠"

《瑯环记》有这样一则故事：昔有一妇人思所欢，不得见，总是涕泣北墙之下，后在洒泪之处生一草，其花甚媚，色如妇面，其叶正绿反红，秋开花，名曰"断肠花"，又名"八月春"，即"秋海棠"也。

木 槿 花

素质不自媚，开花向秋前。

澹然超群芳，不与春争妍。

凉夜弄清影，缟衣照婵娟。

佳人分寂寞，零落只自怜。

鲜鲜碧云树，皎皎万玉悬。

朝开暮还落，物理乃自然。

嗤彼臃肿木，徒尔全天年。

——《白槿花》·元·舒頔

物种基源

木槿（Hibiscus syriacus L.），为锦葵科木槿属落叶灌木或小乔木木槿树的花蕾，又名舜、朝菌、白牡丹、白布篱、篱障花、清明篱、菜花树、白饭花、鸡肉花、猪油花、朝开暮落花、里梅花、疟子花、喇叭花、白玉花、藩篱花、打碗花、灯盏花、白面花。

木槿花于大暑至处暑间，选晴天早晨花半开时采摘，4～5月剥下茎皮或根皮，叶多在花盛开时采摘，籽于9～10月果实呈黄绿色时采摘，原产于中国中部，适应性强，广泛种植于全国各地。依花色和重瓣、不重瓣等差异，有不同的栽培品种，能露地越冬。

生物成分

据测定，木槿花含肥皂草甙，为一种黄酮甙，并含异牡荆素。此外，尚含有皂甙及多量粘液质。根皮含鞣质及黏液质，种子含锦葵酸、苹婆酸、二氢苹婆酸。

食材性能

1. 性味归经

木槿花，味甘、苦，性凉；归肺、心经。

2. 医学经典

《日华子本草》："木槿花，清热，利湿，解毒。"

3. 中医辨证

木槿花，清热、凉血、利湿，有利于肠风泻血、痢疾、白带、神经性头痛等症的康复与辅疗。

4. 现代研究

木槿花对金黄色葡萄球菌、痢疾杆菌、伤寒杆菌以及常见致病性皮肤真菌均有抑制作用，对慢性气管炎、咳嗽痰喘、咯血、吐血、赤白痢疾、细菌性痢疾的康复有益，对疱疹、湿疹、头、手、足癣、子宫脱垂、疹疮的康复效果亦可观。

食用注意

脾虚腹泻、久泻者慎食木槿花。

传说故事

食用木槿花第一人

相传在我国宋代以前，无人敢食木槿花，认为木槿花有毒，直到文学大师美食家苏东坡被朝廷贬职海南时，将鸡蛋打入面粉，加水搅成糊，以洗净的木槿花花瓣蘸糊入油锅炸至酥黄，撒上花椒盐，食之香脆可口，这种吃法一直流传至今。从此，苏东坡被认为是食用木槿花的第一人。

昙 花

一瓶一钵一袈裟，几卷楞严到处家。

坐稳蒲团忘出定，满身香雪坠昙华。

——《昙花》·清·逊秀才

物种基源

昙花〔EpiphVllum oxypetalum（DC.）Haw.〕，为仙人掌科多年生肉质草本植物琼花的花蕾，又名琼花、凤花、金钩莲、叶下莲、韦陀花。昙花原产于墨西哥至巴西热带森林中，传入我国已久。

花生于叶状枝的边缘，每年夏夜开花一次，朵大、色白、味香。

郭沫若有诗让昙花自我陈述："我们的花时实在太短，我们只知有今宵，不知有明天，要牺牲睡眠，才能和我们见面。"昙花含苞欲放时，那植株绿茎上的花蕾，宛如偌大的神笔，雄姿勃勃，光彩鲜亮，紫红色的外衣，紧裹住饱满的花瓣，悄然露出丝丝洁白，值此夏夜，不妨守在昙花植株旁。大约晚上 8 时过后，先是最外一层徐徐启动，接着逐层花瓣相继向外舒张，沐浴在月色清辉中，素雅淡抹，姿态端庄。待整朵花冠瓣瓣展开，从花心里散发出一阵阵沁人心脾的芳香，恍若白衣仙子下凡，令人叫绝，被誉之为"月下美人"。花虽只开三到四小时就完成了一生的历程，但贵在夜间尽情吐露芳华，故有人赞美昙花贞操自守的品质："历经春夏与秋冬，风华秀丽集一身。不在人前卖风流，夜间静园吐芳芬。"

生物成分

据测定，昙花，作为食物花卉，含生物碱、黄酮类、有机酸外，每 100 克食部尚含胡萝卜素 0.13 毫克、维生素 B_2 62 毫克、维生素 C 等成分。除观赏外，花可食，用昙花做汤，脆而柔软，食之味美，口感清新，也可把花晒干，调和冰糖作茶饮。

食材性能

1. 性味归经

昙花，味甘，性平；归肺、脾经。

2. 医学经典

《陆川本草》："清肺，止咳，化痰，消食。"

3. 中医辨证

昙花，可清热、润燥、安神，有益于心胃气痛、吐血的康复治疗，最适于肺结核咳嗽、咯血、子宫出血等症的辅疗。

4. 现代研究

昙花中的氨基酸及无机盐对降低血压、降血脂有很好的辅助功能，对慢性胃炎患者也很有帮助。

食用注意

对花粉过敏者慎食。

传说故事

昙花一现，只为韦陀

相传，王母娘娘一向最恨人私自下凡，听说昙花私自下凡，立刻带人飞出天庭，赶到人间。当他们找到昙花时，她和韦陀正聊得兴高采烈呢。王母娘娘见了，勃然大怒，立刻命令天将捉拿昙花，并下令把韦陀就地处死。昙花没想到王母娘娘会生这么大气，连忙跪下，苦苦哀求她，不要伤害韦陀，而且表示自己愿意永远留在人间，和韦陀结为夫妻。王母娘娘见昙花心意已决，眉头一皱，狠下心来，说道："好吧，我成全你，你可别怪我无情！"说完，念动咒语，把手一指，昙花立刻变成了一株奇怪的小花。韦陀见昙花为了救自己，被王母娘娘变成了花株，心里悲痛不已，日日用泪水浇灌她，用心血培植她，盼望她开出世间最美丽的花朵来。一个暮春的深夜，那花的枝头忽然绽蕾了、舒瓣了、开放了。韦陀急忙点上蜡烛，凝神细看，只见那花儿洁白无比，娇艳欲滴，清香异常。世间最艳丽的花朵，牡丹、芍药……在这朵花儿面前都会黯然失色。韦陀不由得心生爱怜，想起因他而死的昙花，又悲从中来。正要凑上前去，想对花儿说些什么，那花儿已经兀自凋零了！

原来，这就是王母娘娘所谓的"成全"。昙花只能在深夜开放，短短一瞬即行凋谢。如果不是痴心的韦陀时时刻刻守在花旁，那么他很可能就会错过这短暂的相会。韦陀不知道，昙花其实还在天上，她平日里被人押到魔窟里干最苦最重的活，一年只准下凡见韦陀一次，就是这开花的短短瞬间。

韦陀夜夜守在花旁，只盼着每年与昙花那短短一瞬的相会。一年又一年过去，小伙子变成了老头子，终于在一年的深夜，与一现的昙花一起凋零了。昙花的眼泪落在韦陀的脸上，韦陀的魂魄过了奈何桥，喝了孟婆汤，从此天上、地下、尘世、阴间，两两相望，再不相见。

韦陀转世后，落到灵鹫山出家，成为佛祖跟前的韦陀尊者。而痴情的昙花仍然忘不了他，她知道每年暮春时分，韦陀都会上山采春露为佛祖煎茶，就向王母娘娘求情，让她在那个时候开花。她多么希望能再见韦陀一面，只要一面，一面就够了！可是，春去春来，花开花谢，韦陀年年从她身边经过，却从来不曾留意过她，他已经不再认得她。或许还要过很多很多年，韦陀无意间的回头，会看见那无怨无悔为他盛开了几千年的小小的昙花，或许会记起曾经在很久很久以前，他曾经如此爱过那朵美丽的昙花。

为了这一点痴望，昙花依旧无怨无悔，每年如约开放。昙花一现，只为韦陀。

凤　仙　花

曲阑凤子花开后，
捣入金盆瘦。
银甲暂教除，
染上春纤，
一夜深红透。
绛点轻濡笼翠袖，
数颗相思豆，
晓起试新妆，
画到眉弯，
红雨春山逗。

——《醉花阴·凤仙花》·元·陆琇卿

物种基源

凤仙花（Impatiens balsamina L.），为凤仙花科凤仙花属一年生草本植物凤仙花的花蕾，又名小桃红、海莼、染指甲草、旱珍珠、透肾草、小粉团、满堂红、水指甲、急性子等。

凤仙花原产于我国南部以及印度和马来西亚，现在全国各地都有栽培，有 500 多个品种，花色呈粉红、朱红、淡黄、紫、白及复色，花形有单瓣、蔷薇重瓣、茶花重瓣，尤其白瓣上洒有红点的，则为凤仙中的珍品。

民间在宋代就有人喜用凤仙花染指甲了，元人杨维帧诗云："金盘和露捣仙葩，解使纤纤玉有瑕。一点愁疑鹦鹉啄，十分春上牡丹芽。娇弹粉泪抛红豆，戏掐枝头缕绛霞。女伴相逢频借问，几番错认守宫纱。"把凤仙花染红的指甲，描绘成弹琴时手指上嵌了一颗颗红豆，或如戏掐花枝时缀着一缕缕绛霞。而今有些农村妇女仍沿袭凤仙花染指甲的习俗，他们采集凤仙花的花朵，傍晚放在小石臼内捣碎，调入少许明矾，取之置指甲上用绿叶包扎，次日早晨拆开，指甲上显得绯红，且不易褪色，成了大自然赋予的美色。

生物成分

据测定，凤仙花除含有蛋白质、糖类、微量元素外，尚主含矢车菊素、飞燕草素、蹄纹天竺素、锦葵花素，又含山柰酚、槲皮素以及一种萘醌成分。

食材性能

1. 性味归经

凤仙花，味甘、微苦，性温；归心、肺经。

2. 医学经典

《本草纲目》："破血，消积，软坚。"

3. 中医辨证

凤仙茎常呈紫红色，中空，故具有散血消肿之功；叶如羽，质轻味辛散，祛风除湿可见；白花者，追风散气，亦名透骨白；红花者，破血堕胎，又称透骨红，可接骨止痛、软坚、透骨，用于关节风湿痛、跌打损伤诸症，对鱼刺鲠喉、鹅掌风、灰指甲等病症有助康复的效果。

4. 现代研究

凤仙花，对堇色毛、癣菌、许兰氏黄癣菌、金黄色葡萄球菌、溶血性链球菌、绿脓杆菌、伤寒杆菌、痢疾杆菌等有不同程度的抑制作用。

食用注意

凤仙花又别名叫夹竹桃，不可与真夹竹桃混为一谈，不是同科同种植物。

传说故事

洒金花的传说

凤仙花有个品种叫洒金花，白瓣上有红色，娇艳可爱，是凤仙花中的珍品，相传这是晋代谢长裕看凤仙花洒金所致。据《花史》记载：谢长裕见凤仙花可爱，命侍儿以尘尾稍染叶公金膏，洒在花上，并折一枝插在倒影侧。到了次年，此花金色不退，一直繁衍下来，至今有斑点，大小不同，形若洒金，因名"洒金花"，亦称"倒影花"。

迎 春 花

覆阑纤弱绿条长，带雪冲寒折嫩黄。

迎得春来非自足，百花千卉共芬芳。

——《咏迎春花》·宋·韩琦

物种基源

迎春花（Jasminum nudiflorum Lindl.），为木樨科茉莉属落叶灌木植物迎春花的花蕾，又名报春花、清明花、金腰带、金梅、黄梅等。迎春花，枝细长，直立或成拱形，小枝平滑无毛，有四棱；复叶对生，小叶 3 片，卵形或长椭圆卵形，先端尖，有叶柄；花淡黄色，先叶开花，着生于头年枝条上，单生或腋生，萼钟状，花冠管高脚碟形，径约 2 厘米，花期 2～4 月，多栽于庭院，分布于陕西、山东、辽宁、江苏、浙江、贵州等地。

生物成分

据测定，迎春花除含蛋白质、糖类、微量元素外，花、茎、叶还含丁香甙、迎春花甙及迎春花苦味素等，可用开水冲泡代茶饮。

食材性能

1. 性味归经

迎春花，味苦、涩，性寒；归胃、膀胱经。

2. 医学经典

《本草纲目》："活血散毒，消肿止痛。"

3. 中医辨证

迎春花，可解热散毒、发汗解表、利尿，有助于发热头痛、小便不畅、热痛的康复与辅疗。

4. 现代研究

迎春花具有消痰镇痛、杀菌杀虫功效，对尿道炎、风热感冒、口腔炎、肺炎、月经不调、妇女阴道滴虫等疾病的康复和辅助治疗有效果。

食用注意

风寒感冒者慎用。

传说故事

一、周恩来与迎春花

1963 年初春，周恩来总理光临盆景专家周瘦鹃的爱莲堂，他敬献以迎春花为主体的花束，并吟诗："殷殷促膝话家常，读画看花兴倍长。三沐三熏温暖甚，一时春满爱莲堂。"

二、西施与迎春花

传说越王勾践灭吴后，西施大功告成，她随范蠡春游太湖，适逢迎春花盛开，范蠡采下缀满花朵的长枝柔条，围在西施腰间，美人见之黄澄澄金闪闪，欣喜地赞道："真像一条金腰带啊！"这就是"金腰带"雅名的由来。

金 莲 花

歆红矮婧力难任，每叶头边半米金。

可得教他水妃见，两重元是一重心。

——《重台莲花》·唐·皮日休

物种基源

金莲花（Trollius chinensis Bge），为毛莨科金莲花属多年生草本植物金莲花的花蕾，又名金梅草、旱地草、旱金莲、金芙蓉、金疙瘩等。

金莲花夏季开放，花呈金黄，花葶耸立，叶似掌状。因其花瓣重叠，美如莲花，又称"旱金莲""金芙蓉"，分布于东北及内蒙古、河北、山西等北部地区。《五台山志》云："山有旱金莲，如真金，挺生陆地，相传是文殊圣迹。寺僧采摘晒干，作礼物饷客，或入寺献茶，盏中辄浮一二朵，如南人之茶菊然，云食之益人！"金芙蓉、金疙瘩，花形似也。

生物成分

据测定，金莲花，除含有蛋白质、糖类、多种氨基酸、维生素外，尚含生物碱、黄酮类物质，轻微炎症可用开水冲泡当茶饮。

食材性能

1. 性味归经

金莲花，味苦，性寒；归肺、心经。

2. 医学经典

《纲目拾遗》："清热解毒。"

3. 中医辨证

本草金莲花，清内火、解热毒，有利于口疮、喉肿、浮热牙痛、耳疼目痛、明目、解岚瘴等辅助疗效。

4. 现代研究

金莲花有镇痛、抑菌、消炎之功能，对上呼吸道感染、扁桃体炎、咽炎、急性中耳炎、急性鼓膜炎、急性结膜炎、急性淋巴管炎、口疮、疔疮等症的康复效果颇佳。

食用注意

（1）体质过敏者慎食用。

（2）脾虚寒泻忌食用。

传说故事

龙须草与金莲花的故事

这是发生在公元前2697年的故事。这一年，是我们祖先黄帝主政的一年，也是我国定为干支的第一个甲子，黄帝为了纪念打败蚩尤，就铸了一只足足有三丈三尺高的大鼎，来庆贺这次胜利。

到了庆贺那天，地上的人们成千上万地从四面八方涌来，就连天上的许多大神也都纷纷降临，赶来参加祝贺。长空悬彩虹，大地放百花，好不热闹。到正午时刻，猛然间，天地一亮，从半空里飘下来一朵朵五光十色的彩云，等到那些彩云慢慢向万里蓝天缓缓散去以后，却看见一条火鳞金甲、红光闪烁的赤色巨龙，徐徐降落下来。

这条巨龙落下来，就把龙头顿在宝鼎上，那龙须一直垂挂到地面上，而那赤龙的身子，却仍然在半空中晃来荡去。这时候，弦停歌休，舞止声寂，所有的珍禽异兽、神仙臣民都盯着这条赤红的神龙。黄帝见了，心中大喜，知道赤龙是来接自己升天的。于是，脚踩金色的莲花，缓缓飘起，到赤龙身边，骑上龙背，赤龙就徐徐升向天空。当时许多臣民见到这样，才知道黄帝要升天了，他们都想升天，就是没法爬上龙背，人们就争着拉龙须，想攀上去，因为攀的人太多了，竟拉断了龙须，断了的龙须，落到地上，就长成今天的龙须草。

这一年是黄帝主政的一年，黄帝集天下臣民于此，成仙而去，于是这儿就叫作"仙都"了，这就是今天浙江缙云县的仙都。在仙都丹峰山有几百丈高的峰顶上，到今天还留有黄帝放鼎的遗迹，因鼎过重，陷了下去，成为一个大坑。日子一久，里面积满水，像湖一样，人们就称呼为"鼎湖"，这鼎湖里，曾留下黄帝脚踩过的金莲花，以后慢慢蔓延开来，满湖都是莲花，色彩鲜艳，香飘十里，引得人们纷纷争着来采。天神见到，就刮起一阵神风，把金莲花卷上天去了。不料，还有两片很小很小的花瓣，没被天神收去，它就落到东阳的一座山上去了。这金莲花渐渐长大，夜夜在山顶上放出熠熠金光，一闪一耀，很像初绽的花朵，人们惊异极了，就称呼它为"金华"（"华"是古写"花"字），这座山，就是今天的金华山。金华山下的县叫金华县，也就是今天的"金华"。另外一朵莲花就落在仙都山上，化成托住"问渔亭"的基石。

厚朴花

苏沈良方厚朴汤，厚朴枳槟高良姜。
温中散寒行气滞，通腑酌用硝大黄。
——《苏沈良方》·厚朴汤

物种基源

厚朴花（Magnolia officinalis Rehd. el Wils.），为木兰科植物厚朴或凹叶厚朴的花蕾或干燥花蕾，又名调羹花。

厚朴其树高大，叶似蒲扇，夏初开花，雪白如匙，芳香四溢，赏之悦目，由于其花瓣状似匙状，得名"调羹花"。

分布在浙江、江西、广西、云南、四川、湖南、湖北、陕西、甘肃等地，于春末夏初花蕾未开或稍开时采摘，蒸后晒干或烘干用。

生物成分

据测定，厚朴花含酚类成分（四氢厚朴粉、厚朴酚、异厚朴酚）、生物碱类成分（木兰剑毒碱、厚朴碱、柳叶木兰碱、武当木兰碱）和挥发油（主要成分为 β-桉叶醇）。

食材性能

1. 性味归经

厚朴花，味苦、辛，性温；归脾、胃、肺、大肠经。

2. 医学经典

《食物本草》："行气宽中，开郁化湿。"

3. 中医辨证

厚朴花燥湿消痰，下气除满，有助于湿滞中焦、脘满吐泻、食积气滞、腹胀便秘、痰饮气逆、咳喘的康复与辅疗。

4. 现代研究

厚朴花有抗菌、兴奋平滑肌等作用，除能消除胸膈胀闷、脘腹痞满外，还有助于泄泻不止、阿米巴痢疾的康复。

食用注意

（1）阴虚液燥者忌用。

（2）孕妇慎用。

需要说明的是，厚朴花有毒副作用，孕妇慎服。厚朴口服素性较小，因为厚朴所含毒性成分主要是木兰剑毒碱，其在胃内较难吸收，吸收后即由肾脏排出，在血中浓度更低。因此，口服厚朴花茶或煎剂并不能出现降血压和肌松作用。

传说故事

厚朴花治病

据专家王焕华《中国药话》记载：近代名医张锡纯，在他 20 多岁时，曾于仲秋之月，每至下午 3 点到 7 点这段时间，腹中作胀，后来，他就在下午 3 点钟之前，单独嚼服厚朴 2 克许，仅仅 2 天，腹胀即消，从未再发。此外，张锡纯还曾治一少妇，因服寒凉开胃之药太过，导致胃阳受损，以致饮食不化，寒痰瘀于上焦，常觉短气，于是治以苓桂术甘汤干姜四钱，厚朴二钱，并吩咐道："服后若不觉温暖，可徐徐将干姜加重。"夫提加重厚朴之量。事隔数月，见其家人，并告张："干姜加之一两钱，厚朴加之八钱，病才痊愈。"张反问道："我并没有叫你加重厚朴之量呀？"病家说："开始我只将干姜加重，服后就感到满闷，后来，我自作主张，将厚朴逐加到八钱，服后才感到舒适，毫无满闷之苦，而寒痰也就从此消散了。"通过这一病例，张锡纯深有体会地说："寒胀之病，于大热药中兼用厚朴，为'结者散之'之神药，诚不误也。"

葛 花

深山野葛藤蔓长，攀树缘枝绕屋墙。

刘伶若是醉荫下，花自解醒梦更香。

——《咏葛花》·清·陈上则

物种基源

葛花（Pueraria lobata），为豆科多年生藤本野葛的花，又名野葛。葛花为野葛之花，其藤蔓极长，绕树爬墙，可作装饰，初夏开花，色呈紫蓝，形似飞蝶，煞是好看。

我国大部分地区有分布，于立秋后花未全开时采收，晒干用；其块根即常用药"葛根"，茎叶也入药。

野葛根中富含有淀粉，可以直接蒸食，也可过滤出淀粉蒸食或者煮食。

生物成分

据测定，葛花除含蛋白质、糖类外，还含黄酮、葛根素、葛根素木糖甙、大豆黄酮、大豆黄酮甙及β-谷甾醇、花生酸等成分。

食材性能

1. 性味归经

葛花，味甘，性凉；归脾、胃经。

2. 医学经典

《食用本草》："解酒，醒脾。"

3. 中医辨证

葛花，可清热、解毒、和脾胃，有利于头晕、憎寒、壮热、解酒、醒脾、泻痢、饮食不思、胸膈饱胀、发呃、呕吐、酸痰、酒毒伤胃、吐血、呕血等症的康复。

4. 现代研究

葛根花所含的葛根黄酮和葛根素，有增加脑及冠脉血流量、解痉作用，煎剂或浸膏有降血糖、解热及雌激素样作用。

食用注意

对葛根花体质过敏者勿食。

传说故事

一、葛花解酒之一

传说有一山野农家，正当野花盛开之际，农夫酿制一坛酒准备待客，当启盖察看时，不料一阵风将葛花吹落坛中，直至待客时打开一尝，发现酒味全无，味淡如水，方悟乃葛花所致。后来人们众口相传，皆知葛花可解酒毒。这对于贪杯嗜酒之徒，乃救命良剂。

二、葛花解酒之二

从前，在河南一个小镇里，住着一名叫张三江的人，是个有名的吝啬鬼。他开了一间叫"张昌记"的酒店，他对顾客刻薄得要命，店里卖的酒，十斤兑有三斤水。

有一天，张三江从城里买了一担烧酒，雇脚夫挑回家。在过一座小桥时，不料，脚夫一下被绊倒在地，两只酒坛跌得粉碎，上等烧酒四处流淌。张三江一见，真比割肉还心痛，急得捶胸顿足，毫无办法。

突然，他看见酒坛跌碎的地方，汪着一些烧酒，眼看就要渗光，心想：既然捧不回来，就喝个够吧。他扑了过去，大口大口地喝起来，张三江平时酒量就不大，顷刻之间，就醉死过去了。

脚夫吃了一惊，顿足大叫："救命呀，救命！"正在附近耕田的一个农民闻声赶来，见这情景，急忙说："快，把他浸在溪水里凉凉，再去叫医生。"两人扛起张三江，把他放在溪水里。

脚夫飞奔进村，寻得一位老医生，等到他们回来的时候，看见张三江从水中爬了上来，他们一时都惊呆了，急问是怎么回事？张三江说："我也不知道，只觉得朦胧中喝了几口溪水，就感到清凉舒服，头脑也清醒了一些。"

医生听了，细细一想，觉得这溪水里面一定有秘密，便细心察看，发现水底下沉着一层小白花！心想，这小白花一定是能醒酒的药，便顺溪水往上游走，发现岸边长满了葛藤，藤上开满了这种小白花。

百 合 花

学染淡黄萱草色，几枝带露立风斜。
自怜入世多难合，未称庭前种此花。

——《百合花》·清·严兆鹤

物种基源

百合（Lilium brownii var. viridulum），为百合科百合属多年生草本植物百合的花蕾，又名天盖百合、倒垂莲、虎皮百合、黄百合、珍珠花等。百合花于夏季盛开，花朵艳丽多彩，紫红黄白交映，花茎亭亭玉立，风姿绰约可爱，加之鳞茎洁白味美，因此倍受人们青睐。如宋代大文豪苏东坡有诗赞百合：

芳兰移取遍中林，余地何妨种玉簪。
更乞两丛香百合，老翁七十尚童心。

全国大部分地区有栽培。于花期采收花朵，晒干或烘干用。对于百合花的鉴别，《本草纲目》云："叶短而阔，微似竹叶，白花四垂者，百合也；叶长而狭，尖如柳叶，红花，不四垂者，山丹也；茎叶似山丹而高，红花带黄而四垂，上有黑斑点，其子先结在枝叶间者，卷丹也。"这既说明百合花品种较多，也说明同科属均可入药，花色形态有异。

生物成分

据测定，百合花含有秋水仙碱等多种维生物碱、淀粉、蛋白质、脂肪、钙、磷、铁以及维生素 B_1、B_2、C、泛酸、胡萝卜素等成分。百合花可在含苞待放时采摘，阴干，泡茶制羹，鲜用做菜汤、做菜都清香可口。

食材性能

1. 性味归经

百合花，味甘，性平，微寒；归肺、脾经。

2. 医学经典

《神农本草经》："润肺，清火，安神。"

3. 中医辨证

百合花，有润肺止咳、补中益气、清心安神、定胆的功效，对肺痨久咳、干咳久咳、咳唾痰带血、虚烦惊悸、神志恍惚、夜寝不安等症的辅助治疗极为有益。

4. 现代研究

百合花除含有人体需要的多种营养成分，还含水仙碱、秋水仙胺等类似植物碱，可抑制癌细胞增生，临床用于白血病、皮肤癌、鼻咽癌、乳腺癌、宫颈癌，均有明显辅助效果。

食用注意

百合花，为微寒寒润之物，故风寒咳嗽或中寒溏泻者忌食。

传说故事

"百合"名字的由来

传说早年间四川一带有个国家叫蜀国。国君与皇后恩爱有加，他们生有一百个王子。在国君与皇后年事渐高以后，国君又娶了一个年轻貌美的妃子，这妃子入宫第二年就给老国君生了一个小王子。

国君老年得子，十分高兴，倍加宠爱。王妃的想法可不一样，她想到的是自己生的这个小王子若想继承王位，是怎么也斗不过皇后生的那一百个王子的，于是她就向国君进谗言，说皇后教唆着那一百个王子要造反。国君年纪大了，不免昏庸，不辨是非，就下令将皇后和一百个王子都驱赶出境。

蜀国的邻国叫滇国，滇国本来就对蜀国虎视眈眈，想侵占蜀国的土地。现在见蜀国国君如此昏庸无道，居然连自己的亲生儿子都赶出国境，认为时机已到，便马上发兵攻打蜀国。

蜀国本来国力是强盛的，但文武大臣们自从见到国君宠幸王妃，听信谗言，赶走皇后和王子，也都人心涣散，都不愿为国君效力了，所以滇国的军队攻城夺地，很快就逼近蜀国国都了，形势万分危急。

国君在束手无策之际，只好亲自督阵。可是他年岁大了，体力不济，加上威信丧失，军队中人人只顾自保性命，无人肯冲锋陷阵。正在这时候，国君忽然看见远远来了一队人马，人数不多，却英勇异常，直奔入敌人阵营，一阵猛冲猛杀，竟然把敌军杀得人仰马翻，剩下的少数几个也狼狈逃窜而去。待到国君带领着军队迎上前去，才看清楚原来这一支仿佛从天而降的援军，竟然是被自己驱逐出宫的一百个王子，以及他们带领的家臣们。

当时，国君又高兴又惭愧，激动得不知说什么才好。这时一位老臣赶上前来，对国君说："皇上，家和万事兴呀！你该把皇后和王子们都接回宫来，一家人团团圆圆才能安家兴国。"大王子说："父王，请您放心，母后一贯教导我们要团结一心，共同辅佐父王，更要我们善待王妃与小弟，我们一百个兄弟永不分离，一定要帮助父王共同治理国家。"国君老泪纵横，激动得说不出话来。以后当然是接回了皇后和一百个王子，王妃也知错认错了，蜀国从此更强盛发达了。

不久，奇怪的事发生了。那就是在王子们当年与敌军作战的高山林下，不知不觉地长出了一种奇异的植物。后来，人们根据它的地下茎层层叠合的特点，并联想到百子合力救蜀王的故事，便给它取了一个象征兄弟团结意义的名字——"百合"。

后来，现代人也将百合比喻爱情"百年好合"。

菜 花

鸭头新绿拥鹅黄，碎影毵毵野岸长。

花透土膏留正色，根函风露吐真香。

如从佛地收金粟，闲替农夫补艳阳。

因到残春开更久，不知桃李为谁忙。

——《菜花》·清·张问陶

物种基源

菜花（cauliflower），为十字花科一年生或二年生草本植物油菜的茎苔和花蕾，又名姜苔、油菜花苔、菜心、菜尖等。有绿、紫两种。茎圆柱形多分枝，无毛略带粉霜。叶互生，基部心形半抱茎，两侧有垂耳，全缘或有波状细齿。春季开花，总状花序疏散，花鲜黄色，端庄不媚。花盛开时，一片金黄，展现一派艳阳天的景象，为春天原野的重要观赏花卉。角果条形，种子黑色或暗红褐色，时有黄色。分布于全国各地，以长江流域及其以南为最多。

生物成分

据测定，每 100 克可食菜花，含蛋白质 2.1 克、脂肪 0.4 克、碳水化合物 4.6 克、膳食纤维 1.2 克，还含维生素 B_1、B_2、C、K 及微量元素钙、镁、铁、锌、锰、铜、硒等。

食材性能

1. 性味归经

菜花，味甘，性凉；归脾、胃、肺经。

2. 医学经典

《新修本草》："散血消肿，利肠止血，清热解毒。"

3. 中医辨证

菜花，可补肾填精、健脑壮骨、补脾和胃，有助于提高脾虚胃热的康复效果，并有助于通二便、除心火。

4. 现代研究

菜花中含维生素 C，对病毒有抵抗力，含有丰富纤维，可以消除便秘。油菜花中所含维生素 K 有强化骨骼的作用，还能分解及排泄胆固醇，促进酵素运动，抑制动脉硬化发生的因素。

食用注意

（1）菜花不要与猪肝同食，否则会降低其营养。
（2）脾胃虚寒、久泄泻者少食菜花。

传说故事

一、菜花的由来

关于洪山菜花的传说很多，一种说法是：相传 1700 多年前，洪山脚下的一个小村子里，有个叫玉叶的姑娘，年方十八，相貌娟秀、心灵手巧。邻村有个叫田勇的小伙子，勤劳朴实、热心助人，两人相互倾慕，早已相爱。阳春三月，他们到风景秀丽的洪山游玩，被人称"恶太岁"的杨熊撞见。杨熊见玉叶十分漂亮，令兵勇将她抢走，田勇奋力拼打，将玉叶救出，拉着她就往山下跑，杨熊见漂亮姑娘得而复失，叫兵勇将两人乱箭射死。顿时，田勇和玉叶的鲜血染红了脚下的土地。杨熊见出了人命，策马逃跑，突然一阵雷电，将杨熊一伙全击死在山腰。事后，当地百姓将田勇和玉叶埋在遇难的地方，后来坟堆周围长满了紫红色的小苗苗，乡亲们常给它们浇水施肥。到了秋天，当地遇上大虫灾，庄稼颗粒无收，乡亲们将坟堆周围的紫红色的花秆采来食用，觉得甜脆清香，且越采越多，渡过了荒年。秋后，家家户户采集了菜籽，在自家菜园里种植，空时把菜花挑到城里去卖，城里人吃到这种稀有的蔬菜赞不绝口，红菜花的名声越来越大，种的人也就越来越多。

二、尉迟敬德与菜花苔

当年，唐朝的开国元勋尉迟敬德出任襄州都督时，路过江夏（今武昌）县，郑州刺史忙令家人预备了一桌丰盛酒宴为尉迟敬德接风。席间，尉迟敬德对满桌的山珍海味不怎么感兴趣，而最后上桌的一道紫红色蔬菜却令他食欲大增，他边吃边赞道："好菜！好菜！色香味皆美，脆嫩可口。"尉迟敬德从未见过此佳肴，不知其名。郑州刺史告诉他，"这是楚天名菜'菜薹'，与武昌鱼齐名。若长期食用，可益寿延年。"尉迟敬德闻之，甚为欢喜，一口气将满盘菜薹吃得精光。临行前，郑州刺史令人给尉迟敬德备了一份厚礼，尉迟敬德一件未收，唯独要了一筐菜薹去，准备在路上享用，同时嘱咐郑州差役，请他每年给他送一筐菜薹去。

三年过去了，尉迟敬德在府上苦等菜薹未到，心情十分急躁，心想：这郑州刺史为何如此不守信用？于是，他派人到江夏催促。差役回报说，东山（洪山）出了"井蛛湖怪"，菜薹都被妖怪吃了。尉迟敬德不信，便亲自带领一班人马，浩浩荡荡来到江夏，一则看个究竟，二则当面责问郑州刺史。尉迟敬德来到东山，果然看见一大片菜薹全都有叶无薹。这时，弥勒寺（今宝通寺）的主持见尉迟敬德到来，忙率全寺僧众出门迎接，并对尉迟敬德说："要整治这些害人的妖怪不难，只要在东山南麓，敝寺的西面建一座七层八面的宝塔即可。"尉迟敬德听此言后急忙亲自进京见驾，请皇帝赐金建塔。唐太宗李世民当即下诏，拨皇银万两，命尉迟敬德立即建塔。

结果，宝塔建成了，妖怪被镇住了，而尉迟敬德因积劳成疾，还没有来得及吃上新长出来的菜薹就不幸去世了。从此，由于宝塔的神威，弥勒寺钟声波及之处，长满了茂盛的芸薹菜，其中以宝塔投影之地的"学恭田"生长的芸薹菜味道最佳。人们又可以吃到又脆又甜的薹菜了，这"芸薹菜"就是今天的洪山菜薹。

杏　花

常年出入右银台，每怪春光例早回。
惭愧杏园行在景，同州园里也先开。

——《杏花》·唐·元稹

物种基源

杏花（Pruinus armeniaca L.），为蔷薇科落叶乔木山杏、西伯利亚杏或东北杏的花蕾，又名甜梅花、吧嗒杏花等。

杏花娇容有三变特性：早春初绽花蕾鲜红，争妍盛开变淡红，将落时又变白色。这正是杏花既比不上桃花那样霞艳浓妆，也不像李花那样素洁淡裹，却始终保持着自我天生丽质的特点。杏树身高大，树冠圆整近球形，小枝褐色，光滑无毛。叶广卵形或圆卵形，边缘有钝锯齿。花单生于枯梢上部较多，3月下旬开花，初显红色，渐变淡红，后变白色，先花后叶。其故乡在我国西北、华北、东北分布最广，素有"南梅北杏"之说。

生物成分

据测定，每100克可食杏花含水分89.3克、蛋白质0.6克、糖类3.9克、膳食纤维0.8克，

含有 β-胡萝卜素和少量的 γ-胡萝卜素、番茄烃和维生素 B₁、B₂、E、C，还含硫胺素、尼克酸及微量元素钙、铁、磷等物质。

食材性能

1. 性味归经

杏花，味甘、苦，性微温；归肺、大肠经。

2. 医学经典

《食用本草》："润肠通便，补肺气，镇咳。"

3. 中医辨证

杏花，主补不足、女子伤中、寒热痹、厥逆，对女子的贫血、美容等有很好的食补效果。

4. 现代研究

杏花含有多种维生素，特别是维生素 E，可通过减少阻塞动脉的胆固醇含量来减少心脏病的发病率，有助于保持高血压的正常。

食用注意

凡阴虚咳嗽及大便溏泄者，忌食杏花。

传说故事

宋祁称"红杏尚书"的由来

北宋工部尚书宋祁博学能文，所写《玉楼春》有"红杏枝头春意闹"的诗句，被认为卓绝千古。一次，他拜访词人张先，对守门者说："我想见'云破月来花弄影'郎中。"张先当时是都官郎中，所写《天仙子》有"云破月来花弄影"句，被认为是古今绝唱，所以宋祁这样说。这句话被张先生听到了，便巧妙回答："难道是'红杏枝头春意闹'尚书吗？"两人相见甚欢，于是宋祁得了个"红杏尚书"的美称。

野 御 米 花

万粒匀圆剖罂子，作汤和蜜味尤宜。
中年强饭却丹石，安用咄嗟成淖靡。

——《煎罂粟汤》·宋·谢薖

物种基源

野御米花（Papaver nudicaule），为罂粟科罂粟属多年生草本植物野罂粟的花蕾，又名山大烟、野大烟、山罂粟等。

提到罂粟，人们的第一感觉也许是害怕。的确，罂粟就是大名鼎鼎的毒品"鸦片"的来源，长期吸食鸦片会导致慢性中毒，严重危害身体，甚至最终送命。所以，我国对罂粟的种植严加控制，除药用科研外，一律禁植。

虽然它是毒品罂粟的近亲，但它体内含有的有毒物质十分有限，不在毒品范畴内。

野罂粟花朵十分娇媚动人，株高 20～60 厘米，主根圆柱形，根茎比较短，上面密盖有麦秆色、覆瓦状排列的残枯叶鞘，叶全部基生，卵形至披针叶形，长 3~8 厘米，羽状浅裂、深裂或全裂，裂片 2~4 对，全缘或再次羽状浅裂或深裂，花葶一至数支，圆柱形，直立，花单生于花葶先端；花瓣 4 片，淡黄色、黄色或橙黄色；花茎 5~7 厘米，分布于河北、山西、内蒙古、黑龙江、陕西、宁夏、新疆等省区，生于海拔 1000~2500 米的林下、林缘、山坡草地。

生物成分

据测定，野御米花含黏质液多糖、蛋白质、粗纤维、氨基酸及微量元素钙、铁、磷；粘质液中含可碱那碎因可待因等物质。

食材性能

1. 性味归经

野御米花，味酸、涩，性平；归肺、肾经。

2. 医学经典

《神农本草经》："敛肺，涩肠，止痛。"

3. 中医辨证

野御米花，有镇痛、止咳、止泻之功能，对肺虚久咳不止、胸腹筋骨各种疼痛、久痢常泄不止、固精等症状可作辅助食疗。

4. 现代研究

野御米花有止咳、镇痛、健脑等功效，对慢性胃炎、细菌性痢疾、慢性肠炎、支气管炎等疾病有辅助康复效果。

食用注意

野御米花具酸涩收敛，故咳嗽及泻痢初期忌服食。

传说故事

一、"罂粟"的由来

相传，从前在鼓山坳里，有一个十几户人家的小村庄，村里有一个英俊的少年，排行第三，人们都叫他三郎。三郎自幼和一个叫英淑的姑娘很要好，青梅竹马，两小无猜，很合得来。三郎弹得一手好琴，英淑姑娘长得聪明伶俐，特别喜欢听琴，只要一听三郎的琴声，就如醉如痴。她长到十七八岁的时候，三郎和英淑私订了终身，英淑非三郎不嫁，三郎非英淑不娶。

一天，媒人到英淑家来提亲，说的是邻村一户有钱的富家子弟。英淑的父亲贪图钱财，一口应允下来，英淑姑娘知道后誓死不从，媒人跑得挺急，三天两头到家催问，英淑的父母看管挺严，相逼又紧。眼看婚期临近，在一个漆黑的夜里，英淑趁家人不备，在院里树上搭绳上吊死了。英淑的父亲后悔莫及，只好把短命女儿葬在一块山地上。

三郎闻听英淑的死讯，心里难过极了。他趴在英淑的墓前捶胸顿足，直哭得死去活来。泪眼蒙眬间，忽然看到新坟上破土冒出一枝花来，红花绿叶，水灵水灵的，粉嘟嘟的花朵散发出诱人的香味。三郎小心翼翼地把这枝花挖了下来，带回家中，栽在花盆里，放在书房内，每天晚上闭门不出，对花弹琴，寄托对英淑的思念之情。天长日久，每晚如此。有天夜里，三郎的琴声一响，只见英淑姑娘从花朵上走下来，书房里立刻充满了欢声笑语。夜深人静，英淑和三郎还在亲热着，互相倾吐着生离死别的情思。

日子长了，三郎的两个嫂子犯了疑：三郎未婚，屋子里哪来的女子声音。一天晚上，两个嫂子听到书房里又响起琴声，就悄悄地站在窗户下，用唾沫湿破窗户纸，往里偷看。只见从花朵上走下来一位美貌的女子，身着粉红色的轻纱，黑发轻挽，鲜嫩的脸像花瓣，扑闪闪的双眼皮含着一颗亮晶晶的黑眼珠儿，别提多俊俏啦，她和三郎亲热得有说有笑。两个嫂子以为是三郎着了魔，妖怪缠住了三郎。

没过几天，三郎的姥爷七十寿辰，三郎离家前去拜寿，但又放心不下屋里那朵花。待三郎走后，两个嫂子火急火燎地跑到三郎的书房，翻箱倒柜胡乱折腾，把那花搬了出来，她们把花撕得枝离叶碎，落花满地，嘴里还骂道："叫你作精作怪，叫你再缠男人！"

三郎拜完寿，心里惦念着英淑姑娘，就急急忙忙赶回家来。推开屋门一看，不禁呆了，只见满屋花瓣七零八落，三郎跪在地上，边流泪，边用唾沫把花叶花瓣一片片粘好，说也怪，那花又恢复成原来的样子。三郎又高兴地把琴弹起来，但不管琴弹得怎样好听，英淑姑娘的影子再也不出现了，只见花蕊里结出一个圆球形状的小果实。据传，这就是后人所说的"罂粟"。

二 "御米" 的由来

在唐武德元年三月，李世民为了统一中国，马不停蹄地又去攻打西秦薛举，不幸在战场负伤，被当地一位老人所救。老人把一把比米还小的东西放在锅里，炒熟了递给秦王说："请将军服用此物，可治伤痛。"秦王依言服下，一觉醒来，伤口果然不痛，并已结痂。李世民做了皇帝后，率众赶至深山面谢老人，当他来到当年养伤的草屋时，只见门上挂了一把锁，还贴着一首顺口溜："黎民罂粟子，罂粟子黎民，愿君永不志，江山牢又稳。"李世民对草屋深深地鞠了一躬。事隔不久，朝廷传下圣谕，封罂粟子为"御米"。后来，人们又把它的壳叫"御米壳"。

景 天 花

禁殿安蚩尾，骚人逐毕方。
何如栽此草，有火自能防。
——《慎火草》·宋·王十朋

物种基源

景天花（Sedum enythrosticthum MIP），为景天科属多年生草本植物慎火草的花蕾，又名慎火草。

全株直立不分枝，带白粉色。叶无柄对生，肉质而厚、矩圆形至卵状矩圆形，边缘有浅波状锯齿，夏季开花，花有白色至浅红色，亦有紫色，多为栽培或野生于山坡草丛及沟边，分布于我国东北、华北、华东、西南等省市（区）。

生物成分

据测定，景天花含糖质液、黏质液、蛋白质糖类、粗纤维、维生素 B、E 及多种氨基酸，还含微量元素钙、磷、铁、镁、锌、钾、硒等物质。

食材性能

1. 性味归经

景天花，味甘、苦，微涩，性凉；归心、肺经。

2. 医学经典

《神农本草经》："清热解毒，活血止痛。"

3. 中医辨证

景天花，可润肺止咳、清热解表，对肺痈咳嗽，风疹瘙痒、小儿丹毒及发热、热毒火疮的康复有辅助疗效。

4. 现代研究

景天花，含有多种维生素及氨基酸、矿物质，有抗辐射、抗缺氧、抗心肌缺血、抗疲劳、清热等功效，对于运动过度所致脑内多巴胺浓度降低、高度紧张的脑力工作者的神经衰弱、恶心呕吐、全身无力、呼吸困难、体虚困倦等症的辅助食疗有独特作用。

食用注意

脾虚腹泻者忌服用。

传说故事

康熙与景天花

清朝康熙年间，为了平息战乱，消弭兵燹，康熙皇帝决定御驾亲征。不料一向兵强马壮、所向无敌的八旗军，一抵达西北高原时，却发现难以适应高海拔的低氧环境。不少将士出现头晕目眩、手脚无力、心慌气虚、恶心呕吐、食不下咽等征兆，不但作战能力大打折扣，士气锐减，与叛军对战也是久攻不下、无功而返。御驾亲征的康熙一筹莫展，十分苦恼于陷入泥沼的战况。这时候正巧有藏民献上红景天药酒，康熙便将药酒赏赐给将士，发现许多人的高山症反应竟然迅速地消失了。

康熙喜出望外，对红景天的功效啧啧称奇，认为这是上天的赏赐。于是将红景天称为"仙赐草"，并把它定为御用贡品，禁止民众任意采食，而红景天的威名和神奇功效也因此不胫而走。以后历代皇帝更将红景天定为进贡的礼品，清乾隆年间，蒙古土尔扈特部献给乾隆的贡品中就有红景天。因此红景天成了帝王之家延年益寿、抗衰老的顶级御用补品。

菩 提 花

看灯元是菩提叶，依然会说菩提法。

法似一灯明，须臾千万灯。

灯边花更满，谁把空花散。

说与病维摩，而今天女歌。

——（《菩萨蛮·晋臣张菩提叶灯席上赋》）·宋·辛弃疾

物种基源

菩提花（Ficus religlosa），为椴树科椴树属常绿乔木南京椴的花序，又名圣洁树、思维树、小叶椴、白皮椴。

菩提树挺拔伟岸，枝繁叶茂，夏月开花，呈黄褐色，缀满枝头，清香飘溢，原产于印度，晋唐时始入我国。

生物成分

据测定，菩提花含芳香油，油中主含金合欢醇，及一种有发汗作用的甙，还含有蛋白质、粗纤维、维生素 B、氨基酸及微量元素钙、铁、镁、锌、硒等物质，花可焯水凉拌，嫩叶亦可焯水加调料拌食。

食材性能

1. 性味归经

菩提花，味辛、苦，性凉；归肺、心经。

2. 医学经典

《中国药典》："发汗，解热。"

3. 中医辨证

菩提花，镇痉、解表，有缓解久咳不止、风热咳嗽、失眠多梦等疾病的疗效。

4. 现代研究

菩提花有镇静、镇痛、抗菌、消炎等功效，对风热感冒、久咳不止、肺热咳嗽有良好的食疗作用。

食用注意

脾胃虚寒导致久泻及花粉过敏体质者勿服食。

传说故事

释迦牟尼与菩提树

佛经中传说，印释迦牟尼，曾打坐修禅于菩提树下，得证菩提果而成佛，并将菩提果穿串成珠为 108 棵，成经卷计数器，故名此树为"摩诃菩提"。后来凡吃斋念佛者均有一串手珠或项珠，以示信佛并效法释迦牟尼诚心向佛。

佩 兰 花

兰草天生于幽谷，不以无人而不香。
君子修道立功德，不为穷困而改节。

——《兰草》·春秋·孔丘明

物种基源

佩兰花（Eupatorium fortllnei Turcz.），为菊料多年生草本植物兰草的花蕾，又名荀、兰、水香、兰草、都梁香、大泽兰、燕尾兰、香水兰、孩儿菊、千金草、省头草、女兰、香草、醒头草、石瓣、针尾风。

《本草纲目》中记载：兰即兰泽香草也。圆茎紫萼，八月花白，俗名兰香，煮以洗浴。陈藏器说："兰草、泽兰二物同名……泽兰叶尖微有毛，不光润，茎方节紫……"赵保昇说："生下湿地，叶似泽兰，尖长有歧赤节绿叶，叶对节生，有细齿，但以茎圆节长，而叶光有歧者，为兰草；茎微方，节短而叶有毛者，为泽兰。"

兰草主产于江苏、河北、安徽、山东、湖北、湖南、贵州、浙江、河南、陕西、山西、内蒙古等地，多为栽培。

生物成分

据测定，佩兰花含挥发油 0.5%～2%，油中成分有对-聚伞花素、乙酸橙花酯、5-甲基麝香草醚、延胡索酸、琥珀酸及甘露醇等，叶含香豆精、邻-豆精及麝香草氢醌等。

食材性能

1. 性味归经

佩兰花，味辛，性平；归心、脾、肺经。

2. 医学经典

《中国药典》："芳香化湿，醒脾开胃，发表解暑。"

3. 中医辨证

佩兰花，可理气清肺、除热明目、化痰止咳，对湿浊中阻、脘痞呕恶、口中甜腻、口臭、多涎、湿暑表症、头胀胸闷有良好的辅助疗效。

4. 现代研究

佩兰花中所含挥发油的各种成分有宽中醒酒、调和气血、清肺和脾的功效，有利于肺痨咳嗽、咯血、咳血、止泻等症的辅助食疗，效果颇佳。

食用注意

对花粉有过敏体质者慎服食佩兰花。

传说故事

一、佩兰与历代贪官

历代贪官污吏与兰攀缘，那是另有企图。汉代百官佩兰上朝，意在向帝王同僚表示自己是君子。然兰有本性，戴君子身上，幽香怡人；戴小人身上，只有姿容而无芳香。这使得那些虚伪政客烦恼，只好多结交些正人君子，用他们的威仪与清高冲淡自身的丑恶，于是出现司马氏与阮籍攀亲家、阮大铖替侯方域出嫁妆之类的史事，又因那时名利是非地多是男权世界，故传闻兰花不喜欢这些男性，他们种兰不生不茂，只有女性种兰才有香气，所以有一种兰又称"侍女"，她守着君子的本性，堪称"香祖"的嫡孙女。

二、佩兰由来之一

古时江浙一带田间常种之，呼为香草，到夏天割取，用油酒制，或浸油涂发，以去风垢，或采而佩之以辟秽气，或缠作把子，代为头泽佩带，故人们给这种草起了"香水兰""省头草""佩兰"诸名。

三、佩兰由来之二

相传，佩兰乃一个仙人所遗的药。一仙女下凡来到人间，与一农家青年结婚，仙女名叫佩兰，身材修长，满身清香，为人行善，常到山中采一种香草为当地人治暑湿之病，每治必验。后天神得知仙女下凡，便强行带回天界，临走教其丈夫种植其药，为民除疾。其丈夫为怀念其妻，便将此药取名叫"佩兰"。

野 木 瓜 花

柔枝湿艳亚朱栏，暂作庭芳便欲残。

深藏数片将归去，红缕金针绣取看。

——《看山木瓜花》·唐·刘言史

物种基源

野木瓜花（Stauntonia chinensis DC.），为蔷薇科落叶灌木或小乔木植物木瓜的花蕾，又名山木瓜、鹅常紫、木莲、那藤、七叶莲。野木瓜，小叶 5～7 片，长圆形，长 8～12 厘米，顶端长渐尖。花单性，排成伞房式总状花序，花萼 6 裂，淡黄或乳白色，雄蕊 6 枚，心皮 3 个，浆果长圆形，长约 7 厘米，3～4 月开花。

野木瓜生于山谷林缘，分布于云南、广东、广西、福建、浙江、江西、安徽。根、茎、叶全年可采，果夏秋采，鲜用或晒干。

生物成分

据测定，野木瓜花含蛋白质、糖类、粗纤维、维生素 B_1、A、C、氨基酸及微量元素钙、磷、铁、镁、锌、硒等。

食材性能

1. 性味归经

野木瓜花，味甘，性温；归胃、肝、大肠经。

2. 医学经典

《青草药图谱》："祛风止痛，去湿舒筋。"

3. 中医辨证

野木瓜花，可疏肝和脾，有利于胃痛、神经痛、关节痛、跌打损伤疼痛等症的康复与辅助治疗。

4. 现代研究

野木瓜有镇痛、镇静作用，对坐骨神经痛、风湿性关节痛、跌打损伤等疼痛有良好的辅助疗效。

食用注意

热性体质者慎服用。

传说故事

一、齐桓公与木瓜

据《诗经》记载，木瓜与齐桓公还有一段美好的传说。在春秋五霸之际，群雄混战，相互争霸，弱肉强食。时卫国与狄国相战，大败而归，沿通粮河道而逃，被齐桓公相救，且封之以地，赠之以车马器服等物。卫国人十分感激，欲厚报之而不能，于是作歌曰："投我以木瓜，报之以琼琚。"非报也，永以为好也。从此齐卫两国永结盟好，齐桓公之美名也就相传于世，千古流芳。正如《诗经》所言："木瓜，美齐桓公也。"

二、木瓜树作脚盆的传说

至于木瓜健身，《清异录》曾记述一则故事。有个叫段文昌的人，做大官后极为显贵，他企求长寿，竟拿出全部财产保养身体。他听说木瓜有强健脚膝之功，遂购买木瓜树制成脚盆，专用来盛水为自己洗脚。

藿 香 花

藿香甘温开胃气，霍乱呕泻胃寒枯。
心腹绞痛能思食，辛苦一种治不异。
——《草木便方》·清·刘善述

物种基源

藿香花〔Agastache rugosus (Fisch. Et Mey) O. ktze〕，为唇形科多年生草本植物藿香的花蕾，又名大叶薄荷、排香草、土藿香。藿香，茎直立，粗壮，四棱形，密披灰黄色长柔毛，上部多分枝；叶对生，阔卵形或卵形，下部叶较小，先端钝尖，基部阔楔形，边缘具钝齿，有叶柄，叶揉之有香气；轮伞花序密集成穗状，顶生或腋生，花萼5裂，筒形，花冠唇形，淡紫红色；小坚果椭圆形。花期1～2月。广东、云南有栽培；野藿香花期6～7月，生于山坡、草地，全国大部地区有分布。藿香花因产地不同而有不同名称。产于江苏苏州的称"苏藿香"；产于浙江的称"杜藿香"；产于四川的称"川藿香"。然其大多数野生于山坡、路旁，故亦统称为"野藿香"，该类藿香较苏藿香味淡，品质较次。

生物成分

据测定，藿香花含挥发油0.28%，主要成分为甲基胡椒酚，占80%以上，并含有茴香醚、茴香醛、d-柠檬烯，以及对-甲氧基桂皮醛、α-蒎烯、β-蒎烯、辛酮-3、辛醇-3、对-聚伞花素、辛烯-1-醇-3、芳樟醇、1-石竹烯、γ-榄香烯、β-荜草烯、α-衣兰烯、β-金合欢烯、γ-毕澄茄烯、二氢白菖考烯等。

食材性能

1. 性味归经

藿香花，味辛，微温；归脾、胃、肺经。

2. 医药经典：

《本草图经》："开胃止呕，发表解暑。"

3. 中医辨证

藿香花，可芳香化浊、化湿和中、解暑避秽，有利于外寒邪、寒热、头痛、胸脘痞闷、呕吐、泄泻、痢疾、口臭等疾病的康复。

4. 现代研究

藿香含挥发油，油中主要成分为甲基胡椒酚、柠檬烯，能促进胃液分泌，增强消化力，对胃肠有解痉作用。实验证明，藿香煎剂（8%～15%）在试管内对许兰毛癣菌等多种致病性真菌有抑制作用。乙醚浸出液、醇浸出液、水浸出液亦能抑制多种致病性真菌。藿香水煎剂在浓度为 15mg/ml 时对钩端螺旋体有抑制作用；当浓度增至 31mg/ml 时对钩端螺旋体有杀灭作用。有报告指出，藿香中的黄酮类物质有抗病毒作用。藿香中的挥发油有刺激胃黏膜、促进胃液分泌、帮助消化的作用，但藿香煎剂对胆囊无收缩作用。

食用注意

阴虚火旺、胃弱欲呕及胃热作呕、中焦火盛热极、湿病热病、阳虚胃痛、欲呕发胀者禁用。

传说故事

"藿香"名字的由来

很久以前，深山里住着一户人家，哥哥与妹妹霍香相依为命。后来，哥哥娶亲后就从军在外，家里只有姑嫂二人。平日里，姑嫂相互体贴，每天一起下地，一块儿操持家务，日子过得和和美美。一年夏天，天气连日闷热潮湿，嫂子因劳累中暑，突然病倒。只见她发热恶寒、头痛恶心、倦怠乏力，十分难受。霍香急忙把嫂子扶到床上说："你恐怕是中了暑，治这种病不难，咱家的后山上就有能治这种病的香味药草，让我赶快上山去把它采来，早日治愈你的病。"嫂子念小姑年轻，出门不便，劝她别去，霍香却全然不顾，执意进了深山。

霍香一去就是一天，直到天大黑时才跌跌撞撞回到家里，只见她手里提着一小筐药草，两眼发直，精神萎靡，一进门便扑倒在地，瘫软一团。嫂子连忙下床将她扶到床上，询问缘由，才知她在采药时，不慎被毒蛇咬伤了右脚，中了蛇毒。嫂子听后赶紧查看霍香的右脚，只见在霍香的脚面上有两排蛇咬的牙印，右脚又红又肿，连小腿也肿胀变粗了。嫂子抱起霍香的右脚，就想用嘴从伤口处吮吸毒汁，但霍香因怕嫂子中毒，死活不肯。等乡亲们听见嫂子的呼救将郎中找来，却为时已晚。

嫂子用小姑采来的药草治好了自己的病，并在乡亲们的帮助下埋葬了霍香。为牢记小姑之情，嫂子便把这种有香味的药草亲切地称为"霍香"，并让大家把它种植在房前屋后、地边路旁，以便随时采用。从此"霍香"草的名声越传越广，治好了不少中暑的病人。因为是药草的缘故，久之，人们便在霍字头上加了一个"草"字头，将霍香写成了"藿香"。

密蒙花

密蒙花多娇，雨淋更妖娆。

日照紫堇色，风摇绿萧萧。

蜂逐还疑蕊，蝶栖错认条。

但愿长抱节，换得真心交。

——《水锦》·清·尚则

物种基源

密蒙花（Buddleia officinalis Maxim.），为马钱科落叶灌木密蒙花的花蕾，又名水锦花、羊耳朵花、蒙花、疙瘩皮树花、鸡骨头花、羊春条花、锦糊条子花、黄花醉鱼花、绵条子花、虫见死草花、老蒙花、蒙花珠、结香花、寒不凋、草春条花、羊耳朵朵尖花、老密蒙花。

密蒙花，小枝灰褐色，略呈四棱形，密披灰白色绒毛；叶对生，狭椭圆形至线状披针形，先端渐尖，基部楔形，全缘或有小锯齿，表面披细星状毛，有叶柄；圆锥花序顶生，密披灰白色柔毛，苞片指针形，花萼钟形，先端4裂，花冠筒状，筒部紫堇色，口部橘黄色带，蒴果基部具宿存的花萼和花瓣，花期2～3月，生于山坡、丘陵、河边的灌木丛或草丛中，分布福建、广东、广西、湖南、湖北、安徽、四川、云南、贵州、陕西、甘肃等地。

生物成分

据测定，密蒙花含蛋白质、氨基酸、维生素 B_1、B_2、粗纤维及矿物质，还含密蒙花甙、醉鱼草甙、刺槐素等物质。

食材性能

1. 性味归经

密蒙花，味甘，性寒；归肝、小肠经。

2. 医学经典

《开宝本草》："主青盲肤翳，赤涩多目多泪，消目中赤脉。"

3. 中医辨证

密蒙花，可祛风、凉血、润肝、明目，有益于目赤肿痛、多泪羞明、青盲翳障、风弦烂眼的康复与辅助食疗。

4. 现代研究

密蒙花，花穗含醉鱼甙、刺槐素等多种黄酮类。药理实验表明，刺槐素与槲皮素相似，有维生素P样作用，能降低皮肤、小肠血管的通透性及脆弱性，亦有解痉作用，可松弛胆管平滑肌，增加胆汁分泌。

食用注意

密蒙花，性寒，风寒咳嗽、脾胃虚寒、腹泻者勿服。

传说故事

孙思邈与密蒙花

四川阆中古称"保宁府"。远古时候，这里本是一片穷山恶水的不毛之地。后来，玉皇大帝派小白龙到这里来治理山水。他不辞劳苦，呼风唤雨，将阆中打造得处处山泉清冽，年年风调雨顺，五谷丰登。谁知有一年却忽遭大旱，一连七八个月没下过一滴雨，土地龟裂，本来烟波浩渺的嘉陵江也干涸见底断了流。小白龙眼见这里就要颗粒不收，生灵涂炭，一时间肝胆俱裂，血泪横流，嗷嗷放声大哭。震天动地的哭声感动了玉帝，玉帝便恩准他耕云播雨，以解芸芸众生的燃眉之急。然而，小白龙从此一病不起，两眼红肿疼痛，泪如热汤，长流不止，倘若不及时治疗，他很快就要双目失明，变成一条瞎龙。恰在这时，孙思邈来到阆中采药，孙思邈一见小白龙的眼睛又红又肿，心里已经明白了八九分，他仔细地把了脉，看过舌头，长叹一口气，说："此病根在久郁伤肝，虽然病得不轻，但照我的方法治疗，不出七天就会全好。"孙思邈说着，便从身旁的药箱里掏出一大把密蒙花，洗净，加水熬汤。随后用药汤洗过小白龙的眼睛，又让他喝了剩下的一半密蒙花水。在孙思邈悉心的治疗下，果然不到七天，小白龙的眼睛红肿全消，又变得明亮清澈了。后人为了缅怀孙思邈和小白龙，便将这个故事塑在了大佛寺的药王殿里。

蝴 蝶 花

不向花开晒粉衣，偏从花里斗芳菲。
谁云祝女裙边幻，岂入庄生梦里飞。
曲径烟浓春欲晚，南园风暖绿初肥。
春心素艳浑无那，好借滕王妙笔挥。

————《蝴蝶花》·清·钟文贞

物种基源

蝴蝶花（Iris japonice），为鸢尾科多年生草本植物蝴蝶花的花蕾，又名鸢尾花。蝴蝶花，地下横生根状茎，叶互生，呈剑形排成两行。暮春初夏开花，形似蝴蝶，淡紫蓝色；花茎高于叶，构成疏松总状花序；外轮倒卵形，顶端微凹，边缘稍有齿裂。我国各地均有分布，常生于林缘或水边等潮湿地，植株低矮，花色鲜艳。

生物成分

据测定，蝴蝶花含竹桃甙、夹竹桃双糖、鸢尾甙、鸢尾黄酮新甙 A、鸢尾黄酮新甙及蛋白质、糖类、膳食纤维、维生素、氨基酸，还含微量元素钙、镁、磷、铁、锌等物质。

食材性能

1. 性味归经

蝴蝶花，味苦，性寒；归肝、胃经。

2. 医学经典

《本草》："活血祛痰，祛风利湿，解毒消积。"

3. 中医辨证

蝴蝶花，可解毒、消肿、止痛，有益于牙痛、喉蛾、食积腹胀、蛔虫腹痛、大便不通的康复。

4. 现代研究

蝴蝶花含多种甙类化合物，对于风湿、类风湿性疼痛、牙疼、咽喉肿痛、中耳炎、食积腹胀等疾病有良好的辅助功效。

食用注意

寒性体质和脾虚久泄者不宜服用蝴蝶花。

传说故事

蝴蝶花的典故

蝴蝶花还有世代相传的三则典故：一是先秦哲人庄周，有一次酣然入梦，忽觉栩栩然变成蝴蝶，他从迷糊的美梦中醒来，似乎物人混为一体，弄不清是自己幻化为蝴蝶，还是蝴蝶变成庄周了。二是晋代祝英台女扮男装，她与梁山伯同学三年，互相爱慕，后被逼嫁马氏，梁兄知情后，郁闷而死。祝妹路过其墓地，放声痛哭，墓突然裂开，祝妹投入墓坑，其后，梁、祝同化为蝶。三是唐代《宣和花谱》记载："滕王元婴，唐宗室也，善丹青，喜作蜂蝶。"尤其所画蝴蝶栩栩如生，人称之为"画蝶神笔"。

重 楼 花

绿英吐弱线，翠叶抱修茎。
矗如青旄节，草中立亭亭。
根有却老药，鳞皱友松苓。
长生不暇学，聊冀病身轻。

——《紫荷车》·宋·范成大

物种基源

重楼花（Paris cillata M. Bieb. Fl. Tauf. Cauc.），为百合科植物七叶一枝花、金线重楼及其数种同属植物的花朵，又名七叶一枝花、蚤休、蛀休、重台、草甘遂、螫休、重楼金线、白甘遂、重台草，独脚莲、三层草、草河车、九道箍、铁灯盏、七斗一盏灯、鸳鸯虫、双层楼、多叶重楼、七子莲、铁灯台、枝花头、九层楼、螺丝七、海螺七、灯台七、七层塔、八角盘、孩儿掏伞、金盘托荔枝、金盘托珠、红重楼、白河车、七叶遮花、金丝两重楼、独叶一枝花。

重楼花生于深山阴湿之地。一茎独上，茎当叶心，凡二三层，每层七叶。茎头夏日开花，一花七瓣，上有金丝垂下。诸名之形。故李时珍曰："重台，三层，因其叶状也。金线重楼，因其花状也。因其功用也。"而植物名则称七叶一枝花。花期5～7月，果期7～9月，生于山坡林下、草丛、阴湿地方和沟边，分布于东北、华北、西北、安徽、江苏、浙江、四川等地。

生物成分

据测定，重楼花含有以薯蓣皂甙元为甙元的多种甾体皂甙。

食材性能

1. 性味归经

重楼花，味辛、苦，有小毒，性寒；归心、肝经。

2. 医学经典

《神农本草经》："主惊痫，摇头弄舌，热气在腹中，癫疾，痈疮，阴浊。"

《本草纲目》："七叶一枝花，深山是我家，痈疽如愚者，一似手拈拿。"

3. 中医辨证

重楼花，其性味苦，微寒，有清热解毒、消肿止痛、息风定惊、平喘止咳等功效，对痈肿、淋巴结核、喉痹、蛇虫咬伤、慢性气管炎、小儿惊风抽搐、婴儿湿疹、腮腺炎、乳腺炎等症有食之助康复的作用。

4. 现代研究

重楼花，根茎含有甾体皂苷、生物碱、氨基酸等成分，对流感病毒、金葡萄球菌等多种微生物有抑制作用，并有镇静、镇痛、镇咳、平喘等效能。虽然其药用广泛，但其功效最早被发现、最拿手、最知名的还是治蛇毒、疗痈疽，为外用药。有名的季德胜蛇药，就是以该药为主要成分制成的。

食用注意

（1）重楼花有小毒，食用时要先用开水焯后，再拌以调料。

（2）脾胃虚寒泄泻者勿食重楼花。

传说故事

一、王母娘娘与重楼花

传说从前秦岭山地，一青年家境贫穷，靠砍柴维持生活。一天，他孤身上山砍柴，不幸遭毒蛇咬伤，毒汁浸入血液，致他昏迷倒地。这时，正逢七仙女下凡山间，见青年生命垂危，就拿出绿色罗帕盖在他的伤口上，转身就腾空驾云离去。瞬间，王母娘娘也巧路相遇，也发了慈悲之心，拔下发髻上的金簪，轻轻地放在罗帕当中。过了一会，青年慢慢苏醒，伤口上的绿色罗帕和金簪落在地上，随即长出一株迎风挺立的植物，七片绿叶烘托一朵黄花。青年小心地把它挖回家栽培，为乡邻治毒蛇咬伤，人们纷纷上门讨要种子回家种植，大家见其形就取名为"七叶一枝花"。

二、重楼叫"细妹草"的来历

从前有一个巫婆非常凶，她骗了一个小女孩，名叫细妹，每天叫她提水、捣米，还要喂一只五斤多重的乌骨老母鸡。细妹才五岁，按说水慢慢提，也能提满；米细细捣，也能捣好，可是成天到晚得去照顾那只老母鸡，老母鸡到处乱跑，总安静不下来。一天，天都黑了，怎么也找不到老母鸡，急得细妹屋前屋后到处找，还是没找到。巫婆气得直打细妹，又把细妹赶到后山岙的水潭边，叫她一定把鸡找回来，找不回来，只许在水潭旁边，让蛇把她咬死。水潭的蛇很多，细妹吓得蒙住脸直哭。忽然听到有种细细的声音叫她，细妹顺声音一看，原来是那只乌骨老母鸡，她连忙跑过去，一下抱住老母鸡。老母鸡对她说，我们都不要动，一动就会被蛇咬死，我身下有一种草，名叫"七叶一枝花"，蛇怕这草所以才不敢进来。你也摘一把在手里，跟我在一起，什么也不要怕，天一亮就好了。第二天清早，巫婆来到水潭边，一眼见到细妹正依着乌骨老母鸡睡觉，很奇怪，仔细一问，才知道因为有这七叶一枝花的缘故。巫婆于是采来许多，拿在手里，向蛇走去，果然蛇见到这草就远远游开了。蛇怕七叶一枝花，从这以后，人们渐渐都知道了。有时人被蛇咬了，就用七叶一枝花捣碎敷在伤口上，能散毒，使伤口愈合，是一种很好的治蛇毒的良药。因为这药是由细妹发现的，因此又叫作"细妹草"。

八 仙 花

园整装花蕊，周遭列饮仙。

琼英难上僭，簇蝶不同年。

——《聚八仙》·宋·洪适

物种基源

八仙花（Hydrangea macarophylla），为虎耳草科落叶灌木聚八仙的花朵，又名聚八仙花。

聚八仙花，小枝粗壮，叶大对生，宽卵形，浅绿色，边缘有锯齿。夏季开花，常为八朵白色围绕伞房花序外周，花梗有柔毛，花呈球形，有白绿、粉红、紫蓝诸色，甚为美丽，令人悦目神怡。我国各地园林及民间均有栽培。

生物成分

据测定，八仙花含植物蛋白，糖类、粗纤维及维生素 B_1、B_2、E 等，还含微量元素钙、磷、铁、镁、锌，尚含有芳香甙，在花蕾中含量多，开放后含量少，此外，花蕾中含三花皂甙等。

食材性能

1. 性味归经

八仙花，味苦，性凉；归心、大肠经。

2. 医学经典

《神农本草经》："清热，凉血，止血。"

3. 中医辨证

八仙花，可治三痔、心痛，杀腹藏虫，有益于皮肤风、肠风泻血、赤白痢等的康复与辅助食疗。

4. 现代研究

八仙花，有解疼、抗溃疡效用，有利于各种炎症、抗菌杀菌的食疗助康复。

食用注意

脾胃虚寒者慎食。

传说故事

八仙闹海

八仙是中国古代神话里的八位神仙，他们就是人们常说的铁拐李、汉钟离、吕洞宾、张果老、韩湘子、何仙姑、蓝采和、曹国舅。传说八仙代表着男、女、老、幼、富、贵、贫、贱。人们称八仙所持的檀板、扇、拐、笛、剑、葫芦、拂尘、花篮等八物为"八宝"，代表八仙之品。这八位神仙各有道术、法力无边。"八仙过海，各显神通"，就是关于他们的一段家喻户晓的故事。

相传，有一年三月初三，八位神仙应王母娘娘邀请，赴瑶池参加蟠桃盛会，八仙开怀畅饮，喝得酩酊大醉，踉踉跄跄驾起祥云飘飘荡荡落到瀛洲。

他们来到东海边，但见白浪滚滚，一望无际。忽然，"哗啦"一阵巨响，浪壑中时隐时现地悬浮起一座金碧辉煌的琼楼玉宇。

八仙不禁瞠目结舌，齐声高呼："这里真比瀛洲还胜十倍，四海之内再也找不到这么好的地方了！"

吕洞宾带着醉意道："早就听说东海浩瀚无边，果然名不虚传，我们何不乘兴遨游一番呢？"众仙欣然同意。

急性子的铁拐李第一个过海，他将自己的铁拐掷在惊涛骇浪之中，顿时铁拐就化成了一条小龙舟，铁拐李跳上小舟，往波涛中直冲而去。袒胸露肚的汉钟离以乐鼓兔水，紧紧尾随而去。只见他双腿盘坐在鼓面上，忽飞浪尖，忽落涛谷，神色悠然，奔向龙宫。

络腮胡子的张果老牵来瘸腿毛驴，朝背上倒着坐了上去，吆喝一声，凌空扬起一鞭，瘸腿驴昂首嘶鸣，扬起四蹄，踩波踏浪，如履平地。

年轻潇洒的韩湘子，屏足气对准笛眼，轻轻吹曲而随。笛音直冲九天，浪涛似乎也听懂了这乐声一样，醉迷迷地闪开了一条通道，韩湘子翩翩地跟了上去。

手执拂尘的吕洞宾，从腰间解下黄澄澄的宝葫芦，揭开葫芦盖，左右摇曳，顷刻缕缕雾霭缭绕，结成一朵绚丽的彩云，托住莲花座，载着吕洞宾，飘悠悠如乘小船，也跟着去了。

何仙姑身背姹紫嫣红的花篮，篮内有昆仑仙山采来的奇葩异草，馨香扑鼻，水晶宫里的龙婆龙女、虾妯鱼妯见了，个个争先恐后来抢她篮里的鲜花，插在自己的鬓髻上。那仙篮里的花取之不尽，于是龙女们用花轿抬着何仙姑进了龙宫，热热闹闹地庆贺了一番。

曹国舅敲击油光溜溜的竹板，演奏起民乐俚曲，吟古唱今，鳖臣龟相们听得摇头晃脑，惬意不已，于是让曹国舅脚踩鳖肩，乘风破浪，飞快地跟了上去。

蓝采和不紧不慢，稳稳当当地放下自己那璀璨的玉板，顿时银光灿烂，霞光四溢，直射龙宫，飞溅起惊涛骇浪，震得龙宫楼宇摇摇欲坠。

转眼间，七仙都顺利地渡过了东海，唯独不见蓝采和，众人左等右等，焦虑异常。你知道蓝采和哪里去了呢？

原来八仙过海时，东海龙王敖广正在龙宫中议事，忽见水面一道白光，照得水晶宫里璀璨生辉，光彩夺目，龙王不知何故，急令太子摩揭绕海巡视。太子来到海面，只见蓝采和正脚踏玉板，浮海而过。太子眼馋极了，便命手下去抢玉板，一直把蓝采和追到海底，将他囚禁在幽室里，夺了宝贝回宫。霎时龙宫中光华四溢，如集日月星辰。龙王大喜过望，连忙设宴庆贺。

再说七仙得知蓝采和被龙王抓走，不禁大动肝火，脾气暴躁的铁拐李首先破口大骂道："敖广听着，快把蓝采和交出来，不然小心你的龙屁股！"龙王勃然大怒，带领虾兵蟹将杀出海面来。

只见龙王挥舞着珍珠鳌鱼旗，催动虾兵蟹将，掀起漫天大潮，向七仙淹来。汉钟离挺着大肚子，飘然降落在潮头，轻轻扇动蒲扇，只听"呜忽"一声，虾兵蟹将和万丈高的海浪都被扇到九霄云外去了，吓得四大天王赶紧关了南天门。龙王见状，又喊一声"变"，海里突然蹿出一条巨鲸，张开血盆大口来吞没汉钟离。

汉钟离急忙扇动蒲扇，不料巨鲸不吃这一套，越逼越近。正在危急时刻，韩湘子悠悠地吹起了仙笛，那笛声悠扬悦耳，鲸鱼听了竟舞动起巨大的尾巴，朝着韩湘子参拜起来，渐渐浑身瘫软成一团。

吕洞宾挥剑来斩鲸鱼，谁知一剑下去火星四溅，锋利的宝剑竟崩了一个缺口。仔细看去，哪里是什么鲸鱼，分明是块大礁石！吕洞宾气得火冒三丈，铁拐李却笑眯眯地说："先别气！看我怎么收拾它！"只见铁拐李向海中一招手，他的拐杖就"喇"地蹿出海面。铁拐李拿过来一杖打下去，不料礁石又变成了一只大章鱼，拐杖被章鱼的手脚缠住了。多亏了何仙姑赶紧拿花篮罩下来，铁拐李才没有被吸到章鱼肚子里去。原来这巨鲸和章鱼都是龙王变的，被花篮一罩，他又慌忙变成一条海蛇，向东逃窜。张果老倒骑着驴，"得得得"地前去追赶，眼看就要追上，不料毛驴被蟹精夹住蹄子，狂叫一声把张果老抛了下来。辛亏曹国舅眼明手快，救下张果老，打死了蟹精。

随后，吕洞宾拔出腰间的宝葫芦，把整个龙宫烧成了一片火海。几位神仙各展神通，杀死了两个龙子，虾兵蟹将抵挡不住，纷纷败下阵来。

恼羞成怒的东海龙王请来了南海、北海、西海龙王，调来五湖四海的水，掀起巨浪，向众仙打过来。在这个危急时刻，曹国舅的云阳板大显神通。他怀抱着云阳板在前开路，狂涛巨浪就向两边退避。众仙紧跟在曹国舅身后，都安然无恙。

四海龙王大吃一惊，急忙集中了四海兵将，准备决一死战，这时观音菩萨刚好经过东海，喝住双方，让他们讲和。

龙王向众仙道歉，赔了礼，又请出蓝采和，交还了蓝采和的玉板。于是铁拐李举起铁拐，化为拂尘，蘸上少许水往四下一洒，漫天的火焰即刻就被扑灭了。随后，吕洞宾又从宝葫芦里倒出万斛仙水，使东海又重新恢复了碧波万顷、浩渺无边的景致。

紫　薇　花

盛夏绿遮眼，此花红满堂。

自惭终日对，不是紫薇郎。

——《紫薇》·宋·王十朋

物种基源

紫薇花（Lagerstroemia indica），为落叶灌木或小乔木千屈菜科植物紫薇的花，又名鹭鸶花、五里香、宝幡花、紫梢、百日花、佛相花、怕痒花、五爪金花、猴郎达树、野生毒、狗骨头、猴刺脱。

紫薇产于东南亚直至大洋洲，以我国为分布中心，我国已有 1000 多年栽培历史，唐宋以前已颇受重视。苏州怡园现存一株古紫薇树，树龄长达 600 年之久；四川灌县离堆公园有露根紫薇及露地展出的紫薇屏、瓶、掌，树龄 250～500 年，为园林珍品；昆明黑龙潭及金殿的古紫薇，干基虬曲似蟠龙，为明代万历年间所植；四川峨眉山、武汉黄鹤楼、重庆北碚等地均保留有清代的紫薇；湖北恩施虎头山有株紫薇，据说树龄 200 年，高 16 米，胸径 1.2 米，仍枝繁叶茂开红花；青岛中山公园的紫薇树高大者，树龄在 100 年以上。如今，紫薇已在园林及风景区广泛栽培，还因其叶细、干粗、根露，且枝条柔软，便于攀扎盘曲，易于塑造盆景，故苏灵《盆景偶录》誉为"十八学士"的最优盆景树中，紫薇荣列其间。

生物成分

据测定，紫薇花含有 6 种生物碱，即：德雪宁碱、德卡明碱、甲基紫薇碱、紫薇碱、二氢轮生碱和德可定碱，并有黄酮化合物，谷甾醇和 3、3、4 -三甲基并没食子碱等物质。

食材性能

1. 性味归经

紫薇花，味苦、微涩，性平；归心、肝经。

2. 医学经典

《滇南本草》："活血，止血，解毒，消肿，利尿。"

3. 中医辨证

紫薇花，有清热、解毒、止血、止带的功效，有利于咯血、吐血、便血、衄血、偏头痛、赤白痢、湿疹、产后血崩不止、带下淋漓、小儿胎毒烂等病症的康复与辅助食疗。

4. 现代研究

紫薇花，含甾醇和紫薇碱等六种生物碱，药理实验对真菌及白喉杆菌有抑制作用，对丹毒、痢疾、湿疹等症有食疗助康复的效果。

食用注意

孕妇忌服食紫薇花。

传说故事

紫薇的故事

紫薇的特点是树皮状剥落，树干愈老愈光滑，人们见之好奇。常用手抚搔树身，枝梢随即颤动不已，故有"痒痒树"之称。由此引出一则趣事：陆游《老学阉笔记》记述，从前，浙江余姚有一穷和尚，过年时身无分文，他见门前一棵无皮紫薇树，便幽默地写一首打油诗："大树大皮裹，小树小皮缠。庭前紫薇树，无皮也过年。"以喻无皮树自喻，豁达洒脱，洋溢着人们对紫薇的情意。古人还把紫薇花视为紫薇星的化身，紫薇星亦称紫薇神，传说能为百姓行善除害。民间传说，每到大年除夕，有一种叫作"年"的怪物，要夜出伤人。据此，老百姓手拈紫薇花，家里挂着紫薇神像，说这是紫薇星下凡，专门制服"年"的作恶，以保护人民平安地欢度春节，反映出千百年来人们对紫薇花的深厚感情。

紫薇花枝繁叶茂，花紫而艳，婀娜娉婷，绰约可爱，由于花期较长，新旧交替而开，又称"百日红"；又因花满枝头，紫红美丽，亦称"满堂红"。唐代白居易赋诗赞云：

丝纶阁下文章静，钟鼓楼中刻漏长。

独坐黄昏谁是伴，紫薇花对紫薇郎。

蜀 葵 花

绿衣宛地红倡倡，熏风似舞诸女郎。

南邻荡子妇无赖，锦机春夜成文章。

——《蜀葵咏》·唐·陈陶

物种基源

蜀葵〔Althaea rosea（L,）Cav.〕，为锦葵科多年生草本植物蜀葵的花朵，又名一丈红、吴葵华、端午锦等。

蜀葵原产于我国，其小者为锦葵，大者为蜀葵，其植株高，茎直立，无毛，叶大粗糙，有明显皱缩，呈圆心脏形。夏季，花蕾生于叶腋，端午节前后开花，大家唤之为"端午锦"。其花形大，直径10厘米以上，有重瓣、单瓣之分。花色多为大红、紫红、淡红，也有纯白或墨色或黄色，可谓各色俱备。花朵自下向上依次渐开，至末梢形成长穗状，在一高大的茎上丛丛簇簇，流光溢彩，故亦名"一丈红"。数遍草本花卉，有其美而不及其高。蜀葵举起缀满繁花的修长彩竿，为夏日增添繁华，其倔强的豪气，敢与百花王牡丹争夺几分风姿。

生物成分

据测定，蜀葵花含黏液质，黏液汁中含戊糖、戊聚糖、甲基戊聚糖、糖醛酸，还含蜀葵甙和赤霉素－A8－葡萄糖甙等物质。

食材性能

1. 性味归经

蜀葵花，味甘，性寒；归肺、膀胱经。

2. 医学经典

《本草纲目》："清热解毒，收敛止血，排脓，利尿。"

3. 中医辨证

蜀葵花，可解毒散结，通利二便，有利于心气不足、小儿风疹、月经过多、鼻衄不止、痢疾、吐血、二便不通等症的康复与食疗。

4. 现代研究

蜀葵花，花瓣含黄色素，为二苯酚甲醇型的结构与山柰酚相关的物质；白花可分离出二氢山柰的甙、蜀葵甙，可有益于腹泻、水肿、小便不畅的康复。

食用注意

凡脾胃虚寒、五谷接纳不佳、久泻者勿用蜀葵花。

传说故事

流传于民间的诗情画意

民间流传："昨日节下一开花，今日节上一花开，今日花开色正好，昨日花已结籽老，人生不得长少年，莫失时光永向前。"就是说的蜀葵花节节高，寓有步步升高之意。故蜀葵作花坛背景，傍墙或篱边行植，与整体构成层次，不只平添诗情画意，还能启迪观赏者积极向上。

第十六章 飞禽类

鸡

武距文冠五色翎，一声啼散满天星。

铜壶玉漏金门下，多少王侯勒马听。

——《咏鸡诗，题金鸡报晓图》·明·唐寅

物种基源

鸡肉（Gallus gallus domesticus Brisson），为鸟纲雉科动物家鸡的肉，又名啄谷子。家鸡的品种繁多，从颜色上分：自古就有丹、黄、乌、白四种色；从食用品种分：肉用、蛋用、蛋肉兼用及观赏等类型，著名品种有：三黄鸡、大骨鸡、狼山鸡、浦东鸡、寿光鸡、桃源鸡、萧山鸡、北京油鸡、九斤黄等品种，以健康鸡冠子鲜红挺直、眼睛有神、两翅紧抱、羽毛紧覆、肛门微红、绒毛洁净无稀粪便者为佳。全国各地均有养殖，是由原野生鸡驯养，据考证，我国养鸡至少有 5000 年以上的历史。

生物成分

据测定，每 100 克可食鸡肉及鸡属各部分营养成分如下表：

生物成分／食材名称	热能（千卡）	蛋白质（克）	脂肪（克）	碳水化合物（克）	维生素A（微克）	核黄素（毫克）	尼克酸（毫克）	维生素E（微克）	钙（毫克）	铁（毫克）	磷（毫克）	硒（微克）	胆固醇（毫克）
鸡肉	127	22	4.2	/	19	/	6.6	1.00	3	/	219	22.48	138
鸡肉（冻）	213	21.7	14	/	20	/	4.1	0.09	15	1.6	144	10.00	87
鸡肉（母鸡）	232	21.2	13.2	/	249	/	/	234	3	1.3	136	/	166
鸡肉（肉鸡）	161	20.7	7.1	/	108	/	/	0.83	4	1.1	112	/	188
鸡肉（肥）	390	16.8	35.5	/	226	/	/	/	36	1.8	103	5.4	65
公鸡（一年内）	144	19.3	5.8	3.7	159	0.07	10.4	1.11	13	60	113	18	271
土鸡（一年内）	110	21.4	2.3	1.0	64	0.06	19.3	2.02	51	53	129	18.19	202
本土鸡（散养）	158	21.7	7.9	/	微	0.07	13.3	1.9	66	71	148	17.10	189
沙鸡（散养）	147	20.0	6.7	1.6	1	0.12	10.2	2.34	59	69	133	15.9	177
鸡胸脯	152	198	7.1	/	12	/	10.8	0.22	3	0.4	230	8.8	81.5
鸡翅膀	215	17.4	15.0	/	47	/	5.3	0.53	3	1.0	157	8.35	141

（续上表）

生物成分 食材名称	热能（千卡）	蛋白质（克）	脂肪（克）	碳水化合物（克）	维生素A（微克）	核黄素（毫克）	尼克酸（毫克）	维生素E（微克）	钙（毫克）	铁（毫克）	磷（毫克）	硒（微克）	胆固醇（毫克）
鸡腿	202	15.6	15.5	/	44	/	5.0	0.19	44.3	20	182	9.70	172
鸡肝	146	21.1	6.8	/	17750	/	13.8	1.88	6	4.7	282	50.40	271
鸡爪	254	23.9	16.4	/	37	/	2.4	0.32	36	1.4	76	9.95	103
鸡血	64	8.4	0.3	/	51	0.03		0.19	6	28.3	81	12.13	149
鸡肫	155	16.6	4.1	/	53		2.7	0.88	12	3.2	168	7.67	103

此外，还含胆甾醇，甲基组氨酸和饱和脂肪酸。

生物性能

1. 性味归经

鸡肉，味甘，性微温；归脾、胃、肝、肾经。

2. 医学经典

《本草纲目》："温中益气，补虚填精，健脾胃，活血脉，强筋骨。"

3. 中医辨证

（1）鸡肉味甘，性温，无毒，具有温中、益气、补精、添髓的功用，可主治虚劳羸瘦、中虚、胃呆、食少、泄泻、下痢、消渴、水肿、尿频、崩漏、带下、产后乳少、病后虚弱等症。此外，根据鸡的毛色、性别、生长特点及品种条件的不同，对食用营养、利害、宜忌、取舍等各有不同的功用。例如：白雄鸡肉，味酸，性微温，无毒，有治下气消积、狂躁、五脏、祛邪、消渴、利便、丹毒的作用。

（2）丹雄鸡肉，味甘，性微温，无毒，可治崩漏、杀恶毒，有补血、疮疡不收口、补肺的功效。

（3）乌雄鸡肉，味甘，性微温，无毒，可温中止痛、补虚安胎，治肚痛、风湿麻痹、虚弱羸瘦、骨折痈疽等。

（4）黑雄鸡肉，味甘酸，性温平，无毒，可治风寒湿痹、痈疽、益气、反胃、腹痛、骨折、乳痈等，有安胎祛邪、破血化瘀、补血壮肌的功效。

（5）黄雌鸡肉，味甘、酸、咸，性平，无毒，可治饮食伤中，消渴、尿频、泻痢、补水、虚损、乏力、填精、补髓、助阳。

（6）乌骨鸡肉，味甘，性平，无毒，可补虚强身，治消渴、心疼、崩下、痢疾，黑肉的全乌鸡宜入药，故患肝、肾、血等病的人都可食。

4. 现代研究

鸡肉蛋白质含量高于猪肉，种类多，其中氨基酸组成与人体需要模式接近，营养价值高，很容易被人体吸收利用，还含有多种维生素以及钙、磷、锌、铁、镁等成分，具有强身、健体、益智的功效。鸡肉含对人体生长发育有重要作用的磷脂类，是中国人膳食结构中脂肪和磷脂的重要来源之一，故鸡肉对营养不良、畏寒怕冷、疲劳乏力、月经不调、贫血虚弱等症的治疗有很好的食疗作用。

食用注意

（1）食时忌饮汤弃肉。鸡肉里的营养成分即使炖很长时间，肉中的营养成分仍高于鸡汤，需要滋补者，不仅喝鸡汤，更要吃鸡肉，只喝鸡汤不食鸡肉的食法是不恰当的。

（2）忌食用多龄鸡头。多龄鸡由于长期啄食，有毒物质进入体内，经过体内的化合产生的剧毒素的一部分随血液循环滞留在脑组织细胞内，俗有"十年鸡头胜砒霜"之说，故不宜食用多龄鸡头。

（3）忌食用鸡臀尖。鸡臀尖为鸡肛门上方肥厚的肉，此处是淋巴最集中的地方，也是细菌、病毒和致癌物质的贮藏处。许多病毒和致癌物质淋巴中的巨噬细胞贮存于此处而不能分解。久之，鸡屁股内的致癌物和病毒将会严重蓄积，人食了鸡臀后很容易被病毒感染，甚至导致癌症。故鸡臀尖不宜食用，应在烹饪前将鸡屁股剔除掉。

（4）不宜与兔肉同时食用，易致腹泻，久食、多食必致病。

（5）不宜与鲤鱼同时食用，功效不合，不宜同食。

（6）不宜与大蒜同时食用，药用效能不合，无益于健康。

（7）服用左旋多巴时不宜食用。左旋多巴是促中枢神经递质形成药，通过改善中枢神经冲动的传导，达到对肝昏迷的治疗作用。服用左旋多巴时忌食高蛋白食物，本品含蛋白质较高，食用可降低左旋多巴的疗效。

（8）服用铁制剂时不宜食用。服用铁制剂时忌食含磷多的食物，因食物中的磷酸和铁剂结合成难溶性的物质，影响铁剂的吸收，本品含磷量较多，故服铁剂时不宜食用。

附注

（一）鸡肝

鸡肝，味甘、苦，性温，无毒，有补肝肾、壮阳的作用，治心腹疼痛、肝虚目暗、小儿疳积、妇人安胎止漏。

（1）动物肝含胆固醇较高，有心血管疾病及胆固醇高的患者不宜多食。动物肝的嘌呤含量高，痛风病人不宜食用鸡肝。

（2）动物肝脏因富含铜、铁等元素，故烹制时不宜与维生素C含量高的食物同食，与抗凝血药物、左旋多巴、优降灵和苯乙肼等药物同食会影响药效。

（3）鸡肝中某些毒素和维生素A的含量较高，如果一次食用过量，会引起急性维生素A中毒。

（二）鸡血

鸡血，味咸，性平，无毒，具有祛风、活血、通络、定神、定志、催乳、消痛的作用，可治骨折、肢体痿弱、小儿惊风、嘴脸㖞斜、赤目流泪、痈疽疮癣、解丹毒虫和白癜风、疬疡风等病，高胆固醇血症、高血压和冠心病患者少食。

（三）鸡胗（肫）

鸡胗，味甘平，性涩，无毒。鸡胗具有消积滞、健脾胃的作用，有治食积胀满、呕吐反胃、泻痢、疳积、消渴、遗溺、喉痹乳蛾、牙疳口疮以及利便、除热、解烦的作用。

（四）鸡内金

鸡内金，为鸡的（肫）砂囊内壁带褶皱的黄色壁皮，含促胃激素、类角蛋白、多种氨基酸以及微量胃白酶、淀粉酶、黄色素。

鸡内金，味甘，性平；归脾、胃、膀胱经，具有健脾消食、涩精止遗的功效，用于食积不消、呕吐泻痢、小儿疳积、遗积、遗尿、遗精等症的食疗促康复。

（1）口服鸡内金后，胃液的分泌量、酸度及消化力三者均见增高，其中消化力的增加出现较迟缓，维持也较久。

（2）服药后，胃运动明显增强，表现在胃运动期延长及蠕动波增强，胃排空率加快。

（3）鸡内金本身并不含有任何消化酶，由于上述分泌及运动方面的变化并非服药后立即产生，而必须经过一段时间，故其作用是由药物被吸收到血液后，通过体液因素而兴奋胃壁的神经肌肉所引起，鸡内金催泌作用甚至强于肉粉，胃激素经过高热易于被破坏，一般以生用为佳。

五、鸡爪

鸡爪，味甘，性平，无毒。从药理、生化方面对鸡爪的科学研究资料不多，只《本草纲目》见有极少记载。鸡的两脚经烧灰研末酒服，可治疗难产，烧灰水服可软化骨鲠。经常食用鸡爪有较好滋润保护肌肤的功用。

六、其他鸡肉加工制品

每100克加工后可食鸡肉所含营养成分如下表：

生物成分 / 食材名称	热能（千卡）	蛋白质（克）	脂肪（克）	碳水化合物（克）	维生素A（微克）	核黄素（毫克）	尼克酸（毫克）	维生素E（微克）	钙（毫克）	铁（毫克）	磷（毫克）	硒（微克）	胆固醇（毫克）
扒鸡	215	29.6	11.0	/	32	/	9.2		31	2.9	157	8.10	211
烤鸡	240	24.9	14.10	/	40	/	/	0.25	28	1.6	160	1.6	75
卤鸡	212	29.4	7.9	/	76	/	0.2	0.90	/	5.4	/	17.00	/
瓦罐鸡	190	20.9	9.5	/	63	/	0.5	1.08	16	1.9	62	/	24
肯德基	279	20.3	17.3	/	23	/	2.5	0.42	/	2.2	530	11.2	198
鸡松	440	7.2	16.4	/	90	/	1.0	14.58	76	7.1	83	3.07	81

传说故事

一、好奶奶的鸡与酒

明代进士吴兰，性格诙谐，素来玩世不恭。他在乡下闲居时，一天，有个财主拿一张观音大师像来求他题诗。吴兰看了一会儿，就在画上写了这样几行诗：

> 一个好奶奶，世间哪里有？
> 左边一只鸡，右边一瓶酒。
> 只怕苍蝇来，插上一枝柳。

在封建社会中，观世音被认为是救苦救难、大慈大悲、法力无边的菩萨。吴兰开了个大玩笑，把她称作"好奶奶"，"好"在哪里呢？诗人把她身边的白鹤写成鸡，把净水瓶写成酒瓶，"好"在她能以鸡、酒待客。

二、鸡有七德

画家倪云林的朋友家里，养了许多鸡，又大又肥，但总是舍不得请客。

有一天，倪云林对他的朋友说："听说鸡有七德，你知道不知道？"

朋友说："从来只听说鸡有'文、武、勇、仁、信'这五种德行，哪里来的七德呢？"

倪云林说："假使你舍得，我也吃得，加上这两'德'，不就是七德了吗？"

三、鸡屁股在这里

两个朋友去下馆子，半路上打赌：吃鸡的时候，谁能吃着鸡屁股，谁就算赢家，由输家请这顿饭。

到了饭馆，眼看上菜就要上鸡了。甲装着去帮忙接菜，顺手就把鸡屁股塞进嘴里。他把菜端上桌，乙赶快拿筷子在盘里划来划去，找鸡屁股。

"别找了。"甲指着自己的嘴巴说："鸡屁股在这里！"

四、鸡公对鸭婆

从前有个书生，来到塘边看老翁放鸭，老翁说："你是个读书人，会作文对句，我出个对子，咱们来对对。"书生想，和放鸭的老翁对对子有何难？就满口答应。只见老翁指着塘里的鸭子，随口念出上联："鸭婆无鞋勤洗脚。"书生想了半天也没对上，老翁允许他回家慢慢对。书生回家闷闷不乐，母亲问明缘由，对儿子说："对对子也得从日常事中想，他说'鸭婆'，你可对'鸡公'；他说'脚'，何不对个'头'？"在母亲的启发下，书生望着院子里咯咯乱叫的鸡群若有所思。突然，他高兴地喊道："对上了，对上了。"边说边跑到老翁家中说："下联是'鸡公有髻懒梳头'。"

五、关于生肖鸡的传说

据说鸡王是只争强好胜的家伙。玉帝册封生肖只考虑对人类有功劳的畜兽，家禽类的鸡根本排不上号。有一天，鸡王看到已被封为生肖的马受人宠爱，披挂着金鞍银镫，心中十分羡慕。马就开导鸡说："要得到人们的爱戴并不难，只要你能发挥自己的长处，给人们实实在在地办点事情就行了，你天生一副好嗓子，若用到恰当之处，说不定会对人类有所贡献呢。"

鸡王回到家中苦思冥想，终于想到了用自己的金嗓子在黎明时分唤醒沉睡的人们。于是，每天拂晓鸡王就早早起床，放开嗓子歌唱，把人们从睡梦中唤醒，人们对鸡王十分感激。可是，当时玉帝封生肖的标准只定在走兽类，不要飞禽，这可急坏了鸡王。

一天晚上，鸡王为此事想不通，一缕幽魂飞上天宫，在玉帝面前哭诉。玉帝细想，鸡王的功劳也不小，自己规定的挑选生肖的标准确实有误，于是便摘下身边的一朵红花儿戴在鸡王头上，以示安慰和嘉奖。

鸡王醒来后，发现头上真的有朵大红花，于是便戴着大红花去见四大天王，四大天王认出这是玉帝的"御前红花"，于是就破格让鸡王参与生肖席位的竞争。

到了争排生肖座次的那一天，鸡与狗同时起床，相伴而行。待快到天宫时，鸡怕狗占先，便连飞带跑地抢在狗的前面，待狗愣过神儿来，猛抬头看，鸡早已坐在生肖的第十把交椅上了！无奈，狗只好坐在鸡的席位之后。从此，狗对鸡再无好感，见到鸡就追赶。直到今天，狗仍怒气未消，"狗撵鸡飞"的现象至今可见。而鸡呢，虽然至今还是头戴一朵大红花，但总觉得自己有愧于狗，所以，鸡总是每天忙着司晨。

六、叫花鸡

传说在明朝时，有一个叫花子得鸡一只，他既无炊具，又无调料，就挖出鸡内脏，带毛涂上泥，用篝火烤，待他一觉醒来，剥去泥壳，香味四溢，食之大喜。此时，礼部尚书钱谦益

（牧斋）正巧路过虞山，见此制法很受启发。回去后，他便与家厨商量，取三黄母鸡，除内脏，放些火腿等调料用荷叶包扎好，用木炭熏烤，并以此款待秦淮八艳之一的柳如是，告之此法之由来，尚未定名。柳如是说，何不叫它"叫花鸡"呢？后经常熟山景园名厨朱阿二精心加工，"叫花鸡"正式走上餐桌，成了筵席上的佳肴。

七、鸡子的来历

远古时，有个女孩叫八小，八小从小就娇里娇气的，好吃懒做，爹妈也纵容她，什么好的东西都尽她吃。

不久添了个嫂子。爹妈想：待丫头不能像以前那样子，什么东西都尽她吃，什么活计也不要她做啊！所以这个八小就恨不得一口把嫂子吃下去。

一天，八小的娘从街上买了一袋蜜枣，八小偷吃了。第二天，八小就赖嫂子，嫂子不愿受这个窝囊气，就要到土地菩萨面前赌咒，八小没法，只得硬着头皮去。赌咒完了，八小姑娘立刻变成滚圆的东西，过些日子竟出了个鸡子。

天一黑，娘见闺女不回家，就和孙子一起去找，孙子叫"姑姑，姑姑！"奶奶叫"八八，八八。"

八、龙角是鸡的传说

龙原来没有角，去参加生肖大会时，走到半路上，碰到大公鸡。鸡的羽毛非常漂亮，还有一对树枝似的角，那更好看。

龙说："鸡大哥，你好，你的喉咙又好，羽毛又漂亮，就是小角长得反而不好看，不如把角借给我，装装体面，开完会还你，到时，我谢谢你。"

公鸡一听："不借，不借。"

"为什么不借？"

"如果你不守信用，不还我，我向谁要呢？"

"好大哥，我一定还你，不信我请个保人怎么样？就请蜈蚣大姐担保吧。"

公鸡一听蜈蚣的劝说，就把角借给龙哥哥了。

龙有了角，高兴得在天上翻滚。到生肖会上一选，被选为第五位，公鸡却被选为第十位，公鸡不服气地说："龙有多大本事？不是我的角借给它，它怎能选上第五位？"越想越气，当着众人对龙叫起来："喂，你把角还我。"

龙一听，这呆公鸡不算人，人头百众要债像话吗？嘿，才不睬它，一个滚动，驾云下东海去了。

这下鸡急坏了，追又追不上，拉又拉不住，怎么办？找保人去，它找到蜈蚣要角。

蜈蚣说："你向龙要去。"

"我要不到，他下海了。"

蜈蚣说："媒人不挑担，保人不还钱。借随你，不借也随你，关我什么事。"公鸡一听骂道："你这坏蛋，你不多嘴，我是不借的，现在就向你要。"蜈蚣一听，不得了，逃走为妙，它往土下钻，走了。

公鸡追，追不到，用两脚扒，"你这坏东西，我扒到你非吃你不可！"扒累了，又叫："龙哥哥，角还我！"叫一阵又扒，就是睡到半夜，想到角也叫："龙哥哥，角还我！"

乌 鸡

千古一灵根，本妙元明静。

道个如如已是差，莫认风番影。

枯木夜堂深，默坐时观省。

月落乌鸡出户飞，万里关河冷。

——《卜算子·乌鸡》·宋·向子谨

物种基源

乌鸡（Gallus gallus domesti），为鸟纲雉科动物乌鸡的肉或去内脏的全体，又名乌骨鸡、药鸡、羊毛鸡、松毛鸡、武山鸡、绒毛鸡、黑脚鸡、从冠鸡、穿裤鸡、竹丝鸡，以乌骨白毛、骨肉黑色深重、体形大、健壮、两眼有神者为佳品，原产于泰和县，现全国各地均有养殖。

生物成分

据测定，每100克可食乌鸡肉营养含量如下表：

生物成分 食材名称	热能 （千卡）	蛋白质 （克）	脂肪 （克）	碳水 化合物 （克）	维生 素A （微克）	核黄素 （毫克）	尼克酸 （毫克）	维生 素E （微克）	钙 （毫克）	铁 （毫克）	磷 （毫克）	硒 （微克）	胆固醇 （毫克）
乌鸡肉	111	22.3	2.3	0.3	0.1	0.2	7.1	1.77	17	2.3	210	7.73	2057

此外，乌鸡尚含赖氨酸、蛋氨酸、色氨酸等17种氨基酸，其总含量达38.9%，其中8种为人体必需氨基酸；26种微量元素，其中硅、锌含量较高。

生物性能

1. 性味归经

乌鸡肉，味甘，性平；归肝、肾、肺经。

2. 医学经典

《神农本草经》："补肝肾、益气血、退虚热。"

3. 中医辨证

乌鸡肉，味甘、咸，性平温，无毒，具有补肝肾、清虚热、健脾补中的作用，主治肝肾阴虚、骨蒸潮热、虚劳羸瘦、盗汗、消渴、遗精、脾虚、崩中、白浊、下痢等。凡脾胃虚弱、中气不足、腹泻久痢、饮食减少、肾虚遗精、体衰无力、妇女带下等诸多症状者，经常食用乌骨鸡作为辅助食品，对保持身体的健康有较好的效果。

4. 现代研究

乌鸡肉含铁、钙、蛋白质均高，其中有8种氨基酸含量比普通鸡含量高，适宜于老年人、少年儿童、妇女，特别是产妇食用，可以防治老年人骨质疏松症、小儿佝偻症、妇女缺铁性贫血症；所含大量的维生素则对维持生理系统功能、延缓衰老、强筋健骨十分有益。乌骨鸡不仅营养丰富，还能增加肝脏的糖原，并有促进肾上腺皮质激和抑制过敏性水肿的作用。

食用注意

（1）乌鸡肉虽是补益佳品，但多食能生痰助火、生热动风，故体肥及邪气亢盛、邪毒未消和患严重皮肤疾病者宜少食或慎食，患严重外感疾患时也不宜食用，同时还应忌辛辣、油腻及烟酒等。

（2）据营养成分含量分析，乌骨鸡肉胆固醇的含量之多仅次于猪、牛、羊畜类脑器官胆固醇的含量，故心脑血管、高血压及高血脂病人，应注意少吃或忌食为宜。

小记：

乌骨鸡，有白毛乌骨者，有黑毛乌骨者，有斑毛乌骨者，有肉骨俱乌者，有肉白骨乌者，但可只观察鸡舌是黑色者，则是骨肉皆黑的真正乌骨鸡，为入药最好者。

传说故事

一、周恩来总理将乌鸡作国礼

乌骨鸡外观美丽而奇特，有紫冠、绿耳、蓝缨头、毛脚、五爪、乌皮、乌骨、乌肉及白丝毛、生"胡须"的特点。在古代，因乌骨鸡的产量极少而被视为珍奇，并被列为贡品。1915年，乌骨鸡以名鸡的身份参加了巴拿马万国博览会，被定为观赏鸡。日本前首相田中角荣1974年来我国访问时，周恩来总理代表我国政府将乌骨鸡作为珍贵礼品赠送给日本。盛产乌骨鸡的泰和县泰和酒厂，生产的"乌鸡补酒"被列为国家礼品酒。

二、唐伯虎与乌鸡毛

相传，一日唐伯虎陪祝枝山到常熟乡下虞山亲戚家祝寿，晚酒毕，天下起了瓢泼大雨不能回苏州，祝枝山只好把唐伯虎送到虞山后的年轻守寡的表妹家休息。去之前祝枝山鬼主意已来了，对唐伯虎说："我家表妹年轻漂亮，不比你的秋香差，但她守贞洁，你如果与她好上了，并且还要她当着我的面骂你，我就输你十两银子。"唐伯虎一想，道："你就去准备银子吧！"于是祝枝山冒雨将唐伯虎送到表妹家借宿，这时唐伯虎淋得像落汤鸡，便满脸堆笑朝祝枝山的表妹道："小妹，我要烧水梳洗才能上床休息。"于是唐伯虎就跑到厨房并大声问："小妹，你家灶上侧锅和仰锅都有水吗？"祝枝山的表妹说："都有。"唐伯虎又说："请你来烧吧，我什么也找不到。"祝枝山表妹回："好！"这时，唐伯虎装得被雨淋后冷得直抖，叫祝枝山表妹加劲烧。唐伯虎洗脚时，问："小妹可有一叉？我的脚趾甲碰卡了。"祝枝山的表妹不懂，便问："什么叫一叉？"唐伯虎说："就是剪刀。"祝枝山妹妹将剪刀拿给唐伯虎，唐伯虎洗毕休息，一夜无话。天亮后，唐伯虎在祝枝山表妹鸡窝旁解大便，并将乌鸡毛拔下来放在大便上，然后去找祝枝山。

祝唐二人刚见面，祝枝山表妹也风风火火赶来，找到祝枝山和唐伯虎，指着唐伯虎对祝枝山骂道："此人还是个解元呢，枉为孔圣人的门生，昨晚你把这个杀千刀的送到我家，我要侧过（汤罐）有侧过，要仰过（炒菜敞口锅）有仰过，要水有水，还叫我加劲骚（烧），要一叉就一叉（剪子），天亮了还把我的乌鸡毛拔下来当大便纸，你说这个杀千刀的，缺德不缺德……"

三、无量山乌骨鸡的传说

景东哀牢山一带居住的彝族祖先最先称为哀牢夷。哀牢夷祖先建立哀牢国后，国王常用国内农民饲养的矩狗向汉朝上贡，以求得到庇护。矩狗是产在哀牢山中的一种温顺机灵的小狗，十分通晓人性，深得皇族贵人的喜爱。那时，为保一方平安，哀牢国民间普遍饲养矩狗。相传，当时的民间不但养矩狗，还养一种小巧玲珑的鸡，这种鸡比画眉鸟大不了多少，歌喉却比画眉鸟好听十倍，人们把它叫作唱鸡，是专门唱歌给人听的。

　　山中有一农民家庭，世代居住在山里，以饲养矩狗和唱鸡作为贡品来养家糊口，到唐代中期，出了个皇帝叫李隆基，遍寻天下珍宝给爱妃杨贵妃。一个爱出鬼主意的大臣翻出一本叫《逸周书·商书·伊尹朝献》的书，指着说：南沼国银生节度辖地（银生即今景东）有一个叫哀牢山的地方，不但有一种十分好玩的小狗叫矩狗，还有一种唱鸡，歌声十分动听。当时正臣服于唐朝的南沼王朝急忙派兵到民间寻找。这一时期，矩狗和唱鸡都已基本绝迹，独有山中这户人家还有一只矩狗和一只唱鸡。矩狗和唱鸡因年深日久，与主人的关系都十分友好，这只唱鸡还是主人从山中拣到的一枚蛋孵化出来的。这天，官差气势汹汹来了，主人赶紧从鸡圈里放出唱鸡让它赶紧飞走了，官差大怒，把农民打伤了，而来不及逃走的矩狗却被官差抓住了。被打伤的主人躺在床上奄奄一息，这时，主人的儿子却做了一个梦，梦见那只飞走的唱鸡托梦给他，要他到哀牢山中一个叫九十九座山的岩子抓一只大鸡来杀了让父亲吃，伤病即可痊愈。主人的儿子到山中一看，真的有不少大鸡在岩中嬉戏，他按梦中所示，抓了一只个大体健的乌骨鸡，熬汤让父亲食用，父亲的病便神奇的好了。这事一传开，人们只要有什么疾病，便到山中去抓鸡熬汤服用，什么疾病都好了。后来，这种鸡便被当作神鸡、药鸡在家家户户饲养。

　　据说，这种鸡就是唱鸡后代，只是个头比唱鸡大，脚杆长满了毛，所以后人就叫它大种毛脚鸡。那一脚长毛是哪里来的呢？是唱鸡飞走时被鸡圈挂破一块皮，伤好后这块皮就长在脚杆上，后来这些鸡也就因脚毛长而无法飞到天上去了，为什么这些鸡会出现不同毛色呢？是因为飞走的唱鸡跟山林中各种毛色野鸡交配而形成了不同外观。这些鸡长年生活在山中，采食各种药类植物，从此，鸡便有了治百病的功效。

　　至今，哀牢山大种毛脚鸡（也被称作无量山乌骨鸡）除走路笨拙之外，公鸡打鸣声和母鸡哄小鸡的声音都像唱鸡一样特别动听。从那以后，矩狗在哀牢山一带便绝迹了，而在当时唐朝首都长安一带至今仍有人饲养。

火　鸡

北美七面吐绶鸡，舶来扎根中原地。
膘肥肉壮幼羊重，五日一蛋足称奇。

——《火鸡》·现代·江笃

物种基源

　　火鸡肉（Meleagris gallopavo or Agricharis ocellata），为鸟纲吐绶鸡的去毛、内脏的肉或全体，又名七面郎、七面鸟、吐绶鸡。以胸脯肉厚、坚实者佳。实践表明，经冷冻后的火鸡肉口感胜于新杀火鸡肉。火鸡原产北美洲的南部，现在还有野生火鸡的原种。我国对火鸡的养殖处于刚起步阶段。公火鸡的体重12～18千克，母火鸡也有8～9千克。但每年产蛋量只有60～70个，蛋个重70～80克，饲料质量差还达不到这个数目。我国养殖以青铜吐绶鸡与白色荷兰吐绶鸡为多。山东与浙江养殖较多。

生物成分

　　据测定，每100克可食火鸡肉、腿肉、肝、肫的营养成分如下表：

生物成分 食材名称	热能 （千卡）	蛋白质 （克）	脂肪 （克）	碳水 化合物 （克）	维生 素A （微克）	核黄素 （毫克）	尼克酸 （毫克）	维生 素E （微克）	钙 （毫克）	铁 （毫克）	磷 （毫克）	硒 （微克）	胆固醇 （毫克）	钾 （微克）
火鸡胸肉	103	22.4	0.3	2.8	/	0.03	15.9	0.36	/	1.1	117	9.91	/	227
火鸡肝	130	20.1	5.5	8.9	/	1.21	42.8	1.14	/	20.6	226	36.00	/	245
火鸡腿	90	20.3	1.4	/	/	0.07	8.8	0.06	/	5.3	469	15.49		709
火鸡肫	91	18.8	0.3	3.2	/	0.09	7.9	0.34		3.6	109	16.31		351

此外，火鸡尚含维生素 B₆ 及叶酸等。

生物性能

1. 性味归经

火鸡肉，味甘，性温，微热；归脾、胃经。

2. 医学经典

《药用动物》："补中益气、滋补强壮。"

3. 中医辨证

火鸡，益气健脾，对治疗怔忡心悸、头晕目眩、脾胃虚寒、食欲不振、久病体虚、腰膝乏力等症有良好的功效。

4. 现代研究

火鸡肉蛋白质含量丰富，胆固醇低、脂肪少，且富含多种氨基酸，特别是氨氨酸和赖氨酸都高于其他肉禽，维生素 E 和 B 族也含量丰富，有提高人体免疫力和抗衰老等奇效。肉中胆固醇含量较低，容易被人体消化吸收和利用，是老人、妇女、儿童及高血压、糖尿病、动脉粥样硬化等病人极好的食疗佳品。

食用注意

火鸡肉性温热，故一般认为凡实症或邪毒未清者，特别是热感冒者慎食。

传说故事

给火鸡催蛋

据传，有一个寡妇，家里养了一只母火鸡，这只母火鸡每 5～8 天下一个蛋。渐渐地，寡妇觉得不满足了，她想："要是给火母鸡增加饲料中的营养，它下的蛋会不会又多而大呢？"从此以后，寡妇每天给母火鸡喂食时增加了很多谷物，并在谷物中增加了猪油渣等营养物。

这只母火鸡不停地吃啊吃，过了一阵之后，长成一只大肥母火鸡。可是因过于肥胖，母火鸡下的蛋越来越少，十天半个月也不下一只火鸡蛋，最后这只母火鸡索性地不生蛋了。

野 鸡

溪上行吟山里应，山边闲步溪间影。

每应人语识山声，却向溪光见人性。

溪流自漱溪不喧，山鸟相呼山愈静。

野鸡伏卵似养丹，睡鸭栖芦加入定。

人生何必学臞仙，我行自乐如散圣。

无人独赋溪山谣，山能远和溪能听。

——《溪上谣》·宋·林希逸

物种基源

野鸡（Phasianus colchlit orqunus Gmelin），为鸟纲雉科动物雉鸡的肉或去毛及内脏的全体，又名华虫、沙鸡、环项雉、华羽雉，以个体健壮、冠色鲜红、眼大有神、羽毛丰满为健康雉。野鸡的分布几遍全国，我国亚种分化甚多，共有 19 个亚种，现在市售大多为饲养野鸡。

生物成分

据测定，每 100 克野鸡肉营养成分如下表：

生物成分 食材名称	热能 （千卡）	蛋白质 （克）	脂肪 （克）	碳水 化合物 （克）	维生 素 A （微克）	核黄素 （毫克）	尼克酸 （毫克）	维生 素 E （微克）	钙 （毫克）	铁 （毫克）	磷 （毫克）	硒 （微克）	胆固醇 （毫克）
野鸡	155	31.9	0.9	0.3	1.5	0.19	2.7	0.55	22	1.4	116	18.00	/

此外，野鸡尚含人体所必需的氨基酸达 21 种之多，野鸡的原腺分泌的脂状物质为二脂蜡的混合物，其体中储存脂肪则是普遍的三酰甘油。野鸡为历代皇家贡品，清代乾隆皇帝曾写下"名震塞北三千里，味压江南十二楼"的名句。

生物性能

1. 性味归经

野鸡，味甘，性温；归心、胃经。

2. 医学经典

《名医别录》："补中益肾，平喘，补脑提神。"

3. 中医辨证

野鸡肉有祛痰、健脾、益肝、活血、壮骨、明目等功能，对下痢消渴（糖尿病）、小便频数、脾虚泄泻、胸腹胀满、痰气上喘等症具有特殊促康复效用。

4. 现代研究

野鸡肉含有人体所必需的氨基酸 21 种之多，其中有多种是人体自身所无法合成的，并富含锗、硒、锌、铁、钙等多种人体必需的微量元素，对儿童营养不良、妇女贫血、产后体虚、子宫下垂和胃痛、神经衰弱、冠心病、肺心病者是很好的食疗补品。野鸡肉还有健脾养胃、增进食欲、止泻的功效。雉中锶和钼的含量比普通鸡高 10%，有防病的作用，是一种理想的营养滋补保健品。

食用注意

（1）不宜食用熏烤的野鸡肉。熏烤的野鸡肉由于蛋白变性，烟中有害物质的渗入，产生较强的致癌物质苯并芘。野外熏烤，灰尘及其他微生物还会污染到食品上，加之用手抓撕食用，无法清洗手部的污物，含油脂较多的食物还可滑利肠道，故很易患消化系统的疾病，出现腹痛、呕吐、泄泻症状，甚至诱发癌症。

（2）小儿不宜多食。野鸡肉温热之性能助热生火，小儿贪其味道鲜美多食，很容易引发热性疾病。

（3）不宜在春夏季节捕食野鸡，应在秋冬之季食用，因秋季万物化实，食物丰富，野鸡肉肥膘满，冬季脂肪蓄积，皮下脂肪增多，此阶段捕食，营养最为丰富，其他两季捕食，则营养相对较少，捕食不宜。

（4）不宜与猪肝同时食用，两者温寒有别。

（5）不宜与鲇鱼、鲫鱼同时食用，易生痈疽，性味功能皆不相合。

（6）不宜与木耳、菌类同时食用，易致不良反应。

（7）有痼疾的人不宜食用。

传说故事

一、宝鸡市名的由来

晋代志怪名著《搜神记》和明代文学家冯梦龙的演义小说《东周列国志》中都记载了一个美丽的传说。

春秋时期秦文公当政的时候，咸阳附近的陈仓山中有一个农民耕地时挖出来一个怪物：体色黄白相间，样子像一个皮口袋，长着尖利的嘴、短尾巴和许多条腿，似猪非猪，似羊非羊。老乡见了奇怪就拴住它打算去献给君王，路上碰见两个小孩子，他们看见这个怪物后拍手大笑说："你这妖精平时祸害死尸，现在被捉住实属罪有应得！"老乡就问他们这是什么东西。孩子说："它叫'貜'，生活在地下，靠吸食死人的脑髓为生，日久年深修炼成精可以变化，危害匪浅，请牢牢抓紧别让它跑了，要想杀死它就用柏树枝插进它的脑袋。"貜听完之后大怒，张嘴口吐人言："我和你们无冤无仇，为什么说出我的来历还要害死我？老乡，他们两个不是人，是野雉成精，一雌一雄，名叫陈宝，抓住雄鸡的人可以君临天下，抓住雌鸡的人可以称霸诸侯。"农民听完后扔了貜就去抓小孩，两个小孩一瞬间变成雉鸡飞走了，貜也乘机逃脱了。农民就跑去把这一传奇经历报告了秦文公，这件事被当作野史记录了下来。

到了秦穆公当政的时候，有一次他喝醉了酒，接连睡了五天五夜，梦见一个漂亮的妇人，容貌美似天仙，肌肤白如冰雪，秦穆公问她名姓，妇人说："我是宝夫人，居住在咸阳附近的太白山，与君相邻，我的丈夫居住在南阳，每隔一两年来探望我一次。您如果能为我在山中立祠，那么我就帮助您成就霸业，传名万世。"接着秦穆公听到巨响如雷的鸡叫声，惊醒了。醒来后他觉得很怪异就召集文武官员给他解梦，一个叫廖的史官提起早年先君文公时发生的怪事，建议秦穆公到太白山中游猎以寻求鸡精的踪迹。果然不久就有人在陈仓山和太白山之间张网捕获了一只光彩照人的白色雌野鸡献给秦穆公，不过不久就变成了石头，于是秦穆公就在当地建造了祠庙供奉石鸡，同时为了昭示自己老赢家受命于天、君权神授，把陈仓改为"宝鸡"（这就是现在陕西西大门城市得名的由来）。每年立春立秋时节亲自祭祀，每逢祭祀的早上，总能听见山上传来鸡叫声，声音传到三里之外。每隔一两年，就有人看见山上红光数十丈，听见乐声殷殷，这是宝夫人的丈夫从南阳赶来和妻子相会。以后每有皇帝在陕西即位，就会听到宝鸡山上如雷鸣般的鸡叫声。初唐四杰之一的王勃就曾经在他的犯案名文《檄英王鸡》中说"文顶武足，五德见推于田饶；杂霸雄王，二宝呈祥于嬴氏"。

秦穆公得到雌鸡精后，励精图治，国运昌盛，诸侯来朝，霸业成就，成为"春秋五霸"之一。四百多年后，光武帝刘秀奔走南阳的时候捉获了雄鸡精，起兵消灭篡汉的王莽，恢复了汉朝的天下，实现了"得雄者王，得雌者霸"的预言，现在南阳的雉县据说就是得名于当年雄鸡精在此居住。

二、两只雉鸡

两只雉鸡，一只金尾，一只红尾。它们同年同月同日出生在一个巢里，又被同一个猎人捉回家，关在同一个鸟笼里。猎人家的鸟笼小得可怜，但金尾雉每天坚持在笼中操习飞行动作，把一双翅膀练得强劲有力。红尾雉却天天饱食终日，把身体养得臃肿不堪。金尾雉规劝道："咱们都是鸟类，是鸟类就应该学会飞行的本领啊！"

"飞行？"红尾雉冷笑一声，"关在笼子里，往哪儿飞？还是趁早死了那条心吧，免得白费劲。"金尾雉无奈地摇摇头，自管扇动着翅膀继续操练；红尾雉则又垂下眼帘，独自舒舒服服地晒太阳。

有一天，调皮的小猫把鸟笼打开了，金尾雉凭着一对强劲有力的翅膀，迅速冲出鸟笼，飞回了山林；而红尾雉想飞却飞不动，仍被关进了鸟笼。

红尾雉到底明白了：要想不错过稍纵即逝的机会，必须具备抓住机会的本领。否则，即使机会临头，也会白白地错过。

秧 鸡

头戴一枝花，身披黑袈裟。

别看没有病，一天咳到夜。

——《秧鸡》·现代·石斋

物种基源

秧鸡（Rallus aquaticus indicus），为鸟纲秧鸡科动物秧鸡的肉，又名咳端鸟、黑稻鸡、苦恶鸟、姑恶鸟，以体健、肥壮、毛紧贴身、两眼有神者为佳，在我国东北、河北一带越冬，4～8月，在华东水乡稻田停留觅食。我国常见的有普通秧鸡、白胸秧鸡和蓝胸秧鸡。

生物成分

据测定，每100克秧鸡肉营养成分如下表：

生物成分 / 食材名称	热能（千卡）	蛋白质（克）	脂肪（克）	碳水化合物（克）	维生素A（微克）	核黄素（毫克）	尼克酸（毫克）	维生素E（微克）	钙（毫克）	铁（毫克）	磷（毫克）	硒（微克）	胆固醇（毫克）
秧鸡	97	18.9	2.3	0.1	/	0.36	3.3	/	68	1.5	191	8.8	/

生物性能

1. 性味归经

秧鸡，味甘，性平；归胃、肺经。

2. 医学经典

《药用动物》："镇咳、消瘰沥、通便。"

3. 中医辨证

秧鸡，清肺平喘，止咳祛痰，补中益气，对百日咳、气喘、淋巴结核、便秘有独到的作用。

4. 现代研究

秧鸡肉含叶酸，可预防多种心血管病和防止胎儿畸形，含有的维生素 B_1 及 B_6，有助于碳水化合物的新陈代谢，神经发达，增强免疫系统。由于富含钾盐功能，可维护心脏和血压的正常功能，特别是含有锌元素，有助于愈合伤口并对男性生殖功能有极为重要的作用。

食用注意

（1）有痼疾人不宜食秧鸡肉。
（2）患疥疮者不宜食秧鸡。

传说故事

秧鸡的传说

相传，有个女子幼年失去了双亲，依赖哥嫂生活。她刚满 10 岁，哥嫂就强迫她去推磨捣米、洗衣刷碗，弄得精疲力竭，只好每天夜里偷偷哭泣。到了 15 岁，她被送往一户穷人家去作童养媳，谁知生活比家里更苦。她白天要到山上去打柴，到河边去挑水、烧饭、洗衣，晚上还要纺纱织布，而伺候稍稍不周，经常会遭到婆婆棒打针戳，她想这种苦日子如何过得，不如跳黄河死了吧。有一天夜晚，她跳黄河死了。后来，公婆将她的尸体从黄河中捞上来，特地叫来了她的哥嫂，当众成殓。这时候，突然从死者头前飞出来一只鸟，伸长了脖子叫着："姑姑——苦！姑姑——苦！"

诗人陆游的《夜闻姑恶》诗说："钓船夜过掠沙际，蒲苇萧萧姑恶声……不知姑恶何所恨，时时一声能断魂。"香蒲和芦苇，长在水边沙滩上，夜来听到的姑恶声，正是苦恶鸟的啼鸣。范成大的《姑恶诗》序说："姑恶水禽，以其声得名。世传姑虐其妇，妇死所化。"苏东坡有诗说："姑恶姑恶，姑不要，妄命薄。"道出人间哀怨之情。也有以"苦苦"为题，刻画了旧时代农民的悲惨生活："苦，苦，旧年鬻牛犁，今年典妻子，屋里无人泪濠濠"。

鸭

写得鱼笺无限，其如花锁春晖。
目断巫山云雨，空教残梦依依。
却爱熏香小鸭，羡他长在屏帏。

——《河满子》·唐·和凝

物种基源

鸭（Anas domestica L.），为鸟纲鸭科动物家鸭的肉，又名舒凫、家凫、鹜，以头大颈粗、脚爪膜粗厚、健壮，两眼有神者为佳。药用雄鸭以绿头、尾有四根幼羽毛者为佳。品种甚多，有蛋用、肉用、蛋肉兼用三种类型。我国各地淡水湖、川、河、泊均有产出。

生物成分

据测定，每100克可食鸭肉所属各部主要生物成分如下表（一）：

生物成分 食材名称	热能 （千卡）	蛋白质 （克）	脂肪 （克）	碳水 化合物 （克）	维生 素A （微克）	核黄素 （毫克）	尼克酸 （毫克）	维生 素E （微克）	钙 （毫克）	铁 （毫克）	磷 （毫克）	硒 （微克）	胆固醇 （毫克）	硫胺素 （微克）
鸭肉	359	13.7	31.8	/	28	/	1.2	0.12	6	1.7	92	6.5	/	/
冻鸭肉	299	16.3	26.0	/	40		1.8	/	13	1.5	124	16.0		
填鸭肉	424	9.3	41.3	/	30		4.2	0.53	15	1.6	149	5.80		
白鸭肉	331	15.2	30.0	/	104		/	0.44	3	2.2	109	/		
公麻鸭肉	360	14.3	30.9		238		/	0.13	4	3.0	122			
鸭翅	146	16.5	6.1		14		2.4		20	2.1	84	10.0	49	
鸭皮	538	6.5	50.2		21		1.0		6	3.1	42	4.70	46	
鸭掌	150	13.4	1.9	19.7	11		1.1		24	1.3	91	5.42	36	
鸭肝	172	18.3	9.5	3.3	1040		8.9		18	11.6	330	62.8	401	
鸭舌	245	16.6	19.7	/	35		1.6	0.23	13	2.2	94	12.5	118	
鸭心	134	12.8	8.9	/	24		8	0.81	20	5	188	15.3	120	
鸭肫	97	19.3	1.8	1	/		3.2	0.2	8	4.5	261	15.7	144	
鸭血	58	13.6	0.4	/	57	0.06	/	0.10	2	39.6	127	124	/	0.06

每100克鸭肉加工制品所含主要生物成分如下表（二）：

生物成分 食材名称	热能 （千卡）	蛋白质 （克）	脂肪 （克）	碳水 化合物 （克）	维生 素A （微克）	核黄素 （毫克）	尼克酸 （毫克）	维生 素E （微克）	钙 （毫克）	铁 （毫克）	磷 （毫克）	硒 （微克）	胆固醇 （毫克）	硫胺素 （微克）
烤鸭	448	20.4	40.7	/	30		2.8	0.08	10	1.8	179	10.88	91	
酱鸭	266	18.9	18.4	/	11		3.7	/	14	4.1	140	15.74	107	
盐水鸭	312	16.6	26.4	/	35		2.5	0.42	10	/	112	/15.37	81	
红烧鸭（罐头）	338	15.3	30.5	/	26		3.8	0.1	29	2.5	476	11.5	135	
酱填鸭（罐头）	243	10.8	20	/			7.5	/		2.2	85	5.8	63	
板鸭	178	9.8	14.9		17		6.5	0.11	13	3.6	78	15.1	39	

生物性能

1. 性味归经

鸭肉，味甘、微咸，性凉；归肺、胃、脾肾经。

2. 医学经典

《名医别录》："补虚、除热、调理肠胃。"

3. 中医辨证

鸭肉，大补虚劳、清肺解热、滋阴补血、定惊解毒、利水消肿，对痨热、骨蒸、咳嗽、水肿、阴虚失眠、疮毒久溃不愈、食欲不振、体弱乏力等症具有食疗促康复之效。

4. 现代研究

鸭肉富含蛋白质、脂肪及各种维生素等，历来是滋补上品，经常食用能补充人体必需的多种营养成分，其滋补作用优于鸡肉。鸭为水禽，性偏凉，有滋阴养胃、利小便、退肿的功效，体内有热者宜食，民间常用鸭肉滋阴补虚、利尿消肿，低烧不退、虚弱少食、大便干燥、水肿不消者食之尤为补益。此外，癌症患者和放疗、化疗后的阴虚病人也宜食用。

食用注意

（1）鸭肉性凉，故凡平素体质虚弱，或因受凉引起的不思饮食、胃痛、腹泻、腹痛及经痛等症患者，以暂不食用鸭肉为宜。

（2）不应多食烟熏和烧烤的鸭肉，此类方法制作的鸭肉中含有较多的化学物质苯并芘，容易致癌。

（3）据前人经验，鸭肉与鳖肉同食会便秘，与核桃、木耳和荞麦同食也可引起消化不良。

附注：

（一）鸭头颈

鸭头颈，味甘、咸，性平，有滋阴降火、健脾养胃的作用，可治阴虚内热、情绪躁动、睡眠不安、口干咽痛、口腔溃疡、牙髓肿痛，消水肿、利小便，中成药"鸭头丸"即据此药理而制。

（二）鸭肝

1. 鸭肝性能

鸭肝，味甘、咸，性微寒，有维持正常视力，保护眼睛，增强上皮细胞作用，可提高机体免疫水平，可帮助机体抑制日常难避免的少量致癌的化学物质。

2. 食用注意

鸭肝同鸡肝一样，有心血管疾病、胆固醇高及痛风患者不宜多食，不宜与维生素C含量高的食物同煮，与抗凝血药物、左旋多巴、优降灵和苯乙肼等药同食用影响药效。

（三）鸭掌

将鸭掌烧研成粉，可治疗化脓性脚气以及各种疖肿等。

（四）鸭舌

鸭舌，有治疗痔疮，杀虫的功能，可滋阴养血，益胃生津，有消热祛燥的功效。

（五）鸭心

鸭心，味甘、咸，性平，有养心、安神、祛惊的作用，可治惊悸怔忡、自汗、恍惚等症状及具有补血、补心的功效。

（六）鸭肫

1. 鸭肫性能

鸭肫，味甘、咸，性寒，无毒，可治疗鱼骨鲠喉及噎膈反胃，将鸭肫烧后研成末，每次用水送服 5 克，有消食导滞的功效，可治食积不化，脘胀腹满，小儿疳积、遗尿、遗精等症。还有名家论述指出：鸭内金能消人体脏腑各处之积，还能生肌收口，治消化性溃疡。科学实验证明，鸭肫含有胃激素，可使胃酸及胃液分泌量增加，增强胃的蠕动，加快胃内容物的排空，故能消食化积。鸭肫本身并不含任何消化本酶等，故影响胃分泌及活动，需要鸭肫成分，消化吸收后的过程才能有效用。

2. 食用注意

鸭肫一次食用不可过多，过多反而不易消化，鲜鸭肫清洗时要剥去内壁黄皮。

（七）鸭血

1. 鸭血性能

鸭血，味咸，性寒，无毒，有补血、解毒的作用，可治劳伤吐血及痢疾等病，例如：金、银、砒霜、盐卤、鱼虫等百毒以及小儿白痢的消毒杀菌。

2. 食用注意

鸭血，平素脾阳不振、寒湿泻痢之人忌食，鸭性寒，与兔肉同食易致腹泻。

（八）鸭胆

鸭胆，清肝明目，解毒，用于眼目红肿、痔疮。

（九）鸭内金

鸭内金，消导积滞、止痢、止遗，用于食积不化、反胃呕吐、泻痢、遗尿、尿频。

传说故事

一、武则天与虫草全鸭

武则天晚年体衰多病、咳嗽不止，太医什么药品都用过，总不见有多少疗效。御膳房的康厨师跟随武则天多年，见她不思饮食，身体羸弱，便想着家乡常用"冬虫夏草"炖鸡滋补身体的方法，想给武则天做一道试试看。但鸡是发物，他唯恐对武则天的病不利，于是用鸭子取而代之。鸭子炖好后，康厨师将其端给武则天品尝。武则天见汤里有黑乎乎似虫非虫的东西，以为康厨师要害她，便将其打进大牢。

御膳房的李厨师与康厨师是同乡好友，同情康厨师的不幸。他想，只有用冬虫夏草治好武则天的病，才能还康厨师清白。他扒开鸭子的嘴，把几棵冬虫夏草塞了进去，再放进锅里炖。武则天吃了觉得鸭子肉嫩、味鲜，此后每隔三两天便吃一次。一个多月后，武则天的气色好转，不再咳嗽了。这天，武则天邀请监察御史吃饭。李厨师端上了"虫草全鸭"，武则天说："我的身体恢复得很好，得益于这道菜。"席间，武则天问监察御史如何处理康厨师谋杀一案，这时李厨师斗胆抢了几句话说："康厨师的鸭汤里，那黑乎乎的东西是'冬虫夏草'"。李厨师现身说法，把制作"虫草全鸭"的整个过程向武则天和监察御史作了表述，之后，从鸭子的嘴里取出了黑乎乎的东西。武则天沉思许久，于是吩咐人把康厨师从大牢里放了出来。

二、鸭子几条腿

从前，有个愣官摆席请客，叫个仆人去端盆子，仆人端着一盆红烧鸭，香味扑鼻，他便在路上偷吃了一条鸭腿。愣官一看少了一条鸭腿，便问："怎么少了一条鸭腿？"仆人说"鸭子本来就是一条腿。"愣官不信，要仆人领他去看。果然一只鸭子在池塘边用一条腿站着。仆人说："老爷，你看，那不是一条腿吗？"愣官说："不对。"

拾起一根木棍，便打鸭子，鸭子一跑，现出了两条腿。愣官骂道，"混蛋，竟敢偷吃还说谎。"仆人说："你不要打它嘛！我要抢起棍子打你，你准变成四条腿。"

三、李白与太白鸭

"太白鸭"相传始于唐朝，与诗人李白相关。李白祖籍陇西成纪（甘肃秦安）。幼年时随父迁居四川绵州昌隆（今四川江油青莲乡），李白在四川近二十年生活中，非常爱吃当地制作的焖蒸鸭子。这种菜是将鸭宰杀洗净后，加陈酒、盐及枸杞、三七、鲜汤等各种配调料，放蒸器内，用皮纸封口蒸制而成，保持原汁原味，鲜香可口。

唐天宝元年（公元742年），李白奉唐玄宗之诏入京供职翰林，文武百官都敬重他，当时李白虽然想为朝廷出力，但在政治上并未受到重用，相反由于杨贵妃、杨国忠、高力士等人在唐玄宗面前，对其谗言攻陷，而逐渐被疏远。李白为了实现自己的抱负，曾设法接近唐玄宗，他想起了年轻时在四川曾经常吃的美味鸭子，就是肥鸭，加上百年陈酿花雕、枸杞子、三七和调味料等蒸制后，献给玄宗，玄宗食后，觉得此菜味道极佳，回味无穷，大加称赞，便问李白："卿所献之菜乃何物烹制？"李白回答："臣虑陛下龙体劳累，特加补剂耳。"玄宗非常高兴地说："此菜世上少有，可称太白鸭。"后来李白虽然仍被疏远，但李白献菜一事成为烹饪史上的一段佳话，"太白鸭"便由此历代相传，成为四川的一道名菜。

四、北京烤鸭的起源

驰名中外的北京烤鸭是一道风味独特的中国传统名菜，已有数百年历史。

其实，烤鸭最早始于南京。明太祖朱元璋建都南京，宫廷御厨烹制鸭子时，改变了往常水煮、红烧、清蒸等方法，采用炭火烘烤，使鸭肉酥香味美，肥而不腻，"烤鸭"即由此而得名。朱元璋死后，他的第四子朱棣用武力夺取了其侄子建文帝的皇位，并迁都北京。烤鸭技术也随之带到北京，又得到了进一步发展。宫廷取北京玉泉山所产填鸭烤制，皮脆肉嫩，口味更佳。文献记载："京好美馔，莫妙于鸭，而炙者尤佳。"难怪烤鸭也成了乾隆、慈禧所喜爱的宫廷佳肴了。

宫廷膳房制作烤鸭的方法渐渐流传到民间。1855年，以经营焖炉烤鸭著称的"便宜坊"（当时称"金陵老便宜坊"）在北京前门外鲜鱼口开业。其成品外焦里嫩、皮层松脆、肉质鲜美、肥而不腻、入口即酥。1866年，"全聚德"以经营挂炉烤鸭闻名遐迩。其成品呈枣红色，鲜艳油亮、皮脆肉嫩、奇香飘逸、味美适口。焖炉烤鸭和挂炉烤鸭各具特色，为中外宾客所津津乐道。

烤鸭，在北京有多种吃法。通常是片着吃，即将烤熟的鸭子，趁热片成薄片，蘸甜酱，加葱白，用特制的荷叶饼卷着吃；也可用蒜泥和酱油拌匀作佐料，用饼卷着吃；喜食甜者可蘸白糖吃；还可以加其他佐料，作冷盘。

五、南京板鸭的典故

板鸭是由活鸭宰杀后，用盐卤腌制风干而成的。相传南北朝时，梁武帝命建都建康（今南京），皇宫位于城内台城。有一年，大将侯景起兵叛乱，包围了台城。皇宫卫队与叛军短兵相接，战斗激烈。梁朝士兵有时顾不上吃饭，当时正值初秋，肥鸭上市，厨师就把鸭子宰杀后洗净，加上佐料煮熟，用荷叶一只只包好送到土山上，有时怕来不及，就将几十只鸭子扎起来抬上阵地。士兵们打开成捆的干鸭，用水一煮，顿觉香味扑鼻，咸淡相宜。因其肉质细嫩紧密，像一块板似的，士兵们便风趣地称它为"板鸭"。

此后，南京的百姓也纷纷制作"板鸭"，渐渐地形成了几十道操作精细的工序。到了清代，板鸭被列为"贡品"，有"官礼板鸭"之称和"六朝风味"之誉。宣统年间，开始名扬海外，今南京板鸭外形饱满，体肥皮白，食之肥而不腻，具有香、酥、嫩的特色。

六、中秋节"杀鸭子"的来历

按习俗，中秋节除了吃月饼，还喜欢吃盐水鸭，据说这还和朱元璋有关系哩。

朱元璋造反，计划在八月十五起义，规定的联络暗号是"驱元兵，杀鞑子"。

谁知道消息泄露，被元朝官兵知道了，他们立即调兵遣将，占领各军事要道，朱元璋的造反部队非常危险。

老百姓也知道了这个情况，他们心向着朱元璋的起义队伍。于是，大家开门敞户，做圆饼，杀鸭子。

元朝官兵很是奇怪，派人出来打探，老百姓说："这是我们过八月节的习惯，家家要吃圆饼，杀鸭子"。官兵一听，恍然大悟：原来是"吃圆饼，杀鸭子"，不是"驱元兵，杀鞑子"，就把官兵全部撤了。这样，朱元璋起义才获得成功。

后来，朱元璋做了皇帝，没有忘记老百姓相助的功劳，就规定，每年中秋节时，家家户户都要吃圆饼，杀鸭子。

圆饼，就是后来的月饼，这时候的鸭子，南京人还给它一个好名称，叫作桂花鸭！南京的鸭子也就出了名。

鹅

君因风送入青云，我被人驱向鸭群。
雪颈霜毛红网掌，请看何处不如君？

——《鹅赠鹤》·唐·白居易

生物基源

鹅（Anser cygnoides domestica brisson），为鸟纲鸭科动物家鹅的肉，又名舒雁、家雁。鹅以翼下肉厚，尾部肉多而柔软、表皮光泽为佳，肉色呈新鲜红色，血水不会渗出太多，如肉色呈暗红，就不太新鲜了。我国以华东、华南地区饲养较多，白鹅、灰鹅、狮头鹅等都是我国的优良品种。

生物成分

据测定，每 100 克鹅肉、烧鹅、鹅肝、鹅肫营养成分如下表：

生物成分 食材名称	热能 (千卡)	蛋白质 (克)	脂肪 (克)	碳水 化合物 (克)	维生 素A (微克)	核黄素 (毫克)	尼克酸 (毫克)	维生 素E (微克)	钙 (毫克)	铁 (毫克)	磷 (毫克)	硒 (微克)	胆固醇 (毫克)
鹅肉	266	20.3	22.5	/	48	/	6.2	83	9.5	4.9	141	25.58	83
烧鹅	289	19.7	21.5	/	9	/	3.6	0.07	91	3.8	202	7.68	89
鹅肝	129	15.2	3.4	/	6100	/	/	/	2	7.8	216	5.29	285
鹅肫	100	19.6	1.9	1.1	51	0.06	2.3	0.58	5	4.3	141	11.1	153

此外，鹅肉的脂肪成分主要是油酸、棕榈酸、硬脂酸的三脂肪酸甘油酯的化合物，尚含有混合甘油酯，所含不皂化物为胆甾醇。

生物性能

1. 性味归经

鹅肉，味甘，性平，微凉；归脾、肺、胃经。

2. 医学经典

《别录》："消肿解毒，润泽肌肤。"

3. 中医辨证

鹅肉，可补虚益气、暖胃生津，性似葛根，能解铅毒，可入药解五脏之热；鹅油可治肌肤干裂；鹅血可解毒，治噎嗝反胃；鹅胆可解热、止渴、平喘、治疗慢性支气管炎；鹅涎可治骨刺鲠喉等。

4. 现代研究

鹅肉所含氨基酸组成接近人体所需氨基酸的比例，是一种全价、优质蛋白质。常食鹅肉对老年糖尿病患者有控制病情发展和补充营养的作用，对治疗感冒和急慢性气管炎有良效。对于长期在有铅中毒危险的环境中工作的人，进食鹅肉有解毒功效。另外，鹅肉脂肪含量低，不饱和脂肪酸含量高达66%，特别是亚麻酸含量高达4%，对预防心血管类疾病有益。

食用注意

(1) 不宜过量食用，否则不易消化。

(2) 鹅肉性偏凉，胃肠虚寒者慎食。

(3) 鹅肉为发物，湿热内盛、顽固性皮肤病、淋巴结核及有皮肤疮毒者忌食，特别是背部患蜂窠炎者忌食鹅肉。

(4) 据前人经验，鹅肉与鸡蛋同食伤元气，鹅肉与鸭梨同食伤肾脏。

附注：

(一) 鹅肝

1. 鹅肝的性能

鹅肝，性温，味甘、苦，微毒；归肝、肾经，含有丰富的碳水化合物、蛋白质、脂肪、胆固醇和铁、锌、铜、钾、磷、钠等矿物质，同其他动物肝脏一样含有丰富的维生素A，有补血、养目之功效。另外鹅肥肝脂肪含量达20%～30%，绝大部分为不饱和脂肪酸，富含铜、三酰甘油、卵磷脂、脱氧核糖核酸和核糖核酸，可增加体内的酶活性，调解钙、磷代谢，降低血液中胆固醇水平、软化血管、预防心血管疾病，还有促进人体正常发育、滋补身体、延缓衰老之功效。

2. 食用注意

（1）有瘀血、肿块或寄生虫的鹅肝绝对不能食用。

（2）鹅肝属高胆固醇食品，急慢性胆囊炎、胆石症患者忌食，过多食用鹅肝，会增加动脉硬化和罹患冠心病的危险性。

（3）过量食用鹅肝会引起急性维生素 A 中毒。

（二）鹅肥肝

鹅肥肝是在活鹅体内培育的脂肪肝，比正常鹅肝大 4～10 倍。鹅肥肝卵磷脂、酶活性和脱氧核酸比一般鹅肝分别高 4 倍、33 倍和 1 倍，肝油酸酯含量增加 17 倍，不饱和脂肪酸占 65％～68％。一般鹅肝中只含脂肪 2％～3％，而鹅肥肝脂肪可达 60％左右，但鹅肥肝以不饱和脂肪为主，对人体健康十分有益。有资料显示，长期食用鹅肝油的人群中，患心血管疾病的概率要明显低于食用其他动植物油的人群。另外鹅肥肝还能降低人体血液中的胆固醇含量，且蕴含人体中不可缺少的卵磷脂。这种脂肪肝质地细嫩、风味鲜美、易于消化吸收，被誉为"世界食品之王"，是世界上最珍贵的营养食品之一。

（三）鹅肫

鹅肫是鹅的胃，性平，味甘、咸，有健脾益气的功效。每 100 克鹅肫鲜品中含蛋白质 19.6 毫克，脂肪 1.9 毫克，磷 112 毫克，铁 4.7 毫克，含钾量较高达 410 毫克，还含有维生素 A、B 等，其营养价值、药用价值均较高，可治疗胆囊炎、胆石症。用鹅肫炖汤，食肫喝汤或切成小片作零食用，每日 1 次。

（四）鹅血

1. 鹅血性能

鹅血，性平，味咸；归心、肝、胃三经，有补血活血、解毒、破瘀利膈功效，用治噎嗝反胃、饮食哽咽不下。鹅血营养成分与鸡血相近，可养血补体，促进血细胞生长，用于血虚发热或妇女经闭、经量过少、骨蒸潮热的食疗，防治再生障碍性贫血。此外，鹅血中含有较高浓度的免疫球蛋白，可增强机体的免疫功能，升高白细胞，促进淋巴细胞的吞噬功能。研究发现鹅血中含有不被人体消化道中酸、碱、酶所破坏的低分子抗癌物质。大多数患有恶性肿瘤的病人，其机体的免疫功能显著下降，在鹅血中所含的免疫球蛋白、抗癌因子等活性物质，能通过宿主中介作用，强化人体的免疫系统，达到治疗癌症的目的。

2. 食用注意

鹅血不宜多食，因有微量的毒性。

（五）鹅膏

鹅膏为白毛家鹅的脂肪油，性寒，味甘，能清热解毒、滋润皮肤，外涂可治疗疖痈肿疮毒、手足破裂。

（六）鹅胆

鹅胆为鹅体内装胆汁的器官，胆汁中含有鹅脱氧胆酸成分，味苦、性寒、无毒，可解热毒，可治痔疮初起，多次涂敷患处可自消。

（七）鹅内金

鹅内金为鹅的砂囊内壁，鹅宰杀后，取肫剥开取内衣，洗净晒干，厚 1 毫米，表面为黄白色或灰黄色，平滑无光，边缘内卷，边有齿状裂纹，质坚脆气腥，可治消化不良、健脾止痢，取干内金粉碎 5 克煎汤内服即可。

（八）鹅羽毛

鹅羽毛，主要含有蛋白成分，鹅经常用嘴蘸尾脂腺液涂布全身羽毛，故羽毛还附有一种油蜡状物质，能治痈肿、疮毒、瘰疬、噎嗝及惊痛等症，可将羽毛烧存性研细成粉内服，或外用。

传说故事

一、王羲之与"兰亭"鹅

在绍兴名胜"兰亭"鹅池，有一块"鹅池碑"，相传是王羲之父子同书的。王羲之当时刚写完一个"鹅"字，皇帝圣旨到了。王羲之连忙搁笔去接圣旨，这时，在旁边观看的独生子王献之拿起毛笔续写了一个"池"字，两个字一肥一瘦，相得益彰，后人称之为父子碑，在书法史上传为佳话。王羲之平时很喜欢养鹅，他把鹅的各种动态作为书法用笔的参考。

二、黄鹤楼下一笔"鹅"

从前，黄鹤楼下的碑廊里有一方大碑，上边只写了一个"鹅"字，从远处看，它真像一只鹅正在引颈高唱；近看，才是一笔写成的"鹅"字。这一个鹅字，到底是谁写的呢？武昌的老百姓都说它是王羲之的真迹。

相传，玉皇大帝在天宫门口修建了一座牌坊，想在上面镌刻"南天门"三个大字，可谁的字才配得上这座牌坊呢？他想来想去，看中了王羲之。可他知道王羲之一不想当官，二不爱钱财，还有一般读书人的傲气。怎么才能请得动呢？玉皇大帝见南极仙翁在一旁微笑不语，想到他定有办法，便让他到凡间来走一趟。

南极仙翁早听说王羲之特别喜欢鹅，就从王母娘娘那里借来了一群仙鹅，赶着它下凡来了。

这一天，王羲之正沿着长江观看两岸的美景，忽然看到一个老人赶着一群白鹅，心里非常高兴，便急忙上前，围着鹅群看来看去，嘴里不断夸奖："好鹅，好鹅，这群鹅真好呀！"他对牧鹅老头施了一礼，要求卖几只给他。老头摸摸白胡子，笑着说："如果先生真的十分喜爱鹅，那我就送给你几只吧。"王羲之心中大喜，连忙向老头道谢。他问："这么好的鹅，是从哪里赶来的呀？"老头说："地方可远呐，是从天南之门赶来的。"王羲之"啊"了一声，脑子里转来转去，想了很久还想不出"天南之门"在哪里。他怕是自己听错了，就用手指在老头手掌上一个字一个字地边写边问："是不是这四个字？"老头微笑点头，等他刚写完字，匆匆忙忙赶着鹅群便走。王羲之眨了眨眼，只见老头骑上鹅飞向天空，一会儿就钻进白云不见了。王羲之再仔细看，见白云深处有一座巍峨的牌坊，上面写着"南天门"三个大字，还闪闪发着金光呢。他不由得赞叹道："这三个字写得真好啊！"话刚说完，忽然醒悟过来：原来这字是刚才自己写的。

王羲之知道仙翁送的几只鹅是仙物，便精心养在鹅池里，每天都仔细地观察它的神态，同时边看边练字，日久天长，就一笔写出这个鹅字来了。后人把它刻在石碑上，摆到了黄鹤楼下的碑廊里。

三、倪云林与"红掌拨清波"

元朝大画师倪云林，他不但能画一手出色的水墨画，而且精于烹调，算是个多才多艺的人。

一天，苏州菩提禅寺（今狮子林）的当家法师慈悟要在寺内的废园里修建一座颇有特色与规模的假山，听说倪云林的山水画很有名，就请他设计图样。老慈悟陪他在废园里兜了一圈，忽然，传来一阵"嘎嘎嘎"的声音，倪云林举目四寻，原来是一只红嘴赤掌，羽白如雪的大鹅在绿水碧波中嬉戏漂浮，他便停住脚步，看出了神。慈悟法师捻着佛珠哈哈大笑道："这鹅是从天上下凡到老衲这儿的，老衲养它多年，为的是给小寺看门哩。"倪云林说："这只白鹅真气势不凡，我养鹅多年，还没碰到这样神气的鹅。方丈如能让我收入笔底，那就感激不尽了。"慈悟一听，求之不得，忙命小和尚取来文房四宝，请倪云林作画。倪云林接过纸笔，三下五除二，一只神气活现的大白鹅跃然纸上。接着他又题了一首骆宾王的诗："鹅，鹅，鹅，曲项向天歌，白毛浮绿水，红掌拨清波。"

倪云林深知慈悟不是俗人，便把这幅画捧到他面前，风趣地说："如方丈见爱拙作就送给你，作个初见留念。"慈悟极喜，感激地说："贤士盛情，无以为报，你既喜欢鹅，就把这只大白鹅作为薄礼相赠。"

事隔一天，法师为建造山事来到禅房见倪云林，闻到里面传来一股鹅肉香。慈悟掀开门帘一看，只见倪云林和一位工匠在举杯对酌，手里各拿一只鹅腿，啃得正起劲。原来倪云林嗜鹅成癖，把慈悟法师相赠的鹅捉来在禅房里宰杀，然后用蜜拌酒浸满鹅身，葱、姜、花椒、盐佐料填进鹅腹，烧制清蒸鹅，又嫩又香，法师慈悟见到地上的鹅毛和血迹，不禁皱了皱寿眉毛："阿弥陀佛，佛门净地，戒杀众生，贤士怎么在此杀生？"

倪云林尴尬地说："请方丈见谅，寒士不可一日无此物。鹅肉同龟肉一样，也是养生之物，我们江南人称它为白乌龟。你不是说鹅是从天上下凡的吗？嘻嘻，如今我吃了你赠予的仙鹅，也沾了仙气啦！能画出这样的假山图样无不与仙气有关。"

慈悟法师无言以对，只好顺着倪云林的指点，去看墙上挂着的假山图。这一下，竟把老法师吸引住了，他不禁拍手叫好："好，好，好极了。"

倪云林烹饪鹅肉的技术，后来也记载在他写的食谱里，传遍江南，其名曰："红掌拨清波"。

四、明朝的《荒年谣》中的"鹅"

明嘉靖乙巳年，全国灾荒，五谷歉收，物价飞涨，老百姓的生活十分艰辛，到处一派凄惨景象。文人金玉泉戏作《荒年谣》。

其一云：

> 年去年来来去忙，不饮千觞饮百觞。
> 今年若还要吃酒，除却酒边酉字旁。

"酒"字除却"酉"是"氵"，就是说现在只能喝水。

其二云：

> 年去年来来去忙，不杀鹅时也杀羊。
> 今年若还要鹅吃，除却鹅边鸟字旁。

"鹅"除去"鸟"是"我"，就是说，啥也没有，只能吃"我"了。

鹅趣：

白鹅长着白羽毛，鹅黄冠，红脚蹼，一摇一摆地走着。它吃的是草，长得又快又大，会下蛋，农村里很多人家饲养它。它还会看家，碰到陌生人，就伸长脖子，拍打翅膀，"嘎嘎"地大叫，摆出一副搏斗的模样。狮头鹅的前额和颌下长有黑色的肉质冠髯，很威武，真有点卫士风度。

鹅的祖先是雁，我国养鹅的历史至少有3000年了。白鹅、灰鹅和狮头鹅，都是人们培育的良种。鹅经过长期饲养，虽然已经失去飞翔的能力，却保留着祖先的一些特性：机警勇敢，对同伙相亲，对故害警惕；遇到侵袭，群起而攻。这是在其他家禽中少见的。

公元前390年，敌兵夜袭罗马的一座城堡，守城士兵因节日狂欢喝得酩酊大醉，当敌军逼近，将要攻破城堡时，他们尚在沉睡。幸好守城士兵养的鹅，被敌军的脚步声惊动，大叫起来，把士兵唤醒，才得以打退敌兵。自此，罗马人把鹅看成"灵鸟"。

不久前，苏格兰的一个瓦兰丁威士忌酒厂老板，利用90只鹅做巡逻队来保卫酒库。由于鹅的听觉比狗还灵，一有风吹草动，就立即大叫起来。而养鹅不需多大照管，仓库附近有的是草，花钱不多。这些鹅群巡逻队担任警卫以后，酒库就从没发生过盗窃事件。

苏联的科学家曾对鹅的鸣叫进行观察和研究，借助传言机来偷听鹅的"语言"，并用磁带录音机记录下来。他熟悉白鹅的"词句"，模仿鹅的叫声，经常同鹅"交谈"，甚至双方居然都能很好地了解，白鹅也乖乖地听他的指挥。

这位科学家还确信，一群白鹅在草地上觅食的时候，是这样饶有兴趣地在"说话"的：

"嘎嘎嘎"，这是白鹅呼唤着同伴说："赶快！赶快！""嘎嘎嘎……"地连叫7声，这是白鹅表达的另一种意思："这儿挺幸福，咱们就待在这儿吧！"当白鹅连叫6个音节时，"翻译"过来的意思就是："这片草地上的草很少，不过还可以嚼几口！"后面第一群白鹅听了，就向前面去觅食啦。当"嘎嘎"连叫5声的时候，第二群白鹅也出发前去觅食了。如果叫上4声，则又是另一个意思："咱们别在这耽搁了，大家继续向前吧！"

英国的动物行为学家康勒德·罗伦兹，被称为"现代生态学之父"，他常常同鹅、鸭、猴、鲣鳍为伍，同它们亲密相处，还能跟动物"交谈"。他曾做过这样的试验：当他第一个在刚孵出的灰鹅面前出现时，那些雏鹅立即把他当作"妈妈"，他走到哪里，雏鹅就跟到哪里。他认为，初生的鸟，有一种"先入印象"。他正是利用这种"先入印象"，使两只无母的雪鹅同他形影不离。由于他能使用十分神秘的"鹅语"，那两个"孤儿"在他的召唤下会跟他一起游泳，亲昵地分立左右两侧，用嘴衔住"妈妈"的头发，显露出"亲爱"之情。

鹅还能帮人除杂草。江苏北部的棉农，常把鹅群赶进棉田，让鹅沿棉田垄把杂草除尽，却毫不伤害棉苗。我国农民在放牧鸭群的时候，常夹养几只雄鹅，像牧羊狗那样来保护鸭群。

野 鸭

江头云黄天酝雪，树枝惨惨冻欲折。
耐寒野鸭不知归，犹向沙边弄羽衣。
黄茅母日不自力，影乱弱藻相因依。
惟有苍石如卧虎，不受阴晴与寒暑。
舟中过客莫敢侮，闲伴长江了今古。

——《题唐希雅画寒江图》·宋·陈与义

物种基源

野鸭（Anas platyrhynchos L.），为鸟纲鸭科动物绿头鸭等多种鸭科动物鸟类的肉或去羽毛和内脏的全体，又名野凫、野麻鸭、水鸭、蚬鸭、绿鸭、绿头鸭、晨鸭、青边。健康野鸭眼大而有神，背宽、胸阔、体长、羽毛紧密细致，富弹性。手提鸭，若两脚向下伸出但不动弹，趾张开，则皮下脂肪少。野鸭按长相分：有绿翅鸭、花脸鸭、罗纹鸭、潜鸭、鹊鸭等；按雌雄成对的大小分：有对鸭（两只一起），四鸭（四只一起，比对鸭小），六鸭（六只一群，比四鸭又小），八鸭（八只一群，比六鸭又小），最小的叫"骚垛子""水鬼"。我国的淡水湖泊和江河均有分布，大多为冬候鸟。对鸭是家鸭的祖先，现已人工养殖。

生物成分

据测定，每100克可食野鸭肉含热能136千卡，水分74.5克，蛋白质22克，碳水化合物0.5克，脂肪3.1克，含有维生素A、B₁、B₂、E、烟酸、硫胺素，还含有人体所必需的多种氨基酸和微量元素铜、铁、磷、钙、锌、硒等。

生物性能

1. 性味归经

野鸭肉，味甘，性寒；归脾、胃、肺、肾经。

2. 医学经典；

《食疗本草》："补中益气，消食和胃，除虫。"

3. 中医辨证

野鸭肉，补中和胃，消食利水，解毒，有益于病后虚弱、食欲缺乏、体倦无力、气虚水肿、热毒疮疖、久病不愈等病症，有食疗促康复之效果。

4. 现代研究

野鸭的营养成分比家鸭高，其蛋白质丰富，野鸭肉中蛋白质含量高达19%～22%，脂肪含量低于7%，人体必需的氨基酸含量高且均衡，铜、铁、锌等微量元素含量十分丰富，其成分含量不同程度高于家鸭，为野味之上品，适宜于病后体虚、食欲不振、由慢性肾炎引起的水肿病人，以及肺结核低热患者食用，疗效颇佳。

食用注意

（1）不宜食用保存过久之品。保存过久之品，不管采用什么方式存放，蛋白质都容易裂解变性，使营养价值降低，还含有能引起头痛的酪氨酸成分，故不宜保存过久后食用。

（2）煮食时不宜放碱。煮食时放碱，可使野鸭肉容易熟、肉质变软，煮老的家禽常用碱，但放碱后即可破坏野鸭肉所含的维生素B和C及其他营养成分，还会对身体产生一定的不利影响。

（3）不宜多食。野鸭肉为多脂肪的食物，研究表明，多脂肪食物不但是冠状动脉粥样硬化的主要原因，还与大肠癌、乳腺癌的发病有关。有关学者建议，除婴儿食品外，日常饮食中，由各种脂肪获得的热量不可超过30%，故鸭肉不宜多食。

（4）不应久食烟熏和烘烤的野鸭肉。

（5）不宜与鳖肉同时食用，久食易致水肿腹泻。

传说故事

一、野鸭的骗术

野鸭发现身后跟来一条赤狐，它好像并不害怕，而是转过身，拍着翅膀，晃晃悠悠向赤狐冲去。赤狐吓了一跳，一时弄不清是怎么回事，瞪大眼睛，缓缓地朝后退着。野鸭见赤狐退了几步，心里暗暗高兴，来了个"三十六计，走为上策"。赤狐一见，勃然大怒，背一弓、头一低、用力一纵，扑到了野鸭身上。

它们两个在地上翻腾着，扬起了阵阵尘土。不一会儿，就分出了胜负，野鸭不是赤狐的对手。于是，野鸭"灵机一动"，顺势躺倒在地，两只翅膀紧贴身体，腿笔直地伸在后面，像死了一样。

赤狐望见野鸭不动了，它用鼻子在野鸭身上拱了拱，确信野鸭真的没气了，便用前爪在地上刨起来。不一会儿，就挖了一个坑，然后，用鼻尖将野鸭的"尸体"扔进坑中，盖上泥土，扬长而去。

装死的野鸭感觉到赤狐走了，身体就慢慢地拱动着，一会儿便把头探出泥土，双眼警惕地窥视着周围，它没有见到赤狐的影子，确信那家伙走远了，便迅速地冲出土层，振振翅膀，抖抖身上的泥土，张开翅膀飞走了。

二、受伤的小野鸭

从前有一对老夫妻，无儿无女，生活得很寂寞。有一天，老头儿说："咱们到林子里去采蘑菇吧！"于是他们就到村子外的树林子里去了。

在树林里，老太太发现了一个草窝，草窝里有只小野鸭。她惊奇地叫道："快来看呀，老头儿，一只小野鸭！"老头儿赶忙走过来，看了看说："你看，它受伤了，咱们把它抱回家，好好地帮它养好伤。"老太太把这只爪子折断的小野鸭，连同草窝轻轻地捧起，送回家去。老太太将小野鸭和它的草窝放在屋子的角落里，就又回到林子里和老头儿一块采蘑菇。

到晚上回到家时，他们不由得大吃一惊——这是怎么回事呢？屋子打扫得干干净净，面包烤好了，甜菜汤也煮熟了。他们去问邻居："是哪一位给我们干了这么多家务活呢？"可是，谁也不知道，谁也没有进过他们的家门。

第二天，老夫妻俩又去采蘑菇，到晚上回家时，发现屋子又收拾好了，还做了甜馅饼。他们又去问邻居："你们没有看到谁到我们家来吗？"有个邻居说："我看到一个姑娘去担水，长得非常漂亮，就是腿有点瘸。"

听到这个消息，老头儿和老太太很纳闷儿：这个姑娘究竟是谁呢？这时，老太太突然想起了什么，对老头说："明天咱们还说去采蘑菇，然后再躲藏起来，看看到底谁给咱们干家务活。"

他们真的这样做了，而且真的看到了从屋里出来一个拿扁担和水桶去担水的姑娘。她长得非常漂亮，腿也确实有点瘸，趁她去担水的空当儿，老夫妻俩赶忙进屋子，他们发现草窝里没有小野鸭了，只有一片羽毛。老头儿拣起草窝，就扔到炉子里烧了。

不大一会儿，姑娘担水回来，见到老头儿和老太太，就慌忙到草窝那儿去，可是草窝不见了，她急得痛哭起来。老头儿和老太太连忙劝她说："不要哭了，宝贝儿！你就是我们的女儿，你就是我们亲生的孩子。"小野鸭却说："要是你们不烧掉我的草窝，不偷偷地监视我，我会和你们长期在一起生活的，现在到了这个地步，可不行了，老大爷，快给我做个纺车和纺锤吧！"

老头儿和老太太伤心地哭了，他们劝姑娘不要走，姑娘却说："一切都晚了，谁让你们不相信我呢？我说什么也得走。"

老头儿只得答应姑娘的要求，给她做好了纺车和纺锤。姑娘就整天坐在院子里纺呀，纺呀，终于为自己纺了一身丰满的羽毛，于是姑娘变成野鸭飞走了。

鸽

稍稍枝早劲，涂涂露晚晞。
南中荣橘柚，宁知鸿雁飞。
拂雾朝青阁，日旰坐彤闱。

怅望一途阻，参差百虑依。

春草秋更绿，鸽子末西归。

谁能久京洛，缁尘染素衣。

——《酬王晋安德元诗》·南北朝·谢朓

物种基源

鸽（Columba livia），为鸟纲鸠鸽科动物岩鸽、原鸽或家鸽等的肉，又名飞奴、鹁鸽、白凤。鸽肉以春末、夏初最为肥美。肉鸽也叫乳鸽，是指 4 周龄内的幼鸽，细嫩味美，为血肉品之首。入药以白鸽为佳，原鸽与岩鸽分布于我国北部，家鸽在我国大部分地区有饲养。

生物成分

据测定，每 100 克鸽肉营养成分如下表：

生物成分 食材名称	热能 （千卡）	蛋白质 （克）	脂肪 （克）	碳水 化合物 （克）	维生 素 A （微克）	核黄素 （毫克）	尼克酸 （毫克）	维生 素 E （微克）	钙 （毫克）	铁 （毫克）	磷 （毫克）	硒 （微克）	胆 固醇 （毫克）
鸽肉	226	19.2	16.5	0.2	92	0.06	7.1	0.99	2	4.7	112	17.32	130

此外，尚有泛酸，肝中含有胆素等。

生物性能

1. 性味归经

鸽肉，味甘、咸，性温；归肝、肺、肾经。

2. 医学经典

《嘉祐本草》："滋肾益气，祛风解毒。"

3. 中医辨证

鸽肉，益气解毒、祛风和血、调经止痛，有益于麻疹、猩红热、恶疮、疥癣、妇女血虚经闭、久病体虚的食疗促康复。

4. 现代研究

鸽肉中含有丰富的维生素 B，对毛发脱落、中年秃顶、头发变白、未老先衰、贫血等多种疾病有很好的疗效，还可以治疗男女湿疹瘙痒、神经衰弱、慢性腰腿痛，对增强记忆力有利；乳鸽还含有较多的支链氨基酸和精氨酸，可促进体内蛋白质的合成，加快创伤愈合。鸽肉对防治男子性功能衰退也有明显效果，乳鸽的骨内含有丰富的软骨素，可与鹿茸中的软骨素相媲美，经常食用，具有改善皮肤细胞活力、增强皮肤弹性、改善血液循环、面色红润等功效。

食用注意

（1）食积胃热者不应食用，本品味厚，食后可碍胃滞脾而加重病情。

（2）不可炙烤后食用，因鸽中的致癌物质苯并芘可大量地进入肉中，而且鸽肉中的脂肪也会产生苯并芘，容易致癌。

（3）据前人经验，鸽肉与猪肉同食，会引起气滞。

传说故事

一、秦始皇与"飞奴"

"飞奴"就是鸽子。古时候，鸽子是一种传递书信的工具，所以俗称"飞奴"。据史书记载：秦始皇当政期间，有一年，魏国假请降，派人到咸阳，暗中搜集秦国的军事情报，让鸽子将情报偷偷送回魏国。秦始皇得知后，怒不可遏，下令立即将咸阳的所有鸽子都杀掉，分而食之。后来，秦始皇统一中国后，在庆典宴席上又有"飞奴"这道菜。飞奴这道菜一直相传至今，其制作方法各有不同，各有所长。而今烹制这道菜选用上等乳鸽，使用汽锅蒸制。

二、口渴的鸽子

一只鸽子接到了一个紧急任务，需要尽快把信送到目的地。一接到任务，鸽子就迫不及待地出门了，连一口水都顾不上喝。鸽子马不停蹄地飞行了一段时间，又渴又累，实在是坚持不下去了，它在中途停下来，不停地在空中盘旋，四处找水喝。可是，地面上根本没有水源。

鸽子没有办法，只好忍着饥渴，拖着疲惫不堪的身体继续前行。当它经过一个广场上空时，看见一位画家正在画画。画家的手不停地在画板上挥动着，他的画板上画着一个透明的水瓶，水瓶里装满了水，满盈盈的，看起来清凉透亮。

"水啊。我可找到你啦！"鸽子一见到画板上的水，顿时兴奋极了。它猛然一个俯冲，如离弦的箭一般直冲下去。只听得"嘭"的一声巨响，莽撞的鸽子一头撞到了画板上，撞得鼻青脸肿，两眼直冒金星，顿时昏了过去。画家意外地捡到了这只从天而降的鸽子，乐得眉开眼笑："哈哈，真是天上掉馅饼儿！今晚可以煨一罐鸽子汤来补补身体了。"

三、鸽王

有一天，一只鸽王率领着部下五百只鸽子，到御花园去找食物，不巧被国王看见了。

国王贪图鲜美的鸽肉，便命人张网捕捉，才一会儿工夫，这群鸽子全部落入国王手中。他把鸽子关在笼子里，每天用好米、好肉喂养，等喂得肥肥胖胖的，就杀了吃掉。

鸽王见这情景，便对其他鸽子说："你们明白了没有？贪心是万恶之源。因为贪心而发财的人，就好像饥饿的人看到了有毒的佳肴，你们要是能忍住饥饿不吃东西，就可以保住性命。"

那些鸽子被好吃好喝的食物迷住了，看不到将来的危险，回答说："现在我们都被关在笼子里，好吃的东西不断送来，吃与不吃，又有多大区别？反正是出不去了！"

鸽王警告它们说："要是你们纵情贪欲，到最后会送命的。"

鸽王天天绝食，使身体一天天瘦下来。有一天，它试着从笼子的缝隙间往外钻，终于成功了，鸽王逃出了囚笼，得到了自由。

鸽王站在外边，望着那些仍在笼子里，由好米好饭养得肥肥胖胖的鸽子说："只要你们肯绝食，也可以像我这样，自由自在地飞。"说完便飞走了。

鹧　鸪

湘水无潮秋水阔，湘中月落行人发。

送人发，送人归，白苹茫茫鹧鸪飞。

——《湘江曲》·唐·张籍

物种基源

鹧鸪〔Francolinus pintadeanus（Scopoli）〕，为鸟纲雉科动物鹧鸪的肉，又名逐日、怀南、越鸟、花鸡、越雉、蛮鸟。鹧鸪体重约320～350克，冬季体肥，肉质细嫩鲜美，分布于我国南部，终年留居云南、贵州南部、广东、广西、海南、福建、台湾，北抵安徽、浙江、江苏，偶见于山东的烟台。

生物成分

据测定，每100克鹧鸪肉含热能186千卡，蛋白质30.1克，脂肪3.6克，脂肪酸64克，灰分1.7克，含有维生素A、B_1、B_2、E，还含微量元素钾、钠、钙、镁、磷、铁、锌、锰、铜、硒和18种氨基酸、肽类等，此外尚含其他飞禽中少有的牛磺酸。

生物性能

1. 性味归经

鹧鸪肉，味甘，性温；归脾、胃经。

2. 医学经典

《唐本草》："滋养补虚、化痰、健胃。"

3. 中医辨证

鹧鸪肉，有补虚、祛痰、和中健脾的功效，有益于体虚乏力、气血两虚、头晕目花、咳嗽多痰、胃脘作痛、早泄、阳痿等症的食疗促康复。

4. 现代研究

现代医学药理研究结果认为：鹧鸪肉含人体所需的18种氨基酸、肽类、脂类等，其蛋白质含量为30.1%，脂肪含量为3.6%，脂肪酸含量为64%，为不饱和脂肪酸。尤其含有其他禽类体内所没有的牛磺酸，在妇女怀孕、哺乳期间食用后，对胎儿的生长发育和增强智力有着极好的滋补作用。鹧鸪喜吃味道很苦的半夏草，因而其肉有化痰功能。现代医学认为鹧鸪有祛痰补脑的特殊作用，可有利于咳痰、体虚和老年痴呆症等的康复。

食用注意

鹧鸪肉忌与竹笋同食，否则易引起腹胀。

传说故事

一、葛洪与"油炸鹧鸪"

葛洪（284—364），字稚川，号抱朴子，丹阳句容（今江苏）人，东晋道教理论家、医学家、炼丹术家。

葛洪曾在句漏（今北流市）任县令，为官清正，两袖清风。在他任期内徭役少，诉讼少、民间富裕，很受人民爱戴，他唯一的爱好是在山洞里修身养性，炼丹养气。

一年冬天，他在句漏山洞里修炼，老百姓派了三位代表来拜见他，这可叫葛洪夫人为难了，寒冬腊月，不说拿食品招待客人，就是家里的一点炭也被葛洪炼丹用完了。夫人见了这般情景，只好用话激县令。她说："自古以来炼丹人都有妙法，难道你一点办法都没有？"葛洪被夫人的话一激说："我法术没有，倒有几套古人的魔术。"于是就气运丹田，呼的一声，果然喷出一股烈火，射出洞外，洞里立即传出几声鸟的悲鸣。葛洪和三位客人一起走过去看时发现原是几只躲在洞里避风寒的鹧鸪，被葛洪喷出的火烧得吱吱冒香气。葛洪一看，高兴了，这不正是招待来客的佳肴吗？于是他捡起鹧鸪亲手配上佐料用油煎炸，端上桌子请客人们品尝，味道鲜美，个个连声称赞。从此，葛洪的油炸香鹧鸪的方法就流传开来，君若有兴可到广西北流品尝一下传统的油炸香鹧鸪。

二、鹧鸪与猴、大象

在古代，喜马拉雅山山坡上长着一棵榕树，枝繁叶茂，苍翠欲滴。在它宽大、低垂的树冠下，住着三个伙伴：鹧鸪、猴子和大象。它们各有各的长处：一个会飞，一个身轻机敏，一个庞大如山。因此，它们都很自傲，彼此不买对方的账，更谈不上尊敬和礼让了。这种不和谐的气氛每况愈下，无处不在的摩擦和对抗，伤害着它们原先的伙伴之情，也使它们心情急躁，变得心胸狭窄，常常闷闷不乐。

有一天，它们终于意识到不能再这样生活下去了，都想到活着并不是为了证明自己比别人强，去压倒别人，和别人进行无休止的对抗，让傲气对抗在彼此间不断升级，最后像灼热的岩浆般喷发出来，弄得两败俱伤。活着是为了快乐，快乐来自于尊敬与被尊敬，爱与被爱，以自己的长处去帮助别人，反过来也会得到别人同样的帮助。尽管如此，这个弯子也不是说转就能转过来的。它们即便意识到了，可谁也不肯放下架子主动表示和解，但是，这样无休止地争下去，又实在不是办法。

"这样吧，从我们三个中选出一个长者，大家都服从它。"它们凑到一起商量道。

"可是，谁是我们中的长者呢？"猴子插言道。

经过一番考证争执，但什么结论也没有得出。

一天，它们终于想出了一个办法，先由鹧鸪、猴子提问大象。

"大象朋友啊，你最早能记事的时候，这棵树有多大，还记得吗？"

大象一甩鼻子，沉思半晌，神气而自信地答道："朋友啊，当我还在吃奶，还不及我妈妈的腿高时，这棵树只有灌木那样高。那时我常做的游戏，就是跨过这棵小树。我可以非常轻松地跨过去，只有最高的树枝偶尔触及我的肚皮，我很早就认识这棵小树了，是看着它一点点长起来的，每一根枝、每一片叶我都了如指掌。"

接着，鹧鸪和大象又向猴子提出同样的问题。猴子搔搔脸，翻着眼睛，像是在努力地回忆着。"朋友啊，当我还是只小猴子的时候，我蹲坐在地上，稍一伸脖子就能吃这棵小榕树上最高的嫩芽，那时候它的叶子还很少。"

最后，轮到鹧鸪来回答这个问题了。鹧鸪在树枝上展展翅膀，清清嗓子，慢条斯理地说道："朋友啊，我依稀记得那是在很久很久之前，这里还没有这棵榕树，而在附近的地方却另有一棵大榕树。那时，我喜欢在它的叶丛中休息，有一天，我吃了它的果实，飞去找伙伴时，在路上将粪拉在这里。没想到后来竟长出了这棵榕树。你们想想，咱们三个究竟谁年长呢！"

听了鹧鸪一席话，猴子和大象信服得不得了，忙不迭地向鹧鸪——它们认可的长者表示崇敬之情，齐声说道："朋友啊，长者啊，我们将尊重你、敬仰你、崇拜你，对你俯首听命，对你恭顺谦卑，礼貌周全，恪守你的教导和训诫。"

此后，鹧鸪成了三人中名正言顺的长者，对猴子和象宣讲训诫，自己也身体力行。它们三个一改过去的挑剔、争斗，都互相尊重、礼让，互相爱护、扶持。它们在一起，配合得很好，也生活得非常愉快。

大象以它的庞大和强壮，给鹧鸪与猴提供强有力的保护，猴子以它的敏捷、灵巧、善攀爬，采摘鲜美的野果供大家享用，鹪鸪则飞得高，看得远，及时将各种情况通知伙伴。它们成为榕树下的好朋友，快乐地生活了很多很多年。

麻 雀

房檐屋角叫喳喳，扶晚催晨伴我家。
目浅难言心底浅，翎狭未必耳边狭。
听多厌倦丢勤懂，见少疯狂误警查。
谁道篷间麻雀小，却怀情趣荡天涯。

——《麻省》·现代·于光舟

物种基源

麻雀（Passer montanus saturatus Stejueger），为鸟纲文鸟科动物麻雀去羽毛和内脏的肉或全体，又名瓦雀、谷雀、兵雀、家雀、老家贼、嘉宾、麻禾雀、树麻雀、黄棕鸟。8月以后至次年2月以前捕到的麻雀肉较肥美味香，全国都有分布。

生物成分

据测定，每100克麻雀肉含热能221千卡，蛋白质21.88克，脂肪9.57克及维生素A、B_1、B_2、E、硫胺素、尼克酸、胆固醇，还含微量元素钙、磷、铁、铜、镁、硒等。

生物性能

1. 性味归经

麻雀肉，味甘，性温；归心、肾、小肠、膀胱经。

2. 医学经典

《本草述要》："补肾壮阳，固涩益精。"

3. 中医辨证

麻雀肉，壮阳益精、暖腰肾、缩小便，对于阳虚羸瘦、阳痿、疝气、小便频数、崩漏、带下等症有食疗促康复的效果。

4. 现代研究

麻雀肉内除含有蛋白质、脂肪、无机盐和维生素外，还有不少酶类物质，能补充人体的营养所需，因雀肉中的脂肪能为老年人提供大量的能量，从而保持体温，特别适合中老年人。其蛋白质、钙、磷、铁等多种营养成分，帮助组成身体的各种细胞（包括精子细胞）更新及修复，具有健体、养颜、增强性功能等作用，有益于肾阳虚所致的阳痿、腰痛、小便频数及补五脏之气不足。

食用注意

（1）阴虚火旺者不应食用麻雀肉。治阴虚火旺，滋阴降火，食物应用养阴清凉之品，忌食温热。雀肉温热壮阳，食用后可以增加阴虚火动之势，加重相火旺动的病情。故《本草经疏》说："阴虚火盛者忌食之。"

（2）小儿不宜多食麻雀肉。小儿生机旺盛，脏腑娇嫩，易虚易实，忌食过寒过热之品，雀肉温热性较强，多食容易导致发热疾病。

（3）不宜食用熏烤的麻雀肉。麻雀肉熏烤后容易产生亚硝胺类致癌物质，故不宜食用。

（4）服用中药白术时忌食用麻雀肉。白术是温补燥湿类中药，雀肉为气味较厚的温热之食，服用白术时再食雀肉，两热相加，容易引发热性疾病，故晋代药学家陶弘景说："凡服白术人忌之"。

（5）不宜与猪、羊、牛、马诸肝同时食用，易产生不良反应。

（6）不宜与李子同时食用，药性不合，损人较甚。

传说故事

一、两只麻雀

两只麻雀，一灰一黄，生于穷乡僻壤。灰麻雀每天早出晚归，忙忙碌碌；黄麻雀夜里睡不着，老是想着远方。在一个没有星星没有月亮的平常的晚上，黄麻雀不辞而别，独自远行。

8年后，黄麻雀背着"自传"，喜气洋洋回到家乡，敲开灰麻雀的窗，看望老朋友。黄麻雀说它这几年到过很多地方，见过许多风光，天安门的雄伟，长城的辉煌，天山农水的甘甜，富士山樱花的烂漫，埃菲尔铁塔高入云端，敦煌壁画美轮美奂。灰麻雀两眼射出美慕的光芒，拍拍它的翅膀连连讲，你的生活多么阳光灿烂，那些美丽的地方，永远是我遥不可及的愿望。

黄麻雀看看灰麻雀伤感的脸，语重心长地表达了自己的观点，其实我们飞行的距离差不多长，只是你一天到晚，以家为圆心，三餐饭为半径，转着圈在飞翔；而我有自己的目标，明确的方向，所以实现了梦想。

二、麻雀和猫

不知是不是上帝有意这样安排，一只猫和一只麻雀同时降生在这个世界上。它俩从小生活在一起，相处得十分和睦。

这只小麻雀有一些淘气，它经常用嘴啄猫身上的毛，故意招惹猫生气。不过，这只猫却天生稳重善良，不管麻雀怎么惹它，它总是对它的麻雀朋友很温柔、很谦让，即使有时候真的动了气，也不过用爪子把小小的麻雀轻轻地扑倒在地，象征性地惩罚一下就行了。就这样，一年又一年，猫和麻雀渐渐长大，它俩从没因为开玩笑而真生气，也从未因为嬉闹演变成真正的打斗。

一天，麻雀家来了一位远房亲戚，一开始，两只麻雀在一起嬉戏，有说有笑，还十分高兴。不一会儿，它们却因为一点芝麻大的小事争吵起来，吵得不可开交。瞅着两只麻雀越吵越凶，猫当然护着自己的朋友，它对另一只麻雀恶狠狠地说道："你居然敢欺负我的朋友，看我不好好教训教训你！"说完就扑上去，把那只可怜的麻雀吞进了肚子里。

"嗯，味道真好！"猫舔了舔嘴角，好像吃得不过瘾，接着又向它的朋友——此时已经吓得发呆的麻雀扑去，把它日夜相伴的伙伴也吃了。

禾　花　雀

冠名三有禾花雀，天上人参隐祸殃。

嗜补粤人甘旨啖，贪钱北佬网罗张。

图财无道铜山没，勒马悬崖篱戈藏。

玉馔南国原不少，饕之口体忍其殇。

——《禾花雀》·佚名

物种基源

禾花雀（Emberiza aureola pallas），为鸟纲雀科动物黄胸鹀、灰头鹀的肉，又名黄胆、黄麻雀、老铁背、黄豆瓣、麦黄雀、寒雀。每年 8～9 月的雀较肥美，繁殖于内蒙古东部、东北和河北北部，迁徙期间经由东北至云南西部，在海南岛、台湾等地越冬。每年深秋、初冬季节，广东东莞、中山、惠州等均可见成群结队的禾花雀前往啄食。

生物成分

据测定，每 100 克可食禾花麻雀的肉，含热能 98 千卡，蛋白质 18.8 克，脂肪 1.2 克，碳水化合物 2.7 克，灰分 1.3 克，含有维生素 A、B_1、B_2、E、视黄醇当量，硫胺素、尼克酸，还含微量元素钙、磷、铁、锌、硒和多种氨基酸等。

生物性能

1. 性味归经

禾花雀，味甘、咸，性温；归脾、肾经。

2. 医学经典

《中国药用动物》："滋补强壮、祛风湿、通经络、壮筋骨。"

3. 中医辨证

禾花雀，可补肾壮阳、甘缓解毒，对于阳痿、腰膝冷痛、蕈中毒、酒精中毒均有食疗促康复之功效。广西特产"禾花雀酒"即以禾花雀为原料。

4. 现代研究

禾花雀营养丰富，含有蛋白质、脂肪、胆固醇、碳水化合物、钙、锌、磷、铁等多种营养成分，还含有维生素 B_1、B_2 等多种维生素。禾花雀在中国历来被认为是壮阳、益精的食物。此外，对于神经衰弱、记忆减退、失眠、智力迟钝都有良好的食疗作用。

食用注意

（1）其肉性温，故高血压、心脏病患者忌食用。
（2）雀肉与猪肝不宜搭配食用，猪肝中含有较多的铜、铁、锌等微量元素，能破坏雀肉中的蛋白质，导致内分泌障碍和维生素缺失，降低营养价值。另外，中医认为两者属温性食物，同时食用能导致上火。

传说故事

兰石禾花雀的传说

很久以前，兰石有一庄园主，为人善良。一天，他的儿子从市场上买回几只活鸟，装在笼子里准备宰杀，美食一餐。这当中有只长得较大而且毛色异样的鸟，两眼含泪，叫声特别凄厉，庄主看见非常诧异，向儿子问明来由，然后亲手把这笼鸟拿到后院的果园全部放生。那个异样的鸟逃出笼子后就跳到庄主身上，不愿飞走，老是在庄主的身边跳来跳去，叽叽喳喳叫个不停，好像嚷着："我要平安！我要平安！"庄主见状说："好啊！我现在就为你写一道'平安符'，好让你平安归去吧！"那鸟点了点头，停止了叫声。于是，庄主拿来纸、墨、笔、砚和一块黄色小绸布，在小绸布上写上"劝君莫打枝头鸟，子在巢中望母归"的两句诗，顺便把其绑在鸟的脚上，然后放飞它。这两句诗虽不是道家那种"灵符"，但希望如有打鸟的人见到它能对小鸟手下留情。那鸟得到安慰后，高高兴兴飞走了，消失在果林中。无巧不成书，过了好几天，村中有个整日爱打鸟的人，在庄主的果园里瞄准了一只鸟，张弓准备放箭时，无意中发现那鸟脚下有一块带字的小绸布，字迹清晰可见。打鸟人认字不多，略知内容是劝告人不要打鸟的，但搞不清怎么回事，不知这鸟是不是人养的或者是鸟带来的天书？他顿觉奇惑，便放弃对它的射杀，于是急忙去告诉庄主，并领着庄主去见那鸟，庄主见到鸟后定了定神，心想：这不正是我放生的鸟么？今借此机会好好教育这小子才是！庄主装作十分虔诚的样子，合了掌朝那鸟深深一拜，拉着腔调对打鸟人说："这是一份天书啊，是天上玉帝警告凡人不要打鸟的哦！"然后有声有色地解释那两句诗的含义，还对他训斥一翻，打鸟人听后既内疚又害怕，从此便放下了心爱的打鸟工具。这件事一传十，十传百，在乡村里越传越离奇，从那以后，兰石这地方再没有人打鸟了。奇怪的是，庄主每当巡视果园时，都会见到那只鸟带着一群小鸟在果园里叽叽喳喳飞来飞去，果园确实与往年不同，一点虫害也没有，到了果子将要收获时，那群鸟却不知何时远走高飞了。

春去秋来，不知不觉到了第二年的秋天，秋分刚过，广东大部分地区却发生了百年一遇的蝗灾，电白、化州一带告急，蝗虫所到之处，庄稼全部被毁、颗粒无收。人们对这场虫害无能为力，地方知府、知县组织人员奋力防治依然无效，大批蝗虫已向吴川逼近，兰石自然是首当其冲，庄稼人只有仰天长叹，祈求上苍保佑！在这关键时刻，兰石三角坡一带在一夜之间飞来了一大群小鸟，铺天盖地，当中大都是禾花雀。这禾花雀真是好样的，把这蝗虫镇住了。大蝗灾之年兰石的农业却得到了保收真是天大之喜，人们不禁问这鸟群的及时到来究竟是谁所使？是偶然的？天知道，谁也找不到答案。收割时，有人在庄主的稻田里捡到了一块带字的小绸布。小绸布粘着一些鸟毛，虽已沧桑破损，但字迹还依稀可见，上面工工整整地写着"劝君莫打枝头鸟……"的两句诗。至此，兰石人个个都心领神会了，这丰年不是拜上天所赐，而是人鸟情缘的因果回报啊！为报答小鸟救灾保收之恩，兰石人那年收割时，在每块稻田的角落里都留下一小块稻禾作为小鸟的越冬食物，这后来就成了一种地方习俗。从此之后兰石人就有爱鸟护鸟的习惯，鸟类在这里得到人们的保护，这些小精灵在长时间的体验中，就感觉到这环境是个越冬栖身的好地方了。几百年来每当秋风乍起、候鸟南迁，兰石都会有大批大批的禾花雀云集于此，这就是兰石与其他地方不同的玄妙之处吧！

鸵 鸟

纵令参商廿二年，无非鸵鸟策休然。
杜平鼎沸腾霄汉，已见祥云润地天。
总统改弦施粉面，人民意畅叙金兰。
五洲所向唯中国，从此重开新纪元。

——《美洲鸵》·现代·佚名

物种基源

鸵鸟（Struthio camelus），为鸟纲鸵形目鸵科动物鸵鸟的肉，又名非洲鸵，以外观棕红色、似牛肉，无异味者为佳。我国养殖鸵鸟属起步阶段，多为养殖的非洲鸵鸟，但气候特别是季节和温度基本相仿，品种有红颈鸵、蓝颈鸵、黑颈鸵三种，以黑颈鸵品种为优。

生物成分

据测定，每100克鸵鸟肉所含主要营养成分如下表：

生物成分 食材名称	热能 (千卡)	蛋白质 (克)	脂肪 (克)	碳水 化合物 (克)	维生 素A (微克)	核黄素 (毫克)	尼克酸 (毫克)	维生 素E (微克)	钙 (毫克)	铁 (毫克)	磷 (毫克)	硒 (微克)	胆固醇 (毫克)	硫胺素 (微克)
鸵鸟肉	139	20.16	1.2	/	0.02	0.6	16.6	0.13	23.3	9.8	86	11.31	37.8	8.2

此外，鸵鸟肉中还含人体所需的21种氨基酸。

生物性能

1. 性味归经

鸵鸟肉，味甘，性平；归脾、胃、心经。

2. 医学经典

《药用动物》："益气健脾。"

3. 中医辨证

鸵鸟肉，有和中健胃功能，对脾胃虚弱、神疲乏力、食欲不佳、年老体弱、失眠健忘、久病消瘦、头晕等症有食疗促康复的效能。

4. 现代研究

鸵鸟肉是高蛋白质、低热量、低胆固醇的红肉，富含21种人体所需氨基酸，具有高铁、高钙、高锌、高硒的特点，是高血压、心脏病、高血脂、动脉硬化、肥胖症患者的理想保健食品。

食用注意

（1）鸵鸟肉不宜用熏烤，熏烤后容易产生亚硝胺类物质，不宜食用。
（2）不宜与猪、马、牛、羊的动物肝同时烹饪同食。

传说故事

一、权威鸵鸟的演讲

美国的詹姆斯·瑟伯写过一则鸵鸟的故事：一只极具权威的鸵鸟在演讲会上这样向其他鸵鸟宣扬身为鸵鸟的光荣："我们是世界上最大的鸟，我们下的蛋是最大的蛋，我们优越于其他一切物种。"众鸵鸟附和并为此而慷慨激昂。只有一只叫奥利弗的鸵鸟提出疑问："蜂鸟可以向后飞，可我们只能向前走；我们的蛋虽然大，可是却不如知更鸟的蛋漂亮。"言下之意，每个物种都有其他物种不可比拟的特点。可这只权威的老鸵鸟神情严肃地说："蜂鸟向后飞是撤退，而我们永远向前进。"这位老学者同时还说："在危险的时候，我们可以把头埋进沙子里，让自己什么也看不见，别的动物都不能这么做。"奥利弗又质询道："当我们看不见人家的时候，难道别人也看不到我们吗？"

就在这时，一大群野兽狂奔而来，老鸵鸟和其他鸵鸟都像往常一样迅速地把头埋进沙子里，只有奥利弗飞快地躲在了附近的一块石头后。当狂风暴雨般的野兽过去之后，刚才群情激昂的演讲会场只剩下若有所思的奥利弗和包括那位老学者在内的其他所有鸵鸟的白骨和羽毛。

二、鸵鸟的宣告

一只硕大无比的鸵鸟，一心希望自己能像别的鸟一样在空中飞翔。经过很长时间的刻苦训练，鸵鸟以为自己终于可以飞了。于是信心满满地对外宣称："大家快来看啊，我——世界上体形最大的鸟，就要展翅高飞啦！"这个令人震惊的消息一传十、十传百，迅速就传开了，传得比风还快。所有的鸟类都觉得十分不可思议，抱着好奇心，纷纷跑来参观，都想成为这个伟大时刻的见证者。鸟儿们来到鸵鸟身边，静静地等待着，目不转睛地盯着鸵鸟，期待着鸵鸟展翅高飞的时刻。

"现在，我就要高飞了！"鸵鸟见观众们差不多都到齐了，高喊了一声，张开它硕大而强健的翅膀，像一只扬帆起航的巨轮在陆地上奔跑起来。鸵鸟一边跑，一边不停地扇动着翅膀，把大地弄得飞沙走石、沙尘滚滚，害得围观的鸟们都睁不开眼睛。由于担心错过了精彩时刻，鸟儿们拼命地睁开眼睛，揉揉眼睛再看。可它们失望地发现，鸵鸟还是张着翅膀在地上奔跑，根本就没有离开过一寸土地。

鸬　鹚

江上巍巍万岁楼，不知经历几千秋。
年年喜见山长在，日日悲看水独流。
猿狖何曾离暮岭，鸬鹚空自泛寒洲。
谁堪登望云烟里，向晚茫茫发旅愁。

——《万岁楼》·唐·王昌龄

物种基源

鸬鹚（Phalacrocorax carbo sinensis），为鸟纲鸬鹚科动物鱼鹰的肉，又名水老鸦、捕鱼公、鱼鸦，以体健、肥壮、两眼有神者为佳，分布于我国东北和新疆西部、西藏南部、青海湖、甘肃西北部及东南各省。

生物成分

据测定，每100克鸬鹚肉所含主要营养成分如下表：

生物成分 食材名称	热能 （千卡）	蛋白质 （克）	脂肪 （克）	碳水 化合物 （克）	维生 素A （微克）	核黄素 （毫克）	尼克酸 （毫克）	维生 素E （微克）	钙 （毫克）	铁 （毫克）	磷 （毫克）	硒 （微克）	胆固醇 （毫克）	胡萝 卜素 （微克）
鸬鹚肉	100	19.0	0.2	3.6	0.3	0.05	67	0.08	18.0	0.50	39	15.0	77	10

生物性能

1. 性味归经

鸬鹚肉，味酸、咸，性凉；归脾、肺经。

2. 医学经典

《别录》："利水消肿。"

3. 中医辨证

鸬鹚肉，温中补虚，渗湿利水，有益于膨胀水肿、小便不利等症的食疗助康复。鸬鹚的口涎可治鱼刺骨鲠及小儿百日咳。

4. 现代研究

鸬鹚肉含有蛋白质、脂肪、碳水化合物及多种矿物质和氨基酸，对急、慢性肾炎、心脏病、肝病引起的浮肿腹水、咳嗽、夜盲症等疾病有较好的功效。

食用注意

孕妇不宜食用。

传说故事

一、鸬鹚山与华宰相的传说

华家山下有个姓华的人家，家里不是很富裕，但勤劳善良，门前有座山像鸬鹚下河捉鱼一样，人称鸬鹚山。这天，来了一个衣服破烂的风水先生，对姓华的说："东家，我想把风水算给你家，不要你任何东西，只要你家养我到过世，因为风水算给你家后，我的眼睛就会瞎。"姓华的高兴地回答："我一定答应你这点要求。"风水先生又说："把你祖父或父亲的骨头埋进鸬鹚山，三年后就会中状元，发大财了。"姓华的照办之后，三年后赴京赶考，金榜题名做了宰相。华夫人见丈夫去了很久没有音信，心里非常焦急，很想念他，忙叫家里的奴仆、长工去京城找，但是一去也就没有回来了。其实，这些奴仆、长工到了京城，见了华宰相，都被封了官，怎么还会回来呢？华夫人非常气愤，对长年住她家的风水先生破口大骂："呸，什么风水先生，骗我丈夫去考试，害得我丈夫去了那么久还没有一点消息，只剩我一人孤零零在家，这不是让我活守寡吗？"于是，她每天给他吃坏菜，还不解恨呢，严寒的冬天只给他冰冷的水洗脚。风水先生皱着眉头说："你的心真狠啊，怎么拿这么冰的水给我洗脚？"华夫人对他说："这样大雪飘飘的天气，我丈夫远离我。只有我一个人睡觉，冷冰冰的，你怎么不可怜我一下，用冷水给你洗脚还会亏待你？"

从此，华夫人经常欺侮风水先生，先生忍受不住，说："你真的要你丈夫回来吗？"华夫人气极了："这不是废话吗？""那好，明天晚上叫上几十人，将水尾那座山挖掉，也就挖断鸬鹚的脖子。"华夫人果真按他说的去办，可第二天天亮时山又满了，恢复了原样，华夫人又骂风水先生有意捉弄，说："我们挖得半死，可是山又满了，你安的是什么心？"风水先生想了一下说："你叫上几十人挑上糠壳倒在鸬鹚山脖子洞口那里，再加上木炭，桐油，点把火烧着。"华夫人天亮后果然按他的话去做，烧了一天一夜，山再也满不起来了，鸬鹚脖子也烧断了。其实，这一把火烧断华宰相的前程。正当火烧鸬鹚山时，华宰相正在朝廷向皇上叩头请安，不巧，华宰相的乌纱帽里钻进一只形似壁虎，肚子挺大，四只脚蹼的恶毒蝎虫，痛得他直摇头。皇上问大臣："你们有没有奏本赶快献上。"

与华宰相不和的狗奸臣赶紧跪在地下："启奏陛下，华宰相有欺君之罪，你看他的头还在摇晃，这不是污辱你吗？"皇上看去，果然这般，火冒三丈，喝令御林军将他拉出去砍头，等不及华宰相叫"冤枉"二字，头已断落在午门外。忠臣们与华宰相平素交情很深，感到奇怪，齐跪奏道："万岁，华宰相为人正直，政绩卓著，德高望重，今日摇头之事，必有缘故，还望万岁明察。"皇上平静后也不安，派人察看，发现华宰相乌纱帽里有只蝎虫。皇上听后，略有内疚之意，把那个奸臣斩首示众，以谢天下。皇上还赔上三十六个金头，装入三十六个棺材，派文武将多人带领浩浩荡荡的灵柩队伍，将华宰相送回故里华家山。

华夫人听到这个消息，看到这种场面，呼天抢地，这才知道风水先生的一番用意，连后悔也来不及，就活活气死了。风水先生看到这种场面，只是一番长长的叹息。这时，他眼睛也不瞎了，马上离开了华家山，云游四方去了。

二、鸬鹚罢工

一群鸬鹚辛辛苦苦跟着一位渔夫十几年，立下了汗马功劳。但随着年龄的增长，它们腿脚不灵便，眼睛也不好使了，捕鱼的数量越来越少。后来，渔夫又买了几只小鸬鹚，经过简单训练，便让新老鸬鹚一起出海捕鱼，由于渔夫的精心调教，加之老鸬鹚的"传帮带"，新买的鸬鹚很快学会了捕鱼的本领，渔夫很高兴。

新来的鸬鹚很知足：只是干了一点微不足道的工作，主人就对自己这么好，便下定了知恩必报的决心，一个个拼命地为主人工作。而那几只老鸬鹚因为老得不能出海了，主人便对它们冷淡起来，吃的住的都比新来的鸬鹚差远了。日子一久，几只老鸬鹚瘦得皮包骨头，奄奄一息，另几只老鸬鹚干脆被主人杀掉炖了汤。

一日，几只年轻的鸬鹚突然集体罢工，任凭渔夫如何驱赶，再也不肯下海捕鱼。渔夫抱怨说："我待你们不薄呀，每天让你们吃着鲜嫩的小鱼，住着舒适的窝棚，时不时还让你们休息一天半天，你们不思回报，却闹起了情绪。怎么这么没良心呀？"这时，一只年轻的鸬鹚发话了："主人呀，你对我们越好，我们越害怕。你想想，现在我们身强力壮，有吃有喝，但老了，还不落个老鸬鹚一样的下场?!"

斑　鸠

轻阴散暑无虚日，小雨牵愁每片时。

祇为云霓常斗战，坐令天地有乖离。

低飞石燕应旋落，数叫斑鸠亦自疑。

禾黍将秋犹未种，百年生计在东菑。

——《六月来常阴不雨》·明·赵南星

物种基源

斑鸠（Streptopelia orientalis），为鸟纲鸠鸽科动物珠顶斑鸠或山斑鸠的肉，又名斑鹤、锦鸠、勃鸠、祝鸠、山鸽子、雄鸠，以体健、个大、鲜活、两眼有神为佳。我国斑鸠有金背斑鸠、珍珠斑鸠、新疆斑鸠、云南斑鸠等，分布几乎遍及全国。

生物成分

据测定，每100克斑鸠肉所含主要生物成分如下表：

生物成分 食材名称	热能 （千卡）	蛋白质 （克）	脂肪 （克）	碳水 化合物 （克）	维生 素A （微克）	核黄素 （毫克）	尼克酸 （毫克）	维生 素E （微克）	钙 （毫克）	铁 （毫克）	磷 （毫克）	硒 （微克）	胆固醇 （毫克）
斑鸠肉	116	25.13	2.24	/	/	6.60	79.5	7.45	79.5	245	微	26	

此外，尚含有氨基酸、肽类、甾醇等。

生物性能

1. 性味归经

斑鸠肉，味甘，性平；归入肺、肾经。

2. 医学经典

《嘉祐本草》："补肾、益气、明目。"

3. 中医辨证

斑鸠肉，补气益气、强筋壮骨，对久病气虚、衰弱无力、呃逆、两目昏暗有食疗促康复作用。

4. 现代研究

斑鸠肉含有丰富的蛋白质、无机盐、糖类及膳食纤维、胡萝卜素，对肝肾不足、筋骨酸软无力、久病体虚乏力、视力减退、视物不清等症食疗效果较佳。

食用注意

斑鸠不宜在烟火上烤食。

传说故事

斑鸠的求情

有个人捕捉到一只斑鸠，要杀死它。斑鸠请求赦免，并说："请饶恕我吧，我会为你捉到更多斑鸠。"那人说道："你更要被杀，不然你的亲戚朋友会遭受你的陷害。"

雁

木落山高一夜霜，北风驱雁又离行。
无言每觉情怀好，不饮能令兴味长。
频聚散，试思量，为谁春草梦池塘。
中年长作东山恨，莫遣离歌苦断肠。

——《鹧鸪天》·宋·辛弃疾

物种基源

雁（Anser albifrons frontalis），为鸟纲鸭科动物白额雁或鸿雁的肉，又名大雁、驾鹅、野鹅、原鹅，秋季将往南方迁移时的雁肉较肥美，在西伯利亚北部繁殖，迁至长江下游一带越冬。国内现已有人工驯养繁殖的大雁作食用禽。

生物成分

据测定，每100克雁肉含热能198千卡，蛋白质21.98克，脂肪11.62克，无机盐1.71克及维生素 A、B_1、B_2、E、硫胺素、胆固醇、尼克酸和多种氨基酸、甾醇等。

生物性能

1. 性味归经

雁肉，味甘，性平；归肺、肝、肾经。

2. 医学经典

《神农本草经》："祛风湿、壮筋骨。"

3. 中医辨证

雁肉，有益气、解毒、舒筋活血的功效，对气血不足、痉挛、肾虚脱发、痈肿疮毒等症有食疗促康复之效。

4. 现代研究

大雁富含人体必需的铁、钙、磷等矿物质元素和赖氨酸、蛋氨酸等十几种氨基酸，是理想的高蛋白、低脂肪、低胆固醇保健肉食，能治疗中风麻痹。经常食用能补气、强筋骨、利脏腑，能解丹石毒，且能促进毛发须生长。

大雁肥肝质地鲜嫩，含有大量对人体有益的不饱和脂肪、卵磷脂和多种维生素，味美独特，营养丰富，最适于儿童和老年人食用。

食用注意

食法上不宜熏烤食用，因熏烤后可导致表层蛋白质及脂肪焦化，并产生致癌物质。

传说故事

一、朱元璋与野雁变家鸭

朱元璋的舅娘失掉了一头牛，气得要命，又不好过分责怪放牛娃外甥。他想想，今后总不能白养着外甥吃闲饭呀！一天，他把朱元璋叫到跟前："看在你娘的面上，叫你往后替我放鸭，可不能再耍顽心重呵！"朱元璋连说："好的，好的。"

哪晓得朱元璋放鸭，还是耍顽心重，吃心未改，他每天总要杀一只鸭子补补身子，脸上吃得油光光的。不消多天，一大群鸭子吃得不剩多少了。舅娘晓得了，气得直叫："小畜生，你放的鸭子哪去了？"朱元璋慢吞吞地说："舅娘哎，不能怪我，这些鸭子怪哩，它们的翅膀长了，硬了，飞了。"舅娘说："瞎讲，哪有家鸭会飞的？"朱元璋又说："不信，我带你看看。"这时，刚好天上飞来一群大雁，少说也有五六十只。朱元璋对飞雁招招手："飞鸭呀，飞鸭呀，快飞下来啊，让我舅娘看看。"乖乖，一大群飞雁落在鸭群里，变得和真鸭子一模一样。

舅娘暗暗吃惊，外甥子绝非凡胎，弄不好日后要惹事，就对朱元璋说："璋儿，舅娘无能，养不下你，还是请你自寻别处谋生吧。"朱元璋没有办法，又到处漂泊去了。

二、闰年女儿送雁的传说

相传，很久很久以前，嵩山南麓有一个姑娘，非常孝顺。在一个闰月年里，中原大地闹饥荒。一天，她想到平常年景里年迈的父母还吃不饱，今年多出一个月，他们不定会饿成什么样？想到此，外嫁的她就把自家仅有的一点小米，搜罗搜罗，装进一个小提斗里，翻山越岭去探望年迈的双亲。路上，姑娘一不小心跌落山崖。醒来时，提斗里的小米早被饿急了的小鸟啄了个精光。看着空空的提斗，想到年迈的父母，姑娘号啕大哭，哭着哭着，姑娘就睡着了，睡梦中，隐隐约约觉得有个声音在叫她。睁眼一看，看到一对银灰色大雁飞到了她的提斗里，怎么赶也赶不走，姑娘又惊又喜，莫非这是天意！

可等赶到村里，姑娘又发现了一件可怕的事情：饥荒中，村里闹起了"瘟疫"。看到家中年迈的父母危在旦夕，姑娘忙把烹制好的雁汤雁肉给父母喂下，雁肉细腻爽口，雁汤味道鲜美，不到半袋烟功夫，父母就醒了过来。善良的姑娘又把余下的汤肉送给村里的乡亲们，第二天，瘟疫即退。从此以后，姑娘给父母送雁祛瘟疫的故事就相继传开。每逢农历闰月年，出嫁的女儿都会在闰月的前一个月送大雁瞧娘家。但大雁毕竟是珍禽，人们就用面制成大雁形状，借以闰月年求吉利、祛瘟疫，为父母消灾。

三、"雁哨"与"捕雁"

为什么大雁迁飞时要保持严格整齐的队形呢？原来，这种队形在飞行时可省力啦。飞行在前面的大雁拍打几下翅膀，气流就上升了，后面的小雁就可以乘着这股气流滑翔，它们在相互帮助，使雁群飞得更快更省劲。每当傍晚，雁群就降落到地面，在芦苇塘、河边草丛间栖息，找寻水草吃，也要吃地里的麦苗和蚕豆苗等。大雁可机灵呢！夜里休息的时候，总是要派出大雁站岗放哨，一有动静就发出叫声，呼唤同伴赶快飞离。

清晨，起飞前，大雁往往群集在一起，开"预备会议"。然后，由老雁带头前飞，像是"队长"在领路，幼雁排在中间，最后是老雁压阵，呀呀呀的叫声，是一种信号。

大雁会糟蹋庄稼，农民们常常在夜里去捕捉它们。先是轻手轻脚地摸掉"哨兵"，然后，乘雁群熟睡的时候，出其不意地来个袭击，逮住它们。或者燃起火堆，使大雁惊飞，一会儿火光熄了，雁儿又飞了回来。这样，几次点火，使大雁多次上当，疲乏不堪。最后，乘它们失去戒备的时候，一拥而上，大雁就乖乖地被俘啦！

鹌　鹑

第七筵排极整齐，三宫游处软舆提。

杏浆新沃烧熊肉，更进鹌鹑野雉鸡。

——《湖州歌九十八首其七十六》·宋·汪元量

物种基源

鹌鹑（Coturmix cotumix japonica Temmineket Sehiegel），为鸟纲雉科动物鹌鹑的肉，又名鹑鸟、宛鹑、赤喉鹑、红面鹌鹑，以膘肥、体壮、羽毛贴身有光、两眼有神者为佳，主要分布于我国北部地区，迁徙越冬时，遍布我国东部及华南，现多为人工饲养。

生物成分

据测定，每100克鹌鹑肉所含主要营养成分如下表：

生物成分 食材名称	热能 （千卡）	蛋白质 （克）	脂肪 （克）	碳水 化合物 （克）	维生 素A （微克）	核黄素 （毫克）	尼克酸 （毫克）	维生 素E （微克）	钙 （毫克）	铁 （毫克）	磷 （毫克）	硒 （微克）	胆固醇 （毫克）
鹌鹑肉	109	20.8	5.7	1.5	0.27	0.36	2.7	0.81	65.0	1.5	173	8.3	138

此外，尚含有视黄醇当量、硫胺素、多种氨基酸等。

生物性能

1. 性味归经

鹌鹑肉，味甘，性平；归脾、胃、大肠经。

2. 医学经典

《食经》："补中气、壮筋骨、止泻、止痢、止咳。"

3. 中医辨证

鹌鹑肉，补中益气、利尿消肿、止痢、止咳，对脾虚腹泻、水肿、百日咳等症有食疗促康复之效。

4. 现代研究

鹌鹑肉是含高蛋白、低脂肪和多种维生素的食物，胆固醇含量也低，对肥胖人来说是理想的肉食品种。其蛋白质、维生素（A、B、C、D、E、K）的含量也比鸡肉高，而且比鸡肉更易于消化吸收，因此比鸡肉更适宜作为老年人、产妇、小儿和体弱者滋补食品，适宜营养不良、体虚乏力、贫血头晕、肾弱浮肿、泻痢、高血压、肥胖症、动脉硬化等症患者食用，所含丰富的卵磷脂、脑磷脂是高级神经活动不可缺少的营养物质，具有健脑的作用。

食用注意

鹌鹑忌与猪肝以及菌类食物一同食用，同食令人面生黑痣或发痔疮。

传说故事

洪逊画鹌鹑

清朝光绪年间，登云都（今浮洋镇）洪巷村，有一个很会绘画的人叫洪逊，他尤其擅长画鹌鹑。

潮州城内有一个姓吴的财主，请他画一幅十只鹌鹑的画，议好润笔金每只一个银圆。到取画时，家人在途中从十个银圆润笔金中抽出半元花了。洪逊看见只有九个半元笔金便摊开画纸，提笔蘸墨，轻泼几笔，然后卷起画幅，交来人带走。吴财主拿到画后，展开一看，见鹌鹑活灵活现，拍手叫绝。但数了数，只有九只全身鹌鹑，另一只藏在石头后面，露出尾部，一问家人，才知他花去半个银圆，所以洪逊爷画差半只鹌鹑，吴财主啼笑皆非。

乌 鸦

枯藤老树昏鸦，小桥流水人家，
古道西风瘦马。夕阳西下，
断肠人在天涯。

——《秋思》·元·马致远

物种基源

乌鸦（Corvus macrorhus Wagier），为鸟纲鸦科动物大嘴乌鸦或秃鼻乌鸦的肉，又名巨喙乌、大嘴鸟、黑老鸦、老鸦、老鸹，以体壮、毛色发亮、两眼有神者为佳，分布于我国各地。

生物成分

据测定，每100克乌鸦肉含热能111千卡，蛋白质21克，脂肪4.6克，碳水化合物2.6克，含有硫胺素、多种维生素、矿物质、氨基酸。

生物性能

1. 性味归经

乌鸦肉，味酸，性平；归肺、脾、胃、肾经。

2. 医学经典

《嘉祐本草》："补阴益血、治痨、杀虫、息风平肝。"

3. 中医辨证

乌鸦肉，滋肝明目、止咳治痨，对阴血虚亏、骨蒸潮热、咳嗽咯血、头昏目眩、头痛、小儿癫痫、产后缺乳等症有食疗辅助康复之效。

4. 现代研究

乌鸦肉对结核菌有较强的抑制作用，故对肺结核引起的咳嗽、咯血、骨蒸潮热有极好的助康复效果，并且对阴血不足、肝阳上亢者亦有食疗效果。

食用注意

乌鸦肉烹煮时不宜烂，且不要加碱。

传说故事

乌鸦救孔子的传说

据说孔林的树上不栖乌鸦，有诗云："荆棘不生茔域地，乌巢长避楷林风。"而在孔庙则相反，每当旭日将升，随着晨钟声声，大群大群的乌鸦"哇哇"叫着从孔庙里腾空而起，在曲阜城上空盘旋几周后，便成群结队地各奔东西。当暮鼓擂响的时候，这些乌鸦又飞回孔庙夜宿。一朝一暮，整个天空犹如乌鸦的世界。

一般人认为乌鸦是不祥之鸟，但曲阜人非常喜欢乌鸦，这里有段优美动人的神话故事。孔子周游列国十几年，但没有一个国家愿采纳他的政治主张，孔子已60多岁了，便决定回到故乡曲阜安度晚年。一天，他的车马来到尼山时，忽遭兵匪袭击，孔子的弟子们虽殊死搏斗，终因寡不敌众而被打败，孔子见景，对天长叹道："难道我孔丘辛苦一生，壮志未酬，就要丧生于兵匪之手，真乃天灭我也！"正在这危难之机，只听一阵"哇哇哇"的叫声由远而近，一时间天昏地暗。原来是一群乌鸦冲了上来，把兵匪冲散了。孔子师徒被乌鸦所解救，真是感恩不尽。回曲阜的路上，这些乌鸦一直将孔子护送到家。后来，这些乌鸦便住在了孔子故宅附近。

孔子死后，乌鸦又搬进孔府，为孔子看家护院至今。

喜　鹊

秋池阁，风傍晓庭帘幕。

霜叶未衰吹未落，半惊鸦喜鹊。

自笑浮名情薄，似与世人疏略。

一片懒心双懒脚，好教闲处著。

——《谒金门·秋兴》·宋·苏轼

物种基源

喜鹊（Pica pica），为鸟纲鸦科动物鹊的肉，又名额鹊、飞驳鸟、干鹊、报喜鸟、花喜鹊，以膘肥、体健、羽紧、贴身、有光泽者为佳，遍布于全国各地。

生物成分

据测定，每100克喜鹊肉所含主要营养成分如下表：

生物成分 食材名称	热能 （千卡）	蛋白质 （克）	脂肪 （克）	碳水 化合物 （克）	维生 素A （微克）	核黄素 （毫克）	尼克酸 （毫克）	维生 素E （微克）	钙 （毫克）	铁 （毫克）	磷 （毫克）	硒 （微克）	胆固醇 （毫克）
喜鹊肉	99	19.1	1.4	2.7	40	0.03	3.9	0.29	28	2.5	131	10.5	/

此外，尚含多种氨基酸及甾醇、肽类、视黄醇当量等。

生物性能

1. 性味归经

喜鹊肉，味甘，性寒；归胃、大肠经。

2. 医学经典

《名医别录》："清热、散结、治石淋。"

3. 中医辨证

喜鹊肉，滋补、退虚热、通淋，对阴虚发热、四肢烦热、消渴及小便淋涩等症有辅助促康复之效。

4. 现代研究

喜鹊肉，含有丰富的蛋白质、碳水化合物及多种维生素、氨基酸、微量元素，有解热、止消渴、烦热、头痛身热、消炎、抗浮肿及通二便之功效。

食用注意

喜鹊肉性寒，故脾胃虚寒腹泻者慎食。

传说故事

一、花喜鹊的由来

相传，喜鹊原来是白喜鹊，一根杂羽毛也没有，曾是天宫灵霄宝殿玉皇大帝面前的宣旨官。

一日，奉御旨向人间宣读人、牛、蛇的最后归属。御旨的本意："人老脱壳、牛老砌椁、蛇老起剥（皮）。"而喜鹊没有按照御旨照本宣读，而是随口说道："人老砌椁（棺木下葬堆坟），牛老起剥（皮），蛇老脱壳。"玉皇大帝一听，怒从心中起，恶向胆边生，随手抓起满墨砚台往喜鹊身上一扔。从此，白喜鹊变成黑喜鹊，革去宣旨官，贬入凡间，永不准再上天庭。可叹的是：人、牛、蛇的最终归宿就按喜鹊随嘴溜的那样，年复一年……

二、贞观人鹊情

相传，贞观末年有个叫黎景逸的人，家门前的树上有个鹊巢，他常喂食巢里的鹊儿，长期以来，人鸟有了感情。一次黎景逸被冤枉入狱，令他倍感痛苦，突然一天，他喂食的那只鸟停在狱窗前欢叫不停，他暗自想大约有好消息要来了。果然，三天后他被无罪释放。原来是喜鹊变成人，假传圣旨。

第十七章　禽蛋类

鸡　蛋

二仪肇分，厥生不息。太和细缊，群命斯植。

……

一族百产，前矩后细。非黄非白，圆转谲诡。

充饱作饼，便利老齿，惟此独能，请赋鸡子。

——《鸡子赋》·明·涂几

物种基源

鸡蛋（Gallus gallus domesricus Brisson），为雉科动物家鸡的卵，又名鸡子、鸡卵。鸡蛋按蛋壳颜色可分为红壳鸡蛋、白壳鸡蛋和绿壳鸡蛋；按含营养附加值可分为富硒鸡蛋、富锌鸡蛋、高钙鸡蛋等。全国各地均有产出。

生物成分

据测定，每100克鸡蛋中营养成分如下：

生物成分 食材名称	热能 （千卡）	蛋白质 （克）	脂肪 （克）	碳水 化合物 （克）	维生 素A （微克）	核黄素 （毫克）	尼克酸 （毫克）	维生 素E （微克）	钙 （毫克）	铁 （毫克）	磷 （毫克）	硒 （微克）	胆固醇 （毫克）	水分 （克）
鸡蛋	170	14.7	11.6	1.6	237	0.31	0.2	1.32	55	2.7	210	20.30	680	71.0
鸡蛋清	60	11.6	0.1	1.3	/	0.31	0.2	0.01	9	1.6	18	6.97	/	84
鸡蛋黄	330	13.6	30	1.3	3500	0.29	0.1	5.06	112	6.5	240	27.01	1705	53.5
鸡蛋粉（全蛋粉）	533	42.2	345	13.5	4862	0.41	0.16	10.07	186	9.1	710	30.8	2302	1.9
鸡蛋黄粉	639	31.7	53.0	8.8	2509	1.10	0.18	13.3	340	14.0	1200	35.9	2733	3.0

此外，鸡蛋中含人体所必需的8种氨基酸。

食材性能

1. 性味归经

鸡蛋，味甘，性平；归心、脾、胃经。

2. 医学经典

《千金方》："滋阴、润燥、补血、安胎。"

3. 中医辨证

鸡蛋清性微寒而气清，蛋黄则性温而气浑。两者的功效作用也不一样。前者能益精补气、润肺利咽、清热解毒，适用于内有伏热、结膜炎、目赤肿痛、咽痛音哑、阳痿等症；后者能滋阴润燥、养血熄风，用于腹泻、吐血、心烦失眠、胎动不安等症，功同阿胶。《伤寒论》中有名的育阴清热、滋阴降火的方药"黄连阿胶汤"中就含有鸡子黄（蛋黄）。现代临床研究发现，鸡蛋清有收敛作用，能降低毛细血管的通透性，涂布后能在局部形成痂膜，减少液体渗出和外来刺激，对局部起保护作用并减轻局部疼痛；鸡蛋黄在创面涂布后亦有减轻局部疼痛、减少渗出、结痂快、不留疤痕等特点，可广泛用于内、儿、妇、五官、皮肤、烧伤等各科疾病。

4. 现代研究

鸡蛋是人们公认的天然食品中最优秀的蛋白质，可提供人体必需的多种氨基酸，与人体组织蛋白质最为接近，易被吸收，可延缓人体衰老；蛋黄中的卵磷脂、甘油三酯、胆固醇和卵黄素对神经系统和大脑发育有很大的作用，能提高记忆力，对婴幼儿及妇女来说是非常有益的食物；鸡蛋中的蛋白质能促进肝细胞再生，对肝脏起保护作用；鸡蛋中含有微量元素硒、锌及维生素 B 等物质，具有防癌的功效；除食用外，鸡蛋外敷也有很好的消肿止痛的作用，常用于烫伤或肌肉疼痛等。

食用注意

（1）鸡蛋胆固醇含量高，高血脂、冠心病、动脉粥样硬化症等患者不宜多食，老年人、血脂紊乱和肝炎病人最好不吃蛋黄，可多吃蛋白。

（2）患有高热、腹泻、肝炎、肾炎、胆囊炎、胆结石的人应忌食鸡蛋，因为高蛋白会增加肝脏负担，影响肾脏排泄功能。

（3）变质发臭、发黑的鸡蛋不能食用。

（4）据前人经验，鸡蛋勿与兔肉同食。兔肉性味甘寒酸冷，鸡蛋甘平微寒，二者都含有一些生物活性物质，共食会发生反应，刺激胃肠道，引起腹泻。

（5）茶叶蛋弊大于利，不宜多吃、常吃，偶尔品尝无可厚非。

（6）食生鸡蛋、溏心蛋，有百害无一益，因沙门氏杆菌在蛋黄中容易引起食物中毒。

小记：

鸡蛋食法不同，营养吸收各异，就营养的吸收和消化率来讲，煮蛋为 100％，炒蛋为 97％，嫩炸为 98％，老炸为 81.1％，开水、牛奶冲蛋为 92.5％，生吃为 30％～50％，因此，煮鸡蛋是最佳的吃法，但要注意细嚼慢咽，否则会影响吸收和消化。不过，对儿童来说，还是蒸蛋羹、蛋花汤最适合，因为这两种做法能使蛋白质松解，极易被儿童消化吸收。

附注：

1. 鸡蛋清

鸡蛋清药性功用：鸡蛋清味甘、性凉，能润肺利咽，有清热解毒的作用，主治咽痛、目赤、咳逆、下痢、烧毒肿痛等症。

2. 鸡蛋黄

鸡蛋黄药性功用：味甘、性平、微寒、无毒，有滋阴润燥、养血息风的作用，有治心烦失眠、热病、痉厥、虚劳吐血、呕逆、下痢，胎漏下血、烫伤、热疮、湿疹、小儿消化不良的功用。

传说故事

一、十个神鸡蛋的传说

很久以前，一只神鸡第一次下了一个蛋，第二次下了三个蛋，第三次下了六个蛋。结果，三个蛋飞到天上，变成太阳、月亮和星星；三个蛋飞到中间，变成白云、高山和树林；三个蛋飞到地上，变成冰、泥土和岩石，最后，只剩下一个蛋了，那个蛋在天上、空中、地上飞来飞去，后来变成了人。这就是世界上万事万物的由来。

二、怕吃鸡蛋

有个人脾气很怪，害怕吃鸡蛋，别人问他为什么，他理由十足地说："这个还不明白？那鸡蛋在母鸡肚子外边都能孵出小鸡来，要是跑到人肚里，长出个小鸡来可就麻烦了。"

三、一个鸡蛋的家当

一个叫花子在草丛中拾到了个鸡蛋，高兴地回家告诉他的妻子说："我有家当了。"妻子看着他发愣，问："在哪？"

这个人拿出鸡蛋来说："就是它！我把它放在邻家的鸡窝里孵出来小鸡，取个母小鸡回来，长大后就算每两天就下一只蛋，一个月可得十五只蛋，再孵小鸡，可得十五只小鸡。两年内，鸡又生蛋可得三百只鸡，卖去可得钱十金。用十金可买五头小牛，三年可得二十五头牛。牛又生小牛，小牛又生牛，三年可得一百五十头牛。这样滚动下去，三年可得千金。然后买田盖房，就可以当起财主。嘿嘿，到那时就能娶小老婆啰！"

妻子一听，气得把鸡蛋甩了："让你娶小老婆去吧！"

四、结婚生子分喜蛋习俗的传说

我国江南一些地区有一种风俗，即谁家要娶亲，都要准备红鸡蛋。因为结婚那天，亲朋好友甚至素不相识的人都可以向新娘讨红喜蛋。若拿不出来，岂不扫兴？但结婚为什么要分红喜蛋呢？这里还有一个十分有趣的传说。

传说当年刘备与孙权联合大破曹操于赤壁后，刘备不愿归还从孙权那里借来的荆州，双方产生了不快。其时，恰巧刘备没了甘夫人，周瑜想到孙权的妹妹孙尚香尚待字闺中，就设下招亲刘备的计策，想用假招亲真扣留的办法，拿刘备当人质，换回荆州。

岂料周瑜的妙计早被诸葛亮识破，刘备也知是计，因此犹豫不决，不敢应允。诸葛亮却胸有成竹，打下包票，既让刘备当了新郎，也不会丢了荆州，当然更是把周瑜气得不轻。原来诸葛亮早已备好了几条锦囊妙计，这其中的一条就是"红喜蛋计"。

诸葛亮让刘备去东吴时带上大量染红的鸡蛋，一到东吴，也不管宫廷内外，也不论高低贵贱，逢人就分，并说刘备要招亲了，娶的是他们国主的妹妹，分红喜蛋则是皇室的礼仪，刘备一切照办。一听是皇室的礼仪，那分到红喜蛋的谁不觉得脸上有光？那些没分到的谁不感到遗憾？于是，那些没分到的居然跑到刘备下榻的宾馆去讨。刘备自然来者不拒，不光要手下人抓紧分，自己也动起手来，忙得不亦乐乎。

东吴人此前可从不知道还有分红喜蛋的习惯，都觉得特别新鲜。于是结婚要分喜蛋和刘备要招亲的消息就像长了翅膀一样在大街小巷纷纷传开。一时间，家家户户都知道刘备要与孙尚香成亲的事了。眼看着生米要煮成熟饭，孙权只能强忍怒气承认，周瑜可是气不打一处来，又"既生瑜，何生亮"地感叹了一番。只有刘备得了个文武双全的好夫人，得意扬扬地转回荆州去了，这就是东吴"赔了夫人又折兵"的故事。

从此，分红喜蛋的风俗就在江南传开了，结婚的人家分，旁观的人可以要，都是图个吉利，祝福新婚人家红红火火，喜气洋洋。

不过，也有在刚生了孩子的时候分红喜蛋的，尤其在北方更是流行。谁家生了孩子，左邻右舍都会提了鸡蛋去看望产妇，前往祝贺。生了孩子的人家也通常要煮许多染红的鸡蛋送给他们，表示同喜同贺。要是谁家生了儿子，更有不认识的老太太去登门道喜，并为不孕的媳妇或女儿讨一枚红喜蛋，尤其是第一枚更吉利，吃了它，不孕的妇女就会怀孕，而且也会生个男孩呢。

细究起来，结婚或生育分蛋、食蛋的习俗很可能与原始的生殖信仰有关。《诗经·商颂》上说："天命玄鸟，降而生商。"《史记》里也记述了这样一个有关商人起源的神话：商的始祖契的母亲叫简狄，某一天，简狄姐妹三人同去洗澡，见一燕子产下个卵，简狄就把它吃了，不久怀孕生下契。这个神话在今天看来荒诞不经，但在当时却有其产生的必须性：在母系氏族社会，人们知其母而不知其父，于是便有了"玄鸟生商"这样的神话。在这个神话传说中，吃卵成了生育的原因，不孕妇女讨要红喜蛋、结婚时分红喜蛋，其实也和撒帐有异曲同工之妙，是祈子的一种形式。

五、公鸡蛋

一个县官习难他手下的一名衙役，限他三天内买一百个公鸡蛋，误则重罚。

三天期满，衙役哭丧着脸，准备去受罚。他女儿问明情由，安慰他说："爹爹不必着急，我去向老爷回话就是。"到了第三天她跑到县衙，大喊大叫。

县官立刻开堂，问明是衙役之女，喝道："你父亲为何不来？"女子说："禀告大人，我父亲正在坐月子，所以命我前来替他领罚！"

县官大吼道："胡说八道，哪有男人生孩子的？"

女子反问道："男人不能生孩子，公鸡又怎么能下蛋呢？"

野 鸡 蛋

雄雉曳修尾，惊飞向日斜。

空中纷格斗，彩羽落如花。

喧呼勇不顾，投网谁复嗟。

百钱得一双，新味时所佳。

烹煎杂鸡鹜，爪距漫槎牙。

谁知化为蜃，海上落飞鸦。

——《食雉》宋·苏轼

物种基源

野鸡蛋（Phasianus colchlit orqunus Gmelin），为雉科动物雉下的蛋，又名华虫蛋、山鸡蛋、雉鸡蛋，以外壳淡绿雅色，有光泽、黄红不散白黏稠者为佳，全国皆有野生分布，现市售野鸡蛋多为人工饲养。

生物成分

据测定，每100克野鸡蛋中营养成分如下：

生物成分 食材名称	热能 （千卡）	蛋白质 （克）	脂肪 （克）	碳水 化合物 （克）	维生 素A （微克）	核黄素 （毫克）	尼克酸 （毫克）	维生 素E （微克）	钙 （毫克）	铁 （毫克）	磷 （毫克）	硒 （微克）	胆固醇 （毫克）	水分 （克）
野鸡蛋	116	11.7	7.7	1.4	372	0.44	0.1	1.2	51	1.8	198	7.20	469	78.5

食材性能

1. 性味归经

野鸡蛋，味甘，性温；归胃、心经。

2. 医学经典

《四川中草药》："养肝补血，温中益气。"

3. 中医辨证

野鸡蛋，利胃宜脾，久病体虚、气血不足、下痢、消渴、小便频繁等症患者食之有益。

4. 现代研究

野鸡蛋含有锌、硒、钙、磷等多种微量元素和维生素A、E、B_1、B_2等，有补中益气和强身功用，可祛痰健脾、补脑、益肝、活血补血，常食可健身延年。

食用注意

（1）服用铁制剂不宜食野鸡蛋。
（2）野鸡不宜和兔肉同时食用。

传说故事

野公鸡和宝石

草地上有一只漂亮的野公鸡，在草丛里找虫子吃，它东找找，西寻寻，忽然瞧见不远处有一颗闪闪发光的东西，在太阳光的照耀下，显得格外夺目。野公鸡好奇地走近一瞧，原来是一颗大宝石，看着宝石，野公鸡自言自语地说道："这个东西有什么用？既不能吃也不能玩，真不明白人类为什么喜欢它，而且还把它当无价之宝，人真是愚蠢的动物啊！"

说完，野公鸡就跑到别的地方去寻找食物了。

鸭 蛋

竹外桃花三两枝，春江水暖鸭先知。
蒌蒿满地芦芽短，正是河豚欲上时。

——《惠崇春江晚景》·宋·苏轼

物种基源

鸭蛋（Anas domestica L.），为鸭科动物家鸭的卵，又名鸭子、鸭卵，以个大、颜色多带淡天蓝色，外表有光泽者为佳，全国各地都有产出。

生物成分

据测定，每100克鸭蛋中营养成分如下表：

生物成分 食材名称	热能 （千卡）	蛋白质 （克）	脂肪 （克）	碳水化合物 （克）	维生素A （微克）	核黄素 （毫克）	尼克酸 （毫克）	维生素E （微克）	钙 （毫克）	铁 （毫克）	磷 （毫克）	硒 （微克）	胆固醇 （毫克）	水分 （克）
鸭蛋	164	8.7	9.8	10.3	198.0	0.37	0.2	7.61	71	3.2	210	50.10	634	70.0
鸭蛋清	47	9.9	微	1.8	47	0.07	0.1	微	18	0.1	61	4.00	/	87.7
鸭蛋黄	378	14.5	33.8	4.0	67	0.62	/	12.72	128	4.9	128	25.00	1885	44.9

食材性能

1. 性味归经

鸭蛋，味甘，微咸，性凉；归肺、脾经。

2. 医学经典

《医林纂要》："滋阴清热，利脾镇咳，生津润咽，降逆止血。"

3. 中医辨证

鸭蛋因其性偏凉，故叮滋养阴气，清体内热结，有大补虚劳、滋阴养血、润肺美肤的功效。熟食补益最佳，对咳嗽、膈热、喉病、齿痛、泻痢等疾病有益。

4. 现代研究

鸭蛋中各种矿物质的含量超过鸡蛋，特别是人体中迫切需要的铁和钙在蛋类中更是丰富，对骨骼发育有益，并能预防贫血，鸭蛋含有较多的维生素 B_2，是补充 B 族维生素的理想食品之一。

食用注意

凡脾阳不足，寒湿下痢及食后气滞痞闷者忌食；生病期间不宜食用；癌症、高血压、高血脂、动脉硬化及脂肪肝者宜少食，鸭蛋忌与甲鱼或李子同食。

传说故事

私塾先生的"油饼鸭蛋香"

从前有一个私塾先生，家里很穷，穷就穷呗，还爱要面子，总在学生面前说上两句"油饼鸭蛋香"。时间长了，学生觉得很奇怪，心想，他穿得那样破烂，每天还能吃上油饼鸭蛋吗？于是，几个捣蛋虫趁老师回家时，跟到老师家里去偷看。

只见那先生用三块石头一靠，上面放着个破锅碴，翻炒谷糠饼子，炒好后盛在碗里吃，吃完了，又拿起一块黑油布子，在嘴上擦了两擦，然后回学堂，那几个捣蛋虫也一溜烟地跑回到课堂上。

不多一会，老师夹着教本进了课堂，把课本一放，自言自语地说："油饼鸭蛋香。"有个学生立即答道："锅碴炒谷糠。"老师一怔，又有一个学生马上接上："油布擦擦嘴！然后上课堂。"

老师羞得脸红脖子粗，以后，再也不要虚面子了。

咸 鸭 蛋

鲜鲫经年秘醍醐，团脐紫蟹脂填腹。

后春莼苗活如酥，先社姜芽肥胜肉。

兔子累累何足道，点缀盘飧亦时欲。

淮南风俗事瓶罂，方法相传竟留蓄。

且同千里寄鹅毛，何用孜孜饮麋鹿。

——《扬州以土物寄少游》·宋·苏轼

物种基源

咸鸭蛋（Anas domestica L.），为鸭科动物家鸭的蛋加精盐腌制而成的咸蛋，又名腌鸭蛋、味鸭蛋、青果蛋，以蛋白淡咸适度，黄中有红油者为佳。驰名中外的咸鸭蛋有江苏高邮双黄咸鸭蛋、江苏盐城大纵湖咸鸭蛋、湖北沙湖咸鸭蛋、洞庭洞西岸生产的湖南西湖咸鸭蛋，浙江兰溪等地产出的优质咸鸭蛋。

生物成分

据测定，每 100 克咸鸭蛋中营养成分如下表：

生物成分 食材名称	热能 （千卡）	蛋白质 （克）	脂肪 （克）	碳水 化合物 （克）	维生 素 A （微克）	核黄素 （毫克）	尼克酸 （毫克）	维生 素 E （微克）	钙 （毫克）	铁 （毫克）	磷 （毫克）	硒 （微克）	胆固醇 （毫克）	水分 （克）	钠 （毫克）
咸鸭蛋	183	12.7	13.3	6.3	134	0.33	0.1	6.25	118	3.6	231	24.04	742	65.6	2706

食材性能

1. 性味归经

咸鸭蛋，味甘、咸，性寒；归心、肺、脾经。

2. 医学经典

《医钞类编》："滋阴、清热。"

3. 中医辨证

咸鸭蛋清肺火、降阴火功能比未腌制的鸭蛋更胜一筹，煮食可治热泻痢。其中咸蛋黄油可治小儿积食，外敷可治烫伤、湿疹。

4. 现代研究

咸鸭蛋与普通鸭蛋相比，咸鸭蛋中部分蛋白质被分解为氨基酸，由于盐腌，使蛋内盐分增加，蛋内无机盐也随之略增。咸鸭蛋中钙质、铁质等无机盐含量丰富，含钙量、含铁量比鸡蛋、鲜鸭蛋都高，特别适合骨质疏松的中老年人食用，并能防治贫血，是夏日补充钙、铁的好食物。

食用注意

（1）据前人经验，咸鸭蛋不宜与甲鱼、李子同食。

（2）孕妇及脾阳不足、寒湿下痢者不宜食用。

（3）高血压、糖尿病、心血管病、肝肾疾病患者应少食。

传说故事

一、咸蛋是腌鸭生的

一天，两个人在一起吃腌鸭蛋，吃着吃着，甲惊讶地说："怪呀，我往日吃的鸭蛋都是淡的，今天吃的怎么偏偏是咸的呢？"

乙听了，把嘴一撇，觉得甲说这话太没知识，便神气活现地说："嗨，你怎么连这点常识都没有？这咸鸭蛋是腌鸭子生的。"

二、朱元璋洗咸蛋

朱元璋在安徽皇觉寺当小沙弥时，寺中老方丈想找一个老实可靠的接班人，不知怎的，一眼看中了朱元璋，但老方丈深知，知人知面不知心，还是要考验再说。

第一次，老方丈叫朱元璋把腌了几年、外壳已发黑的咸鸭蛋洗成和刚生下来的鲜鸭蛋一样白，朱元璋连洗三天都没洗白，毫无怨言，第四天继续洗，老方丈对他说："好了，洗不白算了，将就点煮着吃吧。"

过了几天，老方丈又叫朱元璋把耕地用的生铁犁铧洗干净了放在锅中，什么时候煮烂了，就连汤端给老方丈补身子。朱元璋很听话，连煮了三天三夜没熄火。困了、累了，就在灶膛前打个盹，醒来继续烧，煮到第四天，老方丈叫不要再煮了，说是师弟已将煮烂的生铁犁铧汤送来了。从此，朱元璋在皇觉寺老实得出了名，众僧都叫他"老实哥儿"，老方丈也把藏经阁等库房的钥匙都交给朱元璋管理。

到了第二年清明节，老方丈带领众僧要到山下一大户人家做七天七夜的喜斋超度亡灵，留朱元璋独守皇觉寺。朱元璋认为下山时机已到，便将老方丈积累数十年的金银珠宝等细软，包包扎扎，捆成一担，临行前在库房正面墙上写下一首诗留给方丈：

老实哥儿洗咸蛋，生铁犁铧煮不烂。

老秃驴修炼一世，没够老实哥一担。

皮 蛋

菡萏香连十顷陂，小姑贪戏采莲迟。

晚来弄水船头湿，更脱红裙裹鸭儿。

——《采莲子》·唐·皇甫松

物种基源

皮蛋（Anas domestica L.），为鸭科动物家鸭的蛋，用石灰、草灰、精盐等腌制而成，又名松花蛋、变蛋、彩蛋。优质皮蛋壳灰白，无黑斑，壳完整无裂纹，轻掂有抖动感，摇晃时好蛋无声者佳。制造皮蛋工艺始于明代，现全国大部分地区均有产出，最著名的皮蛋为辽宁松花蛋，剥开蛋白有朵朵像松枝花的花纹，"松花蛋"也由此得名。

生物成分

据测定，每 100 克皮蛋中营养成分如下表：

生物成分 食材名称	热能 (千卡)	蛋白质 (克)	脂肪 (克)	碳水化合物 (克)	维生素 A (微克)	核黄素 (毫克)	尼克酸 (毫克)	维生素 E (微克)	钙 (毫克)	铁 (毫克)	磷 (毫克)	硒 (微克)	胆固醇 (毫克)	水分 (克)
皮蛋	174	14.2	10.7	4.5	215	0.18	0.2	3.05	63	3.3	165	25.24	535	71.7

食材性能

1. 性味归经

皮蛋，味甘、咸，性凉；归肺、脾、肾经。

2. 医学经典

《药用动物》："滋阴润肺、平肝降压。"

3. 中医辨证

皮蛋，味辛涩、甘咸，性寒，具有健脾胃、助消化、敛虚热、降虚火、泻肺热、去肠火、解酒醉、平肝火、清心明目的功用。

4. 现代研究

皮蛋在腌制过程中经过强碱的作用，使蛋白质及脂质分解，较容易消化吸收，胆固醇也变少。由于使用了铁剂，铁质的含量也变高。不过维生素 B 族及必需氨基酸则被破坏。无机盐含量较鸭蛋明显增加，脂肪含量有所下降，总热量也稍有下降。蛋白质分解的最终产物氨和硫化物不但有独特风味，能刺激消化器官，增进食欲，使营养易于消化吸收，并有中和胃酸、清凉、降压的作用，可用于眼痛、牙痛、高血压、耳鸣、眩晕等疾病的食疗。

食用注意

（1）皮蛋不宜多食。

（2）肾炎患者切忌多食。

小记：

皮蛋的蛋白质在强碱作用下呈现红褐色，蛋黄则呈墨绿或橙红色，若蛋黄呈黄色，皮蛋可能欠新鲜或未变熟。皮蛋加工一般都使用氧化铅，国家规定每 500 克皮蛋使用氧化铅不得超过 3 毫克，但加工者为使皮蛋产生美丽彩花，常加多用料，使氧化铅不同程度超标。常食用铅超标的皮蛋会造成人体积蓄性铅中毒，日后引致老年痴呆症，影响儿童智力发育。

传说故事

御宴皮蛋

传说清代有一农家的父子二人，以养鸭为生，相依为命。他们成天赶着鸭群四处放鸭。有一次，父子二人一大早就赶着鸭群出门了，半路上，他们见一个打谷场附近有两个很大的石灰池，池中有不少谷壳，便赶着鸭群下池觅食。过了一会儿，鸭子都吃饱了，他们便赶着鸭群去新的地方。过了一个多月，他们再次来到这里放鸭。这一次当他们最后将鸭群赶起来时，有几只小鸭总不愿起来，父子俩就下池捉鸭子。他们下到池中，脚下踩着类似石头的东西，取出一看，原来是鸭蛋，将其打开，里面像熟的，很香，好吃。父子二人十分诧异。他们反复思索，不知是何原因，于是就四处向老者请教询问，才知这鸭蛋是他们自己的鸭子上个月来此处时下在池中的，是池中的石灰将蛋"煮熟"了。

父子二人异常兴奋，他们决定，将鸭蛋做成熟皮蛋出售。这一日，父子二人划着盛满熟鸭蛋的小船沿江出售，正巧遇上南巡的乾隆皇帝的船只，士卒们发现了前面的小船，以为是歹徒，便将他们抓起来审问。当得知他们船中有美味的皮蛋，便将皮蛋呈给皇上品尝，乾隆品尝后，连连称赞。正患口腔炎的爱妃，一连吃了数个皮蛋，不久她的病就好了。乾隆皇帝大悦，给这一食品取名为"御宴皮蛋"。从此，御宴皮蛋广为流传。

糟　蛋

买醉城西结伴行，源源佳酿远驰名。
剖来糟蛋好颜色，携到京华美味评。

——《清琅轩馆诗钞·买糟蛋》

物种基源

糟蛋（Anas domestica L.），为鸭科动物家鸭的鸭鲜蛋经糟醉制品，又名醉蛋，以蛋柔软、蛋白凝固透明，蛋黄红色艳丽、酒味扑鼻、醇香浓郁、口感细嫩者为佳。名品出自浙江平湖市龙牌糟蛋食品有限公司，并被列入浙江省非物质文化遗产名录。价格不菲，每只7元左右。

生物成分

全国著名营养学家于若木对平湖糟蛋的独特风味作了精辟论述，并称之为："昔日皇家贡品，今天百姓佳肴"。据专家测定，糟蛋由于经过独特工艺加工，其主要营养成分含量均明显高于其他蛋类。其中蛋白质比鲜鸭蛋高1.1倍，钙、铁高出40倍、0.5倍，维生素PP比咸鸭蛋高5～6倍。如果说，蛋类因其营养成分齐全而被称为全营养食品之冠，那么糟蛋就自然成为冠中之冠的营养食品。

食材性能

1. 性味归经

糟蛋，味甘、辛，微苦，性微温；归脾、胃、肾经。

2. 医学经典

《食疗》："散寒滞，消饮食，通经络，行血脉。"

3. 中医辨证

糟蛋，因经酒醇糟后，性转偏温，温中健脾，对肚腹冷痛、食欲不振、腿脚软弱、行动不利、滋阴养血、润肺美肤有益。

4. 现代研究

糟蛋，原鸭蛋经糟酿后蛋白质、脂肪、碳水化合物及多种矿物质均发生质和量的变化，更易被人体吸收，提高人体的免疫功能，有助于消食、开胃、消瘀结、通血脉，对加快人体新陈代谢有益。

食用注意

（1）糟蛋味美，但不宜多食、常食。

（2）慢性肾炎、慢性肝炎、结肠炎、慢性肾功能不全、肝硬化、心脏功能欠全、高血压等患者慎食糟蛋。

（3）对乙醇过敏者禁食糟蛋。

（4）糟蛋忌与甲鱼及李子同食。

小记：

糟蛋制作工艺

糟蛋制法：将洗净、晾干或揩干的优良鸭蛋（每千克约 14 只），用竹片在蛋大头一端的齐肩两边，轻击两下，使蛋壳击碎而不使蛋膜破裂，轻轻竖直排入预经蒸汽消毒并放有成熟酒酿的坛内，一层蛋，一层酒酿，每坛放鲜蛋 120 只，最后再用酒酿盖面铺平，再铺撒食盐一层及黄酒少许，密封坛口后静置约 3 个月左右而成。一般每年夏历 3～4 月糟渍，至 10 月上、中旬上市。

传说故事

乾隆与平湖糟蛋

相传平湖有一个叫吴垛的村子，住着一位吴阿财，他想改变成鸭蛋的口味，不用盐腌鸭蛋，而是改用出酒后的酒糟腌，很成功，制出了像皮蛋又不是皮蛋的酒糟蛋，味道好极了。从此，他年年炮制此蛋。一日，微服私访的乾隆来到平湖，他信步走在街上，不自觉地来到了阿财家门前。此时正值吃午饭时辰，乾隆感到腹内叽咕作响，朝阿财家望去，见一家人围桌正在吃饭。乾隆走进去向阿财讨要点吃的。阿财见一秀才模样的过路人向他要吃食，忙叫妻子添烧几个菜，并拿来几只剥去壳的糟蛋请乾隆坐下来吃。乾隆从未见过此物，乳白色，半透明，内有一颗红似琥珀的东西，心想这是何东西，一时不敢贸然举筷。阿财见他犹豫，解释说，这是用酒糟腌制的糟蛋，客官尽可放心地吃。乾隆夹起一只放嘴中咬了一口，顿觉一股清凉浓郁的酒香味直沁心脾。乾隆心想天底下竟有如此好吃的东西，临走时还带了几只回去品尝。乾隆回京后，还念念不忘这一美味，便发一金牌，差人送往杭州，叫浙江巡抚去平湖请吴阿财带糟蛋来京。当官差到阿财家宣旨，阿财才知道，那天来他家讨吃的秀才原来是皇帝，就携带了一大瓮糟蛋进京见乾隆皇帝，乾隆高兴，赐该蛋名为"平湖糟蛋"。乾隆金牌召糟蛋的事情在平湖传开，生意人纷纷做起糟蛋生意，至今平湖糟蛋名扬四海。

野 鸭 蛋

野鸭羽翼能几长，马师眼孔些子大。

从他飞去拟何之，须持拽回遭笑怪。

——《颂古》·宋·释慧空

物种基源

野鸭蛋（Anas piatyrhynchos L.），为野科动物绿头鸭等同属多种动物的蛋，又名野凫蛋、蚬鸭蛋、晨鸭蛋、凫卵，大麻鸭蛋，以壳绿、光滑、新鲜、黄红、白黏稠者为佳，全国大部分地区有野生分布，现在市售野鸭蛋大多为人工养殖。

生物成分

据测定，每100克野鸭蛋中营养成分如下表：

生物成分 食材名称	热能 (千卡)	蛋白质 (克)	脂肪 (克)	碳水 化合物 (克)	维生 素A (微克)	核黄素 (毫克)	尼克酸 (毫克)	维生 素E (微克)	钙 (毫克)	铁 (毫克)	磷 (毫克)	硒 (微克)	胆固醇 (毫克)	水分 (克)
野鸭蛋	175	11.8	10.9	6.9	691	0.41	0.2	3.10	66	2.9	279	17.3	598	69.8

食材性能

1. 性味归经

野鸭蛋，味甘，性寒；归肺、胃、脾、肾经。

2. 医学经典

《食疗》："补中益气、消食、解毒。"

3. 中医辨证

野鸭蛋，平胃消食，利水清肿，对产后虚弱、病后浮肿、食欲不振、体倦无力、慢性水肿等病症食之有益。

4. 现代研究

野鸭蛋中除含有蛋白质、脂肪、碳水化合物外，还含有多种维生素、矿物质，有益人体骨骼发育并能预防贫血，还可清除人体内的热结，补虚劳、滋阴养血、润肤美容。

食用注意

（1）因受寒凉引起的感冒患者不宜食野鸭蛋。
（2）脾阴虚而常腹泻者慎食野鸭蛋。

传说故事

和尚食野鸭蛋

从前，有一个好事人游庙，见和尚在吃午餐，碟子里放着四个野鸭蛋，便指责说："出家人，慈悲为怀，修善积德为本，最忌杀生吃荤，长老一餐数蛋，等于连吞数条生命。"

和尚听了，哈哈大笑，说："施主有所不知，我出家人向来就是慈悲为怀，积善行德为本。至于吃的这些野鸭蛋，正是为了行善积德做好事。"

说罢，便一口一个野鸭蛋，吃完后还随口念出一首诗：

混沌乾坤一口包，一无皮血二无毛。

老僧送你西天去，免得凡间挨枪刀。

鹅 蛋

我非好鹅癖，尔乏鸣雁姿。

安得免沸鼎，澹然游清池。

见生不忍食，深情固在斯。

能自远飞去，无念稻粱为。

——《道州北池放鹅》·唐·吕温

物种基源

鹅蛋（Anser cygnonides domestica brisson），为鸭科动物家鹅的卵，又名鹅卵，以表面呈白色，较光滑，个大者为佳，全国各大水系所属湖区均有产出。

生物成分

据测定，每 100 克鹅蛋中所含营养成分如下表：

生物成分 食材名称	热能 （千卡）	蛋白质 （克）	脂肪 （克）	碳水 化合物 （克）	维生 素 A （微克）	核黄素 （毫克）	尼克酸 （毫克）	维生 素 E （微克）	钙 （毫克）	铁 （毫克）	磷 （毫克）	硒 （微克）	胆固醇 （毫克）	水分 （克）
鹅蛋	183	11.3	14.5	1.8	275	0.73	0.7	10.65	57	4	221	12.4	704	71.4
鹅蛋白	48	8.9	微	3.2	7	0.04	0.3	0.34	4	2.8	11	8.00	/	87.2
鹅蛋黄	324	15.5	26.4	6.2	/	0.59	0.6	95.70	13.0	2.8	51	26.00	1813	50.1

食材性能

1. 性味归经

鹅蛋，味甘，性温；归心、肺经。

2. 医学经典

《中药志》："补中益气，催乳。"

3. 中医辨证

鹅蛋，味甘，性温，无毒，具有大补五脏、补中益气、消瘿疽瘰疬等功效。

4. 现代研究

鹅蛋营养成分与鸡蛋相近，有多种蛋白质，最多和最主要的是蛋白中的卵白蛋白和蛋黄中的卵黄磷蛋白，蛋白质中富有人体所必需的各种氨基酸，是完全蛋白质，易于人体消化吸收。鹅蛋中的脂肪绝大部分集中在蛋黄内，含有较多的磷脂，其中约一半是卵磷脂，这些成分对人脑及神经组织的发育有重大作用；鹅蛋中的矿物质主要含于蛋黄内，铁、磷和钙含量较多，也容易被人体吸收利用；此外，鹅蛋黄中有丰富的维生素 A、D、E 及核黄素、硫胺素，蛋白中的维生素以核黄素和尼克酸居多，这些维生素也是人体所必需的，是老年人、儿童、体虚者、贫血者的理想营养食品。

食用注意

（1）鹅蛋含有一种碱性物质，对内脏有损坏，每日食用不要超过 3 个，以免损伤内脏。医学界认为鹅蛋性温，忌多食，多食易引发痼疾，患湿疹疮痒者均不宜食用，气滞者亦不宜食。

（2）中老年人、冠心病者忌多食。鹅蛋的脂肪含量高于蛋白质含量，含胆固醇也多，多食会增加血中胆固醇，诱发动脉粥样硬化，加重病情。

（3）鹅蛋脂肪量高，服降血压药时忌多食。

传说故事

一、金鹅蛋的传说

奉化县城东四十里，有一座巍峨挺拔的大山，叫金峨山。可是古时候它不叫金峨山，而叫金鹅山。至今当地还流传着一个关于金鹅和金鹅蛋的故事。

传说在很早以前，金峨山前是一片望不到头的大海。有一年，不知从哪里飞来了一只金鹅，它飞呀飞呀，飞到海滩旁边的一座土山上，在一块很大很大的石头上停了下来。刚好有个名叫阿明的穷小伙子，正忙着在海边捕鱼。金鹅见这个骨瘦如柴的小伙子捕了半天也没捕到什么，于是"吭吭吭"地像敲金锣一样连叫了三声。阿明回头一看，见是一只鹅停在那里。他想，捕不到鱼虾，提只鹅回去也能让生病的母亲尝尝新鲜。于是他三步并作两步，飞跑过去。可是一到那地方，却连鹅的影子也没有了。只见大石头上留着一只金黄色的蛋。阿明想，拾只鹅蛋回去给娘充充饥也好，总比空手回去强。想着，就把蛋拾了起来。

阿明捧着金鹅蛋兴冲冲地走回家去，半路上遇到了一个四、五十岁的半老头，长得精巴干瘦，猴子脸，扫帚眉，老鼠耳朵，鲶鱼嘴巴，要多难看有多难看。此人是皇帝的内宫亲信，专门派遣在外，为皇帝搜罗民间的奇珍异宝。他见阿明手中捧着一只蛋，黄澄澄，闪闪亮，知是异宝，连忙走过来笑眯眯地问道："小兄弟，你这只蛋卖不卖？"阿明说："不卖，我老娘还等着充饥呢。"那"猴子脸"一听，呵呵大笑说："一只蛋能填饱肚子吗？我给你三百两银子，你把它卖给我吧！"阿明觉得这人是个呆子，一个鹅蛋卖三百两银子？这不是拿我开玩笑吗？于是他理也不理，转身就走。

"猴子脸"见他要走，赶忙拉住阿明衣裳，解开包袱，拿出三百两银子来说："小兄弟，不跟你开玩笑，我们一手交银子一手交货。"阿明一看这白花花的银子，心里甭提有多高兴，忙把金鹅蛋给了"猴子脸"。"猴子脸"接过鹅蛋仔细一看，果然是只价值连城的金蛋，不觉大喜过望。他回头又问阿明这蛋是从哪里来的，阿明是个老实人，一五一十地照实讲了。"猴子脸"问清了金蛋的来龙去脉以后，乘阿明不备，从背后给了他一刀，将他杀了。自己星夜进京，把金蛋献给了皇帝。皇帝见是世上稀有之宝，高兴极了，晋封这"猴子脸"为识宝侯。

从此，那皇帝不理朝政，每日里只玩金蛋。一天，他又召来了识宝侯，说："好东西都应该成双成对，你再去弄一只金蛋来，我让你官升三级。"

识宝侯听了，心里想：有金蛋必有金鹅，再弄五只十只又有何难哉！于是他又赶到阿明告诉他的地方，偷偷地等待着金鹅来生蛋。等呀等呀，一直等了九九八十一天，果然传来"吭吭吭"的声音，天上一片金光，那只金鹅又飞到海边这块大石头上停了下来。识宝侯见了，不觉又惊又喜。他想何不把金鹅捉去，岂不是享不完一生一世的福。他毫不思索地猛扑过去，那金鹅将翅膀轻轻一拍就飞了起来，把两块几十万斤重的大石头拍了起来，一下压在他的身上，顿时把他压成了肉饼。直到今天这两块巨大的岩石还横卧在金峨山上，人们找了不知多少年，再也没有找到过金鹅和金鹅蛋。

二、名肴"掌上明珠"的传说

掌上明珠，是杭州厨师结合一段有关西湖来历的美丽神话，经过巧妙构思而创制的一道名菜。它以鹅掌作底，只只鹅掌上镶着一颗洁白如玉的鱼丸，故称之为"掌上明珠"。

据说，古时候天河东边深窟里住着一条玉龙，天河西边树林里住着一只彩凤。玉龙和彩凤在银河的仙岛上找到了一块璞玉，彩凤用嘴啄，玉龙用爪磨，天长日久，把这块璞玉琢磨成了一颗珠子。这颗珠子光泽奇妙，照到哪里，哪里就山明水秀，草青花繁。

天宫王母娘娘得知后，就派天兵天将来把珠子抢了去，藏在宫里。玉龙、彩凤循着这颗珠子射出的光芒，赶到天宫，撞啊，撞啊，撞开了九重门，向王母娘娘讨还珠子。王母娘娘恶狠狠地说："我是玉皇大帝的妻子，天上的宝物都该是我的。"玉龙、彩凤气极了，喝道："这颗珠子是我们辛辛苦苦琢磨成的，为什么要由你霸占？"盛怒之下，玉龙和彩凤掀翻了王母娘娘盛放珠子的金盘。珠子骨碌碌，从天上掉落到人间，珠子一落地，霎时变成了水晶透明的西湖。玉龙、彩凤为了保护自己千辛万苦创造的明珠——西湖，一个变成了雄伟的玉龙山，一个变成了青翠的凤凰山，围绕在西湖两边。从此，水光潋滟，风景秀丽的西湖，成了祖国大好河山的掌上明珠。

鸽 蛋

山色晴岚景物佳，暖烘回雁起平沙。
东郊渐觉花供眼，南陌依稀草吐芽。
堤上柳，未藏鸦，寻芳趁步到山家。
陇头几树红梅落，红杏枝头未着花。

——《鹧鸪天·鸽》·宋·无名氏

物种基源

鸽蛋（Columba livia），为鸠鸽科动物家鸽的卵，又名鸽卵，以新鲜、壳白有光泽、磕开不散黄者为佳，全国大部分地区均产出。

生物成分

据测定，每100克鸽蛋中营养成分如下表：

生物成分 食材名称	热能 （千卡）	蛋白质 （克）	脂肪 （克）	碳水化合物 （克）	维生素A （微克）	核黄素 （毫克）	尼克酸 （毫克）	维生素E （微克）	钙 （毫克）	铁 （毫克）	磷 （毫克）	硒 （微克）	胆固醇 （毫克）	水分 （克）
鸽蛋	102	9.5	6.4	2.0	/	0.33	0.1	/	109	3.9	118	66.0	399	71.9

食材性能

1. 性味归经

鸽蛋，味甘，性平；归心、肾经。

2. 医学经典

《四川中药志》："补肾益气，解痘毒。"

3. 中医辨证

鸽蛋具有益气补肾，解痘毒、疮毒的功效，对预防麻疹、肺痨咳嗽、潮热、痰中带血、肾虚腰痛、心烦失眠、老年人记忆力减退及脑力劳动都有食疗效果。

4. 现代研究

鸽蛋富含优质蛋白质、磷脂、铁、钙及维生素等，其蛋白质含量稍低于鸡蛋，但钙、铁元素均高于鸡蛋，其营养更胜于鸽肉。鸽蛋具有改善皮肤细胞活力、增强皮肤弹性、改善血液循环、清热解毒的功效，可增强人体免疫和造血功能，促进面部红润，对手术后伤口愈合和产妇恢复调理、儿童发育成长均有促进作用。

食用注意

服磺胺类药物患者忌食蛋类，因蛋中蛋白质代谢产物可使磺胺类药物在泌尿系统形成结晶而损害肾脏，影响药物的疗效。

传说故事

两只鸽子

有两只鸽子，它们是相依为命的亲姐妹，感情很好。

一天，鸽妹妹厌倦了平凡无奇的生活，狂热地渴望远离家乡，到五彩缤纷的远方旅行。鸽姐姐苦口婆心地劝它："我们从小相依为命，还从未分离过，你真的打算离开你的亲姐姐吗？如果你一定要离开，我是多么难过啊，你瞧瞧外面，天寒地冻的，如果真的要去，等到春天再去也不迟啊！现在出去旅行多危险啊，饥饿的老鹰无时无刻不在天空盘旋，任何猎物都逃不过它锐利的目光；还有贪婪的猎人，他总是端着一把猎枪四处徘徊，才不会放过我们鸽子呢！除了这些，还有许多意想不到的危险，你这一路上凶多吉少。让我多么担忧啊，我劝你还是不要去了吧！"

雄心勃勃的鸽妹妹听了姐姐的话，心中十分感动，可她对旅行着了魔，此时去意已决。她说："姐姐，别担心！不出去闯荡就不会获得精彩的人生，路上遇到点儿风险算得了什么呢？不过，我保证很快就回来，不会有事的。到时候，我会把我的所见所闻讲给你听，让你也身临其境地感受一下我旅途的精彩！"听妹妹这么说，鸽姐姐只好作罢，与远行的妹妹依依不舍地告别了。

怀着无比激动的心情，鸽妹妹在广阔的天空尽情飞翔，尽情享受着无边的美景。不过，自由自在的旅行没有持续多久，天空忽然乌云密布，一场大雨倾盆而至。鸽妹妹慌忙飞到一棵大树下躲雨。虽然躲在枝繁叶茂的大树下，但还是被淋得浑身湿漉漉的，一阵凉风吹过，鸽妹妹情不自禁打了个寒战。

还好是一场阵雨，不一会儿，风吹云散，太阳又出来了。鸽妹妹走出大树，在太阳下拍拍羽毛，又重新出发了。飞了一会儿，它的肚子饿得咕咕叫，便一边飞翔，一边寻找食物。这时，它望见一块平地上撒有许多麦粒，饥饿难耐的鸽妹妹根本没有想到这极有可能是猎人布下的圈套，迫不及待地冲了下去。不出所料，被网扣住了，庆幸的是，网已经十分陈旧，它使出浑身解数，用爪子扯，用嘴啄，用翅膀奋力拍打，终于撕开一个裂口，逃出去了。

厄运似乎还未终结，刚刚从陷阱逃脱的鸽妹妹，时运不济，不久又被一只凶残的老鹰盯上了。老鹰像离弦之箭猛地朝它俯冲过去。哪知，半路杀出个程咬金，一只彪悍的鹫也向鸽子猛扑过来。为了能独享鸽子，老鹰和鹫上演了一场精彩的双雄争霸，惊魂未定的鸽妹妹趁机逃之夭夭，捡回了一条命。历尽艰辛，疲惫不堪的它落在房檐上，打算好好休息休息，安稳一下情绪。谁知厄运再次降临在可怜的鸽妹妹身上，两个淘气的孩子拿着弹弓瞄准了它。"砰"的一声，鸽子被重重地弹落在地，应该在第二天才生的蛋也被打出来了，早生了。鸽子自认倒霉。不过，它可不想沦为孩子们的晚餐，奋力挣扎着飞起来，拖着伤痕累累的身体，悲惨地回到家中。

麻　雀　蛋

叽叽喳喳好聚堆，机灵名冠老家贼。

房檐树上围村转，唯恐思乡不远飞。

——《戏说麻雀》·现代·成炎

物种基源

麻雀蛋（Passer mouranus saturatus Stejueger），为文鸟科动物麻雀的蛋，又名雀卵，以蛋壳布满的褐色斑纹清艳、新鲜为佳，全国各地均有。

生物成分

据测定，每100克麻雀蛋中营养成分如下表：

生物成分 食材名称	热能 （千卡）	蛋白质 （克）	脂肪 （克）	碳水 化合物 （克）	维生 素 A （微克）	核黄素 （毫克）	尼克酸 （毫克）	维生 素 E （微克）	钙 （毫克）	铁 （毫克）	磷 （毫克）	硒 （微克）	胆固醇 （毫克）	水分 （克）
麻雀蛋	166	11.7	12.5	2.0	370	0.4	0.2	2.55	42	3.2	129	39.88	498	73.3

此外，麻雀蛋尚含有卵磷脂、脑磷脂和维生素 B_1、D 等。

食材性能

1. 性味归经

麻雀蛋，味甘、微咸，性温；归肾经。

2. 医学经典

《别录》："补肾壮阳，固涩益精。"

3. 中医辨证

麻雀蛋，性温，味甘咸，入肾经，对男性阳痿、早泄、腰膝或腰背酸痛、食欲不佳、女性带下、小便不利、不育不孕等食之有益，对调冲任、益精血、补肾阳极有益。

4. 现代研究

麻雀蛋含有丰富的优质蛋白质、卵磷脂、脑磷脂、维生素 A、D、B_1、B_2、铁、磷、钙等物质。作用同麻雀肉，具有滋补精血、壮阳固肾功效，适用于精血不足、四肢不混、怕冷等症。肾阳虚所致的阳痿，精血不足所致的闭经、头晕、面色不佳者，常吃麻雀蛋，具有健体、养颜、增强性功能等作用。

食用注意

（1）麻雀蛋性温，凡内热盛者、阴虚火旺体质或性功能亢进之人忌食。

（2）春夏季节忌食雀蛋。

（3）有学者认为：雀性大热并特淫，故青少年、妊娠妇女及患有月经过多、大便秘结、小便短赤、各种血液病、各种炎症者都应忌食。

（4）忌与橘子等含果酸丰富的食物同食。因为麻雀蛋的蛋白质丰富，果酸会使蛋白质凝固，影响蛋白质的消化吸收。

传说故事

以假胜真麻雀蛋

太仓双凤乡有爿桂香斋，店里出售的凤珠，玲珑可爱，松脆香甜，是太仓名点，连慈禧太后也十分喜爱，故而名扬四海。可是，太仓人都爱称其为"双凤麻雀蛋"。

据说，在清朝光绪年间，苏北有一个手艺人叫李三。他与邻家四娘结有私情，怎奈父母不允，故而双双夜渡长江，隐居江南，结为夫妻。他们先落脚在太仓县城，摆了个汤圆摊度日。因为他俩老实，不会巴结人，没多久，就被当地商贾、豪绅逐出县城。李三、四娘没办法，只得转到双凤小镇去。有一天，他俩在双凤城隍庙门口的大槐树底下摆摊。正当刚刚煮熟一锅汤圆，就要叫卖时，忽然头顶上飞过一群麻雀，撒下几泡鸟屎，恰巧落在锅里，顿时气味难闻，弄得一锅汤圆白白糟蹋了。李三恼火极了，心想："我人穷受人欺不算，还要受这些鸟儿的欺侮，今天一不做二不休，一定要爬到树上去捉鸟拆窠，吐吐心头这口冤气。"于是，他扛来一张木梯，腾、腾、腾地爬上树去捉鸟。当然，鸟有翅膀，飞了，一只也没捉住，但窠总算给它拆掉，而且还意外地得到一窝花花斑斑的麻雀蛋。那天晚上，李三和四娘收摊回家，没菜吃，就拿这些麻雀蛋烧烧当菜吃，夫妻俩一吃，味道十分鲜美！从此，李三就天天出外去掏麻雀蛋，回来自家烧着吃，或者拿出去卖。后来，李三索性不做汤圆，专卖麻雀蛋。

但是，鸟窠里的麻雀蛋总是有限的，生意却要天天做，怎么办？李三和四娘一商量，决定要搞一个新名堂出来，那就是人造麻雀蛋。做成的，还是做甜的？要是做咸的，人家只能当菜吃；如果做成甜的，大家可以当作小吃，生意就会兴隆。于是，夫妻俩就用面粉发酵，做成一颗颗滴溜滚圆、玲珑可爱的假麻雀蛋，又将其炒得喷香，撒上白糖、桂花。做好一尝，果然香甜松脆，美味可口。

第二天，夫妻俩一早就上市设摊叫卖，还让顾客先尝后买。街上人看见这假麻雀蛋，都觉得新奇，争相尝试，尝罢都赞扬说："味道好！"不一会儿，麻雀蛋卖了个精光。从此以后，李三、四娘就专门经营起假麻雀蛋来，生意着实不错。不久，就开了爿小店，还挂起了"双凤麻雀蛋"的招牌。

双凤麻雀蛋的名气一天比一天大起来，附近各镇的人们都纷纷慕名前来购买，把它作为馈赠亲友的礼品。这年，巧逢慈禧太后七十大寿。太仓知县便把李三、四娘的双凤麻雀蛋装在红漆金边的珍贵食品盒里，作为苏州府的特产贡献进京。慈禧太后一尝，眉开眼笑，当场便嘉奖太仓知县，又为"麻雀蛋"这个名字不雅而赐名"凤珠"，并赐李三和四娘的店号为"桂香斋"。于是，桂香斋的凤珠，一时名噪海内。但是，李三、四娘不忘根本，店内依旧挂着"双凤麻雀蛋"的招牌，当地人也叫惯了，不愿改口，所以直到现在还称"双凤麻雀蛋"。

鹌 鹑 蛋

金凤苑树日光晨，内侍鹰坊出入频。

遇着中秋时节近，剪绒花勘斗鹌鹑。

——《元宫词（一百三首）》·明·朱有炖

物种基源

鹌鹑蛋（Cotumix coturmix japonica Temmineket Sehlegel），为雉科动物鹌鹑的蛋，又名鹌鹑卵、吉留蛋、鹑蛋，以蛋的红褐和紫褐色斑纹色泽鲜艳、壳不硬、蛋黄深黄色，蛋白黏稠者为佳，全国各地均有养殖产出，野生较少。

生物成分

据测定，每 100 克鹌鹑蛋中营养成分如下：

生物成分 食材名称	热能 （千卡）	蛋白质 （克）	脂肪 （克）	碳水 化合物 （克）	维生 素 A （微克）	核黄素 （毫克）	尼克酸 （毫克）	维生 素 E （微克）	钙 （毫克）	铁 （毫克）	磷 （毫克）	硒 （微克）	胆固醇 （毫克）	水分 （克）
鹌鹑蛋（生）	158	14.2	10.5	1.8	585	0.41	0.1	3.08	159	2.2	286	177.26	513	72.4
鹌鹑蛋（熟）	152	11.6	11.7	1.6	98	0.06	0.3	5.34	148	2.6	209	11.6	606	74.4

食材性能

1. 性味归经

鹌鹑蛋，味甘，性平；归脾，胃经。

2. 医学经典

《嘉祐本草》："补血、养神、益肺、壮筋骨。"

3. 中医辨证

鹌鹑蛋益气补血、补五脏、壮筋骨、止泻止咳，脾虚泄泻、水肿、湿痹、久病体虚、咳嗽消渴等症患者食之有益。

4. 现代研究

鹌鹑蛋营养价值很高，其所含蛋白质、铁、维生素 B、赖氨酸、胱氨酸、蛋氨酸等均超过鸡蛋。它还含有对从事脑力劳动有益的脑磷脂和激素，具有补气养血、强身健脑的作用，所含芦丁对心血管疾病也有益处，对肺病、肝炎、脑膜炎、胃病、糖尿病、哮喘、心脏病、神经衰弱、高血压、低血压、动脉硬化、小儿疳积等病症均有较好的辅助疗效，对营养不良、发育不全、身体虚弱、产前产后出现的贫血等都有很好的滋补作用。

食用注意

据营养学家测定，在各种食品中，鹌鹑蛋含胆固醇的比例最高，故老年人及患有脑血管的病人，以少吃鹌鹑蛋为好。

小记：

鹌鹑蛋含有维生素 D 的量较高，是其他禽蛋类所不可比。维生素 D 是一种类固醇化合物，在人体内经过肝肾羟化后以调节钙磷成分的代谢促进吸收，直接影响骨骼的钙化过程，所以具有抗佝偻病的作用，故又叫作抗佝偻病的维生素。含有维生素 D 较高的鹌鹑蛋是老少皆宜的食补佳品。

传说故事

佳肴"母子会"的传说

"母子会"一菜，取材于流传在鄂州人民中的一段悲欢离合的故事。

相传很早以前，武昌一带遭受了一场罕见的洪水，百姓四处逃难，不少人家妻离子散，无家可归。有一农妇被洪水冲至一湖边高地，由于草藤牵附幸免一死。一天趁水稍退，向芦苇杂草丛中找食物，这时恰遇失散的儿子正在捕捉飞禽，于是母子相见拥抱痛哭之后，其子将捕得的鹌鹑和蛋一同煮食，藉以庆幸母子团聚。

鹌鹑又名安存，即取在灾荒中母子平安生存下来之意，现在的武昌娘子湖据说也是因此得名。

第十八章　走兽类

猪

长弓短度箭，蜀马临阶骗。

去贼七百里，隈墙独自战。

忽然逢著贼，骑猪向南窜。

——《嘲武懿宗》·唐·张元一

物种基源

猪肉（Sus scrofa domestioca Brisson），为哺乳纲猪科动物猪的肉，又名豕肉、脬肉、豚肉、豲肉，经阉割的猪的肉又叫骟猪肉。新鲜猪肉有一种香味，肉色鲜润，有光泽、富弹性，揿之觉软中带硬，即刻就有动力弹起，手触之水分绝少。我国大部分地区有饲养，猪种主要分为华北猪和华南猪两大类。

生物成分

据测定，每100克可食猪肉及猪的相关食材营养成分如下表（非绝对值）：

生物成分 食材名称	热能 （千卡）	蛋白质 （克）	脂肪 （克）	碳水 化合物 （克）	维生 素A （微克）	核黄素 （毫克）	尼克酸 （毫克）	维生 素E （微克）	钙 （毫克）	铁 （毫克）	磷 （毫克）	硒 （微克）	胆固醇 （毫克）	水分 （克）	硫胺素 （毫克）
猪肉（肥瘦）	396	11.1	38.4	1.5	14	13	4.2	0.98	6.0	2.2	172	18.78	92	48.2	/
猪肉（瘦）	171	20.2	10.0	0.9	44	0.04	5.3	0.34	6.0	0.3	205	3.73	76	70.0	/
猪肉（肥）	813	2.4	90.4	/	29	0.05	0.9	0.24	3.0	1.0	77	2.21	121	8.8	/
猪肉（里脊）	136	21.9	4.6	1.8	微	0.15	0.9	微	7.0	2.3	174	6.52	67	70.4	/
猪肉（前蹄膀）	344	15.1	31.5	0.3	13	0.14	2.0	0.71	5.0	1.2	106	3.24	77	54.3	/
猪肉（后蹄膀）	360	16.1	32.9	0.4	14	0.10	2.4	0.81	6	0.8	133	2.78	79	50.6	/
猪肉（五花）	451	7.7	35.3	25.6	39	0.06	2.0	0.32	1	2.3	196	5.25	99	31.2	/
猪肉（大排）	294	14.8	25.7	1	4.8	0.24	4.5	0.31	7	1.1	81	3.70	119	57.7	/
猪肉（仔排）	263	18.2	20.5	/	10	0.04	2.4	0.17	6	1.1	149	11.05	142	58.2	/
猪肉（前腿精）	231	15.9	15.4	7.1	0.12	0.03	2.7	0.18	5.2	0.7	205	6.26	90	60.9	/
猪肉（后腿精）	171	20.1	10.1	/	0.25	0.23	5.5	0.61	6.4	1	176	21.40	87	68.8	/
猪头肉	499	11.8	44.6	12.7	/	/	/	/	13	1.7	37	/	304	453	/

（续上表）

生物成分 食材名称	热能 （千卡）	蛋白质 （克）	脂肪 （克）	碳水 化合物 （克）	维生 素 A （微克）	核黄素 （毫克）	尼克酸 （毫克）	维生 素 E （微克）	钙 （毫克）	铁 （毫克）	磷 （毫克）	硒 （微克）	胆固醇 （毫克）	水分 （克）	硫胺素 （毫克）
猪脖子	576	8	60.5	/	18	0.07	1.7	0.61	4	1.2	77	2.21	101	33.1	/
猪脑	128	10.3	9.5	0.3	/	/	0.5	/	46	1.5	350	12.30	3000	78.7	/
猪尾	190	14.8	27.7	0.4	0.11	0.05	2.4	0.13	8.7	2.1	189	1.99	69	17.4	/
猪爪	278	21.0	21.6	0.6	3	0.11	1.5	微	33	0.7	128	5.85	99	59.1	/
猪肝	117	12.2	1.3	14.2	6390	/	14		12	32.9	365	229	368	70.4	/
猪心	143	16.3	8.1	1.4	4	/	7.7	1	3.0	3.3	215	18.00	200	74.7	/
猪血	75	17.9	0.3	0.1	/	/	0.3	/	4	7.6	25	19.9	116	81.2	/
猪脾	94	13.2	3.2	3.1	/	/	0.6	/	1	11.3	111	16.5	461	70.9	/
猪肺	88	12.2	4.3	/	/	/	2.7		5.0	4.1	161	9.65	253	84.6	/
猪大肠	166	8.2	14.4	1	2	/	2.6		9	2.5	50	13.63	141	73.1	/
猪小肠	76	11.1	2.3	2.7	4	0.07	4.7	0.01	10	0.3	97	5.18	115	83.0	/
猪肾	92	15.6	3.4	/	21	/	11.9		3	5.7	301	204.05	331	79.5	/
猪肚	132	16.9	5	2.1	5	/	3.7		6	0.9	163	13.9	129	77.0	/
猪小肚	77	11.2	2.4	2.6	4.1	0.08	4.4	0.02	9	0.8	96	5.96	123.1	76.8	/
猪舌	237	16.0	17.7	3.5	10	/	4		20	4	174	8.42	195	68.0	/
猪皮	499	26.8	44.6	22.7	/	0.05	4.5	0.15	13	1.7	/	11.05	146	46	0.1
火腿	147	15.4	7.3	4.9	8.7	0.07	4.8	0.18	9	2.1	125	13.00	98	64.6	/
腊肉	181	22.3	9	2.6	/	0.03	4.5	0.11	2	2.4	228	5.5	46	60.7	/
腊肠	185	20.0	9.4	5.2	/	0.23	2.3	/	30	2.3	226	10.37	92	63.00	/
肉松	312	38.6	8.3	21.6	/	/	2.9	0.41	53	8.2	179	15.78	168	17.1	/

食材性能

1. 性味归经

猪肉，味甘、咸，性平；归脾、胃、肾经。

2. 医学经典

《本草集注》："滋阴润燥，补中益气。"

3. 中医辨证

猪肉，健脾补中、滋阴润燥、润滑肌肤，对体质虚弱、气血不足、久病后头晕乏力、产后乳汁不通、肺结核病人、阴虚痰少难咳、老年心脾虚损、头昏眼花、健忘等有辅助促康复的效果。

4. 现代研究

猪肉的营养全面，能为人体提供优质蛋白质和必需的脂肪酸，除了蛋白质、脂肪等主要营养成分外，还含有丰富的矿物质（钙、磷、铁）、维生素 B₁、B₂和尼克酸等。蛋白质大部分集中在瘦肉中，且瘦肉中还含有血红蛋白，能提供血红素（有机铁）和促进铁吸收的半胱氨酸。每日进食 80～100 克猪肉，不仅能起到补铁的作用，促进血液循环，还可以保持身体皮肤红润光泽，改善缺铁性贫血的症状。

食用注意

（1）不宜食用未摘除甲状腺的猪肉。甲状腺里含有甲状腺素，可干扰人体的内分泌，如人食用未摘除甲状腺的猪肉，可出现恶心、呕吐、抽搐、心悸等中毒症状，故不宜食用。

（2）服降压药和降血脂药时不宜多食。服降压药和降血脂药应限制动物脂肪，因动物脂肪能够降低降压药和降血脂药的疗效，猪肉含脂肪量极高，约 60%，故服降压药和降血脂药时不宜过多食用。

（3）忌食用猪油渣。猪油渣为猪肉加热炼油时所剩的未成油部分，人们常用它炒菜或作馅食用，这是不可取的，因猪肉在加热炼油时，由于温度过高，有机物质受热分解，经环化聚合而形成苯并芘，油渣中苯并芘含量很高，苯并芘为致癌性较强的物质，故猪油渣不宜食用。

（4）小儿不宜多食。猪肉的大部分成分是脂肪，脂肪供给人体大量的热量，在胃内停留时间较长，影响其他蔬菜、豆制品的进食量。过多的脂肪在人体内再转化成脂肪，容易发胖，小儿正在发育时期，要求各种营养素比例适当，过多食用脂肪，将影响小儿的正常发育。

（5）不宜在刚屠宰后煮食。屠宰后的猪需经历尸僵、成熟、自溶、腐败四个阶段。在常温下，刚屠宰的猪处于尸僵阶段，此阶段的猪肉坚硬、干燥、无自然芬芳的气味，不易煮烂，且不易消化。因此不宜在这个阶段煮食，经过 1～2 天后，进入成熟阶段，煮食才为适宜。

（6）未剔除肾上腺和病变的淋巴结时不宜食用。猪的肾上腺位于猪腰两侧各一只，呈棕红色，内含激素。正常的淋巴结灰白色，有病变时则充血、出血或肿胀，误食可导致急性中毒，故不宜食用。

（7）老人不宜多食瘦肉。造成动脉硬化的主要原因是半胱氨酸，半胱氨酸是由蛋氨酸在人体内某种酸的催化作用下形成的，瘦肉中的蛋氨酸含量较高，同型半胱氨酸会直接损害动脉细胞，形成典型的动脉粥样硬化斑。老人血管弹性较差，血液黏稠度较高，发生动脉硬化的比例大，故不宜多食瘦肉。

（8）食用前不宜用热水浸泡。猪肉脏了后，人们用热水浸泡洗涤，这是较为不当的。因猪肉的肌肉组织物脂肪组织中，含有大量的肌溶蛋白，肌溶蛋白容易溶于热水中，在肌溶蛋白里含有机酸、谷氨酸和谷氨酸钠盐等鲜味成分。食用前用热水浸泡，就会使猪肉的鲜味大受影响，故食用前不宜用热水浸泡。

（9）在烧煮过程中忌加冷水。烧煮猪肉时若中途加冷水，使汤的温度发生变化，蛋白质和脂肪迅速凝固，肉与骨表面的空隙也会骤然收缩，不易烧酥，汤味也会减退。

（10）不宜多食煎炸咸肉。咸肉中含有一定量的亚硝胺成分，蒸煮使亚硝胺随水蒸气挥发，适当加醋则使亚硝酸胺分解。如果油炸则会产生另一种更强的致癌物质亚基硝砒咯烷，故不宜过多食用。

（11）不宜多食加硝腌制之猪肉。硝即硝酸钾，腌肉时加用，可增加肉的色泽，加硝的腌肉在储存过程中，会产生亚硝胺等有毒物质，多食会造成毒性在人体内积蓄而诱发癌症。

（12）不宜多食午餐肉。午餐肉中含有一定量的防腐剂，防腐剂常用的是亚硝酸盐，亚硝酸盐在酸性的条件下可还原为亚硝酸，亚硝酸盐能使人体血液中的低铁血红蛋白氧化成高铁血红蛋白而失去运氧能力，引起机体缺氧，严重的可导致缺氧性中毒。

（13）不宜多食肥肉。肉类食用过多，在体内将转化成脂肪堆积起来，造成人体肥胖，从而诱发多种疾病。肥肉食用过多，肠道内的厌氧菌会随着脂肪比例的增高而增加，它在分解过程中所产生的物质会刺激肠道，久之可引起大肠癌的发生。

（14）不宜用不适当烹调方法烹调食用。肉类食物不宜油煎，油煎后不易消化，降低营养成分的吸收率。烹调时加入适量淀粉，即使汤汁稠浓，也可以保护各种营养素不受损失，又能达到色香味俱佳，促进食欲，增加营养的作用。烧煮时不宜放盐过早，以免蛋白质凝固。炒肉时和新鲜蔬菜一起炒，则可明显地降低肉类的致癌性。若不注意采用正确的烹调方法，将影响猪肉的食用营养价值。

（15）不能与牛肉同食，二者一温一寒，一补中健脾，一冷腻虚人，性味功能有所抵触，故不宜同食。

（16）不宜与驴、马肉同食，与驴、马肉同食易致腹泻。

（17）不宜与羊肝同食，性味不合，气味各异。

（18）不宜与大豆同食，可致气壅气滞，加重消化不良，形成腹胀；所以猪肉、猪蹄爪炖黄豆是不合适的搭配。

（19）不宜与芫荽同食，同食对身体有损无益。

（20）不宜与虾同食，阴虚火旺者尤忌。

（21）服磺胺类药物时不宜多食，服磺胺类时忌食酸性食物，酸性食物可使磺胺类药物在泌尿系统形成结晶而损害肾脏，药效降低，猪肉属酸性食品，故不宜食用。

（22）服乌梅、大黄等中药时禁忌食用。《滇南本草》说：猪肉"反乌梅、大黄等"。《本草纲目》说："反乌梅、桔梗、黄连、胡黄连，犯之令人泻利；及苍耳，令人动风；同百合、吴茱萸食，发痔疾。"以上药物在服用时均不宜食用猪肉。

（23）虚肥体胖或痰湿盛者宜少食。

附注：

（一）猪脑

1. 性味归经

猪脑，味甘，性寒；归肾经。

2. 中医辨证

猪脑，味甘，性寒，有毒，有补填骨髓、益补虚劳、滋肾补脑、平肝降逆的功效，有益于头风、眩晕、涂敷冻疮及手足皲裂等病。

3. 现代研究

猪脑含有较高的蛋白质、氨基酸、脂肪，也含有少量糖分及维生素 B_1、B_2等，所含钙、磷、铁比猪肉多，对气血虚亏之头晕头痛、神经衰弱等虚弱之症有较好的食疗作用。

4. 食用注意

（1）因猪脑中所含胆固醇是常见食材中最高的一种，故体内胆固醇增高的高血压或动脉硬化所致的头晕头痛患者不宜食用。

（2）青壮年男子不宜多食，否则食后会有损男性阳道，影响性生活。

（3）酒后更不能食用。古籍《延寿书》曾指出，有人用盐酒吃猪脑，实是自引贼邪伤自己的身体，实有害无益，应忌食。

（二）猪心

1. 性味归经

猪心，味甘、咸，性平；归心经。

2. 中医辨证

猪心，味甘、咸，性平，无毒，安神定惊，养心补血，益志宁心，止汗安眠，有益于惊邪忧愤、虚悸气逆、心虚自汗、妇女产后中风及血气惊恐。

3. 现代研究

自古即有"以脏补脏""以心补心"的说法，猪心能补心，有益于心悸、心跳、怔忡等症。据现代营养学分析证明，猪心是一种营养十分丰富的食品，它含有蛋白质、脂肪、钙、磷、铁、维生素 B_1、B_2、C 以及尼克酸等，这对加强心肌营养、增强心肌收缩力有很大的作用。有关资料表明，许多心脏疾患与心肌的活动力正常与否有着密切的关系。因此，猪心虽不能完全改善心脏器质性病变，但可以增强心肌，营养心肌，有利于功能性或神经性心脏疾病的痊愈，适宜心虚多汗、自汗、惊悸恍惚、怔忡、失眠多梦之人食用，也适宜精神分裂症、癫痫、癔病患者食用。

4. 食用注意

（1）猪心中的胆固醇含量偏高，不宜经常食用，一次食用量也不宜过多，尤其是高血压、冠心病、脂肪肝、动脉硬化等患者应少食或忌食。

（2）据前人经验，猪心忌与中药吴茱萸同食。

（三）猪肝

1. 性味归经

猪肝，味甘苦，性平；归肝经。

2. 中医辨证

猪肝，味甘苦，性平，无毒，有补肝、养血、明目的功能，有益于血虚萎黄、夜盲、目赤、浮肿、脚癣等病。

3. 现代研究

猪肝含有丰富的铁、磷，是造血不可缺少的原料，适宜气血虚弱、面色萎黄、缺铁性贫血者食用。猪肝中含有丰富的维生素 A，常吃猪肝可逐渐消除眼科病症，适宜肝血不足所致的视物模糊不清、夜盲、眼干燥症、小儿麻疹病后角膜软化症、内外翳障等眼病患者食用。据近代医学研究发现，猪肝含有多种抗癌物质，如维生素 C、硒等，而且猪肝还有较强的抑癌能力和抗疲劳的特殊物质，故适宜癌症患者及放疗、化疗者食用。

4. 食用注意

（1）忌与鹌鹑、雀肉、山鸡、荞麦、豆腐同食，会引发痼疾。

（2）忌与鱼肉同食，会令人伤神。

（3）忌与番茄、辣椒、豆芽、菜花等富含维生素 C 的食物同食，猪肝中含有的铜、铁能使维生素 C 氧化为脱氢抗坏血酸而失去原来的功能。

（4）与雀肉同食会消化不良，还会引起中毒。

（5）同其他动物内脏一样，高脂血症、冠心病、胆道疾病与痛风病人不宜食用。

（6）与抗凝血药物左旋多巴、优降灵的苯乙肼等药物同食会影响药效。

小记：

猪肝按品质有粉肝、面肝、麻肝、石肝、病死猪肝、灌水猪肝之分。前两种为上乘，中间两种次之，后两种是劣质品。粉肝、面肝质均软且嫩，手指稍用力，可插入切开处，做熟后味鲜、柔嫩。不同点是前者色如鸡肝、后者色赭红。麻肝反面有明显的白色络网，手摸切开处不如粉肝、面肝嫩软，做熟后质韧，嚼不烂。石肝色暗红，质地比上列三种都要硬一些，手指稍着力亦不易插入，食时要多嚼才得烂。病死猪肝外观不正常，不宜食用。

一般动物肝脏易腐败，宜现买现吃。若放在冰箱的冷藏室可保存 2 天，放在冷冻室可保存 2 个月以内，但食用的口感差。

（四）猪肚

1. 性味归经

猪肚，味甘，性微温；归脾、胃经。

2. 中医辨证

猪肚，味甘，性微温，无毒，主补中益气，补泄泻后的严重虚损，杀灭寄生虫及治疗恶疮，改善肺结核后营养不良、血脉不行，补虚助气，一年四季适宜食用。

3. 现代研究

猪肚蛋白质含量为猪肉的 1.5 倍，还含一定的脂肪、糖分及多种维生素。猪肚的黏膜中还含有多种消化酶、胃蛋白酶、胃膜素等。从猪胃中提取的多糖质，口服后会在胃内形成一层保护膜覆盖在溃疡面上，减轻酸的刺激作用，故食用猪肚有益于胃及十二指肠溃疡、胃酸过多症及胃痛等。猪肚为猪全身胆固醇含量最低的部分，适宜各种年龄和体质的人食用，功能：补中益气，止渴消肿，益脾健胃，助消化食，止泄抑泻，可用于改善脾虚腹泻、虚劳瘦弱、消渴、小儿疳积、尿频或遗尿症状。

4. 食用注意

猪肚组织坚韧，食后较难消化，消化能力弱者不宜多食。大病久病后脏气薄弱，食应清淡，补宜和缓，不应厚腻峻急，本品味厚性滞，故大病、久病后不宜食用。

（五）猪肺

1. 性味归经

猪肺，味甘，性微温；归肺经。

2. 中医辨证

猪肺，味甘，性平，微寒，无毒；有补肺、疗虚、止咳、止血的功效，有益于肺虚咳嗽、咯血、久咳不止、痰浓气臭。

3. 现代研究

猪肺脏对止血极有效，很多药剂都用动物肺脏制成。此外，通过现代生化技术提取得到的猪肺表面活性物质，其化学本质是磷脂蛋白复合物，该物质对维持正常肺功能是必不可少的。它具有降低肺泡表面张力、防止肺不张和肺水肿等许多重要功能，证明了中医以肺补肺的食疗理论。

4. 食用注意

（1）猪肺不宜与饴糖、白花菜、吴茱萸等同食。

（2）表面有出血斑点、结节、水肿等病变的肺不能食用。

（六）猪肾

1. 性味归经

猪肾，味咸，性平；归肾、膀胱经。

2. 中医辨证

猪肾，味咸，性平，微凉，无毒，有益于肾虚腰痛、身面水肿、遗精、盗汗、耳聋耳鸣等病。

3. 现代研究

猪肾，含锌、铁、铜、磷、维生素 B 族、C、蛋白质、脂肪等，适宜肾虚之人腰酸腰痛、遗精、盗汗者食用，适宜老年人肾虚耳聋、耳鸣者食用。其含锌量较高，常食猪肾有提高性兴奋作用。

4. 食用注意

因猪肾中胆固醇含量较高，不宜多食、常食，血脂偏高、高胆固醇者忌食，肾气虚寒者也不宜食用。

（七）猪胰

1. 性味归经

猪胰，味甘，性平，微凉；归脾、肺经。

2. 中医辨证

猪胰，味甘，性平，无毒，有健脾益胃、协助消化、养肺润燥、泽颜面色的作用，可治脾胃虚热，肺痿咳嗽、消渴等症。《本草拾遗》记载："肺痿咳嗽，和枣肉浸酒服，亦治疹癖赢瘦。"

3. 现代研究

猪胰内含有蛋白质、脂肪、碳水化合物及少量无机盐、维生素，还有多种酶，能治疗脾胃虚弱、消化不良等症。同时胰脏是消化腺，内含胰岛素，能调节血糖浓度，故食用猪胰有益于糖尿病。

4. 食用注意

古医书有记载，猪胰偏凉，男子多食损阳。

（八）猪蹄

1. 性味归经

猪蹄，味甘、咸，性平；归肺、胃经。

2. 中医辨证

猪蹄，味甘，性平，微凉，无毒，具健脾益气、润滑和中、通乳增汁的作用，对肾虚腰痛、四肢乏力、血友病、鼻出血、紫癜、血检闭塞性脉管炎、产妇缺乳、乳腺炎、乳痈初起、疮口不收等疾病有食疗助康复效果。

3. 现代研究

猪蹄所含胶原蛋白特别丰富，此外还含钙、磷、铁及维生素 A、B_1、B_2、D、E、K 等成分，特别是其中的蛋白质水解后所产生的天冬氨酸、胱氨酸、精氨酸等 11 种氨基酸的含量能与熊掌媲美。胶原蛋白类物质是构成肌腱、韧带及结缔组织中最主要的蛋白质成分，约占人体内蛋白质总数的三分之一。胶原蛋白一旦缺乏，不仅可使骨骼生长受阻，而且会使人体细胞的代谢减弱、造成人体各种器官的萎缩，皮肤干燥起皱、毛发缺乏光泽、指甲生长缓慢、神经衰弱及失眠等。常吃猪蹄可以有效防止上述疾病出现，特别适宜于经常四肢疲乏、两腿抽筋、麻木、消化道出血、失血休克及缺血性疾病患者食用，也适用于大手术后及重病恢复期间的老人食用。青少年食之有助于身体生长发育，中老年妇女食之可减缓骨质疏松速度，妇女食之有利于增加肌肤弹性和光泽。

4. 食用注意

由于猪蹄含脂肪量高，胃肠消化功能减弱的老年人每次不可食之过多；肝炎、胆囊炎、胆结石、动脉硬化及高血压病患者应少食或不食。

小记：

用猪蹄进行美容在中国已经有上千年的历史，张仲景在《伤寒论》中记载：猪皮和猪蹄具有"和气血、润肌肤、可美容"的功效。猪蹄中的胶原蛋白在烹调过程中转化成明胶，能增强细胞生理代谢功能，有效地改善机体生理功能和皮肤组织细胞的储水功能，使细胞保持湿润状态，防止皮肤过早褶皱，延缓皮肤衰老。故一些美容专家也建议，爱美的女性可常适量食用猪蹄。

（九）猪血

1. 性味归经

猪血，味咸，性平；归心、肝经。

2. 中医辨证

猪血，味、涩，性平，无毒，具补血、止血、解毒、清肠的功效，有益于治疗头风眩晕、淋沥、中满腹胀、嘈杂有虫。猪心血可治小儿惊风、癫疾，可生血，利大肠，适宜宫颈糜烂及海外瘴气、脑血管意外等疾患者食用。

3. 现代研究

猪血含有大量稀有微量元素铬、钴、硅等，还含一定量的卵磷脂，能抑制低密度脂蛋白的有害作用，有助于防治动脉粥样硬化，是老人及冠心病、高脂血症及脑血管病者的理想食品，对预防老年痴呆、记忆力减退、健忘、多梦、失眠等症也有益。所含的锌、铜等微量元素有提高免疫功能及抗衰老作用，老年人常食能延缓机体衰老。猪血中的蛋白质经胃酸分解后可产生一种消毒及润肠的物质，能与进入人体内的粉尘和有害金属微粒起生化反应，然后通过排泄将这些有害物带出体外。

4. 食用注意

猪血进食过多，腰部会有下坠感，胃下垂患者最好少食，当患有痢疾、腹泻等疾病时，暂不要食用猪血，猪血与黄豆同食会引起消化不良。

（十）猪肉皮

1. 性味归经

猪肉皮，味甘、咸，性微寒，无毒；归肺、胃经。

2. 中医辨证

猪肉皮，有滋润肌肤、清热润燥、止血利咽、抗衰老、清热止痛的功效，用治出血症、鼻衄、大便出血、痔疮出血、贫血、紫癜、月经过多、崩漏等。

3. 现代研究

猪皮营养丰富，所含蛋白质是瘦猪肉的 1.5 倍，碳水化合物是瘦猪肉的 4 倍，脂肪为瘦猪肉的 79％，所产生的热量和瘦猪肉相差无几。猪皮还含有极丰富的胶原蛋白质，有促进生长发育、延缓人体衰老和抗癌的作用。近代医学研究试用猪皮移植人体烧伤创面效果良好，颇有药用价值。

4. 食用注意

（1）清洗猪肉皮时，不应用碱，而是用水泡软后，沥尽水，用白酒轻揉后过 5～10 分钟用水冲洗干净。

（2）购买熟的肉皮时，以发泡适中者佳。泡过小为僵皮，过大者泡洗时易烂碎。

（3）高血脂、食滞泄泻、胃肠寒湿的肥胖患者少食、慎食猪肉皮。

传说故事

一、乾隆与江苏宿迁猪头肉

相传，清乾隆皇帝一生曾六次下江南，其中有五次留宿在宿迁。一次，乾隆皇帝到宿迁时，没有惊动当地的官员，而只是和几个贴身侍卫乔装打扮到宿迁城里明察暗访。乾隆一行在城溜达闲逛，不知不觉就到了晌午，皇上这时才感觉肚子有点饿了，于是他们来到宿迁的东大街，只觉得随着轻风飘来一阵阵香味，顺着香味一路赶去，只见在不远处有一家卖猪头肉的小酒馆。在宫里吃惯了山珍海味的乾隆皇帝，一看卖的是猪头肉，简直不相信猪头肉会有这么香，他将信将疑地要了一份猪头肉，品尝后才知此店的猪头肉真的不错，当时他就击桌赞叹道："好吃，好吃，真乃好菜。"随之吩咐侍卫叫来店家，问道："姓什名谁？"店家答通："客官，小人姓黄名三，人称黄狗。"乾隆大笑，说："黄狗，好难听的名字，不过你黄狗的猪头肉倒是好吃。"待乾隆皇帝走后，黄三才听人说起刚才称赞他猪头肉好吃的客官乃当今圣上，于是精明的黄三喜不自禁，忙把乾隆爷吃剩的那碗肉汤留了下来，以陈兑新，并把酒馆的招牌改成"黄狗猪头肉馆"。黄狗猪头肉从此便名声大振，生意兴隆，世代相传。

二、留一只小猪做本钱

有个地方的风俗是夫妻新婚之夜不能讲话。

某甲要结婚了，村里的一位老人对他说："我养了一窝小猪，如果你今晚逗得新娘子说话，讲一句，我就送你一只。"

入洞房后，甲故意把被横盖着，对新娘说："这床被子宽是宽，就是短了些。"新娘忍不住笑了，说："你把被子盖横了。"

某甲高兴地大喊："好，一只小猪！"

"什么？什么一只小猪？"新娘莫名其妙地问他。

新娘这么一问，某甲更乐了，大喊道："两只！"

"什么两只？"

某甲喊得更响了："三只！"

这可急坏了在外偷听的老人，他赶紧敲着窗户喊道："不要逗她了，我还要留一只做本钱哩！"

三、没有猪崽赶猪娘

从前，有个财主，有三个女儿，都出嫁了。

这天，财主做寿，三个姑爷都来祝寿。财主说："今天，你们都要说一句关于我大寿的吉利话，谁说得好，我就把我家刚满月的猪崽赏给他。"

大女婿抢先开口说："天也长，地也长，祝贺岳父老子寿命长。"财主听了，说："说得好，说得好，应该得猪崽。"

接着二女婿说："溪水长，江水长，恭喜岳父老子寿命长。"财主听了，也满意地说："应得猪崽。"

三女婿家穷，未读过书，整天用扁担绳子挑柴草，就说："扁担长，绳子长，恭喜老丈人寿命长。"财主一听，大怒道："我的寿命只有这么长，放肆！"就将猪崽分给大女婿、二女婿。

三女婿闷闷不乐地回家，将情况对妻子一说，妻子听后，大声笑道："这用不着苦恼，明天待我去！"

第二天，她来到娘家，很有礼貌地对爹爹说："太阳长，月亮长，恭喜爹爹寿命长，没有猪崽赶猪娘。"

说完，把那头老母猪赶了回家。

四、张飞卖小猪

据说张飞曾贩卖过小猪，是个粗中有细的人。一日，他挑着两筐猪来到集市上。刚放下担子，就有一个红脸大汉走来说："我要买你两筐小猪的一半零半只。"话音刚落，又过来一个黑脸大汉说："你如卖给他，我就买剩下的一半零半只。"没等张飞答话，又挤过来一个白面书生说："你若卖给他俩，我就买他俩剩下的一半零半只。"

张飞一听，不由得黑须倒竖，怒上心头。心想：小猪哪有卖半只的，这不是存心欺负俺老张吗？正待动武，但又仔细一想，忽然答应了。结果张飞照他们三个人的说法卖，小猪正好卖完。聪明的读者，你知道张飞一共卖了多少头小猪？他们三人各买多少头？

谜底：

张飞一共卖了七头猪

红脸大汉买了四头猪

黑脸大汉买了两头猪

白面书生买了一头猪

野 猪

未驾赢骖返故乡，且寻拙笔傍书窗。

默嚼流汗野猪岭，绝胜伤心朱雀航。

——《自延安回道中作》·宋·晁说之

物种基源

野猪肉（Sus scrofa Linnaeus），为哺乳纲猪科动物野猪的肉，又名山猪、野彘，以膘肥、体壮、毛粗、蹄黑、耳尖、嘴尖长、背直不凹者为佳，全国有植被覆盖的山区有分布，但数量不均，现已围山围林饲养，是家猪的祖先。

生物成分

据测定，每100克可食野猪肉营养成分如下表：

生物成分 食材名称	热能 （千卡）	蛋白质 （克）	脂肪 （克）	碳水化合物 （克）	维生素A （微克）	核黄素 （毫克）	尼克酸 （毫克）	维生素E （微克）	钙 （毫克）	铁 （毫克）	磷 （毫克）	硒 （微克）	胆固醇 （毫克）	水分 （克）
野猪肉	377	19.5	28.8	3.9		0.12	4.2	11	2.4	177	6.19	121	121	

食材性能

1. 性味归经

野猪肉，味甘、咸，性平；归脾、胃、肾经。

2. 医学经典

《唐本草》：“健脾益胃。”

3. 中医辨证

野猪肉，健脾和胃、补虚止血、理气止痛、活血化瘀，对虚弱羸瘦、腹泻、营养不良、贫血、头晕眼花、腰酸腿软、便血等症有食疗助康复之效。

4. 现代研究

野猪肉含丰富的蛋白质、脂肪、碳水化合物以及多种维生素、矿物质，含有人体必需的氨基酸，营养价值很高，而且脂肪含量低，不饱和脂肪酸含量高，特别适宜于中老年人的日常食用，可有效预防高血脂给人体带来的脑血栓、高血压、冠心病、动脉硬化等多种疾病，可作为体虚羸瘦、营养不良、食欲不振、乏力、咳嗽等多种病症患者的辅助营养食用。

食用注意

有痼疾者慎食野猪肉。

小记：

目前市场上的特种野猪，大多是特种野猪与家猪杂交的后代，其外观已与家猪相差无几，其肉颜色鲜亮。

传说故事

一、印度洋上尼科巴岛上娱乐项目——斗野猪

印度洋上的尼科巴群岛上，至今还盛行着本地最古老的青年娱乐项目——"斗野猪"。这种比赛每隔2～3年在祭祖节才举行一次。人们从丛林捕来几只野猪，放进木制牲畜圈里。圈建在很宽敞的圆形广场中间。在赛前，给野猪喝些棕榈酒，这样使它们的野性更加狂暴。每次有2人参加，出场以后，司仪把圈门打开，放出野猪。猪的后腿上系上一根长绳，一个人手拉着绳子，以便在危急时能勒住野猪。另一人是主角，斗野猪，同时东躲西避，想方设法要抓住野猪耳朵才算胜利。就这样，分组同野猪相斗。野猪很凶猛，斗争激烈，常常因为野猪的猛扑猛刺，斗猪勇士跌伤在地，身受重伤。

马

一封朝奏九重天，夕贬潮阳路八千。

欲为圣明除弊事，肯将衰朽惜残年。

云横秦岭家何在，雪拥蓝关马不前。

知汝远来应有意，好收吾骨瘴江边。

——《左迁至蓝关示侄孙湘》·唐·韩愈

物种基源

马肉（Equus caballus L.），为哺乳纲奇蹄目马科动物马的肉，又名坐骑肉，鲜马肉暗红色或棕色，带有草质香者佳。与空气接触较久的马肉则因氧的作用使其肌肉发青或略带黄色。全国均有饲养，但以西北部为多。

生物成分

据测定，每100克可食马肉营养成分如下：

生物成分 食材名称	热能 （千卡）	蛋白质 （克）	脂肪 （克）	碳水 化合物 （克）	维生 素A （微克）	核黄素 （毫克）	尼克酸 （毫克）	维生 素E （微克）	钙 （毫克）	铁 （毫克）	磷 （毫克）	硒 （微克）	胆固醇 （毫克）	水分 （克）
马肉	122	20.1	4.6	/	28	/	2.2	1.42	5	5.1	367	3.73	84	

食材性能

1. 性味归经

马肉，味酸、甘、辛、苦，有毒，性寒；归肝、脾经。

2. 医学经典

《神农本草经》："长筋，强腰膝。"

3. 中医辨证

马肉，清热解毒，通经活络，强壮筋骨，对肺病发热、病后体虚、腰腿沉重乏力、头疮白秃等症有食疗助康复效果。

4. 现代研究

马肉含有十几种氨基酸及人体必需的多种维生素，蛋白质含量高，还含有钙、锌、铁等矿物质，具有补中益气、养肝补血、滋阴壮阳的作用，可促进血液循环、预防动脉硬化、增强人体免疫力。马肉脂肪的质量优于牛、羊、猪的脂肪，近似于植物油，不饱和脂肪酸含量高。不饱和脂肪酸可溶解掉胆固酸，使其不能在血管壁上沉积，对预防动脉硬化有特殊作用。现代研究还认为，马肉有扩张血管、促进血液循环、降低血压的功效，老年人若经常吃马肉可防治动脉硬化、冠心病和高血压等症。

食用注意

(1) 孕妇忌食马肉，因马肉能下气，减弱孕妇体内的阳气，可能会导致延月难产。

(2) 马肉忌与生姜、粳米、猪肉同食，亦不宜与木耳同食。

(3) 马肉性寒，患有痢疾、皮肤湿疹、疥疮瘙痒之人不宜食用。

小记：

1. 解马肉毒

古代文献中有称马肉有毒，如明代李时珍在《本草纲目》中曾记载："食马肉中毒者，饮芦菔汁，食杏仁可解"。《随息居饮食谱》亦云"马肉辛苦冷，有毒，食杏仁或芦根汁解之。其肝，食之杀人。"

2. 马蹄药用

马蹄甲即钉掌时从马蹄上削下来的角质，性平味甘，无毒，可治疗妇女月经过多、带下不止。

3. 马宝药用

马宝，是病马胃肠道或膀胱中的结石，又名酢答，外色灰白有光泽，坚硬如石。其性平、味甘咸，无毒，可镇惊、化痰、清热、解毒，治小儿癫痫、惊厥及妇女癥症等。

传说故事

一、刘墉不敢属马

刘墉是乾隆的宠臣。一天，刘墉问乾隆："陛下，今年尊庚多大？"

乾隆回答说："今年四十五岁，属马的，你呢？"刘墉回答："臣也四十五岁，属驴的。"乾隆感到惊奇，又说："同样的岁数，朕属马，爱卿怎么属驴呢？"

刘墉垂手回答说："万岁属马，臣怎敢同属？只好属驴了。"

二、黄帝时代的驯马

马，原是一种野生动物，最早叫"火畜"。在 5000 年前的黄帝时代，人们过着迁徙不定的游牧生活。传说有一次，黄帝的部下捕获了一匹野马，每当人们接近它时，它就前蹄腾空，昂首嘶鸣，或把后腿崩起，但它并不伤害人和其他动物，只以草为食。当时人们都还不认识这种动物，便把黄帝请来辨认。黄帝观察很长时间，也未能认出是什么动物，只让大家不要杀掉，派驯养动物的能手王亥先用木栏把它圈起来。

过了一段时间，王亥发现栏杆外边又来了几匹这种红色的野马，它们对着栏杆内的那匹野马叫个不停，不肯离开。过了一天，王亥把木栏门打开，不料外边的好几匹野马一下子都冲进木栏，和圈在栏内的野马混在一起，互相嘶叫了一阵，然后又都卧了下来。王亥把栏杆门关住，用割来的草喂它们。过了不长时间，其中一匹马突然生下了一只小马驹，王亥高兴极了。

消息传开，人们也都纷纷前来观看。这些野马和人接触的时间一长，好像发现人类并不想伤害它们，所以在人面前也不惊慌，变得十分温顺。特别是小马驹，很喜欢和人在一起玩耍。

有一天，王亥喂过马后，牵出一匹性格温顺的马，纵身跳上马背。马一受惊，猛地四蹄腾空飞奔起来，把毫无精神准备的王亥一下子抛下来跌了个仰面朝天。等王亥从地上爬起来，马已跑得很远了。王亥站起来望着越跑越远的马，心里十分着急，以为它再也不会回来了。正要往回走，不料，这跑得很远的马，又扭头跑回来了。王亥高兴极了，忙把马引进栏杆内圈好。后来他想出了一个办法，用桑树皮拧成一条绳子，把马头绑好，慢慢牵出来。然后又跳上马背。马仍像头一次一样，四蹄腾空，飞奔起来。这回王亥吸取了上次教训，一只手紧紧抓住绑在马头上的绳子，另一只手又紧抓马鬃，任凭马怎么飞跑，王亥总是不松手。跑了一阵后，马的速度减慢下来，直到马不再跑时，王亥这才勒过马头，缓缓地骑着回去。王亥骑马成功后，一下子轰动了许多人，风后、应龙、常先、大鸿等前来观看，很快黄帝也知道了。应龙是黄帝身边的一员大将，对骑马当然更感兴趣。他积极协助王亥驯马，练习骑马。就在这时，一件不幸的事发生了。一天清早，王亥、应龙起来练马，忘记把栏杆门关上，一只老虎乘无人时闯进圈里，把可爱的小马驹咬死，正张口要吃的时候，被人们发现了。老虎来不及吃掉小马驹，跳出栏杆逃走了。王亥和应龙一见小马驹被老虎咬死，气得快要发病，立刻带上弓箭，骑上马向老虎逃去的方向追去。他们一口气奔跑了几十座山，终于找到了这只老虎。两人看准目标，连发几箭，把老虎射死在山谷中。在返回路上，王亥、应龙又骑在马上顺便射死了几只鹿。不料他们的行动，引起了风后的注意。风后一向智多谋广，他脑子一动，便对黄帝说："既然骑在马上能追老虎，能射杀野兽，那么，打仗时能不能也骑在马上，追杀敌人？"风后建议黄帝下一道命令："各部落所有打猎的人，今后出外打猎，一律不许射杀野马。凡能捉回野马者，给予奖励。"黄帝不仅同意这个建议，而且自己也开始练习骑马。他命应龙、王亥对捉回来的 200 多匹野马要精心饲养，进行训练。应龙专门挑选 200 多名精干的小伙子，每天从早到晚，既驯马，又练人。经过两年多的训练，中华民族最早的一支骑兵就这样诞生了。这支骑兵在后来的逐鹿大战中起了重大作用。

三、唐玄宗偏爱马舞

唐代，马戏达到鼎盛时期，据说唐玄宗与杨贵妃尤其偏爱女子马舞。唐宫设有男女马技队，饲养大量舞马。每年 8 月 5 日前后，便是马舞高潮，勤政楼前舞马场上马舞通宵达旦。经长期训练的马便可闻乐起舞。马能衔杯向皇帝献酒，达到了令人惊叹不止的程度。后来，从唐朝章怀太子墓中发掘出的"马球图"得到进一步证明。该图中有20多匹马，骑者均穿各色窄袖袍，着黑靴，戴袱头，相互策马抢球。

牛

尔牛角弯环，我牛尾秃速。

共拈短笛与长鞭，南陇东冈去相逐。

日斜草远牛行迟，牛劳牛饥唯我知；

牛上唱歌牛下坐，夜归还向牛边卧。

长年牧牛百不忧，但恐输租卖我牛。

——《牧牛词》·明·高启

物种基源

牛肉（BosTaurus domestcus Gmelin），为哺乳纲偶蹄目牛科动物黄牛、水牛或牦牛的肉，鲜牛肉以有光泽，红色均匀，脂肪洁白或淡黄，外表微干或有风干的膜，不黏手，手指按压后的凹陷能完全恢复者为佳。全国各地均产，可分为黄牛、水牛、牦牛三种。黄牛分为蒙古牛、华北牛和华南牛，水牛多分布在淮河以南诸省，牦牛分布在我国西北和青藏等地区。

生物成分

据测定，每100克可食牛肉及相关牛食材营养成分如下表（非绝对值）：

生物成分／食材名称	热能（千卡）	蛋白质（克）	脂肪（克）	碳水化合物（克）	维生素A（微克）	核黄素（毫克）	尼克酸（毫克）	维生素E（微克）	钙（毫克）	铁（毫克）	磷（毫克）	硒（微克）	胆固醇（毫克）	水分（克）
牛肉	171	20.5	9.9	1.1	9	0.03	5.5	0.66	8	3.2	143	19.81	122	68.1
牛心	149	13.1	10.5	0.6	17	0.21	10.1	0.19	5	5.0	209	16.31	125	77.2
牛肝	153	22	5.7	3.5	14860	1.3	11.9	0.31	4	7.6	252	11.99	336	68.7
牛肚	82	12.1	3.5	0.6	2	0.13	3.0	0.51	40	1.8	104	9.07	100	83.4
牛肾	87	14.1	3.0	2.6	88	0.85	7.7	0.19	8	9.4	214	70.25	340	78.3
牛脑	149	11.0	12.5	0.1	1	0.25	4	0.11	300	4.7	435	20.34	2224	75.1
牛血	51	12.6	微	/	微	0.1	1	微	1	1.3	微	微	40	86.1
牛肺	97	18.6	1.4	0.2	7	0.15	2.7	微	9	9.9	298	16.6	303	69.8
牛鞭	117	25.1	8.9	3.8	5	0.12	3.4	微	11.9	3.1	56	13.65	169	68.9
牛蹄筋	158	38.4	0.5	1		0.13	0.7	/	5	3.2	150	1.7	58	62.0
牛舌	197	15.6	12.7	5	8	0.14	2.4	/	8	3	177	11.64	77	65.7
牛肉干	552	45.6	40.4	1.5	/	0.26	15.2	/	5	3.2	160	7.70	85	11.2
牛肉松	445	8.2	15.7	67.7		0.11	0.9	/	76	4.6	74	2.66	178	8
酱牛肉	268	31.7	15.8			0.33	2.8	/	23	3.0	177	5.79	76	
牛肉罐头	166	16.7	11.0	0.1	/	0.09	6.5	/	3.9	2.7	82	4.70	84	/
牛大肠	66	11.0	2.3	0.4		0.08	1.2	/	12	102	10.94	10.94	91	85.9

此外，牛肉中主要还含有多种含氮物质，例如：肌酸、牛磺酸、黄嘌呤、次黄质、明胶、胨类、肽类、鹅肌肽、氨基酸（如谷氨酸、丙氨酸、亮氨酸、天门冬氨酸），尚含有一些不含氮的化合物，例如：脂肪、乳酸、糖原、无机盐等特殊成分含量极为丰富。

因为蛋白质中含有氨基酸的组成成分更接近人体需要，所以牛肉的价格很高，营养也极其丰富。

食材性能

1. 性味归经

牛肉，味甘，性温；归脾、胃经。

2. 医学经典

《名医别录》："补脾胃、益气血、强筋骨。"

3. 中医辨证

牛肉，味甘，性温，无毒，主安中益气，养脾胃，补益腰脚，有止消渴唾涎、强筋骨的作用，历来被视为食疗佳品。

4. 现代研究

牛肉是中国人的第二大肉类食品，仅次于猪肉。牛肉蛋白质含量高，而脂肪含量低，加之味道鲜美，受人喜爱，享有"肉中骄子"的美称。牛肉中的肌氨酸含量比其他任何食品都高，这使它对增长肌肉、增强力量特别有效；牛肉含有足够的维生素 B_6，可增强免疫力，促进蛋白质的新陈代谢和合成；牛肉中肉毒碱含量比鸡肉和鱼肉高，肉毒碱主要用于支持脂肪的新陈代谢，产生支链氨基酸，是对增长肌肉起重要作用的一种氨基酸。另外，牛肉富含的镁、锌、钾、铁等，也有助于蛋白质的合成、促进肌肉生长、增强免疫能力，还能提高胰岛素合成代谢的效率。牛肉是亚油酸的低脂肪来源，这些潜在的抗氧化剂可以有效对抗运动中造成的组织损伤，另外亚油酸还可以作为抗氧化剂保持肌肉。因此牛肉能供给人体进行高强度训练所需的能量，也是运动员补充体能、消除疲劳的有效食品。

食用注意

（1）不宜食用反复剩热或冷藏加温的牛肉食品。反复剩热或冷藏加温的牛肉食品可因细胞膜的裂解与蛋白变性而产生细菌、毒素及亚硝酸胺类的致癌物质，多食此类牛肉食品，容易导致疾病和诱发癌症。

（2）内热盛者忌食用。火热内盛宜食清凉泻火之品，不宜食用温热的食物，本品性温热，能助热生火，多食可以加重内热。

（3）不宜食用熏、烤、腌制之品。熏烤、腌制的牛肉，会产生亚硝酸胺类致癌物质，食用此类食品，容易诱发癌症，故不宜食用。

（4）不宜用不适当的烹制方法烹制食用存放过久的牛肉，特别是腌制和熏烤的牛肉，含有一定量的亚硝酸胺物质，不正确的烹制方法则可破坏这些成分，如在炒食中放些醋，便可有效地阻止亚硝酸胺的产生或促使它分解，炒食时和新鲜蔬菜同炒，蔬菜中的维生素 C 也可促使亚硝酸胺的分解，另煎炸的牛肉不易消化，将会降低营养成分的吸收率，故必须注意应用正确的烹制方法。

（5）不宜食用未摘除甲状腺的牛肉。动物甲状腺内含有一种甲状腺素，甲状腺素有刺激相干扰内分泌机能活动的作用，使人体组织细胞氧化增高，代谢加快，产热增加，各组织器官活动失去平衡。人食用甲状腺未摘除的牛肉将会中毒，出现头痛、头昏、狂躁不安、恶心呕吐、抽搐、厌食、心悸、四肢乏力等症状，孕妇还会引起流产，故未摘除甲状腺的牛肉不宜食用。

（6）不宜使用炒其他肉食后未清洗的炒菜锅炒食牛肉。炒菜时产生的焦黑色锅垢有少量的3，4－苯并芘，炒肉食时锅垢中的3，4－苯并芘检出率更高。3，4－苯并芘是一种强致癌物。实验表明，3，4－苯并芘即使摄入微量也能导致消化道及呼吸道的癌症。使用炒其他肉食后未清洗的炒菜锅炒牛肉，很容易诱发癌症。

（7）与猪肉、白酒、韭菜、小蒜、生姜同食，易致牙龈炎症。

（8）不宜与栗子同食，易削弱栗子的价值，不易消化。

（9）服氨茶碱时禁忌食用。服用氨茶碱时，忌食高蛋白食物，牛肉为高蛋白食品，食用会降低氨茶碱的疗效，故服氨茶碱时不宜食用牛肉。

（10）不宜与牛膝、仙茅同用。

（11）《本草纲目》也曾有记述，认为黄牛肉有微毒，食后会诱发药物毒性，会加重病情，故病人不宜吃黄牛肉，宜吃水牛肉。特别是自死亡牛，血脉已绝、骨髓已竭，不可食。黑牛但头白的，不可食，自死的白头黑牛，人食后可致亡。人食生疥疮的牛肉，会使人发瘙痒。如黄牛肉、水牛肉、猪肉与黍米酒共食用，会生成白虫等有害物，应引以注意。

附注：

（一）牛心

1. 性味归经

牛心，味甘，性平；归心经。

2. 中医辨证

牛心，味甘、咸，性平，无毒，具有安心养神的作用，有益于心虚、心悸、失眠、恍惚、自汗、盗汗等症，是食疗食补的较佳食品。

3. 现代研究

养心安神，补血，用于血虚体弱、烦躁失眠、神经衰弱。

4. 食用注意

动物心含胆固醇、脂肪较高，胆囊炎患者不宜食用，冠心病、高血压、动脉硬化等心血管疾病的患者不宜多食，以免加重病情；动物心含嘌呤高，故痛风病人禁食。

（二）牛血

1. 性味归经

牛血，味咸，性平；归肾经。

2. 中医辨证

牛血，味甘、咸，性温平，无毒，有理血、补中、补脾胃诸虚、解毒利肠的作用，有益于便血、血痢、闭经、血虚、羸瘦，利大小便，以及一切病后虚弱进补，皆宜食疗食补。

3. 现代研究

牛血有补血的功能，从中医古籍中可以找到它"补血枯"的记载。据研究，西藏牦牛的血液中含有丰富的SOD（超氧化物歧化酶）和血红素，牦牛血中的SOD含量是普通牛血的3倍。而人体不断补充SOD，具有抗衰老的功效。同时，牦牛血中的血红素含量也比普通牛血高出一倍多，以牦牛血为原料制成的补血制剂可以达到良好的补血效果，还能克服目前我国市场上补血制剂存在的补血吸收差的缺点，对治疗贫血症有积极的意义。

4. 食用注意

（1）有人认为炖豆腐放入血块（猪、羊、牛血块）是一种集脂肪、维生素、铁元素等物质于一体的综合营养吃法。实际上这是一种事与愿违的做法。豆腐中的营养成分一旦与血中的铁及血块中的破坏分子成分结合，不仅达不到营养应有的效果，反而会使豆腐中的纯营养物质受到破坏。

（2）血进食过多腹部会有下坠感，因此，胃下垂患者最好少量食用。当患有痢疾、腹泻等疾病时，暂不要食用。

（三）牛肝

1. 性味归经

牛肝，味甘，性平；入肝经。

2. 中医辨证

牛肝味甘，性平凉，具有养血、补肝、明目的功能，主治血虚、萎黄、虚劳羸瘦、痢疾和疟疾以及视力青盲、雀盲等症。牛肝和胃与姜醋食之可治热气、水气、丹毒，还有解酒劳等功效。

3. 现代研究

牛肝同其他动物肝脏一样，对营养不良性贫血、视力弱、性功能低下等病症有一定疗效。

4. 食用注意

（1）肝内胆固醇、嘌呤等含量较高，故心血管疾病者少食，痛风患者不宜。

（2）牛肝含铜、铁等元素，易与维生素C结合，影响维生素C的吸收，故不宜与富含维生素C的食物同食。

（3）动物肝脏维生素A含量丰富，一次不可食用过多，以免引起中毒，出现皮肤瘙痒、脱皮、头痛、呕吐、困倦等。

5. 牛肝忌与鲍鱼、鲇鱼同食，容易产生不良反应。

6. 炒时加鲜菜心和醋，有利于人体对牛肝中铁和锌的吸收，因鲜菜心中的维生素C在酸性环境中更稳定，且有利于人体对铁、锌的吸收。

7. 烹调时宜旺火热油，单锅小炒，不换锅，不换油，快速成菜，时间稍长牛肝会变得老韧。切勿滑油后再炒。

（四）牛肚

1. 性味归经

牛肚，味甘，性平；归胃、肠经。

2. 中医辨证

牛肚，味甘，性平，无毒，可补虚损、益脾胃，主治病后羸虚、气血不足、消渴、风眩，补五脏。若牛肚与姜醋共食，还可消热气解酒毒。

3. 现代研究

按祖国传统医学，有"以脏补脏"之说，凡胃气不足之人，宜吃牛肚以养胃气，适宜病后体虚、气血不足、营养不良、脾胃薄弱的人食用。常食牛肚具有养胃健身、抗老防衰之功效。

4. 食用注意

牛肚按部位分为百叶、肚仁和肚领。牛百叶还分两种，吃饲料长大的牛百叶发黑，吃粮食、庄稼长大的牛百叶发黄，至于味道后者为好。牛百叶质地较爽脆，肚仁肚领比较嫩滑。有不法商人用具有强腐蚀性的工业用氢氧化钠浸泡牛肚，使牛肚变白及增厚，以提升卖相，长期误食后易出现口腔、食管、胃部烧灼痛、腹绞痛、血性腹泻等症状。

（五）牛肾

1. 性味归经

牛肾，味咸，性温；归肾经。

2. 中医辨证

牛肾，味甘，性平，无毒，有补气益肾，除湿痹的功用，治五劳七伤、阳痿气乏等症。

844 | 中 华 食 材

3. 现代研究

牛肾含有丰富的蛋白质、碳水化合物、脂肪、钙、磷、铁、维生素 B_1、B_2、C、A、尼克酸等成分，主要用于阳痿、早泄、带下、腰膝酸软、神疲力乏等症。

4. 食用注意

高血脂、痛风患者忌食。

（六）牛鞭

1. 性味归经

牛鞭（公牛阴茎和睾丸），味甘、咸，性温；归肾经。

2. 中医辨证

牛鞭味甘、咸，性温，无毒，有温肾壮阳、强筋健骨的功效，用于肾虚阳痿、精少不育、腰膝酸软、妇人阴冷。

3. 现代研究

牛鞭中含有天冬氨酸、苏氨酸、甘氨酸、缬氨酸、蛋氨酸等多种氨基酸和辛酸、己酸、硬脂酸、亚油酸等脂肪，还含有胆固醇、睾酮、雌二醇、二氢睾铜等甾体成分，有性激素样作用，可用于增强性功能。

4. 食用注意

（1）性功能亢进及阴虚内热者忌服。

（2）鞭类的保管有一些讲究：将雄性的生殖器割取下来，洗净，置阴处晾干（忌日晒）。贮存时应注意防霉、防蛀。可将鞭类补品放干燥处，经常晾晒，或放入冰箱低温保存，也可在上面喷洒白酒，利用酒气驱虫、防霉。若因保存不当而发霉时，用刷子轻轻地刷去霉点，放在阴凉通风处晾干。

（七）牛脑

1. 性味归经

牛脑，味甘，性温；归脾经。

2. 中医辨证

牛脑，味甘，性温，微毒，可治头风眩晕、消渴、除脾积痞气以及脑漏等病症。

3. 现代研究

牛脑富含多肽类谷氨酸、脑磷脂脂肪酸、矿物元素等活性营养物质，有补脑和调整神经功能作用，对神经衰弱、诸风头痛、眩晕等有较好的食疗作用。

4. 食用注意

（1）因牛脑所含胆固醇较高，故胆固醇高及有心血管疾病患者不宜多食，痛风病人不宜食用。

（2）死于患热病的病牛脑有毒，能使人肠结块，禁止食用。

（八）牛蹄筋

1. 性味归经

牛蹄筋，味甘，性温；归肾经。

2. 中医辨证

牛蹄筋味甘、咸，性平，有填肾精、强腰脚、滋胃液、治妇女产后乳汁不畅、滑肌肤、祛寒热的作用。

3. 现代研究

牛蹄筋含胶原蛋白，能增强细胞生理代谢功能，有效地改善机体功能和皮肤组织细胞的储水功能，使细胞保持湿润状态，防止皮肤过量褶皱、延缓皮肤衰老。

4. 食用注意

（1）肠道消化功能不强的老人和小孩不宜过多食用牛蹄筋。

（2）动脉硬化、高血压患者应少食、慎食牛蹄筋。

传说故事

一、牛嘴没上牙的由来

古时，牛王是玉帝殿前的差役，时常往返于天宫和大地之间。有一天，农夫托牛王给玉帝传个口信，说是人间寸草不生，大地光秃秃的，太难看，请玉帝带点草籽给人间，把人间打扮得好看些。玉帝听了，觉得很有道理，便问殿下众神谁愿去人间撒草种。"玉帝，我愿去人间撒草种。"牛王自告奋勇地说。"你是个粗心大意的家伙，恐怕不行吧。"玉帝不放心地说。"玉帝放心，这点小事我都办不好，甘愿受罚。"牛王坚持要去。玉帝同意了牛王的请求，嘱咐牛王到人间后，走三步撒一把草籽。牛王带着草籽，走出天宫，在跨出南天门时，不小心跌了一跤，坠下人间后，头晕乎乎的，误以为玉帝的旨意是走一步撒三把草籽。于是，大把的草籽撒在了大地。第二年，野草丛生，农夫根本无法种庄稼了。他们托灶神告诉玉帝野草太多，庄稼无法生长。玉帝知道坏事了，招来牛王一问，才知道粗心的牛王是一步撒三把草籽，把一件好事办坏了。"你这粗心的老牛，弄得人间遍地是野草。当初你怎么保证的？从今以后，你和你的子子孙孙都只限吃草，帮助农夫除掉野草，同时，祖祖辈辈都得帮助农夫干活儿。"玉帝说完，怒气未消，飞起一脚踢向老牛，牛王一个筋斗从天上落到人间，嘴巴朝下，被摔掉一排上牙，至今也没长出来。

二、牛与鼠生肖排座次的传说

很久很久以前，十二生肖是没有排名的。直到有一天他们决定比赛来排座次。比赛那天，老鼠起得很早，牛也起得很早，它们在路上碰到了。牛个头大，迈的步子也大，老鼠个头小，迈的步子也小，老鼠跑得上气不接下气，才刚刚跟上牛。老鼠心里想：路还远着呢，我快跑不动了，这可怎么办？它脑子一动，想出个主意来，就对牛说："牛大哥我来给你唱个歌。"牛说："好啊，你唱吧。"过了一会儿，牛听着没声音，就说："咦！你怎么不唱呀？"老鼠说："我在唱哩，你怎么没听见？哦，我的嗓门太细了，你没听见。这样吧，让我骑在你的脖子上，唱起歌来，你就听见了。"牛说："行啰，行啰！"老鼠就沿着牛腿一直爬上了牛脖子，让牛驮着它走，可舒服了。它摇头晃脑的，真的唱起歌来；牛听得乐了，撒开四条腿使劲跑，快接近终点的时候，牛看见前面谁也没来，高兴得哞哞地叫起来："我是第一名，我是第一名！"牛还没把话说完，老鼠从牛脖子上一蹦，蹦到地上，以迅雷不及掩耳之势朝牛扔出了一个大火桶，疼得牛嗷嗷叫，再也没法超过老鼠了。结果，老鼠的诡计得逞了，得了第一名，牛屈居第二名。所以，在十二生肖里，小小的老鼠给排在最前面了。

三、朱元璋"牛肉抠饺"

具有"质优形美、皮酥馅多、鲜香爽口、别有风味"之特点的湖北沙市传统风味小吃"牛肉抠饺"，系用牛肉为馅，填入搓成圆坛形的米粉团中，入油锅炸至向外透水并发响声时捞出即成。饺子口小肚大，形似民间常用的小泡菜坛子，亦颇似和尚敲的"木鱼"。说起牛肉抠饺的由来，还与朱元璋有关呢。相传在元朝末年，朱元璋的母亲刚刚怀上朱元璋，由于生活所迫，便从安徽凤阳逃荒到湖北应山。一天，在应山杨家岗的一个破窑洞里生他时因难产而离开人世。这时，宝林寺的一个老和尚正路过此地，听到破窑洞里有婴儿哭声，便把他抱回宝林寺。朱元璋在宝林寺放牛，而寺里和尚却规定，热天管穿不管吃，冷天管吃不管穿。夏季里，有一天，他在外放牛实在饿急了，杀了一头小牛，还从寺中偷来一个坛子，同一群放牛娃在山里煨牛肉吃。大家吃完牛肉后，朱元璋怕老和尚向他要牛，便把牛尾巴插在山顶上，说了声请土地神拉着，随即跑回寺里对老和尚说，牛钻到山里头出不来了。老和尚不信，便跟着跑到山上看，只见牛尾巴还在外面翘着呢！就使劲往上扯，说来也怪，只扯得小牛"哞哞"直叫，而且越扯牛尾巴越往里钻。没办法，老和尚只得下山回寺里去了。这时，小伙伴们心情才平静下来，有的说朱元璋"金口玉言"，将来肯定要当皇帝。公元1368年，朱元璋当上皇帝后，整天的山珍海味吃腻了，就想换换口味，一天晚上，朱元璋突然梦见了小时候偷牛肉的事来。第二天一大早就召见一直跟随他当御厨的同乡张义，令他做一种用坛子装牛肉而且可以同吃的食物。张义接受御旨后几经琢磨，终于做出了一种颇似坛子形状的牛肉抠饺。事后，朱元璋又害怕张义知其底细，而把自己幼年当放牛娃时因饥饿而偷吃牛肉的丑闻张扬出去有损自己的名声，遂起杀人灭口之心。张义得知消息便连夜打点行装偷偷跑到湖北沙市做起牛肉抠饺的生意，使这一著名风味小吃得以流传至今。

四、老子与"青牛紫气"

古人爱骑牛。《史记·老子韩非列传》有"青牛紫气"一词。道家的创始人是老子，和孔子一样，老子也是一代伟人。老子做过东周的守藏史。因周朝内乱，老子辞官离去。骑一头青牛，悠然自得地朝西方去了。老子过函谷关时，关令尹喜见紫气浮关，便邀老子为之著书。老子心里明白，不著书是出不去关的。于是，筹才运思，挥笔写下了五千言的《道德经》之后，飘然过关而去。后来人们便以"青牛紫气"来表示"仙人隐居吉祥降，形势大好用青牛"。

羊

谢傅知怜景气新，许寻高寺望江春。
龙文远水吞平岸，羊角轻风旋细尘。
山茗粉含鹰觜嫩，海榴红绽锦窠匀。
归来笑问诸从事，占得闲行有几人。

——《早春登龙山静胜寺，时非休浣，司空特许是行，因赠幕中诸公》·唐·元稹

物种基源

羊肉（Capra hircus L.），为哺乳纲偶蹄目牛科动物山羊或绵羊的肉，又名羝、羚。同属近缘物种较多，除山羊、绵羊外，还有黄羚羊、盘羊、青羊、岩羊等。山羊全国各地均有饲养，绵羊主产于我国西北和北部地区。绵羊肉坚实，色暗红，纤维细而软，肌间脂肪少，膻味小；山羊肉质不如绵羊，淡暗红色，有明显膻味。

生物成分

据测定，每100克可食羊肉及相关羊食材营养成分如下表（非绝对值）：

生物成分 食材名称	热能 （千卡）	蛋白质 （克）	脂肪 （克）	碳水 化合物 （克）	维生 素A （微克）	核黄素 （毫克）	尼克酸 （毫克）	维生 素E （微克）	钙 （毫克）	铁 （毫克）	磷 （毫克）	硒 （微克）	胆固醇 （毫克）	水分 （克）
羊肉	200	21.2	12.8	/	44	0.14	6.6	0.42	10	2	162	119	133	69.5
羊脑	142	11.3	10.7	/	/	/	3.5	/	61	0.3	356	38.16	2005	
羊心	96	10.7	3.2	6.2	16	0.33	3.8	2.66	13	3.0	166	16.10	110	77.8
羊血	31	6.8	0.2	0.4	/	0.09	0.2		22	18.3	7	15.68	51	89.9
羊肚	102	8.2	2.3	1	32	0.19	2.9	0.33	18	1.1	109	11.6	135	70.7
羊肝	149	19.4	5.0	6.5	28800	1.3	11.9	3.44	7	9.7	363	14.27	95	67.7
羊肾	95	15.9	2.5	0	152	3.0	7.6	/	12	5.1	239	56.56	326	78.1
羊肉串（电烤）	257	30.1	15.1	1.8	34	/	/	1.75	44	6.1	218	5.86	98	/
羊肉串（火烤）	212	22.6	8.7	10.5	47	/	/	1.86	61	7.2	246	7.66	118	8
羊肉串（油炸）	219	18.5	11.3	10.1	41	/	/	6.66	39	4.3	195	6.63	95	/
羊肉干	589	28.3	46.9	14.0	/	/	/	/	77	10.0	566	10.6	186	/
酱羊肉	273	25.5	13.8	11.9	/	/	/	1.29	44	4.0	171.0	3.3	94	/

食材性能

1. 性味归经

羊肉，味甘，性温；归脾、肾经。

2. 医学经典

《名医别录》："补血益气，温和暖肾。"

3. 中医辨证

羊肉，味苦甘，性大热，无毒，可补精血，益虚劳，是最适于冬季滋补的食品，具有益气补虚，温中暖下的作用，治虚劳、羸瘦、腰膝酸软、产后虚冷、腹痛、寒疝、中虚、反胃，安心止惊，治骨蒸脑热，头眩明目等病症功效显著。

4. 现代研究

羊肉是高品质的蛋白食品，尤其是羊羔肉，被称为肉中之上品。其蛋白含量以及钙、铁、磷、碘、维生素B等微量元素含量均高于猪肉和牛肉。羊肉的热量高于牛肉，铁的含量是猪肉的6倍，对造血有显著功效，能促进血液循环，故有增温御寒的作用，对肺结核、气管炎、肺气肿、哮喘、贫血、产后和病后气血两虚及一切虚寒症患者均有很大裨益。羊肉的肉质细嫩，脂肪、胆固醇的含量较牛肉、猪肉少，还可增强消化酶功能，保护胃壁，帮助消化，所以适合老人和孩子食用。由于近年来对肉碱的研究，羊肉的营养价值越来越得到重视。肉碱或左旋肉碱是一种新的营养添加剂，目前已有19个国家将左旋肉碱作为制造婴幼儿营养品的添加剂。运动员服用左旋肉碱能增强体力、耐力和抗疲劳能力，因而能提高运动员的成绩。在老年人营养方面，左旋肉碱也能增强对酶和激素的活力，尤其对心脏的营养起重要作用。人体除自身能合成左旋肉碱外，主要来源是动物食品，在不同的动物肉中含左旋肉碱最多的是羊肉，每1kg羊肉中，含左旋肉碱竟高达2.1g，其次为牛肉0.64g，猪肉0.3g，鸡肉0.075g，牛奶0.028g，鸡蛋0.008g，可见羊肉中左旋肉碱含量是很突出的。这样的结果非常符合历来中医和民间对羊肉滋补作用的认识，是对羊肉功效的科学解释。

食用注意

（1）不宜多食烤羊肉串。烤羊肉串是一部分人特别喜爱的食品，烤羊肉串不宜过多食用，因为烤羊肉串中含有较强的致癌物质3，4－苯并芘，食用过多，3，4—苯并芘就容易在人体内积蓄。另外，暴露在灰尘中的羊肉，很容易污染上灰尘和其他病原微生物，很容易诱发疾病。

（2）不宜食用反复剩热或冻藏加温的羊肉。反复剩热及冻藏加温的羊肉可因细胞膜的裂解与蛋白变性产生细菌、毒素及亚硝酸胺类致癌物质，食用后可危害人体健康，诱发疾病。

（3）有内热者不应多食。羊肉性温热，有内热者食用将会加重内热，导致继发病变，故《金匮要略》说："有宿热者不可食之"。

（4）服用泻下药峻泻后不宜食用。服用泻下药峻泻后容易使体液损伤，羊肉性热劫阴，食用容易继发其他病变。故《千金方·食治》说："暴下后不可食羊肉，成烦热难解，还动利。"

（5）不宜食用未摘除甲状腺的羊肉。动物甲状腺含甲状腺素，能刺激干扰内分泌机能的活动，使人体组织细胞氧化增高，代谢加快，产热增加，各器官平衡失调。如食用未摘除甲状腺的羊肉，将会出现心悸、头昏、头痛、狂躁不安等甲状腺中毒症状。

（6）不宜与鱼鲙、乳酪同食，易产生不良反应。

（7）不宜与荞麦面同食，药用功能相反，故不宜同食。

（8）不宜与豆酱、醋同食。因药用功能不合，不宜同食。

（9）服用中药半夏、菖蒲时禁忌食用。半夏、菖蒲为辛温燥湿药，羊肉温热性食物，服用中药半夏、菖蒲时食用羊肉，两热相加，且半夏、菖蒲为劫阴之品，容易导致火热病变。故《本草经集注》告诫："有半夏、菖蒲勿食羊肉。"

（10）烧焦了的羊肉不应食用。羊肉里含有丰富的蛋白质，如果烹调时不慎烧焦了，其中的高分子蛋白质就会裂变成为低分子的氨基酸，这些氨基酸再经过组合，常可形成能引起人致突变的化学物质。人食用这种烧焦的羊肉，就会产生遗传上的毒害，影响到下一代的健康。另外，羊肉里的脂肪不完全燃烧，还能产生3，4—苯并芘的强致癌物。故烹调羊肉时要注意火候，如果烧焦了，便不应再食用。

（11）不宜用不适当的烹制方法烹制食用。羊肉烹制时适当加醋可促进其中所含的亚硝酸胺的分解，炒食加新鲜蔬菜也有同样的作用，加用料酒可除羊肉的膻味，上浆则能保护原料形状整齐、鲜嫩、减少养分损失，烹制不当将影响健康或食用效果。

（12）忌与茶同食。茶水是羊肉的"克星"。这是因为羊肉中蛋白质含量丰富，而茶叶中含有较多的鞣酸，吃羊肉时喝茶，会产生鞣酸蛋白质，使肠的蠕动减弱，大便水分减少。另外，有人认为涮羊肉时讲求肉片一入水表皮不泛白色即可入口，咬出血丝才是鲜嫩够味，其实，这样做害处太大了。因为生羊肉中含有一种"酪酸梭状芽孢杆菌"，到人体中它不易被胃酸和消化液杀死消化，人吃后四肢无力，昏迷不醒，神志不清，更严重的会导致死亡。

附注：

（一）羊脑

1. 性味归经

羊脑，味甘，性温；归脾经。

2. 中医辨证

羊脑味甘，性温，有小毒，能滋润皮肤，可涂损伤、丹瘤、肉刺等，还可治风寒入脑头疼久不愈。

3. 现代研究

羊脑除含一定量蛋白质、脂肪、灰分、钙、磷、铁、核黄素等，新鲜羊脑还含丰富的抗坏血酸及多种微量元素，其中所含卵磷脂、脑甙等有补脑和调整神经功能作用。

4. 食用注意

（1）羊脑属于高胆固醇食物，而老年人常常存在不同程度的高血脂、动脉硬化等疾病，过多食用羊脑会加重病情，甚至诱发中风等心脑血管疾病。痛风、肝炎、胆囊炎患者不宜食用。

（2）不可多食，能发风生热，多病宜忌之。

（二）羊心

1. 性味归经

羊心，味甘，性温；归心经。

2. 中医辨证

羊心，味甘，性温平，无毒，具有解忧郁、惊悸、心虚气弱的作用，可治嗝气心痛、虚劳结郁。

3. 现代研究

羊心含蛋白质、钙、磷、铁及多种维生素，根据传统"以脏补脏"的原理，羊心具有养心安神的功效，可用于改善神经衰弱症状及改善心血管功能。

4. 食用注意

不应与生椒、梅、赤豆、苦笋、猪肉同食。

（三）羊血

1. 性味归经

羊血，味咸，性平；归脾经。

2. 中医辨证

羊血，味咸，性平，无毒，具有止血、祛瘀、解毒的功效，主治吐血、鼻血、肠风痔血、妇女崩漏、产后血晕、毒草外伤出血、跌打损伤等意外出血。

3. 现代研究

羊血含有多种蛋白质，主要为血红蛋白，其次为血清蛋白、血清球蛋白和少量纤维蛋白，含少量脂类包括磷脂和胆甾醇，也有葡萄糖和无机盐等。营养作用与猪血相似，有补血的作用。还有止血的功效，用于各种内出血、外伤出血的食疗，还可解野菜中毒等。

4. 食用注意

服用中药地黄、何首乌诸补药时，忌食羊血以免影响药效。

（四）羊肚

1. 性味归经

羊肚，味甘，性温；归脾、胃经。

2. 中医辨证

羊肚，味甘，性温，无毒，有补虚、健脾胃的作用，可治虚劳羸瘦、不能饮食、消渴、盗汗、尿频，以及项下瘰疬诸症。

3. 现代研究

羊肚中含蛋白质、脂肪、碳水化合物、钙、磷、铁、维生素 B_1、B_2、尼克酸等，其营养价值与牛肚相当，能补虚、健脾胃，用于虚劳羸瘦、不思饮食、消渴、自汗盗汗、尿频、尿不尽等症。

4. 食用注意

1. 身体阴虚或阳盛者忌食。

2. 羊肚与竹笋同食会引起腹泻呕吐。

（五）羊肝

1. 性味归经

羊肝，味甘，性温；归脾、胃经。

2. 中医辨证

羊肝，味甘苦，性寒，无毒，具有益血补肝、明目的作用，主治血虚萎黄、羸瘦、肝虚、目暗、昏花、雀盲、青目、翳障等症。

3. 现代研究

羊肝，可促进产生新的血红细胞，改善贫血患者的造血机能，还能预防老年视力减退，治疗夜盲症，羊肝中的维生素 B_1、B_2 可治疗恶性贫血。

4. 食用注意

羊肝忌同猪肉、梅子、小豆、生椒一并食用；有痛风、高血压、冠心病、肥胖症及血脂高的人忌食；不宜与富含维生素 C 的食物同食，与抗凝血药物、左旋多巴、优降灵和苯乙肼等药物同食会影响药效。

（六）羊肾

1. 性味归经

羊肾，味甘，性温；归肾经。

2. 中医辨证

羊肾，味甘，性温，无毒，可补肾气，益精髓，治肾虚劳损、腰脊疼痛、足膝痿弱、耳聋、消渴、阳痿、尿频、遗漏等病症。

3. 现代研究

羊肾含大量蛋白质、脂肪、钙、磷、铁、维生素（A、B_1、B_2、C）、尼克酸等，是食疗和食补的佳品。在动物肾脏中，羊肾最为滋补，不仅具有补血、强精之效，还可以促进胰岛素的分泌，也是肥胖症和糖尿病患者的有益食品。

4. 食用注意

羊肾性温，故阴虚火旺、口干舌燥、尿黄便秘或感冒发热者忌食。

小记：

羊肾作为药用，最早见于陶弘景《名医别录》，谓其能"补肾气、益精髓"。《千金要方》《外台秘要》《深师方》等治肾虚劳损、消渴、脚气等方剂中，多用本品煮汤煎药。食用羊肾时，若与大蒜、韭菜一起进食，可加速血液循环，滋补效果更为明显。

传说故事

一、羊在民间的种种传说

旧时汉族民间有"送羊"的风俗，流行于河北南部。每年农历六月或七月间，外祖父、舅舅给小外甥送羊，原先是送活羊，后来改送面羊。传说此风俗与沉香劈山救母有关。沉香劈开华山救出生母后，要杀死虐待其母的舅舅杨二郎，杨二郎为重修兄妹之好，每年给沉香送一对活羊（羊与杨谐音），从而留下了送羊之风俗。另外，民间以每月初六、初九为羊日，青海藏民此日禁止抓羊。山东、湖北、江西则有谚语："六月六日阴，牛羊贵如金。"又以为属马、狗、鼠者忌羊日，属羊者忌鼠、牛、马、狗日。哈萨克、蒙古、塔吉克等民族流行"叼羊"的马上游戏。在喜庆的日子里，人们在几百米外放一只羊，骑手们分成几队准备抢夺。也有一青年骑手持羊从马队中冲出来，后面的人紧紧追随，其中有人配合争夺羊，也有人保护羊，以叼羊到终点者为胜，取得胜利的人，当场把羊烧熟，然后大家一起享用。

二、羊肉泡馍的来历

相传，赵匡胤没得志时，流落长安街头，因生活紧迫吃不起羊肉，只能求羊肉铺老板给些羊汤，浇泡老干的面食充饥。他称帝后，回味起当年的肉汤泡馍，觉得有味，便命羊肉店老板给他做。店老板不知如何是好，泡烂的馍怎么给皇帝吃？于是急中生智，用死面烙成不全熟的饼，细心掰碎，用肉汤大火煮烹，然后放上精心切好的煮熟羊肉片，端给皇上，果然博得赵匡胤的欢欣，当即赐银百两，从此，羊肉泡馍便名扬天下了。

三、涮羊肉的起源

传说羊肉涮锅起源于元代。700多年前，元世祖忽必烈统帅大军南下远征，经过多次战斗，人困马乏，饥肠辘辘。忽必烈猛地想起家乡的菜肴——清炖羊肉，于是吩咐部下宰羊烧火。

正当伙夫宰羊割肉时，探子突然气喘吁吁地飞奔进帐，禀告敌军大队人马追赶而来。一心等着吃羊肉的忽必烈，一面下令部队开拔，一面喊："羊肉！羊肉！"清炖羊肉当然是等不及了，怎么办？当厨师见主帅大步向火灶走来，便急中生智，飞快地切了几十片薄肉，放在沸水中搅拌了几下，待肉色一变，马上捞入碗中，撒上细盐、葱花和姜末，双手捧给大帅。忽必烈手抓肉片接连吃了几碗后，翻身上马，率军迎敌，结果马到成功，生擒敌将。

在筹办庆功酒宴时，忽必烈特别点了战前吃的那道羊肉片。这回厨师精选了优质绵羊腿部的"大三叉"以及"上脑"等部位的嫩肉，切成均匀的薄片，再配上麻酱、腐乳、辣椒、韭菜花等多种佐料，涮后鲜嫩无比，将帅们吃后赞不绝口。

厨师见主帅高兴，忙上前说道："此菜尚无名称，请帅爷赐名。"忽必烈一边涮着羊肉片，一边笑着答道："我看就叫涮羊肉吧，众位将军以为如何？"

从此，涮羊肉成了宫廷里的佳肴，直到光绪年间，北京"东来顺"羊肉馆的老掌柜买通了太监，才偷出了涮羊肉的佐料配方，使涮羊肉逐渐走向民间。

四、蒲松龄的幽默

有一次，朋友请蒲松龄去赴宴，宴席十分丰盛，可是有位客人吃起来，旁若无人，真如风卷残云。不一会儿，就吃光了很多菜肴。蒲松龄见了，笑笑，说："你是哪一年生的？属什么？"

他说："我是属羊的。"

蒲松龄出了一口长气说："幸亏你是属羊的，如果你是属虎的，我得赶紧走，我怕你把我也吃了。"

记趣：

最罕见的六角绵羊

新疆维吾尔自治区文化厅工人谭家驯养的一头土种公绵羊，头上长了六只角，这是一头世界上罕见的绵羊。

这头羊，出生五个月时体重已达40多千克，个头相当于一年龄的羊，已剪毛两次。它的前一代公羊有四只角，出现六只角的下一代，这是一种少有的遗传变异现象。

驴

飞光飞光，劝尔一杯酒。

吾不识青天高，黄地厚。

唯见月寒日暖，来煎人寿。

食熊则肥，食蛙则瘦。

神君何在？太一安有？

天东有若木，下置衔烛龙。

吾将斩龙足，嚼龙肉，

使之朝不得回，夜不得伏。

自然老者不死，少者不哭。

何为服黄金、吞白玉？

谁似任公子，云中骑碧驴？

刘彻茂陵多滞骨，嬴政梓棺费鲍鱼。

——《苦昼短》·唐·李贺

物种基源

驴肉（Equus asinus L.），为哺乳纲奇蹄目马科动物驴的肉，又名毛驴、漠骊。一般拉磨干活的驴肉质硬，营养价值不理想，以甘肃乌驴（黑驴）肉质嫩而味美。驴有大、中、小三型，关中驴是我国大型驴品种之一，主要分布在华北地区。

生物成分

据测定，每100克可食驴肉及相关食材营养成分如下表（非绝对值）：

生物成分／食材名称	热能（千卡）	蛋白质（克）	脂肪（克）	碳水化合物（克）	维生素A（微克）	核黄素（毫克）	尼克酸（毫克）	维生素E（微克）	钙（毫克）	铁（毫克）	磷（毫克）	硒（微克）	胆固醇（毫克）	水分（克）
驴肉	108	22.8	1.5	0.8	72	/	2.2	/	1.5	3.4	166	5.98	82	73.8
驴肉（熟）	231	27.3	13.5	1.2	25	/	微	/	12.8	8.7	244	6.60	119	57.6
驴鞭（生）	144	29.9	0.9	4.4	/	/	/	/	25	4.9	236	16.01	188	61.00
驴鞭（熟）	188	39.2	2.5	2.8	/	/	/	/	22	6.8	146	23.52	366	51.8

食材性能

1. 性味归经

驴肉，味甘、酸，性平；归脾、胃经。

2. 医学经典

《唐本草》："补血、益气。"

3. 中医辨证

驴肉滋肾养肝、息风安神、补血、止血，对劳损、风眩、心烦、忧愁不乐，能安心气，用驴肉煮汁，空心饮服，可治痔引虫。

4. 现代研究

驴肉蛋白质含量比猪、牛、羊肉高，在 20%～25% 之间；其人体必需氨基酸的含量及其比例均适合人体的需要，故消化吸收率高，其脂肪含量较低，小于体重的 1%，因此驴肉是一种理想的高蛋白、低脂肪的肉类。另外，驴肉脂肪熔点较低，易被人体消化吸收，利用率较高。

食用注意

（1）吃驴肉不可与荆芥茶同饮，能害人。
（2）孕妇不宜食驴肉，防难产。
（3）慢性肠炎、腹泻、皮肤有瘙痒症患者不宜食驴肉。
（4）驴肉不宜与猪肉同烹同食。
（5）吃驴肉后不宜立即饮茶。

附注：

驴鞭

1. 性味归经

驴鞭，味甘、咸，性温；归肝、肾经。

2. 中医辨证

驴鞭，补肾壮阳，强筋壮骨，对阳痿、筋骨酸软、骨髓炎、气血虚亏、妇女乳汁不足等症，有食疗助康复的功效。

3. 现代研究

驴鞭含有丰富的氨基酸和锌、锰、钙等无机元素，还含有胆固醇、睾酮、雌二醇、二氢睾酮等甾体成分。氨基酸和无机元素是人体生殖和生长所必需的。锌、锰对于调节机体免疫力、增进性功能具有重要作用。

食用注意

性功能亢进者及阴虚火旺者忌食。

传说故事

一、康熙与神驴

话说康熙年间某个寒冷的冬天，黄河水面上结了一层厚厚的冰。人们时常看到有一头黑色的毛驴，在冰面上驰骋嬉戏。但见其浑身乌黑发亮，蹄颈上长有一圈白毛，双耳竖立，煞是精干。它在冰河上尽情地奔跑着，偶尔还会放开嗓门嘶叫几下，清脆的嘶叫声传遍山野村庄，将熟睡的人们从甜蜜的梦境中吵醒。起初，人们以为这是谁家的驴子脱逃圈舍，跑了出来，无人在意。可日子过了好久，也不见有人来寻找，便引起了人们的注意。有人试图捉住这条驴子，可谁也无法接近这只神秘的黑驴。

转眼间到了春天，时逢春耕季节，很多人家由于缺少畜力，正在为不能适时播种而犯愁。这时，人们想起了去年冬天那头游荡在河面上的黑驴。但是只要有人走近，它便飞快地奔跑起来，一溜烟消失得无影无踪。令人惊奇的是，那些家中真正没有畜力的穷苦农户，只要在晚上睡觉前心中默默念叨一下，第二天清早，这头黑驴便乖乖地站在家门口，等着让你来使唤。而且它从来不吃草料，干完活后，到了天黑就会跑掉不见了。

黑驴帮穷人耕田种地的消息不胫而走，传到了一位地主老财的耳朵里，他眯起肥肥的小眼睛，在腹中打起了自己的主意。有一天，地主老财看见黑驴正在为一户穷人拉犁种地，便叫上几个打手，来到穷人的地头，声称是穷人偷了他家的驴，耽误了他的春播农活，不但要将黑驴强行牵走，而且还要穷人赔偿损失。那个穷人还未来得及辩解，狠心的老财主便抢过缰绳，牵着黑驴要走。孰料这驴子突然又蹦又跳，扬起后蹄，朝地主老财的嘴上踢去，只见老财主口中流血，两颗门牙也随之落地。再看那黑驴，挣脱缰绳，跑到黄河边不见了。

老财主抢驴未成，反而赔掉两颗门牙，心中十分恼火，便又生诡计，到县府衙门状告穷人私养妖驴，踢掉他的牙齿。这县太爷是个赃官，一手接了状子，一手收了老财主的贿赂，立即将穷人抓捕到堂上审问，限其三日内交出黑驴，并向老财主赔礼道歉。可怜那穷人无端遭受如此冤屈，无处可伸，只好来到黄河边祈祷，恳求那黑驴出现，以帮他了却这桩冤案。那黑驴果真出现在眼前，温顺地跟随穷人到了县衙去见县太爷。走到衙门口，遇上一个商人模样打扮的人，和两个仆从，见此黑驴与众不同，要以一百两纹银买下。穷人只好将冤情如实相告，商人听完后告知穷人如此这般，随后一同进了衙门。

县太爷高坐大堂之上，一副趾高气扬的神态。传令衙役将地主老财带上公堂，审理这桩公案。那老财主见了黑驴，内心好不欢喜，恨不能一下将它牵到自己手中。此时，在旁听县官断案的商人突然发话，问那穷人道："你这穷家子弟，不知本分务农，为何要偷别人的毛驴呢？"这穷人便将黑驴出现以及帮助穷人耕地的过程从头至尾详细讲述一遍。听完穷人的叙述，那商人说："原来如此，这驴我要了。这是一百两银子，是我给你献驴的赏钱，你拿着回家种地务农去吧！"县太爷见有人居然敢扰乱公堂，气得火冒三丈，遂喝令衙役将商人拿下，要治他私闯公堂闹事之罪。几个衙役刚要上前动手，却已被商人的仆从即刻打翻在地。又见商人腰间露出一面小小金牌，县太爷看到此物，吓得面如土色，滚下公堂，跪在地上叩头如捣蒜一般，身体也软做一团。地主老财见此情景，被吓得呆若木鸡。那商人随即传令仆从："这贪婪县令，坐视一方，不为民众谋生计，却与恶人勾结，徇私枉法，现予革职，待后押解京城查处。这财主为富不仁，罚他八十大板，其余便不追究。这黑驴朕以百两纹银买得，从今往后永为朕代步宝驹。"

原来这位商人乃清朝康熙皇帝，微服私访到了靖远县城，恰好遇上了这件奇事。也该那神驴就是为皇帝受用的，据说后来康熙下江南访贤时所骑黑驴，正是靖远出现的神驴。

二、父子抬驴进城

父子俩一同进城。父亲骑着驴子，儿子拿着鞭子在后面跟着。路边有人见了说："自己骑着驴，让孩子跟着跑，真狠心的父亲。"父亲听了，赶紧扶儿子骑上驴，自己在驴后边跟着。走着走着，又听路边有人说，"儿子骑驴，老子赶着，这儿子太不懂事了！"父亲一听，又赶紧跨上驴和儿子一同骑着。走不远，又有人笑着说："两个大人骑一头毛驴，也不怕把驴累死！"父亲听后只好下驴，和儿子一同抬着驴子走进城。

三、牵驴上炕睡

某人出门找活干，路过一家客店。店主是个出名的刻薄鬼，总是想鬼点子算计别人。这天，店里来了不少做小买卖的商贩，店主眼珠一转，一下抬高了白面饼的价钱。他对大家说："凡是买我的白面饼吃的，准许睡炕上，不买的一律给我去睡草棚。"那草棚跟牲口棚相连，潮湿发臭，根本不能住人。为了能睡个炕，穷商贩们只好忍痛花钱买店主白面饼吃。

某人听说这事，也到店里买白面饼吃。店主很高兴，叫他去睡炕，谁知这人牵了一头驴，直往炕上爬，那驴又踢又蹦，把炕踩出了个大窟窿。店主找他算账，他说："你不是说，吃白面饼的上炕睡觉么？我买的白面饼全喂了这头驴！"

四、张果老"倒骑毛驴"

自古以来，驴就是人类的朋友。由于驴的性情温顺，耐力又强，是农民非常喜欢的家畜，经常用它耕地、拉车、拉磨，样样都干。驴又是方便而廉价的运输工具，可以坐人，也可以驮货，羊肠小道，崎岖山路，都能胜任。诸葛亮未出茅庐之前，骑的是驴；大诗人杜甫、著名地理学家徐霞客也都骑驴；宋代王安石致仕之后，住在钟山，经常骑驴出入市井；甚至八仙之一的张果老也"倒骑毛驴"。

张果老，原名张果，和吕洞宾、铁拐李、汉钟离、曹国舅、蓝采和、韩湘子、何仙姑并列为道教八仙。得道成仙后，因其年龄较大，被称之为张果老。张果老有一怪癖，平日倒骑着一头毛驴，日行万里，据说驴子也是一匹"神驴"，不骑的时候，可以把它折叠起来，放进道情筒内。有长生不老之法的张果老为什么要倒骑毛驴呢？《唐书》里记载，他少时家贫，赴潍溪拜师学习酿酒。在学酿酒过程中，大病一场，病愈还愿，在龙脊山的大方寺出家。因偷食寺内老僧的仙参而成仙，驴喝了参汤则成了"神驴"。怕老僧追赶，张果老索性倒骑毛驴望后而逃，从此云游四方。

狗

老农家贫在山住，耕种山田三四亩。

苗疏税多不得食，输入官仓化为土。

岁暮锄犁傍空室，呼儿登山收橡实。

西江贾客珠百斛，船中养犬长食肉。

——《野老歌》·唐·张籍

物种基源

狗肉（Canis familiaris L.），为哺乳纲犬科动物狗的肉，又名犬、黄耳、地羊、家犬，以膘肥体壮、健康无病者为佳。按民间食狗肉的习惯，狗肉的优劣为"一黄、二黑、三花、四白"。黄狗肉最味美，白狗肉臊味大。全国各地均有饲养。

生物成分

据测定，每100克可食狗肉含营养成分如下表（非绝对值）：

生物成分 ＼ 食材名称	热能（千卡）	蛋白质（克）	脂肪（克）	碳水化合物（克）	维生素A（微克）	核黄素（毫克）	尼克酸（毫克）	维生素E（微克）	钙（毫克）	铁（毫克）	磷（毫克）	硒（微克）	胆固醇（毫克）	水分（克）
狗肉	119	15.1	5.5	2.2	微	0.12	3	1.38	61	2.3	146	13.6	/	76.5

此外，狗肉尚含嘌呤类、肌肽、肌酸、氯等。

食材性能

1. 性味归经

狗肉，味甘、咸酸，性温；归脾、胃、肾经。

2. 医学经典

《名医别录》："暖胃、益气、和脾、壮阳。"

3. 中医辨证

狗肉，味咸，性温，有补中益气，温肾壮阳的功效，有益于温肾助阳、腰膝酸软、阳痿滑精、胸腹胀满、脏腹冷痛、浮肿寒虐、败疮久不收敛等诸症康复，还有益于安五脏、补绝伤、宜养肾、补胃气、壮阳、暖腰膝、补五劳七伤、补血脉、增强肠胃运化功能、填补精髓等。

4. 现代研究

狗肉不仅蛋白质含量高，而且蛋白质质量极佳，尤以球蛋白比例大，对增强机体抗病力和细胞活力及器官功能有明显作用。食用狗肉可增强人的体魄，提高消化能力，促进血液循环，改善性功能。狗肉还可用于老年人的虚弱症，如尿溺不尽、四肢厥冷、精神不振等。

食用注意

（1）夏天不宜食用狗肉，以防助热生火，特别是在我国的南方。

（2）狗肉性温，凡患咳嗽、感冒、发热、腹泻和阴虚火旺等非虚寒性病的人均不宜食用；脾胃湿热者也应慎食或禁食。另外脑血管病人一般伴有动脉硬化、高血压，狗肉热性大、滋补强，食后会促进血压升高，甚至导致脑血管破裂出血。因此，脑血管病人不宜多吃狗肉。

（3）忌食疯狗肉，忌食半生不熟的狗肉，以防寄生虫感染。

（4）据前人经验，狗肉不宜与鲤鱼、泥鳅、大蒜等一同食用，易助火生热。

（5）狗肉与茶相克，致便秘，代谢产生的有毒物质和致癌物积消肠内被动吸收，不利于健康。

（6）狗肉与绿豆相克，同食会引起腹胀。

附注：

狗鞭

1. 性味归经

狗鞭，味咸，性温；归肾经。

2. 中医辨证

狗鞭，性温，味咸，无毒，有暖肾、壮阳、益精、补髓的功效，对肾虚阳痿、腰膝酸软、体倦乏力、遗精、带下、早泄、滑精、男子精子活动力差、女子不孕症等有食疗助康复之效。

3. 现代研究

狗鞭含有蛋白质、脂肪、维生素E、雄性激素等成分。因其睾丸中含有雄性激素等物质，具有性激素样的作用，故可用于男性性功能减退诸症。

4. 食用注意

狗鞭性温热，易助火，故性功能亢进者及阴虚火旺者忌食。

狗趣：

1. 解狗的语言

"有危险！"通常为2～4次快速吠叫，中间稍有停顿。大致意思是"有情况发生，我要看看是怎么回事。"持续不断的较低较慢的吼声表明危险已迫在眉睫，表达的意思是"危险临近，做好准备，保护好自己！"

"你好！"一两声高亢而短促的叫声是狗的典型的"打招呼"声，通常是认出熟人而表示友好。许多人都有过在进门时狗冲着他们叫两声的这种经历，这是狗在向他们打招呼，表达的意思相当于我们人类问候时所说的："你好！"

"陪陪我！"一长串连续的叫声，然后稍作停顿，这是狗感到寂寞时想要人陪伴时发出的吠声。"我们来打斗戏耍吧！"前腿平放在地上，臀部高高扬起，同时伴以断断续续的吠声，这意思很简单："让我们好好玩一把吧！"

2. 用摇尾巴表达情绪

打招呼：小幅度的轻摇尾巴，通常是狗打招呼的一种方式，意思是"你好"或"我在这儿"。

快乐：较大幅度摇摆尾巴是友好的表示："我不想挑战你，也不想威胁你。"在许多情况下，也可能表示"我很高兴"，这也是人们通常理解的狗在"快乐"时的摇尾巴，特别是当尾巴拖在臀部时。

困惑：尾巴缓慢摇摆，位置居中，不太高也不太低，是狗有不安全感或不确定下一步该怎么做时表达出来的信号。

战斗还是逃跑：快速而小幅度的尾巴摇摆，是表明狗即将采取某种行动（通常是战斗或逃跑）的迹象。如果尾巴高高竖起并来回摇摆，表明它可能会发起进攻。

传说故事

一、"狗咬吕洞宾，不识好人心"是讹传

传说在蓬莱八仙里有个吕洞宾，他原是读书人，但两次参加科举考试都未中举，从此以后，他就再不读书，而依靠祖辈留下的家产，会客访友，游山玩水，过着逍遥自在的日子。

吕洞宾在成仙之前，有个同乡好友叫苟杳，他父母双亡，家境十分贫寒。吕洞宾很是同情他，和他义结金兰，并请他到自己家中居住，希望他能刻苦读书，以后好有个出头之日。

一天，吕洞宾家里来了一位姓林的客人，见苟杳一表人才，读书用功，便对吕洞宾说："吕先生，我想把愚妹许配给苟杳，你看如何？"吕洞宾怕耽误了苟杳的前程，连忙推托，但苟杳得知后便动心了，就对吕洞宾表示同意这门亲事。

吕洞宾说："林家小姐貌美贤惠，贤弟既然主意已定，我也不阻拦了，不过成亲之后，我要先陪新娘子睡三宿。"苟杳一听不禁一愣，但思前想后，还是咬牙答应了。苟杳成亲这天，吕洞宾喜气洋洋，而苟杳却无脸面见人，干脆躲到一边不见面。晚上，洞房里新娘子头盖红纱，倚床而坐。这时，吕洞宾闯进屋来，也不说话，只管坐到桌前灯下，埋头读书，林小姐等到半夜，丈夫还是不上床，只好自己和衣睡下。天明醒来，丈夫早已不见，一连三夜都是这样，可苦坏了林小姐。

苟杳好不容易过了三天，刚进洞房，见娘子正伤心落泪，连忙上前赔礼，林小姐只管低头哭着说："郎君，为何三夜竟不上床同眠，只对灯读书，天黑而来，天明而去？"这一问，问得苟杳目瞪口呆，半天，他才醒悟过来，双脚一跺，仰天大笑，原来是哥哥怕我贪欢，忘了读书，用此法来激励我。哥哥用心，可谓太狠心啊！林小姐被苟杳说得丈二和尚摸不着头脑，待苟杳说明经过，夫妻两个才双双欢喜起来，齐声说道："吕兄此恩，我们将来一定报答他！"

几年后，苟杳果然金榜题名做了大官，夫妻俩与吕洞宾一家洒泪而别，赴任去了。

一晃八年过去了，这年夏天，吕家不慎失了大火，偌大一份家产，化成一堆灰烬。吕洞宾

只好用残留的破瓦烂砖搭了一间茅草屋，和妻小在里面躲风避雨，日子十分艰难。夫妻俩商量，决定去找苟杳帮忙。吕洞宾一路上历尽千辛万苦，终于找到了苟杳府上，苟杳对吕洞宾家遭大火的事表示非常同情，并热情招待他，可就是不提帮忙的事情，一连住了一个多月，一分钱也没有给吕洞宾，吕洞宾以为他忘恩负义，一气回了家。

吕洞宾回家一看，原来家里盖了新房，很是奇怪。他刚要迈进家门，却见大门两旁贴着白纸，知道家中死了人，他大吃一惊，慌忙走进屋内，见屋内停着一口棺材，妻子披麻戴孝，正在号啕大哭，吕洞宾愣了半天，才轻轻叫了一声娘子。娘子回头一看，惊恐万状，颤颤抖抖地叫道："你，你是人还是鬼？"吕洞宾更觉诧异，问："娘子，何出此言？我好好地回来了，如何是鬼呢？"娘子端详了好久，才认出真是吕洞宾，说："吓死我了！"原来，吕洞宾走后不久，就有一帮人来帮他盖房子，盖完房子就走了。前天中午，又有一大帮人抬着一口棺材进来了，他们说吕洞宾在苟杳家病死了。

吕洞宾一听，知道是苟杳玩的把戏。他走近棺材，气得操起一把大斧把棺材劈开两半，只见里面全是金银珠宝，上面还有一封信，写道："苟杳不是负心郎，路送金银家盖房。你让我妻守空房，我让你妻哭断肠。"吕洞宾看完信后如梦初醒，他苦笑了一声："贤弟，你这一帮，可帮得我好苦啊！"

从此，吕苟两家倍加亲热，这就是俗话常说的"苟杳吕洞宾，不识好人心"，因为"苟杳"和"狗咬"同音，传来传去便成了"狗咬吕洞宾，不识好人心"了。

二、努尔哈赤立规：八旗不得食狗肉

"不食狗肉"的习俗，满族人代代相传，特别是丰宁满族人更是这样。这是为什么呢？

相传，当年老罕王努尔哈赤被明将李成梁追赶到深山老林里，骑的马累死了，就剩下一条伴随他的狗。努尔哈赤跑着跑着，累得实在走不动了，就躺在大森林里睡着了。李成梁的军队搜山没有搜到努尔哈赤，就命令放火烧山。眼看火要烧到努尔哈赤了，忠诚的狗就跑到山泉里沾满一身水，把努尔哈赤周围的柴草全滚湿。狗一趟又一趟地沾水，在努尔哈赤的周围形成一条宽阔的安全地带。狗最后累死了，努尔哈赤得救了。

努尔哈赤深感狗的救命之恩，在他统一中国后，给正黄旗、镶黄旗、正白旗、镶白旗、正蓝旗、镶蓝旗、正红旗、镶红旗这八旗子弟的满旗人规定不打狗、不杀狗、不吃狗肉、不着狗皮衣、不戴狗皮帽子，违者严加处罚，并在每年正月十五日祭索伦杆子时，一并祭狗。

三、苏东坡妙语食狗肉

有一次，苏东坡去金山寺看望佛印和尚，走近禅房便闻到一股酒肉香味。

原来，佛印性情放荡不羁，诙谐幽默，不戒酒肉。这天，他把一条黑狗杀掉了，悄悄地躲在房里低斟浅酌，大嚼狗肉。正当吃得起劲，一听到苏东坡的叫声，便慌忙把酒肉藏了起来。

苏东坡早看清楚了，却佯作不知，想和他开个玩笑，便对佛印说："我今天写了一首诗，有两个字一时想不起来是怎样写的，所以特来请大师指点。"佛印说："不敢，不敢！请问是哪两个字？"东坡说："一个是'犬'字，一个是'吠'字。"佛印哈哈大笑说："学士，你真会寻开心，小僧以为是什么疑难字，这个'犬'字的写法是'一人一点'嘛！"东坡又问："那么'吠'字呢？"佛印回答道："犬字旁边加个'口'就是'吠'了。"

苏东坡听罢也哈哈大笑说："既然如此，那你快把藏起来的酒肉端出来，一人一点，加上我这一口来吃吧！"说完，两个朋友不由得相视而笑。

猫

养得狸奴立战功，将军细柳有家风。

一箪未厌鱼餐薄，四壁当令鼠穴空。

——《谢周文之送猫儿》·宋·黄庭坚

物种基源

猫肉（Felis domestica Brisson），为哺乳纲猫科动物家猫的肉，又名狸奴、发儿、猫狸、家猫，以膘肥体壮、健康无病者为佳，我国普遍饲养。

生物成分

据测定，每100克可食猫肉含营养成分如下表（非绝对值）：

生物成分 食材名称	热能 （千卡）	蛋白质 （克）	脂肪 （克）	碳水 化合物 （克）	维生 素A （微克）	核黄素 （毫克）	尼克酸 （毫克）	维生 素E （微克）	钙 （毫克）	铁 （毫克）	磷 （毫克）	硒 （微克）	胆固醇 （毫克）	水分 （克）
猫肉	115	18.1	5.5	0.8	23	12	2.9	/	16.6	3.3	201	3.23	/	79.8

食材性能

1. 性味归经

猫肉，味甘、酸，性温；归肝、肾经。

2. 医学经典

《蜀本草》："补肾、通络、软坚、温阳。"

3. 中医辨证

猫肉，有补虚益气、疏风通络、软坚散结的功效，对虚劳体瘦、病后体虚、阳痿、颈部淋巴结核（俗称老鼠疮）、痔疮出血、脱肛等疾病有食疗助康复之功效。

4. 现代研究

猫肉同其他动物性食物一样富含蛋白质、脂肪、碳水化合物、无机盐及维生素等，对虚劳体弱、风湿痹痛、颈淋巴结核破溃、血小板减少性紫癜者有较好的康复效果。

食用注意

（1）猫肉有助湿发毒作用，故慢性湿疹等皮肤病患者慎食。

（2）猫肉有伤胎之弊，孕妇不要食。

（3）猫的粪便有大量致病菌，如屠宰不规范，可能污染到猫肉而引起人的食物中毒。

（4）猫也可能感染狂犬病、疯牛病及老鼠的出血热等病症。

（5）猫感染寄生虫的比例相当高，即使煮熟也不容易杀死肺吸虫、弓形虫等。

附注：

1. 猫胞衣

猫胞衣为家猫的胎盘，性温，味甘，入肝脾胃经，有益于胃痛、反胃等助康复。

2. 猫油

猫油为家猫的脂肪油，是治烧伤的良药。治疗1～2度烧伤，用猫油涂抹烧伤部位。

传说故事

一、太阳造狮月造猫的传说

太阳创造了狮子，诸神感动并称许太阳，月亮心生嫉妒，便创造出猫，想和太阳分庭抗礼。不料此举招来众神"画虎不成反类犬"之讥，神明大笑不已。后来太阳又造出老鼠，月亮有样学样，造出猴子，神明见了滑稽的猴子，笑得更厉害。月亮连番失利，大为光火，便使猴子和猫憎恨狮子与老鼠，这就是猴子和狮子彼此看不对眼，而猫欲除老鼠而后快的原因。在炼金术传说中，狮子与太阳有关，象征雄性生命；猫则和月亮有关，象征雌性生命。

二、招财猫的传说

很久以前，在南京的灵谷有座寺庙，这间寺庙一贫如洗，庙里的和尚常常没米下锅，有一顿没一顿的，但不论日子如何艰苦，只要他们有一口饭吃，一定会和他们饲养的猫分享。有一天，这只猫跑出庙外，静坐路旁。

过了一会儿，路上走来一群武士，猫咪便向他们喵喵叫，并引武士进庙。武士基于好奇跟随猫咪身后，岂知他们一入庙，天便下起滂沱大雨。雨势不利众武士前行，他们便留在庙内与和尚学佛。此事过后，其中一个避雨的武士又回到当初的庙里，这次他在庙内剃度，并且捐了一大笔钱给寺庙，从此招财猫与和尚过着幸福快乐的生活。

三、海南"神猫"的传说

在海南农村，只要是有猫死过的地方是不能建房的。假如你不知道而建了房子，住上后的日子里你家往往会出现一些奇奇怪怪让人烦心的事情，这时你家主人就会去请"神仙"来查家事，发现是"死猫"在作怪，还要去请道士来"做法"，请走"猫神"。"猫神"走后，你才可以在房子里平安地住下。

为什么人们把房子建在狗呀猪呀牛呀死的地方不会出现这种情况呢？而猫死的地方却会发生这种现象呢？在海南民间，有这样一个关于猫的传说：过去，猫是天宫中的一个大神仙，由于地上有五个老鼠猖獗，无法无天，作恶多端，使得人们无法正常生活，天帝只好派猫神下凡来为民除灭这五个老鼠，并跟它说，除掉这五只老鼠才能回天上来。猫神一下凡，四只脚就扑倒了四个老鼠，还用嘴咬到一只老鼠呢。天帝不放心，派了一个天神下来问：捉到老鼠了吗？猫神松口说：全部捉到了。谁知道猫神这一松口，咬到的那只老鼠却乘机跑走了，这样，猫神也就无法回天上去了，它必须在地球上寻找那只逃跑的老鼠。而那只老鼠在地球上繁殖了不少后代，猫为了除恶也繁殖出不少后代。毕竟老鼠的繁殖能力比猫大，猫神的后代即使怎么努力抓捕也抓不完，因此猫神的后代们也就慵懒起来了。但由于它们是神的后代，遗传有神的威力，所以有猫死的地方人们就不能建房。假如一定要建的话，只能请道士让它挪个地方，不然的话，你家是不能安身的。

四、南京"百猫坊"的传说

在南京上浮桥尾，有座石质牌坊（目前属于彩霞街菜场院内），高有十余米，上面镌刻着形态各异的猫头，猫头号称百只，故名百猫坊。

百猫坊始建于明初，父老相传，说法不一，有的甚至近乎怪诞，不过这类野老遗闻，至今还活在一些世居南京城南的老人心中。现录其一则，以飨读者，无非人云亦云，当不得真的。

明初在金陵城东修建宫殿，要填平钟山下的燕雀湖。那时候的南京城有燕雀湖、玄武湖两个湖，分别在城东和城北。当燕雀湖即将被填平之际，有一天晚上，明太祖见到秦淮河附近升起一道霞光，有术士认为是原在燕雀湖中的千年鱼精，因为填湖而跑到秦淮河来了，再从秦淮河随河水而入江归海，而且此后必报填湖之仇，日后将要搅乱明室江山。明太祖最后在刘伯温的参与下，追踪踏访到城南柳叶街。当时柳叶街有一家姓于的财主，生有两个儿子，一个叫通江，一个叫通海，明太祖和刘伯温听了这个名字，都认为他们是鱼精托生的，日后必反，所以就以"莫须有"的罪名杀了这两个孩子。当时这个于姓财主居住的地方还不叫柳叶街，因为这条街的东侧临近秦淮河，沿着河边遍植柳树，居民在河中捕到鱼时，习惯摘路边柳条穿鱼，所以才改街名为柳叶街。明太祖和刘伯温杀了那两个孩子后唯恐再出事情，所以又在于家对岸建立了一个石牌坊，上面雕刻一百个猫头，来镇压鱼精，同时顺着秦淮河入江的方向，建了两座浮桥，好切断鱼的游行路径，也就是现在柳叶街东南的上浮桥和西北的下浮桥，像是两条船板拦鱼的样子，唯恐鱼精逃走，又将和柳叶街南段连接的那条路改名叫船板巷，再在前面修筑了钓鱼台，台的东面叫沙湾，取他的谐音"撒网"的意思。经过这样重重的堵截，明太祖仍恐鱼精漏网，就在秦淮河交流上加了门板堵隔，这就是升州路上的堵门桥，日久走音，就成了陡门桥。这还不算，明太祖还在桥两侧辟了一个赶鱼巷，时间长了，就读成了干鱼巷，到现在就成了甘雨巷。总之，为了镇住鱼精，除了建立百猫坊之外，还在于家前后左右建了8条街巷，以期能永远镇住鱼精。现在，有好事的人还声称柳叶街上还有于家后裔呢。

兔

玄兔月初明，澄辉照辽碣。
映云光暂隐，隔树花如缀。
魄满桂枝圆，轮亏镜彩缺。
临城却影散，带晕重围结。
驻跸俯九都，停观妖氛灭。

——《辽城望月》·唐·李世民

物种基源

兔肉（Lepus totai Pallas），为哺乳纲兔科动物蒙古兔、江北兔、高原兔、华南兔、家兔的肉，又名野兔、家兔，以膘肥、体健、肉质暗红、柔软者为佳。野兔全国各地均有分布，家兔饲养遍布全国。

生物成分

据测定，每100克可食兔肉含营养成分如下表（非绝对值）：

生物成分 食材名称	热能 (千卡)	蛋白质 (克)	脂肪 (克)	碳水 化合物 (克)	维生 素A (微克)	核黄素 (毫克)	尼克酸 (毫克)	维生 素E (微克)	钙 (毫克)	铁 (毫克)	磷 (毫克)	硒 (微克)	胆固醇 (毫克)	水分 (克)
兔肉	125	23.7	3.7	0.9	212	0.1	5.8	0.78	12.0	2.0	165	10.93	65	72.2

此外，兔肉尚含肌球蛋白、氨基酸、肽类、磷脂等。

食材性能

1. 性味归经

兔肉，味甘，性凉；归肝、大肠经。

2. 医学经典

《名医别录》："补中益气，凉血解毒。"

3. 中医辨证

兔肉味甘，性凉，无毒。兔的皮毛、脑、肝、骨的组织器官及部位，有一定药用价值，可供药用。兔肉有补中益气、凉血解毒的功效，可治止渴健脾、胃热呕吐、便血等症。

4. 现代研究

兔肉营养丰富，其蛋白质、钙、卵磷脂、氨基酸含量均较高，尤其是赖氨酸非常丰富；而胆固醇、脂肪、脲胺的含量低，故它有"荤中之素"的说法。兔肉含有丰富的卵磷脂，是儿童、少年、青年大脑和其他器官发育不可缺少的物质，有健脑益智的功效。兔肉可以阻止血栓的形成，并且对血管壁有明显的保护作用。兔肉质地细嫩，结缔组织和纤维少，消化率高达85%，特别适合老年人食用。兔肉兼有动物性食物和植物性食物的优点，经常食用既能增强体质，使肌肉丰满健壮，抗松弛、衰老，又不至于使身体发胖。兔肉中维生素、尼克酸含量较多，能保护皮肤细胞活性、维护皮肤弹性、具有美容作用。因此，兔肉特别适宜于缺铁性贫血、营养不良、气血不足、高血压、冠心病、动脉硬化、肥胖症患者及儿童、中老年人食用。

食用注意

（1）不宜与鸡肉同时食用，易致腹泻，久食多食必病。

（2）不宜与姜同时食用，易致腹泻，故烹调兔肉，不宜加姜。

（3）不宜与芥末同时食用，同食易致水肿。

（4）不宜与橘子同时食用，食兔肉后马上食橘子或多食橘子，易致腹泻。

（5）服用止血药时禁忌食用，兔肉含卵磷脂较多，卵磷脂有较强的抑制血小板黏聚、防止凝血的作用，服用止血药时食用兔肉将会使止血药的作用减弱。

（6）服用氨茶碱等茶碱类药物时不宜食用。高蛋白食品能促进茶碱类药物的排除，使药物疗效降低，兔肉属高蛋白的食品，故服用茶碱类药物时不宜食用兔肉。

（7）不宜食用熏、烤的兔肉。熏、烤兔肉是一部分人的嗜好，野兔熏、烤食用较为常见，熏烤后的兔肉蛋白变性焦化亚硝酸胺成分增加，含有亚硝酸胺的兔肉，既使营养价值降低，还容易导致癌症。

（8）兔肉性凉，孕妇及阳虚者应忌食，以免损伤阳气。

（9）兔肉不宜与鸭肉同煮，易引起腹泻。

（10）服用中药陈皮、半夏、苦参、甘草时，应忌食兔肉。

传说故事

兔总是被狗撵的传说

很古的时候，地里的各种庄稼都像豆子和芝麻一样，从根到梢结的都是籽，粮食多得没处搁。人们不知爱惜粮食，拿着白面捏玩意儿玩。

这一天，王母娘娘想看看地上的人们生活得怎么样，就变成一个要饭的老太婆下凡了。来到一个村庄，她见粮食堆得像山一样，遇到的人个个都红光满面，非常健壮，心中很高兴。但是，当她来到一家门口时，忽听院里有一个小孩在啼哭，就停住了脚，只听院里女人高声喊："别哭了，乖乖，给你面墩，坐着玩吧。"

王母娘娘透过门缝一看，原来是用白面做了一个大墩子，让小孩坐着玩呢！王母娘娘非常生气，回到天宫便把这事禀告给玉皇大帝。玉皇大帝一听也很生气，当即招来天兵天将，吩咐道："下去把地里的庄稼穗都捋了。"

天兵天将得令，个个来到地里捋了起来。牛是人类的朋友，老牛站出来向天官求情说："天兵天将，看在我的面上，给天下苍生一条生路，把玉米留两穗吧，像我的角一样大就行。"

天兵天将只是奉令行事，乐得卖个人情，就说："行，看在你的面上留两穗。如果天下百姓不勤劳，就只留一穗，像你的角一样大。"

这时，人类的另外一个朋友狗见老牛求情见效，也跑到正要到高粱和谷子地里捋庄稼的天兵天将面前说："求求你们，给我留下点儿吃的吧。"

天兵天将答应了，就问它："给你留多少呢？"

"像我的尾巴这么大。"狗晃了晃尾巴。

"好吧。"结果，高粱和谷子就剩像狗尾巴那样大的穗。

天兵天将又来到麦地，正要捋，野地里一只兔子跑过来，说："行行好，给我留一点儿吃的吧！"

天兵天将就又问它："给你留多少啊？"

兔子也摇了摇它的秃尾巴，说道："就像我的尾巴这么大吧。"

结果，小麦就剩下兔子尾巴大的穗。

老牛和狗在一旁听说后可气坏了，因为兔子尾巴远没有牛角和狗尾大。牛身大体笨，对兔子无可奈何。

狗却咽不下这口气，就去找兔子算账，见了就咬，一直算了几千年，到今天还没算清呢！

竹 鼠

野人献竹䶂，腰腹大如盘。
自言道旁得，采不弗置网。
鸱夷让圆滑，混沌渐瘦爽。
两牙虽有余，四足仅能髣。
逢人自惊蹶，闷苦儿脱褌。
念慈微陋质，刀几安足枉。
就擒太仓卒，羞愧不能饷。

——《竹䶂》·宋·苏轼（唱）

野食不穿困，河饮不盗盎。

嗟鼮独何罪，膏血自为网。

阴阳造百物，偏此最不爽。

肥癥与瘦黯，禀受不相髣。

王孙处深谷，小若儿在襁。

超腾被弹射，将中还复枉。

一朝受羁缧，冠带相宾飨。

——《竹鼮》·宋·苏辙（和）

物种基源

竹鼠（Rhizomys sinensis），为哺乳纲啮齿目竹鼠科动物中华竹鼠的肉，又名普通竹鼠、竹鼮，以个大、体肥、腿短、眼有神者为佳，分布于我国云南、贵州、广东、广西、福建等南方几省（区），近缘动物尚有白花竹鼠、大竹鼠等。

生物成分

据测定，每100克可食竹鼠肉含营养成分如下表（非绝对值）：

生物成分 食材名称	热能（千卡）	蛋白质（克）	脂肪（克）	碳水化合物（克）	维生素A（微克）	核黄素（毫克）	尼克酸（毫克）	维生素E（微克）	钙（毫克）	铁（毫克）	磷（毫克）	硒（微克）	胆固醇（毫克）	水分（克）
竹鼠	137	19.1	8.9	1.2	11	0.1	6.6	2.67	12	2.7	39	25.60	88	71.9

食材性能

1. 性味归经

竹鼠肉，味甘，性温；归脾、肺、肝经。

2. 医学经典

《本草纲目》："补中益气，解毒。"

3. 中医辨证

竹鼠，有滋补益肺、助阳的功效，对体虚怕冷、腰脊寒痛、头晕眼花、气管发炎、咳嗽、哮喘等疾病有食疗助康复之效。

4. 现代研究

竹鼠肉含有丰富的脂肪、蛋白质、碳水化合物、多种微量元素、维生素，是一种高蛋白低脂肪肉类，具有解毒、活血、祛瘀之效，对慢性气管炎、慢性肝炎、胃部溃疡、久病体弱、不思饮食、阳痿、早泄、血虚目暗、脱发、小儿疳积等疾病有食之助康复的功效。

食用注意

（1）竹鼠肉不宜多食，多食会引发痼疾。

（2）阴虚火旺者慎食竹鼠肉。

传说故事

布朗族趣食竹鼠

居住在云南西南部布朗山一带的布朗族人民十分崇拜竹鼠。他们认为竹鼠代表祖先的魂灵。每年的四月和九月，布朗人常常集体去挖竹鼠。逮到竹鼠，把它拴在一根棍子上，给它戴上鲜花，由两人抬起绕寨一周。然后抬到"达曼"家里，将竹鼠头砍下来留给"达曼"，其余砍碎分给各家。各家接到鼠肉后，都要朝火塘上的三脚架点拜三次。如果挖到母竹鼠，就预示明年将获大丰收。举行过祭拜仪式后，鼠肉方可做菜进食。

鹿

几变雕墙几变灰，举烽指鹿事悠哉。

上皇不念前车戒，却怨骊山是祸胎。

——《骊山三绝句》之二·宋·苏轼

物种基源

鹿肉（Cervus Nippon Temminck），为哺乳纲动物梅花鹿（Cervus nippon Temminck）、马鹿（Cervus elaphus Linnaeus）、驼鹿（Alces alces Linnaeus）、驯鹿（Rangifer tarandus Linnaeus）等的肉。梅花鹿又称花鹿，马鹿又称赤鹿。秋冬季节，鹿膘肥体壮，此时食用为佳，我国吉林、辽宁、黑龙江、内蒙古等地均有人工饲养。

生物成分

据测定，每100克可食鹿肉含水分73.5克，蛋白质22克，脂肪2.23克，胆固醇168毫克，以及维生素 B_1、B_2，还含微量元素钙、磷、锌、铁等。

食材性能

1. 性味归经

鹿肉，味甘、咸，性温；归脾、肾、肝经。

2. 医学经典

《千金·食治》："补五脏，调血脉，壮阳，下乳汁。"

3. 中医辨证

鹿肉，属于纯阳之物，补益肾气之功为所有肉类之首，故对于新婚夫妇和肾气日衰的老人，鹿肉是很好的补益食品，对那些经常手脚冰凉的人也有很好的温煦作用。

4. 现代研究

鹿肉具有高蛋白、低脂肪、含胆固醇较低等特点，含有多种活性物质，对人体的血液循环系统、神经系统有良好的调节作用。鹿肉性温和，有补脾益气、温肾壮阳的功效，对产后无乳、气血虚弱、肾阳虚弱、阳痿、畏寒、腰膝酸软、中风、口眼歪斜的食疗康复效果极好。

食用注意

鹿肉同牛羊肉一样同属于红肉，多食、久食对于胃肠疾病不利。鹿肉有温补、活血的作用，有外伤或有感染发热以及阳盛上火之人不宜食用，夏季亦不宜食用。鹿肉性温热，一次吃的量不可超过150g，否则会出现流鼻血、身感燥热等症状。

传说故事

一、四父子赋诗吃鹿肉

从前，有家财主，父子四人。一天，在街上买到鹿肉，临吃时，财主诗兴大发，商议饮酒赋诗吃鹿肉，并以"父子四人坐四方"起句。

厨子捣鬼，端上一碗鹿肉，二两重一块，整整三块。父子四人面面相觑——看谁吃得着。大儿子动作快，举筷吟诗说："父子四人坐四方，鹿肉好吃我先尝。"说罢，一块鹿肉进嘴。老二也不示弱，随即吟道："父子四人坐四方，鹿肉就得吃个双。"伸筷就戳上两块。三儿子一见，忙不迭吟道："父子四人坐四方，碗无鹿肉喝剩汤。"

老财主见状，肺都气裂了，心里直骂："小子无情！"抿抿嘴，气嘟嘟地叫道："父子四人坐四方，三个儿子黑心肠。碗无鹿肉有何用，不如砸了听个响。"

二、鹿姑娘的传说

在阿美人的一个部落里，有对夫妻五十岁了，生了个男孩子，取名"雅艾"，意思就是好呀！

雅艾生得漂亮又聪明，长到七八岁又会跳舞又会唱歌。十岁他就跟爸爸上山捕鹿猎羊。可是，谁也料不到，在雅艾长到十八岁那年，部落里闹了一场瘟灾，父母死了，只剩下他一个人孤零零地过日子。

一天，雅艾一个人上山去打猎，在莽莽苍苍的森林里，他感到冷清。他心里闷呵，就唱起思念亲人的歌来。忽然，他听到一阵"唔啊唔啊"的呼声从林子那边传来！

雅艾从背上取下弓箭，循着声音走过去，见一条蟒蛇缠着一只梅花鹿，立即一箭射去，蟒蛇中箭后连忙逃走了。

雅艾走到鹿的身边，轻拍着它的脑袋，说："去吧，美丽的梅花鹿，去找你的伙伴吧。"

那只鹿呢，没有回森林去，而是跟着雅艾下山了，一直走到了雅艾的家。

第二天，雅艾上山不到半天就回来了，谁知，他刚走到屋门口，就听见屋内好像有人在走动，从门缝里一瞧，不禁暗吃一惊，咦，怎么屋里有个姑娘？

雅艾冲进屋里，问道："你是谁？你是哪个部落的姑娘？怎么到我家里来？"

姑娘见无法掩盖，只好说出了实情：原来，她就是在森林里被救活的那只梅花鹿！她因感激雅艾，就变成一个美丽的姑娘，要与雅艾结成夫妻。雅艾一听，立刻答应了。

雅艾与鹿姑娘成了夫妻，打猎一起上山，种田一块下地，日子过得很快活。

一天，鹿姑娘对雅艾说："我今天不跟你上山打猎了。我要织布，给你做件衣服穿。"

"那好哇！"雅艾顺从地应着，刚背起弓箭要出门，又被鹿姑娘叫住。鹿姑娘叮嘱道："雅艾，要记住，我织布的时候，你不要回来，也不能在外面偷看呀！"

雅艾点点头，上山打猎去了。

出奇的情况，雅艾怎么也想不到！等他傍晚打猎回来时，鹿姑娘已经帮他做好了一件色彩鲜艳的衣服！

第二天，雅艾穿着妻子给他做的彩色衣裳，刚走出石屋，就被乡亲们看见了，大家好奇地围着他起哄：

"雅艾，你穿的是什么呀？可好看！"

"雅艾，你这东西是从哪里来的呀？也给我穿穿吧。"

"这是衣服呀！是我妻子做的哩！"雅艾笑着说，就把鹿姑娘为他织布做衣的事全说了出来，乡亲们听了很高兴，女人们更觉得新奇，都说要去跟鹿姑娘学织布做衣服。

雅艾说："怕不行呀！我妻子说过，她织布是不让别人看的呀！"

那些女人说："雅艾，你回去说说情，要她教我们织布做衣吧！"

雅艾回到家，把事情向鹿姑娘说了，鹿姑娘很高兴，但不敢教姐妹们织布做衣。

"雅艾，我的好雅艾。你告诉乡亲们，我会替他们织布，会替他们做漂亮衣裳的，但是，我不敢教他们，你也不能偷看。好雅艾，你要记住，千万不能偷看呀！"

雅艾听了她的话，心里的疑团更大了。

一天，他上山打猎，提早回到家来，便悄悄地从门缝里偷看：只见全身色彩斑斓的鹿姑娘，正坐在织布机前，将自己身上那金光闪闪的长毛一根一根拔下来，放在机上来回地梭织着。雅艾看见她每从身上拔下一根彩毛，都要痛得皱一皱眉头，额上渗出一颗汗珠来！而鹿姑娘呵，为了让乡亲们能穿上彩色鲜艳的衣裳，她忍痛一根一根地拔着身上的毛，一梭一梭地来回织着……雅艾看了，心里很感动，也很难受，忍不住走进屋里，轻轻地走到布机前，含着眼泪对妻子说："呵！你不要织了，不要织了！"

"你！哎呀！你偷看我织布啦？"鹿姑娘回头惊恐地望着丈夫，叫道："雅艾，我们不能再做夫妻啦！我再也不能为乡亲们织布了！"说着，只见鹿姑娘双手抱着额头跌在地上，在一阵黑烟中不见了！

"鹿姑娘！鹿姑娘！我的妻子呵！"雅艾叫着、找着、寻着，又一声一声地喊着，但是，再也看不到鹿姑娘了。

人们传说，美丽善良的鹿姑娘，被恶鬼嘎哇斯抓走了。还说高山族之所以长时间都是披着树叶兽皮，那是因为恶鬼嘎哇斯不准鹿姑娘教人们织布做衣。以后，人们虽然学会了织布，学会了做衣，但织不好，也织不漂亮，那是因为鹿姑娘她那高超的织布手艺没有传下来。

熊

棕瞎子，黑瞎子。乌灯没火摸瞎子。

捉住无人吵嗒子，煮汤吃肉没法子。

——东北儿歌

物种基源

熊肉（Selenarctos thibetanus G. Cuvier），为哺乳纲熊科动物黑熊（Selenarctos thibetanus Cuvier）、棕熊（Ursus arctos Linnaeus）的肉，又名黑瞎子、狗熊；棕熊又名罴、人熊、马熊。黑熊、棕熊都为国家保护动物，不允许随便捕杀，现已可人工养熊，主要采取熊胆供药用。我国东北、辽宁、吉林、黑龙江驯养较多。

生物成分

据测定：熊肉主要含粗蛋白和粗脂肪，并含多种氨基酸，少量矿物质等。其中 100 克熊肉中含蛋白质 7.2 克，灰分 1.1 克，水分 63.9 克，脂肪 26.8 克。熊肉质粗，多脂肪，其臊味较重，可风干、熏干腌制后保存。

食材性能

1. 性味归经

熊肉，味甘，性温；归脾、肾经。

2. 医学经典

《药膳谱》："补虚损、强筋骨。"

3. 中医辨证

熊肉，补虚、强精、补髓，对体虚弱羸瘦、体倦乏力、食欲不振、消化不良、易感冒、多汗、气短声低、腰膝酸软等症有良好的康复与食疗效果。

4. 现代研究

熊肉，食用可增人体免疫功能，提高人体抗菌能力，增进食欲，强身防病，可对维生素缺乏所致的脚气、四肢麻痹、腹胀、腹泻有很好的康复辅助效果，外用其油可对发癣、秃斑等有疗效。

食用注意

病死、变质或未经烹熟的熊肉含有细菌、毒素，食后可致病，故忌食用。冷藏后加温的熊肉可能因蛋白裂解变性产生毒素，滋生细菌，故应少食。另外，熊肉熏烤后因蛋白质变性产生致癌物亚硝酸胺，食后易诱发癌症，应忌食熏烧的熊肉。

小记：

鄂温克猎民把熊作为自己的图腾，甚至认为熊是自己的祖先，他们是熊的远亲。鄂温克猎民虽说以狩猎为生，在古时却不猎熊。随着社会的发展，图腾观念的淡薄，生产工具的先进，才打破了不猎熊的禁忌。但在猎熊、吃肉、葬熊的过程中，直到现在仍不同程度地保存着禁忌和崇拜的风俗。

传说故事

一、天庭侍卫官总管

相传，熊原是天宫灵霄宝殿玉皇大帝御前侍卫官总管，担护守卫天庭安危要责。一天，王母娘娘在瑶池贺万年寿诞。九天玄女娘娘与众仙一起到场恭贺，席间，九天玄女娘娘不胜酒力，醉后昏昏沉沉回到玄女宫，倒卧在床，不省人事。此时，黑熊大仙闻游到玄女宫，见醉卧在床的九天玄女娘娘天姿娇柔，体态丰腴，于是性欲大动，趁机奸污了九天玄女娘娘。九天玄女娘娘醉醒后，一状告到王母娘娘面前，王母娘娘大为恼火，将黑熊大仙贬入人间，在北方森林中游荡，后被北极真武大帝收为坐骑，这是后话。

二、罴罴精的故事

有这么一家子，三口人，哥哥、嫂子和妹妹。妹妹叫秋姐，这一天吃完晚饭，嫂子对秋姐说："秋姐，明早起帮我压碾子可好？"秋姐点点头儿。

第二天一大早，天还灰黑灰黑的，秋姐就起了床，听了哥嫂的房里没什么动静，没叫醒嫂子，就独自去了碾房，碾房的门开着，碾盘上黑乎乎地坐着一个人，秋姐以为是嫂子，就说："你来得好早，嫂子！"那人不吱声，秋姐又说："你起来得早，怎么也不叫我一声儿？"那人还是不吱声。"你今天怎么不理我，嫂子？"秋姐着急地上去拉了一把。这会儿吱声了，像打雷一样响："我理你花婆儿！"原来坐在碾盘上的是大山里老黑黑精（即棕熊，也叫马熊或人熊）。老黑黑精一把拉过秋姐的手，颠到背上，背着就跑，也不知跑了几个时辰，跑进一座大山里，在一棵大树下，有一个大石洞，老黑黑精背着秋姐钻了进去。老黑黑精把秋姐放到炕上，立逼秋姐和它成亲。秋姐拗不过它，就做了它的老婆。秋姐很不乐意嫁给老黑黑精，总想瞅个空儿逃出去，可老黑黑精看得严，洞又老深老深，只好死心塌地跟着它过了。

转眼过了一年，秋姐生下一个小黑黑精，老黑黑精乐颠了馅儿，天天出洞搜罗稀罕物供孩子玩儿。不知怎的，小黑黑精生起了天花，秋姐不让老黑黑精摆弄孩子，就说："娃娃生天花，你还是出去躲躲吧，要不，他可要死啦！"老黑黑精怕娃娃死，就出去躲起来了。

这一天，秋姐正给小黑黑精喂奶，就听"哗啦"一声，一把泥土扬进洞里。秋姐说："洞外是谁呀？轻手轻脚些吧，孩子正在出天花，看眯了眼。""哗啦"一声，又是一把土扬进来，秋姐发火了，又大声地说了一遍，只听洞外传下话来："秋姐，你在哪儿？我是你哥哥！"秋姐哥哥拿着一条绳子，一头拴在洞边的树腰上，一头牵在手里，怀抱着斧头下了洞。秋姐一见哥哥，好一顿哭，哭得泪干气绝。哥哥怕老黑黑精回来，就催着秋姐快走。秋姐要抱小黑黑精，哥哥夺过来扔到一边，举起斧头就要砍他，秋姐忙拦住说："他好歹是从我身上掉下来的肉，我不忍心看你杀他。"哥哥扶着她出了洞，兄妹俩回了家。秋姐一到家就熬了浓浓五大盆皮胶，倒在碾盘子上。

老黑黑精傍晚回洞，光听小黑黑精哭，不见秋姐的影儿，它起了疑心，在洞里发狠地叫："花婆、花婆！"也没人应，到了洞外高声地喊："花婆，花婆！"还是没人应。老黑黑精气急了，怒冲冲地下山到碾房找。碾房没有秋姐，它一屁股坐在碾盘上，"咦？花婆在这儿为我烧热了炕，花婆敢情是出去了，我坐着等她！"老黑黑精坐啊，等啊，好一阵子，也不见秋姐回来，就念叨开了："好花婆、乖花婆，娃娃哭你嗓子破。"又过了一阵子，还不见秋姐来，又念叨："好花婆、乖花婆，娃娃哭你泪成河。"秋姐还是没来。夜深了，胶凉了，碾子冻冰了，老黑黑精等急了，抬屁股想走。一抬，起不来，再抬，还是起不来。它不知道这是怎么回事，就哭咧咧地祷告："碾子碾子起，我给你二斗米。"碾子还是碾子，纹丝没动。它又祷告："碾子碾子欠，我给你二斗面。"无论怎么祷告，老黑黑精就是起不来身，一气折腾了一宿。第二天一大早，秋姐的哥哥带着一帮乡亲，拿着镐头铁锹涌进碾房，大伙儿七手八脚，把老黑黑精给打死了。

獐

波含素影澄心镜，鱼跃清渊认道机。
獐行千里头不回，鹤翔晴空谁闻啼。

——《海疆吟》·元·邵伯

物种基源

獐肉，为鹿科动物獐（Hydropotes inermis Swihoe）的肉，又名河鹿肉、河獐肉、牙獐肉。

秋冬獐肉质量较好。獐似鹿而小，毛黄黑无角，分布于长江流域各地，栖息于河岸或湖边，亦有在山边、耕地或长草的旷野，为国家三级保护野生动物，须省级以上林业部门批准方可驯养繁殖，其子二代才能经营利用，肉可食用，亦可药用。

生物成分

据测定，每 100 克可食獐肉，含水分 75.8 克，蛋白质 21.9 克，脂肪 1.88 克，胆固醇 155.9 克，含维生素 B_1、B_2，硫胺及微量元素钙、磷、铁、锌、钾、钠等。

食材性能

1. 性味归经

獐肉，味甘，性温；归脾、肾经。

2. 医学经典

《中国药典》："补五脏，益精髓。"

3. 中医辨证

獐肉具有益五脏、下乳之功效，阳气不足、气血亏损、身体羸弱、营养不良、产后缺奶之人食之甚好。獐髓也是有名的滋补强壮食材，有益气、养颜的作用。

4. 现代研究

獐肉，胜于羊肉，肉性同于鹿肉，具有解毒消肿、生机敛疮的功效，对跌打损伤、风湿、劳伤疼痛、疮疡溃烂、肿痛等有独特的辅助食疗效果。

药食禁忌：

（1）獐肉性温热，春夏季忌食，阴虚火旺之人忌食。

（2）獐肉忌与虾、生菜、梅子、李子同食。

（3）多食发痼疾，民间视为发物。

传说故事

獐子姑娘

深山里有个獐子，修行了上千年，变成个姑娘。她样子端庄，十分俏丽，穿一身红衣裳，不涂胭脂不擦粉，早晚香喷喷的。

这天，土地爷来给她做媒，叫她嫁给王小，她说："我是树林中长大的，没有家也没有爹妈，没有名也没有姓，人家咋会要我？"

土地爷说："这好办，谁若问你家住哪里？姓啥名谁？你就说：'家住张家河边张家港，爹爹名叫张大爷，妈妈名叫张大奶奶，小姑娘名叫张秀英'这不就有根有秧，成了张家小姐了吗！"

獐子姑娘听了土地爷一说，笑眯眯地点点头，答应了。土地爷当下就引她到了王小家。

王小是娘儿俩过日子。这小伙子手脚勤快，对人实在，天天打柴卖草，养活老妈。

土地爷引獐子姑娘到了门上，指着那两间茅草棚子，笑着说："房支千根黄金柱，墙镶万块白玉砖（说房子是用千百根竹子和白沙子泥马糊的）。你不怕屋子烂吧？"

獐子姑娘说："屋子烂了我会修。"

土地爷又指着屋内厨房的菜饭说："翡翠珍珠锅里转，黄金白玉家常饭（指绿豆高粱米稀饭，苞谷掺白米干饭）。你受得了罪吧？"

"受得了，过日子我最会调停。"

土地爷哈哈大笑，将獐子姑娘推进王小屋里，说："这是个武官人家，檐下养兵千百万，前后左右护家院（说养有蜂子）。"獐子姑娘笑着点了点头，感激土地爷的大恩大德。

　　獐子姑娘到了王小家，她先敬老爷（即敬神）。只因家里烧不起香，夫妻就对着月亮拜了几拜，成亲了。她早晚孝敬老妈，天天还帮王小料理家务，又用些法术，搞些山货变钱。不出几个月，茅草棚换成了大瓦房，吃的、穿的、用的，样样都有，还余了好多银子。

　　王小家不远有个李强盗，听说王小结了个好女人，就来看看。一看，相中了，真是个仙女下凡。他有意了，便生个计策，说王小发财是偷来的银钱，要告在县衙里，叫他坐牢。王小吓得不敢说话。李强盗就抓獐子姑娘，獐子姑娘在地上一滚，变成了葫芦，这葫芦不大，光溜溜的很好看，也很好玩。

　　李强盗想，我将葫芦带回家去，只要它再一变，又是个好姑娘，正好给自己当老婆。他拿着葫芦往回走，葫芦越变越重，压得他直冒汗。一走进家门，他妈和全家人都挤上来看稀奇。李强盗将盖子一揭，葫芦"扑哧扑哧"直喷火，一时三刻，把强盗的房子、家具和人都烧光了。

　　王小听说李强盗家失火，赶快跑来搭救獐子姑娘，他刚走到火场边，有个葫芦"咕噜咕噜"从火堆里滚出来，獐子姑娘笑眯眯站到面前，和他手拉手回家团圆了。

獾

狗獾猪獾都是獾，贪官赃官曾为官。

有朝一日被捉住，剥皮抽筋熬汤喝。

——《獾子谣》·民间

物种基源

　　獾肉（Arctonyx collaris F. Cuvler）为哺乳纲动物猪獾（Arctonyx collaris F. Cuvler）狗獾（Meles meles Linnaeus）的肉，又名天猪、天狗、山獭、山狗。冬季捕捉的獾肉质肥美。狗獾皮较猪獾皮价值高，但猪獾肉比狗獾肉鲜美。分布几乎遍及全国各地，但数量稀少。

生物成分

　　据测定，每100克獾肉含水分75.6克，蛋白质26.5克，脂肪2.9克，还含维生素 A、B_2，视黄醇当量，硫胺素及微量元素钾、钠、钙、镁、铁、锌、磷、铜等成分。

食材性能

　　1. 性味归经

　　獾肉，味甘，性平；归肺经。

　　2. 医学经典

　　《中国药典》："补中益气，消肿、润燥。"

　　3. 中医辨证

　　獾肉，有补脾胃、利尿作用，对久患水肿、慢性腹泻、内脏下垂、脾胃虚弱、小儿疳积等症有加速康复的效果。

　　4. 现代研究

　　獾肉肌纤细嫩，蛋白质含量比兔、羊、猪、牛肉都高，而脂肪含量低于牛、羊、猪肉，与兔肉相近，其胆固醇含量也低于猪肉，适宜中老年人及动脉硬化的高血压患者食用。

　　附：獾油

獾的油脂经加工提炼而成，又名獾子油，性平、味甘、酸，补中益气、消肿解毒、润燥，是治疗烫伤、烧伤、冻伤、咳血、痔疮、疥癣、皮肤皲裂、中气不足、子宫脱垂、半身不遂、胃肠溃疡等症的有效药物。

食用注意

勿与虾肉同食，否则易生疮疡。

传说故事

獾狗子的故事

长白山老林子里，有一种山牲口——獾狗子，它的个头儿跟小巴儿狗差不多，黄毛儿，长尾巴，眼睛通亮。这些小家伙儿常常成帮结伙，对付大山牲口，据说他们是一帮猎手变成的。

早些年，关东大森林里到处是人参、药材、飞禽、走兽。人烟稀少，野牲口太多了。放山的、伐木的、种地的，叫它们给祸害了无数。

后来，长白山里来了一帮打猎的，各种各样的山牲口被他们打死了不少，当地人们安稳多了。

有一年，一个屯子遭到了老虎的祸害，不少牛羊被吃掉，好几十口人受了伤害。猎手们听说，就急忙赶去"叮当"一阵猛打，打死了十几只老虎，没死的，他们就穷追不舍。追呀，追呀，不知蹚过多少条河，跳过多少条涧，一路上，他们又打死了不少狼虫虎豹。

就这样，半个多月过去了，他们来到了一个险要的地方，这里都是大石砬子，长着不透风的老林子。他们转着转着就麻达山（迷路）了。吃的没有了，火药、枪沙也用完了，只能采点儿蘑菇、挖些野菜填填肚子。

这帮人吃不上饭，喝不上水，衣裳都挂烂了，连渴带饿，连累带病，一个个倒下就没起来，这些人怀里抱着五齿钢叉就都死了。死后他们变成了獾狗子，五齿钢叉又变成了锋利的爪子，专吃祸害人的大牲口。哪儿有了老虎，有了红眼儿狼，它们就"梆梆"地叫着，从四面八方把它围起来。有的在山豁口坐围，有的去赶仗。老虎一听到它们的叫声，就吓破了胆，没命地跑。坐围的那几只獾狗子瞅着老虎跑近了，就从草窠子里抽冷子蹿出来，一个高儿跳到老虎脖子上，尖尖的爪子抓进老虎的皮肉里；另外的那些獾狗子也跑来"梆梆"地叫着，把老虎赶到有水的地方，抓出老虎的心肝五脏就吃，吃一阵肉喝一阵水，喝一阵水再吃一阵，直到吃得只剩下一堆骨头棒子，它们才各自散去。山牲口别说见到它们，就是闻到它们的气味儿，就吓得跑出老远。

它们对山里人可真好。你走进深山老林里，天黑了，找不到住处，就在大树下把鞋一脱，说："獾狗子，我不走了，就在这儿睡！"那你就只管放心睡好了，它们准能来叫两声，在你四周撒上一圈儿尿，啥样的山牲口也不敢来了。你遇上它正在吃老虎，只要说一声："别吃了，给我留点儿吧！"它抬头瞅瞅你，"梆梆"叫两声，摆摆尾巴就走了，给你留下虎肉和虎骨。

山里人没有一个不打心眼里喜爱獾狗子，它们来了，人们就把鱼呀、肉呀的扔给它们吃，还亲亲热热地管它们叫"山炮手"。

獭

尖尖嘴巴像老鼠，茸毛长尾水中拖。
专在水里寻食吃，爱在水边掘巢窝。

——《水獭》·童谣

物种基源

獭肉（Lutra lutra L.），为鼬科动物水獭的肉，又名水獭猫、獭猫、水狗、水獭，为国家保护动物，其皮及肉均有很高的经济价值，现已人工饲养，分布于我国的水獭有普通水獭、江獭和小爪水獭三种，分布几乎遍及全国各地。

生物成分

据测定，每 100 克水獭肉含水分 80.5 克，蛋白质 23.9 克，脂肪 4.6 克，灰分 0.6 克，还含维生素 A、B_2，视黄醇当量、硫胺素、尼克酸及钙、磷、铁、锌、铜、锰等微量元素。

食材性能

1. 性味归经

獭肉，味甘、咸，性寒；归肾经。

2. 医学经典

《本草别录》："养阴，除烦热。"

3. 中医辨证

獭肉，补虚弱，养阴除虚热，通利二便，有利于虚劳骨蒸、水肿胀满，二便秘涩，妇女经闭的康复与食疗。

4. 现代研究

水獭肉含有丰富的蛋白质、脂肪等营养成分，其肉性寒，因此适宜体质衰弱、虚劳羸瘦、阴虚内热、骨蒸潮热之人食用，也能通便，适宜习惯性便秘、尿少水肿以及妇女经闭之人食用；水獭肝含蛋白质、脂肪、维生素 A、维生素 D 及多种矿物质，有补肝、止咳的功效，适宜夜盲、咳嗽等患者食用。

药食注意

（1）獭肉性寒，男子阳气不足及阳痿之人忌食。
（2）根据前人经验，獭肉不可与柿子、兔肉同食，同食易腹痛腹泻。

传说故事

水獭公的传说

有十二个女子，一起跑出去闲游，碰着一条河，大家都过不去！正在踌躇之际，来了一只水獭公（雄獭）看她们这样，就对她们说："不如我背你们过河去！"她们都不答应，说："不，你要背我们回家做老婆！"水獭公说："不，我断不是这样，如果不信，就给一个最丑的给我背吧！"她们急于过河，真在十二人中择了一个十二分丑脸的给他背，他真的背她过去了，于是她们都信了，个个都给他背！他最后背着的一个，是十二人中最美丽的，它一直背回家去做自己的妻子。

她做了水獭公的妻子以后，不久就生了一个儿子，这便是"水獭仔"。到水獭仔满月（弥月）时，她要和他去行"捉抱"的俗例。她的父亲知道獭女婿要来的，便在井口弄了一个"上位"——用红纸封了井口，像凳子一样，水獭公来了，便坐在井上，谁知一跌，便落到井里去了。他在快淹死的时候，喊着："过边（即那边）有毛的是我的儿，面白的是你的。"不久就沉死了。因为水獭仔的脸，一半是有粗毛的，一半是和人一样，她这时真是恼了，还把獭人仔也丢下井里淹死了。

骆　驼

手持并铁刀，欣然割驼肉。
勿诮草堂翁，一饱死亦足。
——《天山观雪王昭仪相邀割驼肉》·宋·汪元量

物种基源

骆驼肉（Camelus bactianus L.），为哺乳纲偶蹄目骆科动物双峰驼的肉，又名橐驼。骆驼肉肌纤维较粗硬，有甜味，无特殊气味，呈鲜红色。其脂肪大部分蓄积于双峰和腹腔两侧，肌肉上很少有脂肪附着，有产于阿拉伯半岛、印度及非洲北部的单峰骆驼，它与双峰驼同纲同目同科不同形，我国不产，只产双峰驼。

生物成分

据测定，100 克可食骆驼肉含水分 72.2 克，蛋白质 25.6 克，脂肪 1.4 克，灰分 0.6 克及维生素 A、B、硫胺素和微量元素铜、钙、磷、铁、硒、钠、钾、镁、锰等成分。

食材性能

1. 性味归经

骆驼肉，味甘，性温，归肝、肾、脾经。

2. 医学经典

《中国药典》："益气血、壮筋骨。"

3. 中医辨证

骆驼肉具有滋补、安神、养阴的功效，对中风、口眼歪斜、语言不清、体虚夜尿频等疾病的康复有益。

4. 现代研究

现代医学药理理论研究结果表明：骆驼肉，益气血，壮筋骨，有益于久咳虚喘、病后体虚的康复。驼峰肉含有蛋白质、脂肪、钙、磷、铁及维生素 A、B_1、B_2 和尼克酸等成分。骆驼肉含脂肪含量明显比牛肉低，而蛋白质则相仿，再加上它的低胆固醇含量，是一种健康的肉食，故适宜气血不足、营养不良、筋骨软弱无力者食用。

食用注意

（1）皮肤病患者忌食。
（2）勿与葡萄同食。

附注：

1. 骆峰

骆驼背上长着两个高耸的"肉鞍"，即驼峰。驼峰是骆驼的营养贮存库，与背肌相连，由营养丰富的胶质脂肪组成。一头骆驼的驼峰约 40kg。驼峰还有药用功能，其性味甘温无毒，具有润燥、祛风、活血、消肿的功效，适宜顽痹不仁之风疾者。

2. 骆掌

驼掌是骆驼的蹄掌心，肥大厚实，含丰富蛋白质，肉质细嫩而有弹性。骆驼四蹄虽大，掌心却取之不多，所以格外名贵，与猴头菇、熊掌、燕窝并称为中国"四大名菜"。

3. 驼油

驼油又称驼脂，为骆驼的脂肪，主要蓄积于双峰和腹腔两侧，味甘、性温。骆驼脂肪炼好后，取适量与葡萄酒或酥油等调服，可治疗顽痹、筋肉挛缩屈伸不利、恶疮毒肿、腕部筋骨损伤等症。

4. 驼奶

骆驼奶性微热，滋补、安神、养阴、解毒，可用于百病之后的身体虚弱及除硫酸铜外的其他毒物造成的中毒。牧民生活环境艰苦，缺医少药，但都长得健壮结实，这与喝驼奶的习惯有很大关系。

传说故事

卖骆驼蹄的故事

有个乡下人进城，看见有卖熟骆驼蹄的，很好奇，便停下来观看。卖蹄的人欺负乡下人不识货，便嘲笑他说："你要是认识这是什么，我就白送你几个吃。"乡下人暗自镇定，大笑着说："难道我连这个东西也不认得？不过是三个字而已。"

卖蹄人以为他确实知道，说："是的，是三个字，你且说说看，第一个字是什么？"乡下人随意地说："落"，卖蹄人一听，只好垂头丧气认了输，白给乡下人吃了几个骆驼蹄。等对方吃完，卖蹄人说："我只是有些不甘心，你把那三个字都说出来吧！"乡下人不假思索地说："落花生。"

狼

尊开筵席在蓬莱，湘子举杯众开怀。
并力细割山狼肉，宴罢归去能几回。

——《狼肉宴》·元·赵曾

物种基源

狼肉（Canis lupus L.），为犬科动物狼的肉，又名毛狗、原始狗，肉和油均可供食用，油亦可供药用。狼肉色红，肉质比较粗，肉纤维较长，食用口感粗，风干后则香。东北三省大小兴安岭和长白山区有生存，但数量稀少。据动物学家考证，约在一万多年前狼曾是狗的父先，故鲁迅曾说："狼是狗的亲戚，狗是狼的本家"，说明它们之间有血缘关系。

生物成分

据测定，100 克狼肉含水分 74.3 克，蛋白质 21.4 克，脂肪 6.7 克，碳水化合物 0.1 克，灰分 1.1 克，含有维生素 A、B_1、E，还含微量元素钾、钠、钙、磷、镁、锌、铁、锰、铜及微量的硒。

食材性能

1. 性味归经

狼肉，味咸；入脾、肾经。

2. 医学经典

《中国药典》："补五脏、厚肠胃。"

3. 中医辨证

狼肉，有补中益气、润泽肌肤、祛风湿功效，对脾胃虚弱、消化不良、体虚羸疲、腰膝冷痛、小便频繁、精神不振、风湿、瘫痪等病症有助康复与食疗效果。

4. 现代研究

狼肉含丰富的蛋白质及脂肪、碳水化合物、维生素、矿物质，具有健脾胃、填精血的功能，对肺结核、老年脾虚自汗、精血不足、腰腿乏力、咳嗽、脏腑虚损疾病有良好的补益效果。

食用注意

阴虚内热者忌食。

附：狼油

狼油为犬科动物狼的脂肪，也叫狼膏，有祛风补虚、润肤的作用，内服炼油，每次 5～10g，外用涂患处。

传说故事

一、狼和鹿的故事

很早很早以前，世上还没有人类，更没有蒙古人，只有动物和植物。

一天，从天上闪过一道金光，落下一只苍灰色的雄狼，它在草原上四处奔跑，寻找自己的和玛尔勒，和玛尔勒就是一头美丽的母鹿。

一天，两个在湖边相遇了，苍狼并不吃母鹿，而是亲切地靠近母鹿，和它说话。后来，雄苍狼和美丽的母鹿在草原上相配，传下了苍狼般英武的后代，这些后代就是我们蒙古人。

后世的蒙古人都认为苍狼和母鹿是自己的祖先，还有白色的天鹅，也是蒙古人的祖先。白天鹅都是美丽的姑娘，她们和地上的人结婚，使蒙古人越来越多。白天鹅和美丽的母鹿都是蒙古人的母亲。因为蒙古人的祖先是苍狼，所以打仗的时候，只要喊："苍狼的子孙们，前进！"就能取得胜利。

喇嘛来到草原后，苍狼被喇嘛从天下打了下来，在深山草丛中生活。喇嘛把苍狼变成了我们的敌人，直到现在，苍狼总是吃我们的牛羊。

二、狼狈为奸

传说狼和狈是两种野兽，它们很相似，所不同的是：狼的前腿长，后腿短；狈的前腿短，后腿长。每次出去干坏事时，狈必须依靠狼，把它的前腿搭在狼的后腿上才能行动。袭击羊圈时，狈用后腿直立将狼驮起，狼骑在狈的颈子上，用前腿攀登到羊圈的墙上，爬进去叼走羊就这样，它们互相配合既站得高，又跑得快，合伙伤害人、畜。

狼与狈合伙干坏事，是一个虚构的寓言故事，后来人们把这个故事概括为"狼狈为奸"这一成语。

三、狗与狼的传说

一条饥饿的瘦狼在月光下四处觅食，遇到了喂养得壮实的家狗。它们相互问候后，狼说："朋友，你怎么这般肥壮？吃了些什么好东西啊？我现在日夜为生计奔波，苦苦地煎熬着。"

狗回答说："你若想像我这样，只要学着我干就行。"

"真是这样？"狼急切地问，"什么活儿？"

狗回答说："就是给主人看家，夜间防止贼进来。"

"什么时候开始干呢？"狼说，"住在森林里，风吹雨打，我都受够了。为了有个暖和的屋子住、不挨饿，做什么我都不在乎。"

"那好"，狗说，"跟我走吧！"它们俩一起上路，狼突然注意到狗脖子上有一块伤疤。感到十分奇怪，不禁问狗这是怎么回事。狗说："没什么。"狼继续问："到底是怎么回事？"。

"一点点小事，也许是我脖子上拴铁链子的颈圈弄的。"狗轻描淡写地说。

"铁链子！"狼惊奇地说，"难道你是说，你不能自由自在随意地跑来跑去吗？"

"也不是，也许不能完全随我的心意"，狗说，"白天有时候主人把我拴起来。但我向你保证，在晚上我有绝对的自由，主人把自己盘子中的东西喂给我吃，佣人把残羹剩饭拿给我吃，他们都对我倍加宠爱。"

"晚安！"狼说，"你去享用你的美餐吧，至于我，宁可自由自在地挨饿，也不愿套着一条链子过舒适的生活。"

狐 狸

狸唇熊白不足数，披絮黄雀空多脂。

樽前风味乃如许，为尔倒尽黄金卮。

——《食狸肉》·宋·李纲

物种基源

狐狸肉（Vulpes vulpes L.），为哺乳纲食肉目犬科狐狸的肉及其他部位，又名赤狐、草狐、红狐、玉面狸，肉质较粗，有较大的臊味，分布很广，我国除台湾及海南省外，其余各省区均有分布。

生物成分

据测定，每100克可食狐狸肉含水分69.8克，蛋白质22.3克，脂肪1.7克，碳水化合物0.3克，灰分0.9克，含有维生素A、E、视黄醇当量，尼克酸、硫胺素和微量元素钙、铁、磷、锌、锰、铝、硒等成分。

食材性能

1. 性味归经

狐狸肉，味甘，性温；归肝、肾经。

2. 医学经典

《千金·食治》:"补虚缓中,解疮毒。"

3. 中医辨证

狐狸肉,保肝补肾,对虚劳、健忘、惊痫、水气黄肿、羸瘦、乏力、腰腿酸软、精神失常等症有康复效果。

4. 现代研究

狐狸肉中含有蛋白质、脂肪、多种矿物质等营养成分,具有补虚暖中和治疮毒、虚劳、健忘、惊悸、水肿、疥疮的作用。另外,食用狐狸的心肺也有一定的药理作用,狐狸心有镇静、利尿的功效,可用于癫狂、心悸、失眠、头晕、水肿等病症;狐狸肺有补肺、化痰、定喘之功效,可用于慢性气管炎、肺气肿等病症。

食用注意

(1)狐狸肉滋腻碍脾,故脾虚泄泻、寒痰留饮者忌食。
(2)狐狸肉质黏,与其他食物同煮时注意勿烧焦糊。

传说故事

一、千里寻狐妻

从前,有一家人姓王,他家有三口人,老两口守着一个儿子过日子,儿子名叫锁柱。锁柱18岁那年,爹妈先后去世,只剩下锁柱孤苦伶仃一人,靠打柴为生。

一天,他在山坡打柴,突然看见一只火红的狐狸向他跑来,狐狸身后紧紧跟着一只猎狗。这只狐狸跑到锁柱跟前,上气不接下气儿,眼泪汪汪,在他身前身后直转。锁柱心里想,它准是求我救它。想到这儿,他立时把柴火捆儿打开,向它点点头说:"进里面躲躲吧!"这只狐狸像懂人语,一头钻进柴捆儿里。猎狗跑到锁柱跟前不见狐狸影儿,就围着柴火捆儿找。这时一个猎人骑着马跑过来,问:"小伙子,看没看见一只火狐狸?"锁柱随便用手一指说:"往那边山沟儿里跑了。"猎人顺着他指的方向,领着猎狗追去了。

锁柱见猎人走远了,就说:"喂,出来吧!猎人走了,你赶快逃命吧!"他嘴里说着,就把柴火捆儿往上一抽,他惊呆了,里面的火狐狸不见了,却躺着一个美貌的大姑娘。姑娘爬起来说:"多谢救命之恩,我没啥可报答你的,愿和你结为夫妻。""不,不,我家穷,我不能连累你。""你不要怕,我不会害你的,我姓胡,叫胡四姐,只为今天在大街上多贪了几杯酒,好险没丧命,多亏你这个好心人救了我。你家再穷我也不嫌弃。"王锁柱便把胡四姐领到家里成了亲。一年后,胡四姐生了个胖娃儿。一天,胡四姐对王锁柱说:"我为了报答你的救命之恩,和你成了亲,今天我父亲已找上门来,让我马上回去,脱开凡界,炼丹成仙。我要是不回去,它们就会整死我。今天我就得走,你要是想我的话,就领着孩子去找我。"王锁柱两眼流泪说:"让我们爷俩上哪儿去找你呀?""我家住在山西、陕西、陕陕西,还离陕西七千八百里。你要是想我的话就到那儿去找,咱们还能有团圆的日子。"说完一眨眼工夫,胡四姐不见了。

王锁柱在家没心干活儿,孩子哭他也哭,他要带着孩子去找四姐。他背着孩子,拿点儿盘缠,不分昼夜地向西边走去。走累了就歇,困了就睡,走了一年零三个月。一天,他来到一座大深山里,走得又困又乏,忽然看见前面有一座青堂瓦舍的四合大院儿。他背着孩子来到院外的马石上坐下了。这时,从里边走出一个姑娘,王锁柱一眼就认出是自己的媳妇,上前拉住她的手说:"一年多你就把我们全忘了!"说完就哭起来。那姑娘说:"你认错人了吧?"这时从里面走出一个白发苍苍的老人，王锁柱上前行了个大礼，说："老人家，我们爷儿俩来到这里，好不容易找到孩子他妈，可她不认我们。"老人神色冷冷地说："你找上门来了，我也不能让你白来。我有九个姑娘，叫出来你认一认，要认出来你就领回去，认不出来就别想活着出去！"这下可把王锁柱吓傻了。白发老人回头向院内高喊一声："姑娘们，都给我出来。"不一会工夫，从屋里齐刷刷地走出九个大姑娘，她们长得一个样儿，穿戴一个样儿，举动一个样儿。这下可难坏了王锁柱，他背起孩子从头走到尾也没分清哪个是胡四姐。王锁柱急中生智，他狠了狠心，照着孩子的屁股"啪啪啪"就是三巴掌，嘴里还叨咕："谁让你来找你妈！"他把孩子打得直叫唤。他从头到尾看姑娘们的脸色，他见第四个姑娘脸色一红就低下了头。王锁柱跑过去一把拉住那个姑娘的手说："四姐，我可找到你了，跟我一起回家吧！"白发老人点了点头说："姑娘，你本应该修炼成仙，可惜你凡思不断，你就跟这小伙子抱着孩子走吧。"胡四姐向白发老人磕了个头，就和王锁柱抱着孩子走出四合大院儿。王锁柱再回头一看，四合大院儿不见了，是一片荒山草地。两人领着孩子日行夜宿回到家乡，过上了团圆的日子。

二、狐仙

南山根底有个吕家沟，这里常闹"狐仙"。大白天都能看到狐子变的人样。它穿得好，模样俊，因这样才迷人哩。

村里有个新媳妇，长得怪白皙的。男人出门做生意，一月十四回来一回，媳妇被"狐仙"缠住了，每天"麻子眼"（即黄昏）来，鸡叫时走，准时得很。每次来都给这媳妇拿好吃的、好穿的，金子、银圆，时间长了，这媳妇也就习惯了，一天不来，还觉得空荡荡的，离不得啦。

事情都过了两三年啦，这媳妇一直没敢对人说。这狐仙对她说过："咱俩的事不能让一个人（即：任何人）知道。要不，我就要受洋罪，你也活不成了。"

她就不敢对人说了。

这媳妇后来面黄肌瘦的，做啥没劲。婆婆经常骂她。有一回，婆婆让她剥棉花哩，她就对"狐仙"说了，狐仙说："那好，你等天黑了把棉花弄到窑里来，我给你剥。"这媳妇把棉花弄到窑里，狐仙可要拉她上炕弄那事哩。她没法，只得上炕了。到醒来半夜都过去了，几笼棉花一个都没剥，这媳妇急得哭。狐仙说："你别急，误不了事。"说着，他把这媳妇拉到怀里，拿手把她的眼窝一捂，向棉花吹了口气。嘿，白花絮絮成了一堆，壳子在一边放着哩。狐仙松开手，这媳妇一看，给发痴啦，望着这个男人，又是爱又是怕的。

"狐仙"见这媳妇对他是真心，就对这媳妇说："你要有啥急事，就面朝南闭上眼，在地上画个十字，双脚踏在十字上，在心里念三声'妹妹叫，狐郎到，妹妹叫，狐郎到'，我就来啦。"这媳妇心里想：不管咋，他对我好。她就不害怕了。她迟早想见这个妖男人，只要照狐仙教的方法念三声，眼一睁，狐仙就笑嘻嘻地到她跟前立着哩。没有不透风的墙。一天，她做生意的男人回来了，这风吹到他男人的耳朵里，他男人气得又打又骂，逼她说实话。她被打得招架不住，就从头到尾都说了，狐仙好长时间再没见来。

一天晌午，天上没有云，"咯炸"一声雷，这媳妇院里的老槐树起了火，只听得"吱哇"一声，火光里狐仙叫唤哩。一忽儿是个人，一忽儿又是个野狐子，又跳又蹦的，就是跳不出火圈圈，等火灭了人们一看，光剩下个黑骨爪啦。

据说这是神灵生了气，发天火把这狐妖给烧啦。

三、狐姐与狐妹

从前，有两个母狐狸，同时修行，都成了仙。所以，人们把大的叫狐三姐，小的叫狐四妹。

成仙之后，妹妹发现姐姐经常一到天黑就出去，半夜三更才回来。每次回来，姐姐又要在房里摆弄半天，然后又津津有味地舔口舔嘴，好久之后才睡觉。一睡睡到日头偏西，这才爬起来又出去了。

开始，妹妹也没放在心上，久而久之，妹妹起了疑心，等姐姐出去后，她才到姐姐的床前一看，看见姐姐的床下尽是人骨头。原来姐姐每天出去，是吃人！

有一次，妹妹偷偷地跟着姐姐来到一家大户门前，只见姐姐摇身一变，变成了一个年轻美貌的女子，走进这家院内，进了一个书生的房里，妹妹走进窗前，把姐姐和书生的一举一动看在眼里，记在心上。

第二天，妹妹变做一个道人，来给书生算八字。道人一进书生的房里，就说："相公，你房里好像有一股狐狸妖气？"

"先生，何来的妖气？您太多疑了吧？"书生反问。

"相公，你今晚有大祸临头！"

"此话怎讲？"

"你来看！"道人伸出手掌。书生抬头一看，道人的掌心里现出了狐三姐的影子。不过，这时却是一个年轻漂亮的女子。"你认识她吗？"道人问书生。

书生心慌了，说："不认识。"

"你再看！"道人把手掌一摇，又张开，那个女子在一边给书生打扇，一边给书生擦汗。书生呆了，他的私情已被道人知道了。那这与妖气有什么联系？道人说："你仔细看看女子的后面，看有什么东西？"书生把眼光移到女子的后面，漂漂亮亮的一个女子，后面却拖着一条蛮长的尾巴。

"先生，她是？"

"她是狐狸精。她已把你玩得心满意足了，今天要把你吃掉。"

"先生，救救我啊！"书生就跪在道人面前。

"好吧，你起来，现在是午时了，从现在起，你就不能离开这房里。晚上睡觉，你关好门就放心睡，但不要闩门，谁来你也不要亲自动手开，她说怎样的好话你也不要开，记住了吗？"

"记住了。"

"记住就好。"道人走出房来，顺手关上门，并在门上画了一道符，就走了。

晚上了，书生记住了道人的话，放心地点灯看他的书。狐三姐来了，看见书房里还有灯光，高兴死了。她看看门，门仍和往常一样关着，还留着一道缝，就像往常一样一推门。"轰"的一声，狐三姐被炸死在门口。

四、田福斗狐精

洛阳有个老头，成天在外跑买卖，家里挺富，人们给他起个大号叫田有。他有个小子叫田福，十二三岁了。

这天，田有要上街跑买卖，田福和张氏送他上了路，回来天也黑了，两个各回房睡觉去了。张氏睡着睡着，觉得有人钻进了她被窝，用手一摸，毛烘烘的。吓得她朝起一坐，赶紧喊田福。这男子从床上跳起来跑了。张氏越想越害怕，就叫了儿子和做饭的刘婆给她做伴。

这一天黑，田福和刘婆瞌睡得不行，就打了个盹儿，张氏就开始说梦话了。刘婆睁眼一看，一个男子正拽张氏的被窝，她赶紧喊田福，这男子又跳下床跑了。

从这以后，张氏就糊涂了。这天黑夜，田福和刘婆到了半宿又打了个盹，就没了张氏。刘婆和田福前院后院找，最后在仓房里找到张氏。她光着身子，也不害臊，田福把她拉起来背回房里。第二天，张氏就疯了，哭一会，笑一会，喊一会。田福干着急，一点儿法子也没有。街里有人说："王婆会看这个，你去请她吧。"请来王婆一看，她说："你娘是被狐子精缠住了，病不轻。"

田福想起舅舅是个猎人，就跟刘婆说了声，到北庄找他舅舅去了。走到半路，碰见个妇女披头散发，光着背，疯乎乎地瞎喊，后边还跟着几个男人，这女的上前拽住田福问："你见狐郎没有？"

"我没见狐郎，狐郎是谁？"

"是俺女婿。"

田福问几个汉子们是怎么回事，他们说这女子被狐郎缠住了。田福又走了一阵，抬头一看，天上有一群鸟，一个人用箭射中了一只。他说："真好箭法！"不大一会儿，这人走过来。田福一看，原来是他舅舅。他就把这事跟舅舅说了。舅舅说："这狐精很难拿，一会儿变妖，一会儿变人。"

"舅舅你来吧。"

他舅舅跟媳妇说了声，拿着猎枪、猎刀来了。到了家，张氏也不认得他哥哥了，又打又骂。他看妹妹疯成这样，心疼得不行。到了黑夜，张氏又喊起来，田福赶紧把灯点着，张氏才安安生生睡了一觉。

第二天黑夜，田福和他舅舅等到半宿，就听窗户呼呼响。舅舅照着窗户上劈了一刀，也没显嘛，一宿就安生了。

第三天早起，舅舅家来人说他媳妇疯了，门上还贴了副对联。他回去一看，白纸上写着："你存心要杀俺狐仙，我叫你妻子不安宁。"

田福舅舅就不来了。田福爹不在家，他天天磨刀，刘婆怕他杀人，问他磨刀干吗，他不说，街坊劝他，也不听，把刀磨得挺快。他用砖把窗户都垒住，黑夜用瓢挡着嘴，在门后等着。到了半宿，就听着门响，他照着劈了一刀，心想，这狐子真狡猾，我也不准劈住了。他把门一开，一个老猫从他跟前嗖地一跳，他冲老猫就是一刀，砍下一截尾巴来。他提着灯笼顺着血印找，走到离村三里远的一个大伯家，到了后花园，血印就没了。

田有跑买卖回来，看自家媳妇成了这样，赶紧请医生，给她端药，她夺过药碗就泼了。田有叫了仙家来看，也不管用。田福心想：我娘病成这样，说什么也要拿住这狐子精。

他就藏在大伯家后花园里。头天黑夜，一点动静也没有。第二天黑夜，等到半宿，两个狐子和一个老狐子出来了，他俩叫老狐子搬来桌椅，弄点酒菜，喝起来。

一个狐子说："你看田有家小子真狠，劈了我一刀，我这伤还没好。"

"你好好养着吧，养好了，咱们再去。"

"养伤得吃好物件，喝好酒，赶明儿叫老狐子赶集去。"

这两个狐子说话，田福听得一清二楚。第二天，他回去对他爹说："你领着我赶集去。"

"你娘病成这样，你还有心思赶集？"

田福不听，爹就领他去了，到了集上，他买了几瓶酒，又买了几包老鼠药，把药倒进酒里，存到酒店里了。

转了一会儿，集上有卖狐子帽的，田福非要不可。他爹给他买了个，他戴上，里走外串，把爹给甩下了。田福找来找去，见了老狐子，问"你哪里来的？"

"我是张家花园来的，你是哪来的？"

"我是山上狐仙洞里的。"

俩人说了一会儿，老狐子说："别提了，俩公子要喝酒，不给我钱，叫我在集上偷。"

"你别偷了，我买点酒去花园看看两个相公去，你把酒捎去吧。"

田福领着老狐子到酒店取了酒，给了老狐子。

老狐子拿回酒去，黑夜俩公子就喝起来，一个说："这酒劲真大，这回伤好了，咱还找田有他媳妇，再找田福算账。"

等了一会儿，俩狐子乱嚷肚子疼，在地上打起滚来，嘴和鼻子里流了些血，死了。

田福把这事儿对他爹说了，他爹不信。到大伯家一看，果然有两个胖胖的大狐子躺在地上，一只狐子尾巴少了一截儿。

过了一阵，张氏的病就慢慢好了。

田福以后就出去打猎，专打狐子。

驼 鹿

麟脯推教冠八珍，不甘膝口说猩唇。
终将此意须通问，曾是和调玉鼎人。
——《驼鹿唇》·元·耶律铸

物种基源

驼鹿（Alces alces Linnaeus），为哺乳纲偶蹄目鹿科动物驼鹿的肉，又名罕、堪达罕，是鹿类动物中最大的一种，体重可达500公斤，体长可达2米有余，头大而长，颈短，身体粗大，四肢长，唇部突出，上唇肥大，鼻长，肩部隆起，好像骆驼峰，故名驼鹿，尾短，雄鹿有角，分布于黑龙江、内蒙古、大小兴安岭。

生物成分

据测定，每100克可食骆鹿肉含水分72.9克，蛋白质21.8克，脂肪2.1克，灰分1.2克，含有维生素 B_1、B_2、胆固醇、硫胺素，还含钙、磷、铁、锌、镁、铜、硒等微量元素。

食材性能

1. 性味归经

驼鹿肉，味甘、微咸，性温；归脾、肝经。

2. 医学经典

《名医别录》："滋肾补虚，行血，消肿。"

3. 中医辨证

驼鹿肉，益气补中，强筋，用于虚劳不足，腰脚软弱；驼鹿角：强筋骨，滋阴养血，用于虚劳内伤、腰膝不仁、筋骨疼痛等症。

4. 现代研究

驼鹿肉的粗蛋白、磷脂、维生素B及人体所必需的氨基酸均高于牛肉，而脂肪、胆固醇则低于牛肉，这种高蛋白、低脂肪和低胆固醇的优质结构食材正是目前健康饮食所提倡的。驼鹿肉补益精气，用于治疗脚膝骨疼痛，对不能踩地及消渴、虚劳、夜梦等症的辅助食疗极好。

食用注意

驼鹿肉性温，有外伤或有感染发热者及阳盛上火者不宜食驼鹿肉。

传说故事

驼鹿是野味

一年，甲、乙两个读书人要去应考。甲说："我梦见一木冲天，这个兆头如何？"

乙说："一木冲天，那是个'未'字，恐怕不是什么好兆头。"接着说起了自己的梦："我梦见一只驼鹿奔向远方，这肯定是文明之象，稳中无疑了。"甲摇头说：驼鹿，不过是野味（也未），而且向远方跑了。"

刺 猬

刺猬与黄狼，生死两相望。

谁先见到谁，后见被先尝。

——《刺猬与黄狼》·民谣

物种基源

刺猬肉（Erinaceus europaeus L.），为哺乳纲食虫目猬科动物刺猬的肉，又名刺鼠、民间又称刺鱼，有达乌尔猬与大耳猬之分，广泛分布于我国北方及长江流域，是一种珍贵的药用小动物。作为特种药用经济动物，国内已有不少地方进行人工养殖。

生物成分

据测定，每 100 克可食刺猬肉，含水分 72.7 克，蛋白质 21.1 克，脂肪 9.9 克及维生素 B_1、B_2、E、A 和微量元素铁、铜、钙、磷、镁、锌、硒等。

食材性能

1. 性味归经

刺猬肉，味甘，性平；归胃、大肠经。

2. 医学经典

《千金·食治》："补虚、下气、健胃。"

3. 中医辨证

刺猬肉有化瘀止血、止痛的功效，对胃脘疼痛、下血痔漏等症有助康复效果。

4. 现代研究

刺猬肉含有丰富的蛋白质、脂肪、碳水化合物、多种维生素及矿物质，具有一定的滋补强壮作用。刺猬脂肪中脂肪酸的不饱和程度高，有利于人体的消化吸收。刺猬脂肪虽属于动物脂肪，但它既有动物脂肪的优点，也有植物脂肪的优点，可作为一种人类的保健营养油。

食用注意

刺猬的骨骼不宜食用。

附：刺猬皮

刺猬的皮称异香、仙人衣，是重要的传统中药材，具有降气镇痛、凉血止血、行气解毒、消肿止痛的功效，可治肺结核咳嗽、反胃吐食、腹痛疝积、痔疮便血、子宫出血、遗精阳痿、遗尿尿频、肝硬化、高血脂、血栓等病；将刺猬皮灸后研为末，每次吃 3～6g，每日 2～3 次，可治疗遗精、痔疮、肾结石、反胃等症，用刺猬皮和黄油（酥油）煮剂后治疗发癣、皮癣、掌癣，小面积烫伤等临床效果非常好，服用刺猬皮还可治疗前列腺炎。

小记：

患病的刺猬多表现为食欲不振、困倦、行走无力、刺无光泽，有的可见腹泻，也有的可见其脸部、腿部、背部脱白碎皮。凡不健康的刺猬不宜食用，防止传染疾病。新鲜的刺猬肉红色，有光泽；脂肪黄色或褐色，柔软；汤色透明，浮油滴，气味芳香。生肉无异常气味；熟肉清香不腻。刺猬的皮、刺也可供药用，有化瘀止血、止痛的功效，主治胃脘疼痛、下血、痔漏等症。刺猬的脂肪可治严重拉（泻）血，涂擦可治秃疮疥癣，有杀皮肤寄生虫之功效。刺猬的脑、心、肝、胆、肾、鞭浸酒饮之，可提神醒目、消除疲劳、健身壮骨。

传说故事

刺猬肉的味道

相传，隋朝崔弘度任太仆卿时，警告手下的人说："谁也不许说假话骗我！"某天，他吃刺猬肉，问旁边的侍从："味道好不好？"侍从回答："今天厨师做的刺猬肉特别好，色、香、味俱佳，真是味道好极了。"崔弘度脸一变："色可看到，香可闻到，你要是没偷吃，怎么知道味道好？"当即下令将侍从毒打了一顿。

鼠

田野冬暖草未衰，河圩穴处鼠正肥。
丰茸斑毳而妆玉，摇曳修尾髦如牦。

——《捉田鼠》·宋·王时朋

物种基源

鼠肉（Microtus mandarinus），为哺乳纲啮齿目仓鼠科田鼠的肉或去除内脏后的全体，又名首鼠、耗子、家鹿。秋冬时捕捉的田鼠较肥美。全国各地均有分布。

生物成分

据测定，每 100 克可食田鼠肉，含水分 79.1 克，蛋白质 17.2 克，脂肪 6.9 克及维生素 A、E、胆固醇、尼克酸和微量元素钾、钙、钠、镁、硒、铁、磷等成分。

食材性能

1. 性味归经

鼠肉，味甘，性微温；归脾、肝经。

2. 医学经典

《营养百科》："滋补强壮，益肾助阳。"

3. 中医辨证

鼠肉，填精益肾、和中补虚，对体虚怕冷、腰膝寒痛、头昏眼花、脱发、阳痿、早泄、血虚目暗、须发早白、小儿遗尿、老年哮喘的康复有益。

4. 现代研究

田鼠肉含有丰富的蛋白质、脂肪、碳水化合物、多种维生素和多种矿物质成分，是一种高蛋白、低脂肪的食物，具有清热解毒、活血祛瘀的功效，可用于慢性肝炎、胃溃疡、病后体弱、食欲不振、贫血、小儿疳积、脱发等的食疗。

食用注意

古人说：11月勿食鼠肉，损人神气，另外过多食用鼠肉会引发痔疮。

小记：

人类食鼠已有很悠久的历史。在50万年前的"北京人"洞穴遗址的灰烬中，留存着大量烤焦了的老鼠骨头。美国考古学家在安第斯山下挖掘到12000年前的印第安人遗址，也出土了大量被人啃咬过的鼠骨，这证明古印第安人也是猎鼠吃的。在中国广西、广东一带历来有吃鼠肉的习俗。目前世界上有许多地区把鼠肉当成一种美食加以食用。墨西哥城一所大学的营养学教授里瓦拉先生说："田鼠肉富含铁质和蛋白质，对经济不太富有的家庭来说，吃田鼠肉比买其他的肉、水果和蔬菜合算得多。"目前食用鼠肉多限于田鼠肉。

传说故事

一、御史判鼠

据《雪涛谐史》记载：嘉靖年间，有一位四川籍的御史口才极好，机智善辩。有个太监偏偏不信，总想设法嘲弄一下这位御史。一天，太监绑了一只老鼠来见御史，说："这只可恶的老鼠咬毁了我的衣服，请御史大人给它判罪。"

御史知道太监故意无事生非，便不动声色地判决说："这只老鼠，如果判它笞杖则太轻，如果判它绞刑则太重，不如判它腐刑，将它阉割了吧。"那太监自讨没趣，又不便发作，还不得不佩服御史判案之妙。

二、鼠屎断案

相传三国时期，吴国的国君孙亮很喜欢吃梅子。一天，他又想吃梅子了，就吩咐黄门官去库吏那取蜂蜜浸梅子。

黄门官曾和库吏发生过口角，一直怀恨在心。他认为这正是报复的好机会，就在取来的蜂蜜里放了几颗老鼠屎，陷害库吏。

孙亮蘸着蜂蜜津津有味地吃着梅子，可是没吃几口，就发现了老鼠屎，十分生气，问道："谁这么大胆，想害我？"黄门官忙说："蜂蜜是从库吏那拿来的，一定是他干的。"

于是，孙亮将库吏招来询问此事。库吏说："蜂蜜是我给他的，可是我敢保证我给他的时候，里面肯定没有鼠屎。"黄门官抢着说："你还撒谎，你给我的时候鼠屎就在里面了！"两人争执不下。

孙亮略一沉思，说："只要把老鼠屎剖开看看，就知道是谁干的了。"手下人将鼠屎切开一看，只见鼠屎只外面沾着蜂蜜，里面却是干燥的。

孙亮说："如果鼠屎早就掉在蜜中，浸泡的时间长了，一定里外都是湿的。现在它只有外面一层是湿的，事情已经很明显了。"黄门官一听，连忙跪地认罪。

三、焚房灭鼠

越西地方有个男子，独自一个人生活。他用芦苇和茅草盖起了房子，又开垦了一小块荒地，种了些庄稼。庄稼的收成一直不错，可谓粮食满仓。他忙时耕地，闲时就各处走走，过得无忧无虑，十分逍遥自在。

后来，有一件事令他愁眉不展，那就是他家老鼠成灾。屋子里的老鼠成群结队，糟蹋了很多粮食，还见东西又啃又咬，咬破了好些衣服和器具。一到晚上，老鼠就出来活动，常常搅得他无法安心睡觉。他想了很多办法来治鼠，用药、下夹子都试遍了，可是都没有效果，老鼠依然肆无忌惮，不见减少。为此，男子又气又恼，满肚子的怒火。

有一天，这个男子喝醉了酒，十分困倦。他踉踉跄跄地回到家中，倒在床上就要睡，忽然又听见了老鼠"吱吱"的叫声。他实在打不起精神，没有理会老鼠，就用被子蒙头大睡。可老鼠竟然跳到他的床上，咬他的被子。忽然，他闻到一股令人作呕的尿腥味，一摸枕边，居然是一摊鼠尿！他气愤至极，忍无可忍，一气之下，借着酒劲，下床取来火把四处烧老鼠，竟把茅屋点着了，火势越来越猛，已经无法控制了。虽然老鼠被烧得四处逃窜，可房子也被烧毁了。

第二天，男子酒醒后，才发现什么都没有了。他茫茫然无家可归，后悔莫及。

四、苏东坡无奈小老鼠

据《东坡七集》记载：一天夜里，苏轼正坐在床上休息，忽然听见床底下有老鼠咬东西的声音。他拍打了一下床板，啃东西的声音立刻停止了，可是不一会儿，又响了起来。

苏轼叫仆人拿来蜡烛一照，发现地上有只空口袋，啃东西的声音就是从那里面发出来的。

苏轼说，"原来是老鼠钻进袋子里出不来才啃东西的呀！"

仆人打开口袋一看，好像什么东西也没有。举起蜡烛一照，才看见口袋里躺着一只死老鼠。仆人感觉很奇怪，说："它刚才还在啃东西，怎么忽然就死了呢？"

说着，仆人就把口袋里的老鼠倒了出来，不料，那只老鼠刚一着地，就"嗖"地一下跑了。人还没反应过来是怎么回事，老鼠就已经跑得无影无踪了。

苏轼感叹地说："一只小小的老鼠居然这么狡猾！"

黄 鼬

柘彩凝沙映日光，平原窟宅翳苍茫。
拱门岂畏飞鹰搏，入穴还如狡兔藏。
特类生来形独异，天厨赐出味偏长。
好当校猎捐驱日，莫遣傍人谩得将。

——《黄鼠》·明·李时勉

物种基源

黄鼬（Mustela sibirica Pallae），为哺乳纲食肉目鼬科动物黄鼠狼的肉，又名黄鼠狼、黄皮子、黄狼、鼬鼠。黄鼬有大尾、小尾之分，大尾黄鼬体壮膘肥，商业价值也高于小尾黄鼬。全国各地均有分布。

生物成分

据测定，100 克可食黄鼬肉，含水分 72.2 克，蛋白质 23.5 克，脂肪 2.5 克，碳水化合物 1.2 克，含有维生素 A、E 和视黄醇当量，硫胺素、尼克酸，还含微量元素钙、铁、镁、锌、铜、硒、磷等。

食材性能

1. 性味归经

黄鼬肉，味甘，性平；归心、肺经。

2. 医学经典

《本草纲目》："解毒、涩尿。"

3. 中医辨证

黄鼬肉，润肺生津、解毒杀虫，对鼠疮、淋病、遗尿、疥疮的康复效果佳。

4. 现代研究

黄鼬肉，有解毒、涩尿、升高血小板的功能，对淋巴结核、小儿遗尿、淋病、血小板减少性紫癜、疥疮等疾病有独特食疗效果。

食用注意

《饮食须知》：黄鼬狼肉不宜多食，多食能发疮。

传说故事

请黄鼠狼赴宴

一天，母老鼠出洞觅食，途中遇上也在觅食的大黄狸猫，黄狸猫见是一只肥母老鼠，正中下怀，一个冲刺扑向母老鼠，就在这千钧一发之时，一只黄鼬（黄鼠狼）对着正扑向母老鼠的黄狸猫一头撞去，黄狸猫受阻一让，母老鼠溜之大吉，捡到一条小命。事后的一天，母老鼠为了报答黄鼬的救命之恩，准备设宴以示报恩，叫小老鼠去请黄鼬，小老鼠分不清黄鼬与黄狸猫，出洞不久，看到黄狸猫在草垛朝阳的一面头朝下、腿朝上打呼噜睡觉晒太阳。小老鼠蹑手蹑脚爬过去，逮住黄狸猫的鼻子一捏："黄伯伯！我妈妈请您今天去赴宴，望黄伯伯准时到呀！"这一捏猫鼻子不打紧，黄狸猫睁开眼一看："乖乖！好大胆，青天白日，小小老鼠，竟敢捏本黄老爷的鼻子，简直反天了。"起身连追带扑，赶到老鼠窝洞口，备好佳肴的母老鼠正在洞口张望，恭候黄鼬大恩人到来，可一看，黄鼬没来，一只大黄狸猫凶神恶煞地拼命追捕小老鼠，母老鼠忙将小老鼠让进洞内，抱怨道："我的小冤家，叫你去请大恩人黄鼬黄伯伯来赴宴，你怎么把吃人不吐骨头的大黄狸猫给请来了？"

第十九章　奶品类

人　奶

坠地第一餐，恩重如泰山。

亲缘从此始，没齿总报还。

——《食母乳》·现代·任中

物种基源

人奶，为妇女分娩后所产生的乳汁，又名仙人酒、人乳、母乳、生人血、白朱砂，以母体健康，白而稠者为佳。

生物成分

据测定，每100克人奶营养成分如下表：

食材名称 ＼ 生物成分	热能（千卡）	蛋白质（克）	脂肪（克）	碳水化合物（克）	维生素A（微克）	核黄素（毫克）	尼克酸（毫克）	维生素E（微克）	钙（毫克）	铁（毫克）	磷（毫克）	硒（微克）	胆固醇（毫克）	水分（克）
人奶	65	1.3	3.4	7.4	11	0.05	0.2	0.01	30	0.1	13	微	11	87.6

此外，人奶中尚含维生素 B_1、C、D 及微量元素锌、镁等 40 多种人体生长因子。

食材性能

1. 性味归经

人奶，味甘，性平；归心、肺、肝、肾、肠经。

2. 医学经典

《本草纲目》："补益五脏，使人健壮，肤白洁、悦泽。"

3. 中医辨证

人奶，有益气、利脏腑、悦泽皮肤、滋润毛发的功效，对中风偏瘫、行动不利、食少、声哑、失音、吐血、呕血、失血过多、阴血虚损、目热肿痛、肾炎蛋白尿、消渴多饮等症有食疗促康复的效果。

4. 现代研究

人奶营养非常丰富，含有新生儿所需要的全部物质。人奶中的生长因子多达 40 种，能促进婴儿免疫系统的发展，保证其成年后能抵御有害物质的侵扰，防止消化道功能紊乱；人奶中的牛磺酸含量是牛奶的 10 倍，牛磺酸可增加脑神经细胞，促进大脑发育；人奶中含有天然吗啡类物质，具有催眠的作用；乳中较多的铜元素对保护婴儿心血管起积极作用，可减少成年后患冠心病的几率。人奶中还含有多种抗体及免疫球蛋白，可预防婴儿成人后患上糖尿病。人奶喂养婴儿极少有过敏反应，人奶中脂肪酸比例适宜，尤其对体弱儿和早产儿适宜，不易引起脂肪性的消化不良；人奶中天然乳糖含量丰富，比例适当，并能抵制大肠杆菌的生长，减少婴儿腹泻，适合婴儿生长发育需要。

食用注意

（1）禁服患有传染性肝炎妇女的乳汁。

（2）传统医书提到脾胃虚弱、经常腹泻者不宜食人奶。

小记：

初乳是新产妇头 5～6 天内分泌的乳汁，含有大量的活白细胞，是成乳的 250 倍，还有大量抗体及免疫球蛋白，具有极强的杀菌作用，能抵抗呼吸道和肠道疾病的感染，使婴儿增加对疾病的抵抗力。初乳中的维生素 D、硫酸盐类具有预防早期佝偻病的作用，所含维生素 E 是成乳的 3 倍，可预防新生婴儿贫血。初乳色黄、质稠，许多人弃而不用是十分错误的观念。

传说故事

母乳致黄疸，换乳病自消

广西桂林某医院小李生一女孩，生后第二天女儿皮肤发黄，而且越来越重，医生说这是生理性黄疸，不必大惊小怪，到第二周就会消退的。孩子发育完全正常，小李的奶量也相当丰富。可是到了第二周，孩子的黄疸不但不退反而更重了，她不免焦急起来。恰好碰上儿科老专家杨医生，经杨医生的检查确诊，这种黄疸是乳汁所引起的。于是建议停喂母乳 3～4 天而改成牛奶配制液喂养观察，4 天后黄疸果然消退。孩子的父母虽在医院里工作，但都觉得这是一件奇事。

查因：母乳引起的黄疸虽属少见但也有先例。据有关专家研究总结，本病有五大特点：

（1）多发于母乳喂养的新生儿，但发生率很低。

（2）黄疸是本病的特征性表现，一般紧接于生理性黄疸而发生，即生后第二周黄疸该退时不但不退反而加深。

（3）黄疸高峰期血清胆红素明显增高。

（4）除黄疸持久较深外，无其他表现。

（5）停止母乳喂养 3～4 天，黄疸则可消退。如不中断母乳喂养，一般数周也可消退。目前认为母乳中所含的脂肪酶特性不同，使乳汁中游离脂肪含量增高，这些增高的脂肪酸可以影响新生儿的胆红素代谢，因而加重黄疸，最近有的学者提出这种乳汁中 β-葡萄糖醛酸苷酶含量增高，这种酶能使肠道中结合胆红素被水解成未结合的胆红素并重新被吸收入血中，则加重黄疸。所以，新生儿发生黄疸时还要认真与本病加以鉴别。

牛　奶

江草秋穷似秋半，十角吴牛放江岸。

邻肩抵尾乍依隈，横去斜奔忽分散。

荒陂断堑无端入，背上时时孤鸟立。

日暮相将带雨归，田家烟火微茫湿。

——《五歌·放牛》·唐·陆龟蒙

物种基源

牛奶（Milk），为哺乳纲牛科动物乳牛的乳汁，又名牛乳，以鲜牛奶呈乳白色或微黄色的均匀胶态流体，无沉淀、无凝块、无杂质、无淀粉感、无异味，具有新鲜牛奶固有的香味者为佳。现全国各地都有饲养，以内蒙古、甘肃、青海为多。每年五月的第三周周三被定为"国际牛奶日"。

生物成分

据测定，每100克鲜牛奶、奶粉、水牛奶、奶油、黄油、奶片及牦牛乳中所含营养成分如下表：

生物成分 食材名称	热能 （千卡）	蛋白质 （克）	脂肪 （克）	碳水 化合物 （克）	维生 素A （微克）	核黄素 （毫克）	尼克酸 （毫克）	维生 素E （微克）	钙 （毫克）	铁 （毫克）	磷 （毫克）	硒 （微克）	胆固醇 （毫克）	水分 （克）
鲜牛奶	54	3	3.2	3.4	24	0.14	0.1	0.21	104	0.3	73	1.4	17	89.8
牛乳粉（全脂）	501	24.9	27.3	39	210	0.87	0.7	/	807	0.5	754	10.5	/	2.9
牛乳片	472	13.3	20.2	59.3	75	0.2	1.6	0.05	269	1.6	427	12.1	/	3.7
牦牛乳	112	2.7	3.3	17.9										75.3
乳粉（脱脂）	361	36	1.0	52	40	0.9	0.8	/	1300	0.6	1030	11.2	28	3.0
水牛乳	106	4.7	7.5	4.8	160	/	/	/	/	/	/	/	/	82.2
奶油	206	2.9	20	3.5	830	/	/	/	97	0.1	77	0.94	168	73
黄油	745	0.5	82.5	0	2700	0.01	/	/	15	0.2	15	1.6	295	14

此外，牛奶中含有氨基酸25种之多，人体中所必需的8种氨基酸全都包含，还含有对人体特别有价值的"乳清酸"成分，具有降低血清胆固醇的作用，可保证人体健康。

食材性能

1. 性味归经

牛奶，味甘，性微寒；归心、肺、胃经。

2. 医学经典

《食疗》："补虚损、益肺胃、生津润肠。"

3. 中医辨证

牛奶，利筋骨、益脾胃、润肠道，对治疗神经衰弱、气血不足、病后体弱、反胃、呕吐、反酸、嗳气、老年骨质疏松、促儿童骨骼发育有益，并有解毒作用。

4. 现代研究

牛奶为完全蛋白质食品，主要是酪蛋白、白蛋白、球蛋白、乳蛋白等，经常饮用牛奶可以起到以下的作用：

（1）能够抑制冠心病。牛奶中的乳酸精含量大，能促进脂肪代谢，大量的钙质能减少胆固醇的吸收。

（2）预防癌症。牛奶，特别是酸牛奶，进入人体后可显著抑制大肠杆菌等有害细菌的生长，并能中和胃酸，吞噬致癌物质，脱脂牛奶中的维生素 C、A 等物质，均具有明显的防癌功效。

（3）可预防中风。有调查显示，常喝牛奶的中年男士，中风机率比不喝牛奶的男士低 1 倍，可能是牛奶中的一些特殊物质可以防止过量的钙元素对神经细胞的伤害。另外，常喝牛奶的男士身材比较苗条，高血压的病率也低，因此有"男饮牛奶女饮浆（豆浆）"的说法。

（4）延缓骨质疏松。人到中年后，因内分泌的变化，容易出现骨质疏松症，牛奶是含钙量多的食物之一，且易于被人体吸收，常饮牛奶可减缓骨质疏松的发生。

（5）具有安神的作用。牛奶中含有一种左旋色氨酸的物质，可抑制脑兴奋，故临睡前饮一杯牛奶可起到很好的催眠作用。

（6）可预防龋牙。牛奶中的酪蛋白具有良好的预防龋牙作用。

食用注意

（一）牛奶是食材中的佳品，但下列人员不宜食用牛奶：

（1）对牛奶过敏的人。

（2）对牛奶不习惯、不适应的人。

（3）胃全切除术患者。

（4）食管裂孔疝患者。

（5）返流性食管炎患者。

（6）溃疡性结肠炎患者。

（7）胆囊炎患者。

（8）胰腺炎患者。

（9）肠道易激综合征患者。

（10）腹胀、腹痛、腹泻、多屁患者。

（二）科学饮用牛奶

（1）最好不要早晨空腹饮用牛奶。如饮用最好搭配饼干、面包、馒头，最好在晚上睡前酌量饮用 220～250 毫升牛奶。

（2）不要把热好的牛奶存放到保温瓶或保温杯中再饮用。

（3）不要把牛奶存放到透明的玻璃瓶中，要避光保存。

（4）牛奶中最好加糖饮用（忌糖患者例外）。

（5）不要用牛奶代温水服药。

（三）牛奶在饮用前要避免以下几点：

（1）牛奶怕晒。防止光解维生素 A_1、B_2、B_6 外，还防止牛奶经光晒后产生"阳光异味"。

（2）牛奶怕与铜、铁离子接触，防止催化乳脂产生氧化反应。

（3）牛奶怕再煮沸。防止牛奶蛋白质的次级结构，提高生物价，影响人体吸收其营养。

（4）已发生沉淀的牛奶不能再饮用。白色沉淀物是有毒的干酪素。

小记：

牛奶与人奶的差别

从广义上讲，奶类是哺乳动物最好的天然食品，包括牛奶、马奶、羊奶等，它们都可以满足和适应婴儿生长发育的需要，特别是牛奶，在相当程度上成了人奶的替代品。但对于人类婴儿来说，人奶有着其他奶类不可取代的优势，其营养成分与牛奶有着一定的差别。

① 蛋白质含量不同。人奶含蛋白质 1.2% 左右，而且大部分是乳蛋白。这种蛋白质在婴儿胃内形成的乳凝块较小，容易被消化吸收，因而营养价值高。牛奶含蛋白质是人奶的 3.2 倍，而且是以酪蛋白为主。这种蛋白质的凝乳块大，不容易被消化吸收，因而营养价值没有人奶高，牛奶易引起婴儿消化不良、腹泻或大便干燥，也使肾脏的负担加重。

② 脂肪含量不同。人奶中所含的脂肪以不饱和脂肪酸为主，其脂肪球小，容易吸收利用。牛奶中的脂肪含量和人奶差不多，但含有人体必需的不饱和脂肪酸仅为人奶的三分之一，大部分是不适于人体消化吸收的饱和脂肪酸及挥发性脂肪酸，而且牛奶脂肪颗粒较大，不易被婴儿消化吸收。

③ 含糖量不同。人奶中所含的糖主要是乳糖，其含量比牛奶高一倍。人奶中的乳糖完全溶解在乳液中，极易消化吸收，同时乳糖可抑制肠道中大肠杆菌的生长及促进钙的吸收。另外，人奶中还有一种糖是促进脑神经发育的主要成分，而在牛奶中缺乏这种糖；牛奶含糖低，所以在喝牛奶时需要加糖，加糖过多又会影响钙的吸收，互相矛盾。

④ 人奶中含有婴儿必需的多种矿物质，如铁、铜、锌、钙、磷等。铁是造血的主要原料，铜是婴儿神经系统发育所必需的物质，锌与婴儿的智力发育有关，上述这些矿物质在牛奶中的含量都比较低。另外，人奶中钙、磷搭配比例合适，容易被吸收，故人奶喂养的婴儿不易患佝偻病。牛奶中磷的含量虽然比人奶高，但由于其比例使婴儿难以吸收，所以牛奶喂养的婴儿佝偻病发病率高。

⑤ 人奶中各种维生素的含量一般都比牛奶高。

⑥ 人奶中含有足够的水分，故人奶喂养的婴儿可不必再喂糖水。

⑦ 人奶中含有婴儿所需要的各种抗体，吃后能增强婴儿的抵抗力，可起到预防疾病的作用，牛奶几乎没有婴儿所需要的抗体。

⑧ 人奶中绝对没有细菌，吃起来放心。牛奶易被细菌污染，吃起来没有那么保险，必须经过消毒才能饮用。

⑨ 牛奶有个优点，即含无机盐较多，如钙、磷、铁的含量都很丰富，有利于婴儿的生长发育。总的来讲，人奶是天然的高级营养品，人工无法制造，所以世界上没有一种代乳品能和人奶相比。

传说故事

一、新疆医学院胚胎学教授秦传芳《牛奶赞》

牛奶好，蛋白高，长身体，很需要。

每早餐，离不了，喝一杯，胃肠饱。

增热量，意深奥，防佝偻，疾病抛。

小婴孩，吃牛奶，既方便，又香醇。

学龄儿，吃牛奶，增智力，生高效。

中青年，喝牛奶，体健壮，干劲高。

老年人，多喝奶，防骨松，精神好。

就寝前，一杯干，少梦寐，睡得安。

易吸收，益消化，健体魄，防衰老。

牛奶好，道不尽，常常喝，防百病。

劝诸君，多喝奶，富国家，强人民。

二、菜牛与母牛

主人家养了一头菜牛和一头母牛，它们的享受待遇却截然不同。母牛是主人家中的苦力，每天一大早就被赶到田里干活，负责耕地、驮东西，任务十分繁重，一直要等到太阳下山，星星升上天空时才能返回牛棚吃一点干草填饱肚子，休息一会儿。每当生下小牛后，还要让小牛喝奶。

和母牛相比，菜牛的生活真是幸福极了。每天，主人会把它清洗得干干净净，把它住的牛棚也打扫得清清爽爽，还专门有人为菜牛驱赶牛虻和苍蝇。菜牛悠闲地吃着饱满的谷物，舒舒服服地晒着太阳，困了，就惬意地合上眼睛打盹儿，什么活儿也不用干，什么心也不用操。

菜牛十分同情母牛，每天傍晚看见它的邻居一身是泥从地里返回，它就会自恋地发出一阵感慨："哦，多么可怜的母牛啊！为什么你的命运会这么不幸？你整天累死累活，享受的待遇却连我的百分之一都不如，跟你比起来，我是多么的幸福和幸运啊！什么活儿都不干，却可以生活得无忧无虑。"

转眼到了残冬岁底，过年祭神的日子。主人把菜牛清洗干净后，捉住它，准备杀了它过年祭神灵。被绳捆索绑、等着被宰杀的菜牛伤心地流下了眼泪。这时，母牛开口说道："现在你明白了吧？不干活、不贡献就能好吃好住并不值得炫耀，因为你会为此付出生命的代价，你等着吧。哦！主人挤我奶的时间又快到了。"

马　奶

雨余溪水掠堤平，闲看村童谢晚晴。

竹马踉蹡冲淖去，纸鸢跋扈挟风鸣。

三冬暂就儒生学，千耦还从父老耕。

识字粗堪供赋役，不须辛苦慕公卿。

——《观村童戏溪上》·宋·陆游

物种基源

马奶（Lait de jument），为哺乳纲马科动物马的乳汁，又名马奶子，以色纯白、味甘香为佳，以白马的奶汁最优，马奶分为生熟两种，熟马奶即酸马奶。我国主要产马奶地区为东北、西北和西南地区。

生物成分

据测定，每100克鲜马奶中所含营养成分如下表：

生物成分 食材名称	热能 （千卡）	蛋白质 （克）	脂肪 （克）	碳水 化合物 （克）	维生 素A （微克）	核黄素 （毫克）	尼克酸 （毫克）	维生 素E （微克）	钙 （毫克）	铁 （毫克）	磷 （毫克）	硒 （微克）	胆固醇 （毫克）	水分 （克）
鲜马奶	42	2.1	1.1	5.8	66	0.12	/	/	120	0.15	57	/	/	90.6

此外，马奶中还含有丰富维生素、微量元素及多种氨基酸。

食材性能

1. 性味归经

马奶，味甘，性凉；归心、肺、胃经。

2. 医学经典

《食疗本草》："补血润燥，清热止渴。"

3. 中医辨证

马奶，性凉，具有清热润燥、生津养胃、强壮身体的功效，对胃不纳谷、胃热、胃痛、便秘、头晕及神疲乏力等病症有辅助治疗作用。

4. 现代研究

马奶富含多种矿物质和维生素，是较为接近人奶成分的一种天然饮品。它能够疗伤养颜，是健康美容的佳品。酸马奶由马奶发酵制成，含有丰富的维生素、微量元素和多种氨基酸，具有强身、治疗各种疾病的功效。酸马奶对高血压、冠心病、肺结核、慢性胃炎、肠炎、糖尿病等疾病的预防和治疗作用非常明显，尤其对伤后休克、胸闷、心前区疼痛疗效显著。

食用注意

（1）马奶性凉，凡脾胃虚寒、腹泻便溏之人忌食。
（2）马奶忌与鱼类同食。
（3）忌饮生、冷马奶。

小记

（一）酸马奶

酸马奶由马奶发酵制成，含有丰富的维生素、微量元素和多种氨基酸，特别是维生素 C 含量较高，还有乳酸、酶、矿物质以及芳香性物质，具有强身和治疗各种疾病的功效。酸马奶疗法是蒙古民族的一种传统的饮食疗法。

此外，由马奶发酵酿成的马奶酒，不但清凉可口，富有营养，还能起到滋脾养胃、除湿、利便、消肿等作用，对治疗肺病效果更佳。因此，欧洲把马奶酒饮疗法作为临床疗法之一。

（二）马奶酒

2000 多年前，匈奴人以经营畜牧业为主，奶食丰富，他们将奶制成酸奶、奶酪。随着酿制酸马奶技术的提高，酿酒也在很早就开始了。《礼乐记》云："大臣用马奶酿酒。"注释里又写道"做马奶酒，一搅就香，愈搅愈甜，超过一万次搅动，香气四喷，味美无比，这叫陈酿。"马奶酒在蒙语称作"乞戈"或"艾日戈"，是用马奶酿制的一种酒精含量颇小的饮料。制法是将鲜马奶装入生皮囊中，挂在向阳处，用一根特制的木棍每日搅拌数次，使马奶逐渐发酵变酸。当马奶变得清淡透明、味道酸辣时，即成为马奶酒。马奶酒不但清凉可口，富有营养，还能起到滋养脾胃、除湿、利便、消肿的作用，对治疗肺病效果更佳。马奶酒饮疗法已成为蒙医中独具特色的疗法。

传说故事

写在马鞍上的诗

南宋辛未年间，江苏江阴举人袁舜臣赴京参加会试，临行前，他在马鞍上写了一首诗：

六经蕴藉胸中久，一剑十年磨在手。

各花头上一枝横，恐泄天机莫露口。

一点累累大如斗，掩却半妆无所有。

完名直待挂冠归，本来面目君知否？

开始，人们以为是一首平常的诗，只是不解其意。后为苏州举人刘瑊见到，一下就识破了"本来面目"。原来，这是一首诗谜，谜底是"辛未状元"四字。好事者向他请教，刘瑊道：六加一、十为"辛"字；杏除去口加一横为"未"字；"妆"掩老一半为"丬"，大字加一点为"犬"，合成"状"字；"完"去掉宝盖头为"元"字。

羊　奶

槐柳野桥边，行尘暗马前。

秋风来汉地，客路入胡天。

雁聚河流浊，羊群碛草膻。

那堪陇头宿，乡梦逐漯瀺。

——《送人游塞》·唐·齐己

物种基源

羊奶（Goat milk），为哺乳纲牛科动物山羊或绵羊的乳汁，又名羊乳，以纯白、味甘香为佳，以我国内蒙古、新疆、西藏、甘肃、青海等省产羊奶为多且质优。

生物成分

据测定，每 100 克鲜羊奶中所含营养成分如下表：

生物成分／食材名称	热能（千卡）	蛋白质（克）	脂肪（克）	碳水化合物（克）	维生素A（微克）	核黄素（毫克）	尼克酸（毫克）	维生素E（微克）	钙（毫克）	铁（毫克）	磷（毫克）	硒（微克）	胆固醇（毫克）	水分（克）
鲜羊奶	69	3.1	5.8	1.1	84	0.12	0.3	/	116	0.1	75	1.61	11	88.9
羊奶粉（全脂）	498	18.8	25.2	49.0	/	1.6	0.9	/	730	1.5	610	142.4	75	1.4

此外，山羊和绵羊乳脂肪的脂肪酸，饱和脂肪酸，皆以棕榈酸为最多，但山羊比绵羊含有肉豆蔻酸，癸酸较多。不饱和脂肪酸皆以油酸为主，也稍含有十二碳烯酸、十四碳烯酸、十六碳烯酸等。

食材性能

1. 性味归经

羊奶，味甘，性温；归肝、心、胃、肾经。

2. 医学经典

《千金方》："补虚止渴，滋心润肺，益肾和肠，降逆止痛，解毒镇惊。"

3. 中医辨证

羊奶味甘、性温、无毒，具有润心肺、治消渴、疗虚劳、益精气、利大肠等医疗功能，若常饮用还可治肾虚、中风、心猝痛、慢性胃炎、反胃等，含漱还可治口疮。

4. 现代研究

羊奶营养全面，被誉为"奶中之王"，是最接近人奶的奶。在人奶缺乏供应不足时，是婴幼儿的最好代乳品，也是早断奶孩子的最佳营养品。同牛奶相比，羊奶酪蛋白含量低，乳清蛋白质高（高10％），其蛋白质氨基酸组成与人奶相近。小而软的凝奶颗粒，比牛奶更小的脂肪球，使之更容易消化吸收。丰富的矿物质、微量元素和维生素等可完全满足婴幼儿生长发育的营养需要。羊奶中含有较多的免疫球蛋白，可提高婴幼儿免疫力和抗病力。羊奶的核酸含量比牛奶、人奶都高，对婴幼儿大脑发育、增强智力十分有益，羊奶中的上皮细胞生长因子还是婴儿胃肠及肝脏等器官发育的重要因子。尤其是羊奶不含过敏源，更是对牛奶蛋白不耐受的孩子的最好选择。奶山羊很少患结核，饮用更安全，常喝羊奶的孩子体格好、强壮、智商高。

食用注意

（1）羊奶存放时，要避免日光照射，以防维生素遭破坏。
（2）急性肾炎、肾功能衰竭患者不宜饮用羊奶，避免摄入脂肪增加肾脏的负担。
（3）腹部动手术，未拆线前不宜饮用羊奶，防止产生胀气，影响伤口的愈合。
（4）羊奶宜于微生物繁殖，食用前必须高温煮沸消毒。

传说故事

绵羊与燕子

春天来了，燕子又飞回了老家，开始着手修整自己的小窝。它们衔来树叶、羽毛和干草，把小燕窝布置得精致而温馨，准备迎接新生命的诞生。"要是有一些羊毛就更好了！"燕子感叹道，于是去找绵羊要一些羊毛。它飞到一只绵羊身上，恳求绵羊说："给我一些羊毛吧，燕子妈妈马上要生宝宝了，铺一些羊毛在窝里，会暖和舒适一些。"

绵羊却直摇头，它左右摇摆，就是不让燕子取毛。

"你干吗对我这么小气呀？"燕子有点儿生气，冲着绵羊喊起来，"我看见牧羊人把你身上的毛都剪光了，你都乖乖的，一声不吭，今天我只想索要几根羊毛，你却舍不得给我，亏我们还是多年的好朋友！"

绵羊回答说："你来取毛，要用嘴硬生生地拔毛，弄得我都疼死了。而牧羊人剪毛，我很舒服，你明白吗？区区几根毛又算得了什么？我有那么小气吗？"

酸 牛 奶

牛乳加入乳酸菌，营养保健更宜人。
婴幼便溏腹泻者，慎食乳酸更健身。

——《酸奶谣》·现代·康而寿

物种基源

酸牛奶（Yoghurt），为牛奶发酵乳的一种，又名酸凝乳、酸牛乳、酸乳。在乳中加入纯培养的嗜热乳酸链球菌和保加利亚乳杆菌，经发酵而制得的乳制品，一般分作凝固型和搅拌型两种。前者接种后分装，在包装容器内进行发酵；后者接种后在发酵罐内发酵，然后冷却分装。鲜乳经配料、过滤、预热、均质、杀菌、接种、发酵等工序制成，最终酸度可达0.7％～0.9％，呈乳白色或稍带黄色凝冻状，组织细腻、无气泡，具有纯乳酸菌发酵特有的风味。

生物成分

据测定，每 100 克酸牛奶中所含营养成分如下表：

生物成分 食材名称	热能 （千卡）	蛋白质 （克）	脂肪 （克）	碳水 化合物 （克）	维生 素 A （微克）	核黄素 （毫克）	尼克酸 （毫克）	维生 素 E （微克）	钙 （毫克）	铁 （毫克）	磷 （毫克）	硒 （微克）	胆固醇 （毫克）	水分 （克）
酸奶	74	2.1	3.5	8.4	8	0.07	0.3	0.26	78	0.9	75	5.88	11	85.3
酸奶（脱脂）	45	2.6	0.4	7.7	0.6	0.13	0.1	0.03	79	0.1	71	1.42	/	88.7

食材性能

1. 性味归经

酸牛奶，味甘、酸，性微寒；归心、肺、胃、肠经。

2. 医学经典

《食疗》："生津止渴，补虚开胃。"

3. 中医辨证

酸牛奶，味甘、酸，性微寒，无毒。酸牛奶与鲜牛奶相比不仅营养可媲美，在药效功能方面比鲜牛奶更有独特之处。除补虚损益肺肾，生津润肠，反胃噎嗝，治消渴、便秘外，酸牛奶营养成分更加丰富，而且这些营养成分更容易被消化吸收和利用，能够保持胃肠系统酸碱的平衡，菌丛的平衡，消减了毒物堆积，防止毒瘤的生长，防止老年病的产生，对长寿保健大有好处。

酸乳还具有多种保健功能，可治疗神经性厌食症，还能减少患结肠癌和乳腺癌的危险，而且酸奶热量低，能增强肌体的防病能力，调节肠功能的免疫系统。

4. 现代研究

（1）在营养成分上，酸牛奶比普通牛奶更丰富，所有的蛋白质和脂肪的结构细胞变成更细微的颗粒，所以更容易消化吸收，矿物质元素钙、磷、铁利用率也大为提高。

（2）酸牛奶中的乳酸菌可产生乳酸等有机酸，可使酸牛奶降低酸碱度，因而可抑制肠道中的伤寒杆菌、痢疾杆菌和葡萄球菌等的繁殖。

（3）酸牛奶中的乳酸有增进食欲、促进胃液分泌、肠胃消化、胃肠蠕动功能，可治疗便秘、消化不良或腹泻等病。

（4）酸牛奶可维持肠道菌丛的平衡，可防止腐败菌分解蛋白质所产生毒物的堆积，所以对预防癌症，抑制某些肿瘤的生长，具有重要意义。

（5）酸牛奶由于部分乳糖已经分解为乳酸，有利于胃酸的分泌，促进了胃肠的消化功能，所以很有利于平时有厌食鲜奶的人食用，以保持人体营养成分的摄入。

根据以上的理论研究，酸牛奶具有加强消化的机能，有着营养丰富的基础，起到防止老年病产生的作用，实可称为延年益寿的保健佳品。

食用注意

（1）经常便秘的患者不宜食用。

（2）萎缩性胃炎的患者不宜食用。

（3）骨质疏松的患者不宜食用。

（4）心血管疾病的患者不宜食用。

（5）接受化疗治疗的患者不宜食用。

（6）服用抗菌素的患者不宜食用。

（7）患有粉尘职业病的患者不宜食用。

（8）经常性吸烟者不宜食用。

（9）经常性饮酒者不宜食用。

（10）乳酸菌中的某些细菌会在口腔中滋生细菌，所以饮用后要及时漱口。

（11）酸奶不宜再加热煮沸，如再加热煮沸，酸奶中的活性乳酸菌经加热后营养价值也损失殆尽。

（12）酸奶不宜与加工肉品共同食用，加工肉品内含亚硝酸酸，会与酸奶中的胺形成致癌物亚硝胺。酸奶很适合与淀粉类的食物搭配共同食用，比如米饭、面条等。

（13）呼吸道疾病患者慎饮用酸奶。

（14）有牛奶过敏史者不宜饮用酸奶。

（15）相对而言，酸奶含有糖分，故糖尿病患者食而慎之。

传说故事

酸牛奶的起源

酸奶起源于保加利亚。当时，那里以游牧为业的色雷斯人，像今天人们带着饭盒上班一样，常常把灌满羊奶的皮囊背在身上，随畜群在大草原上游荡。由于气温和体温的作用及其他原因，皮囊里的奶常常变酸而呈渣状；把少量这样的奶倒入煮过的奶中，煮过的奶过不了多久也会变酸，这就是最早的酸奶。色雷斯人很喜欢喝这样的奶，不断寻求更简便、效果更佳的制作方法，有的人在奶中加入带酸味的野生植物，有的加入带酸味的面包。色雷斯人还用布巾保存做酸奶的酵母。他们把干净的布巾在酸奶中浸泡，然后晾干，下次做酸奶时，就把晾干的布巾泡在煮过的奶中。

20世纪初，俄国科学家伊·缅奇尼科夫在研究人类长寿问题时，发现人的大肠里非常适合腐败细菌的生存，而这类细菌对人体危害极大，是造成人早衰、减寿的重要因素。伊·缅奇尼科夫曾因对白细胞的研究有显著成果而获得1808年诺贝尔奖的科学工作者奖，为了对付这类危害于人类的细菌，到许多国家去作调查。在保加利亚，他发现每一千名死者中，就有四名是活了百岁以上去世的，而这些高龄老人生前都爱喝酸奶，伊·缅奇尼科夫断定，喝酸奶是这些人长寿的一个重要原因。于是，他对酸奶进行了深入细致的研究，结果在酸奶中发现了一种能有效地消灭大肠内的腐败细菌的杆菌，并命名为"保加利亚乳酸杆菌。"

伊·缅奇尼科夫的研究成果引起了西班牙商人伊萨克·卡拉索的兴趣，他暗暗琢磨着新的生财之道，开始了酸奶生产。不过，他不是把酸奶当作食品，而是当作药品在药房销售，生意并不理想。第二次世界大战爆发后，伊萨克·卡拉索在美国建立了一家酸奶厂，并利用广告之功能，甚至能使百岁老汉恢复生育机能，以此来扩大销路。这一招儿还真灵，酸奶果然很快引起广泛的注意，不久便风靡全世界。

奶 酪

甘酸马奔腾，元和运五程。

乳酪有干湿，味醇思牧人。

——《咏奶酪》·清·任兴

物种基源

奶酪（Cheese），为牛、马、羊、骆驼等的乳汁，经多次炼制而成的食品，按其制品的制作工艺可分为湿法及干法两种，又名酪、乳酪、酸奶酪，是我国西北游牧民族的传统食品。

生物成分

据测定，每100克奶酪中所含营养成分如下表：

生物成分 食材名称	热能 （千卡）	蛋白质 （克）	脂肪 （克）	碳水 化合物 （克）	维生 素A （微克）	核黄素 （毫克）	尼克酸 （毫克）	维生 素E （微克）	钙 （毫克）	铁 （毫克）	磷 （毫克）	硒 （微克）	胆固醇 （毫克）	水分 （克）
奶酪	362	24.9	28.0	2.7	225	0.91	0.6	0.63	207	3.4	449	5.11	11	46.2
奶酪干	294	26.4	19.0	4.4	79	/	/	0.56	799	1.4	202	1.50	13	40.8

奶酪是高蛋白质、高脂肪、高钙的营养食品，特别是钙的含量可达每日摄取量的45％，它还是钾、核黄素、维生素 B_{12} 的来源。

食材性能

1. 性味归经

奶酪，味甘、酸，性平；归胃、肺、心、大、小肠经。

2. 医学经典

《食疗》："补肺、润肠、养阴。"

3. 中医辨证

奶酪，有益肺、滋阴、润肠胃、止渴的功能，对虚热烦渴、肠燥便艰、肌肤枯涩、隐疹瘙痒等症有食疗助康复之效。

4. 现代研究

酸奶酪有增强身体免疫系统功能，可显著减少感冒概率25％，对预防阴道念珠菌感染效果显著。其中含有的钙有壮骨、预防骨质疏松症并能降低胆固醇的功效。维生素 B_{12} 与叶酸合作可预防贫血。老年人严重缺乏 B_{12} 可引起类似痴呆症的神经症状。

食用注意

（1）有牛奶过敏史者慎食奶酪。

（2）每日最佳食用量为20～30克。

传说故事

名贵的兰纹奶酪

在青霉素的作用下发酵形成大理石花纹般的蓝绿色纹路，味道特别辛香浓烈，这种名贵的兰纹干酪，又名罗克福特奶酪，它还有一段很著名的历史：法国朗格多克平原上有一座名叫科斯·甘保洛的小山，靠山坐落着罗克福特小村庄。19 世纪以前，这里的居民还是以养羊为主，而现在，他们拥有的奶酪财富已达 130 多万美元，声名显赫的罗克福特奶酪也是因地得名。村民们虽然早就会制作奶酪，但拥有制作奶酪的垄断权则是从 15 世纪由法兰西皇帝批准，并受到历代王朝和政府保护的。1925 年，由官方正式签署了给予罗克福特奶酪制作商永久性权利的条文，经窖藏而味道鲜美的罗克福特奶酪的荣誉经久不衰。

罗克福特奶酪是在科斯·甘保洛山的山洞里制作出来的，山洞工厂拥有数千个天然形成的石缝沟槽和烟筒。人们利用自然条件，手工操作，村里悠久的养羊业为此提供了 80 万只羊的鲜奶。制作奶酪时，要把冷却的羊奶发酵和凝固，然后用大木匙把浮在羊奶上的乳浆沫掏净，剩下的是凝结成纯质固体的羊奶。然后用手把这些固体羊奶拍成圆饼，同时撒上胡椒粉。神秘的是，这是罗克福特奶酪独特风味的所在，外人不知道它怎样产生出使喉咙发痒而又舍不得吞下去的感觉。真正的秘密是制作罗克福特奶酪时所用的霉菌，这种产生在一块大麦馒头上的神秘的霉菌，每年要用掉六吨，并有专人保管。至于菌是用什么方法培育出来的，就无法得知了。这些谜使罗克福特的村民们在很长的年代里既享有盛誉，又享有财富。

在世界上所有的奶酪中，法国奶酪首屈一指，它的消费量也占世界第一。法国总统戴高乐就说过："一年有三百六十五天，法国就有三百六十五种奶酪。"法国人喜欢食用奶酪，法国的奶酪品种也最多。1980 年，法国曾举行全国农产品展览会，会上展出了四百多种奶酪。到法国人家中做客，主人除了让你品尝葡萄酒以外，还会请你吃各种各样的奶酪。

第二十章　海鱼类

黄　鱼

故国老成谁复生，壮心空记语当年。

灌夫失意贫无友，梅福辞官晚作仙。

诗句清新非世俗，退居安稳卜江天。

他年我亦从君隐，多买黄鱼煮复煎。

——《次韵任遵圣见寄》·宋·苏辙

物种基源

黄鱼［Pseudosciaena crocea（Rich）］，为鱼纲石首鱼科动物大黄鱼或小黄鱼的肉或全体，又名黄花鱼、黄鱼、石头鱼、江鱼、海鱼、黄瓜鱼、大黄花鱼、小黄花鱼、春鱼子、花鱼、古鱼、大眼，以鱼身健壮肥美、鳞色金黄，按上去有弹性者为佳。大黄花鱼主要分布于我国东海、南海，以浙江舟山群岛最多；小黄花鱼主要分布于我国黄海、渤海，因首内有白石二枚，故名石首鱼。

生物成分

（1）大黄花鱼：据测定，每100克大黄花鱼含热量112（千卡），蛋白质18.2克，脂肪2.1克，碳水化合物0.9克，含有维生素A、B_1、B_2、E、尼克酸、胡萝卜素、胆固醇、视黄醇当量，还含微量元素钙、镁、铁、锰、锌、钾、磷、钠、碘、硒和多种对人体有益的氨基酸等成分。

（2）小黄花鱼：据测定，每100克小黄花鱼含热能94（千卡），蛋白质16.6克，脂肪2.2克，碳水化合物0.5克及维生素E，还含微量元素钙、铁、磷、碘、硒和多种氨基酸等成分。

食材性能

1. 性味归经

黄鱼，味甘，性平；归脾、胃、肾经。

2. 医学经典

《食疗本草》："开胃消食，解毒止痢。"

3. 中医辨证

黄鱼，健脾开胃、益气补肾、养心安神，散瘀血、消肿毒，对呕吐、贫血、腰腿酸软、无力、肺结核、久痢等症有辅助康复作用。

4. 现代研究

黄鱼是一种高蛋白低脂肪的食品，含有丰富的蛋白质、微量元素和维生素，对人体有很好的补益作用，适合体质虚弱者和中老年人、儿童及脑力劳动者食用，对贫血、失眠、头晕、食欲不振及妇女产后体虚有良好疗效。黄鱼还含有丰富的微量元素硒，能清除人体代谢产生的自由基，延缓衰老。

食用注意

（1）不要与荞麦面一起食用黄鱼。
（2）服用左旋多巴时不要食用黄鱼。
（3）服中药荆芥时不要食用黄鱼。

传说故事

一、朱元璋与黄花鱼

明太祖朱元璋洪武开元后，渔业赋税繁重，渔民终年在滔滔大海里跟风浪搏斗，每年总有许多渔民葬身鱼腹，弃下孤儿寡妻。加之渔税收得太多，渔家生活更是苦寒，吕四场官也曾几次上本朝廷要求减轻渔税，但本子上去如石沉大海，杳无音讯。

渔民中有个叫葛原六的青年，人很聪明，生性又急公好义，他见许多乡亲生活艰难，便决计设法面见圣上，要求减免渔税。

怎么去见皇上呢？葛原六想了一个主意，挑选了一百条活蹦乱跳的黄花鱼送到南京去。吕四的黄花鱼与其他地方不同，满身金光粼粼象征皇家瑞气祥云。无论是红烧还是熬汤，又鲜又嫩，吃起来打嘴巴都不放，定能让皇上开心。

葛原六将黄花鱼送给了朱元璋，第二天就受到朱元璋的召见，问："葛原六，你怎么会想到送这么好吃的黄花鱼给朕吃？"

葛原六跪在地上，头也不抬，口中说："吾皇万岁万岁万万岁，草贱渔民葛原六专程护送黄花鱼进京，献与皇上，是尽吕四渔民一片孝心。皇上统一寰宇，为民造福，皇恩浩荡，百姓沐恩，故而特来奉献。"这一番话把朱元璋说乐了，说："难得你一片心意，朕要封你官爵。"

葛原六频频磕头，奏道："万岁爷，草民到此决不是为了封赏，而是启奏皇上一件大事。吕四渔民生活困苦，要求减免税收。"一边说，一边流泪，将吕四渔民苦情一一启奏。

朱元璋听了，当即答应减免渔税。从此，吕四每年朝贡黄花鱼九十九条。洪武二十三年，吕四渔场沉陆，三万人没于海啸之中。第二年，朱元璋见没有黄花鱼送来，便问大臣，大臣回答："万岁，吕四已经沉入海中，无人再送黄花鱼了。"朱元璋下旨："着白卯抽丁，到吕四重新建镇。"常熟白卯场官接旨，赶紧抽人来吕四，重新建了吕四渔场。

二、黄鱼算计钻鳗

一条黄鱼一口贪吞了一只刚从热镬里跳出来的龙虾，顿时嘴内上边烫起一个大热泡。一条钻鳗从它身边游过，黄鱼拖住钻鳗苦苦哀求说："亲爱的，我们是同一水族的亲朋，我不幸嘴内生了个大泡，生死攸关，恳求您一下，帮我戳破这个害命的大泡，我会感激不尽。""好吧。"钻鳗欣然答应，即将自己尖尖钻嘴伸进黄鱼的嘴里。只听"噗嗤"一声，热泡被戳破了，黄鱼乐得摇头摆尾，忘乎所以。三天后，它恭恭敬敬向钻鳗敬个礼，说："上次多亏你医术高明，救了我。可怜我今天又老病复发。"钻鳗听了谦逊地说："区区小事，何足挂齿，今后只管找我好了。"说罢，将尖尖的嘴又伸进黄鱼嘴里。可找了半天，怎么看也不见大泡，用尽了平生之力把整个身子都钻了进去。黄鱼连忙封住嘴巴，自语乐道："对！这下子可逃不了啦！"闷在黄鱼肚里的钻鳗正好把钻嘴触到黄鱼苦胆边，一听黄鱼在说这话，满以为是个大泡，使劲地捅了一下，捅得黄鱼活撞乱颠，眼珠突出，眼眶血红，黄蜡蜡的胆汁从肚皮渗到背脊流遍全身，经抢救得了现在这副后遗症——浑身金黄。而钻鳗呢，被闷得青肿，呆头呆脑，滑圆圆的。

三、绥阳黄鱼桥的传说

绥阳城西十里处，有一条大河，河上有一座桥，叫黄鱼桥，这桥取名为黄鱼桥，还有一段故事哩。

古时候，这里没有桥，人们过河，全凭木船摆渡。后来修了一座木桥，取名叫永济桥。由于这里是遵义至绥阳和正安县的必经之道，为了方便行旅，清朝嘉庆十年，官府决定在这里修一座大型的三拱石桥。

修桥任务落到一个叫陈桥的石匠师傅身上。

陈师傅率领百多位民工，经过三个月的努力，完成了桥梁的大部分工程。临近踩桥的日子，河面上的三个拱只差最后几块精石未安砌。这天下午，陈师傅把各块精石量了又量，比了又比，觉得分毫不差，就准备把那几块精石安上去。这时候来了一个满头银发的老太婆，她手提讨饭口袋，脚上的裹脚布拖得长长的。她来到工地上，陈石匠的徒弟说："你这老婆婆还不快走开，石头把你打死了我们不管啊。"老婆婆故意走到陈师傅面前，对他说："我的裹脚布掉了，走不动，你给我把它缠好，行吗？"陈师傅见她一身又脏又臭，有点不耐烦地说："你快走开吧，不要耽搁我的事。"老太婆见他不肯给自己缠脚，就说："等它垮起就垮起。"说完慢悠悠地走了。

陈师傅领着徒弟们开始安精石了。不知怎的，那量好打好的精石拿上去总是大了点，只好取下来修整一下。可是那些修整过的精石又小了，卡不住。直到天黑，一块也没安上，只好收工。

第二天，陈师傅又另采石块，亲自划墨叫徒弟们重新打几块精石，他又比比量量，可是总安不上去。折腾了一个早晨，一块也没安正。那些楔形的精石全都是一半上头合口里，一半露在外面。第二天是踩桥的日子，徒弟们吃早饭去了，陈师傅却一个人在工地上踱来踱去，不知道该怎么办。他正在发愁的时候，老太婆又出现在工地上，她来到工棚前，陈师傅这才恍然大悟。他对老太婆说："老人家，很对不起，昨天我们忙，一时得罪了您，请您老人家多多原谅。"陈师傅又叫伙夫炒了几个最好的菜，打了一斤酒，摆在桌上，他亲自把盏，殷勤地劝老太婆吃。老太婆吃饱喝足，起身道谢。陈师傅见她的裹脚布还是拖得长长的，就对她说："老妈妈，我替你把裹脚布缠好。"老太婆就坐在凳子上跷起脚，陈师傅跪在地上把裹脚布给她缠好了。老太婆说："这就难为你了。"说罢沿着河边向下走去。

忽然有人大声叫喊："好大的黄鱼呀，你们快来看呀！"工地上吃饭的人听说河里有大黄鱼，撂下碗就往河边跑。的确，河里有门板那么大一条黄鱼在水面上游着。大家都注意看黄鱼去了，谁也没注意老太婆，一会，那黄鱼沉到水底，再也不起来了，人们才发现老太婆不见了。有人说："那老妈妈朝桥那边走了。"陈师傅赶紧走到桥上，他没看见老太婆，却发现那些卡在合口上的精石不知什么时候已经自动归位了，桥面平平的，缝合得紧紧的，简直像天生的一样，每块精石都留下了老太婆的脚印。陈师傅赶紧叫木工拆掉下面的支梁，叫石匠在桥上安上石栏。

踩桥那天，遵义府和绥阳县的官员都来了，附近的群众也来了好几百人，人们站在桥头上，看见一条门板大的黄鱼在水里用尾巴拍起一排排浪花。

人们说：年年有鱼（余），这条大黄鱼是绥阳的好兆头哩，于是把新修的这座三拱石桥叫作了黄鱼桥。

鲻 鱼

州城距镇仰山灵，四面峰峦叠翠屏。

菊蕊凝香三径老，鲻鱼入市半街腥。

寺中日色偎楼赤，岛外云光射海青。

顾氏将军荒冢在，闲寻墓志读碑铭。

——《复州十咏》·清·多隆阿

物种基源

鲻鱼（Mugil cephalus Linnaeus），为鱼纲鲻科动物鲻鱼的肉或全体，又名子鱼、白眼棱鱼、白眼、乌鲻、黑耳鲻、犬鱼、棱鱼，以体表富有光泽、全体鳞全、翅完整、无破肚和断头、眼球饱满、角膜透明、肌肉厚实、有弹性者为佳。我国沿海均产，我东南沿海养鲻鱼十分发达。

生物成分

据测定，每100克可食鲻鱼肉含热能118（千卡），蛋白质18.9克，脂肪4.8克，含有维生素 A、B_1、B_2、E、胡萝卜素、胆固醇、尼克酸及视黄醇当量，还含多种氨基酸和微量元素铁、锰、锌、铜、钾、磷、钠、硒等。

食材性能

1. 性味归经

鲻鱼，味甘，性平；归脾、胃、肺经。

2. 医学经典

《开宝本草》："健脾益气，消食导滞。"

3. 中医辨证

鲻鱼，益气健脾、开胃消食、散瘀止痛，对脾胃虚弱、消化不良、小儿疳积、贫血、百日咳、产后瘀血、跌打损伤有辅助食疗康复效果。

4. 现代研究

鲻鱼含有丰富的蛋白质和各种人体必需的氨基酸。常食对营养不良及贫血者极为有益。鲻鱼还富含脂肪酸，而且，不饱和脂肪酸的含量极高，约占脂肪酸总量的70％。不饱和脂肪酸有利于血液循环，其中的 EPA 和 DHA 已经研究证实具有降血压、促进平滑肌收缩、扩张血管、阻碍血小板凝结和防止动脉硬化、防治老年性痴呆等功能，鲻鱼肌肉蛋白质中谷氨酸含量最高，达到 2.37％。谷氨酸在人体代谢中具有重要意义，为脑组织生化代谢中首要氨基酸，参与多种生理活性物质的合成，在大脑、肌肉、肝脏等组织中发挥解毒的作用。

食用注意

不宜久食，疾病初愈者慎服，有体癣、股癣、银屑病患者忌食用。

传说故事

介象钓鲻鱼

相传，东吴君主孙权和道士介象争论世上何种鱼最味美时，介象力主鲻鱼最美。孙权说："此值冬季，鲻鱼生活在海洋之中，虽然味美可怎么能吃到呢？"介象笑道："这事好办，举手之劳而已。"他让吴王令人在皇宫庭院里找一块地方挖成长方形的鱼塘，里面注满清水，然后介象不慌不忙地走到塘边，垂下鱼钩。不大会儿，便有一只欢蹦乱跳的鲻鱼上钩了。吴王大喜，说："您活神仙啊！"这个故事虽系虚构，但鲻鱼会自动上钩，这是事实。乍浦人男女老幼都办得到，这可就不是神话而是实有其事了。

沙丁鲻鱼

春到不须烫酒壶，桃花时节风掠舒。
归时独自庭前醉，笑问鲻鱼向乐无。
——《春时食丁鲻》·民初·钟岚

物种基源

沙丁鲻鱼（Saurida elon－gata），为鱼纲狗母鱼科动物长蛇鲻鱼的肉或全体，又名狗棍、沙鲻、丁鲻、丁子鱼、蛇鲻，形与鲻鱼极为相似，故名"鲻"。学名称蛇鲻，但不像蛇使人毛骨悚然，却比鲻凶猛。因其属食肉动物，而鲻鱼为食海藻动物，是海中为数不多的素食鱼类，以鲜活、体壮、外皮有光泽、鳃红者为佳，为我国南方海区重要经济鱼类之一。

生物成分

据测定，每100克可食沙丁鲻鱼，含热能108（千卡），水分72.3克，蛋白质19.9克，脂肪2.9克，碳水化合物1.3克，多种氨基酸及微量元素钙、磷、铁、锰、锌、镁、钾、钠、硒等。此外，沙丁鲻鱼还有独特的二十碳五烯酸（EPA）和脱氧核糖核酸（DNA）等。

食材性能

1. 性味归经

沙丁鲻鱼，味甘，性平；归脾、胃、肾经。

2. 医学经典

《本草纲目》："开胃、利五脏。"

3. 中医辨证

沙丁鲻鱼，肉可健脾补肾、固精缩尿、清热消炎，对遗精、夜多尿、食滞不消及扁桃体等炎症有辅助食疗促康复效果。

4. 现代研究

沙丁鲻鱼肉中不饱和脂肪酸的含量极高，不饱和脂肪酸有利于血液循环，其中的EPA和DHA具有降血压、促进平滑肌收缩、扩张血管、阻碍血小板凝结和防止动脉硬化、防治老年性痴呆等功能，所含精氨酸和赖氨酸的含量较高，分别为1.15%和1.21%，对正常人精氨酸属半必需氨基酸，但在饥饿、创伤或应激下，精氨酸就成为必需氨基酸，另外精氨酸对儿童的生长发育是非常重要的。赖氨酸是人体第一必需氨基酸，也是代谢上仅有的必需氨基酸，因为它不能在体内发生具有重要营养学意义的转氨基反应。赖氨酸一般是谷类蛋白质的第一限制氨基酸，还是人乳的第一限制氨基酸。食物中加入少量赖氨酸，可以增加胃蛋白酶及胃酸分泌，因而能促进老人及儿童的食欲。赖氨酸对营养不良、乙型肝炎、支气管炎等有一定的辅助疗效。此外，支链氨基酸（包亮氨酸、异亮氨酸和缬氨酸）的含量较多，占氨基酸总量的17%。支链氨基酸有助于蛋白质合成，抗衰老和防治肝肾功能衰竭。

食用注意

凡痛风、皮肤瘙痒症和对沙丁鲻鱼有过敏的患者慎食。

传说故事

秦桧与沙丁鲻鱼

在宋朝的时候，谁要送你两条沙丁鲻鱼，那就是巨大的交情了。这种长在近海的鱼类，一尺多长，是美食中的极品。但宋高宗南渡之后，沙丁鲻鱼一度供应不上了。某日，秦桧的老婆王氏进宫，和太后聊天，太后说："哎呀，最近想吃口新鲜的沙丁鲻鱼，都没处吃去。"王氏脱口而出："我们家有啊，养了上百条呢，回头我给您送来。"

王氏回家就要把鱼打包送进宫。秦桧一听，大惊失色说："你这不是找死吗？沙丁鲻鱼好吃，御厨里一条没有，你家有一百多条，你让皇上怎么想？"最后，秦桧让王氏带了百十条青鱼进宫。太后一见就乐了："哎呀，我说哪儿来那么多沙丁鲻鱼啊？你这老土婆子，原来是分不清楚沙丁鲻鱼和青鱼。"王氏也跟着傻乐，装傻，因为她不能吃得比太后好。

凤 尾 鱼

凤尾鱼肠大海微，推波跃浪小翼菲。
闲池杨柳舒枝落，轻絮岚烟暖意归。
雪化青山弛锦绣，冰销玉水露珠玑。
还施淡彩云追月，绿影葳蕤正试衣。
——《谢谢七彩石君美玉添香》·宋·佚名

物种基源

凤尾鱼（Coilia my—stus），为鱼纲鳀科动物凤尾鱼的全体，又名凤鲚鱼、烤子鱼（指怀卵雌鱼）、烤鱼、七丝鲚、短颌鲚。其中：短颌鲚已陆封，在湖泊中生长与繁殖，以新鲜、洁白、无断头、鳃色不变者为佳，分布于我国沿海长江、珠江等江口区，尤以长江口为多，为重要的经济鱼类之一。

生物成分

据测定，每100克可食凤尾鱼含热量106（千卡），水分77.5克，蛋白质13.2克，脂肪5.5克，碳水化合物0.8克，灰分3克及维生素 A、B_1、B_2、E、视黄醇当量、硫胺素、尼克酸等，还含多种氨基酸及微量元素锌、钙、镁、铁、锰、磷、钾、铜、钠、硒等。

食材性能

1. 性味归经

凤尾鱼，味甘，性微温；归脾、胃经。

2. 医学经典

《食物本草》："健脾开胃。"

3. 中医辨证

凤尾鱼，温中理脾，消食健胃，对脾虚泄泻、消化不良、小儿疳积、肠胃不适有辅助康复之功效。

4. 现代研究

凤尾鱼营养丰富，富含蛋白质等多种营养物质，蛋白质中以精氨酸、亮氨酸、缬氨酸、赖氨酸含量高，适宜体弱气虚、营养不良者食用，特别适宜儿童食用，适于慢性胃肠功能紊乱、消化不良之症食用，尤其适宜儿童食用，外用可治疗疮疖痈疽。

传说故事

王十朋与凤尾鱼

传说凤尾鱼成为温州独一无二的特产，与宋时状元王十朋有关。当年，王十朋在江心屿刻苦读书，一个月夜，王十朋坐在江边一块岩石上吟诗，琅琅书声传到江面，忽然，他隐隐地听到轻轻的拍水音，抬眼望去，只见江面上银光点点，原来是成群结队的子鱼从瓯江下游朝江心屿游来。当游近孤屿时，被王十朋的读书声所吸引，都仰起头，翘着小嘴，摆着尾巴，津津有味地听着王十朋吟诗。第二天晚饭后，王十朋在卧房中点起蜡烛读书时，忽听到门外发出一阵阵簌簌响声，他一惊，走到窗口张望，隐隐看到不远的小路口，站着一位淡妆的绝色女子。王十朋问道："谁家女子为何深夜到此？"那女子走近来，抿嘴微笑说："我是白凤仙子，慕名来向你求诗的。"王十朋作揖说："难得仙子来此，实是万幸，小生敬赠诗词一卷，还望见教。"说着随手从书架上取下一本诗稿，双手恭敬地奉上，仙子伸手接过，微微一笑，告辞了。王十朋盯着江面看了半天，才轻轻地说："过几天，我就要离开江心屿了，明年此时，兴许我可能还要在此攻读，但愿能再见到仙子。"

从此以后，每年春夏之交时，江心屿凤尾鱼旺发，人们趣说："它们是来找王十朋的呀。"因此，凤尾鱼成为鹿城一季节性特产，真是："此物只是鹿城有，天上人间难觅踪"。

石 斑 鱼

魏驮山前一朵花，岭西更有几千家。

石斑鱼鲊香冲鼻，浅水沙田饭绕牙。

——《及第后还家过岘岭》·唐·李频

物种基源

石斑鱼（Epinephelus），为鱼纲鳍科动物石斑鱼的全体，又名岩头鱼、石斑、过鱼、国鱼，以眼球饱满突出、角膜透明清亮、有弹性、肌肉切面有光泽、无异臭味、鲜活度良好者为佳。

我国产 31 种，主要分布于南海和东海，品种很多，有赤点石斑鱼、青石斑鱼、宝石石斑鱼、六带石斑鱼、云纹石斑鱼、纵带石斑鱼等。

生物成分

据测定，每 100 克可食石斑鱼含热量 94 千卡，水分 76.6 克，蛋白质 18.6 克，脂肪 1.1 克，含有维生素 A、B₁、B₂、E、视黄醇当量、胆固醇、尼克酸、硫胺素等，此外，还含有多种氨基酸及微量元素钙、镁、钾、铁、钠、锌、硒、铜等物质。

食材性能

1. 性味归经

石斑鱼，味咸，性微寒；归肺、脾、胃经。

2. 医学经典

《中国药用鱼类》："补虚损、健脾胃。"

3. 中医辨证

石斑鱼，健脾开胃、补虚弱，对脾胃虚损、腹痛、积食不消等症有辅助加速康复之效。

4. 现代研究

石斑鱼蛋白质的含量高，脂肪含量低，除含人体代谢所必需的氨基酸外，还富含多种无机盐以及各种维生素。鱼皮胶质的营养成分，对促进上皮组织的健康生长和促进胶原细胞的合成有重要作用。

食用注意

脾虚久泻、痛风患者慎食石斑鱼。

传说故事

一、石斑鱼与"望夫石"的传说

从前有个渔夫叫海郎。一天，他跟着大伙一起去打鱼，天有不测风云，突然阴风阵阵，大海咆哮，风吹浪打，大伙被大浪翻打在大海的深处，只有幸运的海郎没死，他躺在一块烂木板上，晕过去了，大海把木板推来漂去，最终漂到一个叫上川岛的地方，海郎孤独一人在这片孤岛上存活下来。

一天，他出来散步，在岸边救了一条小石斑鱼，并放生了。那条小石斑是海龙王的女儿，看海郎孤单、善良，决定变成人到海郎哥身边生活，因此，小石斑变成了一位聪明美丽的姑娘。

小石斑来到海郎哥的草棚，海郎出来，看了看，说："这位姑娘你是谁？你又是怎样漂到这片孤岛来的？"小石斑："你还记不记得，你在海边救过一条小石斑？""记得啊。"海郎说。"那就是我，我是海龙王的女儿，是你救了我，我想感谢你。""海龙王的女儿？"海郎惊讶地说。

后来，他们结成了夫妻，俩人过着幸福的生活，还生了一个胖娃娃，叫凡龙，非常可爱。

但是幸福的生活过不了多久，海龙王从天庭回到龙宫，到处找不到女儿，打听到她和一位叫海郎的人生活在一起，大发雷霆，然后变成一位满头白发的老头，来到海郎家大骂，还说："女儿，你要是不跟我走，我就叫海郎生不如死，我给你三天时间考虑。"

三天过去了，海龙王带着虾兵蟹将来到海郎家，海郎和小石斑都不肯分离，海龙王命令虾兵蟹将把海郎带走，小石斑追出门外，爬上一座高山，望着海郎远走，流下了眼泪，最后小石斑变成了石头，大家把这块像人体的石头叫作"望夫石"。

二、鲁班与石斑鱼

相传，赤水河里，在鲁班未来之前是没有鱼的，赤水河里的鱼与鲁班木匠手艺有关。

鲁班到赤水河畔，为一家很贫穷的农家制作生产用的农具，因为太穷，连菜都吃不上，只能吃一点树根既当饭又当菜。鲁班看在眼里急在心里，想实实在在帮助那些生存在死亡和贫穷线上的人。他就找来天上的观世音菩萨帮助他，用木料的刨花，放在水中，观世音大仙就点化为一种活蹦乱跳的水生动物，它们身上有很多木花斑纹，并且生在石头下面，刚开始人们称它为鲁班鱼，后来人们都称它为石斑鱼。因为别人认为鲁班是百业的祖师爷，是该拿来尊敬的，何况还是神仙呢，为此石斑鱼（石包鱼）之说就一直流传下来。后来，赤水河水域里这种鱼越来越多。人们因为有了吃的东西，目光就没那么短浅，就不再把石斑鱼作为唯一的菜吃，毕竟那些鱼是受过观世音大仙点化过的，或多或少都沾过一点仙气，而且那些鱼，曾有过感恩的故事。

赤水河畔的小村子叫顺河，村里有一个人叫大山狗，他很信佛，几十年吃斋念佛，希望来世有一个好的人生。俗话说今生不行，再修来世。大山狗有一天外出干农活，他家中的茅屋起火，并且火势很大，烧得很旺。而那河中的鱼成群结队，跳上岸奔去大山狗家救火。当村民赶去救火时，看到这奇怪的现象都吓呆了，火是被那些鱼救了，但它们也烧成了很香的死鱼，并且排成一个大大的佛字，这时人们才明白大山狗从不吃鱼，因他不杀生，感动了上天，感动了那些鱼类，而那些鱼还跟他成了知心朋友，用异样的表现跟大山狗沟通着。

鱼知道感恩，报了大山狗一家人。后来很多人都记住这个感恩故事，把那些关于鲁班鱼的故事流传下来，一代一代传下来，教育赤水河畔的儿女，要有一颗感恩的心，感恩大地给的一切，才有如今美好的生活。

鲨 鱼

美人一滴鲛鱼泪，使得何人云外倾？
半解风花恋风月，几经人世识人情。
时怜巧色说红袖，世愤鸿儒笑白丁。
心比天高命纸薄，谁曾未了哭卿卿！

——《祭情曲》·唐·佚名

物种基源

鲨鱼（Mustelus manazo），为鱼纲皱唇鲨科动物白斑星鲨或新缘鲨鱼的肉，又名沙鱼、鲛鱼、鲛鲨、鳂鱼、软骨鱼等，以新鲜无异味、肌肉厚实、富有弹性者为佳。我国约有鲨鱼种类90多个，沿海均有分布。由于品种不同，体重、大小悬殊很大，最重的成年鱼有5吨以上，长达20米，最小的成年鱼60厘米，体重3～5公斤。

生物成分

据测定，每100克可食鲨鱼肉含热能99千卡、水分73.3克、蛋白质22.3克、脂肪3.3克，含有维生素 A、B$_{12}$、E等，还含视黄醇当量、尼克酸、硫胺素和多种氨基酸、微量元素钙、铁、磷、镁、锌、铜、钾、硒、钠等。此外，肉中含有较多的尿素和氧化三甲胺等，皮及鳍含叶黄素、玉米黄质、β-胡萝卜素、隐黄质、蜊咕素等。

食材性能

1. 性味归经

鲨鱼肉，味甘，性平；归脾、胃经。

2. 医学经典

《本草纲目》："暖中益气，补肾壮阳。"

3. 中医辨证

鲨鱼肉，滋阴、补血、滋肾填精、强壮筋骨，对虚寒腹痛、胃痛、疳积、消化不良、阳痿、遗精、早泄、小便淋沥等症有辅助促进康复效果。

4. 现代研究

鲨鱼的软骨组织中含有一种物质，能有效地抑制癌细胞生长。癌症患者适宜常吃鲨鱼，不但能益气补血、滋肾填精、强壮筋骨，还有明显的抗癌作用。鲨鱼体内含有极强的生命物质，有资料报道，即使把人体最可怕的癌细胞移植到鲨鱼体内，鲨鱼也不会染上癌症。给鲨鱼喂食含大量致癌物质黄曲霉毒素 B 的食物，它也不会染上癌症；还有学者试验，将鲨鱼的腹部按医规剖开，用污染致病菌的水冲洗后，放归海水池中饲养，1 个月后捞出来观察，发现其内脏照常，没有一点感染或坏死的迹象。研究人员还发现，鲨鱼体内含有一种类似牛软骨组织的特殊物质，该物质能有效地抑制癌细胞的生长发展，且鲨鱼体内的这种物质对癌细胞的抑制作用是牛体内类似物质的 10 万倍，并具有提升白细胞作用。香菇不仅鲜香可口，食之令人开胃，而且含有一种葡萄糖苷酶类物质，经抗癌试验证实，癌症病人用此物质治疗后，能提高机体抑制癌瘤的能力，加强抗癌作用。鲨鱼和香菇烹制成的菜肴，适用于食管癌患者放疗后以及术后调养滋补，对其体质虚弱、神疲乏力、白细胞下降等免疫功能低下患者，有较好的辅助食疗效果。

食用注意

鲨鱼肉在烹饪前宜用沸水热烫或用醋中和，以去除肉中的氨和三甲胺咪。

传说故事

鲨鱼圈的传说

相传，很久很久以前，鲨鱼圈是个小渔村，海岸不是像现在这样的月牙形，而是近乎一条直线。一位后生在打鱼时，遇到了海风，翻了船。起初，他有一颗避水珠含在嘴里，可后来一张嘴，避水珠就不知掉到哪里去了。后生乞求鲨鱼公主，公主非常喜欢后生的那支笛子，便说："你就把那支笛子送给我吧。"后生一口答应"行！我保证于八月十五那一天，拿着笛子在海边上等你。"鲨鱼公主将后生背出来，藏在自己的后花园，然后喊来众姐妹，在渤海里为后生撒开人马，找那颗失落的避水珠。八月十五这天，后生带着横笛，一个曲子连着一个曲子地吹，再过一会儿，这只笛子就要送给鱼公主了，自己再也吹不着了，他有些恋恋不舍。后生正吹得起劲的时候，一位邻舍的老渔夫，突然惊喜地喊道："后生，你来看，开天辟地。"后生顺着渔夫的手指往海里一看，可了不得了，满海的鲨鱼背，一个挤一个，黑乎乎，干压压，一个个正朝岸上张着圆嘴，大概是高兴地随着笛声唱歌吧，因为鲨鱼公主一会儿就要得到笛子了。

可是，老渔夫劝着后生，道："你把笛子给她，她不就远走高飞了吗？后生，你千万别给呀！"说完转身远去了。

时间到了，鲨鱼公主等后生前来交笛，可后生没过来；时间过了，公主仍等后生前来交笛子，可后生仍然没过来。公主一看，后生根本没有交笛子的意思，回头给众姐妹一个信号，接着是一阵排山倒海般的怪叫，齐声咒骂后生言而无信。

后生揣着横笛，转身往家走，鲨鱼们急了眼，只听公主一声令下，"咯吱，咯吱，咯吱"，几百万条鲨鱼一齐吞吃海岸，想追上后生，把后生吞掉。所以，海岸被啃去了一大块，成为月牙形的海湾，水边上躺着一条挨一条的鲨鱼，形成多半个圆圈。

那个老渔夫驾起船，朝鲨鱼后路下了网，想从中发笔大财，没想到鱼多力量大，又在气头上，大家一使劲，把网给带跑了，网把船拽翻了，老渔夫淹死了。这以后，每月十五那天，鲨鱼群总要在这里闹腾一阵子。从此，这个半月形的海岸渔村，就被人称为鲨鱼圈了。

加　吉　鱼

加吉头，鲅鱼尾。

带鱼肚子，胡椒鲷嘴。

——《真鲷》·渔民谣

物种基源

加吉鱼，为鱼纲鲷科动物真鲷（Pagrosomus major）的鱼肉或全体，又名加级鱼、铜盆鱼、天竺鲷、红笛鲷、石鲷，以鲜活度高、不缺鳞片、腹不鼓胀、鳃色红而有光泽者为佳，分布于我国渤海、东海、黄海和南海，尤以台湾四周海域为多。

生物成分

据测定，每100克可食加吉鱼肉，含热能131千卡，水分70.1克，蛋白质19.1克，脂肪3.6克，碳水化合物4.9克，含有维生素A、B_1、B_2、E、烟酸、硫胺素、尼克酸、胡萝卜素、视黄醇当量，还含微量元素钙、铁、磷、硒和多种氨基酸。

食材性能

1. 性味归经

加吉鱼，味甘、微咸，性微温；归脾、胃、肺经。

2. 医学经典

《食疗本草》："开胃暖中，滋补强壮。"

3. 中医辨证

加吉鱼，开胃益气，消食止咳，对积食不消、心悸怔忡、咳嗽、腹泻等有良好的辅助康复效果。

4. 现代研究

加吉鱼含有丰富的蛋白质、维生素及多种氨基酸、微量元素，有解毒、抗菌、消炎功效，肺结核、肠炎、慢性胃炎、久泻者食后有辅助康复效果。

食用注意

患有皮肤瘙痒、痛风病者少食或不食。

传说故事

不可思议的卖鱼人

这是一位日本友人讲给我听的，关于加吉鱼的故事。在日本的奈良的东大寺，初次召开了关于颂"华严经"的集会。

虽然集会的时间决定了，可是让谁念经却始终决定不了。

这时，天皇传指令给寺庙说："在梦里有人告知早上最早在寺庙门口遇见的人就是老师了。"

寺庙决定按照吩咐的做，就一直等到天亮。

最初经过寺庙的是一个用扁担挑着装满大箩筐加吉鱼的卖鱼人。

"呀，这人会念经吗？"虽然寺庙里的人这样想，可是由于是天皇梦里告知的事情，所以不敢视而不见。

于是寺庙里的人叫住卖鱼的，把事情的原委向他说明了一下。"这太不可思议了，我只是一个以卖加吉鱼为生的人啊，念经什么的完全不行啊。"

"可是，这是天皇的旨意啊！"

"天皇什么的和我没有关系啊，你们和尚不吃腥鱼，所以可能不知道，这加吉鱼很快就会腐烂的，正如'就算活着也是在腐烂'所说，在活着的时候就已经开始腐烂了，所以别再消遣我了，快给我让开条路来。"

"等等，请无论如何帮一下忙啊。"寺庙的人们拖着要离去的卖鱼者，好不容易把他拖进了正殿。

"……真是没办法啊！"死了心的卖鱼者就把装了八十条鱼的箩筐放在了桌子上。

"那么腥的东西怎么能放在桌子上呢？"聚集的人们面露难色，不可思议的是，那八十条鱼一会儿变成八十卷佛经了。

而且聚集的人听到卖鱼人开口说的话，人们大吃一惊。

卖鱼人开始说古印度的佛经，途中突然停止说教，从桌子前站起来走出大殿。

不可思议的是，卖鱼人把挑着鱼的扁担插在了走廊前。

那扁担不一会就长出枝叶，变成了圆柏树（柏科的常绿高树），或许那卖鱼人正是佛祖。

之后，据说在东大寺每年召开的三月十四日佛经会上说教的老师，会效仿这个卖鱼的人，总是在说一半的时候停下来，默默地从正殿走出去。

小记

为在大海中加强对加吉鱼的饲养、管理和捕捞，根据条件反射原理，现已对真鲷进行音响驯化，并取得成功。音响驯化，即在投喂饵料之前，水下扬声器用 50～100 分贝的强度向水中播放频率在 200 赫兹左右的钢琴或大鼓音乐。经过一段时间驯化的加吉鱼，只要听到这些音乐便闻声而来，这样大大提高了饵料的利用率和捕捞效率。实验证明：被驯化的加吉鱼对音响的记忆，在头脑中能保存半年之久。真是：对牛弹琴可使奶牛乳量增加，对鱼播放音乐则能提高鱼的收获量了。

旗　鱼

横空阵气长云黑，戈诞照耀族旗鱼；

龙跳虎跃神鬼怒，汉楚存亡一线寻。

相持两地皆雄据，楚力疑非汉建主。

瑞起炎回芒场云，悲歌霸业乌江路。

空余故垒传遗迹，离合山河儿动敌；

战尘吹尽水东流，落日沙场春草碧。

——《鸡鸣台》·元·周权

物种基源

旗鱼（Histiophorus orientalis），为鱼纲旗鱼科动物旗鱼的全体，又名星条鱼，以鲜活度良好、眼球饱满、肉切割面有光泽、富有弹性者为佳，我国的东海南部和南海等水域有产出。

生物成分

据测定，每100克可食旗鱼肉，含热能91千卡，水分78.2克，蛋白质19.4克，脂肪0.9克，含有维生素A、B_1、B_2、C、E、硫胺素、胡萝卜素、视黄醇当量、尼克酸、胆固醇等，还含多种氨基酸和微量元素钙、磷、铁、锌、锰、铜、镁、钾、硒、钠。此外，尚含有健脑的EPA和DHA。

食材性能

1. 性味归经

旗鱼，味甘、微咸，性微温；归脾、胃经。

2. 医学经典

《药用鱼类》："健脾补气。"

3. 中医辨证

旗鱼有消食、除症的功效，对咽喉肿痛、牙肿痛及乳肿块有促进康复的效果。

4. 现代研究

旗鱼鱼刺少，富含人体必需的优质蛋白质和健脑的EPA和DHA，鱼油含量高，还含有丰富的钙、镁及维生素D。旗鱼为红色鱼肉，富含铁质、蛋白质，肉质鲜美，可提供儿童成长最需要的蛋白质。

食用注意

孕妇、哺乳期女性、幼儿应少吃。

传说故事

旗鱼想念小白虾的传说

一日，小白虾兴致盎然地来到了金碧辉煌的岱衢族大黄鱼故乡，受到了岱衢洋大黄鱼团队的高规格礼待欢迎。掌灯时分，族长老黄鱼还特意邀请小白虾来到烟波浩渺的洋面观景。此时，海面闪着粼粼的银光，渔舟唱晚，星光闪闪，好一派美丽的佳景！第二天，小白虾在嵊泗列岛海域巡游时，蓦然想起海龙宫传书——《东海典故》中有"浪吟风流水秀岸，长白女子秀山郎"之记载，何不借此机会去秀山岛，看看那儿的人类究竟长得啥模样？小白虾腾雾驾浪，风驰电掣来到了秀山岛域地。小白虾令随从在岛岩周围隐蔽稍憩，自己选择了一块平坦的礁石，在此静候人类的出现……

然而，在不远处一座斑驳诡谲的暗礁上，眉清目秀的旗鱼正在当班，用身体独树作旗。借着幽幽晃晃的水光，偶然看见了平石上衬托着一团红雾的小白虾。它腰肢柔软，如花的笑靥，万般柔情尽在其中，旗鱼顿时惊呆了，旋即爱意油然而生。这时，小白虾也看见了旗鱼，四只眼睛目光一碰，两张脸悠地红了……为了赶时间，小白虾柔婉舞动着缓缓离去，顷刻间海水泛起一圈一圈的涟漪。

旗鱼对小白虾一见钟情，它美丽的身影已定格在旗鱼的心灵深处。连日来，旗鱼朝思暮想，心里总是如猫抓一般难受。

旗鱼的相思牵动着朋友鱼们的心。这天，玉秃鱼、梅童鱼、虾虫屌鱼见旗鱼病恹恹的，实在于心不忍。玉秃鱼说："我们帮帮旗鱼，一起去海龙王处说情做媒吧？"

"我看这事难成。"虾虫屌鱼直言不讳地说。

"乌鸦嘴，为朋友求个问心无愧又何妨？"玉秃道。

按照鱼儿"少数服从多数"的处事老规矩，经商量，由玉秃、梅童和虾虫屌三鱼牵头，发动鱼们一起做媒。

农历十五是个吉日。这天上午，玉秃鱼、虾虫屌鱼、梅童鱼、马鲛鱼、鲭鲇鱼、琵琶鱼、鲳鱼等一千多种鱼类纷纷从四面八方游到指定地点集结，尔后浩浩荡荡行程八百里，汗涔涔来到了水晶龙宫做媒。

在宽敞明亮的龙潭议事厅，神情兀傲的海龙王正坐在高高的龙椅上，一派威风凛凛。

"你们远道而来，有啥重大事情？"海龙王眼睛一瞪，狐疑地问。

"我们是来做媒的。"玉秃鱼上前虔诚跪拜。

"给谁做媒？说来听听。"海龙王馋涎地问。

玉秃鱼误以为自己运气好，就把旗鱼相中小白虾事情一五一十禀报了海龙王，接着妙语连珠，说什么旗鱼是海洋中最剽悍、最英俊的后生啊；他俩是海生一对……没等玉秃鱼把话说完，海龙王勃然大怒，厉声喝道："好不要脸的东西，我那如花似玉的女儿岂能嫁给旗鱼这种贱货奴才！真是不知天高海深。"玉秃鱼抓头挠腮，还想再说，海龙王突然撩起一巴掌，捆得玉秃鱼团团连转了三圈，刹那间玉秃鱼的身体全扁了。虾虫屌鱼一看，竟情不自禁地仰脖哈哈猛笑。谁知，在大笑间，它的脸形霎时扭曲，笑凹的下巴再也不能收拢回来，满场皆惊。此时此刻，在海龙王犀利的眼神统摄下，几乎谁也不敢动弹。胆小的梅童鱼更是吓得七魂掉了三魂，慌忙夺门而逃。可没想到这并不是一道门，而是一堵晶莹剔透的坚固玉石墙。梅童鱼一头撞在墙上，顿时脑袋肿得像大头娃娃似的，痛得咕咕直叫。

做媒失败，无奈的鱼们只能垂头丧气地返回。在旗鱼的迫切追问下，鱼们说出了实情。旗鱼听后犹如一把冰刀戳进心里，又痛又冷。原本以为自己为海龙王当旗，没有功劳也有苦劳，谁想被骂得一文不值，如此这般怎么能接受得了呢。此刻，旗鱼悔恨交加，喉咙倏地一热，开始吐血。不一会儿，有一小滩鲜血洇红了他的嘴下巴。

直到如今，玉秃的身体依然是扁扁的，梅童鱼的头仍然大于身段，虾虫屌鱼的嘴巴还是下凹，旗鱼的口腔下部永远留下了一点殷红的血印。

小记

旗鱼背鳍大于臀鳍，背、臀鳍圆弧形，体色多变，有红、淡黄、蓝、紫红等色，有深有浅，有偏蓝或偏红，满身有10余条纵向星点条纹，背鳍上布满深色星点。旗鱼，因其身星点条纹很像美国国旗星条图案而得名。人们发现旗鱼、箭鱼是游得最快的鱼类，速度快达28m/s，至今还没有发现哪种鱼类能打破这个纪录。旗鱼的攻击力特强，它那骨质利剑：尖长喙状吻部，非常坚硬。据有关资料记载：第二次世界大战后期，一艘满载石油的英国轮船"巴尔巴拉"号在大西洋上航行，就曾遭到旗鱼的攻击。当时，一条特大旗鱼，冲向"巴尔巴拉"号，用"利剑"刺穿油轮。

沙 丁 鱼

干若会稽笋，色比荆州银。
熟宜煨栗火，饮助拥炉人。
低阴欲飞雪，酒微生颊热。
海上使方来，多饷不为餮。

——《友人送鱼干》·宋·梅尧臣

物种基源

沙丁鱼（Sardinops melanosticte），为鱼纲（硬骨鱼纲）鲱形目鲱科动物沙丁鱼属，小沙丁鱼属及拟沙丁鱼的统称，又名鳁、鰮、金色小沙丁鱼、寿南小沙丁鱼，以鳞片紧贴鱼身、鱼体坚挺、有光泽，揭开鳃盖鳃丝呈紫红色或红色清晰明亮者为佳。金色小沙丁鱼产于我国福建、广东沿海，寿南小沙丁鱼产于我国北部沿海。

生物成分

据测定，每100克可食沙丁鱼含热能89千卡，水分73.2克，蛋白质19.8克，脂肪1.1克，含有维生素 B_1、B_2、E、视黄醇当量、尼克酸、胆固醇、胡萝卜素，还含微量元素钙、硒、钾、铜、钠、锰、铁、磷等。此外，沙丁鱼尚含丰富的 ω-3、EPA 和 DHA。

食材性能

1. 性味归经

沙丁鱼，味甘、微咸，性平；归心经。

2. 医学经典

《药用动物》："清热解毒，和中健脾。"

3. 中医辨证

沙丁鱼有祛毒、强生、除痰火、清肺热的功效，对烟毒、肺脏燥热、口淡舌白、喉痒、小便色黄、大便不畅等疾患有辅助康复之效。

4. 现代研究

沙丁鱼中富含可以降低胆固醇、延缓衰老、预防动脉硬化和血管栓塞的核酸、廿碳五烯酸（EPA）、牛磺酸及硒等多种营养成分。沙丁鱼中含有大量 EPA，EPA 在体内可形成前列腺素 I_3，能阻碍血小板的凝聚，预防血栓的发生；EPA 还可降低人的低密度脂蛋白、增加高密度脂蛋白，从而预防心脏病的发生。由于 EPA 和牛磺酸都有降低胆固醇的作用，因此常食沙丁鱼可相应降低肠癌的发病率。

近年来科学家还发现，维生素 E 有强烈的抗氧化作用，可预防衰老、动脉硬化和癌症，而硒的抗氧化作用相当于维生素 E 的 50～100 倍。

食用注意

沙丁鱼富含嘌呤，易诱发痛风，因此，痛风患者应不吃或少吃。肝硬化时，机体难以产生凝血因子，加之血小板偏低，容易引起出血，沙丁鱼富含廿碳五烯酸，可使病情急剧恶化，因此，肝硬化患者应忌食本品。

传说故事

一、沙丁鱼遇到鲶鱼之后

生物老师讲了一个挪威人捕沙丁鱼的故事，故事讲的是挪威渔民出海捕沙丁鱼，如果抵港时鱼仍活着，卖价要比死鱼高出许多倍。因此，渔民们千方百计想法让鱼活着返港。但种种努力都失败了，只有一艘渔船却总能带着活鱼回到港内，收入丰厚，但原因一直未明，直到这艘船的船长死后，人们才揭开了这个谜。

原来这艘船捕了沙丁鱼，在返港之前，每次都要在鱼槽里放一条大鲶鱼，放鲶鱼有什么用呢？原来鲶鱼进入鱼槽后由于环境陌生，自然向四处游动，到处挑起摩擦，而大量沙丁鱼发现多了一个"异己分子"，自然也会紧张起来，加速游动。这样一来，就一条条活蹦乱跳地回到了渔港。

二、德意志帝国俾斯麦与沙丁鱼

19 世纪，德意志帝国宰相俾斯麦由于过食过饮，生活无度，刚过 60 岁就衰弱不堪，身躯臃肿、行动困难、脸色苍白，终日无精打采，在痛苦中苟延残喘。后来医生建议他吃沙丁鱼。于是，沙丁鱼几乎成了这位宰相的全部膳食。两年后，奇迹出现了——他的体重下降，睡眠变好，眼睛开始有神，脸色变得红润，完全像变了一个人。就这样，他从濒于死境中恢复了生机，精力旺盛地活到了 83 岁。

鲥 鱼

载书携榼别池龙，十幅轻帆处处通。
谢朓宅荒山翠里，王敦城古月明中。
江村夜涨浮天水，泽国秋生动地风。
饱食鲥鱼榜归楫，待君琴酒醉陶公。

——《酬郭少府先奉使巡涝见寄兼呈裴明府》·唐·许浑

物种基源

鲥鱼 [Llishaelongate (Bennett)] 为鱼纲鲱科动物鲥鱼的肉，又名勒鱼、白鳞鱼、克鳞鱼、火鳞鱼，以鱼体完整、鳞片齐全、体色清白、有光泽者为佳，分布于我国从北到南沿海及台湾。

生物成分

据测定，每 100 克可食鳓鱼肉含热能 158 千卡，水分 71.1 克，蛋白质 20.7 克，脂肪 8.5 克、硫胺素、维生素 B₂、E 及视黄醇当量、胡萝卜素、胆固醇，还含多种氨基酸和微量元素钙、镁、硒、钾、锌、锰、钠、磷、铜等。

食材性能

1. 性味归经

鳓鱼，味甘，性平；归脾、胃经。

2. 医学经典

《本草纲目》："滋补强壮、开胃暖中。"

3. 中医辨证

鳓鱼，有养心安神、健脾益胃的医药功能，有助于促进大便秘结、痔疮出血的康复。

4. 现代研究

鳓鱼，含有多种维生素、氨基酸及微量元素，有清热、消炎、杀菌的作用，对妇女功能性子宫出血、贫血、肺结核咳嗽、防治糖尿病等有食疗辅助康复的效果。

食用注意

（1）不宜多食鳓鱼。
（2）凡皮肤病和痛风患者忌食鳓鱼。

传说故事

鳓鱼没牙的传说

据说，鳓鱼早年也是有牙齿的，它看自己一身银光闪亮，真好看，想找一个跟自己相差不大的鱼，结拜兄弟。

它游到东面，碰着带鱼，看看带鱼身子虽然生得白，背上的鳍却是黑的，三个牙齿露在口外，真难看，头一转就走了。游到南面，看见水潺。水潺身上也很白，只是通身软如棉，也不愿和它结拜。

鳓鱼折回头来，游呀游，迎面遇到白弓鱼。看看白弓鱼，生得比自己小，但容貌和自己差不多，喜欢上了，就对白弓鱼说："白弓鱼，我们结拜兄弟好吗？"

白弓鱼看鳓鱼生得斯文，就答应了。它们两个结为兄弟，鳓鱼年大为兄，白弓鱼年小为弟。

再说东海龙王的女儿多，过几年就配出一个。这一年又贴出选婿的榜文。

白弓鱼在外面得来这个消息，赶紧对鳓鱼说："阿兄啊，龙王爷又要挑女婿了。听讲前年它选婿时，连缩头缩脑的海龟都选中，做了驸马，现在官升宰相。我们两个身子不大，论相貌，却不比别的鱼虾差。海龟能做得驸马爷，我们就配不得金头之日了？"白弓鱼的一张油嘴，说得鳓鱼欢欢喜喜。

白弓鱼和鳓鱼到了水晶宫，龙王大堂内，鱼虾早早站满了，真热闹啊！

敖广老龙王坐在銮台上。第一个上前被它挑选的是海豚。老龙王眯着双眼看看，说："海豚将军，你虽有日行千里的本领，但身上的腥味太重了，我女儿遍体清香，闻到你身上的腥气会吐的。去，去！"海豚退了下来。

接着鲨鱼上前，老龙王一看鲨鱼，讲："鲨鱼，你记着一句常言吗？'粗皮加硬壳，看着厌佬佬'。我女儿肤白如霜，肌软如雪，一碰你身躯，不死也去了半条命。不行，不行！"鲨鱼听了也退下。

白弓鱼和鲻鱼见它们都不中老龙王的意，暗暗欢喜，一起跳上前。敖广老龙王看了看，说："你们两个貌好是好，就是个子太小，与我女儿不相配。"也叫它们退堂。

从早上选到黄昏，老龙王还没选中佳婿。白弓鱼想，反正选不着，养牛的与割草的不同班，爽快点，回去！就催鲻鱼快走。

鲻鱼看看龙宫外，天色早已暗下来，说："外面暗呀，伸手不见五指，怎么走呀？"

白弓鱼斜着小眼，看看龙宫挂着的龙灯，对鲻鱼耳旁偷说了几句。两个一齐动手，偷下一盏龙灯。白弓鱼提着灯在前，鲻鱼跟在后边，急急忙忙逃出龙宫。

"白弓鱼小弟，等一等我呀！""鲻鱼阿哥，我在这里，若要命，快逃吧！"白弓鱼一边答应，一边管自己三十六计逃为先。

明朗朗的龙宫一时灰暗下来。三太子一看，咦，堂上龙灯少了一盏，就大喊一声："谁偷去龙灯？"

狗母鱼赶紧回应："我看见白弓鱼手提龙灯，鲻鱼没跟得上，还在跑哩。"话说，天暗路生，高高低低，跑不快，没多远，被三太子追上抓住了。

敖广老龙王擂起龙桌，怒冲冲说："鲻鱼，你好大的胆量，我择黄道吉日挑选女婿，你竟敢和白弓鱼合伙偷我龙灯，搅乱龙宫。到底为了何因，快从实招来！"

鲻鱼吓得半死："龙王爷饶命，饶命！小的岂敢偷龙宫宝物？我弟白弓鱼叫我回家。我讲外面太黑，路不好走。它说'把龙灯偷提一盏，就好走了！'它叫我去割断灯绳，自己在下面接龙灯。"

龙王大怒，喝叫："无情的孽辈，你忘记身上的骨头是谁赐你的？来人呀，把它的骨头抽去，宰掉！"

"刀下留情！"海龟上前一步启奏："王爷，使不得，使不得，若是把它身骨一抽二宰，它就死了。以臣愚见，鲻鱼助白弓鱼偷龙灯有罪，要罚，但不要抽骨杀头，就拔掉它口中牙齿，好好教训它一下吧！"

"既是丞相求情，就这么办！"虾兵鱼将一齐动手，撬嘴的撬嘴，钳牙的钳牙，不一会，鲻鱼的满口牙齿被拔光。

老龙王见没抓住白弓鱼，就出了禁令，不准白弓鱼长大！从那时起，白弓鱼没法长大啦，身子顶大只有两寸许。

鲻鱼被放出龙宫后，一边叫痛，一边骂："白弓鱼呀白弓鱼，你负了八拜之交兄弟情分！叫我助你偷龙灯，自己提灯逃命，害得我受苦。啥时候被我找到，活活吞掉你，才解心头气。"

俗言说的好："有啥卵，传不断。"从此鲻鱼的子孙就没牙了，白弓鱼后代呢，都有了一盏灯。

鲻鱼与白弓鱼它们兄弟冤家的事，也不知怎么被讨海人知道啦，就用白弓鱼作饵来钓鲻鱼。鲻鱼对白弓鱼十分痛恨，冲上去狠狠一吞，它们哪里晓得这是讨海人的计谋，结果上钩了！

蝦 虎 鱼

东西万里苦相望，海物时来自故乡。
两眼尚能驱水族，一弯犹解诧丁香。

莫孤念远勤将意，且欲均甘未敢尝。

有诏知君便归去，古人驿寄愿频将。

——《馈虾腊弯鱼干于端叔》·宋·袁说友

物种基源

鰕虎鱼（Ctenogobius. giurinus），为鱼纲鰕虎鱼科栉鰕虎鱼属动物鰕虎鱼的全体，又名吹沙、沙沟鱼、叨浪鱼、沙竹、光鱼、油光鱼，同缘种类有矛尾腹鰕虎鱼和纹缟鰕虎鱼等，以鲜活、不断头、不胀肚为佳。我国沿海均产。

生物成分

据测定，每100克鰕虎鱼可食部分含热量140千卡，水分73.1克，蛋白质18.6克，脂肪10.8克，碳水化合物2.3克，含有维生素A、B_1、B_2、E胡萝卜素、视黄醇当量、胆固醇、尼克酸，还含微量元素钙、镁、铁、锌、硒、钾、铜、磷、钠等。

食材性能

1. 性味归经

鰕虎鱼，味甘，性平；归脾、胃经。

2. 医学经典

《中药辞典》："和中健脾，益肺止咳。"

3. 中医辨证

鰕虎鱼，宽中健胃，益肺补虚，对脾胃虚弱、食欲不振、肺虚咳嗽、浮肿等症有辅助促进康复之效果。

4. 现代研究

鰕虎鱼，含多种氨基酸和丰富的脂肪、蛋白质，有消炎、抗菌之功能，对肺结核、胃胀少食、慢性胃炎等症食疗效果佳，并能提高人体的免疫力，利于虚症引起的咳嗽、肺结核的治疗，并能预防早衰。

食用注意

寒湿病者慎食，患有皮肤病、痛风、哮喘、咯血的病人不宜食用。

传说故事

叨浪仙鱼的由来

当年八仙一行从蓬莱仙岛来崂山游玩时，何仙姑发现清澈、甘洌的崂山水中，见不到鱼游，便顺手从身边的一棵千年高龄的崂山人参的枝杈上，撸了一把红色的种子撒到溪水中。只见那人参种子一落进水里，立时变成了一条条奇特的小鱼。因它出自何仙姑之手，山里人便给它取了个带神话色彩的名字"叨浪仙鱼"，即鰕虎鱼。

鲼 鱼

鲼鱼骑驴，驴驮鲼鱼。

是驴驮鲼鱼，还是鲼骑驴。

——《鲼鱼与骑驴》·民间绕口令

物种基源

鲼鱼，为鱼纲鲼科动物鸢鲼（My－liobatis tobijei）、无斑鹞鲼（Aeto－batus flagellum）或聂氏无刺鲼（Aetomylaeus nichofii）等鱼的肉或全体，又名劳板鱼、赤魟、劳子、甫鱼、华子鱼、锅盖鱼、虎鱼、夫鱼、鲂鱼、水尺、油虎。极少有鲜活的鲼鱼出售，一般来说多为冰鲜的肉，购买时主要看肉质是否新鲜，有没有异味等。鲼科鱼类现有120多种，为鲼目中最大的科，广泛分布于我国浙江以南各沿海海域。

生物成分

据测定，每100克鲼鱼可食部分含热能94千卡，水分71.4克，蛋白质20.8克，脂肪0.7克，含有维生素A、B_1、B_2、D、E、胆固醇、尼克酸、视黄醇当量等，还含锰、钙、磷、钾、钠、镁、铁、锌、硒、铜和多种氨基酸。

食材性能

1. 性味归经

鲼鱼，味甘、咸，性寒；归肺、胃经。

2. 医学经典

《食鉴本草》："润肺清燥，益胃生津。"

3. 中医辨证

鲼鱼，清热生津，益肺润燥，对热伤风咳嗽、胃热及男子白浊膏淋、尿不尽、玉茎涩痛等症有辅助康复之功能。

4. 现代研究

鲼鱼肉中不单含有丰富的蛋白质、矿物质和人体必需的各种氨基酸，还含有丰富的维生素D，维生素D能有效促进钙的吸收，可防治老年骨质疏松。鲼鱼翅的蛋白质及矿物质含量极高，常吃能够提高人体的免疫功能，滋补强身，从而能够很好地防止肿瘤的发生与发展。鲼鱼翅还能够促进骨髓造血功能，可用于贫血的治疗，还可防治皮肤衰老，起到美容效果。

食用注意

痛风患者、皮肤病患者忌用。

传说故事

三国画家徐邈画鲼得白獭的传说

徐邈是魏明帝时期的著名画家，他的作品形神兼备，达到了以假乱真的程度。魏明帝时，徐邈常伴随魏明帝出巡。有一次他随明帝同游洛水，在船上突然发现清澈的水底有几条白獭。魏明帝素来喜爱珍禽异兽，对水中的动物更为喜爱，当他看到水底的白獭后，非常兴奋，就命令随从入水捕捉。但由于白獭非常灵活，随从费了很大的力气，一条也没捉到。这时，绘画技艺高超的徐邈灵机一动，向明帝进言道："既然老是捉不到，就不必硬捉了，让我来想一想其他的办法。"魏明帝问他有什么好办法？天资聪颖而且熟悉水中动物习性的徐邈说："在水中生活的白獭最喜欢食鳓鱼。"徐邈胸有成竹地说："不要紧，我有办法。"说完，就叫人找来一块大木板竖立在船头，然后他不慌不忙地在木板上面画了几条跃跃欲动的大鳓鱼。当徐邈刚把活灵活现的鳓鱼画完，就听到船下水声哗哗，不一会儿，一大群毛如白雪，活蹦乱跳的白獭拼命地往船上爬。不到半个时辰，就在船上捕捉到了十来条大小白獭。魏明帝高兴得连声叫好，说："你画的几条假鳓鱼换来一群真白獭，爱卿所画真是通神了。"徐邈的画形神兼备，是他长期对生活进行认真细致观察研究的结果，他对水中动物的生活规律和习性摸得一清二楚，并能以自己灵活多变的笔法使鳓鱼跃然纸上，有呼之欲出之感，以致使白獭误认为是活生生的鳓鱼。这个故事说明徐邈通过长期的绘画实践，积累了丰富的经验，熟练地掌握了高超的写实技巧。

鳕　鱼

先生画鱼天下无，得心应手神满图。
虚堂素壁鳕鱼跃，远趣一笔移海涂。
——《观友人画鳕鱼图》·清·陈正亚

物种基源

鳕鱼（Gadus macrocephalus Tilesius），为鱼纲鳕科动物鳕鱼的肉或全体，又名大口、大头腥、大头青、大口鱼、大头鱼、明太鱼、水口、阔口鱼、石肠鱼，以眼球饱满，角膜透明清亮，体表有一层薄而透明黏液，鳞片与鱼体贴附紧密，肉切面有光泽，鲜活度好者为佳，是底层冷水性群聚鱼类，分布于我国黄海和东海北部。夏季栖于黄海冷水区域，冬季游至深水区域越冬。

生物成分

据测定，每100克可食鳕鱼含热能90千卡，水分70.9克，蛋白质20.4克，脂肪5克，含有维生素A、B_2、D、胡萝卜素、胆固醇、尼克酸、视黄醇当量，还含多种氨基酸和微量元素硒、锌、镁、铜、钾、磷、钙、钠等。

食材性能

1. 性味归经

鳕鱼，味咸，性微寒；归脾、胃经。

2. 医学经典

《中国常见药用动物》："滋补强身，和中健脾。"

3. 中医辨证

鳕鱼，开胃健脾、行水，对胃气不舒、水肿等有食疗辅助康复之效。

4. 现代研究

鳕鱼富含蛋白质、脂肪，其肉质白细鲜嫩，清口不腻。世界上不少国家把鳕鱼作为主要食用鱼类之一。鳕鱼低脂肪、高蛋白、刺少,是老少皆宜的营养食品。鳕鱼具有高营养、低胆固醇、易于被人体吸收等优点。鳕鱼鱼脂中含有球蛋白、白蛋白及磷的核蛋白,还含有儿童发育所必需的各种氨基酸,其比值和儿童的需要非常相近,又容易被人体消化吸收,还含有不饱和脂肪酸和钙、磷、铁、维生素 B 族等。鳕鱼周身是宝,除肉可食用外,眼球可提取维生素 B,肝可用于制取鱼肝油,胰可制胰岛素,鳕鱼肝含油量 20％—40％,富含维生素 A、D。鳕鱼肝油对结核杆菌有抑制作用,其不饱和酸的十万分之一浓度即能阻止细菌繁殖,所以患肺结核病的人,可长期服用鱼肝油。鱼肝油还可消灭传染性创伤中存在的细菌,鳕鱼肝油制成的药膏能迅速液化坏疽组织。鳕鱼的胰腺中含大量的胰岛素,可以从 1kg 胰腺中提取 12000IU 胰岛素,有较好的降血糖作用,可用于治疗糖尿病。

食用注意

痛风、皮肤疾患者慎食鳕鱼。

传说故事

鳕鱼拜佛

江苏大丰南北穿道中有个斗龙港,港的下游入海处有个"斗龙闸",斗龙闸不远处有个斗龙庙。据传,斗龙港中没有鱼虾可捞,这是什么原因呢? 原来,从前,港里有个鱼王——鳕鱼,每年春潮期,它总带着成群的鱼虾到处嬉戏。鱼虾们看到人世的男女老少不断经过港边,上斗龙庙烧香,求佛保佑今生平安、来世福禄,心里很是美慕。

这一年春潮刚到,鱼王就出主意了:"我们要自由自在,又要不受人伤害,看来不上斗龙庙求求菩萨保佑是不行的啦……"众鱼虾一向都怕鳕鱼王,没有不同意的。第二天,鱼王召集了手下的大小鱼虾,浩浩荡荡向斗龙港出发了。它们绕过一个个浅滩,穿过一道道海湾,刚游过闸,准备游向斗龙庙,忽然,狗鱼慌慌张张跑来向鱼王报告:"大王,不好,有个老和尚,趁我们过完闸,说要关闸门,好把我们一网打尽! ……"鱼王一听,愣住了,它万万没有想到,修行念佛的和尚会这么狠毒,就带领几个有劲的大鱼去看个究竟。

原来,斗龙庙有个叫净空的老和尚,成天在庙里闲得无聊,这天,带了几个徒弟,出庙到港边去逛逛,刚到港边,就看到许多鱼虾,个个活蹦乱跳,可算得上水多深鱼多厚。几个和尚高兴得跳了起来,赶紧跑到不远处的水闸上,吩咐看闸的人说:"快关闸门,不要让这些鱼虾跑了!"看闸的人犹豫地说:"师傅呵,昨夜我做了一个梦,梦见你们大师个个手拿佛珠,要来拜佛烧香,对我说'看闸的呀,明天一早东海的鱼虾要来拜佛烧香,请你千万要积积德,不能伤害一条鱼命啊……'我今早到闸上一看,果然满满的鱼虾,想捞不敢捞,只好算了,没想到你们今天叫我快关闸门,这是罪过呀!"老和尚一听哈哈大笑:"还有送上嘴边的肥肉不吃吗? 不要说海里的鱼虾来拜佛,就是人来,我们也要捞油水哩! 不然,我们怎么活呀?"老和尚和看闸人的对话被鱼王听得一清二楚,气得在水底哇哇直叫,急得狗鱼团团乱转。这时候,老和尚又吩咐小和尚:"快拿捕鱼的家伙来!"就在这时,鱼王不等他们动手,不顾死活往闸门撞去,"咣当"一声,闸门被撞开了,大小鱼虾没命的蹿过闸门,跑得一片精光。鱼王因用力过锰,一时撞昏了头,漂浮到水面上来,老和尚见鱼虾都跳走了,急得直喊"可惜,可惜!"后来,发现水面上浮着一条大鱼,正好小和尚把鱼叉拿来了,老和尚就转过手来,用劲一叉,这一家伙把鱼王疼醒了,拼命往水下钻,老和尚哪经得起鱼王的拖劲啊!"扑通"一声,跟着鱼从闸上倒栽到水里。鱼王拖着老和尚在斗龙闸外转了几圈,挣脱身上的鱼叉,找它的伙伴去啦! 老和尚哩,慢慢漂出水面,升天啦。从此,在这闸的附近再也捕不到鱼虾了。

虱目鱼

卧沙细肋何由得？出水纤鳞却易求。

一夏与僧同粥饭，朝来破戒醉新秋。

——《买鱼》·宋·陆游

物种基源

虱目鱼（Chanos chanos），为鱼纲遮目鱼科遮目鱼属动物遮目鱼的全体，又名麻虱鱼、国姓鱼、塞目鱼、海草鱼，以鲜活度良好，眼球饱满者为佳，分布于我国福建、台湾及南海诸岛，现已养殖成功。

生物成分

据测定，每 100 克可食虱目鱼含热能 111 千卡，水分 65.6 克，粗蛋白 20.6 克，脂肪 5.5 克，灰分 1.3 克，含有维生素 A、B_1、B_2、E、视黄醇当量、胡萝卜素（微）、硫胺素、尼克酸，还含多种氨基酸和微量元素钾、钙、磷、锌、锌、铜、铁、锰、硒等。

食材性能

1. 性味归经

虱目鱼，味咸，性微寒；归肺、脾、胃经。

2. 医学经典

《常见药用动物》："明目、提神、解毒。"

3. 中医辨证

虱目鱼，滋补、壮体、解毒、镇咳，对腰膝酸痛、淋巴结核咳嗽等有食疗辅助促进康复之效果。

4. 现代研究

虱目鱼不仅肉质鲜美，还具特殊的营养保健功效，虱目鱼的 EPA 和 DHA 含量比鳗鱼更高，而 EPA 及 DHA 是养生保健的重点，可以降低胆固醇，提高脑部资质维持，改善大脑机能，预防脑血栓、中风等。虱目鱼鱼油含维生素 A、E，维生素 A 可以维持眼睛表面结膜与角膜的健康；维生素 E 具有抗氧化的作用，可以延缓老化。该鱼富含胶质、钙、磷，对小孩发育、妇女、老人亦大有益处。

食用注意

痛风患者避免食用。

传说故事

国姓鱼的由来

虱目鱼是台湾的海特产，虱目鱼的名称在台湾还有"国姓鱼"和"安平鱼"的称呼。据说这与大约 300 年前，郑成功（国姓名）把荷兰人驱逐出台湾，并在台南国圣港鹿耳门（即安平）

建造鱼塘，放养虱目鱼有关系。至于"虱目鱼"名称的由来，可能与最初看到的虱目鱼苗形状、大小似虱子有关。台湾台南县北门乡沿海地区是台湾虱目鱼主要产地之一，为了突出本地的这一名特产，在位于北门海涛园游乐区大门入口处，特地塑造了一尾高约1米、长约5米的大虱目鱼。其造型栩栩如生，外来的旅游观光者凡到此地，都想品尝一下虱目鱼的风味。

飞 鱼

秋水寒鱼白锦鳞，姜花桄实献芳辛。

东坡玉糁真穷相，得似先生此味珍。

——《白鱼羹戏题》·宋·杨万里

物种基源

飞鱼（Cypselrurs agoo（Temmincket Schlegel），为鱼纲飞鱼科动物燕鳐鱼的肉，又名文鳐鱼、燕鳐鱼、燕儿鱼、鳐，以鳞片紧贴鱼身、有光泽、肉质致密、手触弹性好的飞鱼肉为佳。我国沿海均有产出，但以西沙群岛、台湾海峡为多，海南岛东部海域亦产出。

生物成分

据测定，每100克飞鱼肉含热能100千卡，水分70.9克，蛋白质20.5克，脂肪0.7克及维生素A、B_1、B_2、E、视黄醇当量，胡萝卜素、硫胺素、尼克酸，还含有多种氨基酸及微量元素磷、硒、锌、钙、铜、镁、钾、铁、钠等。

食材性能

1. 性味归经

飞鱼，味甘，性平；归脾、胃经。

2. 医学经典

《本草纲目》："补益气血、催产、行气、止痛。"

3. 中医辨证

飞鱼，和中补脾，健胃止痛，对气血两亏、食欲不振、腹部胀痛、难产、痛经、疝气、癫狂等症有辅助食疗功效。

4. 现代研究

飞鱼肉中含有丰富的蛋白质及微量元素，能够有效补充人体必需的各种氨基酸和蛋白质，对身体虚弱及贫血患者有很好的辅助治疗作用。它含有丰富的DHA，因此，老年人及儿童长期食用尤为适宜。

食用注意

皮肤病患者及对海鲜过敏者忌食。

传说故事

小吏烹鱼

据《孟子·万章上》记载，子产是春秋时期很有名的政治家。

一天，有人给子产送来了一条鲜活的大鱼，子产叫一个小吏把鱼放到池塘里养起来。这小吏拎着鱼向池塘走去，一见这鱼这么肥美，禁不住诱惑，就悄悄地拿回去煮着吃了。

事后，小吏前来报告子产，并故意做出苦恼的样子说："我已经把那条鱼放到池塘里去了，那鱼刚一入水还呆呆不动，可不一会儿，就甩着尾巴游了起来，一头钻进深水中没了影儿，不知去向了！"

子产听了高兴地说："这是'如鱼得水'啊！看来鱼儿是找到好的去处了，我们应该为它高兴才是。"

小吏见谎话没有被识破，从子产那里出来时很得意，自言自语地说："都说子产很聪明，我看有点言过其实。这么容易就被人骗了，算什么聪明！鱼已经被我煮着吃了，他还说找到好去处了。看来，这好去处就是我的肚子了。"说完，大笑起来。

金 枪 鱼

潜鱼在渊安可及，垂饵投竿易如拾。
横江设网虽不仁，一瞬未移收百十。
画鱼何者漫区区，终日辛勤手拮据。
已嫌长网不能遍，肯信一竿良有余。
鲲鲵骇散蛟龙泣，获少惊多亦何益。
愿从网罟登君庖，碎首屠鳞非所惜。

——《和子瞻画鱼歌》·宋·苏辙

物种基源

金枪鱼（Thunnus），为鱼纲鲈形目鲭科动物金枪鱼的肉，又名鲔鱼、鲣鱼、长鳍金枪鱼、黄鳍金枪鱼、大眼金枪鱼、马苏金枪鱼、蓝鳍金枪鱼，以肉质柔嫩鲜美，且不受环境污染者为佳，分布于我国沿海，以黄海、渤海产量较多。

生物成分

据测定，每100克（背肉）金枪鱼含热能161千卡，水分68.7克，蛋白质28.3克，脂肪1.4克，糖类0.1克，含有维生素A、B_1、B_2、C、D、E、胆固醇、尼克酸、烟酸、硫胺素、视黄醇当量，还含微量元素钙、磷、铁、钠、钾、锌、铜和多种氨基酸等。金枪鱼的肉各个部位的生物成分含量略有区别。

食材性能

1. 性味归经

金枪鱼，味甘、咸，性温；归脾、肾经。

2. 医学经典

《中华药典》："补虚、壮阳、除风湿、强筋骨。"

3. 中医辨证

金枪鱼，填精、益髓、强身壮体，对脾胃虚弱、食少、腰膝酸软、乏力、风湿疼痛等症有辅助食疗、促进康复的效果。

4. 现代研究

金枪鱼含有优质蛋白质和其他营养素，所以食用金枪鱼不仅可以保持苗条的身材，还能平衡身体所需的营养。金枪鱼的 EPA 和 DHA（两种不饱和脂肪酸）含量在所有水产品中最高。这些不饱和脂肪酸有助于降低血脂，疏通血管，从而有效防止动脉硬化，金枪鱼中丰富的 EPA、DHA、牛磺酸等成分，能减少血中的脂肪，利于肝细胞再生，提高肝脏的排泄功能，从而降低肝脏发病率。这些成分还能减少血液中的坏胆固醇，增加良性胆固醇，从而预防因胆固醇含量所引起的疾病。金枪鱼含丰富的 DHA，DHA 是人类自身无法产生的一种不饱和脂肪酸，经常食用，利于脑细胞的再生，提高记忆力，预防老年痴呆症。

食用注意

（1）腹肉脂肪较高，体胖者应少食金枪鱼的腹肉。
（2）痛风病患者慎食金枪鱼肉。

传说故事

詹何钓鱼

楚国有位钓鱼高手名叫詹何，他的钓鱼工具很特别：钓鱼线是一根单股的蚕丝绳，钓鱼钩是用细针弯曲而成的，钓鱼竿是一种很细的竹子，饵料就是把饭粒剖成两半。凭借这些工具，詹何不论是在百仞的深渊中，还是湍急的河水中，都能钓到很多鱼。而他的钓鱼线却不会断，钓鱼钩也不会直，甚至连钓鱼竿也没有一丝一毫的弯曲！

楚王听说了詹何的钓技后，十分称奇，把他召进宫来，问他垂钓的诀窍。詹何说："我听父亲说，以前在楚国有个射鸟能手，名叫蒲且子，他用的弓很轻，弦也很细，但是箭顺着风势射出去，一箭就能射中在高空的黄鹂鸟。父亲说，这是因为他用心专一，用力均匀的缘故。于是，我学着用他的这个办法来钓鱼，花了 5 年的时间，终于精通了这门技术。每当我来到河边钓鱼时，我会全神贯注地只想着钓鱼。在抛出钓鱼线、沉下钓鱼钩时，做到手上的用力不轻不重，丝毫不受外界的干扰。这样，鱼儿见到钓饵，就会以为是水中的污泥和泡沫，于是会毫不犹豫地吞食。我在钓鱼时，就是这样以弱制强、以轻取重的。"

鮸 鱼

天寒水落鱼在泥，短钩画水如耕犁。
渚蒲拔折藻荇乱，此意岂复遗鳅鲵。
偶然信手皆虚击，本不辞劳几万一。
一鱼中刃百鱼惊，虾蟹奔忙误跳掷。
渔人养鱼如养雏，插竿冠笠惊鹈鹕。
岂知白挺闹如雨，搅水觅鱼嗟已疏。

——《画鱼歌》·宋·苏轼

物种基源

鮸鱼（Miichthys miiuy），为鱼纲石首鱼科鮸属动物鮸鱼的全体，又名敏鱼、敏子、米鱼、美鱼、米古鱼，以鳞片紧贴鱼身、鱼体坚挺、有光泽、肌肉手触弹性好，且无异味为佳。我国沿海均有产出，尤以台湾海峡为多。

生物成分

据测定，每 100 克可食鮸鱼含热能 90 千卡，水分 71.3 克，蛋白质 20.2 克，脂肪 0.9 克，含有维生素 A、B₁、B₂、尼克酸、胆固醇、视黄醇当量，还含微量元素钙、磷、钾、钠、镁、铁、锌、硒、铜、锰等，此外，尚含有人体所必需的氨基酸。

食材性能

1. 性味归经

鮸鱼，味甘、咸，性平；归脾、胃、膀胱经。

2. 医学经典

《开宝本草》："滋补强壮。"

3. 中医辨证

鮸鱼，健脾补肾、止血养血、消炎、益胃，对肾虚、消渴、胃脘不舒、劳疲虚损等症有食补促进康复的效用。

4. 现代研究

鮸鱼肉含有丰富的蛋白质和各种人体必需的氨基酸，常食对营养不良及贫血者极为有益。现代研究还表明，常吃鮸鱼肉有防治心血管疾病的作用，主要是由于鮸鱼肉中不饱和脂肪酸的含量极高，不饱和脂肪酸有利于血液循环，其中的 EPA 和 DHA，具有降血压、促进平滑肌收缩、扩张血管、阻碍血小板凝集和防止动脉硬化、防治老年性痴呆等功效。此外，鮸鱼肉还对糖尿病有益，由于鮸鱼肉中含有丰富的硒元素，常吃可补充机体所需的硒元素，从而有效防治该病的发生与发展。

食用注意

疾病初愈者慎服鮸鱼，痛风病、皮肤病患者慎食。

传说故事

吕盛捉鱼

相传，江苏高淳出过一个进士叫吕盛，曾做官做到副使，当地人都尊称他叫副使公。

苏皖边界有个两省三县交界的定埠小集镇，镇南有个很大的池塘叫姚家池，原属姚姓祠堂管辖。一天，姚家请人用水车抽干了塘水，水一浅，鱼就活蹦乱跳，白花花的一片，好看得很，惹得一群孩子起哄要下塘捉鱼。

那时候，副使公还小，刚进私塾不久，也跟着小伙伴闹捉鱼。姚家先生就站出来说："看牛的小鬼不懂事，你们上学的知书识礼，不该起哄，想要捉鱼，我出个对子给你们对，对上了让你们捉。"

"可是真的？""你可不能反悔呀！"孩子们七嘴八舌地嚷嚷。

先生亮亮嗓子，说："你们听着，我的上联是：鮸鱼游浅水鳞着地。"

副使公看看大伙，没有作声，就说："蛟龙过高山背挨天。"

先生听了一惊，一个小毛孩，如此大口气！接着又出了个上联："杯中之酒，何起珠点之浪。"

"枚点之火，可烧万重之山。"副使公又轻轻巧巧地对上了。

先生不好反悔，只得让大家伙们下塘捉鱼，不一刻工夫把鱼捉得精光。

副使公自小天分好，后来有了出息，为百姓做了不少好事。

梅 童 鱼

海雨江风浪作堆，时新鱼菜逐春回。

荻芽抽笋河鲀上，楝子开花石首来。

——《晚春田园杂兴》·宋·范成大

物种基源

梅童鱼 (Collichthys lucidus)，为鱼纲石首科动物梅童鱼的肉或全体，又名梅子鱼，大头子鱼、黄皮，以鲜活度好、眼球饱满、鱼体有弹性、鳃色鲜红者为佳，分布于我国的东海及黄海。

生物成分

据测定，每100克可食梅童鱼含热能99千卡，蛋白质18.9克，脂肪2.9克，糖类0.7克，含有维生素 A、E、尼克酸、硫胺素、视黄醇当量，还含多种微量元素钠、钙、铁、磷、硒等。此外，尚含多种人体所必需的氨基酸。

食材性能

1. 性味归经

梅童鱼，味甘，性温；归脾、胃、肾经。

2. 医学经典

《本草经疏》："与脾胃相宜，益筋骨。"

3. 中医辨证

梅童鱼有开胃益气，增进食欲的功效，对食欲不振、骨骼发育不良、牙齿发育不全等症有辅助疗效。

4. 现代研究

梅童鱼肉含有丰富的蛋白质和人体各种必需的氨基酸、微量元素，因此，常吃梅童鱼能有效治疗再生障碍性贫血。梅童鱼肉中除含有丰富的钾、镁、磷等常量元素外，微量元素铁、硒含量也很高，尤其是硒。科学研究证明，硒缺乏与动脉粥样硬化、冠心病等常见心脑血管疾病的发展有着密切的关系，因此常吃梅童鱼能有效防止以上疾病的发生与发展。还有，梅童鱼肉蛋白质中谷氨酸含量高，谷氨酸在人体代谢中具有重要意义，为脑组织生化代谢中的首要氨基酸，参与多种生理活性物质的合成，在大脑、肌肉、肝脏等组织中发挥解毒的作用。

食用注意

凡有皮肤瘙痒及痛风病患者慎食梅童鱼。

传说故事

苏东坡与黄庭坚吃梅童鱼

苏东坡在杭州当知府的时候，一天煮了一条鲜梅童鱼，正在吃，好友黄庭坚来了。他随即将鱼放到了书橱顶上，另安排了几个菜，在书斋里与黄吃酒。不料藏鱼的事被黄看到了。酒过三杯，黄庭坚说："你这姓苏（蘇）的蘇字，草字头下边，有人把鱼放在禾字右边，也有人把鱼放在禾字左边，你说究竟放在哪边才对呢？"

苏东坡答道："左右皆可。"

"要是把鱼放在上边呢？"

"那成何体统？不行，不行！"

黄庭坚开心地大笑说："既然放在上边不行，那你就把上边的鱼拿下来吃了吧！"

鳀 鱼

黑首白肠，修体短额。

春则群泳，数罟斯获。

——《黑背鳀》·宋·宋祁

物种基源

鳀鱼（Engraulis japonicus），为鱼纲鳀科动物黑背鳀的肉或全体，又名黑背鳀、离水烂，幼称"海蜓"或"丁香"，以新鲜度高、鳃红不变色、无异味者为佳，分布于我国东海和黄海。

生物成分

据测定，每100克可食鳀鱼含热能191千卡，蛋白质17.6克，脂肪12.8克，碳水化合物1.3克，含有维生素A、B_1、B_2、E、尼克酸、硫胺素，还含微量元素钙、锌、磷、铁、硒等，此外，尚含人体所必需的氨基酸。

食材性能

1. 性味归经

鳀鱼，味甘、咸，性微温；归脾、胃经。

2. 医学经典

《中华药典》："温中健脾，补虚强壮。"

3. 中医辨证

鳀鱼，能开胃健脾，消水去冷，对胸前胀痛、消化不良、倦怠、营养不良等病症有辅助食疗，促进机体康复之效。

4. 现代研究

鳀鱼含有丰富的核酸—RNA（核糖核酸）和DNA（去氧核糖核酸），这两种物质被认为具有延缓衰老的作用，有助人体细胞的新陈代谢，使新细胞更健康，起到延缓衰老的作用，鱼肉中还含有较多的维生素A及矿物质钙，都有预防心脏病及癌症的功效。

食用注意

1. 新鲜鳀鱼不宜久放与保鲜处理，要及时烹食。
2. 患皮肤疾病和痛风病者勿食鳀鱼。

传说故事

一、苏东坡与老和尚吃鱼

相传，一天中午，苏东坡去拜访一位老和尚。老和尚正忙着做菜，把刚煮熟的鱼端到禅房桌上，忽听小和尚禀报：东坡先生来访。老和尚怕把吃鱼的秘密暴露，情急生智，将鱼扣在一只磬中，急忙出门迎接客人。两人同至禅房，分宾主坐下。小和尚献茶，东坡喝茶之时，闻到阵阵鱼香，便对桌上反扣的磬望望，心中有数了。因为磬是和尚做佛事用的一种打击乐器，平日都是朝上放着的，今日反扣着，必有奥妙。

这时，老和尚说："居士今日光临敝刹，不知有何见教？"苏东坡存心和老和尚开玩笑，装着一本正经的样子说："在下今日遇一难题，特来向长者求教。"

老和尚连忙双手合十，说："阿弥陀佛，岂敢，岂敢。"

东坡笑了笑，说："今日，一位友人出了一对联，上联是'向阳门第春常在'，在下一时对不出下联，望长老不吝赐教。"老和尚不知是计，脱口而出："居士才高八斗，学富五车，今日为啥这样健忘？这是一副老对联，下联是'积善人家庆有余'。"

东坡不由得哈哈大笑："既然长老明示'磬（庆）有鱼（余）'，我就来饱饱口福吧！"说罢，随手把桌子上反扣的磬翻过来。老和尚见秘密暴露，闹了个大红脸。

二、井中之鱼

某人待客，每一尾鱼都切下中段，只用鱼头、鱼尾上席。

一客人问他："请问这些鱼是养在什么地方的？"主人回答说："海鱼。"客人笑着说："不会是海鱼，是井里养的鱼，要不，为什么鱼身子都这么短呢？"

黄 姑 鱼

宴堂丛燎倚晨霏，客衽风清酒力微。
曲沼新荷能碍钓，霁林浓叶不通飞。
盘纷素脍鱼腴美，齿渍寒津蔗境肥。
一笑相欢无更责，张扶应悟坐曹非。

——《休日阅古堂小宴》·宋·宋祁

物种基源

黄姑鱼（Nibea albiflora），为鱼纲石首科动物黄姑鱼的肉或全体，又名黄鱼鲞，以新鲜度好，肉有弹性、鳃红、不变颜色者为佳，分布于我国南北各海域，为沿海常见食用鱼类之一。

生物成分

据测定，每100克黄姑鱼可食鱼肉含热能91千卡，水分78克，蛋白质18克，脂肪2.2克，碳水化合物 0.5 克，灰分 1.0 克，含有维生素 A、B_1、B_2、E，还含多种微量元素钾、钠、钙、镁、铁、锰、锌、磷、铜、硒和尼克酸、视黄醇当量、硫胺素及多种氨基酸等。

食材性能

1. 性味归经

黄姑鱼，味甘、微咸，性温；归脾、胃、肾经。

2. 医学经典

《本草经疏》："开胃、益五脏、补气血。"

3. 中医辨证

黄姑鱼，可益气补肾、健脾开胃，对脾虚胃弱、食欲不振、心悸、失眠、健忘、肾虚早泄、延缓衰老等症有食疗辅助康复之效能。

4. 现代研究

黄姑鱼，含有丰富的蛋白质、微量元素和维生素及硒元素，对降压、降脂、抗动脉硬化有辅助食疗效果，同时能清除人体代谢产生的自由基。

食用注意

有痛风、哮喘、红斑狼疮等痼疾者慎食黄姑鱼。

传说故事

杜甫烹黄姑鱼

唐代杜甫，在年近五十的时候，遇上"安史之乱"。杜甫为避战乱，漂泊到西南方去。他在成都古郊找了一处风景优美的地方，叫浣花溪畔，亲手建了一座草堂住了下来，并在这里写过不少诗，草堂茅屋有时还被大风吹破，生活十分清苦，尽管自己遭遇贫困，还时常想到天下的穷人寒士，寄予不少同情。他每日以素菜、草果度日，当地都叫他"菜肚老人"。相传，有一天他邀几个朋友在草堂上吟诗作赋，吟得高兴，不觉到了中午。他发起愁来，眼看要吃晌午饭了，可是一无所有，拿什么款待这些客人呢？正在着急，忽然，外边有叫卖鱼的，杜甫喜出望外，心想，就请大家品尝鱼吧。他走到灶前，亲手烹制起鱼来，朋友见他去做鱼，个个都惊奇起来，有的带着怀疑的眼光说："老杜，这可是新鲜事，你会作诗，还会烹鱼？"

杜甫笑着说："等着吧，我今天就要给你们烹烹尝尝。"他开膛把鱼洗好后加上各味调料，放在锅内隔水蒸上，蒸熟以后，又把当地的甜面酱炒熟，加入四川泡菜里的辣椒、葱、姜和鲜汤，和好淀粉，做成汁，趁热把芡汁浇在鱼身，再撒上香菜就制成了。大伙欢坐一堂，见杜甫把鱼端了上来，伸筷一尝，果然味美，不一会儿工夫，一条鱼吃得精光，可是这鱼还没有名字！于是大家就为这鱼想起名字来，有的说："这鱼叫浣溪鱼吧！"有的说："叫老杜鱼合适。"最后杜甫说："陶渊明先生是我们的先贤，而这鱼很像黄鱼，但不是黄鱼，像黄鱼的兄妹。"于是大家就叫这种鱼为"黄姑鱼"。就这样，"黄姑鱼"的名字流传了一千多年。

鲹 鱼

不堪回首泪盈盈，万里淮河听雨声。
莫问萍齑并豆粥，且餐麦饭与鱼羹。

——《湖州歌》·南宋·汪元量

物种基源

鲹鱼 (Deca pterus maruadsi)，为鱼纲鲹科动物蓝圆鲹的肉或全体，又名圆鲹、巴浪、池鱼，以新鲜度好，眼球突出，肉有弹性，腹不鼓为佳，分布于我国沿海。

生物成分

据测定，每 100 克鲹鱼肉，含热能 132 千卡，蛋白质 17.9 克，脂肪 3.6 克，碳水化合物 6.9 克，含有维生素 A、E 及尼克酸、氨基酸，还含微量元素钙、铁、磷、硒等。

食材性能

1. 性味归经

鲹鱼，味甘、咸，性微温；归脾、胃经。

2. 医学经典

《本草纲目》："温中止渴。"

3. 中医辨证

鲹鱼，性味甘温，可温中健胃，对胃寒泄泻、腹痛等症有良好辅助康复之效果。

4. 现代研究

鲹鱼，含有多种维生素、氨基酸和蛋白质，有镇痛、消炎之功能，对胃痛、胃胀不舒、胃寒、脾虚泄泻的康复食疗有辅助效能。

食用注意

对海鱼过敏及皮肤疾瘤者慎食鲹鱼。

传说故事

瞎子吃鱼

从前，几个瞎子凑钱一块买鱼吃，凑的钱太少，买的鱼便又小又少。鱼少人多，只好用大锅熬汤，大家尝尝鱼汤的鲜味而已。

瞎子们都没吃过鱼，既不知味道，更不知怎么做，便把活鱼直接扔进锅里。小鱼又蹦又跳，蹦到了锅外面，众瞎子也不知道。汤烧开了，大家围在锅前，一边尝，一边齐声赞叹："好鲜的汤！好鲜的汤！"谁知那鱼还在地上蹦来蹦去，一下蹦到一个瞎子脚上。他伸手一摸，呼道："鱼没在锅里！"众瞎子一听，叹道："阿弥陀佛！辛亏鱼在锅外，若在锅里，我们都要鲜死了！"

剥 皮 鱼

沤麻恒竹斩枅椆，独有官茶例未除。
消渴仙人应爱护，汉家旧日祀干鱼。

——《闽茶曲十首》·清·周亮工

物种基源

剥皮鱼 (Navodon septentrio—nalis)，为鱼纲革鲀科动物马面鲀的剥皮后的肉，又名橡皮鱼

（因在烹前，先将鱼外边的一层像橡皮的东西撕剥干净，故名）、绿鳍马面鲀、面包鱼，以剥去皮后新鲜度好、指按其肉有弹性者为佳，分布于我国东海、黄海、渤海，近缘种有蜜斑马面鲀等。

生物成分

据测定，每100克可食剥皮鱼的肉含热能87千卡，水分69.9克，蛋白质19.6克，脂肪0.8克，碳水化合物0.9克，含有维生素 A、D、E，还含尼克酸、多种氨基酸及微量元素钙、铁、磷、硒等。

食材性能

1. 性味归经

剥皮鱼，味甘，性平；归胃经。

2. 医学经典

《药用动物》："健胃消食。"

3. 中医辨证

剥皮鱼，和中健胃，镇痛消炎，对胃出血、胃痛、胃胀等慢性胃病有辅助食疗之效。

4. 现代研究

剥皮鱼的肉含有较高的蛋白质和微量元素、多种氨基酸，有止血、养血、解毒、消炎的功效，消化道出血、慢性胃炎及乳腺炎等疾病食用剥皮鱼可辅助加速康复。此外，剥皮鱼肝的油脂食用对高血脂有益。

食用注意

（1）凡有皮肤瘙痒及痛风病患者少食或慎食。
（2）患支气管哮喘症者忌食剥皮鱼。

传说故事

鱼吃石头长大的

有个秀才，只知道闭门读书，成了书呆子。偶然外出，上山时，他赶快把鞋子脱下。有人问："你为什么光穿袜子走路？"他回答说："做鞋子多不容易，缝袜子容易得多呀！"

有一次，为了招待客人，他妻子说："你到河边去买两斤鱼来吧！"他来到河边渔船上，哪知打上的鱼都是一斤多重一条的，他左挑右挑，硬要一条刚好两斤重的鱼。卖鱼人被他纠缠不过，只好暗暗把一块石头塞进一条鱼的嘴里，刚好凑满两斤。秀才高高兴兴地拿着鱼走回家去了。

剥鱼的时候，秀才妻子扬刀一砍，只听"咣啷"一声，菜刀缺了一大块，气得直瞪眼。可秀才高兴地说："哎呀，我又懂得了一个道理，原来鱼是吃石头长大的。"

金 线 鱼

鱼从网师得，蒿从麦田求。
斫脍尝鲜美，调羹享滑柔。

江南见春物，野蕨助晨馐。

人各甘乡味，鲈莼未易侔。

——《食鱼与蒌蒿》·宋·郭正祥

物种基源

金线鱼（Nemipterus vir gatus），为鱼纲金线鱼科动物金线鱼的肉或全体，又名红三鱼、洞鱼、波罗鱼、小鲈鲤，以鲜活度好，无断头、鳞全者为佳，分布于我国东海南部和南海，近缘鱼种有日本金线鱼、六齿金线等，以鱼干烹食为多。

生物成分

据测定，每 100 克可食金线鱼含热能 100 千卡，水分 71.5 克，蛋白质 18.6 克，脂肪 2.9 克，灰分 1.4 克，含有维生素 A、B_1、B_2、E、尼克酸、胡萝卜素，还含微量元素钙、铁、锌、磷、硒和多种氨基酸。

食材性能

1. 性味归经

金线鱼，味甘，性温；归脾、胃、肾经。

2. 医学经典

《药用动物》：“滋阴调元，暖肾添精。”

3. 中医辨证

金线鱼，可止咳化痰，消食健胃，补肝肾，对小儿百日咳、消化不良、水气、风痹等症有辅助食疗、促进康复效果。

4. 现代研究

金线鱼，含有蛋白质、脂肪、维生素 A、B 等营养成分，慢性肾炎、慢性肠炎、习惯性流产、妊娠期水肿、产后乳汁不足及贫血头晕等疾病患者食用有助于康复进程。

食用注意

患有皮肤病、疮肿者忌食金线鱼。

传说故事

书生吃鱼

从前，有一个书生，整天关门读书，对外面的事情一概不知，村里人都叫他“书呆子”。一天，书呆子忽然想吃鱼，托人在街上买来一条鲜鱼，但他不知道怎样烹调，就拿出一张纸，请人将烹调方法写在上面。书生正在仔细地看纸上的烹调方法，鱼被猫叼走了。书生哈哈大笑说：“你这馋猫，吃鱼的方法在我这里，看你怎么吃？”

海 鲈 鱼

枇杷已熟粲金珠，桑落初尝滟玉蛆。

暂借垂莲十分盏，一浇空腹五车书。

青浮卵碗槐芽饼，红点冰盘藿叶鱼。

醉饱高眠真事业，此生有味在三余。

——《二月十九携白酒鲈鱼过詹使君食槐叶冷淘》·宋·苏轼

物种基源

海鲈鱼（Lateolabrax japoincus），为鱼纲鳍科动物海鲈鱼的肉，又名海鲈板、海花鲈，以鲜活度良好，角膜透明清亮、鳃丝清晰呈鲜红色、黏液透明、鳞片光泽、与鱼体贴附紧密、腹部不膨胀者为佳，我国沿海均产。大小与鱼形和淡水河鲈鱼基本相像。海鲈鱼背部和背鳍上的小黑斑较河鲈鱼深，全世界有近10000种，我国有800余种。

生物成分

经测定，每100克海鲈鱼肉含热能125千卡，水分76.8克，蛋白质19.8克，脂肪4.9克，含有维生素A、B、E、尼克酸、视黄醇当量，还含多种氨基酸和微量元素钙、铜、磷、硒、钠、铁、锌、锰、镁、钾等。

食材性能

1. 性味归经

海鲈鱼，味甘、微咸，性温；归肝、脾、肾经。

2. 医学经典

《食疗本草》："能安胎、补中，作脍尤佳。"

3. 中医辨证

海鲈鱼，性甘、温，有益筋骨、肠胃之功能，对胎动不安、小儿百日咳、妊娠水肿、消化不良、腰膝酸痛等症，有辅助食疗康复之效果。

4. 现代研究

海鲈鱼有很高的药用价值，具有补肝肾、益脾胃、化痰止咳之效，能补五脏、益筋骨、和肠胃，适用于贫血头晕、妇女妊娠水肿、胎动不安之人食用，并可作养生保健的滋补食品。

食用注意

患有皮肤病疮肿者忌食，海鲈鱼忌与奶酪同食。

传说故事

一、宫门献鱼

"宫门献鱼"为清朝康熙皇帝亲笔命名，且是清宫大典中必备的菜肴之一。它选用整条鱼洗净后，斩成头、身、尾三段，将头、尾两侧剞兰草花刀，身段剥皮，剔去骨刺切成片，配以熟瘦火腿、大海米等，经分别烹制后，头尾放盘的两侧，白色鱼片码头尾中间，两色两味，形如宫门中跃出条鱼。相传康熙皇帝南下访察民情，一天来到云南"宫门岭"，地势十分险要，岭下有个天然大山洞，洞宽丈许，形如宫门，宏伟非凡。东边是一片山坡草地，西边有一个池塘。这天中午，康熙来到池边一家小酒店，点了"一条鱼，一壶酒"，食后感觉味美，问道："店家，此菜何名？"答曰："腹花鱼。"原来此鱼生长于池塘，专食鲜花嫩草，鱼腹上长有金黄色花纹，故得此名。康熙一时兴起，便挥笔给店家写了"宫门献鱼"四个大字，落款为"玄烨"。不久，江浙总督路过这里，见店门上挂着"宫门献鱼"署名"玄烨"的牌匾，大吃一惊，了解原委，果真是当朝天子所赐。消息传开后，凡路过此处的游客，都要进店尝尝皇上御笔亲题的"宫门献鱼"这道名菜。

二、海鲈鱼的传宗接代

每年 5 月，月圆以后的一次大海潮，海浪把成群的鲈鱼带到海边，当最高潮时的海浪到来时，它们就大群冲向沙滩上。雌鲈鱼满身闪光，在那儿摆动尾鳍，往来扭动，将卵产在沙里，雄鲈鱼匆忙使产下的卵受精。这时候，人们不用费多大力气，就能捕捉到大量鲈鱼。鲈鱼为什么要离开较安全的深水域到危险的海滩产卵呢？这是鲈鱼在长期生存斗争中形成的一种传宗接代的本能，鱼卵产在高潮线上的沙滩中，正有利于它的孵化。

舌 鳎 鱼

前欲淮南求海味，缄书未发报还台。

陆机黄耳何时至，罂品分传事按杯。

——《昨于发运马御史求海味马已归阙吴正仲忽分饷》·宋·梅尧臣

物种基源

舌鳎鱼，为鱼纲（硬骨）舌鳎科动物，宽体舌鳎（Cynoglos－sus robustus）、班头舌鳎（C. pun－cticeps）和斗滑舌鳎（C. semilae－vis）等的肉或全体，又名箬鳎鱼、牛舌鱼、鞋拔子鱼、舌头鱼，以新鲜度高，腹不鼓胀、鳞贴鱼体面全者为佳。世界性分布，我国沿海均产。

生物成分

据测定，每100克可食舌鳎鱼的肉，含热能112千卡，水分72.6克，蛋白质20.8克，脂肪3.2克，灰分1.9克，含有维生素A、B_1、B_2、C、E，还含尼克酸、视黄醇当量和微量元素钙、铁、磷、硒等。

食材性能

1. 性味归经

舌鳎鱼，味甘、微咸，性平；归脾、肺、胃经。

2. 医学经典

《药用动物》："补虚益气，和胃健脾。"

3. 中医辨证

舌鳎鱼，有补肺气、和脾胃之功，对咳嗽、哮喘、胃痛胃胀、呃逆等症有辅助食疗、促进康复之效果。

4. 现代研究

舌鳎鱼，含有丰富的蛋白质、维生素和矿物质，对脾胃功能欠佳、慢性胃炎、脾虚久泻以及咳喘、慢性消化道疾病有很好的食疗作用。

食用注意

舌鳎鱼，不宜多食，多食易动气。

传说故事

十万兵马是大事

从前，有个鱼贩子，很喜欢与别人"抬扛"，大暑天，他挑了一担舌鳎鱼到闹市去卖，听街上说书的人正在讲"曹操率领七十三万人马下江东去攻打孙权……"他忙放下鱼担子，一把拉住说书人说："你这书讲得不实。"说书人说："我哪里讲得不实呢？"鱼贩子说："曹操当年是率八十三万人马下江东攻打孙权。"说书人说："我讲七十三万就是七十三万。"两人争论不休，吵了起来。众人都来劝解，一人劝鱼贩子说："你看你这担舌鳎鱼快臭了，快挑去卖吧！"鱼贩子说："舌鳎鱼臭了拉倒，这担鱼能值多少钱？还有十万兵马没有弄清，那才是大事哩！"

寿　　鱼

渔翁夜傍西岩宿，晓汲清湘燃楚竹。
烟销日出不见人，欸乃一声山水绿。
回看天际下中流，岩上无心云相逐。

——《渔翁》·唐·柳宗元

物种基源

寿鱼（Banjos banjos），为鱼纲寿鱼科动物寿桃鱼的全体，又名寿星鱼，以体表光泽、全身鳞全、翅完整、无破肚或断头、眼球饱满、角膜透明、用手触摸肌肉厚实、富有弹性者质为佳，我国产于南海和台湾海峡。

生物成分

据测定，每 100 克鲜寿鱼可食部分中含热能 69 千卡，水分 70.6 克，蛋白质 15.6 克，脂肪 0.9 克，含有维生素 A、B$_1$、B$_2$、E，还含硫胺素、尼克酸、视黄醇当量、胆固醇和微量元素钾、钙、磷、硒、锌、锰、铁等，此外，尚含多种氨基酸。

食材性能

1. 性味归经

寿鱼，味甘，性温；归肝、胃经。

2. 医学经典

《本草求原》："暖胃、去头眩、益脑髓，老人痰喘宜食之。"

3. 中医辨证

寿鱼，功效暖胃，益脑，去头眩，强筋骨，对体虚眩晕、感冒、风寒头痛、老人痰喘、妇女头晕等症有食疗促进康复的效果。

4. 现代研究

寿鱼中含有丰富的不饱和脂肪酸，能有效降低血脂和血胆固醇，防治心血管疾病，所含的 $\Omega-3$ 脂肪酸有增强脑功能、防治老年痴呆和预防视力减退的功效。

食用注意

痛风、糖尿病患者忌食。

传说故事

大眼鱼

主人用鱼待客，把大鱼留下自己吃，小鱼端出来给客人吃，不小心却将大鱼眼珠弄到小鱼盘里。客人发现后，开玩笑说："我想求你这个鱼种，回去在湖里养。"主人自谦道："这是小鱼，没有什么可贵的。"客人道："鱼虽然小，却难得有对大眼睛。"